力学丛书·典藏版 22

非均匀气体的数学理论

〔英〕S. 查普曼　T. G. 考林 著

刘大有　王伯懿 译

陆志芳 校

科 学 出 版 社

1 9 8 5

内 容 简 介

本书阐述有关非均匀气体的粘性、热传导和扩散问题的数学理论．内容丰富，结构紧凑完整，论述严谨，是气体分子运动论方面的经典名著．

本书可供从事物理学、天体物理学、等离子体动力学、高速空气动力学、高层大气学以及物理化学和化学工程等方面工作的科技人员，高等院校的教师，研究生和高年级学生参考．

图书在版编目 (CIP) 数据

非均匀气体的数学理论／(英)查普曼(Chapman，S.)，(英)考林(Cowling，T. G.)著；刘大有，王伯懿译. —北京：科学出版社，2016. 1

(力学名著译丛)

书名原文：The mathematical theory of non-uniform gases

ISBN 978-7-03-046971-7

I. ①非… II. ①查… ②考… ③刘… ④王… III. ①非均匀气体—数学理论 IV. ① 0552.3

中国版本图书馆 CIP 数据核字 (2016) 第 006494 号

S. Chapman and T. G. Cowling

THE MATHEMATICAL THEORY OF NON-UNIFORM GASES

THIRD EDITION

Cambridge University Press, 1970

力学名著译丛

非均匀气体的数学理论

〔英〕S. 查普曼 T. G. 考林 著

刘大有 王伯懿 译

陆志芳 校

责任编辑 魏茂乐

科学出版社 出版

北京东黄城根北街 16 号

北京京华虎彩印刷有限公司印刷

新华书店北京发行所发行 各地新华书店经售

*

1985 年第一版 开本：850×1168 1/32

2016 年印刷 印张：18 3/8

插页： 精 2

字数：476,000

定价：78.00元

第一版序言摘录[1)]

本书叙述气体的粘性、热传导和扩散问题的数学理论. 这门学科本身是完整的,并有其独特的研究方法. 因此,可以将它从有关的一些学科(例如统计力学)中划分开来. 对于这一点是无需多加解释的.

Maxwell 和 Boltzmann 首先建立了这门学科的精确理论,他们给出了基本方程;而这些方程的一般解,却是在四十多年以后才第一次得到的. 当时 Chapman 和 Enskog 在大约一年时间里(1916—1917),各自独立地求得了其解. 他们所用的方法,无论是思路还是细节,都大不相同;可是给出的结果却完全一样. 尽管 Chapman 对一般理论的论述是完全有效的,但是其理论体系的建立偏于直观,而不是系统的与演绎的. Enskog 的论述则更注重于数学形式和风格. 本书选用了 Enskog 的处理方法,但是也有一些不同之处,其中较次要的差别是矢量和张量的符号不同[2)]. 而较为重要的变更则是,我们仿效 Burnett(1935) 的作法,采用了 Sonine 多项式展开法. 我们阐述理论时还力图使它比 Enskog 的原著更加简明. 在他那篇论文中,有些论证是难以领会的.

本书后几章讲述较为新近的研究工作,即关于稠密气体、碰撞量子理论(只限于它对气体输运理论的影响)以及有电场和磁场存在时电离气体的传导和扩散理论.

本书大部分内容是为数学工作者和理论物理工作者撰写的. 不过,我们也收集并尽可能清晰地叙述了由理论导出的主要公式,

---

1) 这是原作者的摘录. ——译者注

2) 本书中所用三维笛卡尔张量的符号,是由 E. A. Milne 和 S. Chapman 在 1926 年共同提出的,此后又由他们运用到应用数学的许多分支中.

而且结合现有最好的实验数据进行了讨论，以便力求满足化学和物理学方面实验工作者的需要。

S. 查普曼

T. G. 考林

1939 年

第三版序言

迄今为止，本书大体上仍保持1939年版本的面目，只是在1952年的版本中作过某些修正，并增加了许多注释，用以指出那些年来取得的一些进展，在这一版本中，我们进行了更为彻底的修订.

第十一章已经全部重新改写过，现在它讨论的是具有内能的一般分子模型. 这一章的讨论根本上讲还是属于经典力学的，但是它所采用的形式很适合于作量子力学推广. 第十七章作了这一推广，同时还讨论了低温下氢和氦的输运性质的量子效应(它比前两版更加详尽). 第十章把输运理论应用于新增加的一些分子模型，而第十二章到第十四章，则将这些理论结果与实验值进行了比较. 我们期望这些章节的讨论能够达到最大程度的简明性，同时又不失其应有的精确性. 本版第十六章对稠密气体的 BBGKY 理论进行了简短综述，并对这一理论的困难作了评论. 第十八章是新增添的，讨论的是多种气体组成的混合气体. 第十九章(原先是第十八章)讲述电离气体中的各种现象. 近些年来，人们在这一方面做了大量研究工作. 因此，即使我们把注意力限制在只与输运现象有关的方面，这一章也依然已大为扩充. 最后，在第六章和其它一些地方，我们对于近似理论，特别是对于能够阐明普遍理论某些特征的那些近似理论，均给予了更加详细的说明.

为了容纳新的题材必须对原来的版本作某些删节. 有关金属中电子-气体的早期近似理论，以及附录 A 和附录 B 已全部删去. 发展简史和关于 Lorentz 近似法的讨论也都作了压缩. 此外，对某些其它题材的讨论也作了修改，特别是根据 Kihara, Waldmann, Grad 和 Hirschfelder, 以及 Curtiss 和 Bird 等人的工作进行了修改. 在符号方面亦有微小变更. 这些都在符号表末尾列出[1].

第三版始终是在 D. Burnett 教授协助下准备的. 承蒙他提出了大量宝贵的改进意见，并且经常指出可能疏忽的细节，对此，我们深表谢意. 长期以来，他一直慷慨地协助我们开展工作.

我们还感谢其它许多人的关切和鼓励，特别应当提到的是 Waldmann 教授和 Mason 教授的有益关怀. 象过去一样，我们也要感谢剑桥大学出版社的职工们，他们在本版付印前后给予我们诚挚的帮助和纯熟的技术指导.

S. 查普曼

T. G. 考林

1969 年

---

1) 在此译本中已将新老版本的符号对照表略去. ——译者注

目　　录

第一版序言摘录

第三版序言

符号表

绪论……………………………………………………… 1

1. 分子假说……………………………………………… 1

2. 分子热运动论………………………………………… 1

3. 物质的三态…………………………………………… 2

4. 气体理论……………………………………………… 3

5. 统计力学……………………………………………… 4

6. 分子运动论结果的解释……………………………… 7

7. 一些宏观概念的解释………………………………… 8

8. 量子论………………………………………………… 10

第一章　矢量和张量…………………………………… 12

1.1. 矢量…………………………………………………… 12

1.11. 矢量的和与积 ………………………………………… 13

1.2. 位置的函数…………………………………………… 15

1.21. 体积元和球表面元 …………………………………… 16

1.3. 并矢式和张量………………………………………… 17

1.31. 矢量与张量及张量与张量的乘积 …………………… 20

1.32. 关于并矢式的几个定理 ……………………………… 22

1.33. 带有微分算符的并矢式 ……………………………… 23

一些积分结果…………………………………………… 26

1.4. 含有指数的积分……………………………………… 26

1.41. 多重积分的变换 ……………………………………… 26

1.411. 雅可比行列式 ……………………………………… 27

1.42. 含有矢量或张量的积分 ……………………………… 28

1.421. 一个积分定理 …… 29
1.5. 反称张量 …… 31
第二章 气体的属性：定义和定理 …… 34
2.1. 速度及速度的函数 …… 34
2.2. 密度及平均运动 …… 35
2.21. 分子速度的分布 …… 37
2.22. 分子速度的函数之平均值 …… 38
2.3. 分子诸属性的通量 …… 40
2.31. 应力及应力张量 …… 43
2.32. 流体静压强 …… 46
2.33. 分子间作用力和应力 …… 47
2.34. 分子速度的数值 …… 48
2.4. 热 …… 49
2.41. 温度 …… 50
2.42. 状态方程 …… 51
2.43. 比热 …… 52
2.431. 分子运动论温度和热力学温度 …… 55
2.44. 比热的数值 …… 56
2.45. 热传导 …… 58
2.5. 混合气体 …… 58
第三章 Boltzmann 方程和 Maxwell 方程 …… 62
3.1. Boltzmann 方程的推导 …… 62
3.11. 分子属性的变化方程 …… 64
3.12. 用特定速度表示 $\mathscr{D}f$ …… 65
3.13. $\int\phi\mathscr{D}f d\boldsymbol{c}$ 的变换 …… 65
3.2. 碰撞后守恒的分子属性；总和不变量 …… 67
3.21. 分子属性变化方程的几种特殊形式 …… 68
3.3. 分子碰撞 …… 70
3.4. 二体碰撞的动力学 …… 72
3.41. 碰撞过程的动量方程和能量方程 …… 72
3.42. 碰撞过程的几何学 …… 74
3.43. 极距线和相对速度的变化 …… 75

3.44. 相互作用规律的具体类型 …… 77
3.5. 分子碰撞的统计力学 …… 78
3.51. $\Delta\bar{\phi}$ 的表达式 …… 81
3.52. 计算 $\partial_e f/\partial t$ …… 82
3.53. $n\Delta\bar{\phi}$ 的其它表达式及其相等性的证明 …… 86
3.54. 一些积分的变换 …… 86
3.6. 分子影响范围的有限性 …… 88
第四章 Boltzmann 的 H 定理和 Maxwell 的速度分布律 …… 90
4.1. Boltzmann 的H定理：均匀稳恒状态 …… 90
4.11. Maxwell 状态下的气体属性 …… 94
4.12. Maxwell 对速度分布问题的原始处理 …… 96
4.13. 光滑容器中的稳恒状态 …… 98
4.14. 存在外力时的稳恒状态 …… 100
4.2. H定理和熵 …… 104
4.21. H定理和可逆性 …… 106
4.3. 混合气体的H定理；特定运动的动能均分 …… 108
4.4. 积分定理；$I(F)$, $[F, G]$, $\{F, G\}$ …… 110
4.41. 与括号表达式 $[F, G]$, $\{F, G\}$ 有关的不等式 …… 113
第五章 自由程，碰撞频率及速度残留现象 …… 115
5.1. 光滑弹性刚球分子 …… 115
5.2. 碰撞频率 …… 116
5.21. 平均自由程 …… 117
5.22. 碰撞频率的数值 …… 118
5.3. 碰撞中相对速度的分布及能量的分布 …… 119
5.4. 碰撞频率和平均自由程与速率的关系 …… 121
5.41. 自由程为指定长度时的几率 …… 124
5.5. 碰撞后的速度残留现象 …… 125
5.51. 平均残留比 …… 128
第六章 输运现象的初等理论 …… 131
6.1. 输运现象 …… 131

6.2. 粘性………………………………………………… 131
6.21. 低压下的粘性 ………………………………… 133
6.3. 热传导………………………………………………… 135
6.31. 壁面处的温度跃变 …………………………… 136
6.4. 扩散………………………………………………… 137
6.5. 自由程理论的缺陷………………………………… 139
6.6. 碰撞间隔理论……………………………………… 140
6.61. 弛豫时间 ……………………………………… 142
6.62. 弛豫和扩散 …………………………………… 143
6.63. 混合气体 ……………………………………… 146
第七章 单组元气体的非均匀状态……………………… 149
7.1. Boltzmann 方程的解法 …………………………… 149
7.11. $\xi(f)$ 的逐次分解;一级近似 $f^{(0)}$………………… 150
7.12. 完全形式解 …………………………………… 152
7.13. 可解性条件 …………………………………… 154
7.14. $\mathscr{D}f$ 的逐次分解 ………………………………… 155
7.15. Enskog 解法的参数表示………………………… 159
7.2. f 中的任意参数………………………………… 161
7.3. f 的二级近似……………………………………… 163
7.31. 函数 $\Phi^{(1)}$……………………………………… 165
7.4. 热传导系数………………………………………… 168
7.41. 粘性系数 ……………………………………… 169
7.5. Sonine 多项式……………………………………… 170
7.51. $\boldsymbol{A}$ 和 λ 的形式计算 ……………………………… 172
7.52. $\mathbf{B}$ 和 μ 的形式计算 ……………………………… 175
历史情况的说明……………………………………… 176
第八章 二组元混合气体的非均匀状态………………… 178
8.1. 二组元混合气体的 Boltzmann 方程和输运方程…… 178
8.2. 求解方法…………………………………………… 180
8.21. $\mathscr{D}f$ 的逐次分解 ………………………………… 183
8.3. f 的二级近似……………………………………… 185

8.31. 函数 $\Phi^{(1)}$, A, D, B ········ 187
8.4. 扩散和热扩散 ········ 189
8.41. 热传导 ········ 191
8.42. 粘性 ········ 194
8.5. 四个基本的气体系数 ········ 195
8.51. 热传导系数、扩散系数和热扩散系数 ········ 196
8.52. 粘性系数 ········ 199
第九章 粘性,热传导和扩散：一般表达式 ········ 201
9.1. $[\boldsymbol{a}^{(p)}, \boldsymbol{a}^{(q)}]$ 和 $[\mathbf{b}^{(p)}, \mathbf{b}^{(q)}]$ 的计算 ········ 201
9.2. 速度变换 ········ 201
9.3. 表达式 $[S(\mathscr{C}_1^2)\boldsymbol{\mathscr{C}}_1, S(\mathscr{C}_2^2)\boldsymbol{\mathscr{C}}_2]_{12}$ 和 $[S(\mathscr{C}_1^2)\boldsymbol{\mathscr{C}}_1^{\circ}\boldsymbol{\mathscr{C}}_1, S(\mathscr{C}_2^2)\boldsymbol{\mathscr{C}}_2^{\circ}\boldsymbol{\mathscr{C}}_2]_{12}$ ········ 203
9.31. 积分 $H_{12}(\chi)$ 和 $L_{12}(\chi)$ ········ 204
9.32. $H_{12}(\chi)$ 和 $L_{12}(\chi)$ 作为 s 和 t 的函数 ········ 207
9.33. $[S(\mathscr{C}_1^2)\boldsymbol{\mathscr{C}}_1, S(\mathscr{C}_2^2)\boldsymbol{\mathscr{C}}_2]_{12}$ 和 $[S(\mathscr{C}_1^2)\boldsymbol{\mathscr{C}}_1^{\circ}\boldsymbol{\mathscr{C}}_1, S(\mathscr{C}_2^2)\boldsymbol{\mathscr{C}}_2^{\circ}\boldsymbol{\mathscr{C}}_2]_{12}$ 的计算 ········ 209
9.4. $[S(\mathscr{C}_1^2)\boldsymbol{\mathscr{C}}_1, S(\mathscr{C}_1^2)\boldsymbol{\mathscr{C}}_1]_{12}$ 和 $[S(\mathscr{C}_1^2)\boldsymbol{\mathscr{C}}_1^{\circ}\boldsymbol{\mathscr{C}}_1, S(\mathscr{C}_1^2)\boldsymbol{\mathscr{C}}_1^{\circ}\boldsymbol{\mathscr{C}}_1]_{12}$ 的计算 ········ 211
9.5. $[S(\mathscr{C}_1^2)\boldsymbol{\mathscr{C}}_1, S(\mathscr{C}_1^2)\boldsymbol{\mathscr{C}}_1]_1$ 和 $[S(\mathscr{C}_1^2)\boldsymbol{\mathscr{C}}_1^{\circ}\boldsymbol{\mathscr{C}}_1, S(\mathscr{C}_1^2)\boldsymbol{\mathscr{C}}_1^{\circ}\boldsymbol{\mathscr{C}}_1]_1$ 的计算 ········ 213
9.6. 公式表 ········ 214
9.7. 单组元气体中的粘性和热传导 ········ 216
9.71. Kihara 近似法 ········ 218
9.8. 混合气体的行列式元素 a_{pq}, b_{pq} ········ 220
9.81. 扩散系数 D_{12}; 一阶近似值 $[D_{12}]_1$ 和二阶近似值 $[D_{12}]_2$ ········ 222
9.82. 混合气体的热传导系数;一阶近似值 $[\lambda]_1$ ········ 223
9.83. 热扩散系数 ········ 224
9.84. 混合气体的粘性系数;一阶近似值 $[\mu]_1$ ········ 225
9.85. 混合气体的 Kihara 近似式 ········ 225
第十章 粘性,热传导和扩散：一些特殊分子模型的理论公式 227

10.1. 函数 $\Omega(r)$ …… 227
10.2. 无外力场作用的弹性刚球分子 …… 228
10.21. 单组元气体的粘性系数和热传导系数 …… 228
10.22. 混合气体；$[D_{12}]_1$, $[D_{12}]_2$, $[\lambda]_1$, $[k_T]_1$, $[\mu]_1$ …… 230
10.3. 力心点分子 …… 230
10.31. 幂次反比律作用力 …… 231
10.32 单组元气体的粘性系数和热传导系数 …… 234
10.33. Maxwell 分子 …… 235
10.331. 本征值理论 …… 237
10.34. 平方反比律的相互作用 …… 239
同时具有引力场和斥力场的分子 …… 243
10.4. Lennard-Jones 模型 …… 243
10.41. 弱引力场 …… 245
10.42. 非弱吸引力；12，6 模型 …… 248
10.43. exp；6 模型以及其它的模型 …… 251
10.5. Lorentz 近似法 …… 254
10.51. 相互作用力与 $r^{-\nu}$ 成正比 …… 258
10.52. 由一般公式导出 Lorentz 结果 …… 259
10.53. 准 Lorentz 气体 …… 261
10.6. 力学上相似的分子的混合物 …… 261
10.61. 同位素分子的混合物 …… 264
第十一章　具有内能的分子 …… 265
11.1. 可传递的内能 …… 265
11.2. Liouville 定理 …… 266
11.21. 广义 Boltzmann 方程 …… 267
11.22. $\partial_e f_s/\partial t$ 的计算 …… 269
11.23. 分布函数的平滑化 …… 270
11.24. 输运方程 …… 271
11.3. 静止的均匀稳恒状态 …… 273
11.31. Boltzmann 闭链 …… 275
11.32. 更一般的稳恒状态 …… 276

11.33. 均匀稳恒状态的性质 …… 277
11.34. 能量均分 …… 279
11.4 非均匀气体 …… 280
11.41. f_1 的二级近似 …… 283
11.5. 单组元气体中的热传导 …… 284
11.51. 粘性：体积粘性 …… 287
11.511. 体积粘性与弛豫现象 …… 288
11.52. 扩散 …… 290
11.6. 粗糙球 …… 291
11.61. 粗糙球的输运系数 …… 293
11.62. 粗糙球模型的缺陷 …… 295
11.7. 球柱体模型 …… 296
11.71. 加载球模型 …… 297
11.8. 近于光滑的分子：Eucken 公式 …… 297
11.81. Mason-Monchick 理论 …… 299
第十二章 粘性：理论与实验比较 …… 303
12.1. 各种分子模型的粘性系数 μ 的公式 …… 303
12.11. 粘性对密度的关系 …… 304
12.2. 粘性和等效分子直径 …… 306
粘性对温度的关系 …… 307
12.3. 弹性刚球 …… 307
12.31. 力心点模型 …… 308
12.32. Sutherland 公式 …… 311
12.33. Lennard-Jones 12，6 模型 …… 314
12.34. exp; 6 模型和极性气体模型 …… 317
混合气体 …… 318
12.4. 混合气体的粘性 …… 318
12.41. 粘性随组分的变化 …… 319
12.42. 粘性随温度的变化 …… 323
12.43. 近似公式 …… 324
12.5. 体积粘性 …… 326

第十三章　热传导：理论与实验比较 ······ 329
13.1. 公式的归纳 ······ 329
13.2. 0℃时气体的热传导系数 ······ 331
13.3. 单原子气体 ······ 333
13.31. 非极性气体 ······ 334
13.32. 极性气体 ······ 337
13.4. 单原子混合气体 ······ 337
13.41. 具有分子内能的混合气体 ······ 339
13.42. 用于混合气体的近似公式 ······ 340
第十四章　扩散：理论与实验比较 ······ 343
14.1. 扩散的起因 ······ 343
14.2. D_{12} 的一阶近似 ······ 344
14.21. D_{12} 的二阶近似 ······ 345
14.3. D_{12} 随压强和浓度比的变化 ······ 346
14.31. 同各种浓度比的实验结果的比较 ······ 348
14.32. 由 D_{12} 计算的分子半径 ······ 351
14.4. D_{12} 与温度的关系；分子间作用力规律 ······ 351
14.5. 自扩散系数 D_{11} ······ 353
14.51. 同位素和同类分子的互扩散 ······ 355
14.6. 热扩散和扩散的热效应 ······ 357
14.7. 热扩散因子 α_{12} ······ 360
14.71. $[\alpha_{12}]_1$ 的符号及其与组分比的关系 ······ 362
14.711. 实验和 α_{12} 的符号 ······ 365
14.72. α_{12} 和分子间作用力规律：同位素的热扩散 ······ 366
14.73. α_{12} 和分子间作用力规律：异类分子 ······ 368
第十五章　速度分布函数的三级近似 ······ 373
15.1. f 的逐次逼近 ······ 373
15.2. $f^{(2)}$ 的积分方程 ······ 375
15.3. 热流通量和应力张量的三级近似 ······ 379
15.4. $\mathbf{q}^{(2)}$ 的各项 ······ 382
15.41. $\mathbf{p}^{(2)}$ 的各项 ······ 385

15.42. 扩散速度 …… 387
15.5. $q^{(2)}$ 和 $p^{(2)}$ 的量级 …… 388
15.51. 三级近似的有效范围 …… 389
15.6. Grad 方法 …… 391
15.61. Mott-Smith 方法 …… 393
15.62. 数值解 …… 394
第十六章 稠密气体 …… 397
16.1. 分子属性的撞击传递 …… 397
16.2. 碰撞几率 …… 398
16.21. 因子 χ …… 399
16.3. Boltzmann 方程；$\partial_e f/\partial t$ …… 401
16.31. $f^{(1)}$ 的方程 …… 402
16.32. $\partial_e f/\partial t$ 的二级近似 …… 403
16.33. $f^{(1)}$ 的值 …… 405
16.34. ρCC 和 $1/2\,\rho C^2 C$ 的平均值 …… 407
16.4. 分子属性的撞击传递 …… 408
16.41. 稠密气体的粘性 …… 410
16.42. 稠密气体中的热传导 …… 412
16.5. 与实验的比较 …… 413
16.6. 推广到稠密的混合气体 …… 417
16.7. BBGKY 方程 …… 419
16.71. 输运方程 …… 421
16.72. 均匀稳恒状态 …… 423
16.73. 输运现象 …… 425
16.8. 某些积分的计算 …… 428
第十七章 量子理论和输运现象分子碰撞的量子理论 …… 432
17.1. 分子的波场 …… 432
17.2. 两股分子流的相互作用 …… 433
17.3. 分子偏转角的分布 …… 434
17.31. 碰撞几率和平均自由程 …… 437
17.32. 相角 δ_n …… 439

17.4. 与氦的实验相比较 …………………………… 441
17.41. 低温下的氢 …………………………… 444
17.5. Fermi-Dirac 粒子的简并 …………………………… 446
17.51. Bose-Einstein 粒子的简并 …………………………… 449
17.52. 简并气体中的输运现象 …………………………… 450
分子内能 …………………………… 450
17.6. 量子化的分子内能 …………………………… 450
17.61. 碰撞几率 …………………………… 451
17.62. Boltzmann 方程 …………………………… 452
17.63. 均匀稳恒状态 …………………………… 454
17.64. 分子内能和输运现象 …………………………… 456
第十八章 多组元混合气体 …………………………… 459
18.1. 多组元混合气体 …………………………… 459
18.2. 二级近似 …………………………… 459
18.3. 扩散 …………………………… 461
18.31. 热传导 …………………………… 464
18.32. 粘性 …………………………… 466
18.4. 气体各系数的表达式 …………………………… 467
18.41. 扩散系数 …………………………… 467
18.42. 热传导系数 …………………………… 469
18.43. 热扩散系数 …………………………… 471
18.44. 粘性系数 …………………………… 472
一些具体情况下的近似值 …………………………… 473
18.5. 同位素混合物 …………………………… 473
18.51. 存在痕量气体的混合气体 …………………………… 475
18.52. 含有电子的三组元混合物 …………………………… 476
第十九章 电离气体中的电磁现象 …………………………… 480
19.1. 对流电流和传导电流 …………………………… 480
19.11. 二组元混合气体中的电流 …………………………… 481
19.12. 弱电离气体中的电导率 …………………………… 482
19.13. 多组元混合气体中的电导率 …………………………… 483

磁场…………………………………………………………… 484
19.2. 有磁场存在时电离气体的 Boltzmann 方程 ……… 484
19.3. 带电粒子在磁场中的运动 ……………………… 487
19.31. 磁场中扩散的近似理论 ……………………… 488
19.32. 热传导和粘性的近似理论 …………………… 493
19.4. Boltzmann 方程：电离气体的 f 二级近似………… 496
19.41. 正向扩散和横向扩散 ………………………… 499
19.42. 扩散系数 ……………………………………… 501
19.43. 热传导 ………………………………………… 504
19.44. 磁场中的应力张量 …………………………… 506
19.45. 磁场中 Lorentz 气体的输运现象……………… 507
19.5. 交变电场 ……………………………………… 508
强电场中的现象…………………………………………… 512
19.6. 高能量的电子 …………………………………… 512
19.61. 强电场中的稳恒状态 ………………………… 513
19.62. 非弹性碰撞 …………………………………… 521
19.63. 磁场中的稳恒状态 …………………………… 523
19.64. 电离与复合 …………………………………… 525
19.65. 强电离气体 …………………………………… 528
19.66. 脱逸效应 ……………………………………… 533
Fokker-Planck 方法………………………………………… 534
19.7. Landau 方程和 Fokker-Planck 方程 ……………… 534
19.71. 超位势 ………………………………………… 537
19.8. 无碰撞等离子体 ………………………………… 539
人名汉译表…………………………………………………… 548
主题索引……………………………………………………… 551
一、中文条目 ……………………………………………… 551
二、英文条目 ……………………………………………… 560
数据索引……………………………………………………… 563

符号表

本书中，矢量用黑体字母表示，单位矢量用黑正体字母表示，而张量则采用匀粗黑体字母表示. 括号符号[,]和{ , }的定义在正文中第 111,112 页中给出. 一般地说，只在书中连续几页内出现的符号，本表内均未列出. 希腊字母符号置于英文符号的后面. 表中的斜体数字表明该符号最先引进时所在的页数.

a_p, 172,196 a_{pq}, 173,197 a'_{pq}, a''_{pq}, 220 $A_l(v)$, 232 $A(\mathscr{C})$, 166 $\mathscr{A}^{(m)}$, $\mathscr{A}^{(m)}_{pq}$, 173,198 $\mathscr{A}'^{(m)}$, $\mathscr{A}'^{(m)}_{pq}$, 198 $\boldsymbol{a}^{(p)}$, 172 $\boldsymbol{a}_1^{(p)}$, $\boldsymbol{a}_2^{(p)}$, 196 $\boldsymbol{A}$, 165 $\boldsymbol{A}_1$, $\boldsymbol{A}_2$, 187,283 $\tilde{A}_1$, $\tilde{A}_2$, 192 $\boldsymbol{A}_s$, 460 $\tilde{A}_s$, 466 A, 221 A_{st}, 470

b, 75 b_p, 175,199 b_{pq}, 175,199 b'_{qp}, b''_{pq}, 220 $B(\mathscr{C})$, 167 B_1, B_2, 283 $\mathscr{B}^{(m)}$, $\mathscr{B}^{(m)}_{pq}$, 176,199 $\mathbf{b}^{(p)}$, 175 $\mathbf{b}_1^{(p)}$, $\mathbf{b}_2^{(p)}$, 199 $\mathbf{B}_1$, $\mathbf{B}_2$, 187,283 $\mathbf{B}_s$, 460 B, 221 B_{st}, 470

$\boldsymbol{c}$, c, 34 $\boldsymbol{c}_0$, c_0, 36,59 c_v, 53 c_p, 53 $\boldsymbol{c}_s$, 59 $\boldsymbol{c}_1$, $\boldsymbol{c}_2$, $\boldsymbol{c}'_1$, $\boldsymbol{c}'_2$, 73 c_1, c_2, c'_1, c'_2, 73 c'_v, c''_v, 298 $(c'_v)_s$, $(c''_c)_s$, 278 C_v, C_p, 54 $\boldsymbol{C}$, $\boldsymbol{C}'$, C, 37 C', 38 $\boldsymbol{C}_s$, 59 C_s, 60 $\boldsymbol{\mathscr{C}}$, $\mathscr{C}$, 165 $\boldsymbol{\mathscr{C}}_1$, $\boldsymbol{\mathscr{C}}_2$, $\mathscr{C}_1$, $\mathscr{C}_2$, 186 C, 163 C_{st}, 471

d_p, 196 D_{12}, 138 D_{11}, 139 D_T, 191 D_{int}, 300 D_{Ts}, 462 D_{st}, 147,464 $\mathscr{D}f$, $\mathscr{D}_s f_s$, 63 $\mathscr{D}_1 f_1$, $\mathscr{D}_2 f_2$, 180 $\mathscr{D}_1^{(r)}$, $\mathscr{D}_2^{(r)}$, 181 $\dfrac{\partial_e f}{\partial t}$, 63 $\dfrac{\partial_e f_s}{\partial t}$, 63 $\left(\dfrac{\partial_e f_1}{\partial t}\right)_1$, 83 $\left(\dfrac{\partial_e f_1}{\partial t}\right)_2$, 83 $\dfrac{\partial_r}{\partial t}$, 156 $\dfrac{D}{Dt}$, 65 $\dfrac{D_0}{Dt}$, 157 $d\boldsymbol{r}$, 16 $d\boldsymbol{c}$, 34 $d\mathbf{k}$, 17 $d\mathbf{e}$, 84 $d\mathbf{e}'$, 80 $d\boldsymbol{\Omega}_s$, 268 $\dfrac{\partial}{\partial \boldsymbol{r}}$, 15 $\dfrac{\partial}{\partial \boldsymbol{C}}$, 16 $\dfrac{\partial}{\partial \boldsymbol{c}}$, 34 $\dfrac{\partial}{\partial \boldsymbol{P}_s}$, $\dfrac{\partial}{\partial \boldsymbol{Q}_s}$, 268 $\dfrac{\partial(\boldsymbol{u})}{\partial(\boldsymbol{v})}$, 27 $\boldsymbol{d}_{12}$, $\boldsymbol{d}_{21}$, 186 $\boldsymbol{d}_r$, 282,460 $\boldsymbol{D}_1$, $\boldsymbol{D}_2$, 187,283 $\boldsymbol{D}_s^{(t)}$, 460

e_1, e_2, 239 e_s, 480 $\mathbf{e}$, $\mathbf{e}'$, 80 E, $\bar{E}$, 50 $\boldsymbol{E}$, 481 $\mathbf{e}$, $\mathring{\mathbf{e}}$, 24
$\mathscr{E}_s$, $\mathscr{E}_s^{(i)}$, 278 E, 221
$(\mathbf{c}, \boldsymbol{r}, t)$, 28 $f(\boldsymbol{C}, \boldsymbol{r}, t)$, 29 $f_s(\mathbf{c}_s, \boldsymbol{r}, t)$, 59 $f^{(0)}$, $f^{(1)}$, $f^{(2)}$, $\cdots$, 149 $f_1^{(r)}$, $f_2^{(r)}$, 181 $f^{(s)}(\mathbf{c}_1, \cdots \mathbf{c}_s, \boldsymbol{r}_1, \cdots \boldsymbol{r}_s, t)$, 419 f, 136
$\boldsymbol{F}$, 62 $\boldsymbol{F}_s$, 63
$\boldsymbol{g}_{12}$, $\boldsymbol{g}_{21}$, $\boldsymbol{g}'_{12}$, $\boldsymbol{g}'_{21}$, $\mathbf{G}$, 73 g_{12}, g_{21}, g'_{12}, g'_{21}, g, g', G, 73 $\mathscr{g}$, $\mathscr{g}'$, $\mathscr{g}$, $\mathscr{g}'$, 202 $\mathbf{G}_0$, 202 G_0, 202 $\boldsymbol{\mathscr{G}}_0$, $\mathscr{G}_0$, 202 g（重力）, 305
H, 90 $H_{12}(\chi)$, 203 $H_1(\chi)$, 211 H（Hamilton 函数）, 266 H_s, $\mathrm{H}_s^{(F)}$, 268 $\boldsymbol{h}_s$, 273 $\boldsymbol{H}$, 484
$I(F)$, 110 $I_1(F)$, $I_2(F)$, 111 $I_{st}(K)$, 111 I_s, 277
i, 434 $\mathbf{j}$, 2 J（雅可比行列式）, 27 $J(ff_1)$, 150 $J^{(0)}$, $J^{(r)}$, 151
$J_1(f_1f)$, $J_{12}(f_1f_2)$, $J_2(f_2f)$, $J_{21}(f_2f_1)$, $J_1^{(r)}$, $J_2^{(r)}$, 181 $J_s(\Phi)$, 281
$\boldsymbol{j}$, 480
k, 50 k_T, 191 k_{Tt}, 463 K_1, K_2, K_0, 292 $\mathbf{k}$, 17, 75
l, l_1, 118 $l_1(c_1)$, 124 $l(C_2)$, 257 $l(c_2)$, 515 $L_{12}(\chi)$, 204 $L_1(\chi)$, 211
m, 36 m_s, 59 m_0, m_1, m_2, 72 M, 51 M_1, M_2, 72
n, 36, 59 n_s 59 N, 57 N_{11}, 117 N_{12}, 116 N_s, 278 N_1, N_2, $\cdots$, 290 $n^{(s)}$, 419
p 46 p_0, 281 p_{xx}, p_{xy}, $\cdots$, 45 P_1, P_2, P_{12}, 223 P^α, 266 $\boldsymbol{p}_n$, 43 $\boldsymbol{P}$, P, 230 P_s^α, $\boldsymbol{P}_s$, $\boldsymbol{P}_s^{(i)}$, 267 $\mathbf{p}$, 45 $\mathbf{p}_s$, 60 $\mathbf{p}^{(0)}$, $\mathbf{p}^{(r)}$, 155, 183
Q_1, Q_2, Q_{12}, 223 $\boldsymbol{q}$, 58 $\boldsymbol{q}^{(0)}$, $\boldsymbol{q}^{(r)}$, 155, 183 Q^α, 266 Q_s^α, $\mathbf{Q}_s$, $\boldsymbol{Q}_s^{(i)}$, 267 $\mathbf{Q}$, 542
$\boldsymbol{r}$, 15 R_1, R_2, R_{12}, R'_{12}, 225 R, 52
s, 170 s（指数）, 234 s_1, s_2, s_{12}, 320 s'_{12}, 351 $S_m^n(x)$, 171
S, S_{12}, 246 S, 170 s_1, s_2, 225 S, 55
t, 15 T, 171 T, 50
$\mathbf{U}$, 19 u, 132 u'_{11}, 139 u, v, w, 34 u_0, v_0, w_0, 37 U, V, W, 37
$V_{12}(r)$, 231 $V(r_{ij})$, 421 V, 51
$\overline{W}_+$, 96 $\mathscr{W}_{12}^{(l)}(r)$, $\mathscr{W}_1^{(l)}(r)$, 227

x_1, x_2, 186 x_s, 460
Z_s, 277,454

希腊字母符号

α_q, 172,197 $\alpha_{12}(g,b)$, 81 $\alpha_1(g,b)$, 82 $\alpha_{12}(g,\chi)$, 433 $\alpha_1(g,\chi)$, 437 $\alpha_{KL}^{K'L'}$, 452 α_{12}(热扩散因子), 191 α_0, 367
β_q, 175,199
γ, 54
δ_q, 197 Δ, 223 Δ, 378 $\Delta\bar{\Phi}$, 64 $\Delta\bar{\Phi}_s$, 64
$\Delta_1\bar{\Phi}_1$, $\Delta_2\bar{\Phi}_1$, 81 Δ_{st}, 462 ∇, 15
ε, 75 ε_{12} 244
θ, 16 ϑ, 481
$\iota(=\sqrt{-1})$, 435
κ_{12}, 232 κ, 234 κ'_{12}, 244
λ, 136 $[\lambda]_1,\cdots$, 217 λ_{st}, 147 λ', λ'', 298 $\lambda_{(1)}$, $\lambda_{(2)}$, 341 $\lambda_{(s)}$, 469
μ, 133 $[\mu]_1,\cdots$, 217 μ_{st}, 146 $\mu_{(1)}$, $\mu_{(2)}$, 324 $\mu_{(s)}$, 472
ν, 232 ν', 244
$\xi(f)$, $\xi^{(0)}(f^{(0)})$, $\xi^{(1)}(f^{(0)},f^{(1)})$, $\cdots$, 149
$\varpi_{12}(c_1)$, 127 ϖ_{12}, 128 ϖ, 288,411
ρ, 36,59 ρ_s, 59
σ_1, σ_2, σ_{12}, 77 σ, 118 σ_{12}, σ_1, 227
τ_1, 118 $\tau_1(c_1)$, 123 τ, 140,289 τ_{12}, 143 τ_r, 335
υ, υ_0, υ_{00}, 232 υ_{01}, 240
φ, 16 ϕ, $\phi(c)$, $\cdots$, 38 $\bar{\Phi}$, 39 $\bar{\Phi}_s$, 59 $\phi_{12}^{(l)}$, 210 $\Phi^{(r)}$, 154 $\Phi_1^{(1)}$, $\Phi_2^{(1)}$, 185
χ(偏转角), 75 χ(稠密气体), 399
ψ, 78 $\psi^{(1)}$, $\psi^{(2)}$, $\psi^{(3)}$, 67 $\psi^{(i)}$, 68 Ψ, 103 $\psi^{(4)}$, 273
$\Omega_{12}^{(l)}(r)$, 209 $\Omega_1^{(l)}(r)$, 214 $\boldsymbol{\omega}_s$, ω_s, 277

符号 r_q 表示乘积 $r(r-1)\cdots(r-q+1)$，例如第 171 页和第 234 页。

绪 论

1. 分子假说

本书目的在于阐明“气体”这一类自然物质的某些已经观测到的属性．采用的方法是数学方法．

我们论述问题所依据的基础是物质的分子假说．分子假说认为：物质不是连续的，不是无限可分的，而是由有限数目的、称作为“分子”的小物体所组成．在任一特定情况下，这些分子可能都是同一种类的，也可能是不同种类的．不过，分子种类的数目通常远小于分子数目．自由原子、离子和电子都可以看作是特殊种类的分子．单个分子非常微小，甚至使用最高倍数的超级显微镜，也无法一个一个地看到它们．

在实验物理工作者和理论物理工作者的共同努力下，对分子的结构及其相互作用已提出了一些假说；但是，目前人们还只对少数几种分子有精确详细的了解．因此，数学工作者只得选择一些理想化的模型加以探讨，尽可能精确地推算出它们的属性，以此来说明实际气体分子的一些特征．这项工作做起来颇为困难，人们不得不对所用模型加以某些限制．例如，倘若分子模型不是球对称的，那么研究它们的相互作用，就要涉及求解某些困难的动力学问题．因此人们通常都是将分子的质量分布和力场取作是球对称的．正如本书所表明的，即使如此，研究仍是非常复杂的；如果把球对称条件稍微放宽一点，其复杂程度便会大大增加． 本书所研究的各种具体分子模型，将在本章 3.3 节和第十一章中予以描述．

2. 分子热运动论

分子假说在化学及物理学中是极其重要的． 在某些场合下，特别是在化学和结晶学中，可以把分子看作是静止的. 但是通常我们必须考虑分子的运动. 人们看不见各个分子的运动，但是有证据表明，分子运动是极其急剧的. 分子假说的一个重要推论，就是所谓的分子热运动论. 该理论认为，组成物体的分子，若运动得越快(或越慢)，则物体就越热(或越冷)；而且，物体的热能实际上就是这些看不见的分子相对于整个物体运动的机械能——动能和势能. 因此，可以认为热能包括了分子的平动能，该平动能是相对于一个运动坐标系而言的，而这个坐标系则随由这些分子在此刻所组成的物体微团一起运动. 如果分子结构允许有转动和振动的话，那么热能就还要包括转动的动能，以及振动的动能和势能.

既然人们认为热能是一种看不见的机械能，因而必定可以用力学单位把它表示出来. 事实上，Joule 已经证明：通常给定的热能值，是跟能够转换成(例如，通过摩擦方式)这一热能的机械能值成正比的. 这个比值为

$$\frac{\text{用热量单位表示的热能值}}{\text{用力学单位表示的同一能量值}},$$

称为焦耳"热功当量"——通常用 J 表示.

3. 物质的三态

一般说来，分子假说和分子热运动论对于各种物质都是适用的. 物质的三态——固态、液态和气态——仅仅是按照分子的彼此靠近程度及其运动强度来区分的. 在固体中，分子被认为都是紧紧地挨在一起的，每个分子都被其邻近的分子包围着. 因而分子要从它们中间滑移过去并进入一个新的位置，这种机会是极其罕见的. 如果固体受到加热，分子的运动就变得较为剧烈. 而且，分子间的相撞一般会使物体产生微小的热膨胀. 继续加热到某一温度时(这与物体所承受的压强有关)，分子的运动就强烈到如此程度，以致分子虽然仍是密集的，但它们已经能够从相邻分子群中的这一群跑至另一群. 此时就达到了液态. 再继续加热，最终便

会出现气态，在这种状态下，分子已经突破了彼此相互吸引的束缚，因而会膨胀得充满它们可以占据的任何容积。在某些压强和温度下，能发生两种物态（液体和气体，固体和液体，或者固体和气体）平衡地共存的现象；而到某一特定的压强和温度时，就会发生这三种物态的共存。

4. 气体理论

在固体或液体中，邻近分子对之间的相互作用力是相当强的，事实上，它足以把大量的分子结合在一起，即便将所有的外部压力去掉也至少能维持一段时间。倘若把这些分子想象成彼此接触的一些刚体，而且假定一个分子所占据的体积就等于这种刚体的体积，于是就得到固体的静态图象。

气体的密度总是低于该物质在液态或固态时的密度。所以气体分子彼此相隔很远，其间距远大于分子的尺度。它们总是向四面八方运动，彼此影响很小。仅当两个或更多的分子碰巧十分靠近时，它们的轨道才将发生显著的偏转。在这种情况下，人们就说这些分子彼此会遇了。或者说发生了一次碰撞。显然，这种碰撞现象不如两个刚体碰撞那样意义明确[1)]；如果将两个分子由于接近而发生偏转这样一个事件命名为碰撞的话，那么，只有规定了必须产生的最小偏转值之后，碰撞这一概念才能确切。

把分子看作周围没有力场作用的刚体时，分子在连续两次碰撞之间的运动是完全自由的，没有任何相互影响。因此，可以说

---

1) 术语“会遇”(encounter)与“碰撞”(collision)含义不同。前者表示二个分子彼此靠近时因相互作用（如分子间的相互吸力或斥力）而致使分子运动轨道发生明显偏转的现象，它并不发生分子的直接接触；而后者则表示二个分子像刚球般的直接撞击。但在分子运动论的习惯术语上，人们常把这二种现象统称为“碰撞”。在本书中，我们就把这二个术语统译为“碰撞”，读者应把此术语理解为“分子发生相互作用的现象”，有时这种相互作用就像刚球般的直接撞击，有时这种相互作用只是因分子间相互作用力引起的分子轨道偏转；这取决于选用哪一种分子模型。——译者注

每个分子在其相继的两次碰撞之间走过一段自由程．气体越稀薄(或越稠密)，平均自由程就越大(或越小)．

尽管分子仍然是刚性的，但若周围存在力场时，自由程的概念就不太明确了．假若分子不是刚性的，那么自由程概念便更加不确切了．不过，只要采用上述规定最小偏转值的办法——这使碰撞概念具有像刚体撞击那样的确切含义——那么自由程概念仍可以应用于由这类分子组成的气体．

低密度气体中的碰撞，主要是在一对对分子之间发生的；相反，在固体或液体中，每个分子通常都是与好几个相邻分子靠近或直接接触的．所以在气体中，可以合理地忽略除了二体碰撞[1]以外的其它所有碰撞，这是十分重要的简化，它使得气体理论获得了目前这样高度的发展．

5. 统计力学

在通常的力学中，我们的目的往往是在预先指定一些初始条件之后，设法确定其后的运动情况．但是，我们研究气体理论的方法必须与此不同，原因有二．首先，我们从来都不知道详尽的初始条件，即每一个分子在指定初始瞬间的位置和运动状况；其次，即使知道了初始条件，我们也无力去完成这项任务，即确定组成气体的所有大量分子随后所发生的运动．所以，我们根本不打算探究各个分子的命运，而只是有兴趣于一些统计属性，如：对某个短暂时间间隔取平均而得到的微小体积中分子的平均数目、平均动量或平均能量，以及线速度或其它运动量在分子中间的平均分布律等．

这样来限定我们的目标，不仅按数学上的原因是必须的，而且根据物理上的考虑也是合适的．因为人们对一团气体所做的试验，只能测出气体的这类“平均”属性．我们的目标就是，例如，去

1) 即：参加碰撞的只有二个分子，没有第三个分子或更多的分子参加．——译者注

探求上述分布律——“平均”的或整体的——是怎样随时间而变化的，假如某一瞬时此分布律为已知的话；或者又例如，去探求二种异类分子组成的非均匀混合气体是怎样通过所谓的扩散过程而发生变化.

我们在试图求解这类问题时，不仅要研究分子碰撞的动力学，而且还得研究碰撞的统计学. 此时，我们必须运用几率假设. 例如假设： 分子总是“随机地”或均衡地遍布于某个微小体积内的；而且，当分子所具有的速度处在某一范围之内时，它们也是这样分布的.

发展气体分子运动论的先驱者们已经直觉地采用了这类几率设想. 他们的研究工作为当前一个十分广阔的理论物理学分支，即所谓的统计力学奠定了基础. 不过，统计力学所研究的对象却要比气体普遍得多. 统计力学把几率方法应用于力学问题，因而，就它的基本原理而言，也承袭了概率论本身所固有的某些含混不清之处. 分子运动论的奠基者们曾经遇到这些哲理上的困难，而且已经通过下面的讨论使之得到了部分的(尽管还不是全部的)澄清.

就一个方面来说，概率论只不过是一门关于排列问题的数学理论. 排列论中最简单的问题是： 将m个不同物体排列成n行($m>n$)，其中要考虑物体在行中的次序，问一共有多少种不同的排列方式？各式各样这种类型的问题，以及更加复杂类型的问题，都可以用完全确定的方法求解出来.

下面所述的问题有助于阐明气体中密度均匀性的概念. 假定把某个体积分成几个大小相等的小室，现在来探讨m个分子在此体积内所有可能的排列数，其中m远大于 n. 如果仅仅考虑个别分子在每个小室中的存在而不管它们的次序或配置情况的话，那么各种不同排列的数目是 n^m. 在这 n^m 次排列中，会多次出现这样的排列，在 1 到 n 各个小室内的分子数目，构成了同一特定数列 $a_1, a_2, \cdots, a_n$. 当然后者应满足

$$a_1 + a_2 + \cdots + a_n = m$$

不难证明，当 m/n 很大时，n^m 次中绝大多数的排列所对应的分布是：a_1 到 a_n 的每一个数字与 m/n(每室的平均分子数)相差甚小。所以，只要我们认为原先的 n^m 个排列都是具有同样几率的(其理由是：所有小室的体积都是相等的，因而没有道理说任一特定的分子只应该位于这一个小室中，却不能位于另一个小室中)[1]，那么就可以得出结论：在任意选定的某团气体中，分子密度在整个体积内几乎必定是非常接近于均匀的。

稍加思索就可以发现，这种有些含混的几率阐述同关于分子排列问题的原始结论相差甚远。它严密性较差(尽管能够用区界限制很窄的不等式形式来表示)，而且还依赖于一个关于先验几率的假设。与此类似，有关几率的每种阐述都依赖于关于先验几率的某个假设，都不如排列论的结果那样明确。

和考虑排列问题相类似，现在来研究总数量给定的平动能在气体分子中间的分布问题。在此问题中，整群分子的质量中心是静止的。这里还假定某个指定的分子具有所有各种不同速度的几率先验地相等。于是我们可以得到下述结果：分子速度的分布几乎必定是十分接近于 Maxwell 最先(根据直观的，而且是无法证明的几率设想)导出的一个公式。这种先验假设虽然无法证明，但是利用 Liouvill 给出的纯粹动力学定理可以证明：气体状态随着时间的流逝而变化时，最初发现为最多的"排列"(包括空间和速度这两种分布)将总是保持为最多。因此结论就是：均匀密度和 Maxwell 速度分布总是最可几的。尽管某团特定的气体所经历的状态，用这些正常状况还可能有某种程度的偏离，但这种情况是十分罕见的，其不可几程度可以估算出来。

这些统计力学的结论，以及一些其它类似的结论，说明了几率概念在气体分子运动论中的用途。分子运动论中得出的结果通常都是用十分确定的形式加以阐述的。但是，对这些结论有效性的

1) 当然，这意味着各个分子的体积是可以忽略不计的。倘若一个小室大部分的容积已经被一些分子占据了，那么就可以认为另一个分子在这个小室里找到位置的可能性要小于在某个比较空的小室里找到位置的可能性。

评价不能高于导出它们时所用的论据．由于在这些论据中，我们需要运用几率概念，因此分子运动论的结果只能是几率的．不过，统计力学的研究表明，包含着非常大量独立单元(例如分子)的体系，其几率通常具有很高的可几程度，以至对所有实用目的来说，它等价于必然．因此在实验工作和热力学理论中，统计力学断言为极其可几的结果通常便可以当作是严格真实的．所以，尽管在理论上不能排除有短暂地偏离最可几状态的极小可能性，但是在实践中，我们无须怀疑分子运动论结果与实验结果的一致性．

我们已经依据统计力学导出了有关体系平衡态的某些结论．这些结论与平衡态借以达到的方式无关．但是，统计力学并未告诉人们，一个体系将是如何（或者说，将以何种速率）达到平衡态的．只有掌握了组成该体系的分子或其它组元的某些细节以后(而统计力学可以不管这些细节的)，上述问题才能够得以确定．

研究非平衡态问题则属于细致的分子运动论的领域，这类研究占据了本书的大部分篇幅．但是，在前几章(第3，4章)中，我们亦应用分子运动论的几率方法来确定平衡态．这样得到的结果仅仅是统计力学结果(它们则更为普遍得多)的特例而已．

6. 分子运动论结果的解释

分子运动论方法已经成功地给出了许多有实际意义的结果，尽管人们目前还不能确信所选的分子模型与真实分子是完全相符的．但是，我们将不同模型所得出的结果进行比较，就能够得知某项具体的结果对于分子模型的这种或那种特征的依赖程度到底有多大．看来，结论大致是这样的：如果假设分子的中心彼此越靠近，它们相互趋近的速率就越大，这样假设所导出的气体各种属性的定量结果，比起假设分子是刚体所得到的结果，要更加符合于观测到的实际值．因此，如果我们打算进行定量的分析而不是仅仅作简单的叙述性讨论的话，周围有力场作用的分子模型就比刚性分子模型更好一些．

当实际气体处于中等温度时，其中绝大部分的分子(极小部分除外)处在碰撞过程中．分子中心之间的最短距离仍然明显地大于分子(具有标准的内部结构)相互紧挨时所对应的中心距．因此在气体分子运动论中，分子的内部结构没有直接的意义，它们仅仅是确定了分子的外部力场，而外部力场却构成了分子的作用外垒．这个外垒的特性在分子运动论中则是重要的．就我们的目的来说，分子的外垒作用可以这样合适地表出，即：在碰撞的最近距离以外的整个范围内，用一个公式来表示分子力场强度随分子中心距离的近似变化率．至于距离小于碰撞最近距离时，分子力场究竟怎样，这不影响分子运动论的计算．所以，我们可以不管分子在这个最近距离以内的真实结构，即使把分子看作为力心点亦无弊害．

在分子运动论的计算中，分子是球对称这一限制并不至关重要．虽然事实上，许多实际分子根本不是球对称的．这是因为分子一般都在旋转，因此它们碰撞时彼此的方位可以在任何一个方向上．所以，尽管某一次特定碰撞的详细情节是与分子方位有关的；但是如果取一群球对称分子，其各对分子之间的作用力（在任何距离上）都等于具有同样中心间距的实际分子对之间的作用力在所有方位上的平均值，这时对实际分子的大量碰撞取平均后所得的结果，大概不会与上述那群球对称分子碰撞的平均结果有很大的差异．对碰撞结果这样地取平均，就是分子运动论计算的基础．所以，对于非球形分子的气体来说，本书得出的许多结果，不但在定性上是正确的，而且在定量上也不会与正确结果相差很远．可是，在涉及到总热能的问题中情况就不同了．因为实际分子所具有的平均内能可能与球对称模型的不同．这是上述结论的主要例外．

7. 一些宏观概念的解释

我们的目标是：用一些看不见的、不可直接观测到的、想象出来的事物，来解释那些能够看到并可以直接观测的事物．我们所沿用的一般方法，在叙述分子假说和分子热运动论时已经说明过了．不过还遗留下一些问题，人们对于它们可以自由地选用不同的解释．判断我们所选用的解释正确与否的准则，就是看一看，在我们所认定的一些可观测宏观量之间求得的关系是否近似于实际观测到的关系．当这样的选择尝试成功了，它就提供了一个依据，使得人们完全有理由期待，按照分子运动论的原理所提出的迄今未知的某种宏观关系将可以得到实验的证实．

但是应该强调指出，人们只能期望：在实际观测到的宏观关系与由分子运动论推导出来的关系之间，二者的相符一致只是近似的．这两组关系间的歧异，可以合理地归因于数学家所用的“模型”分子还不能完善地表征实际分子．

这里将简要地综述一下分子运动论对一些典型的宏观属性的解释．

我们可以认为一群分子的组合质量就是该群分子的宏观测得的质量．

某一微团物质所具有的热能，就是分子相对于整个微团运动的平动能，以及在碰撞时可以同平动能相互交换的其它形式分子能量的总和．所以，在双原子和多原子分子中，原子核的相对运动对热能可以贡献其动能和势能；但是，象惰性气体分子中的电子动能和势能这类能量(常态下它不受碰撞影响)，却可以略去不计．与此相应，在我们所用的某些分子模型中(例如光滑刚球模型)，就没有考虑平动能和转动能之间可能发生的交换．在讨论这些模型时，我们可以根本不涉及转动能．

气体对界面的应力[1]，可以认为等于单位界面面积上由于分子碰撞所造成的对时间平均的动量传递率．动量大致是以间断的方式传递的，但是这些个别的冲量是如此的微小而频繁，次数又是如

1) 一般说来，气体对界面的作用力并不垂直于界面．故应力(单位面积上的作用力)亦不一定垂直界面．应力在垂直界面上的分量，就是压强．当气体相对静止于界面时，应力就垂直于界面．——译者注

此的巨大，以致它们可以模拟一个连续的应力．除了这种动量应力之外，还有一种由于气体分子和壁面之间的远距作用而产生的应力．但这种应力要小得多，因此本书在一般情况下将不予考虑．

可以认为每个分子相对于气体整体运动的平均平动能与热力学温度成正比．其比例常数和气体无关，只取决于能量和温度的单位．只要我们研究的是同一类气体的现象，那么，把分子平动能和热力学温度这样地等同起来就是允许的（条件是这一点可以由它的结论来证实）．但是这里又产生了一个问题：在由不同种类分子组成的混合气体中，对其不同的组元是否仍能这样将平动能和热力学温度等同之？只要我们把讨论完全局限于气体现象方面，而且当我们把两种不同的气体混合时，按照温度的这种定义，可以认为这两种气体具有相等的温度时，那么上述问题看来就取决于能否以这个相等的温度来表征整个混合气体．这正象我们在混合热力学温度相等的实际稀薄气体时所观察到的情况那样．对于这一问题，分子运动论能够给出相当满意的肯定答案（参阅 4.3 节），从而证明了它那关于温度定义的方法是合理的．但是，象两种不同气体与另外的物体（譬如说，盛有两种气体的容器中作隔舱用的传热壁）之间的热平衡这样一类问题，则已超出了气体分子运动论的题材范围．它们属于统计力学范畴，后者所研究的系集要比气体一般得多．

8. 量 子 论

创立分子运动论的学者们认为，他们所想象的分子，其行为准则（或者用技术语言来说，就是运动的力学定律）和表征我们日常经验中的物体的行为准则是相同的．这样做与其说是有先验正当的理由，不如说是由于一种谨慎保守做法的启示．刚球分子就是他们将普通的弹子球加以理想化．力心点也是他们根据天文学上把行星看作是重力引力的力心而设想出来的．

一般说来，由这种设想的分子行为所得到的结果与实际观测到的气体属性十分相符．这就支持了分子正是按照这种设想方式而运动的观点．但是，分子运动论根据这一假设所得出的结果并不是同观测的事实全部相符，这亦在意料之中．这些矛盾分歧的本质应解释为分子行为的准则或规律(包括统计规则)偏离了经典定律．这种偏离现象，已经通过对许多其它的物质现象(特别是光谱现象)的研究而揭示出来． 探讨这些问题的新定律和科学体系就是所谓的量子定律和量子论．对于这些问题，本书仅作简略的概述(在第 17 章中)． 因为本书的主要目的在于反映以经典力学为基础的气体分子运动论的基本发展．

第一章 矢量和张量

1.1. 矢 量

本书将大量地应用矢量和三维笛卡儿张量的符号及其运算．因此，在这一章中，我们将需用的矢量和张量的符号与运算方法作一概略的说明．

一个既有大小又有方向的物理量叫做矢量．我们将用黑体字符来表示矢量，例如[1)]

$$\boldsymbol{a},\ \boldsymbol{A},\ \boldsymbol{\mathscr{C}},\ \boldsymbol{\omega},\ \boldsymbol{n}.$$

矢量的幅值（总是正的）通常用与该矢量的黑体字符相对应的白体字符来表示．例如，我们用 a, A, $\mathscr{C}$, ω 表示 $\boldsymbol{a}$, $\boldsymbol{A}$, $\boldsymbol{\mathscr{C}}$, $\boldsymbol{\omega}$ 的大小（当然，单位矢量便不需要这类表示幅值大小的符号）．

矢量 $\boldsymbol{A}$ 在与 $\boldsymbol{A}$ 倾斜为 θ 角 $(0 \leqslant \theta \leqslant \pi)$ 的方向上的分量定义为 $A\cos\theta$，此值可以是正的或负的．当一个矢量在三个相互垂直方向上的分量都给定时，该矢量即可完全确定． 如若这三个方向就是笛卡儿坐标系[2)]的轴线 Ox, Oy, Oz 的方向，那么在这些方向上的分量就叫做相对于这些轴线的直角笛卡儿分量．为表示这些直角分量，可以在表示该矢量幅值的符号上加写下标 x, y, z

---

1）为方便读者起见，关于这些字体，本书还做了一些专门的规定如下：

（i）幅值为 1 的矢量（或简称为单位矢量），采用黑正体的普通小写字母来表示，即

$$\mathbf{e},\ \mathbf{h},\ \mathbf{i},\ \mathbf{j},\ \mathbf{k},\ \mathbf{l},\ \mathbf{n};$$

（ii）黑草体的大写字母，例如

$$\boldsymbol{\mathscr{C}},\ \boldsymbol{\mathscr{G}}_0$$

将表示某些无量纲矢量，它们与相应的黑斜体大写字母，即

$$\boldsymbol{C},\ \boldsymbol{G}_0$$

所代表的矢量有关联．

2）本书全篇中都认为笛卡儿坐标参考系的三条轴线是相互垂直的（或者说是正交的），而且是按右旋定则的．

(例如 a_x, a_y, a_z 表示 a 的 x, y, z 分量)，或者可以采用一些专门的符号(如同 1.2 节中对 $\boldsymbol{r}$ 和 $\boldsymbol{C}$, 以及 1.33 节中对 $\boldsymbol{c}$ 那样处理).一个矢量的幅值可以由它的直角分量给定,其公式如下

$$a^2 = a_x^2 + a_y^2 + a_z^2. \tag{1.1, 1}$$

设 $\boldsymbol{a}$ 为矢量,它相对于坐标轴 Ox, Oy, Oz 的分量为 a_x, a_y, a_z. 再设 Ox', Oy', Oz' 为第二组正交坐标轴，它们相对于第一组坐标轴的方向余弦是 (l_1, m_1, n_1), (l_2, m_2, n_2), (l_3, m_3, n_3). 这样,矢量 a 相对于第二组坐标轴的分量 $a_{x'}$, $a_{y'}$, $a_{z'}$ 则由三个形式相似的式子给定,其中之一为:

$$a_{x'} = l_1 a_x + m_1 a_y + n_1 a_z. \tag{1.1, 2}$$

类似地,我们有

$$a_x = l_1 a_{x'} + l_2 a_{y'} + l_3 a_{z'}. \tag{1.1, 3}$$

以及另外两个相似的关系式. 如果我们用 $t_{xx'}$, $t_{xy'}$, $t_{xz'}$, $t_{yx'}$, $t_{yy'}$, $\cdots$ 来代替 l_1, l_2, l_3, m_1, m_2, $\cdots$, 那么上述各式的形式将更简单些. 这九个符号 $t_{\alpha\beta'}$ (其中, α 和 β 可以代表 x, 或者 y, 或者 z) 确定了一个矩阵,我们称此矩阵为转换矩阵. 该矩阵的典型元素 $t_{\alpha\beta'}$ 是坐标轴 $O\alpha$, $O\beta'$ 之间夹角的余弦. 利用这种符号,转换关系式可以写成为

$$a_{\beta'} = \sum_{\alpha} a_\alpha t_{\alpha\beta'}, \tag{1.1, 4}$$

$$a_\alpha = \sum_{\beta'} t_{\alpha\beta'} a_{\beta'}. \tag{1.1, 5}$$

1.11. 矢量的和与积

我们定义两个矢量的和为另一个矢量，其分量为这两个矢量相应分量的和. 因此，矢量相加的法则与力或速度合成的平行四边形法则相同.

设 $\boldsymbol{a}$, $\boldsymbol{b}$ 是两个矢量,其夹角为 $\theta(\leqslant \pi)$. 这样，$ab\cos\theta$ 就是一个标量(即仅有大小而无方向的一种量). 我们把它称作 $\boldsymbol{a}$ 和 $\boldsymbol{b}$ 的**标量积**,并用 $\boldsymbol{a}.\boldsymbol{b}$ 表示. 若用 $\boldsymbol{a}$ 和 $\boldsymbol{b}$ 的分量来表示的话,则有

$$\boldsymbol{a}\cdot\boldsymbol{b}=a_xb_x+a_yb_y+a_zb_z=\boldsymbol{b}\cdot\boldsymbol{a}. \qquad (1.11, 1)$$

由此可以得出

$$(\boldsymbol{a}+\boldsymbol{b})\cdot(\boldsymbol{c}+\boldsymbol{d})=\boldsymbol{a}\cdot\boldsymbol{c}+\boldsymbol{b}\cdot\boldsymbol{c}+\boldsymbol{a}\cdot\boldsymbol{d}+\boldsymbol{b}\cdot\boldsymbol{d},$$

此式有如下几种重要的特殊情况：

$$(\boldsymbol{a}+\boldsymbol{b})\cdot(\boldsymbol{a}+\boldsymbol{b})=a^2+2\boldsymbol{a}\cdot\boldsymbol{b}+b^2,$$
$$(\boldsymbol{a}-\boldsymbol{b})\cdot(\boldsymbol{a}-\boldsymbol{b})=a^2-2\boldsymbol{a}\cdot\boldsymbol{b}+b^2,$$
$$(\boldsymbol{a}+\boldsymbol{b})\cdot(\boldsymbol{a}-\boldsymbol{b})=a^2-b^2.$$

我们定义矢量 $\boldsymbol{a}$，$\boldsymbol{b}$ 的矢量积为另一个矢量，其大小为 $ab\sin\theta$，其方向同时垂直于 $\boldsymbol{a}$ 和 $\boldsymbol{b}$，并指向右手螺旋的前进方向上．这里，螺旋的旋转是从 $\boldsymbol{a}$ 转向 $\boldsymbol{b}$，并通过 $\boldsymbol{a}$ 和 $\boldsymbol{b}$ 之间的夹角 $\theta(\leqslant\pi)$．在本书中，将矢量积记作 $\boldsymbol{a}\wedge\boldsymbol{b}$．其笛卡儿分量为

$$a_yb_z-a_zb_y,\ a_zb_x-a_xb_z,\ a_xb_y-a_yb_x. \qquad (1.11, 2)$$

利用这些表达式不难证明：

$$\boldsymbol{a}\wedge(\boldsymbol{b}\wedge\boldsymbol{c})=(\boldsymbol{a}\cdot\boldsymbol{c})\boldsymbol{b}-(\boldsymbol{a}\cdot\boldsymbol{b})\boldsymbol{c}. \qquad (1.11, 3)$$

有一类特殊的矢量，它们与矢量积相关联，应该专门划分出来予以研究． 这类矢量的典型例子就是物体的角速度以及力矩等，它们都是和围绕某根轴线的旋转有关的．这类“旋转矢量”沿着转动轴线，其方向为右手螺旋按照被考察量的旋向而转动时的前进方向．因此，一个旋转矢量的正负号取决于其旋转定则的规定[1]．假如这个规定变更了，那么旋转矢量的正负号就会改变． 由于在定义矢量积时曾经采用了这样的规定，所以两个普通矢量的矢量积便是旋转矢量的一个例子．但是，一个普通矢量和一个旋转矢量的矢量积却是普通矢量．因为在确定后一矢量时，关于正方向的规定要使用两次，所以即使改变规定，它也不会改变正负号了．

在力学方程中，旋转矢量只能等于旋转矢量，而不可以与其它类型的矢量相等．

1）即关于右旋定则或左旋定则的选择．——译者注

1.2. 位置的函数

空间中的任何一点，既可以由该点对某个原点O的位移的“位置矢量”$\boldsymbol{r}$来确定，也可以由此矢量的笛卡儿坐标x, y, z(即$\boldsymbol{r}$的分量，这三个坐标是参照以O为原点的一组直角坐标轴而定的)来确定. 为简明起见，我们常常将术语“在点$\boldsymbol{r}$处在时刻t时”简略写为“在$\boldsymbol{r}, t$处”.

一个位置的函数ϕ，如果它是标量，就可以用$\phi(\boldsymbol{r})$或$\phi(x, y, z)$来表示。但如果它是一个矢量函数，那么函数的符号将印成黑体. 例如$\boldsymbol{\phi}(\boldsymbol{r})$，而它的笛卡尔分量则将记作$\phi_x(\boldsymbol{r})$，$\phi_y(\boldsymbol{r})$，$\phi_z(\boldsymbol{r})$，或更简单地记作$\phi_x, \phi_y, \phi_z$.

分量为$\partial/\partial x, \partial/\partial y, \partial/\partial z$的算符，在由一组坐标轴$Ox, Oy, Oz$转换到另一组坐标轴$Ox', Oy', Oz'$时，其转换关系式与矢量的转换关系式相同. 按照1.1节的符号，此转换关系式为

$$\frac{\partial}{\partial x'}=\frac{\partial x}{\partial x'}\frac{\partial}{\partial x}+\frac{\partial y}{\partial x'}\frac{\partial}{\partial y}+\frac{\partial z}{\partial x'}\frac{\partial}{\partial z}$$

$$=l_1\frac{\partial}{\partial x}+m_1\frac{\partial}{\partial y}+n_1\frac{\partial}{\partial z}.$$

所以这类算符可以作为一个矢量来处理，常用$\partial/\partial\boldsymbol{r}$或$\nabla$表示之.

对一个标量函数$\phi(\boldsymbol{r})$作$\partial/\partial\boldsymbol{r}$运算就得到该函数的梯度. 它是一个矢量，分量为$\partial\phi/\partial x, \partial\phi/\partial y, \partial\phi/\partial z$. 若$\phi(\boldsymbol{r})$仅是幅值$r$的函数，则不难证明:

$$\frac{\partial\phi}{\partial\boldsymbol{r}}=\frac{\boldsymbol{r}}{r}\frac{\partial\phi}{\partial r}; \tag{1.2, 1}$$

特别是

$$\frac{\partial r^2}{\partial\boldsymbol{r}}=2\,\boldsymbol{r}. \tag{1.2, 2}$$

$\partial/\partial\boldsymbol{r}$和矢量函数$\boldsymbol{\phi}(\boldsymbol{r})$的标量积$\partial/\partial\boldsymbol{r}\cdot\boldsymbol{\phi}$(或$\nabla\cdot\boldsymbol{\phi}$)叫做

该矢量函数的散度(有时亦记作 div $\boldsymbol{\phi}$). 当然,当坐标轴变换时,散度是保持不变的. 显见

$$\frac{\partial}{\partial \boldsymbol{r}} \cdot \boldsymbol{\phi} = \frac{\partial \phi_x}{\partial x} + \frac{\partial \phi_y}{\partial y} + \frac{\partial \phi_z}{\partial z}. \tag{1.2, 3}$$

类似地,若 $\boldsymbol{C}$ 是一个矢量,它的 x, y, z 分量为 U, V, W, 而且 $\boldsymbol{\phi}(\boldsymbol{C})$ 是 $\boldsymbol{C}$ 的某个矢量函数,则有

$$\frac{\partial}{\partial \boldsymbol{C}} \cdot \boldsymbol{\phi}(\boldsymbol{C}) = \frac{\partial \phi_x}{\partial U} + \frac{\partial \phi_y}{\partial V} + \frac{\partial \phi_z}{\partial W}, \tag{1.2, 4}$$

其中 ϕ_x, ϕ_y, ϕ_z 是 $\boldsymbol{\phi}(\boldsymbol{C})$ 的 x, y, z 分量. 同样,如果 $\phi(\boldsymbol{C})$ 是 $\boldsymbol{C}$ 的某个标量函数,那么与它相关联的矢量便是

$$\frac{\partial \phi}{\partial \boldsymbol{C}}, \tag{1.2, 5}$$

其分量为 $\frac{\partial \phi}{\partial U}, \frac{\partial \phi}{\partial V}, \frac{\partial \phi}{\partial W}$. 特别是, 如果 $\phi(\boldsymbol{C}) = C^2 = U^2 + V^2 + W^2$, 此时就不难证明

$$\frac{\partial C^2}{\partial \boldsymbol{C}} = 2\boldsymbol{C}; \tag{1.2, 6}$$

对于更一般的情况来说, 如果 $\phi(\boldsymbol{C}) = F(C^2)$ (其中 F 是任一函数),那么亦不难验证

$$\frac{\partial \phi}{\partial \boldsymbol{C}} = \frac{\partial F(C^2)}{\partial \boldsymbol{C}} = 2\boldsymbol{C} \frac{\partial F}{\partial C^2} \tag{1.2, 7}$$

此外,若 $\boldsymbol{A}$ 是与 $\boldsymbol{C}$ 无关的某个矢量,则很容易证出

$$\frac{\partial}{\partial \boldsymbol{C}}(\boldsymbol{C} \cdot \boldsymbol{A}) = \boldsymbol{A}. \tag{1.2, 8}$$

1.21. 体积元和球表面元

我们用符号 $d\boldsymbol{r}$ 表示包含着点 $\boldsymbol{r}$(或点 (x, y, z)) 的体积元. 必须注意将此符号与 $\boldsymbol{dr}$ 和 dr 加以区别, $\boldsymbol{dr}$ 代表将 $\boldsymbol{r}$ 和一个邻近点连接起来的微小矢量,而 dr 则表示长度 r 的微小增量. 采用笛卡儿坐标时,取$d\boldsymbol{r}$为平行六面体 $dxdydz$ 较为方便;但是,如果采用极坐标 r, θ, φ, 那么我们就可以取 $d\boldsymbol{r} = r^2 \sin\theta dr d\theta d\varphi$, 等等.

如果 $\mathbf{k}$ 表示一个单位矢量，这时，相对于原点 O 的位置矢量为 $\mathbf{k}$ 的点，均位于球心为 O，半径为 1 的球面上．此球亦称为"单位球"．所以一定不可将 $d\mathbf{k}$ 说成是体积元，而只能说它是单位球的表面元，或者说它是该表面元在 O 点所对的立体角元．这两种说法是等价的．我们将假定表面元 $d\mathbf{k}$ 总是包含着点 $\mathbf{k}$．表面元可以具有任何形状；若 $\mathbf{k}$ 是由其极坐标 θ, φ 来规定的话，则相应地 $d\mathbf{k}=\sin\theta d\theta d\varphi$.

1.3. 并矢式和张量

对于一组选定的坐标轴来说，任何两个矢量 $\boldsymbol{a}, \boldsymbol{b}$ 均可确定一个矩阵，该矩阵的每个分量是 $\boldsymbol{a}$ 的一个分量与 $\boldsymbol{b}$ 的一个分量的乘积，即

$$\left.\begin{array}{l} a_x b_x,\ a_x b_y,\ a_x b_z, \\ a_y b_x,\ a_y b_y,\ a_y b_z, \\ a_z b_x,\ a_z b_y,\ a_z b_z. \end{array}\right\} \tag{1.3, 1}$$

这种矩阵具有有序分量，称为**并矢式**，并记作 $\boldsymbol{ab}$[1]．应该指出，并矢式 $\boldsymbol{ba}$ 一般是不同于 $\boldsymbol{ab}$ 的(除非矢量 $\boldsymbol{a}, \boldsymbol{b}$ 相互平行)．借助于符号 $\underset{\downarrow}{a_x} b_{x\rightarrow}$，便可以记住上述矩阵中下标的顺序，因为此符号指明了在式(1.3, 1)中继 x 之后各个下标是如何接续安排的．

按照 1.1 节的符号，并矢式 $\boldsymbol{ab}$ 相对于第二组坐标轴 Ox', Oy', Oz' 的分量可由下式给出

$$\begin{aligned} a_{\alpha'} b_{\beta'} &= \left(\sum_\gamma a_\gamma t_{\gamma\alpha'}\right)\left(\sum_\delta b_\delta t_{\delta\beta'}\right) \\ &= \sum_\gamma \sum_\delta a_\gamma b_\delta t_{\gamma\alpha'} t_{\delta\beta'}. \end{aligned} \tag{1.3, 2}$$

任何一个形式如下的 3×3 矩阵（相对于一组坐标轴 Ox,

---

1) 必须细心地将 $\boldsymbol{ab}$ 与 $\boldsymbol{a}\cdot\boldsymbol{b}$ 区别开来，插入一个圆点，就使并矢式符号变成两个矢量的标量积符号了．

Oy, Oz 而言）

$$\left.\begin{matrix} w_{xx}, w_{xy}, w_{xz}, \\ w_{yx}, w_{yy}, w_{yz}, \\ w_{zx}, w_{zy}, w_{zz}, \end{matrix}\right\}, \tag{1.3, 3}$$

其通项可以用 $w_{\alpha\beta}$ 表示．如果它相对于另一组坐标系 Ox', Oy', Oz' 的分量 $w_{\alpha'\beta'}$ 满足

$$w_{\alpha'\beta'} = \sum_{\gamma} \sum_{\delta} w_{\gamma\delta} t_{\gamma\alpha'} t_{\delta\beta'}, \tag{1.3, 4}$$

那么就可以说矩阵(1.3, 3)构成一个二阶张量（用符号 $\mathbb{W}$ 表示）的分量阵列（相对于坐标轴 Ox, Oy, Oz）．上面这个转换关系式与并矢式分量的转换关系式（1.3, 2）相同，因此每个并矢式都是一个张量．

我们必须细心地将并矢式或张量的分量矩阵与由该矩阵所构成的行列式区别开来．矩阵是数的有序集合，而行列式则是按照某种确定的方式对这些数的乘积求和．

两个张量的和定义为另一张量，其分量等于此两个张量相应分量的和．

张量与一个标量值 k 的乘积仍定义为张量，它的每个分量都是原张量相应分量的 k 倍．

将矩阵(1.3, 3)的行和列互换，则导出一个新的张量，通称为 $\mathbb{W}$ 的共轭张量，记作为 $\overline{\mathbb{W}}$．当 $\overline{\mathbb{W}}$ 与 $\mathbb{W}$ 全同时，则称 $\mathbb{W}$ 为对称张量．假若 $\mathbb{W}$ 不是对称的话，那么由它亦可导出一个对称张量，用 $\overline{\overline{\mathbb{W}}}$ 表示之，其分量为 $\mathbb{W}$ 和 $\overline{\mathbb{W}}$ 相应分量的平均值，于是

$$\overline{\overline{\mathbb{W}}} = \frac{1}{2}(\overline{\mathbb{W}} + \mathbb{W}). \tag{1.3, 5}$$

$\overline{\overline{\mathbb{W}}}$ 的分量为

$$\begin{matrix} w_{xx}, & \frac{1}{2}(w_{xy} + w_{yx}), & \frac{1}{2}(w_{xz} + w_{zx}), \\ \frac{1}{2}(w_{yx} + w_{xy}), & w_{yy}, & \frac{1}{2}(w_{yz} + w_{zy}). \end{matrix}$$

$$\frac{1}{2}(w_{zx}+w_{xz}), \qquad \frac{1}{2}(w_{zy}+w_{yz}), \quad w_{zz}.$$

最简单的对称张量是单位张量 $\mathbf{U}$，它相对于任意一组正交坐标轴的分量均由下式给出

$$U_{xx}=U_{yy}=U_{zz}=1, \ U_{xy}=U_{yx}=\cdots=0; \qquad (1.3, 6)$$

不难证明，当正交坐标轴转换时，这些分量并不变更.

并矢式 $\boldsymbol{ab}$ 的对角项之和为 $a_xb_x+a_yb_y+a_zb_z$ 或 $\boldsymbol{a}\cdot\boldsymbol{b}$. 当坐标轴变换时，此和值不变. 所以，任一张量 $\mathbf{W}$ 的对角项之和 $w_{xx}+w_{yy}+w_{zz}$ 也总是个不变量；它即是所谓的张量的散度. 如果一个张量的散度为零，则称该张量是无散张量.

由任一张量 $\mathbf{W}$ 均可导出一个无散张量(记作 $\overset{\circ}{\mathbf{W}}$)，其方法是从每个对角项中减去其散度的三分之一，这样就有

$$\overset{\circ}{\mathbf{W}}=\mathbf{W}-\frac{1}{3}(w_{xx}+w_{yy}+w_{zz})\mathbf{U}. \qquad (1.3, 7)$$

$\overset{\circ}{\mathbf{W}}$的分量为

$$\begin{matrix} \frac{1}{3}(2w_{xx}-w_{yy}-w_{zz}), & w_{xy}, & w_{xz}, \\ w_{yx}, & \frac{1}{3}(2w_{yy}-w_{xx}-w_{zz}), & w_{yz}, \\ w_{zx}, & w_{zy}, & \frac{1}{3}(2w_{zz}-w_{xx}-w_{yy}). \end{matrix}$$

符号○和＝可以同时放在一个张量符号的上方，例如 $\overset{\circ}{\overline{\overline{\mathbf{W}}}}$. 根据式(1.3, 7)可知，$\overset{\circ}{\overline{\overline{\mathbf{W}}}}$ 表示

$$\overline{\overline{\mathbf{W}}}-\frac{1}{3}(w_{xx}+w_{yy}+w_{zz})\mathbf{U}. \qquad (1.3, 8)$$

显见，$\overset{\circ}{\overline{\overline{\mathbf{W}}}}$ 的分量为

$$\frac{1}{3}(2w_{xx}-w_{yy}-w_{zz}),\quad \frac{1}{2}(w_{xy}+w_{yx}),\quad \frac{1}{2}(w_{xz}+w_{zx}),$$

$$\frac{1}{2}(w_{yx}+w_{xy}),\quad \frac{1}{3}(2w_{yy}-w_{xx}-w_{zz}),\quad \frac{1}{2}(w_{yz}+w_{zy}),$$

$$\frac{1}{2}(w_{zx}+w_{xz}),\quad \frac{1}{2}(w_{zy}+w_{yz}),\quad \frac{1}{3}(2w_{zz}-w_{xx}-w_{yy}).$$

如果 **h**，**i**，**j** 是三个相互垂直的单位矢量（参见 1.1 节的脚注），则下式

$$\mathbf{hh}+\mathbf{ii}+\mathbf{jj}=\mathsf{U}, \tag{1.3, 9}$$

显然成立．只要把张量元素全部写出来即可证明这点．因此还可以得到

$$\mathring{\mathbf{h}}\mathbf{h}+\mathring{\mathbf{i}}\mathbf{i}+\mathring{\mathbf{j}}\mathbf{j}=\mathring{\mathsf{U}}=0. \tag{1.3, 10}$$

1.31. 矢量与张量及张量与张量的乘积

定义张量 $\mathbb{W}$ 和矢量 $\boldsymbol{a}$ 的乘积 $\mathbb{W}\cdot\boldsymbol{a}$ 为一个矢量，其分量由下式给定

$$(\mathbb{W}\cdot\boldsymbol{a})_\alpha=\sum_\beta w_{\alpha\beta}a_\beta. \tag{1.31, 1}$$

乘积 $\boldsymbol{a}\cdot\mathbb{W}$（一般不等于 $\mathbb{W}\cdot\boldsymbol{a}$）可以类似地根据下列关系式来定义

$$(\boldsymbol{a}\cdot\mathbb{W})_\alpha=\sum_\beta a_\beta w_{\beta\alpha}.$$

显然

$$\mathbb{W}\cdot\boldsymbol{a}=\boldsymbol{a}\cdot\overline{\mathbb{W}},\ \mathsf{U}\cdot\boldsymbol{a}=\boldsymbol{a}\cdot\mathsf{U}=\boldsymbol{a}, \tag{1.31, 2}$$

而且，倘若 P 是任一对称张量，则有 $\mathsf{P}\cdot\boldsymbol{a}=\boldsymbol{a}\cdot\mathsf{P}$.

两个张量 $\mathbb{W}$，$\mathbb{W}'$ 的简单积 $\mathbb{W}\cdot\mathbb{W}'$ 被定义为一个张量，其分量为

$$(\mathbb{W}\cdot\mathbb{W}')_{\alpha\beta}=\sum_\gamma w_{\alpha\gamma}w'_{\gamma\beta}. \tag{1.31, 3}$$

双重积或标量积 $\mathbb{W}:\mathbb{W}'$ 则定义为一个标量，它等于 $\mathbb{W}\cdot\mathbb{W}'$ 的散度，于是

$$\mathbb{W}:\mathbb{W}'=\sum_{\alpha}\sum_{\beta}w_{\alpha\beta}w'_{\beta\alpha}=\mathbb{W}':\mathbb{W}. \qquad (1.31,4)$$

这就是说，双重积等于 $\mathbb{W}$ 和 $\overline{\mathbb{W}'}$ 相应分量乘积的之和．特别是，$\mathbb{W}:\overline{\mathbb{W}}$ 是 $\mathbb{W}$ 各分量的平方和，而且 $\mathbb{U}:\mathbb{U}=3$.

从这些定义出发可以得知，上述各种乘积都满足普通代数的分配律；不过一般地说来，交换律是不满足的．因为除了两个张量双重积之外，其它一些乘积的各项交换时，都会改变其表达式的值．

下式为式(1.31，4)的一个重要特殊情况

$$\mathbb{U}:\mathbb{W}=w_{xx}+w_{yy}+w_{zz}, \qquad (1.31,5)$$

它给出 $\mathbb{W}$ 的散度．因此，根据 $\mathring{\mathbb{W}}$ 的定义，$\mathring{\mathbb{W}}:\mathbb{U}$ 或 $\mathbb{U}:\mathring{\mathbb{W}}$ 皆为零．而且，式(1.3，7)可以写成

$$\mathring{\mathbb{W}}=\mathbb{W}-\frac{1}{3}\mathbb{U}(\mathbb{U}:\mathbb{W}), \qquad (1.31,6)$$

于是

$$\begin{aligned}\mathring{\mathbb{W}}:\mathring{\mathbb{W}}'&=\mathring{\mathbb{W}}:\left\{\mathbb{W}'-\frac{1}{3}\mathbb{U}(\mathbb{U}:\mathbb{W}')\right\}\\&=\mathring{\mathbb{W}}:\mathbb{W}'-\frac{1}{3}(\mathring{\mathbb{W}}:\mathbb{U})(\mathbb{U}:\mathbb{W}')\\&=\mathring{\mathbb{W}}:\mathbb{W}',\end{aligned}$$

根据对称性，由此可得

$$\mathring{\mathbb{W}}:\mathring{\mathbb{W}}'=\mathring{\mathbb{W}}:\mathbb{W}'=\mathbb{W}:\mathring{\mathbb{W}}'. \qquad (1.31,7)$$

此外，由式(1.31，4)可得

$$\overline{\mathbb{W}}:\overline{\mathbb{W}'}=\sum_{\alpha}\sum_{\beta}w_{\beta\alpha}w'_{\alpha\beta}=\mathbb{W}:\mathbb{W}', \qquad (1.31,8)$$

因而有

$$\overline{\overline{\mathbb{W}}}:\ \overline{\overline{\mathbb{W}'}} = \frac{1}{2}\mathbb{W}:\ \overline{\overline{\mathbb{W}'}} + \frac{1}{2}\overline{\mathbb{W}}:\ \overline{\overline{\mathbb{W}'}}$$

$$= \frac{1}{2}\mathbb{W}:\ \overline{\overline{\mathbb{W}'}} + \frac{1}{2}\mathbb{W}:\ \overline{\overline{\mathbb{W}'}}$$

$$= \mathbb{W}:\overline{\overline{\mathbb{W}'}},$$

根据对称性，由此可得

$$\overline{\overline{\mathbb{W}}}:\ \overline{\overline{\mathbb{W}'}} = \mathbb{W}:\overline{\overline{\mathbb{W}'}} = \overline{\overline{\mathbb{W}}}:\ \mathbb{W}'. \qquad (1.31, 9)$$

1.32. 关于并矢式的几个定理

由于并矢式是一类特殊的张量，所以上述各种张量的符号和结果亦可应用于并矢式.

若 $\boldsymbol{ab}$ 是对称的，则有 $\boldsymbol{ab}=\boldsymbol{ba}$，而且 $\boldsymbol{a}$ 必定是 $\boldsymbol{b}$ 的标量倍数. 此外，不论 $\boldsymbol{a}$ 和 $\boldsymbol{b}$ 为何，均有

$$\overline{\boldsymbol{ab}} = \boldsymbol{ba},\ \overline{\overline{\boldsymbol{ab}}} = \frac{1}{2}(\boldsymbol{ab}+\boldsymbol{ba}) = \overline{\overline{\boldsymbol{ba}}}. \qquad (1.32, 1)$$

符号 $\overset{\circ}{\boldsymbol{a}}\boldsymbol{b}$ 可以通过其特殊情况 $\overset{\circ}{\boldsymbol{C}}\boldsymbol{C}$ 来说明之. 此处的 $\boldsymbol{C}$ 是一个矢量，幅值为 C，分量为 (U, V, W)；张量 $\overset{\circ}{\boldsymbol{C}}\boldsymbol{C}$ 的分量为

$$\left.\begin{matrix} U^2-\frac{1}{3}C^2, & UV, & UW, \\ VU, & V^2-\frac{1}{3}C^2, & VW, \\ WU, & WV, & W^2-\frac{1}{3}C^2. \end{matrix}\right\} \qquad (1.32, 2)$$

并矢式 $\boldsymbol{ab}$ 乘以矢量 $\boldsymbol{d}$ 的积，其形式特别简单，因为

$$\{(\boldsymbol{ab})\cdot\boldsymbol{d}\}_\alpha = \sum_\beta (\boldsymbol{ab})_{\alpha\beta}d_\beta$$

$$= \sum_\beta a_\alpha b_\beta d_\beta = a_\alpha(\boldsymbol{b}\cdot\boldsymbol{d}),$$

于是有

$$(\boldsymbol{ab})\cdot\boldsymbol{d}=\boldsymbol{a}(\boldsymbol{b}\cdot\boldsymbol{d}). \qquad (1.32,3)$$

与此类似

$$\boldsymbol{d}\cdot(\boldsymbol{ab})=(\boldsymbol{d}\cdot\boldsymbol{a})\boldsymbol{b}. \qquad (1.32,4)$$

矢量 $\mathbb{W}\cdot\boldsymbol{a}$ 与矢量 $\boldsymbol{b}$ 的标量积等于张量 $\mathbb{W}$, $\boldsymbol{ab}$ 的双重积,因为

$$(\mathbb{W}\cdot\boldsymbol{a})\cdot\boldsymbol{b}=\sum_\alpha(\mathbb{W}\cdot\boldsymbol{a})_\alpha b_\alpha=\sum_\alpha\sum_\beta w_{\alpha\beta}a_\beta b_\alpha$$

$$=\sum_\alpha\sum_\beta w_{\alpha\beta}(\boldsymbol{ab})_{\beta\alpha}=\mathbb{W}:\boldsymbol{ab}. \qquad (1.32,5)$$

类似地有

$$\boldsymbol{b}\cdot(\boldsymbol{a}\cdot\mathbb{W})=\boldsymbol{ba}:\mathbb{W}. \qquad (1.32,6)$$

当 $\mathbb{W}$ 的形式就是 $\boldsymbol{cd}$ 时,可以得出

$$\boldsymbol{ab}:\boldsymbol{cd}=\boldsymbol{a}\cdot(\boldsymbol{b}\cdot\boldsymbol{cd})=\boldsymbol{a}\cdot\{(\boldsymbol{b}\cdot\boldsymbol{c})\boldsymbol{d}\}=(\boldsymbol{a}\cdot\boldsymbol{d})(\boldsymbol{b}\cdot\boldsymbol{c}), \qquad (1.32,7)$$

由此还可以得到

$$\boldsymbol{ab}:\boldsymbol{cd}=\boldsymbol{ac}:\boldsymbol{bd}. \qquad (1.32,8)$$

由上述这些结果以及式(1.31,5—7)可以得出

$$\overset{\circ}{\boldsymbol{C}_1\boldsymbol{C}_1}:\overset{\circ}{\boldsymbol{C}_2\boldsymbol{C}_2}=\overset{\circ}{\boldsymbol{C}_1\boldsymbol{C}_1}:\boldsymbol{C}_2\boldsymbol{C}_2$$

$$=\boldsymbol{C}_1\boldsymbol{C}_1:\boldsymbol{C}_2\boldsymbol{C}_2-\frac{1}{3}C_1^2(\mathsf{U}:\boldsymbol{C}_2\boldsymbol{C}_2)$$

$$=(\boldsymbol{C}_1\cdot\boldsymbol{C}_2)^2-\frac{1}{3}C_1^2C_2^2. \qquad (1.32,9)$$

此外,若 $\mathbb{W}$ 与 $\boldsymbol{C}$ 无关,则有

$$\frac{\partial}{\partial\boldsymbol{C}}(\mathbb{W}:\overset{\circ}{\boldsymbol{CC}})=\frac{\partial}{\partial\boldsymbol{C}}(\overset{\circ}{\overline{\overline{\mathbb{W}}}}:\boldsymbol{CC})$$

$$=2\overset{\circ}{\overline{\overline{\mathbb{W}}}}\cdot\boldsymbol{C}. \qquad (1.32,10)$$

1.33. 带有微分算符的并矢式

并矢式中有一个矢量可以是矢量微分算符,诸如 $\partial/\partial\boldsymbol{r}(=\boldsymbol{\nabla})$.

譬如说，若矢量 $\boldsymbol{c}$ 的分量为 u, v, w，则 $\dfrac{\partial}{\partial \boldsymbol{r}}\mathbf{c}(\equiv \nabla \mathbf{c})$ 的分量就是

$$\left.\begin{matrix}\dfrac{\partial u}{\partial x}, & \dfrac{\partial v}{\partial x}, & \dfrac{\partial w}{\partial x}, \\[2mm] \dfrac{\partial u}{\partial y}, & \dfrac{\partial v}{\partial y}, & \dfrac{\partial w}{\partial y}, \\[2mm] \dfrac{\partial u}{\partial z}, & \dfrac{\partial v}{\partial z}, & \dfrac{\partial w}{\partial z},\end{matrix}\right\} \tag{1.33, 1}$$

而 $\overset{\circ}{\overline{\overline{\dfrac{\partial}{\partial \boldsymbol{r}}}}}\mathbf{c}(\equiv \overset{\circ}{\overline{\overline{\nabla}}}\mathbf{c})$ 的分量则为

$$\left.\begin{matrix}\dfrac{1}{3}\left(2\dfrac{\partial u}{\partial x}-\dfrac{\partial v}{\partial y}-\dfrac{\partial w}{\partial z}\right), & \dfrac{1}{2}\left(\dfrac{\partial v}{\partial x}+\dfrac{\partial u}{\partial y}\right), & \dfrac{1}{2}\left(\dfrac{\partial w}{\partial x}+\dfrac{\partial u}{\partial z}\right), \\[2mm] \dfrac{1}{2}\left(\dfrac{\partial u}{\partial y}+\dfrac{\partial v}{\partial x}\right), & \dfrac{1}{3}\left(2\dfrac{\partial v}{\partial y}-\dfrac{\partial u}{\partial x}-\dfrac{\partial w}{\partial z}\right), & \dfrac{1}{2}\left(\dfrac{\partial w}{\partial y}+\dfrac{\partial v}{\partial z}\right), \\[2mm] \dfrac{1}{2}\left(\dfrac{\partial u}{\partial z}+\dfrac{\partial w}{\partial x}\right), & \dfrac{1}{2}\left(\dfrac{\partial v}{\partial z}+\dfrac{\partial w}{\partial y}\right), & \dfrac{1}{3}\left(2\dfrac{\partial w}{\partial z}-\dfrac{\partial u}{\partial x}-\dfrac{\partial v}{\partial y}\right).\end{matrix}\right\} \tag{1.33, 2}$$

如果 $\mathbf{c}_0$ 代表介质的速度（如 2.2 节中那样），张量 $\dfrac{\partial}{\partial \boldsymbol{r}}\mathbf{c}_0(\equiv \nabla \mathbf{c}_0)$ 就称为速度梯度张量．它的对称张量 $\overline{\overline{\nabla \mathbf{c}_0}}$ 和无散对称张量 $\overset{\circ}{\overline{\overline{\nabla \mathbf{c}_0}}}$ 则分别称为应变率张量和剪切率张量．这两个张量将采用下列符号

$$\mathbf{e}=\overline{\overline{\nabla \mathbf{c}_0}}, \quad \mathring{\mathbf{e}}=\overset{\circ}{\overline{\overline{\nabla \mathbf{c}_0}}}. \tag{1.33, 3}$$

当算符 $\partial/\partial \boldsymbol{r}$ 在两个张量的乘积中、或者在矢量和张量的乘积中出现时，必须十分注意其中各项出现的顺序．这样才能明确在每种情况下算符是作用在哪些项上的．例如，用 $\partial/\partial \boldsymbol{r}$ 乘以并矢式 $\boldsymbol{ab}$ 时（其中 $\boldsymbol{a}$ 和 $\boldsymbol{b}$ 都是 $\boldsymbol{r}$ 的函数），如果认为算符是作用在

张量的分量上，那么就应当把算符写在并矢式张量的前面．这样

$$\left(\frac{\partial}{\partial \boldsymbol{r}}\cdot\ \boldsymbol{ab}\right)_\alpha=\sum_\beta\left(\frac{\partial}{\partial \boldsymbol{r}}\right)_\beta a_\beta b_\alpha$$

$$=\sum_\beta a_\beta\left(\frac{\partial}{\partial \boldsymbol{r}}\right)_\beta b_\alpha$$

$$+\sum_\beta b_\alpha\left(\frac{\partial}{\partial \boldsymbol{r}}\right)_\beta a_\beta$$

或者

$$\nabla\cdot\boldsymbol{ab}=(\boldsymbol{a}\cdot\nabla)\boldsymbol{b}+\boldsymbol{b}(\nabla\cdot\boldsymbol{a}).\qquad(1.33,4)$$

另一方面，如果在乘积 $\mathbb{W}\cdot\boldsymbol{a}$ 或 $\boldsymbol{a}\cdot\mathbb{W}$ 中，张量 $\mathbb{W}$ 的形式为 $\frac{\partial}{\partial \boldsymbol{r}}\boldsymbol{b}$，那么就应该将这些乘积写为

$$\boldsymbol{a}\cdot\mathbb{W}=\boldsymbol{a}\cdot\frac{\partial}{\partial \boldsymbol{r}}\boldsymbol{b}=(\boldsymbol{a}\cdot\nabla)\boldsymbol{b},\ \mathbb{W}\cdot\boldsymbol{a}=\boldsymbol{a}\cdot\overline{\mathbb{W}}$$

$$=\boldsymbol{a}\cdot(\overline{\nabla\boldsymbol{b}}).\qquad(1.33,5)$$

类似地，在计算 $\boldsymbol{ab}$ 和 $\nabla\boldsymbol{c}$ 的双重积时，式(1.32, 7)应当改写成下列形式

$$\boldsymbol{ab}:\nabla\boldsymbol{c}=\boldsymbol{a}\cdot(\boldsymbol{b}\cdot\nabla)\boldsymbol{c}.\qquad(1.33,6)$$

关于这类符号，还有一些其它的例子，如

$$\nabla\{\boldsymbol{a}\cdot(\nabla\boldsymbol{b})\}=(\nabla\boldsymbol{a})\cdot(\nabla\boldsymbol{b})+(\boldsymbol{a}\cdot\nabla)(\nabla\boldsymbol{b}),\qquad(1.33,7)$$

又如，若 T 是 $\boldsymbol{r}$ 的标量函数，则有

$$\nabla(\boldsymbol{a}\cdot\nabla T)=(\nabla\boldsymbol{a})\cdot\nabla T+(\boldsymbol{a}\cdot\nabla)\nabla T.\qquad(1.33,8)$$

我们在这里还应该注意乘积 $\nabla\cdot\mathsf{P}$ 各分量的形式，其中 P 是位置的张量函数．$\nabla\cdot\mathsf{P}$ 的 x 分量由下式给出

$$(\nabla\cdot\mathsf{P})_x=\left(\frac{\partial}{\partial \boldsymbol{r}}\cdot\ \mathsf{P}\right)_x$$

$$=\frac{\partial p_{xx}}{\partial x}+\frac{\partial p_{yx}}{\partial y}+\frac{\partial p_{zx}}{\partial z}.\qquad(1.33,9)$$

一些积分结果

1.4. 含有指数的积分

现探讨积分 $$\int_0^\infty e^{-\alpha C^2} C^r dC.$$

在这里，我们记 $s=\alpha C^2$. 这样，如若 $r>-1$，上式便等于

$$\frac{1}{2}\alpha^{-\frac{1}{2}(r+1)}\int_0^\infty e^{-s}s^{\frac{1}{2}(r-1)}ds$$

$$=\frac{1}{2}\alpha^{-\frac{1}{2}(r+1)}\Gamma\left(\frac{r+1}{2}\right) \qquad (1.4,1)$$

特别是当 r 为偶数时，有

$$\int_0^\infty e^{-\alpha C^2} C^r dC$$

$$=\frac{\sqrt{\pi}}{2}\cdot\frac{1}{2}\cdot\frac{3}{2}\cdot\frac{5}{2}\cdots\frac{r-1}{2}\alpha^{-\frac{1}{2}(r+1)}, \qquad (1.4,2)$$

或者当 r 为奇数时，有

$$\int_0^\infty e^{-\alpha C^2} C^r dC=\frac{1}{2}\alpha^{-\frac{1}{2}(r+1)}\left(\frac{r-1}{2}\right)!, \qquad (1.4,3)$$

1.41. 多重积分的变换

现探讨多重积分

$$\iiint\cdots F(u_1,u_2,\cdots,u_n)du_1du_2\cdots du_n$$

其积分遍及诸变量 u 值的整个范围. 由积分理论可知，如果将积分变量转换成另外一组变量 $v_1, v_2, \cdots, v_n$，那么积分也就变换为

$$\iiint\cdots \mathscr{F}(v_1,v_2,\cdots,v_n)|\mathrm{J}|dv_1dv_2\cdots dv_n,$$

其中 $\mathscr{F}(v_1,v_2,\cdots,v_n)=F(u_1,u_2,\cdots,u_n)$，而 J 表示下列雅可比行列式

$$\frac{\partial(u_1, u_2, \cdots, u_n)}{\partial(v_1, v_2, \cdots, v_n)} = \begin{vmatrix} \frac{\partial u_1}{\partial v_1}, & \frac{\partial u_2}{\partial v_1}, & \cdots, & \frac{\partial u_n}{\partial v_1} \\ \frac{\partial u_1}{\partial v_2}, & \frac{\partial u_2}{\partial v_2}, & \cdots, & \frac{\partial u_n}{\partial v_2} \\ \cdots & \cdots & \cdots & \cdots \\ \frac{\partial u_1}{\partial v_n}, & \frac{\partial u_2}{\partial v_n}, & \cdots, & \frac{\partial u_n}{\partial v_n} \end{vmatrix}.$$

新的积分遍及诸变量 $\boldsymbol{v}$ 的整个数值范围，这个范围与原来诸变量 $\boldsymbol{u}$ 的数值范围是相对应的.

在 1.21. 节中，我们已经应用过此结果的一个特殊情况. 那时，曾指出体积元 $d\boldsymbol{r}$ 在笛卡儿坐标系中的表达式为 $dxdydz$，但若用极坐标 r, θ, φ 表示时则等于 $r^2\sin\theta drd\theta d\varphi$，在这里

$$x = r\cos\varphi\sin\theta,\ y = r\sin\varphi\sin\theta,\ z = r\cos\theta.$$

在这种情况下，不难证明

$$\mathrm{J} = \frac{\partial(x, y, z)}{\partial(r, \theta, \varphi)} = - r^2\sin\theta,$$

因而有 $|\mathrm{J}|drd\theta d\varphi = r^2\sin\theta drd\theta d\varphi$.

1.411. 雅可比行列式

1.41 节中一般形式的雅可比行列式可方便地用 $\partial(\boldsymbol{u})/\partial(\boldsymbol{v})$ 来表示，只要将 $u_1, u_2, \cdots, u_n$ 和 $v_1, v_2, \cdots, v_n$ 看作是 n 维空间中矢量 $\boldsymbol{u}$ 和 $\boldsymbol{v}$ 的分量即可. 另一方面，如果将每组变量分成两群： $(u_1, u_2, \cdots, u_m)$，$(u_{m+1}, u_{m+2}, \cdots, u_n)$ 和 $(v_1, \cdots, v_r)$，$(v_{r+1}, \cdots, v_n)$，并把它们看作是维数为 m 和 $n-m$ 以及 r 和 $n-r$ 的矢量(即矢量 $\boldsymbol{u}'$, $\boldsymbol{u}''$ 和 $\boldsymbol{v}'$, $\boldsymbol{v}''$) 的分量，此时雅可比行列式就可以用 $\partial(\boldsymbol{u}', \boldsymbol{u}'')/\partial(\boldsymbol{v}', \boldsymbol{v}'')$ 表示. 显然，我们可以把这种符号推广到将 n 个分量分解为两群以上的情况. 例如，研究 $n=6$, $m=3$, $r=3$ 时的情况. 这时 $\boldsymbol{u}'$, $\boldsymbol{u}''$, $\boldsymbol{v}'$, $\boldsymbol{v}''$ 均为三维矢量. 如果我们把下列两个等式

$$\frac{\partial(\boldsymbol{u}'+\mathrm{k}\boldsymbol{u}'',\boldsymbol{u}'')}{\partial(\boldsymbol{v}',\boldsymbol{v}'')}=\frac{\partial(\boldsymbol{u}',\boldsymbol{u}'')}{\partial(\boldsymbol{v}',\boldsymbol{v}'')},\qquad(1.411,1)$$

$$\frac{\partial(\boldsymbol{u}',\boldsymbol{u}''+\mathrm{k}'\boldsymbol{u}')}{\partial(\boldsymbol{v}',\boldsymbol{v}'')}=\frac{\partial(\boldsymbol{u}',\boldsymbol{u}'')}{\partial(\boldsymbol{v}',\boldsymbol{v}'')},\qquad(1.411,2)$$

(其中 k，k′ 为任意常数)中各行列式完整地写出来，那么就不难证明这二等式的正确性．这里所采用的符号是很方便的，可供借鉴．

1.42. 含有矢量或张量的积分

令矢量 $\boldsymbol{C}$ 的分量为 U，V，W，而 $d\boldsymbol{C}$ 代表某空间中的体积元，在此空间中 $\boldsymbol{C}$ 表示对于原点的位移矢量．现研究下列类型的积分(假定它是收敛的)

$$\int\phi(\boldsymbol{C})\,d\boldsymbol{C},$$

其积分域遍及整个 $\boldsymbol{C}$ 空间．

若 ϕ 是 U(或 V 或 W)的奇函数，则 ϕ 为正值的那一部分积分，正好抵消了 ϕ 为负值的那部分积分，因而整个积分为零．

若 $\phi(\boldsymbol{C})=U^2F(C)$，则根据对称性可得

$$\begin{aligned}\int U^2F(C)d\boldsymbol{C}&=\int V^2F(C)d\boldsymbol{C}\\&=\int W^2F(C)d\boldsymbol{C}\\&=\frac{1}{3}\int(U^2+V^2+W^2)F(C)d\boldsymbol{C}\\&=\frac{1}{3}\int C^2F(C)d\boldsymbol{C}.\end{aligned}\qquad(1.42,1)$$

所以

$$\int F(C)\,\boldsymbol{CC}\,d\,\boldsymbol{C}=\frac{1}{3}\mathsf{U}\int F(C)C^2d\boldsymbol{C}\qquad(1.42,2)$$

(凡含有 $\boldsymbol{CC}$ 非对角项的积分构为零，因为这些项是 U，V 或 W 的奇函数)．这样，我们还可得到

$$\int F(C)\,\overset{\circ}{\boldsymbol{C}}\boldsymbol{C}\,d\,\boldsymbol{C}=0,\qquad(1.42,3)$$

而且，若 $\boldsymbol{A}$ 是任意的常矢量，则有

$$\int F(C)(\boldsymbol{A}\cdot\boldsymbol{C})\boldsymbol{C}d\boldsymbol{C}=\boldsymbol{A}\cdot\int F(C)\boldsymbol{C}\boldsymbol{C}\,d\boldsymbol{C}$$

$$=\frac{1}{3}\boldsymbol{A}\cdot\mathsf{U}\int F(C)C^2d\boldsymbol{C}$$

$$=\frac{1}{3}\boldsymbol{A}\int F(C)C^2d\boldsymbol{C}. \qquad (1.42,4)$$

此外，若设 $\phi(\boldsymbol{C})=U^4F(C)$. 则可采用极坐标 C,θ,φ 并使 $U=C\cos\theta$, $V=C\sin\theta\cos\varphi$, $W=C\sin\theta\sin\varphi$, 这样可以求得

$$\int F(C)U^4d\boldsymbol{C}=\iiint F(C)C^4\cos^4\theta\cdot C^2\sin\theta dC\,d\theta d\varphi$$

$$=\frac{1}{5}\iiint F(C)C^4\cdot C^2\sin\theta dC\,d\theta d\varphi$$

$$=\frac{1}{5}\int F(C)C^4d\boldsymbol{C}, \qquad (1.42,5)$$

这是因为 $\displaystyle\int_0^\pi\cos^4\theta\sin\theta d\theta=\frac{1}{5}\int_0^\pi\sin\theta d\theta.$

与此类似，可以证出

$$\int F(C)U^2V^2d\boldsymbol{C}=\frac{1}{15}\int F(C)C^4d\boldsymbol{C}. \qquad (1.42,6)$$

1.421. 一个积分定理

设 $\mathbb{W}$ 为任一张量，它与 $\boldsymbol{C}$ 无关. 这样，如果 C 的任意函数 $F(C)$ 能够使下列五个积分收敛

(i) $\int F(C)\boldsymbol{C}\boldsymbol{C}(\overset{\circ}{\boldsymbol{C}\boldsymbol{C}}:\mathbb{W})\,d\boldsymbol{C}$,

(ii) $\int F(C)\,\overset{\circ}{\boldsymbol{C}\boldsymbol{C}}(\overset{\circ}{\boldsymbol{C}\boldsymbol{C}}:\mathbb{W})\,d\boldsymbol{C}$,

(iii) $\int F(C)\overset{\circ}{\boldsymbol{C}\boldsymbol{C}}(\boldsymbol{C}\boldsymbol{C}:\mathbb{W})\,d\boldsymbol{C}$,

(iv) $\frac{1}{5}\overset{\circ}{\overline{\overline{\mathbb{W}}}}\int F(C)(\overset{\circ}{\boldsymbol{C}\boldsymbol{C}}:\overset{\circ}{\boldsymbol{C}\boldsymbol{C}})\,d\boldsymbol{C}$,

(v) $\frac{2}{15}\overset{\circ}{\overline{\overline{\mathbf{W}}}}\int F(C)C^4 d\boldsymbol{C}$,

那么它们所代表的张量就完全相同．因为若由积分（i）减去积分（ii），所得的结果是

$$\frac{1}{3}\int F(C)\,\mathsf{U}\,C^2(\overset{\circ}{\boldsymbol{CC}}:\mathsf{W})\,d\boldsymbol{C}$$

或者

$$\frac{1}{3}\mathsf{U}\left(\mathsf{W}:\int F(C)C^2\overset{\circ}{\boldsymbol{CC}}\,d\boldsymbol{C}\right),$$

根据式(1.42，3)可知上式为零．类似地，积分（iii）减去积分（ii）的结果是

$$\frac{1}{3}\int F(C)\,\overset{\circ}{\boldsymbol{CC}}\,C^2(\mathsf{U}:\mathsf{W})\,d\boldsymbol{C},$$

而此式同样也为零． 这样就确立了积分（i），（ii）和（iii）的相等．另外，根据式（1.31，7，9），积分（i）等于

$$\int F(C)\,\boldsymbol{CC}(\boldsymbol{CC}:\overset{\circ}{\overline{\overline{\mathbf{W}}}})\,d\boldsymbol{C}.$$

此张量的典型对角元素为

$$\int F(C)U^2(\boldsymbol{CC}:\overset{\circ}{\overline{\overline{\mathbf{W}}}})\,d\boldsymbol{C}.$$

若略去被积函数中含有 U，V 或 W 的奇函数的那些项，上式便可以写成

$$\int F(C)U^2(U^2\overset{\circ}{\overline{\overline{\mathrm{w}}}}_{xx}+V^2\overset{\circ}{\overline{\overline{\mathrm{w}}}}_{yy}+W^2\overset{\circ}{\overline{\overline{\mathrm{w}}}}_{zz})d\boldsymbol{C},$$

或者利用式（1.42，5，6）得

$$\left(\frac{1}{5}\overset{\circ}{\overline{\overline{\mathrm{w}}}}_{xx}+\frac{1}{15}\overset{\circ}{\overline{\overline{\mathrm{w}}}}_{yy}+\frac{1}{15}\overset{\circ}{\overline{\overline{\mathrm{w}}}}_{zz}\right)\int F(C)C^4 d\boldsymbol{C}$$

$$=\left(\frac{2}{15}\overset{\circ}{\overline{\overline{\mathrm{w}}}}_{xx}+\frac{1}{15}\mathsf{U}:\overset{\circ}{\overline{\overline{\mathbf{W}}}}\right)\int F(C)C^4 d\boldsymbol{C}$$

$$=\frac{2}{15}\overset{\circ}{\overline{\overline{\mathrm{w}}}}_{xx}\int F(C)C^4 d\boldsymbol{C}.$$

类似地，可以将典型的非对角元素

$$\int F(C)UV(\boldsymbol{CC}:\overset{\circ}{\overline{\overline{\mathbb{W}}}})\,d\boldsymbol{C}$$

化简为

$$2\int F(C)U^2V^2\overset{\circ}{\overline{\overline{\mathrm{w}}}}_{xy}d\boldsymbol{C},$$

而根据式(1.42,6)，此积分等于

$$\frac{2}{15}\overset{\circ}{\overline{\overline{\mathrm{w}}}}_{xy}\int F(C)C^4d\boldsymbol{C}.$$

因此积分 (i) 等于

$$\frac{2}{15}\overset{\circ}{\overline{\overline{\mathbb{W}}}}\int F(C)C^4d\boldsymbol{C},$$

这也就是说它等于积分 (v). 最后，积分 (iv) 和 (v) 相等可由式(1.32, 9)得出. 至此，积分定理证明完毕.

同理，若 $\mathbb{W}$ 是一个无散对称张量，则有

$$\int F(C)\,\overset{\circ}{\boldsymbol{CC}}(\boldsymbol{CC}:\mathbb{W})^2d\,\boldsymbol{C}$$

$$=\frac{8}{105}\overset{\circ}{\overline{\overline{\mathbb{W}\cdot\mathbb{W}}}}\int F(C)C^6d\,\boldsymbol{C}. \qquad (1.421,1)$$

1.5. 反 称 张 量

设 $\mathbb{W}$ 是一个张量，其共轭张量为 $\overline{\mathbb{W}}$. 若 $\mathbb{W}=-\overline{\mathbb{W}}$，则张量 $\mathbb{W}$ 称为反对称张量，或反称张量. 在这种情况下有

$$w_{\alpha\beta}=-w_{\beta\alpha},\quad w_{\alpha\alpha}=0, \qquad (1.5,1)$$

因而 $\mathbb{W}$ 仅有三个独立分量.

若 $\mathbb{W}\neq-\overline{\mathbb{W}}$，反称张量 $\overset{\times}{\mathbb{W}}$ 则由下式定义

$$\overset{\times}{\mathbb{W}}=\frac{1}{2}(\mathbb{W}-\overline{\mathbb{W}}), \qquad (1.5,2)$$

于是

$$\overset{\times}{\mathrm{w}}_{\alpha\beta}=\frac{1}{2}(w_{\alpha\beta}-w_{\beta\alpha})=-\overset{\times}{\mathrm{w}}_{\beta\alpha}.$$

由于 $\overline{\overline{\mathbb{W}}} = \frac{1}{2}(\mathbb{W} + \overline{\mathbb{W}})$，显然

$$\mathbb{W} = \overline{\overline{\mathbb{W}}} + \overset{\times}{\mathbb{W}}. \tag{1.5, 3}$$

式(1.5，3)右边的两个张量乃是 $\mathbb{W}$ 的对称部分和反对称部分.

张量 $\overset{\times}{\mathbb{W}}$ 的分量为

$$\left.\begin{matrix} 0, & \frac{1}{2}(w_{xy} - w_{yx}), & \frac{1}{2}(w_{xz} - w_{zx}), \\ \frac{1}{2}(w_{yx} - w_{xy}), & 0, & \frac{1}{2}(w_{yz} - w_{zy}), \\ \frac{1}{2}(w_{zx} - w_{xz}), & \frac{1}{2}(w_{zy} - w_{yz}), & 0. \end{matrix}\right\} \tag{1.5, 4}$$

所以，用三个分量 $\overset{\times}{w}_{yz}$，$\overset{\times}{w}_{zx}$，$\overset{\times}{w}_{xy}$ 就能确定反称张量，而这三个分量就是

$$\frac{1}{2}(w_{yz} - w_{zy}),\ \frac{1}{2}(w_{zx} - w_{xz}),\ \frac{1}{2}(w_{xy} - w_{yx}).$$

我们可以证明它们就是旋转型矢量 $\overset{\times}{\mathrm{w}}$ 的分量(见 1.1 节). 矢量 $\overset{\times}{\mathrm{w}}$ 叫做张量 $\mathbb{W}$ 或 $\overset{\times}{\mathbb{W}}$ 的矢量.

在 $\mathbb{W}$ 为并矢式 $\dot{\boldsymbol{A}}\dot{\boldsymbol{B}}$ 的特殊情况下，上述矢量显然就是

$$\frac{1}{2}\boldsymbol{A} \wedge \boldsymbol{B}.$$

在微分的并矢式(例如 $\nabla \boldsymbol{c}$,) 情况下，此矢量则为 $\frac{1}{2}\nabla \wedge \boldsymbol{c}$ $\left(\text{或记作 } \frac{1}{2}\mathrm{curl}\boldsymbol{c}\right)$.

不难证明 $\overset{\times}{\mathbb{W}} \cdot \boldsymbol{a} = \boldsymbol{a} \wedge \overset{\times}{\mathrm{w}}$，因此

$$\mathbb{W} \cdot \boldsymbol{a} = \overline{\overline{\mathbb{W}}} \cdot \boldsymbol{a} + \boldsymbol{a} \wedge \overset{\times}{\mathrm{w}}. \tag{1.5, 5}$$

后文中(参见 15.3 节)将有一个例子,即

$$
\begin{aligned}
(\nabla \boldsymbol{c}_0)\cdot\nabla T &= \overline{\overline{\nabla \boldsymbol{c}_0}}\cdot\nabla T+\frac{1}{2}\nabla T\wedge \operatorname{curl}\boldsymbol{c}_0 \\
&= \mathbf{e}\cdot\nabla T+\frac{1}{2}\nabla T\wedge \operatorname{curl}\boldsymbol{c}_0.
\end{aligned}
$$

第二章　气体的属性：定义和定理

2.1.　速度及速度的函数

分子质心的线速度可以用矢量表示，记作 $\boldsymbol{c}$，而它相对于笛卡儿坐标系的分量则用 (u, v, w) 表示．质心线速度的数值 c 叫做分子的速率．我们可以把速度矢量 $\boldsymbol{c}$ 看作是速度空间或速度域中某一点的位置矢量或相对于原点的位移矢量，这个点就叫做该分子的速度点．

利用辅助的速度空间中的某个点来表示速度，这种办法意味着可以把位置 $\boldsymbol{r}$ 的标量函数或矢量函数与速度 $\boldsymbol{c}$ 的同类函数进行类比，如在 1.2 节中所做的那样．这样，速度的标量函数 $\phi(\boldsymbol{c})$（或 $\phi(u, v, w)$）亦有一个相应的梯度函数 $\partial\phi/\partial\boldsymbol{c}$（或 $\partial\phi/\partial u$, $\partial\phi/\partial v$, $\partial\phi/\partial w$），而速度的矢量函数 $\boldsymbol{\phi}(\boldsymbol{c})$ 同样也有一个对应于散度的标量函数

$$\frac{\partial}{\partial \boldsymbol{c}} \cdot \boldsymbol{\phi} = \frac{\partial \phi_x}{\partial u} + \frac{\partial \phi_y}{\partial v} + \frac{\partial \phi_z}{\partial w}.$$

此外，对 u, v, w 的三重积分就是速度空间的体积分，我们将此积分记为

$$\int \cdots d\boldsymbol{c},$$

符号 $d\boldsymbol{c}$ 表示速度空间中点 $\boldsymbol{c}$ 周围的(形状任意的)体积元．除非对于积分限另作明确的规定，一般我们都认为这类体积分是遍及整个速度空间的．

术语"速度处在值 $\boldsymbol{c}$ 附近的范围 $d\boldsymbol{c}$ 内"，一般可以简缩为"速度在范围 $\boldsymbol{c}$, $d\boldsymbol{c}$ 内"，或者，再简略为"速度在范围 $d\boldsymbol{c}$ 内"．同样地，"在包括时刻 t 的时间间隔 dt 内"将简缩为"在时间 t, dt 内"

或"在时间间隔 dt 内". 还有,"包含着点 $\boldsymbol{r}$ 的体积元 $d\boldsymbol{r}$" 亦将缩写为"体积元 $\boldsymbol{r}, d\boldsymbol{r}$"或"体积元 $d\boldsymbol{r}$".

某个分子的位置和速度可以同时用六维空间中的一个点来表示之,该点在六维空间的坐标就是 $\boldsymbol{r}$ 的三个分量以及 $\boldsymbol{c}$ 的三个分量.

假如分子不是一个理想的质点而是有限尺寸的话,那么一般说来,它将具有旋转运动;而且,假如分子不是刚性的话,它还可以具有振动,或者其它的内部运动. 这种分子的状况可以用 n 维空间中的某个点来代表,其中 n 为确定此分子的结构和运动所必需的、独立的位置变量和速度(或动量)变量的数目.

例如,假若分子是刚性的,它就有六个位置变量(三个关于位置的,三个关于方位的)和六个速度变量(三个平动的,三个转动的),在此情况下 $n=12$. 在某些特殊情况下,其中有的变量是无关紧要的:如果分子是球对称的,有关分子方位的三个变量在动力学中就不具备什么意义了;倘若分子同时还是光滑的,那么它的角速度就不会因碰撞而改变,因此它的三个角速度也没有什么意义了.这时,质点分子的 $n=6$. 但是,如果分子是粗糙的(尽管它是球形),那么三个角速度变量就将是重要的了,因为角速度既会影响碰撞,又会受碰撞的影响. 此时,$n=9$.

如若气体是由一种以上的分子所组成,我们可以让每一类分子有各自相关的速度域,每个速度域将有与该类分子相对应的维数(即相应于这类分子的位置和速度的独立变量的数目).

2.2. 密度及平均运动

在可变化的非均匀连续介质中,我们可以这样来定义点 $\boldsymbol{r}$ 处在时刻 t 的密度:在点 $\boldsymbol{r}$ 周围取一个微小体积 $d\boldsymbol{r}$,密度就是该体积中的平均密度(质量/体积)随 $d\boldsymbol{r}$ 的尺度无限缩小时所趋的极限值. 这里假定了极限值和 $d\boldsymbol{r}$ 的形状无关. 这样的定义并不能有效地应用于象气体这种由离散分子组成的介质,尤其是当分子间的距离与分子尺度相比是很大的时候。这样的定义会导致密度值逐点变化得很快，随时间的流逝也变化得很快。而且，没有一个常规可测的量可以和它相对应。因此，我们必须给出另外的定义。

首先来研究一种单组元气体，即全部由同类分子组成的气体。设分子的质量为 m，而 $d\boldsymbol{r}$ 表示围绕着点 $\boldsymbol{r}$ 的一个微小体积。此体积对于包含大量分子来说是足够大的；但是与宏观量（诸如气体的压强、温度或质量速度等）的变化尺度相比，其尺寸仍然是很小的。（例如，当气体处于标准状况[1]时，边长为 1/100 毫米的立方体内约含有 2.687×10^{10} 个分子。）让 $d\boldsymbol{r}$ 中包含的质量对时间 t，dt 求平均，这里的时间间隔 dt 比分子不偏转地穿越 $d\boldsymbol{r}$ 所化费的平均时间要长得多，但是比该气体宏观量的时间变化尺度要短得多。（例如，在标准状况下，气体中分子的平均速率为每秒几百米，因此分子移动 1/100 毫米所用的时间可以不到 10^{-7} 秒。）这样，$d\boldsymbol{r}$ 所含质量的平均值将是只与其体积成正比，而与其形状无关。该值用 $\rho d\boldsymbol{r}$ 表示。ρ 就称作为气体在 $\boldsymbol{r}$，t 处的**质量密度**或**密度**。

与此类似，$d\boldsymbol{r}$ 中的分子数对 dt 的平均值也正比于 $d\boldsymbol{r}$。它将用 $nd\boldsymbol{r}$ 来表示。n 叫做分子的**数密度**。ρ 和 n 可以用下列关系式联系起来：

$$\rho = nm.$$

ρ 和 n 都是位置和时间的函数。如果希望特别指明这点的话，可以把它们记作 $\rho(\boldsymbol{r},t)$，$n(\boldsymbol{r},t)$。

在单组元气体中，我们用 $\boldsymbol{c}_0$ 表示 $\boldsymbol{r}$，t 处的**平均分子速度**，其定义为

$$(nd\boldsymbol{r})\boldsymbol{c}_0 = \sum \boldsymbol{c},$$

在这个矢量方程中，右边要对微小体积 $\boldsymbol{r}$，$d\boldsymbol{r}$ 中的 $nd\boldsymbol{r}$ 个分子求和，而 $nd\boldsymbol{r}$ 和 $\sum\boldsymbol{c}$ 均要对时间间隔 t，dt 求平均。利用类似的办

1）此术语通常简写为“S. T. P.”（即“Standard temperature and pressure”的缩写——译者注），它表示温度为 0℃，压强为 760 毫米汞柱（1.013×10^{6} 达因/厘米^2）。

法，我们可以求得任何一种分子属性的平均值．例如，分子的平均速率便是$(\sum c)/(nd\boldsymbol{r})$；特别是，分子在$\boldsymbol{r}$，$t$处的平均动量则等于$m\boldsymbol{c}_0$．一般地说，平均动量$m\boldsymbol{c}_0$和$\boldsymbol{c}_0$一样同是$\boldsymbol{r}$和$t$的函数．

为了阐明$d\boldsymbol{r}$中各个分子的平动运动，既可以采用它们的"真实"速度$\boldsymbol{c}$（即分子相对于某个固定参考系的速度），也可以采用它们相对于某个运动坐标系（其速度为$\boldsymbol{c}'$）的速度$\boldsymbol{C}'$，因此$\boldsymbol{C}'=\boldsymbol{c}-\boldsymbol{c}'$．人们一般总是采用气体在该点的平均速度$\boldsymbol{c}_0$作为速度$\boldsymbol{c}'$．在此情况下，我们将$\boldsymbol{C}'$记作$\boldsymbol{C}$，并称它为分子的**特定速度**[1]，而$C$则称作特定速率．分子在$\boldsymbol{r}$，$t$处的平均特定速度为$\boldsymbol{c}_0-\boldsymbol{c}_0$，即等于零．速度$\boldsymbol{C}'$，$\boldsymbol{c}'$和$\boldsymbol{C}$，$\boldsymbol{c}_0$的分量分别记作为$(U', V', W')$，$(u', v', w')$和$(U, V, W)$，$(u_0, v_0, w_0)$．

2.21. 分子速度的分布

在$d\boldsymbol{r}$中存在着$nd\boldsymbol{r}$个分子，这群分子的速度分布可以用它们的速度点在速度空间中的分布来表示．分子的碰撞会不断地改变其速度，而且当分子进入或离开体积$d\boldsymbol{r}$时，其速度点也随之出现或消失．所以速度点的分布将随时间而改变．不过，由于速度点的数目$nd\boldsymbol{r}$非常之大，因此，如同在气体所占据的真实空间中可以定义出分子的数密度一样，我们可以认为：对于速度空间中的$nd\boldsymbol{r}$个速度点，也存在着一个确定的、统计意义上的数密度．我们还假定，速度空间的数密度与体积元$d\boldsymbol{r}$的大小成正比，与体积元的形状无关．一般说来，它不仅是速度空间中位置的函数，还是$\boldsymbol{r}$和t的函数，因此总是用$f(\boldsymbol{c}, \boldsymbol{r}, t)d\boldsymbol{r}$来表示．这个定义意味着，在时刻$t$，那些位于体积元$\boldsymbol{r}$，$d\boldsymbol{r}$中而且速度范围在$\boldsymbol{c}$，$d\boldsymbol{c}$内的分子的几率数目就等于

$$f(\boldsymbol{c}, \boldsymbol{r}, t)d\boldsymbol{c}d\boldsymbol{r}.$$

这并不是说，给定的体积元$d\boldsymbol{r}$在时刻t真的包含了这么多个速度在$\boldsymbol{c}$，$d\boldsymbol{c}$范围内的分子．这类分子的数目，在短暂的时间dt内会

1）这里定义的分子"特定速度"即通常所谓的分子"热速度"．——译者注

出现起伏，而 $fd\boldsymbol{c}d\boldsymbol{r}$ 则不过是个平均的分子数，仿佛那些起伏已经被修匀平滑掉了似的. 函数 $f(\boldsymbol{c},\boldsymbol{r},t)$（或简写为 f）叫做**速度分布函数**. 这个定义中包含着几率概念. 人们对于气体属性所得出的任何一个结果，如果其中有速度分布函数出现的话，那么都将是关于气体的或然(或平均)行为的结果.

倘若把速度空间的原点变更到点 $\boldsymbol{c}'$，显然，这样并不会影响速度点的分布. 但是现在速度点的位置矢量变成为 $\boldsymbol{c}-\boldsymbol{c}'$（或者说 $\boldsymbol{C}'$），而体积元 $d\boldsymbol{c}$ 要改为用 $d\boldsymbol{C}'$ 来表示，不过其中所包含的分子数仍然是相同的，即为

$$f(\boldsymbol{C}'+\boldsymbol{c}',\boldsymbol{r},t)d\boldsymbol{C}'\,d\boldsymbol{r}.$$

此式常常可以写为 $f(\boldsymbol{C}',\boldsymbol{r},t)d\boldsymbol{C}'\,d\boldsymbol{r}$，然而其中函数 f 的形式应作适当的改变. 在任一积分中，可以将变量由 $\boldsymbol{c}$ 变为 $\boldsymbol{C}'$ 同时并不改变其积分值. 通常人们都是取 $\boldsymbol{c}'$ 为 $\boldsymbol{c}_0$，这样 $\boldsymbol{C}'$ 就变为特定速度 $\boldsymbol{C}$，而 f 则变成 $f(\boldsymbol{C},\boldsymbol{r},t)$.

$fd\boldsymbol{c}\,d\boldsymbol{r}$ 或 $fd\boldsymbol{C}'\,d\boldsymbol{r}$ 对整个速度空间积分，就可以得出体积元 $d\boldsymbol{r}$ 中的分子总数. 根据前面的假定，这个分子总数即为 $nd\boldsymbol{r}$. 因此

$$n=\int f(\boldsymbol{c},\boldsymbol{r},t)d\boldsymbol{c}=\int f(\boldsymbol{C}'+\boldsymbol{c}',\boldsymbol{r},t)d\boldsymbol{C}'.$$

显然，函数 f 决不会为负值，而且当 c 或 C' 变为无穷大时 f 必定趋于零. 另外，还假定 f 在所有的时刻 t 都是有限的，连续的.

在2.1节所述的六维空间中，某个点的坐标就是一个分子的速度 $\boldsymbol{c}$ 和位置 $\boldsymbol{r}$ 的分量，而函数 f 则给出了这种点在六维空间里的数密度. 如果分子的运动还包括转动和振动，那么同样可以象2.1节那样处理，只是要采用一个维数更高的空间，就可以将这些运动考虑进来. 高维空间中这种点的数密度 f 就是广义的速度分布函数. 这时，函数 f 就可用以阐明密度分布以及平动、转动和各种内部运动的分布.

2.22. 分子速度的函数之平均值

设 $\phi(\boldsymbol{c})$ 是分子速度 $\boldsymbol{c}$ 的任一函数. 此函数 ϕ 可以是标量、

矢量或张量．例如，它可以是 $\boldsymbol{c}$ 本身，也可以是 $\boldsymbol{C}'$，或者是速度各个分量的组合(诸如 uv^2 或 uW' 等等)．另外，它还可以是速率 c 或 C' 的函数．同时，它又可以是位置和时间的函数．因此我们将它记作 $\phi(\boldsymbol{c}, \boldsymbol{r}, t)$，如果是采用 $\boldsymbol{C}'$ 作自变量时则可以记作 $\phi(\boldsymbol{C}'+\boldsymbol{c}', \boldsymbol{r}, t)$ 或经相应的变换后记作 $\phi(\boldsymbol{C}', \boldsymbol{r}, t)$．任一这类函数 ϕ，我们均称之为分子的属性．

令 $\sum\phi$ 表示 $\boldsymbol{r}$，$d\boldsymbol{r}$ 中 $nd\boldsymbol{r}$ 个分子的 ϕ 值之和对在 t，dt 内的时间平均值，并记作

$$\sum\phi = n\bar{\phi}d\boldsymbol{r}. \tag{2.22, 1}$$

这样，$\bar{\phi}$ 就是 ϕ 对于点 $\boldsymbol{r}$ 处(或其附近)所有分子的平均值[1]．它是 $\boldsymbol{r}$，t 的函数，即使当 ϕ 本身不显含位置和时间变量时亦如此．$\bar{\phi}$ 可以利用速度分布函数 f 来表达．在 $d\boldsymbol{r}$ 中速度范围在 $\boldsymbol{c}$，$d\boldsymbol{c}$ 内的分子的数目为 $f(\boldsymbol{c}, \boldsymbol{r}, t)d\boldsymbol{c}d\boldsymbol{r}$，由于每个分子对 $\sum\phi$ 的贡献是 $\phi(\boldsymbol{c}, \boldsymbol{r}, t)$ 因此，这些分子的总贡献就为 $\phi f d\boldsymbol{c}d\boldsymbol{r}$．对整个速度空间积分，我们便可得到

$$\sum\phi = d\boldsymbol{r}\int\phi f d\boldsymbol{c},$$

由此得出

$$n\bar{\phi} = \int\phi f d\boldsymbol{c} = \int\phi f d\boldsymbol{C}'.$$

特别是，按照定义 $\boldsymbol{c}_0$ 是 $\boldsymbol{r}$，t 处的平均分子速度，所以

$$n\boldsymbol{c}_0 = \int\boldsymbol{c} f d\boldsymbol{c}; \tag{2.22, 2}$$

很显然

$$\bar{\boldsymbol{C}} = 0,\ \bar{U} = \bar{V} = \bar{W} = 0. \tag{2.22,3}$$

---

1) 此处在 ϕ 上面加了一条横线，其意义与1.3节中张量符号上面的横线完全不同函数 ϕ 很可能就是表示一个张量，而并矢式(也就是张量)表达式的上面也可能出现一条单横线(如式(2.31, 3)那样)，这时我们必须搞清楚它到底是采用了这两种可能的意义中的哪一个．在本书的其余篇章中，张量符号上面的单横线将总是表示取平均值．不过，出现双横线时，其意义总是和1.3节中的相同．

2.3. 分子诸属性的通量

现考虑有一群分子穿越过一个微小面积元 dS，该面积元以某个速度 $\mathbf{c}'$ 在气体中运动．假定面积元有着一个正向侧面和一个负向侧面．设 $\mathbf{n}$ 是单位矢量，垂直于该面积元，方向则是由负侧面指向正侧面． 如果某分子是穿越到 dS 的正侧面(或负侧面)，那么我们就把这个分子的穿越看作是正向的(或负向的)．分子相对于 dS 的速度 $\boldsymbol{C}'$，等于 $\boldsymbol{c}-\boldsymbol{c}'$ (或者说 $\boldsymbol{c}_0+\boldsymbol{C}-\boldsymbol{c}'$)，其中 $\boldsymbol{C}$ 是分子的特定速度．

现考察这样一类分子，它们的特定速度位于范围 $\boldsymbol{C}$，$d\boldsymbol{C}$ 内[1]．如果这样的一个分子在时间 dt 内穿越过面积元 dS(而且 dt 是如此的短促，以致我们可以忽略不计该分子在 dt 间隔内有同其它分子发生碰撞的可能性)那么，在 dt 的开始时刻，这个分子必定位于以 dS 为底的柱体内部[2]，此柱体母线的长度和方向则由一 $\boldsymbol{C}'\,dt$ 确定(参见图 1)．所以，如果 $d\boldsymbol{r}$ 表示此柱体的体积，那么分子 $\boldsymbol{C}$，$d\boldsymbol{C}$ 在时间 dt 内穿越过 dS 的数目为 $fd\boldsymbol{C}\,d\boldsymbol{r}$．

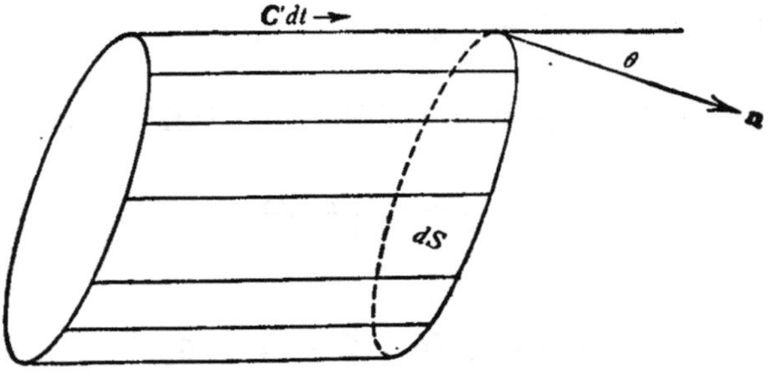

图 1 分子穿越面积元dS

---

1)为简明起见，术语"特有速度位于范围 $\boldsymbol{C}$，$d\boldsymbol{C}$ 内的分子"可略写为"分子 $\boldsymbol{C}$，$d\boldsymbol{C}$"．

2) 这里常常把分子看作是质点，这样可以确定出分子的精确位置以及分子穿越面积元 dS 的准确时间，因而是很方便的．

在这里，$d\boldsymbol{r} = \pm C'\cos\theta dtdS$，其中 θ 为 $\boldsymbol{C}'$ 和 $\mathbf{n}$ 之间的夹角，而正负号的选择原则是应当使 $d\boldsymbol{r}$ 表达式取正值．但是，依照流向是正或负，θ 可为锐角或钝角(从而 $\cos\theta$ 可为正值或负值)．所以分子数通量的数值和符号可以表达为

$$f(\boldsymbol{C})\,d\boldsymbol{C}\cdot C'\cos\theta dtdS.$$

但是 $C'\cos\theta$ 为 $\boldsymbol{C}'$ 在 dS 法线方向上的分量，它等于 $\boldsymbol{C}'\cdot\mathbf{n}$；我们用 C'_n[1] 表示之．这样，分子 $\boldsymbol{C}$, $d\boldsymbol{C}$ 在时间间隔 dt 内穿越过 dS 的分子数通量为

$$C'_n f(\boldsymbol{C})\,d\boldsymbol{C}\,dtdS. \qquad (2.3,1)$$

对所有的速度群求和，也就是说遍及 $\boldsymbol{C}$ 的整个范围积分，便可以求得 dt 时间内穿越过 dS 的分子数净通量，其值为

$$dSdt\int C'_n f(\boldsymbol{C})\,d\boldsymbol{C} = dSdt\ \ n\overline{C'_n}. \qquad (2.3,2)$$

与此类似，由负侧面穿越到正侧面的分子数应为

$$dSdt\int_{C'_n>0} C'_n f(\boldsymbol{C})\,d\boldsymbol{C}.$$

分子在穿越面积元时携带着它们的能量以及动量等等．利用和刚才所用方法相似的办法，就可以求出上述这些分子属性穿越 dS 时的净输运率．现设 $\phi(\boldsymbol{C})$ 表示某种分子属性，为标量．每个穿越 dS 的分子 $\boldsymbol{C}$, $d\boldsymbol{C}$ 随身携带着 ϕ 的量为 $\phi(\boldsymbol{C})$．因此根据式(2.3,1)可知，这群分子在时间 dt 内对于穿越 dS 的 ϕ 通量的贡献为

$$\phi(\boldsymbol{C})\cdot C'_n f(\boldsymbol{C})\,d\boldsymbol{C}\,dtdS,$$

这样，在 dt 间隔内函数 ϕ 穿越 dS 的总净通量为

$$dSdt\int C'_n\phi(\boldsymbol{C})f(\boldsymbol{C})d\boldsymbol{C} = dSdtn\ \ \overline{C'_n\phi(\boldsymbol{C})}. \qquad (2.3,3)$$

表达式(2.3,2)不过是此结果的一个特殊情况，它表示穿越 dS 的分子数通量，相应于 $\phi(\boldsymbol{C}) = 1$.

---

1) 这个符号中的下标 n，还有 p_n 和 C_n 中(参见 2.31．节)的 n，都是表示与 dS 的法线 $\mathbf{n}$ 有关．它与数密度 n 无关．

将式（2.3，3）除以 $dSdt$，便可得到 ϕ 穿越单位面积 dS 的通量率

$$n\overline{C'_n\phi(\boldsymbol{C})}. \tag{2.3, 3'}$$

由于 $C'_n=\boldsymbol{C}'\cdot\mathbf{n}$，故上式即为矢量

$$n\overline{\boldsymbol{C}'\phi(\boldsymbol{C})}$$

沿 $\mathbf{n}$ 方向上的分量．现有 $\boldsymbol{C}'=\boldsymbol{C}+\boldsymbol{c}_0-\boldsymbol{c}'$，于是

$$n\overline{\boldsymbol{C}'\phi(\boldsymbol{C})}=n\overline{\boldsymbol{C}\phi(\boldsymbol{C})}+n(\boldsymbol{c}_0-\boldsymbol{c}')\overline{\phi(\boldsymbol{C})}. \tag{2.3, 4}$$

因此，矢量 $n\overline{\boldsymbol{C}'\phi(\boldsymbol{C})}$ 在任一方向 $\mathbf{n}$ 上的分量就是分子属性 $\phi(\boldsymbol{C})$ 穿越某个单位面积表面的通量率，而此表面垂直于方向 n 并以速度 $\boldsymbol{c}'$ 运动着．

分子的数通量由矢量 $n(\boldsymbol{c}_0-\boldsymbol{c}')$ 给定，因为在这种特殊情况下，$\phi(\boldsymbol{C})=1$，$\overline{\boldsymbol{C}\phi(\boldsymbol{C})}=\bar{\boldsymbol{C}}=0$；而矢量 $n(\boldsymbol{c}_0-\boldsymbol{c}')$ 乃是数密度与相对于面积元的分子平均速度的乘积．若 $\boldsymbol{c}'=\boldsymbol{c}_0$，则无论表面是如何取向的，分子的数通量都为零．

这样，我们就能够解释式(2.3，4)右边第二项的意义了．这个矢量的垂直于 dS 的分量就是穿越 dS 的净分子数通量对于 $\phi(\boldsymbol{C})$ 的通量率的贡献，因为平均地讲，每个分子所携带的 ϕ 量为 $\overline{\phi(\boldsymbol{C})}$．另一方面，式(2.3，4)右边第一项与数通量无关，它在垂直于 dS 方向上的分量即为当分子的数通量为零时（即面积元以该点的气体平均速度运动时）ϕ 的通量率．

将矢量 $n\overline{\boldsymbol{C}\phi(\boldsymbol{C})}$ 叫做分子属性 ϕ 的“通量矢”是较为方便的．当表面随气体一起运动时，穿越此表面上单位面积的 ϕ 通量率就是通量矢在此表面法线方向上的分量． 然而，如若表面是相对于气体运动的，那么通量率就还得加上这个相对速度的法向分量与 $n\overline{\phi(\boldsymbol{C})}$ 的乘积．一般情况下，在研究穿过表面的分子属性的通量时，总是假定该表面与气体一起运动．

在研究分子速度的矢量属性 $\boldsymbol{\phi}(\boldsymbol{C})$ 时，为方便起见，可以先探讨 $\boldsymbol{\phi}$ 的各个分量的通量矢．因为这些分量都是标量，于是就可以按照前述的方式进行讨论．这时，分量 ϕ_α，（其中 α 代表 x，y 和

z 中的任意一个)的通量矢为 $n\overline{C\phi_a(C)}$.

上述这些结果可以推广应用于能够自由转动或具有其它内部自由度的分子;这时,ϕ 除了依赖于平动速度以外,同样可能依赖于确定分子方位、角速度和内部状态的一些变量. 通量将仍然用形式为式(2.3, 4)的表达式表示之,但是现在不只要对速度的所有值求平均,还要对确定运动的其它变量求平均.

2.31. 应力及应力张量[1)]

当 $\phi(C)$ 等于分子动量 $m\boldsymbol{c}$ 的某个分量时,便是一种十分重要的情况,这时它就与应力的分布联系起来.

在容器的界面上,当每个分子撞击界面并弹回时,就施于该界面一个冲量,它等于撞击前后的分子动量之差. 如果这类撞击的次数是足够的巨大,而且分布又足够的均匀,那么它们就模拟了一个连续作用在界面上的力,其大小和方向就等于因撞击而传递给界面的分子动量变化率. 人们把单位表面积上所受的力叫做作用在表面该点处的应力(或"界面应力"). 显然,这个表面也要对气体施加一个大小相等而方向相反的应力. 应力是矢量,其方向不一定与所考察点处的表面相垂直.

假定 dS 是容器的表面元,它以速度 $\boldsymbol{c}'$ 运动着,我们假设其内表面为负侧面. 再设 dS 外向法线方向为单位矢量 $\mathbf{n}$ 的方向,$\boldsymbol{p}_n$ 表示该点处壁面上的应力. 这样,根据 $\boldsymbol{p}_n$ 的定义,在时间 dt 内传递给 dS 的动量为 $\boldsymbol{p}_n\,dSdt$

正如 2.3 节所示,我们可以证明,在时间间隔 dt 内所有撞击到面积元 dS 上的分子,它们在撞击前的总动量等于

$$dSdt\int_{+} C'_n m\,\boldsymbol{c}\,f(\boldsymbol{C})\,d\boldsymbol{C},$$

---

1) 原书为 "Pressure and Pressure Tensor". 按照其内容与习惯用词,这里就意译为"应力及应力张量". 顺便指出,我们把"单位面积上的力"称为"应力". 它可以垂直于该面积,亦可以沿着该面积. 至于"单位面积上的垂直压力"则称为"压强". ——译者注

其中下标(+)表示积分遍及 C'_n 为正值的速度范围，这里 C'_n 是分子相对于 dS 的速度在 $\mathbf{n}$ 方向上的分量(因为只有 C'_n 为正值的分子才可能撞击表面)．同样地，在时间 dt 内，由 dS 弹回的分子的总动量是

$$dSdt\int_{-}(-C'_n)m\mathbf{c}f(\mathbf{C})d\mathbf{C},$$

下标(−)则表示积分遍及 C'_n 为负值的所有 $\mathbf{C}$ 值．在此积分的被积函数中有 C'_n，这是为了给出分子 $\mathbf{C}$，$d\mathbf{C}$ 在时间间隔 dt 内离开 dS 的分子数，由于这一分子数总应该是正的，所以我们在 C'_n 前面引进了负号．这样，在时间间隔 dt 内传递给 dS 的总动量(即撞击表面的分子的动量与由表面弹回的分子的动量之差)等于

$$\begin{aligned}dSdt&\left[\int_{+}C'_nm\mathbf{c}f(\mathbf{C})d\mathbf{C}-\int_{-}(-C'_n)m\mathbf{c}f(\mathbf{C})d\mathbf{C}\right]\\&=dSdt\int C'_nm\mathbf{c}f(\mathbf{C})d\mathbf{C}\\&=dSdt\cdot nm\overline{C'_n\mathbf{c}}.\end{aligned}$$

由此可得

$$\mathbf{p}_n=nm\overline{C'_n\mathbf{c}}=\rho\overline{C'_n\mathbf{c}}. \qquad (2.31,1)$$

一般地说，壁面的速度 $\mathbf{c}'$ 并不等于壁面附近气体的平均速度 $\mathbf{c}_0$．实验表明，壁面附近处气体的行为可能相当的复杂；一些分子并不是立即从壁面弹回，而是进入壁面，或者是附着于壁面一段时间后再返回气体中．如果气体既不凝聚在壁面上，也不从壁面上挥发出来，此时撞击壁面的分子总数，即

$$dSdt\int_{+}C'_nf(\mathbf{C})d\mathbf{C},$$

必须等于弹回的分子总数，即

$$dSdt\int_{-}(-C'_n)f(\mathbf{C})d\mathbf{C};$$

因此我们得到

$$dSdt\int C'_nf(\mathbf{C})d\mathbf{C}=0$$

或者说 $$\overline{C'_n}=0.$$
这即表明：壁面附近处分子相对于壁面的平均速度，在与壁面垂直的方向上，其分量为零．不过在与表面平行的方向上，气体仍可以具有相对于壁面的平均运动．

利用上述结果和式(2.22，3)，我们有

$$\begin{aligned}\overline{C'_n\mathbf{c}}&=\overline{C'_n(\mathbf{c}_0+\boldsymbol{C})}=\overline{C'_n}\,\mathbf{c}_0+\overline{C'_n\boldsymbol{C}}=\overline{C'_n\boldsymbol{C}}\\&=\overline{(\mathbf{n}\cdot\boldsymbol{C}')\boldsymbol{C}}=\overline{\{\mathbf{n}\cdot(\mathbf{c}-\mathbf{c}')\}\boldsymbol{C}}\\&=\overline{\{\mathbf{n}\cdot(\boldsymbol{C}+\mathbf{c}_0-\mathbf{c}')\}\boldsymbol{C}}\\&=\overline{(\mathbf{n}\cdot\boldsymbol{C})\,\boldsymbol{C}}+\{\mathbf{n}\cdot(\mathbf{c}_0-\mathbf{c}')\}\bar{\boldsymbol{C}}\\&=\overline{(\mathbf{n}\cdot\boldsymbol{C})\,\boldsymbol{C}}=\overline{C_n\boldsymbol{C}}.\end{aligned}$$

因此，由式(2.31，1)出发并利用式(1.32，3)，我们可以得出 $\boldsymbol{p}_n$ 的另一形式

$$\begin{aligned}\boldsymbol{p}_n&=\rho\,\overline{C_n\boldsymbol{C}}=\rho\,\overline{(\mathbf{n}\cdot\boldsymbol{C})\,\boldsymbol{C}}=\mathbf{n}\cdot\rho\,\overline{\boldsymbol{C}\boldsymbol{C}}\\&=\mathbf{n}\cdot\mathsf{P}=\mathsf{P}\cdot\mathbf{n},\end{aligned}\qquad(2.31,2)$$

其中P 为对称张量，定义如下

$$\mathsf{P}=\rho\,\overline{\boldsymbol{C}\boldsymbol{C}}=\begin{Bmatrix}\rho\,\overline{U^2}, & \rho\,\overline{UV}, & \rho\,\overline{UW},\\ \rho\,\overline{VU}, & \rho\,\overline{V^2}, & \rho\,\overline{VW},\\ \rho\,\overline{WU}, & \rho\,\overline{WV}, & \rho\,\overline{W^2}.\end{Bmatrix}\qquad(2.31,3)$$

这个张量仅仅和特定速度的分布有关，其分量由下列各式给出

$$p_{xx}=\rho\,\overline{U^2},\ p_{yy}=\rho\,\overline{V^2},\ p_{zz}=\rho\,\overline{W^2},\qquad(2.31,4)$$

$$p_{yz}=p_{zy}=\rho\,\overline{VW},\ p_{zx}=p_{xz}=\rho\,\overline{WU},$$

$$p_{xy}=p_{yx}=\rho\,\overline{UV}.\qquad(2.31,5)$$

下面再来定义气体内部任一点 P 处的应力．和2.3节一样，设 dS 为包含点 P 的任一面积元，并设其正向单位法向量为 $\mathbf{n}$．假设 dS 以点 P 处气体的平均速度而运动，这样就有 $\mathbf{c}'=\mathbf{c}_0$，$\bar{\boldsymbol{C}}'=\bar{\boldsymbol{C}}=0$，

因而 $\overline{C_n'}=0$. 现将作用在 dS 上并指向其正侧面的压力 $\boldsymbol{p}_n$ 定义为：每单位面积上，分子动量 $m\boldsymbol{c}$ 沿着正方向穿越 dS 的通量率. 这个应力仍然可以用式(2.3,3')给定，只要将 ϕ 取作为矢量函数 $m\boldsymbol{c}$ 即可. 结果便是 $\boldsymbol{p}_n=n\overline{C_n'm\boldsymbol{c}}=\rho\overline{C_n'\boldsymbol{c}}$，这与式 (2.31,1) 相同. 由于 $\overline{C_n'}=0$，式(2.31)和式(2.31, 2)等价，所以在气体内部，式(2.31, 2)也成立，这和在气体界面处是一样的. 不过，在内部时，$\mathbf{n}$ 的方向可以为任意的.

这样，作用在通过点 P 但具有各种方向的平面上的应力分布，可以利用应力张量 P 来确定.

如果 $\mathbf{n}$ 是 Ox 方向上的单位矢量 $\mathbf{x}$，则有 $\boldsymbol{p}_n=\boldsymbol{p}_x=\mathsf{P}\cdot\mathbf{x}$，其分量为 p_{xx}, p_{xy}, p_{xz}. 按照类似的方法还可以定义出 P 的其它分量 $\boldsymbol{p}_y$ 和 $\boldsymbol{p}_z$. 因此，P 的分量就是作用在平行于三个坐标平面的表面上的各个应力分量.

无论是分子仅仅具有平动能，或者是它们同时还具有转动、振动或任一其它形式的内部能量，上述结果都是成立的.

2.32. 流体静压强

应力在某表面(其法向单位矢量为 $\mathbf{n}$)法线方向上的分量是

$$\mathbf{n}\cdot\boldsymbol{p}_n=\mathbf{n}\cdot\rho\,\overline{C_n\boldsymbol{C}}=\rho\,\overline{C_n^2}. \qquad (2.32,1)$$

由此可知，任一表面上的应力，其法向分量总是正值. 这就是说，气体施于任一表面上的法向力总是压力，而决不会是拉力.

在通过任意一点 P 而且和各坐标平面相平行的三个平面上，其法向应力的和为

$$p_{xx}+p_{yy}+p_{zz}=\rho(\overline{U^2+V^2+W^2})=\rho\overline{C^2}. \qquad (2.32,2)$$

因此，作用在任何三个正交平面上的法向应力之平均值是 $\frac{1}{3}\rho\overline{C^2}$. 一般将此平均值称作点 P 处的流体平均静压强，或简称为压强，我们记作为 p. 根据式(1.31,5)有

$$p=\frac{1}{3}\mathsf{P}:\mathsf{U}. \qquad (2.32,3)$$

如果张量**P**的非对角元素为零，而且对角元素相等，则有

$$p = p_{xx} = p_{yy} = p_{zz},$$

以及

$$\mathbf{P} = p\mathbf{U}$$

在这种情况下可得(参见式(1.32，2))

$$\mathbf{p}_n = \mathbf{P}\cdot\mathbf{n} = p\mathbf{U}\cdot\mathbf{n} = p\mathbf{n},$$

因此，作用在通过点$\boldsymbol{r}$的任一面积元上的应力垂直于此表面，它的数值则和该表面的取向无关而且等于流体静压强．这些就是流体静力学问题中压强所满足的条件． 因此人们把这样的应力系统(**P**为**U**的标量倍数)称为流体静压系统．

2.33. 分子间作用力和应力

在上述讨论中，我们暗中假定了气体对容器壁面的应力(或者对气体内部想象的表面上的应力)全部是由于动量输运而产生的．但是，在实际的气体中，分子间的作用力对这些应力也是有贡献的．当分子间距离与分子直径相比很大时，分子间的作用力通常总是吸力，这样它们就在总应力上增加了一个吸力成分． 对于处于常温下的气体，这个分量是比较小的；然而在液体和固体中，分子间作用力的重要性却可能等于甚至超过动量输运的效果．

气体分子间的吸引力降低了对壁面的应力，其方式如下所述．在气体的内部，其它气体分子作用在某个分子上的平均合力一般为零．因为只有相邻的分子才对此分子施以某个吸引力，在气体内部的情况下，各个方向上的吸引力近似地相等(但是，若该点处密度梯度十分大时则要除外)． 而在壁面处，气体仅在其一侧存在，因此分子吸力的合力朝向里面，此合力的大小与附近吸引分子的数目大致成正例，即它与气体的密度成比例． 由此可以得出结论：每个撞击壁面的分子给予壁面的动量就小于假定吸引力不存在时它给予壁面的动量，所差之量与密度ρ成正比． 由于分子撞击壁面的速率也是与ρ成正比，因此对于动量应力的修正正比于ρ^2．但是，动量应力本身的变化却是和ρ成正比． 所以随着密度不断地增加，这种修正就变得愈加重要．当气体处于常压下，而且

其温度又大大超过临界温度时，这种修正便是很小的[1].

本书着重于探讨实际的应力系统对于流体静压系统的偏离 $p\mathbf{U}$. 当分子间距离与分子尺度相比很大时，分子间作用力对此应力偏离的影响很小（但十分稠密的气体除外）. 因而我们就可以忽略不计分子间的作用力了. 另外，对于稠密气体来说，分子有限尺度效应也有着重要的意义，因为它会减少容纳着气体的容器的有效容积。这点将在第 16 章中加以探讨.

2.34. 分子速度的数值

在等式

$$p = \frac{1}{3}\rho\overline{C^2} \qquad (2.34, 1)$$

中所出现的物理量 p 和 ρ 是可以直接测量的. 根据 p 和 ρ 的实测值，可以求得相应的 $\overline{C^2}$ 值. 例如，在标准状况下（压强为 1.013×10^6 达因/厘米^2），氢和氮的密度分别为 8.98×10^{-5} 克/厘米^{3}和 1.25×10^{-3} 克/厘米^3. 因此，相应的 $\sqrt{(\overline{C^2})}$ 值为 1839 米/秒和 493 米/秒. 对于均匀稳恒态的气体来说，我们有（参见式(4.11,4)）

$$\bar{C} = \sqrt{(\overline{C^2})}/1.086$$

因此，氢和氮的 $\bar{C}$ 值分别为 1694 米/秒和 454 米/秒.

这些平均速度都非常之大，以致初看起来令人吃惊. 但是，现已有一些现象提供了证据，肯定了这些数量级是可信的. 例如，假使气体分子运动论的基本假设是正确的，那么声音就必定是依靠各个分子的运动而传播的. 现在，人们确实搞清楚了这些气体中的声速和上述分子平均速度是属于同一个数量级的. 另外，气体穿过小孔从容器里泄泻到真空中去时，其速率的数量级也应当和分子平均速率相同. 事实上，实验证实了不同气体的泻流速率的确都是这个量级.

---

1) 关于这些因素对气体状态方程的影响的详细讨论，请参阅 R. H. Fowler, Statistical Mechanics, chapters 8 and 9 (1928, 1936).

2.4. 热

体积元 $\boldsymbol{r}, d\boldsymbol{r}$ 中的分子在时刻 t 所具有的平动能共为 $n d\boldsymbol{r} \cdot \frac{1}{2} m \overline{c^2}$. 如果记 $\boldsymbol{c} = \boldsymbol{c}_0 + \boldsymbol{C}$, 我们便可以将此平动能表示为下述形式

$$n d\boldsymbol{r} \cdot \frac{1}{2} m (c_0^2 + 2 \boldsymbol{c}_0 \cdot \overline{\boldsymbol{C}} + \overline{C^2})$$

或者

$$\frac{1}{2} \rho d\boldsymbol{r} \cdot c_0^2 + n d\boldsymbol{r} \cdot \frac{1}{2} m \overline{C^2}.$$

由于 $\rho d\boldsymbol{r}$ 是 $d\boldsymbol{r}$ 中所包含的气体质量，上述表达式中的第一项是气体宏观(可见的)运动(或质团运动)的动能. 第二项则是微观(看不见的)分子特定运动的动能,它与第一项之比为 $\overline{C^2}/c_0^2$. 在 2.34 节中已经证明,对于处于标准状况下的普通气体来说，$\overline{C^2}$ 是非常大的，$\sqrt{(\overline{C^2})}$ 的数值为每秒几百米. 所以,除非 c_0 远大于通常值,一般说来，$\overline{C^2}/c_0^2$ 总是十分大的. 亦即微观分子特定运动的能量比起宏观动能要大得多. 例如，当氢处于标准状况时，如果 $c_0 = 10$ 厘米/秒,那么比值 $\overline{C^2}/C_0^2$ 就是 3.4×10^8. 另外，微观的分子内部能量还可能有更多的形式,它包括相应于分子转动、振动等的动能,还有势能.

在分子运动论中，把这种微观的分子能量（或者说得更确切些，碰撞时可以在分子间传递的那部分能量）看作为是气体的热能. 因此当气体的分子为力心点因而它只具有平动能时，每单位体积的热能(或称为**热能密度**)等于 $\frac{1}{2} nm \overline{C^2}$ $\left(\text{或} \frac{1}{2} \rho \overline{C^2}\right)$. 当气体的分子是光滑弹性刚球时,上式也成立. 这是因为这些分子虽然可能有转动能,但碰撞时这个转动能并不在分子间传递. 不过，一般说来,分子将具有其它类型的可传递能量,而且不同分子的能量大小是不同的. 所以，一个分子的总热能 E 是这些可传递能量

和特定动能 $\frac{1}{2}mC^2$ 的和，而热能密度则为 $n\bar{E}$.

这里假定了 $\frac{1}{2}mC^2$ 和 E 都是用力学单位表示的，而且热能密度 $n\bar{E}$ 也是以力学单位表示的. 如果采用热学单位表示的话，那么热能密度就是 $n\bar{E}/J$，其中 J 是焦耳热功当量(4.185×10^7 尔格/卡，或 4.185 焦耳/卡).

2.41. 温度

在物理工作者中间，同时使用着两种温标系统. 在实验研究中，他们一般采用经验温标，它是由膨胀式(汞或气体)温度计测得的. 而在理论研究中，他们则是使用热力学的绝对温度. 可是，在分子运动论中，对于静止或匀速运动的均匀稳恒态气体，其温度 T 是直接由分子的特定速率来定义的，即利用关系式

$$\frac{1}{2}m\overline{C^2}=\frac{3}{2}kT, \tag{2.41, 1}$$

其中 k 为常数，此常数对于所有的气体都是相同的，其数值将在后面给出(见 2.431 节). k 称为 Boltzmann 常数.

当密度和温度给定时，分子碰撞时平动运动和内部运动之间的能量交换可以使得平均的平动能和内能之间建立起一种平衡. 所以对于均匀稳恒态气体，一个分子的平均总热能是温度 T（它按照式(2.41, 1)定义)的函数. 当气体不处于均匀稳恒态时，其任一点处的温度 T 便可以这样来定义：对应于此温度 T，同一种气体在相同的密度下但假定处于均匀稳恒态时的每个分子平均热能 $\bar{E}$，与气体处于非均匀稳恒态时在该点处的 $\bar{E}$ 值相同.

温度这一分子运动论定义，不论气体是否处于均匀状态或者稳恒状态，都可以应用. 它比热力学中的温度定义和统计力学中的温度定义更加普遍化，因为在热力学和统计力学中只考虑了平衡态. 不过重要的是应当验证一下，如果气体处于平衡态，那么温度的分子运动论定义是否与热力学定义一致. 在验证之前，我们

打算先由定义(2.41，1)推导出一些关系式.

2.42. 状态方程

由温度的定义可以直接得出平衡气体的流体静压强 p 为

$$p=\frac{1}{3}nm\overline{C^2}=knT. \qquad (2.42,1)$$

若分子仅具有平动能，此公式还可应用于非平衡气体. 但是对于具有分子内能[1]的气体来说，它就未必是严格准确的了，当然它依然仍是十分近似于正确的. 这个公式与众所周知的 Avogadro 假说是一致的. 根据此假说可以得知，相同体积的不同气体，在同样的压强和温度下包含有相同数目的分子.

现在来考察体积 V 中所容纳的质量为 M 的一团气体. 其中的分子数为 M/m，因此数密度 n 为 $M/m\mathrm{V}$. 将此数密度代入式(2.42，1)则得

$$p\mathrm{V}=k(M/m)T. \qquad (2.42,2)$$

这个关系式非常重要，它具体地体现了人们所熟知的 Boyle 和 Charles 实验定律. 这两个定律是根据许多气体的实验结果严格地导出的，这些气体具有中等或较低的密度，而温度则远高于临界温度. 现将它们叙述如下:

Boyle 定律: 对于给定质量的气体，当温度保持不变时，压强和体积的乘积是常数.

Charles 定律: 对于给定质量的气体，当压强保持不变时，体积与绝对温度成正比.

由分子运动论的原理和定义导出的这些定律，在一定程度上验证了分子运动论的正确性. 不过仅仅依靠这一点，还不足以证明在平衡态下，温度 T 的分子运动论定义和热力学定义是一致的.

对于给定质量 M 的平衡气体，p，V 和 T 之间的关系式叫做气体的状态方程. 前面所给出的式子是状态方程的简单形式，它仅

---

1) 本书中将分子平动能以外的其它分子能量(如转动能、振动能等)称为分子内能或内能，并在第十一章中详细讨论. —— 译者注

仅是实际气体状态方程的一种近似．在高压和低温下，简单公式 $pV \propto T$ 的误差会变得相当可观．这不能解释为温度的分子运动论定义有差错，而是因为在推导表达式 $p = \frac{1}{3}\rho\overline{C^2}$ 时略去了一些因素，诸如有限的分子尺寸．大距离处的分子力场以及气体在接近液化点时凝聚为液滴的趋势等等．这些被忽略掉的因素的影响，恰恰是在高压或低温的状态下变得相当可观，此时人们就观察到了对于式(2.42，2)的很大偏离．

由式(2.42，2)还能得出一些其它的重要关系式．气体的(化学)分子量W可定义为 $12m/m_c$，其中 m 为气体分子的质量，m_c 为碳原子的质量（$m_c = 1.993 \times 10^{-23}$ 克）．质量为W克的气体叫做1克分子气体，或者1摩尔气体．当然，不同气体的W值是不相同的．在研究问题时采用这个质量很方便，因为对于所有各种气体，这个质量所包含的分子数都是同一个值 W/m（或者说 $12/m_c$）．它就是 Loschmidt 数（6.022×10^{23}）．有些人也把它叫做 Avogadro 数，但是严格地讲 Avogadro 数只是指标准状况下1立方厘米气体中的分子数（2.687×10^{19}）．

假定式(2.41，2)中的质量 M 为1克分子质量W，于是

$$pV = RT, \qquad (2.42,3)$$

其中

$$R = kW/m = 12k/m_c. \qquad (2.42,4)$$

显然，对于所有的气体来说，R 值都是相同的，一般将它称为克分子气体常数．

此外，由式(2.42，1，4)可得

$$p = \frac{R}{W}\rho T. \qquad (2.42,5)$$

2.43. 比热

假设有单位质量的气体被封闭于一个恒定的体积内，它处于平衡态．为了将它的温度由 T 增加到 $T + \delta T$，必须加入一定的

热量．只要 δT 很小，所需的热量将正比于 δT；我们将此热量记作为

$$c_v \delta T.$$

这个系数 c_v 称作气体的定容比热．由于在此过程中，气体对外部的压力没有做机械功，因此外加的热量 $c_v\delta T$ 必定是全部用于增加气体的热能．单位质量气体中的分子数为 $(1/m)$，初始的热能为 $\bar{E}/m$．当 T 增加 δT 以后，热能就增加了 $c_v\delta T$．因此有

$$\delta \bar{E}/m = c_v \delta T,$$

或者，取其极限可得

$$c_v = \frac{1}{m}\left(\frac{d\bar{E}}{dT}\right)_{\mathrm{V}}, \tag{2.43, 1}$$

其中 $(d\bar{E}/dT)_{\mathrm{V}}$ 表示体积 V 保持不变时 $\bar{E}$ 随 T 的变化率．

若热能只是由分子的平动能构成，$E = \frac{1}{2} mC^2$，则根据式(2.41, 1) 可得 $\bar{E} = \frac{3}{2} kT$． 这样，当采用力学单位时，比热为

$$c_v = \frac{3k}{2m} \tag{2.43, 2}$$

而采用热学单位时则为

$$c_v = \frac{3k}{2Jm} \tag{2.43, 2'}$$

假如保持气体的压强(而非体积)不变，那么当 T 增加 δT 时，体积 V 就增加 δV．在这里将 $M = 1$ 代入式(2.42, 2)可以得到

$$p\delta \mathrm{V} = (k/m)\delta T.$$

在膨胀过程中，所做的机械功为 $p\delta$V．因此，为了增高 T 所需提供的热量，除了包括这个机械功 $p\delta$V 以外，还应当同时包括气体热能增加的部分 $\delta\bar{E}/m$．我们将所需的热量记作 $c_p\delta T$，则有

$$c_p\delta T = p\delta \mathrm{V} + \delta\bar{E}/m = (k\delta T + \delta\bar{E})/m.$$

这样，如果采用力学单位可以得到

$$c_p = \frac{k}{m} + \frac{1}{m}\left(\frac{d\bar{E}}{dT}\right)_p \tag{2.43, 3}$$

下标 p 表示压强保持不变.

当气体的温度指定时,增加压强或密度可以改变 $\bar{E}$. 这只能是由于增加了力场彼此重迭(因而具有了相互势能)的分子对的数目之缘故. 但是,在可以采用 Boyle 和 Charles 定律的比较稀薄的气体中,在任一给定的时刻, 除了可以忽略不计的少量分子以外,所有的分子体系都是独立无关的. 这样我们就可认为 $\bar{E}$ 仅取决于 T, 而与 p 和 V 无关. 所以对于这类较稀薄的气体来说,

$$c_p = \frac{k}{m} + c_v \qquad (2.43, 4)$$

上式是用力学单位表示的. 若用热学单位表示的话,则有

$$c_p = \frac{k}{Jm} + c_v \qquad (2.43, 4')$$

如果将比热 c_v 和 c_p 分别乘以分子量 W, 便可得到每克分子气体的比热 C_v 和 C_p. 根据式(2.42, 4)并采用力学单位,可得

$$C_v = \frac{W}{m}\frac{d\bar{E}}{dT}, \qquad (2.43, 5)$$

$$C_p = \frac{W}{m}\left(k + \frac{d\bar{E}}{dT}\right) = R + C_v, \qquad (2.43, 6)$$

当压强和温度均为中等大小时,所有实际气体的 $C_p - C_v$ 值都近于相同. 这是一个实验事实. 这个事实进一步证实了这里采用的分子运动论的原理和解释是正确的.

比热比 c_p/c_v 或 C_p/C_v 将用 γ 来表示,这样

$$\gamma = \frac{c_p}{c_v} = \frac{C_p}{C_v},$$

于是式 (2.43, 4, 6) 可以改写为下列形式

$$c_v(\gamma - 1) = k/m, \qquad (2.43, 7)$$

$$C_v(\gamma - 1) = R. \qquad (2.43, 8)$$

如果气体不具有可传递的分子内能,由式(2.43, 2, 7)显然可得

$$\gamma = 5/3 = 1.66.$$

2.431. 分子运动论温度和热力学温度

现在已经有可能来确定温度的分子运动论定义和热力学定义的一致性了．假定质量为 M 的气体的状态经历了一个微小的变化，于是温度增加了 δT，体积增加了 δV．这时根据式(2.42.2)可知，气体所接收的能量为

$$Mc_v\delta T + p\delta V = T\left\{\frac{Mc_v}{T}\delta T + \frac{Mk}{m}\frac{\delta V}{V}\right\},$$

由于 c_v 和 $\bar{E}$ 一样都只是 T 的函数，因此上式括号里的表达式代表 T 和 V 的某个函数 S 的增量．如果气体经历的是绝热变化（即变化中没有供给任何能量），那么 S 的变化必定为零．这就是说，S 保持不变．而在温度为 T 的等温变化中，气体所接收的能量则为 T 乘以 S 的变化．

现假定气体作 Carnot 循环，工作的下限温度为 T_1，而上限温度为 T_2．这样，完成一个循环后，S 又返回到其初始值．由于在绝热过程中，S 是不发生变化的，于是它在温度 T_1 时所增加的 ΔS 必须等于并抵消在温度 T_2 时的减少．温度 T_1 和 T_2 时获得和失去的热量分别为 $T_1\Delta S$ 和 $T_2\Delta S$．因此循环效率为

$$\frac{T_2\Delta S - T_1\Delta S}{T_2\Delta S} = \left(1 - \frac{T_1}{T_2}\right).$$

这就证明了我们在分子运动论中定义的温度 T 与热力学温标的温度成正比．函数 S 即为熵．

在此尚需考虑式(2.41,1)中引进的常数 k．我们认为对于所有的气体它都是相同的．这意味着我们作了这样的假定，即：当温度相同时各种不同气体分子的平均特定平动能是相同的．我们将在 4.3 节中证明另一个类似的结果，即：当混合气体处于平衡时，其不同组分气体分子的平均特定动能是相同的．不过，为了使结果具有实际的意义，必须研究由传热壁隔开的两种气体的平衡．然而这个问题已经不属于分子运动论领域而是属于统计力学的范畴了．读者要证明这一结果，请参阅统计力学方面的书籍．另一方面，我们还可以认为这个结果是通过实验建立起来的．因为

Avogadro 假说以及 $C_p - C_v$ 等于常数的定律，都是直接由实验得出的。

实际上，在选定常数 k 时就注意了使分子运动论的温度和以°K为单位来计量的热力学温度相一致. 这就是说，k 值应使得标准大气压下融化冰和沸腾水之间的温度差为 100°，同时所求得的零度要近似等于－273.15℃. 只要知道 p 和 T 给定时气体中的分子数密度或分子的质量，就可以确定出 k 值(参见式(2.42,2)). 但是，确定这两个值中的任何一个都是有困难的，不过现在人们已经求得了若干种气体的分子质量和数密度. 确定 k 值的方法有好几种，但不同方法给出的结果是一致的[1]，即

$$k = 1.3806 \times 10^{-16}\ \text{尔格/度}$$

确定气体常数 R 就容易得多了，所求得的值为

$$R = 8.314 \times 10^{7}\ \text{尔格/度}$$

如果采用热学单位的话则有

$$\frac{R}{J} = 1.9865\ \text{卡/度}$$

2.44. 比热的数值

表 1 给出了几种气体的 γ, C_p, C_v, c_v, $C_p - C_v$ 值，它们都是温度为 15℃，压强为 1 大气压时的数值. 当气体偏离 Boyle-Charles 定律时，这些数值将受到显著的影响，甚至在 1 大气压时也是如此. C_p 和 C_v 的单位是卡/度·摩尔(在 15° 时)，c_v 的单位是卡/度·克[2].

1) B. N. Taylor, W. H. Parker and D. N. Langenberg, *Rev. Mod. Phys.* **41**, 375 (1969).

2) 表 1 所列数值来源于: J. R. Partington and W. G. Shilling, *The Specific Heats of Gases*, p. 201 (Benn, 1924); J. Hilsenrath *et al.*, U. S. National Bureau of Standards, Circular 564 (1955); F. Din, *Thermodynamic Functions of Gases* (Butterworth, 1956). 表中 D_2 和 Xe 为计算值，其计算方法和对其它一些气体所做的实验相符很好(对 D_2 和 Xe 请分别参阅 (A. Michels, W. de Graaff and G. J. Wolkers, *Physica*, **25**, 1097 (1959) 和 A. Michels, T. Wassenaar, G. J. Wolkers and J. Dawson, *Physica*, **22**, 17 (1956).) 表中 N_2 的值则是由 W. H. Keesom and J. A. van Lammeren (*Physica*, **1**, 1161 (1934)) 求得的.

表 1 表明，对于氦，氖和氩等单原子气体，γ 值非常接近于 5/3. 而且根据许多的理由我们可以确信，这些气体在通常的碰撞中是不具有可传递的内能的[1). 这又一次验证了分子运动论的解释是正确的.

表1. 比热

气体	γ	C_p	C_v	c_v	C_p-C_v
空气	1.402	6.960	4.965	0.172	1.995
He	1.668	4.97	2.98	0.745	1.99
A	1.669	4.975	2.98	0.0747	1.995
Ne	1.668	·	·	·	·
Xe	[1.679]	[5.032]	[2.996]	[0.0228]	[2.036]
H_2	1.408	6.87	4.88	2.42	1.99
D_2	[1.399]	[6.98]	[4.99]	[1.238]	[1.99]
N_2	1.403	6.96	4.96	0.177	2.00
CO	1.402	6.97	4.97	0.177	2.00
NO	1.400	7.00	5.00	0.167	2.00
O_2	1.398	7.03	5.03	0.157	2.00
Cl_2	1.356	8.04	5.93	0.084	2.11
H_2S	1.340	8.15	6.08	0.178	2.07
CO_2	1.303	8.85	6.79	0.154	2.06
N_2O	1.300	8.85	6.81	0.155	2.04
SO_2	1.284	9.62	7.49	0.117	2.13
NH_3	1.318	8.75	6.64	0.390	2.11
CH_4	1.310	8.49	6.48	0.404	2.01
C_2H_4	1.250	10.25	8.20	0.293	2.05
C_2H_6	1.20	12.42	10.36	0.345	2.06

对于其它各种气体，我们可以记

$$\frac{d\bar{E}}{dT}=\frac{1}{2}Nk, \tag{2.44, 1}$$

这样对单原子气体有 $N=3$，而对其它气体则可以预料 $N>3$. 由此可得

1) 氙的 γ 值与 $\gamma=5/3$ 有所偏离，这是因为它偏离了完全气体定律的缘故.

$$c_v = \frac{kN}{2m}, \quad c_p = \frac{k}{m}\left(1 + \frac{N}{2}\right), \qquad (2.44, 2)$$

$$\gamma = 1 + \frac{2}{N}. \qquad (2.44, 3)$$

若 c_v 与 T 无关，则 N 亦与 T 无关．我们发现，许多气体(包括单原子气体和其它别的气体)在相当大的温度范围内，其 c_v 值的确近似地与 T 无关．这样可以得到下述结果

$$\bar{E} = \frac{1}{2} NkT.$$

但上式可能还要附加上一个常数[1]．正如表 1 所示，许多双原子气体非常接近于满足 $\gamma = 1.4$． 这相应于 $N = 5$，它表明可传递的内能为特定平动能的三分之二． 对于多原子分子，γ 值小于 1.4，因而相应的 N 值大于 5． 这意味着非平动能占有更大的比例．

2.45. 热传导

有一个重要的通量矢(参见 2.3 节)可以给出热能的通量率，它对应于 $\phi(\boldsymbol{C}) = E$．我们用 $\boldsymbol{q}$ 表示这个通量矢，则有

$$\boldsymbol{q} = n\,\overline{E\boldsymbol{C}}. \qquad (2.45, 1)$$

因此穿越过某个单位表面积(它通过点 $\boldsymbol{r}$ 并垂直于单位矢量 $\mathbf{n}$)的热流通量率等于

$$\boldsymbol{q} \cdot \mathbf{n} = n\,\overline{EC_n}$$

矢量 $\boldsymbol{q}$ 称作热流通量矢．

2.5. 混合气体

上述所有的定义和结果都可以推广应用于混合气体． 每个组元气体的数密度和速度分布函数的定义都和单组元气体的定义(见 2.2. 节和 2.21 节)相类似．第 s 种组元的速度分布函数 $f_s(\boldsymbol{c}_s,$

1) 就是说还可能有一个积分常数 $\bar{E}_0$，表示 $T = 0$ 时的平均内能．——译者注

$\boldsymbol{r}, t)$ 和数密度 n_s 之间的关系如下

$$n_s = \int f_s(\mathbf{c}_s, \boldsymbol{r}, t) d\,\mathbf{c}_s. \tag{2.5, 1}$$

整个混合气体的数密度 n 由下式给出

$$n = \sum_s n_s. \tag{2.5, 2}$$

不同组元的质量和平均分子速率都是不同的，因此研究整个混合气体的速度分布函数便成为毫无意义的事情了.

若第 s 种组元的分子质量为 m_s，而其分密度为 ρ_s，这样就有

$$\rho_s = n_s m_s, \tag{2.5, 3}$$

而整个混合气体的密度 ρ 便为

$$\rho = \sum_s \rho_s = \sum_s n_s m_s. \tag{2.5, 4}$$

我们常把第 s 种组元的分子叫做分子 m_s.

若 ϕ 为分子速度的任一函数，则分子 m_s 的函数 ϕ 在某点处的平均值 $\bar{\Phi}_s$ 为

$$n_s\bar{\Phi}_s = \int f_s\phi_s d\,\mathbf{c}_s, \tag{2.5, 5}$$

因此对于混合气体所有分子的平均值 $\bar{\Phi}$ 为

$$n\bar{\Phi} = \sum_s n_s\bar{\Phi}_s = \sum_s \int f_s\phi_s d\mathbf{c}_s. \tag{2.5, 6}$$

气体在某点的**宏观速度** $\mathbf{c}_0$ 由下式定义

$$\rho\,\mathbf{c}_0 = \sum_s \int f_s m_s\,\mathbf{c}_s\,d\,\mathbf{c}_s = \sum_s \rho_s\bar{\mathbf{c}}_s; \tag{2.5, 7}$$

它不是分子的平均速度 $\bar{\mathbf{c}}$，而是一种加权的平均，即每个分子的权重与其质量成正比. 这样，每单位体积气体的动量就与如同每个分子都是以宏观速度 $\mathbf{c}_0$ 运动时的动量一样.

现定义混合气体中分子 m_s 的特定速度 $\boldsymbol{C}_s$ 如下

$$\boldsymbol{C}_s = \mathbf{c}_s - \mathbf{c}_0. \tag{2.5, 8}$$

显见

$$\sum_s \rho_s \bar{\boldsymbol{C}}_s = 0. \tag{2.5, 9}$$

混合气体处于均匀稳恒状态时，其在某点处的温度 T 的定义和单组元气体的一样，由下式给出

$$\frac{1}{2}\overline{mC^2} = \frac{1}{n}\sum_s \int f_s \frac{1}{2} m_s C_s^2 d\,\mathbf{c}_s$$

$$= \frac{3}{2} kT, \tag{2.5, 10}$$

当气体处于更一般的状态时，温度则由 $\bar{E} = \bar{E}(T)$ 定义，其中 $\bar{E}(T)$ 是一种处于稳恒状态下的均匀气体在温度 T 时的 $\bar{E}$ 值，而此均匀稳恒气体的密度和组分和实际气体在所考察点处的密度和组分相同.

现定义任一组元对容器表面或某个内部表面（它以气体的宏观速度运动着）的分应力为： 该组元传递（或输运）到每单位面积表面上的平均动量变化率. 气体对表面的总应力则是各组元分应力之和. 由 2.31 节可知，应力张量 P 的定义是

$$\mathsf{P} = \sum_s \mathsf{P}_s = \sum_s n_s m_s \overline{\boldsymbol{C}_s \boldsymbol{C}_s} = n\overline{m\,\boldsymbol{CC}}. \tag{2.5, 11}$$

如前所述，作用在垂直于单位矢量 $\mathbf{n}$ 的表面上的应力为 $\mathsf{P}\cdot\mathbf{n}$.

气体在任一点处的平均流体静压强 p 是 $\frac{1}{3}\mathsf{P}:\mathsf{U}$，这和式(2.32,3)完全相同. 当气体处于平衡时，根据式(2.5, 10, 11)可得

$$p = \frac{1}{3} n\,\overline{mC^2} = knT, \tag{2.5, 12}$$

它等价于 Boyle 定律和 Charles 定律. 由式(2.5,2)可知，这意味着

$$p = \sum_s (kn_s T).$$

所以只要每个组元各自占据着相同的体积并处于相同的温度下，

那么当温度给定时混合气体的流体静压强就等于各组元流体静压强 p_s 之和，这就是 Dalton 定律.

最后，热流通量矢 $\boldsymbol{q}$ 通过下式可以与分子能量 E 联系起来

$$\boldsymbol{q} = n\overline{E\boldsymbol{C}}, \qquad (2.5, 13)$$

这和单组元气体的一样.

第三章 Boltzmann 方程和 Maxwell 方程

3.1. Boltzmann 方程的推导

第二章已经证明，气体的宏观属性可以由速度分布函数 f 计算出来. 但是，此分布函数需从 Boltzmann 最先给出的一个积分方程来确定. 这个方程的基本思想是由 Maxwell 提出然后再由 Boltzmann 加以公式化的. 为了指明这点，Hilbert[1] 将此方程定名为 Maxwell-Boltzmann 方程.

在推导这个方程时，假定了某个分子同其它分子的碰撞[2]在其整个行程中仅占很小的部分. 这意味着，只有二体碰撞才是重要的.

设气体中每个分子所承受的外力是 $m\boldsymbol{F}$，它可以是 $\boldsymbol{r}$ 和 t 的函数，但不是 $\boldsymbol{c}$ 的函数[3]. 如果一个分子在时间 t 和 $t+dt$ 之间不与其它分子相碰撞，那么它的速度将由 $\boldsymbol{c}$ 变为 $\boldsymbol{c}+\boldsymbol{F}dt$，而它的位置矢量将由 $\boldsymbol{r}$ 变为 $\boldsymbol{r}+\boldsymbol{c}\,dt$. 在时刻 t，位于体积元 $\boldsymbol{r}$, $d\boldsymbol{r}$ 中而且速度范围为 $\boldsymbol{c}$, $d\boldsymbol{c}$ 的分子一共有 $f(\boldsymbol{c}, \boldsymbol{r}, t)d\boldsymbol{c}d\boldsymbol{r}$ 个. 如果碰撞效应可以忽略不计，那么经过时间间隔 dt 之后，同样这些分子（没有其它分子加入）将构成这样的一群，它们占据着体积 $\boldsymbol{r}+\boldsymbol{c}dt$, $d\boldsymbol{r}$，而速度范围变为 $\boldsymbol{c}+\boldsymbol{F}\,dt$, $d\boldsymbol{c}$，这群分子的数目为

$$f(\boldsymbol{c}+\boldsymbol{F}\,dt, \boldsymbol{r}+\boldsymbol{c}dt, t+dt)d\boldsymbol{c}d\boldsymbol{r}.$$

---

1) D. Hilbert, *Grundzüge einer allgemeinen Theorie der linearen Integralgleichungen*, p. 269 (Teubner, 1912).

2) 在这一章中，如同在全书中一样，术语"碰撞"广泛地表示分子间的相互作用. 当分子被认为是刚球分子时，"碰撞"一词表示分子像刚球般的撞击；而在一般分子模型时，"碰撞"一词表示分子相遇(但不接触)而发生的相互作用. 请参阅绪论第 4 节的注释——译者注.

3) 作用在分子上的力与分子速度有关这一特殊情况，将在第十九章中予以探讨.

但是，一般说来，第二群的分子数总是不等于原来第一群的，因为分子间的碰撞总是会使原来第一群中的分子偏离它们的轨道，同时又会偏转其它的分子使之成为后来第二群的成员．因此，第二群分子的净增数必定正比于 $d\boldsymbol{c}d\boldsymbol{r}\,dt$，我们用 $(\partial_e f/\partial t)d\boldsymbol{c}d\boldsymbol{r}\,dt$ 表示之．结果可以得出

$$\{f(\boldsymbol{c}+\boldsymbol{F}\,dt,\boldsymbol{r}+\boldsymbol{c}dt,t+dt)-f(\boldsymbol{c},\boldsymbol{r},t)\}d\boldsymbol{c}\,d\boldsymbol{r}$$

$$=\frac{\partial_e f}{\partial t}d\boldsymbol{c}\,d\boldsymbol{r}\,dt.$$

上式两边除以 $d\boldsymbol{c}d\boldsymbol{r}dt$，并使 dt 趋于零，则可得到 f 的 Boltzmann 方程，即

$$\frac{\partial f}{\partial t}+u\frac{\partial f}{\partial x}+v\frac{\partial f}{\partial y}+w\frac{\partial f}{\partial z}+F_x\frac{\partial f}{\partial u}$$

$$+F_y\frac{\partial f}{\partial v}+F_z\frac{\partial f}{\partial w}=\frac{\partial_e f}{\partial t},\qquad(3.1,1)$$

或者写作

$$\mathscr{D}f=\frac{\partial_e f}{\partial t},\qquad(3.1,2)$$

其中 $\mathscr{D}f$ 表示方程(3.1，1)的左侧部分．若采用矢量记号则有

$$\mathscr{D}f=\frac{\partial f}{\partial t}+\boldsymbol{c}\cdot\frac{\partial f}{\partial\boldsymbol{r}}+\boldsymbol{F}\cdot\frac{\partial f}{\partial\boldsymbol{c}}.\qquad(3.1,3)$$

如上定义的量 $\partial_e f/\partial t$ 就等于在某个固定点处因碰撞而引起的速度分布函数 f 的变化率．随后我们将可以看到，$\partial_e f/\partial t$ 可以用一个包含着未知函数 f 的积分来表达．所以 Boltzmann 方程是个积分方程或积分——微分方程．

若推广应用到混合气体，则有

$$\mathscr{D}_s f_s=\frac{\partial f_s}{\partial t}+\boldsymbol{c}_s\cdot\frac{\partial f_s}{\partial\boldsymbol{r}}+\boldsymbol{F}_s\cdot\frac{\partial f_s}{\partial\boldsymbol{c}_s}=\frac{\partial_e f_s}{\partial t},\quad(3.1,4)$$

其中 $m_s\boldsymbol{F}_s$ 表示作用于 $\boldsymbol{r}$，t 处的分子 m_s 上的力，而 $\partial_e f_s/\partial t$ 表示由于碰撞而造成的分布函数 f_s 的变化率．此方程还可予以修正，以便应用于更一般的分子模型（2.1 节，2.21 节）．在球对称的旋转

分子情况下，f 仅取决于 $\boldsymbol{c}$，$\boldsymbol{r}$，t 和角速度 $\boldsymbol{\omega}$，这时 f 方程的形式与方程（3.1，1）相同．对于更一般的分子模型，f 将包括更多的变量，这些变量是为确定分子的方位和其它的属性所必需．一般说来，与这些变量相对应的有关项都必定会在 Boltzmann 方程中出现．

3.11. 分子属性的变化方程

从 Boltzmann 方程可以导出另外一个重要的方程，推演如下．首先研究单组元气体．设 ϕ 为某一分子属性，其定义和2.2节的相同．把 $\phi d\boldsymbol{c}$ 乘以 Boltzmann 方程并在整个速度空间上积分（我们在此假定所有这些积分都是收敛的，而且当 $\boldsymbol{c}$ 在任何方向上趋于无限大时，乘积 ϕf 都趋于零），所得的结果为

$$\int \phi \mathscr{D} f d\boldsymbol{c} = n\Delta\bar{\phi}, \tag{3.11, 1}$$

其中

$$n\Delta\bar{\phi} = \int \phi \frac{\partial_e f}{\partial t} d\boldsymbol{c}. \tag{3.11, 2}$$

$\Delta\bar{\phi}$ 的意义是不难看出的．在 $\boldsymbol{r}$，t 处的单位体积内，速度范围为 $\boldsymbol{c}$，$d\boldsymbol{c}$ 的这群分子由于碰撞而造成的分子数变化率等于 $(\partial_e f/\partial t)d\boldsymbol{c}$．因此，如果属性 ϕ 遍及该群的所有分子求和，其和值为 $\Sigma\phi$ 的话，那么 $\phi(\partial_e f/\partial t)d\boldsymbol{c}$ 就表示由于碰撞而造成的 $\Sigma\phi$ 的变化率．类似地，如果 $\Sigma\phi$ 是遍及单位体积中全部分子求和的和值，那么 $\int \phi(\partial_e f/\partial t)d\boldsymbol{c}$ 就是由于碰撞而引起的 $\Sigma\phi$ 的变化率．但是 $\Sigma\phi = n\bar{\phi}$，而且碰撞本身不会改变数密度 n，因此碰撞所引起的 $\bar{\phi}$ 变化率等于

$$\frac{1}{n}\int \phi \frac{\partial_e f}{\partial t} d\boldsymbol{c} = \Delta\bar{\phi}.$$

方程（3.11，1）可以推广应用于混合气体．对于第 s 组元来说

$$\int \phi_s \mathscr{D}_s f_s d\boldsymbol{c}_s = n_s\Delta\bar{\phi}_s, \tag{3.11, 3}$$

其中 $\Delta\bar{\phi}_s$ 等于分子碰撞所引起的 $\bar{\phi}_s$ 变化率．而且，2.21 节中的广义速度分布函数也满足方程（3.11，1）的修正形式，不过此时 ϕ 不仅是 $\boldsymbol{c}$ 的函数还应取决于更多的变量．

3.12. 用特定速度表示 $\mathscr{D}f$

如果采用特定速度 $\boldsymbol{C}(\equiv \boldsymbol{c}-\boldsymbol{c}_0)$ 代替 $\boldsymbol{c}$ 来作独立变量的话，那么 $\partial/\partial t$ 和 $\partial/\partial \boldsymbol{r}$ 的意义就要改变．因为这时进行微分时是保持 $\boldsymbol{C}$（而不是 $\boldsymbol{c}$）不变．因此为了表明 f 是通过 $\boldsymbol{C}$ 对 $\boldsymbol{c}_0$ 的关系而隐含地与 t 和 $\boldsymbol{r}$ 有关的，在式(3.1，3)中的 $\partial f/\partial t$ 和 $\partial f/\partial \boldsymbol{r}$ 必须分别用

$$\frac{\partial f}{\partial t}-\frac{\partial \boldsymbol{c}_0}{\partial t}\cdot\frac{\partial f}{\partial \boldsymbol{C}} \text{ 和 } \frac{\partial f}{\partial \boldsymbol{r}}-\left(\frac{\partial}{\partial \boldsymbol{r}}\boldsymbol{c}_0\right)\cdot\frac{\partial f}{\partial \boldsymbol{C}}$$

来替换．另外，$\partial f/\partial \boldsymbol{c}$ 也要变成 $\partial f/\partial \boldsymbol{C}$．这样 $\mathscr{D}f$ 的表达式就变为下列形式

$$\frac{\partial f}{\partial t}-\frac{\partial \boldsymbol{c}_0}{\partial t}\cdot\frac{\partial f}{\partial \boldsymbol{C}}+(\boldsymbol{c}_0+\boldsymbol{C})\cdot\left\{\frac{\partial f}{\partial \boldsymbol{r}}-\left(\frac{\partial}{\partial \boldsymbol{r}}\boldsymbol{c}_0\right)\cdot\frac{\partial f}{\partial \boldsymbol{C}}\right\}+\boldsymbol{F}\cdot\frac{\partial f}{\partial \boldsymbol{C}}.$$

令

$$\frac{D}{Dt}=\frac{\partial}{\partial t}+\boldsymbol{c}_0\cdot\frac{\partial}{\partial \boldsymbol{r}}, \tag{3.12, 1}$$

于是 D/Dt 就是“流动算符”，或者，按照流体力学的术语，它是跟随着质量运动的时间导数．因此

$$\mathscr{D}f=\frac{Df}{Dt}+\boldsymbol{C}\cdot\frac{\partial f}{\partial \boldsymbol{r}}+\left(\boldsymbol{F}-\frac{D\boldsymbol{c}_0}{Dt}\right)\cdot\frac{\partial f}{\partial \boldsymbol{C}}-\frac{\partial f}{\partial \boldsymbol{C}}\boldsymbol{C}:\frac{\partial}{\partial \boldsymbol{r}}\boldsymbol{c}_0. \tag{3.12, 2}$$

3.13. $\int \phi\mathscr{D}f d\boldsymbol{c}$ 的变换

假设 ϕ 和 f 一样，可以表示为 $\boldsymbol{C}, \boldsymbol{r}, t$ 的函数．将 $\mathscr{D}f$ 的表

达式(3.12,2)代入$\int \phi \mathscr{D} f d\boldsymbol{c}$ $\left(\text{或}\int \phi \mathscr{D} f d\boldsymbol{C}\right)$中，所得的各项可以借助于下列关系式而变换为：

$$\int \phi \frac{Df}{Dt} d\boldsymbol{C} = \frac{D}{Dt}\int \phi f d\boldsymbol{C} - \int \frac{D\phi}{Dt} f d\boldsymbol{C}$$

$$= \frac{D(n\bar{\phi})}{Dt} - n\overline{\frac{D\phi}{Dt}}, \qquad (3.13,1)$$

$$\int \phi \boldsymbol{C}\cdot \frac{\partial f}{\partial \boldsymbol{r}} d\boldsymbol{C} = \frac{\partial}{\partial \boldsymbol{r}}\cdot \int \phi \boldsymbol{C} f d\boldsymbol{C} - \int \frac{\partial \phi}{\partial \boldsymbol{r}}\cdot \boldsymbol{C} f d\boldsymbol{C}$$

$$= \frac{\partial}{\partial \boldsymbol{r}}\cdot n\,\overline{\phi \boldsymbol{C}} - n\,\overline{\boldsymbol{C}\cdot \frac{\partial \phi}{\partial \boldsymbol{r}}}, \qquad (3.13,2)$$

$$\int \phi \frac{\partial f}{\partial U} d\boldsymbol{C} = \iiint \Big[\phi f\Big]_{U=-\infty}^{U=\infty} dV dW$$

$$-\int \frac{\partial \phi}{\partial U} f d\boldsymbol{C} = -n\overline{\frac{\partial \phi}{\partial U}}. \qquad (3.13,3)$$

在式(3.13，1，2)中，微分D/Dt，与$\partial/\partial \boldsymbol{r}$中均未涉及变量$\boldsymbol{C}$，因为$\boldsymbol{C}$现在是作为一个独立变量．在式(3.13，3)中，由分部积分可以得出：包含着ϕf的这一项等于零．因为我们事先已经假定了当$U \to \pm\infty$时$\phi f \to 0$．式(3.13，3)显然是下式的一个分量：

$$\int \phi \frac{\partial f}{\partial \boldsymbol{C}} d\boldsymbol{C} = -n\overline{\frac{\partial \phi}{\partial \boldsymbol{C}}}. \qquad (3.13,4)$$

按照完全类似的方法可以证明

$$\int \phi \frac{\partial f}{\partial \boldsymbol{C}} \boldsymbol{C} d\boldsymbol{C} = -n\overline{\frac{\partial}{\partial \boldsymbol{C}}\phi \boldsymbol{C}}$$

$$= -n\bar{\phi}\mathsf{U} - n\overline{\frac{\partial \phi}{\partial \boldsymbol{C}}\boldsymbol{C}}, \qquad (3.13,5)$$

其中U表示单位张量(参见1.3节)．

将上述结果用于方程(3.11，1)，我们便得出方程

$$n\Delta\bar{\phi} = \int \phi \mathscr{D} f d\boldsymbol{C} = \frac{Dn\bar{\phi}}{Dt} + n\bar{\phi}\frac{\partial}{\partial \boldsymbol{r}}$$

$$\cdot \boldsymbol{c}_0 + \frac{\partial}{\partial \boldsymbol{r}}\cdot n\overline{\phi \boldsymbol{C}}$$

$$-n\left\{\overline{\frac{D\phi}{Dt}}+\overline{\boldsymbol{C}\cdot\frac{\partial\phi}{\partial\boldsymbol{r}}}+\left(\boldsymbol{F}-\frac{D\boldsymbol{c}_0}{Dt}\right)\cdot\overline{\frac{\partial\phi}{\partial\boldsymbol{C}}}-\overline{\frac{\partial\phi}{\partial\boldsymbol{C}}\boldsymbol{C}}:\frac{\partial}{\partial\boldsymbol{r}}\boldsymbol{c}_0\right\}. \qquad (3.13, 6)$$

一般将此式称为 $\bar{\phi}$ 的变化方程，它是 Enskog 对 Maxwell 导出的输运方程所做的推广，因为在 Maxwell 的方程中，$\phi(\boldsymbol{c})$ 仅是 $\boldsymbol{c}$ 的函数，并且未引进特定速度.

3.2. 碰撞后守恒的分子属性；总和不变量

由于分子速度的某些函数在碰撞过程中是守恒的，因此人们无需实际计算出 $\Delta\bar{\phi}$，就可以从变化方程导出一些重要的结论．这就是说，对于参与某次碰撞的分子来说，碰撞并不改变它们的函数 ϕ 的和值，这样就使得 $\Delta\bar{\phi}=0$． 这样的函数就叫做碰撞的**总和不变量**，它们在气体理论中具有极其重要的作用． 这不仅是因为它们在气体状况发生起伏的期间可以测量出来，而且是因为(后面将会看到)，一般地说，一旦它们在某一瞬间的平均值(作为位置的函数)被完全确定之后，气体的整个状况及其今后的变化过程就都可以确定了.

对于任何一种气体，都有下列三个总和不变量：

$$\psi^{(1)}=1,\ \boldsymbol{\psi}^{(2)}=m\boldsymbol{C},\ \psi^{(3)}=E, \qquad (3.2, 1)$$

和 2.4 节一样，这里的 E 表示一个分子的总热能． 对于特殊类型的气体，则还可能再附加上一个或更多个总和不变量（参见 11.24 节).

$\Delta\overline{\psi^{(1)}}=0$ 表示分子数密度不因碰撞而改变．类似地，$\Delta\overline{\boldsymbol{\psi}^{(2)}}=0$ 表示动量守恒原理(相对于速度为$\boldsymbol{c}_0$的运动坐标系)，而 $\Delta\overline{\psi^{(3)}}=0$ 则表示能量守恒原理． 尽管 $\boldsymbol{\psi}^{(2)}$ 是矢量，但是为方便起见，我们仍然可用一种符号 $\psi^{(i)}$ 来代表这三个守恒的函数

我们还可以把动量 $\boldsymbol{\psi}^{(2)}$ 和能量 $\psi^{(3)}$ 看作是参照于在空间固定不动的坐标系的，而不是参照于随气体运动的坐标系，这样做有时

会更方便些．在此情况下，假如分子只具有平动能，那么总和不变量可以取作为

$$\psi^{(1)} = 1,\ \boldsymbol{\psi}^{(2)} = m\boldsymbol{c},\ \psi^{(3)} = \frac{1}{2}mc^2. \qquad (3.2,2)$$

在二体碰撞的情况中，可以将 $\psi^{(i)}$ 的守恒律表示为如下的形式：

$$\psi^{(i)\prime} + \psi_1^{(i)\prime} - \psi^{(i)} - \psi_1^{(i)} = 0, \qquad (3.2,3)$$

其中 $\psi^{(i)}$，$\psi_1^{(i)}$系指碰撞前两个分子的守恒函数，而 $\psi^{(i)\prime}$，$\psi_1^{(i\prime)}$ 则指这些分子碰撞后的函数．

三个守恒函数 $\psi^{(i)}$ 的任一线性组合，也是一个总和不变量．但是，对于仅具有平动能的分子来说，不可能再有能线性独立于式(3.2,2)所给定的 $\psi^{(1)}\boldsymbol{\psi}^{(2)}$ 和 $\psi^{(3)}$ 的总和不变量了．这是因为在两个只具有平动能的分子之间所发生的碰撞只涉及了两个可以任意选择的几何变量(例如，若分子是弹性刚球，则此两个变量便可以是碰撞时分子中心连线的极坐标 θ，φ，参见 3.43 节)．用初速度 $\boldsymbol{c}$，$\boldsymbol{c}_1$ 的六个分量来表示碰撞后末速度的六个分量 $\boldsymbol{c}'$，$\boldsymbol{c}_1'$，则共有六个标量关系式．若把上述的两个几何变量从六个标量关系式中消去，则在这两组的六个分量之间只可能得到四个一般关系式．我们现在已经有四个关系式来表示能量和动量(三个)分量的守恒律，因而不可能再有其它对所有的碰撞都成立的独立关系式．

3.21. 分子属性变化方程的几种特殊形式

如果用函数 $\psi^{(i)}$ 中的每一个来代替方程(3.13,6)中的 ϕ，便可以得到变化方程的几种重要的特殊形式．

情况 I　令 $\phi = \psi^{(1)} = 1$；这时 $\bar{\phi} = 1$，$\overline{\phi \boldsymbol{C}} = 0$，$\partial\phi/\partial\boldsymbol{C} = 0$，$D\phi/Dt = 0$，$\partial\phi/\partial\boldsymbol{r} = 0$，$\Delta\bar{\phi} = 0$．因此方程(3.13,6)变为

$$\int \psi^{(1)} \mathscr{D} f d\boldsymbol{c} = \frac{Dn}{Dt} + n\frac{\partial}{\partial \boldsymbol{r}} \cdot \boldsymbol{c}_0 = 0; \qquad (3.21,1)$$

这就是连续方程，它表示气体中的分子数(或质量)守恒．连续方程的另外几种形式为

$$\left.\begin{aligned}&\frac{D\ln n}{Dt}+\frac{\partial}{\partial \boldsymbol{r}}\cdot \boldsymbol{c}_0=0,\\&\frac{D\rho}{Dt}+\rho\frac{\partial}{\partial \boldsymbol{r}}\cdot \boldsymbol{c}_0=0,\quad \frac{D\ln\rho}{Dt}+\frac{\partial}{\partial \boldsymbol{r}}\cdot \boldsymbol{c}_0=0.\end{aligned}\right\}\tag{3.21, 2}$$

情况 II　令 $\phi=\psi_x^{(2)}=mU$；这时 $\bar{\Phi}=0$，$n\overline{\phi\boldsymbol{C}}=\rho\overline{U\boldsymbol{C}}=\boldsymbol{p}_x$（参见2.31 节），$\partial\phi/\partial\boldsymbol{r}=0$，$D\phi/Dt=0$，$\partial\phi/\partial\boldsymbol{C}=(m,0,0)$，$\overline{(\partial\phi/\partial\boldsymbol{C})\boldsymbol{C}}=0$，$\Delta\bar{\Phi}=0$. 因此变化方程变为

$$\int\psi_x^{(2)}\mathscr{D}f d\boldsymbol{c}=\frac{\partial}{\partial\boldsymbol{r}}\cdot\boldsymbol{p}_x-\rho\left(F_x-\frac{Du_0}{Dt}\right)=0;$$

这是气体动量方程的一个分量公式(参见式(1.33, 9))，而动量方程则是

$$\int\boldsymbol{\psi}^{(2)}\mathscr{D}f d\boldsymbol{c}=\frac{\partial}{\partial\boldsymbol{r}}\cdot\mathsf{P}-\rho\left(\boldsymbol{F}-\frac{D\boldsymbol{c}_0}{Dt}\right)=0.\tag{3.21, 3}$$

方程(3.21, 2, 3)与流体动力学中按连续流体所导出的连续方程和动量方程是全同的. 这证明了流体动力学关于气体流动的论述是正确的.

情况 III　令 $\phi=\psi^{(3)}=E$；这时 $n\overline{\phi\boldsymbol{C}}=\boldsymbol{q}$（参见式(2.45, 1)），$\partial\phi/\partial\boldsymbol{r}=0$，$D\phi/Dt=0$. 而且 E之所以与$\boldsymbol{C}$有关，仅仅是由于平动能对热能有贡献之故. 这样就有 $\partial\phi/\partial\boldsymbol{C}=\frac{1}{2}m\partial C^2/\partial\boldsymbol{C}=m\boldsymbol{C}$；因此有 $\overline{\partial\phi/\partial\boldsymbol{C}}=0$，以及 $n\overline{(\partial\phi/\partial\boldsymbol{C})\boldsymbol{C}}=\rho\overline{\boldsymbol{C}\boldsymbol{C}}=\mathsf{P}$. 由于 $\Delta\bar{\Phi}=0$，变化方程变为

$$\begin{aligned}\int\psi^{(3)}\mathscr{D}f d\boldsymbol{c}=&\frac{D(n\bar{E})}{Dt}+n\bar{E}\frac{\partial}{\partial\boldsymbol{r}}\cdot\boldsymbol{c}_0\\&+\frac{\partial}{\partial\boldsymbol{r}}\cdot\boldsymbol{q}+\mathsf{P}:\frac{\partial}{\partial\boldsymbol{r}}\boldsymbol{c}_0=0.\end{aligned}\tag{3.21, 4}$$

由于 $d\bar{E}/dT=\frac{1}{2}Nk$（参见式(2.44, 1)），并利用方程(3.21, 1)后，方程(3.21, 4)可变换为

$$\frac{DT}{Dt}=-\frac{2}{Nkn}\left\{\mathsf{P}:\frac{\partial}{\partial\boldsymbol{r}}\boldsymbol{c}_0+\frac{\partial}{\partial\boldsymbol{r}}\cdot\boldsymbol{q}\right\},\tag{3.21, 5}$$

此方程(或更恰当地说是方程(3.21, 4))是气体的热能方程[1]. 让方程(3.21, 4)乘以 $d\boldsymbol{r}dt$, 这时 $D(n\bar{E})/Dt\cdot d\boldsymbol{r}dt$ 就代表随着气体一起运动的体积 $d\boldsymbol{r}$ 中的热能在时间 dt 期间内的增量. 从宏观立场来看,它可以解释为下列几项的和:(i) 由于分子净流入体积元而带入 $d\boldsymbol{r}$ 中的能量;(ii) 由于流入分子比流出分子具有更多的能量(注意与更多的分子数不相同)而产生的增量;(iii) 在 dt 时间间隔内,因体积元改变其形状和体积而使作用在其表面上的压力对体积元所做的功. 这三个量由方程(3.21, 4)左侧的后三项代表,但它们的正负号恰好相反.

当速度分布函数的形式尚未确定时,方程(3.21, 2, 3, 5)乃是能从变化方程得出的最有用处的结论. 若要确定分布函数,我们则必须首先找到表达 $\partial_e f/\partial t$ 和 $\Delta\bar{\Phi}$ 的显式. 这就要求人们去研究碰撞的统计效应.

3.3. 分 子 碰 撞

只有当人们搞清了碰撞时分子间相互作用的本质时,才能够得出 $\partial_e f/\partial t$ 和 $\Delta\bar{\Phi}$ 的精确表达式. 然而,能够用原子理论精确描述其碰撞过程的情况是相当少的. 因此人们必须先假定一些相互作用规律,然后将由此而推导得出的结论同实验结果进行比较. 这样便能检验出这种假定的规律是否恰当.

有些气体的状态方程偏离了 Boyle 定律,与此有关的物理数据表明:当分子间距与分子尺度相比很大时,分子之间可以彼此有微弱的吸引力;但当分子间距与分子尺度的量级相同时,分子之间就强烈地排斥. 此外,当具有内能的复杂分子之间发生碰撞时,分子的内能可以和平动能进行某种交换. 因此在对这些分子碰撞时相互作用力的本质作假设时,必须考虑上述这些情况.

人们已经选择过多种具体的分子模型加以研究了. 这些模型

---

1) 此即通常的能量方程. ——译者注

之所以被选用，或是出于它们的相互作用规律在物理上的简单性，或是出于它们的相互作用规律在数学上的简单性．光滑的完全弹性刚球就是最早被研究而且又最为简单的分子模型之一．两个刚球在碰撞时的冲量就代表了近处碰撞中分子间的排斥力．当然，这只是近似的，因为分子有着复杂的电结构，它不可能严格地象刚球一样．当分子彼此接近时，它们之间的相互作用力在连续地变化着．将分子作为力心点来处理则可以较好地反映出上述事实，因为在这里作用力与相互作用着的分子的特性有关，同时还与分子间的距离有关．有一种简单的假设是：作用力总是斥力，其变化反比于距离的幂次方．不过，如果假定作用力在某个距离上变号（即在此距离以外变为吸力），那么就能更好地代表真实的情况．弹性球模型也可以加以改善，其办法是假定这些球对其它球有微弱的吸引，而且吸引力与距离有关

如果是用光滑球或力心点模型来代表分子的话，那就是不打算考虑分子的内能和平动能之间可能发生的交换．当分子的内能不随温度变化而且可以略去不计时，这样的分子就可以称作是光滑的．本书的绝大部分篇幅都是只研究这种光滑分子，但是在第十一章中将研究允许分子内能和平动能之间发生相互交换的各种模型．

我们认为所有的光滑模型都具有球对称的特征．单原子气体的分子是很接近于这种球对称性的，但双原子分子和多原子分子却大大偏离了这种对称性，因为质量都集中在原子核中．这样，我们的理论结果就不能严格地应用于双原子气体和多原子气体．但是，由于我们在计算时要对参加碰撞的各分子对的所有各种可能的方位求平均，因此可以预料；只要我们所采用的球对称分子的力场就是实际分子力场对分子所有各种可能方位的平均，那么由对称分子得到的许多理论结果将仍然可以近似地应用于这些非对称分子的气体．

3.4. 二体碰撞的动力学

现在来研究质量为 m_1, m_2 两个分子的碰撞过程. 由于我们只讨论光滑球对称分子，所以其中任一分子施于另一分子的作用力,其方向总是沿着它们中心 A, B 的连线. 这个作用力,或许仅在分子接触时才产生；或许在分子彼此相距为任何距离时都在起作用,因此它是距离 AB 的某个函数.我们还假定：作用在分子上的任何外力(重力,电力,…)与碰撞过程中的作用力相比较都是非常小的，因此在研究碰撞的动力学效应时可以忽略这些外力的影响.

术语"碰撞前"系指分子开始显著地影响另一个分子之前的时间,此时每个分子正沿着一条直线运动. 或者，更精确地说,分子沿着若有其它分子影响时所描画的轨道的渐近线而运动. 术语"碰撞后"亦要按照同样的方式予以理解. 根据这些规定,碰撞前、后的速度值都是有限的,可将它们记作为 $\mathbf{c}_1$, $\mathbf{c}_2$ (碰撞前)和 $\mathbf{c}'_1$, $\mathbf{c}'_2$ (碰撞后)[1].现在,我们希望用其中任一对速度和碰撞几何变量(为完全确定碰撞过程所需的)来表示另一对速度. 由于运动是可逆的,这两对速度间的关系也必需是可以互易的. 对于我们的目的来说,碰撞的细致情节并不重要,我们只是想搞清楚初速度和末速度之间的关系.

3.41. 碰撞过程的动量方程和能量方程

令

$$m_0 = m_1 + m_2,\ M_1 = m_1/m_0,\ M_2 = m_2/m_0, \qquad (3.41,1)$$

因而有

$$M_1 + M_2 = 1. \qquad (3.41,2)$$

---

1) 在 3.52 节中, $\mathbf{c}'_1$, $\mathbf{c}'_2$ 将用来表示逆碰撞中的初速度,而 $\mathbf{c}_1$, $\mathbf{c}_2$ 则为末速度. 必须注意将符号 $\mathbf{c}'$ 的这些用法同 2.2. 节中的用法相区别,在那里 $\mathbf{c}'$ 表示运动参考坐标系的速度.

在整个碰撞过程中，两个分子的质心总是匀速地运动着，这个恒定的质心速度 $\mathbf{G}$ 由下式给出

$$m_0 \mathbf{G} = m_1 \mathbf{c}_1 + m_2 \mathbf{c}_2 = m_1 \mathbf{c}_1' + m_2 \mathbf{c}_2'. \qquad (3.41, 3)$$

令 $\mathbf{g}_{21}$, $\mathbf{g}_{21}'$ 分别表示第二个分子相对于第一个分子的初速度与末速度，而 $\mathbf{g}_{12}$, $\mathbf{g}_{12}'$ 则分别表示第一个分子相对于第二个分子的初速度与末速度，于是

$$\mathbf{g}_{21} = \mathbf{c}_2 - \mathbf{c}_1 = -\mathbf{g}_{12}, \quad \mathbf{g}_{21}' = \mathbf{c}_2' - \mathbf{c}_1' = -\mathbf{g}_{12}'. \qquad (3.41, 4)$$

$\mathbf{g}_{21}$ 和 $\mathbf{g}_{12}$ 的大小相等，其值可以记作 g；对于末速度，情况亦然；因此

$$g_{21} = g_{12} = g, \quad g_{21}' = g_{12}' = g'. \qquad (3.41, 5)$$

利用式(3.41, 3, 4)，我们便可以用 $\mathbf{G}$, $\mathbf{g}_{21}$ 和 $\mathbf{g}_{21}'$ 表示 $\mathbf{c}_1$, $\mathbf{c}_2$, $\mathbf{c}_1'$, $\mathbf{c}_2'$, 其关系式为

$$\mathbf{c}_1 = \mathbf{G} - M_2 \mathbf{g}_{21}, \quad \mathbf{c}_2 = \mathbf{G} + M_1 \mathbf{g}_{21}, \qquad (3.41, 6)$$

$$\mathbf{c}_1' = \mathbf{G} - M_2 \mathbf{g}_{21}', \quad \mathbf{c}_2' = \mathbf{G} + M_1 \mathbf{g}_{21}'. \qquad (3.41, 7)$$

因此，知道了 $\mathbf{G}$ 和 $\mathbf{g}_{21}$（或者 $\mathbf{G}$ 和 $\mathbf{g}_{21}'$）就等于知道了 $\mathbf{c}_1$ 和 $\mathbf{c}_2$（或者 $\mathbf{c}_1'$ 和 $\mathbf{c}_2'$），也就是说等于知道了运动的初状态（或者末状态）.

两个分子在碰撞前和碰撞后的相互势能均为零，所以能量方程为

$$\frac{1}{2}(m_1 c_1^2 + m_2 c_2^2) = \frac{1}{2}(m_1 c_1'^2 + m_2 c_2'^2).$$

利用式(3.41, 6, 7)不难证明

$$\left.\begin{aligned} \frac{1}{2}(m_1 c_1^2 + m_2 c_2^2) &= \frac{1}{2} m_0 (G^2 + M_1 M_2 g^2), \\ \frac{1}{2}(m_1 c_1'^2 + m_2 c_2'^2) &= \frac{1}{2} m_0 (G^2 + M_1 M_2 g'^2). \end{aligned}\right\} \qquad (3.41, 8)$$

因此有

$$g = g'.$$

这样，碰撞只是改变了相对速度的方向，并不改变其数值. 所以一旦确定了 $\mathbf{g}_{21}$ 的方向变化，就可以了解碰撞的动力学效应.

这些事实可以在图 2 中加以说明. 初速度 $\mathbf{c}_1$, $\mathbf{c}_2$ 用 Oc_1, Oc_2 表示，$\mathbf{G}$ 用 OG 表示. 在这里，点 G 按照比例 $m_2 : m_1$ 将 c_1c_2 划分

开. 线段 Oc_1', Oc_2' 代表 $\mathbf{c}_1'$, $\mathbf{c}_2'$, 它们也是与 G 共线的,而且 G 亦是按照同一个比例 $m_2:m_1$ 将 $c_1'c_2'$ 划分开的. 线段 c_1c_2 和 $c_1'c_2'$ 代表 $\mathbf{g}_{21}$ 和 $\mathbf{g}_{21}'$. 因此 $c_1c_2 = c_1'c_2'$, $c_1G = c_1'G$, $c_2G = c_2'G$.

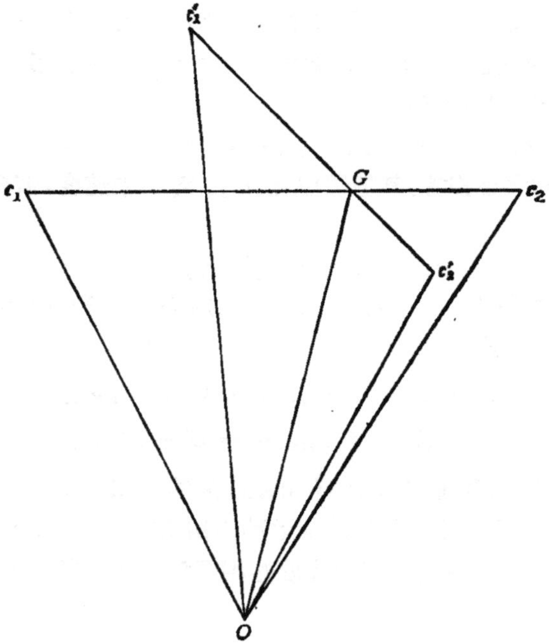

图 2 分子碰撞中相对速度的变化

3.42. 碰撞过程的几何学

仅仅研究动量和能量尚不足以确定 $\mathbf{g}_{21}'$ 的方向. 我们即将发现,这个方向不仅取决于初速度 $\mathbf{c}_1$, $\mathbf{c}_2$ (或 $\mathbf{G}$, $\mathbf{g}_{21}$), 而且还取决于完全确定碰撞所必需的两个几何变量.

现在来考察第二个分子的中心 B 相对于第一个分子的中心 A (或者说,相对于随 A 一起运动的坐标系)的运动. 由于分子间的作用力沿着 AB 方向, 故此运动必将限制在通过点 A 的平面内. 设分子 B 所走过的轨道曲线为 LMN (参见图 3.a), 该曲线的渐近线 PO, OQ 在相对初速度 $\mathbf{g}_{21}$ 和相对末速度 $\mathbf{g}_{21}'$ 的方向上. 因此

轨道平面 LMN 平行于图 2 中的平面 c_1Gc_1'. 设 $P'A$ 为 PO 的平行线,于是其方向沿着 $\mathbf{g}_{21}$ 的方向. 这样,AP' 的方向就由初速度 $\mathbf{c}_1$, $\mathbf{c}_2$ 固定下来了;但轨道平面 LMN 相对于 AP' 的方位与这些速度无关,因此轨道平面的方位就是附加的碰撞变量之一. 我们用角 ε 来表示这个变量,它是平面 LMN 与包含着 AP' 和空间中某个固定方向(例如 Oz 方向)的两个平面之间的夹角.

一般地说,$\mathbf{g}_{21}$ 的偏转角 χ 取决于相对初速度的数值 g,以及分子 A 到任一渐近线的距离 b. 这个距离 b 为第二个附加的碰撞几何变量.

χ, b 和 g 之间的关系取决于分子间相互作用的规律. 在下面的讨论中,涉及到相互作用规律的仅只是 χ 对 b 和 g 的依赖关系.所以为通用和简明起见,我们总是尽量地保留着 χ 是 b 和 g 的未定函数.

3.43. 极距线和相对速度的变化

第二个分子相对于第一个分子的轨道 LMN 是对称于极距线的,极距线是两个分子到达最接近点时的连线. 这条极距线通过两条渐近线的交点 O,并平分它们之间的夹角. 在图 3 a 中,极距线的方向是用 OAK 来表示的,其中 K 是 OA 的延长线与中心为 A 的单位球的相交点. 单位矢量 AK 用 $\mathbf{k}$ 表示之. $\mathbf{g}_{21}$ 和 $\mathbf{g}_{21}'$ 在 $\mathbf{k}$ 方向上的分量是大小相等而符号相反,所以 $\mathbf{g}_{21}'\cdot\mathbf{k}=-\mathbf{g}_{21}\cdot\mathbf{k}$; 而它们在垂直于 $\mathbf{k}$ 方向上的分量则是相等的. 因此,$\mathbf{g}_{21}$ 和 $\mathbf{g}_{21}'$ 之差为 $\mathbf{g}_{21}$ 在 $\mathbf{k}$ 方向上分量的二倍,于是

$$\mathbf{g}_{21}-\mathbf{g}_{21}'=2(\mathbf{g}_{21}\cdot\mathbf{k})\mathbf{k}=-2(\mathbf{g}_{21}'\cdot\mathbf{k})\mathbf{k}. \qquad (3.43, 1)$$

将上式和式(3.41, 6, 7)合并可以得出

$$\left.\begin{aligned}\mathbf{c}_1'-\mathbf{c}_1&=2M_2(\mathbf{g}_{21}\cdot\mathbf{k})\mathbf{k}=-2M_2(\mathbf{g}_{21}'\cdot\mathbf{k})\mathbf{k},\\ \mathbf{c}_2'-\mathbf{c}_2&=-2M_1(\mathbf{g}_{21}\cdot\mathbf{k})\mathbf{k}=2M_1(\mathbf{g}_{21}'\cdot\mathbf{k})\mathbf{k}.\end{aligned}\right\}(3.43, 2)$$

这样,当 $\mathbf{k}$, $\mathbf{c}_1$, $\mathbf{c}_2$ 给定时,碰撞后的速度即可确定,而已知 $\mathbf{k}$ 就等价于已知几何变量 b 和 ε.

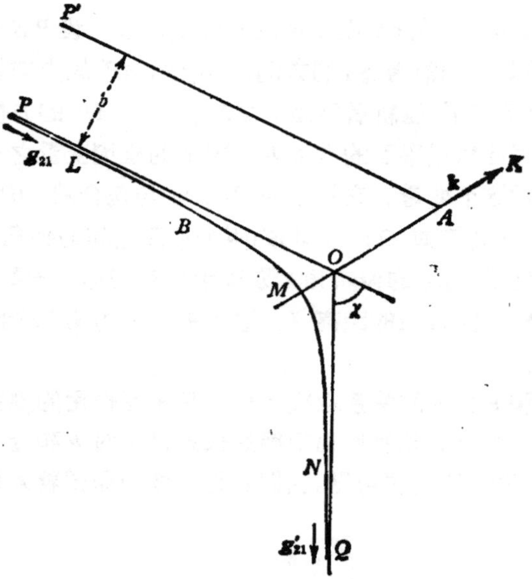

a 正碰撞

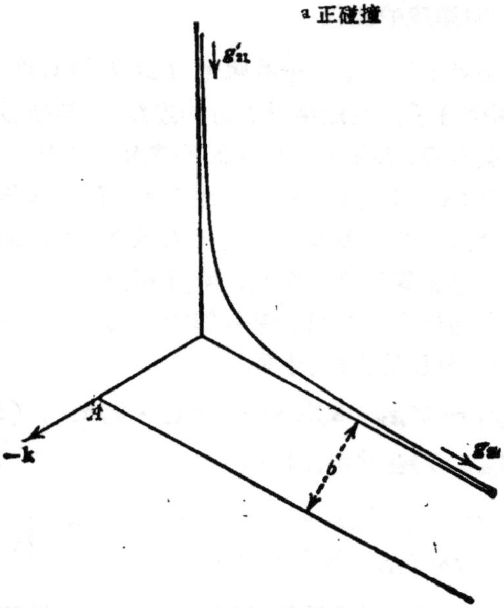

b 逆碰撞(参阅 3.52 节)

图 3　分子碰撞过程的几何学

如果分子间作用力或者总是斥力，或者总是引力，那么对于给定的 $\mathbf{g}_{21}$ 的方向，点 K 可能占据的范围是以 AP' 为中心轴线的两个单位半球中间的一个. 在这里，如若分子相互排斥，则相应半球的极轴和 $\mathbf{g}_{21}$ 的方向相同；如若分子相互吸引，则相应半球的极轴和 $\mathbf{g}_{21}$ 的方向相反. K 的可能位置与一 $\mathbf{g}'_{21}$ 之间也有类似的关系：对于斥力情况有 $\mathbf{g}_{21}\cdot\mathbf{k}>0$，以及 $\mathbf{g}'_{21}\cdot\mathbf{k}<0$；而对于引力情况则有 $\mathbf{g}_{21}\cdot\mathbf{k}<0$以及 $\mathbf{g}'_{21}\cdot\mathbf{k}>0$.

3.44. 相互作用规律的具体类型

图 4 是 Maxwell 画出的[1]，它给出了一个分子相对于另一个分子 S 运动时所走过的一系列轨道，此时两个分子间的斥力反比于它们之间距离的五次方. 这些轨道所对应的 g 值相等，但 b 值不同. 当分子间的作用力满足于这一规律时(或者更一般地说，当作用力的变化反比于距离的幂次方时)，不同 g 值的轨道曲线族仅仅是在比例上有所差别；但是，对于更一般的作用力规律，这点就不再成立了.

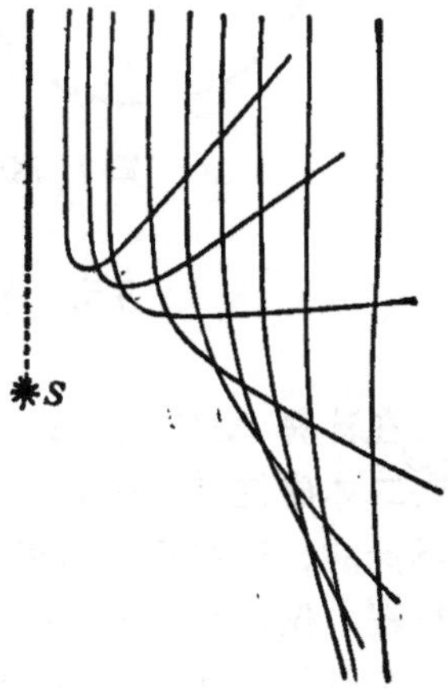

图 4　Maxwell 的分子轨道图

当分子为弹性刚球时，极距线就变成为碰撞时的分子中心连线. 在此情况下，碰撞时球心之间的距离 σ_{12} 与分子的直径 σ_1, σ_2 有关，其间关系为

$$\sigma_{12}=\frac{1}{2}(\sigma_1+\sigma_2), \tag{3.44, 1}$$

而且(参见图 5)

---

1) J. C. Maxwell, *Collected Papers*, Vol. 2, 42; *Phil. Trans. R. Soc.* **157**, 49(1867).

$$b = \sigma_{12} \sin \psi = \sigma_{12} \cos \frac{1}{2} \chi, \qquad (3.44, 2)$$

式中 ψ 为 $\boldsymbol{g}_{21}$ 和 $\mathbf{k}$ 之间的夹角．显然，$\psi = \frac{1}{2}(\pi - \chi)$．在此模型中，$\chi$ 只依赖于 b 而不依赖于 g，这种特性只有这种分子模型才具备．

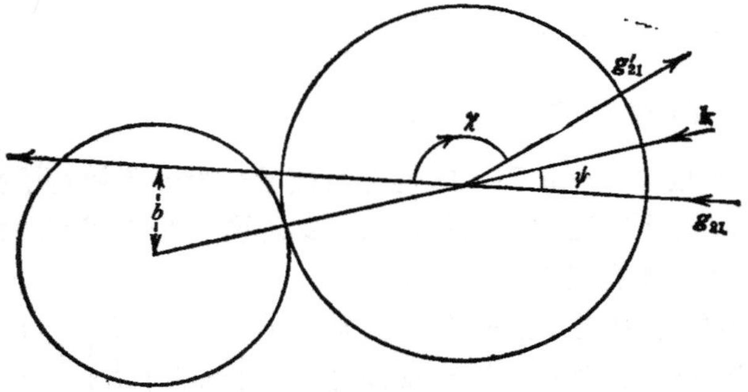

图 5　两个光滑弹性刚球分子的碰撞

3.5. 分子碰撞的统计力学

在计算 $\partial_e f/\partial t$ 和 $\Delta\bar{\phi}$ 时，我们假定：两个以上分子参与的碰撞同二体碰撞相比较，无论是在数量上还是在效果上，都是可以忽略不计的．这意味着假设气体是低密度的，因而碰撞在分子的整个行程中仅占很小的部分．

在气体的某个有限体积 $d\boldsymbol{r}$ 内，一个分子在给定瞬间的速度恰好精确地等于整个连续分布的速度范围中的某个指定值 $\mathbf{c}$ 的几率为零．因此我们所考察的必须是一个很小的，但是为有限的速度范围 $d\mathbf{c}$．这样，在 $d\boldsymbol{r}$ 中速度范围在 $\mathbf{c}_1$，$d\mathbf{c}_1$ 内的第一类分子的几率数目为 $f_1 d\mathbf{c}_1 d\boldsymbol{r}$，其中 f_1 表示 $f_1(\mathbf{c}_1, \boldsymbol{r}, t)$．同样，在 $d\boldsymbol{r}$ 中速度范围在 $\mathbf{c}_2$，$d\mathbf{c}_2$ 内的第二类分子的几率数目为 $f_2 d\mathbf{c}_2 d\boldsymbol{r}$，其中 f_2 表示 $f_2(\mathbf{c}_2, \boldsymbol{r}, t)$．

现在来研究 $d\boldsymbol{r}$ 中，在很小的时间间隔 dt 内，速度范围在 $d\mathbf{c}_1$，

$d\mathbf{c}_2$ 内的两类分子之间碰撞的几率次数. 如果碰撞的几何变量 b, ε 是精确指定的话，那么碰撞几率数同样仍等于零.所以我们也必须假定 b, ε 亦是位于一个很小的有限范围 $db, d\varepsilon$ 之中的. 应当把这些范围，$d\mathbf{c}_1$，$d\mathbf{c}_2$，db，$d\varepsilon$ 均看作是数值为正的量. 由于它们都很小，所以我们所考察的那类碰撞的平均次数是正比于乘积 $d\mathbf{c}_1 d\mathbf{c}_2 db d\varepsilon d\mathbf{r} dt$ 的.

研究速度在指定范围内的分子之间的碰撞时，人们总是假定这两群分子在点 $\mathbf{r}$ 附近是随机分布着的，其速度和位置之间没有任何的关联[1]. 另外还假定，我们所考察的时间间隔 dt 与宏观属性的时间变化尺度相比是很短的，但与一次碰撞的持续时间相比却是很长的.

当两个指定的分子发生碰撞时，第二个分子在碰撞前相对于第一个分子的速度为 $\mathbf{c}_2 - \mathbf{c}_1$（或者说 $\mathbf{g}_{21}$）.

现在来考察第二个分子的中心 B 相对于第一个分子的中心 A（或者说，相对于随 A 一起运动的坐标系）的运动. 当发生碰撞时，图 3 中的直线 PO 必定与通过点 A 并垂直于 AP' 的平面相交，交点位于由中心为 A、半径为 b, $b + db$ 的两个圆周以及从 A 出发、夹角为 $d\varepsilon$ 的两条半径所围成的面积（其大小为 $bdbd\varepsilon$）之内. 另外，由于相对速度为 $\mathbf{g}_{21}$，而 dt 与一次碰撞的持续时间相比又是很长的，因此，采用类似于 2.3 节的方法，便可得知：在 dt 的开始时刻，点 B 必定位于图 6 所示的柱体内，该柱体的底面积为 $bdbd\varepsilon$，母线等于 $-\mathbf{g}_{21}dt$. 这就是说，点 B 必定位于体积 $(gdt)(bdbd\varepsilon)$（或者说 $gbdbd\varepsilon dt$）之中.

位于 $d\mathbf{r}$ 内而且速度在指定范围内的第一类分子共有 $f_1 d\mathbf{c}_1 d\mathbf{r}$ 个. 我们可以设想每一个这样的分子都对应有一个上述的柱体. 假若 db 和 $d\varepsilon$ 都很小，那么可以理所当然地假定这些柱体不会显著地相互重迭，因此所有这类柱体的总体积 dv 为

---

1) 这个"分子浑沌假设"是由 J. H. Jeans 研究的，请参见 J. H. Jeans, *Dynamical Theory of Gases* (4th ed.), chapter 4(1925). 另外还可参阅 H. Grad, *Handbuch der Physik*, Vol. **12**, 205—94(1958).

$$dv = f_1 g b\,db\,d\varepsilon\,d\mathbf{c}_1 d\mathbf{r}\,dt.$$

在这些细长的小柱体中，有些个柱体内可能就没有速度位于范围 $\mathbf{c}_2$, $d\mathbf{c}_2$ 之内的第二类分子；而且只要 db, $d\varepsilon$ 和 $d\mathbf{c}_2$ 足够地小，我们

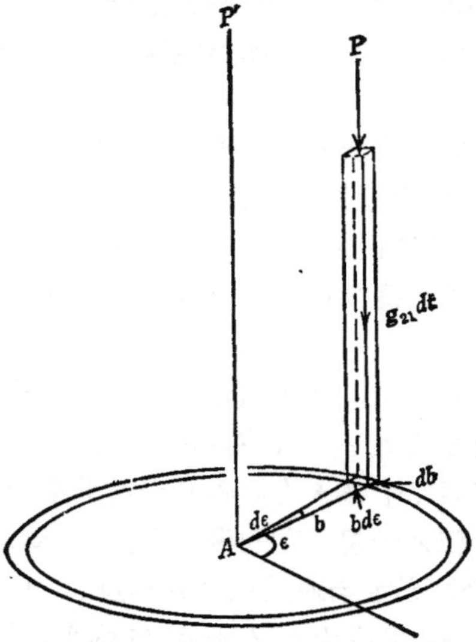

图 6　分子碰撞的几率

就完全可以忽略在一个柱体中出现两个这样的分子的可能性．在整个体积 dv 中，速度在指定范围内的第二类分子的总数应为 $f_2 d\mathbf{c}_2 dv$，因此它就是柱体中有这类分子出现的“被占据”柱体的个数．每一个被占据的柱体都对应着一次上面所描述的那种类型的碰撞（当然是指在时间间隔 dt 内并在 $d\mathbf{r}$ 中发生的碰撞）．将 dv 的表达式代入 $f_2 d\mathbf{c}_2 dv$，可以求得碰撞次数为

$$f_1 f_2 g b\,db\,d\varepsilon\,d\mathbf{c}_1 d\mathbf{c}_2 d\mathbf{r}\,dt. \qquad (3.5, 1)$$

设 $\mathbf{e}$, $\mathbf{e}'$ 为 $\mathbf{g}_{21}$, $\mathbf{g}'_{21}$ 方向上的单位矢量，这样就有 $\mathbf{g}_{21} = g\mathbf{e}$, $\mathbf{g}'_{21} = g\mathbf{e}'$．因此，仿效 Waldmann 的做法[1)]，可以用元素 $d\mathbf{e}'$ 来表示式(3.5, 1)．由于 $\mathbf{e}'$ 是单位矢量，因此，$d\mathbf{e}'$ 就代表一个立体角

1) L. Waldmann, *Handbuch der Physik*, Vol. **12**, 295—514 (1958).

元(参见 1.21 节). 还可以把角 χ, ε 看作是极角，用它来确定 $\mathbf{e}'$ 的方位（相对于 $\mathbf{e}$ 方向上一条轴线）. 这样

$$d\mathbf{e}' = \sin\chi d\chi d\varepsilon = \left(\sin\chi \Big/ \left|\frac{\partial b}{\partial \chi}\right|\right) db d\varepsilon. \quad (3.5, 2)$$

因此我们可以写出[1)]

$$b db d\varepsilon = \alpha_{12} d\mathbf{e}' \quad (3.5, 3)$$

其中，正的标量 α_{12} 是 g 和 b（或 g 和 χ）的函数，它由下式给定

$$\alpha_{12} = b\left|\frac{\partial b}{\partial \chi}\right| \Big/ \sin\chi. \quad (3.5, 4)$$

用 $\alpha_{12} d\mathbf{e}'$ 代替式(3.5, 1)中的 $b db d\varepsilon$，我们便可得到碰撞次数的另一个表达式

$$f_1 f_2 g \alpha_{12} d\mathbf{e}' d\mathbf{c}_1 d\mathbf{c}_2 d\mathbf{r} dt \quad (3.5,5)$$

3.51. $\Delta\overline{\phi}$ 的表达式

如果混合气体中有几种气体，那么对于第一类气体的分子来说，其 ϕ 的平均值 ($\overline{\phi}_1$) 因碰撞而造成的变化率可以分成许多部分 $\Delta_1\overline{\phi}_1$, $\Delta_2\overline{\phi}_1$, ···，它们分别表示这类气体与第一类、第二类，…，等各类气体碰撞而产生的变化率. 因此

$$\Delta\overline{\phi}_1 = \Delta_1\overline{\phi}_1 + \Delta_2\overline{\phi}_1 + \cdots \quad (3.51, 1)$$

第一类气体分子在碰撞时，该分子的 ϕ_1 值(如果按照 2.22 节中的形式完全地写出这个函数，它则是 $\phi_1(\mathbf{c}_1, \mathbf{r}, t)$) 变成为 ϕ_1'(即是 $\phi_1(\mathbf{c}_1', \mathbf{r}, t)$). 这个分子的 ϕ 的变化量为 $\phi_1' - \phi_1$. 如果第一类气体的分子因第二类气体每个分子之间所发生的碰撞就是 3.5. 节中所研究的那种特定类型，那么这所有的碰撞所引起的 $\Sigma\phi_1$ 的总变化为

$$(\phi_1' - \phi_1) f_1 f_2 g \alpha_{12} d\mathbf{e}' d\mathbf{c}_1 d\mathbf{c}_2 d\mathbf{r} dt. \quad (3.51,2)$$

我们首先对所有允许的 $\mathbf{e}'$ 值进行积分，然后对所有的 $\mathbf{c}_1$ 和 $\mathbf{c}_2$ 值

---

1) 在某些场合下，必须十分小心地处理这种变换，因为对于具体类型的分子对来说，$\partial b/\partial \chi$ 的符号不一定总是不变的，因此 b 不是 χ 的单值函数. 在出现这种困难时，我们可以把符号 $\alpha_{12} d\mathbf{e}'$ 看作仅仅是 $b db d\varepsilon$ 的简便记号而已.

进行积分，于是可以得出在时间间隔dt内$\Sigma\phi_1$（对$d\boldsymbol{r}$中所有第一类气体分子求和）的总变化，它是由于第一类气体分子同第二类气体分子碰撞而造成的．由于$d\boldsymbol{r}$中分子m_1的数目共为$n_1d\boldsymbol{r}$，因此上述积分必定等于$n_1d\boldsymbol{r}\Delta_2\bar{\phi}_1dt$．两边除以$d\boldsymbol{r}dt$，我们得到

$$n_1\Delta_2\bar{\phi}_2=\iiint(\phi_1'-\phi_1)f_1f_2g\alpha_{12}d\mathbf{e}'d\mathbf{c}_1d\mathbf{c}_2. \quad (3.51, 3)$$

在这里，ϕ_1'的自变量$\mathbf{c}_1'$是$\mathbf{c}_1$，$\mathbf{c}_2$和$\mathbf{e}'$的函数并由下式给定（参见式(3.41,6,7)）

$$\mathbf{c}_1'-\mathbf{c}_1=-M_2(\boldsymbol{g}_{21}'-\boldsymbol{g}_{21}), \quad (3.51, 4)$$

其中 $\boldsymbol{g}_{21}'=g\,\mathbf{e}'$.

由式(3.51，3)可以得出$n_1\Delta_1\bar{\phi}_1$的值，这是该式的一种特殊情况．这里只需将$\mathbf{c}_1'$和$\mathbf{c}_1$，$\mathbf{c}_2$，$\mathbf{e}'$之间关系式中的m_2用m_1代替；同时所采用的α_{12}和$\mathbf{e}'$（或者χ和b，g）之间的关系式，应当是对应于两个相同分子m_1之间的相互作用规律，而不再采用原来的对应于两个不同的分子m_1和m_2的关系式，这时，符号α_{12}需改换成α_1．为了区别两个相碰分子的初速度，其中一个和以前一样仍然记作$\mathbf{c}_1$，而另一个的下标则去掉，记作$\mathbf{c}$．与此类似，两个分布函数f_1，f_2也分别记作f_1，f，它们完全相同，只是f_1中的自变量为$\mathbf{c}_1$，$\boldsymbol{r}$，t，而f中的自变量为$\mathbf{c}$，$\boldsymbol{r}$，t．因此

$$n_1\Delta_1\bar{\phi}_1=\iiint(\phi_1'-\phi_1)ff_1g\alpha_1d\mathbf{e}'d\mathbf{c}d\mathbf{c}_1. \quad (3.51, 5)$$

若气体是单组元的（也就是说，其中只有一类分子存在），我们就可以将符号$n_1\Delta_1\bar{\phi}_1$中的下标1略去；但是在积分中仍需保留这个下标，以便把一次碰撞中所涉及到的两个分子（现在它们的质量是相同的）的初速度区分开来，因为这两个初速度都是独立的积分变量．

3.52. 计算 $\partial_e f/\partial t$

和$\Delta\bar{\phi}_1$一样，$\partial_e f_1/\partial t$也可以分解成许多的部分$(\partial_e f_1/\partial t)_1$，$(\partial_e f_1/\partial t)_2$，$\cdots$，它们是分子$m_1$分别与分子$m_1$、分子$m_2$、$\cdots$等碰撞

而引起的变化．所以

$$\frac{\partial_e f_1}{\partial t}=\left(\frac{\partial_e f_1}{\partial t}\right)_1+\left(\frac{\partial_e f_1}{\partial t}\right)_2+\cdots \qquad (3.52, 1)$$

只要能得出 $(\partial_e f_1/\partial t)_2$ 的表达式，那么将下标变更一下，就可以导出 $\partial_e f_1/\partial t$ 中其它组成部分的值．

现在来考察位于 $d\boldsymbol{r}$ 中一群速度范围在 $\mathbf{c}_1$，$d\mathbf{c}_1$ 内的第一类分子．表达式

$$\left(\frac{\partial_e f_1}{\partial t}\right)_2 d\mathbf{c}_1 d\boldsymbol{r}\, dt$$

表示一个净增量，它是在时间间隔 dt 中，因第一类分子同第二类分子碰撞（对第二类分子的速度没有限制）而造成上述这群分子的数目净增量．这个净增量就是 $d\boldsymbol{r}$ 中的第一类分子在时间间隔 dt 内由于与第二类分子碰撞而进入这群的数目和离开这群的数目之差．

这群分子的每一次碰撞都造成了速度的改变，因而使该群的分子有所损失．所以在时间间隔 dt 内，这群第一类分子由于同特定的一群第二类分子 m_2（即其 $\mathbf{c}_2$ 和 $\mathbf{e}'$ 位于范围 $d\mathbf{c}_2$ 和 $d\mathbf{e}'$ 中）碰撞而造成的损失数可按(3.5，5)式给出如下：

$$f_1 f_2 g\alpha_{12} d\mathbf{e}' d\mathbf{c}_1 d\mathbf{c}_2 d\boldsymbol{r}\, dt.$$

如果对 $\mathbf{c}_2$ 和 $\mathbf{e}'$ 这两个变量积分，便可以求得对应于所有 $\mathbf{c}_2$ 和 $\mathbf{e}'$ 值的总损失，此积分为

$$d\mathbf{c}_1 d\boldsymbol{r}\, dt \iint f_1 f_2 g\alpha_{12} d\mathbf{e}'\, d\mathbf{c}_2. \qquad (3.52, 2)$$

按照类似的方法，还可以求得时间间隔 dt 内第一类分子 m_1 由于同第二类分子 m_2 碰撞而进入 $\mathbf{c}_1$，$d\mathbf{c}_1$ 群的数目．为此目的，我们必须探讨使得分子 m_1 在碰撞后的速度位于范围 $\mathbf{c}_1$，$d\mathbf{c}_1$ 内的那些碰撞．这类碰撞将称作逆碰撞；而分子 m_1 的初速度范围位于 $\mathbf{c}_1$，$d\mathbf{c}_1$ 内的碰撞则称作正碰撞．对应于初速度为 $\mathbf{c}_1$，$\mathbf{c}_2$ 而末速度为 $\mathbf{c}_1'$，$\mathbf{c}_2'$ 的任一正碰撞，必然有一个相关的逆碰撞，其初速度为 $\mathbf{c}_1'$，$\mathbf{c}_2'$，末速度为 $\mathbf{c}_1$，$\mathbf{c}_2$，而其极距线的方向为 $-\mathbf{k}$．这种对应关系已在图 3a，b 中画出．这两幅画说明了相互排斥的力心点分子的

碰撞过程，并示出了一个分子相对于另一个分子的运动.

对于初速度 $\mathbf{c}_1'$, $\mathbf{c}_2'$ 在范围 $d\mathbf{c}_1'$, $d\mathbf{c}_2'$ 之内，而且相对末速度的方向 $\mathbf{e}$ 位于立体角 $d\mathbf{e}$ 中的逆碰撞，其碰撞次数应为

$$f_1'f_2'g\alpha_{12}(g, \chi)d\mathbf{e}d\mathbf{c}_1'd\mathbf{c}_2'd\mathbf{r}dt; \tag{3.52, 3}$$

这里的因子 $\alpha_{12}=\alpha_{12}(g, \chi)$ 和式(3.52,2)中的相同，因为在正碰撞及其对应的逆碰撞之中，g 和 χ 的值是相同的.

设

$$\mathbf{J}=\frac{\partial(\mathbf{G}, \mathbf{g}_{21})}{\partial(\mathbf{c}_1, \mathbf{c}_2)}$$

表示雅可比行列式，它与 1.411 节中的相类似. 因此参照式(3.41, 6, 7)和(1.411, 1, 2)可得

$$\mathbf{J}=\frac{\partial(\mathbf{c}_1+M_2\mathbf{g}_{21}, g_{21})}{\partial(\mathbf{c}_1, \mathbf{c}_2)}=\frac{\partial(\mathbf{c}_1, \mathbf{g}_{21})}{\partial(\mathbf{c}_1, \mathbf{c}_2)}$$

$$=\frac{\partial(\mathbf{c}_1, \mathbf{c}_2-\mathbf{c}_1)}{\partial(\mathbf{c}_1, \mathbf{c}_2)}=\frac{\partial(\mathbf{c}_1, \mathbf{c}_2)}{\partial(\mathbf{c}_1, \mathbf{c}_2)}=1 \tag{3.52, 4}$$

同理还有

$$\mathbf{J}'=\frac{\partial(\mathbf{G}, \mathbf{g}_{21}')}{\partial(\mathbf{c}_1', \mathbf{c}_2')}=1.$$

由此可知，只要 $\mathbf{c}_1$, $\mathbf{c}_2$ 位于范围 $d\mathbf{c}_1$, $d\mathbf{c}_2$ 之内，那么根据雅可比行列式理论，$\mathbf{G}$, $\mathbf{g}_{21}$ 就位于范围 $d\mathbf{G}$, $d\mathbf{g}_{21}$ 之中[1)]，其中六重微分元素 $d\mathbf{c}_1d\mathbf{c}_2$ 和 $d\mathbf{G}d\mathbf{g}_{21}$ (都是正值)是通过下列关系式而联系起来的

$$d\mathbf{G}d\mathbf{g}_{21}=|J|d\mathbf{c}_1d\mathbf{c}_2=d\mathbf{c}_1d\mathbf{c}_2; \tag{3.52, 5}$$

同理还有

$$d\mathbf{G}d\mathbf{g}_{21}'=d\mathbf{c}_1'd\mathbf{c}_2'.$$

---

1) 这一论述并非严格地精确. 对于六维空间(其中各点的坐标是 $\mathbf{c}_1$ 和 $\mathbf{c}_2$ 的分量)中的体积元 $d\mathbf{c}_1d\mathbf{c}_2$ 来说，在另一个六维空间(其中各点的坐标是 $\mathbf{G}$ 和 $\mathbf{g}_{21}$ 的分量)中，对应着一个体积元 δ. 但是一般地说，我们不能把 δ 写成 $d\mathbf{G}d\mathbf{g}_{21}$ 的形式. 这正如一般不能把一对曲线 $\xi=\phi(x, y)$, $\xi+d\xi=\phi(x+dx, y+dy)$ 和另一对曲线 $\eta=\psi(x, y)$, $\eta+d\eta=\psi(x+dx, y+dy)$ 之间的面积元表示为等于矩形微元 $dxdy$ 那样. 不过，这两对曲线之间的小面积可以分成大量更小的矩形 $dxdy$，δ 也同样可以分解成许多微元体积 $d\mathbf{G}d\mathbf{g}_{21}$. 在式(3.52, 5)这样一类的等式中，必须将记号 $d\mathbf{G}d\mathbf{g}_{21}$ 看作是指广义的体积元 δ，它是由两个三维体积元乘积的和所构成的，而这两个三维体积元则是在坐标分别为 $\mathbf{G}$ 和 $\mathbf{g}_{21}$ 的分量的空间中. 根据这种理解，就不难象正文中那样导出表达式(3.52,7).

另外，由于 $d\mathbf{e}$, $d\mathbf{e}'$ 为立体角元，而且 $\mathbf{g}_{21}=g\mathbf{e}$, $\mathbf{g}'_{21}=g\mathbf{e}'$，故有

$$d\mathbf{g}_{21}=g^2dgd\mathbf{e},\quad d\mathbf{g}'_{21}=g^2dgd\mathbf{e}'.$$

将上述结果组合起来并根据对称性可得

$$d\mathbf{e}d\mathbf{c}'_1d\mathbf{c}'_2=d\mathbf{e}d\mathbf{G}d\mathbf{g}'_{21}=g^2dgd\mathbf{G}d\mathbf{e}d\mathbf{e}'=d\mathbf{e}'d\mathbf{c}_1d\mathbf{c}_2 \tag{3.52,6}$$

因此可以将式(3.52，3)表达为

$$f'_1f'_2g\alpha_{12}d\mathbf{e}'d\mathbf{c}_1d\mathbf{c}_2d\mathbf{r}dt. \tag{3.52, 7}$$

这就是末速度位于范围 $d\mathbf{c}_1$，$d\mathbf{c}_2$ 内而且相对初速度的方向 $\mathbf{e}'$ 位于范围 $d\mathbf{e}'$ 内的碰撞次数．对所有可能的 $\mathbf{e}'$ 和 $\mathbf{c}_2$ 值积分，便可以求出体积 $d\mathbf{r}$ 中速度位于 $\mathbf{c}_1$，$d\mathbf{c}_1$ 内的一群 m_1 分子在时间间隔 dt 内由于碰撞而造成的总增量，它等于

$$d\mathbf{c}_1d\mathbf{r}dt\iint f'_1f'_2g\alpha_{12}d\mathbf{e}'d\mathbf{c}_2. \tag{3.52, 8}$$

联合式(3.52，2)和(3.52，8)，我们便得出该群分子的净增量为

$$d\mathbf{c}_1d\mathbf{r}dt\iint(f'_1f'_2-f_1f_2)g\alpha_{12}d\mathbf{e}'d\mathbf{c}_2.$$

我们将这个净增量记作 $(\partial_ef_1/\partial t)_2d\mathbf{c}_1d\mathbf{r}dt$．如果两边除以 $d\mathbf{c}_1d\mathbf{r}dt$，便可求得

$$\left(\frac{\partial_ef_1}{\partial t}\right)_2=\iint(f'_1f'_2-f_1f_2)g\alpha_{12}d\mathbf{e}'d\mathbf{c}_2. \tag{3.52, 9}$$

这就是所需的 $(\partial_ef_1/\partial t)_2$ 表达式．

由式(3.52，9)和式(3.11，2)，我们还可以得出 $\Delta_2\bar{\phi}_1$ 的第二个表达式，即

$$n_1\Delta_2\bar{\phi}_1=\int\phi_1\left(\frac{\partial_ef_1}{\partial t}\right)_2d\mathbf{c}_1$$

$$=\iiint\phi_1(f'_1f'_2-f_1f_2)g\alpha_{12}d\mathbf{e}'d\mathbf{c}_1d\mathbf{c}_2 \tag{3.52, 10}$$

对于 $(\partial_ef_1/\partial t)_1$ 和 $\Delta_1\bar{\phi}_1$ 相应的公式为

$$\left(\frac{\partial_ef_1}{\partial t}\right)_1=\iint(f'f'_1-ff_1)g\alpha_1d\mathbf{e}'d\mathbf{c}, \tag{3.52, 11}$$

$$n_1\Delta_1\bar{\phi}_1=\iiint\phi_1(f'f'_1-ff_1)g\alpha_1d\mathbf{e}'d\mathbf{c}d\mathbf{c}_1. \tag{3.52, 12}$$

3.53. $n\Delta\bar{\phi}$ 的其它表达式及其相等性的证明

要证明式(3.51,3)和式(3.52, 10)所给出的 $n_1\Delta_2\bar{\phi}_1$ 表达式是等效的,这并不难. 我们可以在积分

$$\iiint \phi_1 f_1' f_2' g \alpha_{12} d\mathbf{e}' d\mathbf{c}_1 d\mathbf{c}_2 \tag{3.53,1}$$

中，令积分变量 $\mathbf{c}_1$, $\mathbf{c}_2$, $\mathbf{e}'$ 变为 $\mathbf{c}_1'$, $\mathbf{c}_2'$, $\mathbf{e}$. 后面这组变量是 $\mathbf{c}_1$, $\mathbf{c}_2$, $\mathbf{e}'$ 的函数，它们满足 $d\mathbf{c}_1 d\mathbf{c}_2 d\mathbf{e}' = d\mathbf{c}_1' d\mathbf{c}_2' d\mathbf{e}$ (参见式(3.52,6)). 这样上述积分就变成

$$\iiint \phi_1 f_1' f_2' g \alpha_{12}(g, \chi) d\mathbf{e} d\mathbf{c}_1' d\mathbf{c}_2'.$$

现在，$\mathbf{c}_1'$, $\mathbf{c}_2'$, $\mathbf{e}$ 是规定某次碰撞的变量，这是一次与由 $\mathbf{c}_1$, $\mathbf{c}_2$, $\mathbf{e}'$ 所规定的碰撞相逆的碰撞. 因此对所有可能的 $\mathbf{c}_1'$, $\mathbf{c}_2'$, $\mathbf{e}$ 值求积分就等价于对所有可能的逆碰撞求和，或者说等价于对所有可能的碰撞求和(因为每一次碰撞均与另一次碰撞相逆). 由于 $\mathbf{c}_1'$, $\mathbf{c}_2'$, $\mathbf{e}$ 是规定一次碰撞的变量,所以它们可以用来代替 $\mathbf{c}_1$, $\mathbf{c}_2$, $\mathbf{e}'$;而规定逆碰撞的变量 $\mathbf{c}_1$, $\mathbf{c}_2$, $\mathbf{e}'$ 必定可以用 $\mathbf{c}_1'$, $\mathbf{c}_2'$, $\mathbf{e}$ 来代换. 因此上面的积分就等于

$$\iiint \phi_1(\mathbf{c}_1', \mathbf{r}, t) f_1(\mathbf{c}_1, \mathbf{r}, t) f_2(\mathbf{c}_2, \mathbf{r}, t) g \alpha_{12}(g, \chi) d\mathbf{e}' d\mathbf{c}_1 d\mathbf{c}_2$$

或简略写为

$$\iiint \phi_1' f_1 f_2 g \alpha_{12} d\mathbf{e}' d\mathbf{c}_1 d\mathbf{c}_2. \tag{3.53,2}$$

由式(3.53,1)和式(3.53,2)的相等性,立即可以得出结论; $\Delta_2\bar{\phi}_1$ 的这两个表达式是相等的.

3.54. 一些积分的变换

3.53节中的证明与函数 ϕ, f, 的本质是无关的,因此可以用类似的方法来证明许多相似的分析结果. 我们现将这些结果引证在此,以备今后参考使用.

首先,如果 F, G 和 ϕ 是速度、位置和时间的任一函数，那么

由上述的论述可以证明

$$\iiint \phi_1 F_1' G_2' g\alpha_{12} d\mathbf{e}' d\mathbf{c}_1 d\mathbf{c}_2$$

$$= \iiint \phi_1' F_1 G_2 g\alpha_{12} d\mathbf{e}' d\mathbf{c}_1 d\mathbf{c}_2. \qquad (3.54,1)$$

在上式中，若用 1 来代替 ϕ_1，用 $\phi_1 F_1$ 代替 F_1，则它就变成为

$$\iiint \phi_1' F_1' G_2' g\alpha_{12} d\mathbf{e}' d\mathbf{c}_1 d\mathbf{c}_2$$

$$= \iiint \phi_1 F_1 G_2 g\alpha_{12} d\mathbf{e}' d\mathbf{c}_1 d\mathbf{c}_2.$$

由此式及式(3.54,1)可以得出

$$\iiint \phi_1 (F_1 G_2 - F_1' G_2') g\alpha_{12} d\mathbf{e}' d\mathbf{c}_1 d\mathbf{c}_2$$

$$= - \iiint \phi_1' (F_1 G_2 - F_1' G_2') g\alpha_{12} d\mathbf{e}' d\mathbf{c}_1 d\mathbf{c}_2$$

$$= \frac{1}{2} \iiint (\phi_1 - \phi_1')(F_1 G_2 - F_1' G_2') g\alpha_{12} d\mathbf{e}' d\mathbf{c}_1 d\mathbf{c}_2.$$

$$(3.54,2)$$

将式(3.54，2)中的下标 2 去掉，便可以得到对应于各对分子 m_1 之间的碰撞的方程，即

$$\iiint \phi_1 (F_1 G - F_1' G') g\alpha_1 d\mathbf{e}' d\mathbf{c}_1 d\mathbf{c}$$

$$= \frac{1}{2} \iiint (\phi_1 - \phi_1')(F_1 G - F_1' G') g\alpha_1 d\mathbf{e}' d\mathbf{c}_1 d\mathbf{c}.$$

$$(3.54,3)$$

由于 $\mathbf{c}_1$ 和 $\mathbf{c}$ 均是指分子 m_1 的，所以将 $\mathbf{c}_1$ 和 $\mathbf{c}$ 互换并不会改变任何一个积分的值．这样，若将式(3.54，3)右侧的 $\mathbf{c}_1$ 与 $\mathbf{c}$ 互换，我们便得到

$$\iiint \phi_1 (F_1 G - F_1' G') g\alpha_1 d\mathbf{e}' d\mathbf{c}_1 d\mathbf{c}$$

$$= \frac{1}{2} \iiint (\phi - \phi')(F G_1 - F' G_1') g\alpha_1 d\mathbf{e}' d\mathbf{c}_1 d\mathbf{c}.$$

将上式和式(3.54，3)左侧中的 $F_1 G - F_1' G'$ 用 $F G_1 - F' G_1'$ 来代

替，可以得到两个类似的等式，然后将这两个等式和上式一起加至式(3.54,3)，于是我们便可得到

$$\iiint \phi_1(F_1G + FG_1 - F_1'G' - F'G_1')g\alpha_1 d\mathbf{e}' d\mathbf{c}_1 d\mathbf{c}$$

$$= \frac{1}{4}\iiint (\phi + \phi_1 - \phi' - \phi_1')(F_1G + FG_1 - F_1'G' - F'G_1')g\alpha_1 d\mathbf{e}' d\mathbf{c}_1 d\mathbf{c}. \tag{3.54,4}$$

在这个等式中，令 $F = G$. 则有

$$\iiint \phi_1(FF_1 - F'F_1')g\alpha_1 d\mathbf{e}' d\mathbf{c}_1 d\mathbf{c}$$

$$= \frac{1}{4}\iiint (\phi + \phi_1 - \phi' - \phi_1')(FF_1 - F'F_1')g\alpha_1 d\mathbf{e}' d\mathbf{c}_1 d\mathbf{c}. \tag{3.54,5}$$

3.6. 分子影响范围的有限性

在 3.51 至 3.54 节中，我们暗中假定了对 $\mathbf{e}'$ 的积分遍及所有允许的 $\mathbf{e}'$ 值. 这就是说，积分遍及由 0 到∞的所有 b 值，以及由 0 到 2π 的所有 ε 值，因为 $\alpha_{12}d\mathbf{e}' = bdbd\varepsilon$. 但是，这种说法在应用于象式(3.52, 2)这类的积分时，就要求有某种限制. 因为如果对 b 的积分范围是无限大时，所得的积分值也就变为无限大. 所以必须给出 b 的上限，它表示了分子影响的范围是有限的. 这个距离可能在一定程度上要随 g 而变化. 但是对于中等密度的气体来说，它通常远远小于相邻分子间的平均距离. 我们可以这样来确定此距离：例如忽略不计所有的"低掠"碰撞（"grazing" encounter)，在这种碰撞的整个行程中，相对速度的偏转角 χ 小于某个甚小的角度 δ.

积分(3.52,2)的值将完全取决于所选定的 b 值上限. 但是在诸如式(3.51,3,5)，(3.52,9—12)这样的积分中(其中的积分包含着象 $\phi_1 - \phi_1'$ 或 $f_1'f_2' - f_1f_2$ 元素的因子)，情况就不同了：当 b 趋于无限大时，$\mathbf{c}_1'$，$\mathbf{c}_2'$ 趋近于初始值 $\mathbf{c}_1$，$\mathbf{c}_2$，因而 ϕ_1' 变为等于 ϕ_1，

$f_1'f_2'$变为等于 f_1f_2. 可以看到，当 χ, b 和 g 之间的关系式对应于在多数实际气体情况中都有效成立的作用力规律时，b 值越大，它对积分的贡献就越小. 因此，为了分析方便，将积分延至 $b=\infty$ 处并不会对结果产生显著的影响.

当上述这种处理方法不合乎逻辑的时候（例如当分子按照平方反比律排斥或吸引时——参见 10.34. 节），就必须对 b 加以限制了，而且往往还要讨论有两个以上分子参与的碰撞的效应. 另外，在这种情况下，已经不能认为相互作用力仅仅是在分子轨道的极小部分上才显著地影响分子了（但在推导 Boltzmann 方程时却是这样假定的）. 因此，在这种情况下，我们只能期望：由 Boltmann 方程导出的结果最多能给出所求物理量的正确数量级，而不会比之更精确.

第四章 Boltzmann 的 H 定理和 Maxwell 的速度分布律

4.1. Boltzmann 的 H 定理：均匀稳恒状态

现考虑一种单组元气体，其分子为球形，只具有平动能，而且不承受外力．若此气体的状态是均匀的话，于是速度分布函数 f 就与 $\mathbf{r}$ 无关，则 Boltzmann 方程(3.1.1)简化为

$$\frac{\partial f}{\partial t}=\iint(f'f_1'-ff_1)g\alpha_1 d\mathbf{e}'d\mathbf{c}_1, \qquad (4.1,1)$$

其中已经用式(3.52,11)代替了方程(3.1,1)中的 $\partial_e f/\partial t$．

设H是一个完全积分(即积分遍及所有的速度值)，其定义如下

$$H=\int f\ln f d\mathbf{c}. \qquad (4.1,2)$$

这样，H就是一个数值，它与 $\mathbf{r}$ 无关，但却是 t 的函数，此函数只取决于分子速度分布函数的模式．根据方程(4.1,1)可知

$$\begin{aligned}\frac{\partial H}{\partial t}&=\int\frac{\partial}{\partial t}(f\ln f)d\mathbf{c}=\int(1+\ln f)\frac{\partial f}{\partial t}d\mathbf{c}\\&=\iiint(1+\ln f)(f'f_1'-ff_1)g\alpha_1 d\mathbf{e}'d\mathbf{c}d\mathbf{c}_1 \qquad (4.1,3)\end{aligned}$$

因此，利用式(3.54,5)可得

$$\begin{aligned}\frac{\partial H}{\partial t}&=\frac{1}{4}\iiint(1+\ln f+1+\ln f_1-1-\ln f'\\&\quad-1-\ln f_1')\times(f'f_1'-ff_1)g\alpha_1 d\mathbf{e}'d\mathbf{c}d\mathbf{c}_1\\&=\frac{1}{4}\iiint\ln(ff_1/f'f_1')(f'f_1'-ff_1)g\alpha_1 d\mathbf{e}'d\mathbf{c}d\mathbf{c}_1.\end{aligned} \qquad (4.1,4)$$

在这里，$(ff_1/f'f'_1)$ 是正值还是负值，要依据 ff_1 是大于还是小于 $f'f'_1$ 而定．因此它的符号总是和 $f'f'_1 - ff_1$ 的相反．这样，式(4.1,4)右侧的积分只能是负的或者等于零，因而 H 决不可能增加．这就是所谓 Boltzmann 的H定理．

由于H有下限[1]，它就不可能无限地减小，而必须趋于一个极限．这对应于 $\partial H/\partial t = 0$ 时的气体状态．根据式(4.1,4)可知，这种情况只有在下述条件成立时才可能出现，即对于所有的 $\mathbf{c}$，$\mathbf{c}_1$ 值来说必须满足

$$f'f'_1 = ff_1, \tag{4.1,5}$$[2]

或者，这等价于：

$$\ln f' + \ln f'_1 = \ln f + \ln f_1. \tag{4.1,6}$$

把方程 (4.1,1) 和式 (4.1,5) 比较之后，我们可以看到，只要 $\partial H/\partial t = 0$，就有 $\partial f/\partial t = 0$；因而气体的状态就是既均匀又稳恒．反之亦然，如果气体处于均匀稳恒状态，那么不仅必须有 $\partial f/\partial t = 0$，而且（由于$H$仅与 f 有关）还必须有 $\partial H/\partial t = 0$．此式又要求式(4.1,5)必须成立．这就是说，方程

$$\iint (f'f'_1 - ff_1) g\alpha_1 d\mathbf{e}' d\mathbf{c}_1 = 0 \tag{4.1,7}$$

的解是式(4.1,5)或式(4.1,6)．

式(4.1,5)意味着：当速度范围在 $d\mathbf{c}$，$d\mathbf{c}_1$ 内的分子之间发生碰撞时，其中使得相对末速度的方向 $\mathbf{e}'$ 位于范围 $d\mathbf{e}'$ 之内的碰撞和其对应的逆碰撞（它们使分子进入速度范围 dc，dc_1）在数量上是相等的(参见 3.52 节)．这可解析地用下式表出：

$$f'f'_1\alpha_1(g, \chi) d\mathbf{e} d\mathbf{c}' d\mathbf{c}'_1 = ff_1\alpha_1(g, \chi) d\mathbf{e}' d\mathbf{c} d\mathbf{c}_1,$$

---

1) 这是因为：仅当$\int f\ln f d\mathbf{c}$是发散时，才可能使得 $H = -\infty$．积分 $\int f \cdot \frac{1}{2} mc^2 d\mathbf{c}$ 必定收敛，因为它表示总的分子平动能，它是个有限值．这样，若 $\int f\ln f d\mathbf{c}$ 是发散的话，那么当 $c \to \infty$ 时，$-\ln f$ 趋于无限大的速度要比c^2更快．这就意味着：f 要比 e^{-c^2} 更快地趋向于零．在此情况下，$\int f\ln f d\mathbf{c}$ 还是收敛的．

2) 等式(4.1,5) 首先出现在下述文献中 J. C. Maxwell, *Phil. Trans. Roy Soc.* **157**, 49 (1867); *Collected Papers*, **2**, 45.

而且根据式(4.1,5)和 $dcdc'dc_1' = dc'dcdc_1$(参见式(3.52,6)),上式的确是满足的. 所以,不仅气体处于稳恒状态,其中的碰撞在整体上不产生任何影响; 而且每一种类型碰撞的效果都被其逆过程的效果精确地抵消掉, 这就是细致平衡的例子. 细致平衡被认为是统计力学的一条普遍原理[1].

式(4.1,6)表明, $\ln f$ 是一个碰撞的总和不变量(参见 3.2 节). 因此, 它必定是式(3.2,2)所列三个总和不变量 $\psi^{(i)}$ 的线性组合, 于是有

$$\ln f = \sum \alpha^{(i)}\psi^{(i)} = \alpha^{(1)} + \boldsymbol{\alpha}^{(2)} \cdot m\boldsymbol{c} - \alpha^{(3)} \cdot \frac{1}{2}mc^2, \tag{4.1,8}$$

在这里,由于 $\ln f$ 是个标量,所以 $\alpha^{(1)}$ 和 $\alpha^{(3)}$ 都应是标量, 而 $\boldsymbol{\alpha}^{(2)}$ 是个矢量; 这三个量都与 $\boldsymbol{r}$, t 无关,因为气体状态是均匀稳恒的. 式(4.1,8)等价于

$$\begin{aligned}\ln f &= \alpha^{(1)} + m(\alpha_x^{(2)}u + \alpha_y^{(2)}v + \alpha_z^{(2)}w) \\ &\quad - \frac{1}{2}\alpha^{(3)}m(u^2 + v^2 + w^2) \\ &= \ln\alpha^{(0)} - \alpha^{(3)}\frac{1}{2}m\{(u - \alpha_x^{(2)}/\alpha^{(3)})^2 \\ &\quad + (v - \alpha_y^{(2)}/\alpha^{(3)})^2 + (w - \alpha_z^{(2)}/\alpha^{(3)})^2\},\end{aligned}$$

其中 $\alpha^{(0)}$ 是一个新的常数. 因此,若令 $\boldsymbol{C}' = \boldsymbol{c} - \boldsymbol{\alpha}^{(2)}/\alpha^{(3)}$, 则有

$$f = \alpha^{(0)}e^{-\alpha^{(3)}\cdot\frac{1}{2}mC'^2}. \tag{4.1,9}$$

这一结果是 Maxwell 首先得到的. 因此当气体处于由式(4.1,9)所确定的状态时,人们就说此气体处于 Maxwell 状态[2].

常数 $\alpha^{(0)}$, $\boldsymbol{\alpha}^{(2)}$ 和 $\alpha^{(3)}$ 可以根据数密度 n, 平均速度 $\boldsymbol{c}_0$, 以及温度 T 计算出来. 首先,我们有

$$n = \int f d\boldsymbol{c} = \alpha^{(0)}\int e^{-\alpha^{(3)}\cdot\frac{1}{2}mC'^2}d\boldsymbol{C}',$$

---

1) R. H. Fowler, *Statistical Mechanics*, p. 417 (1929), or p. 660 (1936).

2) 注意: 不应将式(4.1,9)的变量 $\boldsymbol{c}'$ 与碰撞后的分子特定速度相混淆,因为后面我们还将使用同一个符号 $\boldsymbol{c}'$ 来表示这个特定速度.

如果采用极坐标 C', θ, φ 来表示 $\boldsymbol{C}'$，再利用式（1.4,2），便可由上式得出

$$n = \alpha^{(0)} \int_0^{\infty} C'^2 e^{-\alpha^{(3)} \cdot \frac{1}{2} m C'^2} dC' \int_0^{\pi} \sin\theta d\theta \int_0^{2\pi} d\varphi$$
$$= \alpha^{(0)} \left(\frac{2\pi}{m\alpha^{(3)}}\right)^{\frac{3}{2}},$$

其次，还有

$$n\boldsymbol{c}_0 = \int \boldsymbol{c} f d\boldsymbol{c}$$
$$= \int (\boldsymbol{\alpha}^{(2)}/\alpha^{(3)} + \boldsymbol{C}') f d\boldsymbol{C}'$$
$$= n\boldsymbol{\alpha}^{(2)}/\alpha^{(3)} + \alpha^{(0)} \int e^{-\alpha^{(3)} \cdot \frac{1}{2} m C'^2} \boldsymbol{C}' d\boldsymbol{C}'.$$

上式的第二项为零，因为被积函数是 $\boldsymbol{C}'$ 各分量的奇函数；这样，$\boldsymbol{c}_0 = \boldsymbol{\alpha}^{(2)}/\alpha^{(3)}$，因而 $\boldsymbol{C}'$ 就是特定速度 $\boldsymbol{C}$（参见 2.2 节），于是式(4.1,9)取下列形式

$$f = \alpha^{(0)} e^{-\alpha^{(3)} \cdot \frac{1}{2} m C^2} = n \left(\frac{m\alpha^{(3)}}{2\pi}\right)^{\frac{3}{2}} e^{-\alpha^{(3)} \cdot \frac{1}{2} m C^2}.$$

最后，根据均匀稳恒状态的温度定义以及式(1.4,2)，我们有

$$\frac{3}{2} kT = \frac{1}{2} m\overline{C^2}$$
$$= \frac{m}{2n} \int C^2 f d\boldsymbol{c}$$
$$= \frac{m}{2} \left(\frac{m\alpha^{(3)}}{2\pi}\right)^{\frac{3}{2}} \int C^2 e^{-\alpha^{(3)} \cdot \frac{1}{2} m C^2} d\boldsymbol{C}$$
$$= \frac{3}{2\,\alpha^{(3)}}$$

因此

$$\alpha^{(3)} = 1/kT.$$

这样式(4.1,9)就等价于

$$f = n \left(\frac{m}{2\pi kT}\right)^{\frac{3}{2}} e^{-mC^2/2kT}, \qquad (4.1,10)$$

这就是 Maxwell 速度分布函数的通常形式。

综上所述可知：当均匀气体的密度、平均速度以及温度指定时，分子的速度分布似乎只可能有一种永久性的模式；而且，如果实际的模式与此不同，那么它仍将趋于这个模式.

4.11. Maxwell 状态下的气体属性

单位体积中，速度范围在 $\boldsymbol{c}$，$d\boldsymbol{c}$ 内的分子数为 $fd\boldsymbol{c}$（或者 $fdudvdw$）. 所以，在 Maxwell 状态下，单位体积中，速度分量介于 u 和 $u+du$，v 和 $v+dv$，以及 w 和 $w+dw$ 之间的分子数可以写为

$$n(m/2\pi kT)^{\frac{3}{2}}e^{-\frac{1}{2}m(u-u_0)^2/kT}du\cdot e^{-\frac{1}{2}m(v-v_0)^2/kT}dv$$
$$\cdot e^{-\frac{1}{2}m(w-w_0)^2/kT}dw.$$

这表明 u 的分布与 v，w 的数值无关；这就是说分子速度的 x 分量位于给定区限内的几率与垂直于 Ox 轴的速度分量的数值无关；此 x 分量围绕其平均值 u_0 的分布正比于 Gauss 函数

$$e^{-\frac{1}{2}m(u-u_0)^2/kT}$$

或者，可将 Gauss 函数记为 e^{-s^2}，其中 $s^2=\dfrac{1}{2}m(u-u_0)^2/kT$.

写出 $d\boldsymbol{c}=d\boldsymbol{C}=C^2\sin\theta dCd\theta d\varphi$，然后对 θ 和 φ 积分之后，便可以求得单位体积中特定速率介于 C 和 $C+dC$ 之间的分子数为

$$\left(\frac{2}{\pi}\right)^{\frac{1}{2}}n\left(\frac{m}{kT}\right)^{\frac{3}{2}}C^2e^{-mC^2/2kT}dC, \qquad (4.11,1)$$

它正比于 $s^2e^{-s^2}$，其中 $s^2=mC^2/2kT$. 图 7 给出函数 e^{-s^2} 和 $s^2e^{-s^2}$ 的两条曲线. 第一条曲线画出了特定速度任一分量的分布，第二条曲线则表示特定速率 C 的分布.

气体处于 Maxwell 状态时，其分子速度的某个函数的平均值可以由下式给出

$$n\bar{\phi}=\int\phi fd\boldsymbol{c}=n\left(\frac{m}{2\pi kT}\right)^{\frac{3}{2}}\int\phi e^{-mC^2/2kT}d\boldsymbol{C}.$$

如果这个函数是特定速度任一分量 U，V 或 W 的奇函数，那么它的平均值就为零.

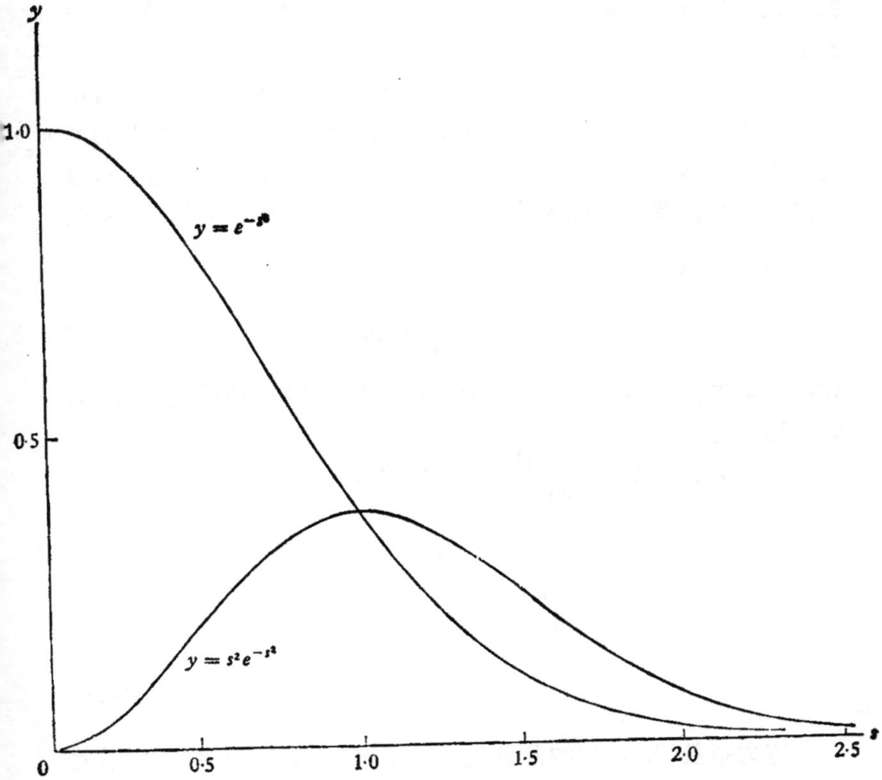

图 7　e^{-s^2} 和 $s^2e^{-s^2}$ 曲线

根据式(1.4,3)，特定速率 C 的平均值为

$$\overline{C} = \left(\frac{m}{2\pi kT}\right)^{\frac{3}{2}}\int C\, e^{-mC^2/2kT} d\boldsymbol{C}$$

$$= 4\pi\left(\frac{m}{2\pi kT}\right)^{\frac{3}{2}}\int_0^\infty C^3 e^{-mC^2/2kT} dC$$

$$= \left(\frac{8kT}{\pi m}\right)^{\frac{1}{2}} \qquad (4.11,2)$$

C^2 的平均值为(参见温度的定义(2.41,1))

$$\overline{C^2} = \frac{3kT}{m} \qquad (4.11,3)$$

特定速率均方根的定义是 $\sqrt{(\overline{C^2})}$，因此它不等于平均速率．事实上

$$\sqrt{(\overline{C^2})} = \bar{C}\sqrt{(3\pi/8)} = 1.086\bar{C}. \qquad (4.11,4)$$

另外还有一个平均值今后是需要用到的，就是特定速度的 z 分量的平均值．它是对于给定点处速度的 z 分量为正值的那些分子求平均的．我们将此平均值记作 $\overline{W}_+$．由于这类分子的数密度为 $\frac{1}{2}n$，所以

$$\frac{1}{2} n\overline{W}_+ = \int_+ fW d\boldsymbol{C}, \qquad (4.11,5)$$

式中右边的积分遍及 $W > 0$ 的所有 $\boldsymbol{C}$ 值．这样，利用式(1.4，2，3)，可以得到

$$\begin{aligned}\overline{W}_+ &= 2\left(\frac{m}{2\pi kT}\right)^{\frac{3}{2}}\int_{-\infty}^{+\infty} e^{-mU^2/2kT}dU \\ &\quad\times\int_{-\infty}^{\infty} e^{-mV^2/2kT}dV \int_0^{\infty} W e^{-mW^2/2kT}dW \\ &= \left(\frac{2kT}{\pi m}\right)^{\frac{1}{2}} \\ &= \frac{1}{2}\bar{C}. \end{aligned} \qquad (4.11,6)$$

应力张量(2.31,3)的分量也不难求出．当某个速度的函数是 U，V 或 W 的奇函数时，其平均值便为零．因此应力张量的非对角项为零．另外，依据对称性可知

$$\begin{aligned} p_{xx} = p_{yy} = p_{zz} &= \frac{1}{3}(p_{xx} + p_{yy} + p_{zz}) \\ &= p = knT, \text{ 以及 } \mathsf{P} = knT\mathsf{U}. \end{aligned} \qquad (4.11,7)$$

所以，这时的应力系统就是流体静压系统(参阅 2.32 节)．

4.12. Maxwell 对速度分布问题的原始处理

Maxwell[1] 最先给出了上述速度分布律(即式(4.1,10))，他讨

1) J. C. Maxwell, *Collected Papers* **1**, 377; *Phil. Mag.*(4), **19**, 22(1860).

论的是静止气体的情况．Maxwell 的原始论证，尽管在数学上是不严格的，但具有历史性意义． 他当时曾假定：由于分子速度分量 u，v 和 w 是彼此垂直的，因此这三个分量中的某个分量在分子中间的分布律应当与其它分量的数值无关．于是他就假定：一个分子的速度，其 x 分量介于 u 和 $u+du$，之间的几率是 $F(u)du$，而且 $F(u)$ 与 v，w 无关． 同理，分子速度的 y 分量和 z 分量之数值介于 v 和 $v+dv$，w 和 $w+dw$ 之间的几率应为 $F(v)dv$，$F(w)dw$．所以，如果

$$f(u, v, w)dudvdw$$

表示单位体积中速度分量的范围位于 du，dv，dw 之内的分子数，那么就有

$$f(u, v, w)dudvdw = nF(u)duF(v)dvF(w)dw.$$

这里的气体是静止的，因此无法将某个方向与其它的方向区分开来．这样 $f(u, v, w)$ 对于 u，v，w 的依赖性只可能通过 $u^2+v^2+w^2$ 这样一个不变量．例如，我们可以写出

$$nF(u)F(v)F(w) = f(u, v, w) = \phi(u^2+v^2+w^2),$$

这个函数方程的解由下式给出

$$F(u) = \chi e^{\gamma u^2},$$

$$f(u, v, w) = \phi(u^2+v^2+w^2) = n\chi^3 e^{\gamma(u^2+v^2+w^2)},$$

其中，χ，γ 为任意的常数． 如果我们取 $n\chi^3 = \alpha^{(0)}$，$\gamma = -\frac{1}{2}\cdot m\alpha^{(3)}$，那么此式就和前面所导出的 f 形式是一致的．

这个证明令人不满意的地方是假定了三个速度分量中的每个分量在分子间的分布律与其它分量的数值无关．但是，将这三个分量引入确定碰撞的方程时，它们并不是独立无关的，人们自然要认为各分量的分布律彼此不是独立的．

考虑到这个证明有缺欠，Maxwell[1] 曾试图做第二次证明．但结果仍然不完善．他只是证明了：速度的 Maxwell 分布一旦在气

1) J. C. Maxwell, *Collected Papers*, **2**, 43; *Phil. Trans. R Soc.*, **157**, 49 (1867).

体中达到，那么以后就不再会发生变更了（因为 $f'f'_1=ff_1$，从而 $\partial f/\partial t=0$）。Boltzmann 根据他的H定理，第一个证明了气体将趋于 Maxwell 状态[1]。随后，Lorentz[2]又改进了这个演证，从而基本上得到了上面 4.1 节中所给出的形式。不过 4.1 节的证明也是有缺点的，因为在 3.5 节中假定了分子的速度和位置之间没有关联。而实际上在很稠密的气体中，一个分子的速度很可能是与其它相邻分子的速度有关的。因为正是由于有邻近分子在紧密包围着，此分子才能够在十分靠近这些分子的位置上维持一段时间。但是对于处于通常状况下的气体来说，上面那个速度和位置无关的假设看来仍然是正确的[3]。

4.13. 光滑容器中的稳恒状态

f 的 Maxwell 形式还可以应用于光滑壁面容器内不承受作用力的静止气体的稳恒状态。

现探讨按下式定义的 H_0（参见式(4.1,2)）：

$$H_0=\int H d\boldsymbol{r}=\iint f\ln f d\boldsymbol{c} d\boldsymbol{r} \tag{4.13,1}$$

其中的体积积分遍及整个容器。对上式求时间导数便得到

$$\frac{\partial H_0}{\partial t}=\iint(\ln f+1)\frac{\partial f}{\partial t}d\boldsymbol{c}d\boldsymbol{r}, \tag{4.13,2}$$

然后用 Boltzmann 方程(3.1，1)代替其中的 $\partial f/\partial t$，并略去包含有$\boldsymbol{F}$的各项(因为$\boldsymbol{F}=0$)后，我们就有

$$\begin{aligned}\frac{\partial H_0}{\partial t}&=\iint(\ln f+1)\left(\frac{\partial_e f}{\partial t}-\boldsymbol{c}\cdot\frac{\partial f}{\partial \boldsymbol{r}}\right)d\boldsymbol{c}d\boldsymbol{r}\\&=\iint(\ln f+1)\frac{\partial_e f}{\partial t}d\boldsymbol{c}d\boldsymbol{r}\\&\quad-\iint\boldsymbol{c}\cdot\frac{\partial f\ln f}{\partial\boldsymbol{r}}d\boldsymbol{c}d\boldsymbol{r}.\end{aligned} \tag{4.13,3}$$

---

1) L. Boltzmann, *Wien. Sitz.* **66**, 275(1872).

2) H. A. Lorentz, *Wien. Sitz.* **95**(2), 127(1887).

3) 参阅 J. H. Jeans, *Dynamical Theory of Gases* (4th ed.) pp. 59—64 (1925)，以及 H. Grad, *Handbuch der Physik*, Vol. 12, 218—33 (1958).

根据 Green 定理，对第二项进行变换可得

$$-\iint c_n f \ln f d\boldsymbol{c} dS$$

或者

$$-\int n \overline{c_n \ln f} dS,$$

式中 c_n 为 $\boldsymbol{c}$ 在容器表面的面积元 dS 外法线方向上的分量. 现在来研究任一面积元 dS 对积分的贡献. 由于参考轴线的方向是任意的，我们就可以取 dS 垂直于 Ox，这样做并未丧失一般性. 因为容器是光滑的，所以离开容器的分子和撞击容器的分子是相同的；它们速度的 x 分量正好方向相反，而 y 分量和 z 分量则保持不变。因此，在 dS 附近处有

$$f(-u, v, w) = f(u, v, w),$$

从而 $\overline{c_n \ln f} = \overline{u \ln f} = 0$。

所以该面积元对积分没有贡献. 由于面积元 dS 是任意的，因此整个积分也为零.

由此可得

$$\frac{\partial H_0}{\partial t} = \iint (\ln f + 1) \frac{\partial_e f}{\partial t} d\boldsymbol{c} d\boldsymbol{r}. \qquad (4.13,4)$$

现在用式(3.52,11)来代替 $\partial_e f/\partial t$，我们便可证明(象 4.1 节一样)

$$\frac{\partial H_0}{\partial t} \leqslant 0,$$

这样也就证明了：当气体的状态是稳恒时（因而 $\partial f/\partial t = 0$ 和 $\partial H_0/\partial t = 0$），$\ln f$ 必定是个总和不变量，如式(4.1,8)所示. 因此 $\partial_e f/\partial t = 0$，而且

$$f = n\left(\frac{m}{2\pi kT}\right)^{\frac{3}{2}} e^{-mc^2/2kT},$$

这里假定了气体是静止的，故可以用变量 c 代替 C.

我们可以认为上式中的物理量 n, T 是 $\boldsymbol{r}$ 的函数，因为这里并没有假定状态是均匀的. 但是在目前情况下，f 的 Boltzmann 方程变成为

$$\boldsymbol{c}\cdot\frac{\partial f}{\partial \boldsymbol{r}}=0.$$

因此，对于所有的 $\boldsymbol{c}$ 值来说，上式都必须满足；这就意味着 n 和 T 是与 $\boldsymbol{r}$ 无关的.

当容器的壁面不光滑时，似乎就找不到如此简单的证明来说明 Maxwell 公式依然成立[1].

4.14. 存在外力时的稳恒状态

现在接着研究有外力 $m\boldsymbol{F}$ 作用于每个分子时的情况. 这里还和前面一样，$\boldsymbol{F}$ 仍然是与分子的速度 $\boldsymbol{c}$ 无关的. 我们象 4.1 节那样来求时间导数

$$\begin{aligned}\frac{\partial H}{\partial t}&=\int(1+\ln f)\frac{\partial f}{\partial t}d\boldsymbol{c}\\&=\int(1+\ln f)\left(\frac{\partial_e f}{\partial t}-\boldsymbol{c}\cdot\frac{\partial f}{\partial \boldsymbol{r}}-\boldsymbol{F}\cdot\frac{\partial f}{\partial \boldsymbol{c}}\right)d\boldsymbol{c}\\&=\int\left(\frac{\partial_e(f\ln f)}{\partial t}-\boldsymbol{c}\cdot\frac{\partial(f\ln f)}{\partial \boldsymbol{r}}\right.\\&\qquad\left.-\boldsymbol{F}\cdot\frac{\partial(f\ln f)}{\partial \boldsymbol{c}}\right)d\boldsymbol{c}.\end{aligned}\tag{4.14,1}$$

在上式的最后一项中，我们要考虑积分

$$\int\frac{\partial(f\ln f)}{\partial \boldsymbol{c}}d\boldsymbol{c}\tag{4.14,2}$$

的三个分量. 在分量

$$\iiint\frac{\partial(f\ln f)}{\partial u}dudvdw$$

中，对 u 积分后可得

$$\iint\left[f\ln f\right]_{u=-\infty}^{u=\infty}dvdw,$$

当 $\boldsymbol{c}$ 或者 $\boldsymbol{c}$ 的任一分量趋于 $\pm\infty$ 时，$f\ln f$ 必定为零. 因此可知上

---

1) 关于这一点，请参阅 R. H. Fowler, *Statistical Mechanics* pp. 697—99(1936).

述积分为零．于是积分(4.14,2)就等于零．

如果气体在静止的光滑壁容器中，或者，如果气体的密度在所有的方向上都趋于零，那么由 4.13 节可知，式(4.14,1)右侧的第二项对于 H_0 没有贡献．在此 H_0 的定义同前，即为

$$H_0=\int H d\boldsymbol{r}.$$

这样我们再次可得出 $\partial H_0/\partial t\leqslant 0$，而且在稳恒状态中 $\partial_e f/\partial t=0$ 以及

$$f=n\left(\frac{m}{2\pi kT}\right)^{\frac{3}{2}}e^{-mC^2/2kT},\qquad(4.14,3)$$

式中 $\boldsymbol{C}=\boldsymbol{c}-\boldsymbol{c}_0$，而且 n，$\boldsymbol{c}_0$，T 都与 $\boldsymbol{c}$ 和 t 无关，但可以与 $\boldsymbol{r}$ 有关．

为了检验这种依赖性，我们将式(4.14,3)代入 Boltzmann 方程(3.1,2)，这时方程简化为 $\mathscr{D}f=0$．由于在式(4.14,3)中，f 是用特定速度 $\boldsymbol{C}$ 表示的，我们就应采用式(3.12,2)所给定的 $\mathscr{D}f$ 形式．因为是稳恒状态，式(3.12,2)中的 D/Dt 可以用 $\boldsymbol{c}_0\cdot\partial/\partial\boldsymbol{r}$ 代替．然后两边除以 f 后，Boltzmann 方程变为

$$\boldsymbol{c}_0\cdot\frac{\partial\ln f}{\partial\boldsymbol{r}}+\boldsymbol{C}\cdot\frac{\partial\ln f}{\partial\boldsymbol{r}}+\left\{\boldsymbol{F}-\left(\boldsymbol{c}_0\cdot\frac{\partial}{\partial\boldsymbol{r}}\right)\boldsymbol{c}_0\right\}$$

$$\cdot\frac{\partial\ln f}{\partial\boldsymbol{C}}-\frac{\partial\ln f}{\partial\boldsymbol{C}}\boldsymbol{C}:\frac{\partial}{\partial\boldsymbol{r}}\boldsymbol{c}_0=0.\qquad(4.14,4)$$

由于 $$\ln f=\ln(n/T^{\frac{3}{2}})-mC^2/2kT+\text{常数},$$

我们便有 $$\frac{\partial\ln f}{\partial\boldsymbol{r}}=\frac{\partial\ln(n/T^{\frac{3}{2}})}{\partial\boldsymbol{r}}+\frac{mC^2}{2kT^2}\frac{\partial T}{\partial\boldsymbol{r}},$$

$$\frac{\partial\ln f}{\partial\boldsymbol{C}}=-\frac{m\boldsymbol{C}}{kT}.$$

利用这些关系，我们可以将方程(4.14,4)的左侧表示成几个部分的和，其中有一部分与 $\boldsymbol{C}$ 无关，而其它各部分则包含着 $\boldsymbol{C}$ 的分量的一次幂、二次幂和三次幂．由于方程对于 $\boldsymbol{C}$ 是个恒等式，这些与$\boldsymbol{C}$ 有关的部分必须分别为零．

对于C的三次幂部分是

$$\frac{mC^2}{2kT^2}\boldsymbol{C}\cdot\frac{\partial T}{\partial \boldsymbol{r}}=0,$$

由此可得 $\partial T/\partial \boldsymbol{r}=0$. 这就是说，在整个气体中温度必须是均匀的. 由于气体中温度是均匀的，对于 $\boldsymbol{C}$ 的二次幂部分就变成

$$\frac{m}{kT}\boldsymbol{CC}:\frac{\partial}{\partial \boldsymbol{r}}\boldsymbol{c}_0=0,$$

由此得出

$$\overline{\overline{\frac{\partial}{\partial \boldsymbol{r}}\boldsymbol{c}_0}}=0,$$

如果按照 1.33 节中的符号，上式即为 $\mathbf{e}=0$. 这意味着

$$\frac{\partial u_0}{\partial x}=\frac{\partial v_0}{\partial y}=\frac{\partial w_0}{\partial z}=0,$$

$$\frac{\partial v_0}{\partial z}+\frac{\partial w_0}{\partial y}=\frac{\partial w_0}{\partial x}+\frac{\partial u_0}{\partial z}=\frac{\partial u_0}{\partial y}+\frac{\partial v_0}{\partial x}=0.$$

这些方程的解[1]则是

$$\boldsymbol{c}_0=\boldsymbol{c}'+\boldsymbol{\omega}\wedge\boldsymbol{r}, \qquad (4.14,5)$$

其中 $\boldsymbol{c}'$ 和 $\boldsymbol{\omega}$ 是任意的常数. 所以，气体在任一点的平均速度同具有螺旋运动的刚体的速度是一样的.

现在先来考察 $\boldsymbol{c}_0=0$ 这一特殊情况. 这确保了方程(4.14,4)中与 $\boldsymbol{C}$ 无关的那一部分为零；利用条件 $\boldsymbol{c}_0=0$ 和 $\partial T/\partial \boldsymbol{r}=0$ 后，此方程中剩下的 $\boldsymbol{C}$ 一次幂部分就变成

$$\boldsymbol{C}\cdot\left(\frac{\partial \ln n}{\partial \boldsymbol{r}}-\frac{m\boldsymbol{F}}{kT}\right).$$

由于对所有的 $\boldsymbol{C}$ 值，上式均应为零，所以

$$\frac{\partial \ln n}{\partial \boldsymbol{r}}=\frac{m}{kT}\boldsymbol{F}. \qquad (4.14,6)$$

从而可知只有当 $\boldsymbol{F}$ 是标量函数 $(kT/m)\ln n$ 的梯度时，才可能有

---

1) 参阅 A. E. H. Love, *The Mathematical Theory of Elasticity*, §18(1927).

稳恒状态。这样，外力场必有位势 Ψ，而此位势应满足下式

$$\Psi = -\frac{kT}{m}\ln n + 常数。$$

若用 Ψ 表示，则密度分布可写为

$$n = n_0 e^{-m\Psi/kT}, \tag{4.14,7}$$

式中 n_0 是一常数，实际上它就是 $\Psi=0$ 那些点处的数密度。因此 f 的完整表达式是

$$f = n_0\left(\frac{m}{2\pi kT}\right)^{\frac{3}{2}} e^{-m(2\Psi+c^2)/2kT}. \tag{4.14,8}$$

这个结果是 Maxwell[1] 第一个给出的，它即是式(4.1,5)的一个推论。随后 Boltzmann[2] 也给出了相同的结果(显然，他并不知道 Maxwell 已经发表了这一结果)。他是根据 H 定理来证明的。这为 Maxwell 的推导的正确性提供了必要的证据。

下面再探讨 $\mathbf{c}_0$ 不为零时的情况。设 Oz 为螺旋运动的轴线；这时，$\mathbf{c}_0$ 的分量为 $(-\omega y, \omega x, c')$，因而我们可得

$$\left(\mathbf{c}_0\cdot\frac{\partial}{\partial \mathbf{r}}\right)\mathbf{c}_0 = \frac{\partial \Psi_0}{\partial \mathbf{r}},$$

其中

$$\Psi_0 = -\frac{1}{2}\omega^2(x^2+y^2). \tag{4.14,9}$$

使方程(4.14,4)左侧中 $\boldsymbol{C}$ 的一次项及零次项等于零，这就得出下列两个方程

$$\boldsymbol{C}\cdot\left(\frac{\partial \ln n}{\partial \mathbf{r}} - \frac{m\boldsymbol{F}}{kT} + \frac{m}{kT}\frac{\partial \Psi_0}{\partial \mathbf{r}}\right) = 0,$$

$$\mathbf{c}_0\cdot\frac{\partial \ln n}{\partial \mathbf{r}} = 0. \tag{4.14,10}$$

这里的第一个方程意味着 $\boldsymbol{F}$ 仍然可由某个位势 Ψ 导出，而且数密度 n 可以用 Ψ 表示出来，其形式如下

$$n = n_0 e^{-m(\Psi+\Psi_0)/kT}. \tag{4.14,11}$$

---

1) J. C. Maxwell, *Nature, Lond.* **8**, 537(1873); *Collected Papers* **2**, 351.
2) L. Boltzmann, *Wien. Ber.* **72**, 427 (1875).

将此式与式(4.14,7)进行比较，就可以看出运动对密度分布的影响，这和假定有一个位势为 Ψ_0 的离心力场作用在气体上时所产生的结果相同.

利用上述 n 的表达式并记住 $\boldsymbol{c}_0\cdot\partial\Psi_0/\partial\boldsymbol{r}=0$，我们便可以由方程组(4.14,10)中的第二个方程得出下述条件

$$\boldsymbol{c}_0\cdot\frac{\partial\Psi}{\partial\boldsymbol{r}}=0,$$

这表明气体在每一点的运动都必须沿着 $\Psi=$ 常数的等位面. 若 $\omega=0$ 以及 $c'\neq0$，则 Ψ 就与 z 无关. 但若 $c'=0$ 以及 $\omega\neq0$，则 Ψ 必定是对称于 Oz 的. 最后，若 c' 和 ω 都不为零，那么在沿着以 Oz 为轴的螺旋线上，Ψ 是常数.

如果将气体封闭在一个光滑静止的容器中，这时运动就必须和容器的形状相协调. 也就是说，气体作为一个整体应当处于静止；但是如若容器是对称于某一轴线的，则气体可能有围绕对称轴线的旋转.

当 $c'=0$ 和 $\boldsymbol{F}=0$ 时，f 的形式为

$$f=n_0\left(\frac{m}{2\pi kT}\right)^{\frac{3}{2}}\exp[-(m/2kT)\{u^2+v^2+w^2+2\omega(uy-vx)\}].$$

这就是旋转气体的速度分布函数，它是由 Maxwell[1] 最先指出的.

4.2. H 定理和熵

若取 H 的定义如下：

$$H=\int f\ln f d\boldsymbol{c}=n\overline{\ln f},$$

则当气体处于均匀稳恒状态时，H 即可用 n 和 T 表示之. 因为在此情况下，

---

1) J. C. Maxwell, *Nature Lond.* **16**, 244(1877).

$$\ln f = \ln n + \frac{3}{2}\ln(m/2\pi kT) - mC^2/2kT,$$

由此可以得出(参见式(2.41,1))

$$H = n\left\{\ln n + \frac{3}{2}\ln(m/2\pi kT) - \frac{3}{2}\right\}$$

如果这个气体的总质量为 M，则它所占据的体积为 M/ρ 或 M/mn。若遍及此体积来积分 H，于是可以得出

$$H_0 = \int H d\boldsymbol{r} = (M/m) \times \left\{\ln n + \frac{3}{2}\ln(m/2\pi kT) - \frac{3}{2}\right\}.$$

气体的熵 S（参阅 2.431 节)定义为

$$\delta S = M\left\{c_v\frac{\delta T}{T} + \frac{k}{m}\frac{\delta V}{V}\right\}.$$

由于在此情况没有可传递的内能，故 $c_v = 3k/2m$，而 nV 是总的分子数(它保持不变)，所以

$$\delta S = \frac{Mk}{m}\left(\frac{3}{2}\frac{\delta T}{T} - \frac{\delta n}{n}\right),$$

对此进行积分后可得

$$S = \frac{Mk}{m}\ln(T^{\frac{3}{2}}/n) + \text{常数};$$

这样 $$S + kH_0 = -\frac{3M}{2m}\{\ln(2\pi k/m) + 1\} + \text{常数}.$$

上式的右侧部分与气体的状态无关；因此，除了应附加一个积分常数外，我们可以得到

$$S = -kH_0. \qquad (4.2,1)$$

这个关系式把气体处于均匀稳恒状态时的 H_0 和熵联系起来了[1]。对于非均匀状态或非稳恒状态来说，没有熵的热力学定义；

1) Boltzmann 在他的 1872 年和 1875 年的论文中就引进了 H 定理. 当时，他采用了符号 E（大概因为它是熵的第一个字母之故）来表示现在的 H. 似乎是 S. H. Burbury (*Phil. Mag.* **30**, 301 (1890)) 引用了符号 H. 但是后来他又采用 B 来表示一个与 H 几乎是全同的函数. 一直到 1893 年 Boltzmann 都是采用符号 E 的，但是在 1895 年他才选用了字母 H；请参阅 *Nature, Lond.* **139**, 931 (1937).

但是我们可以采用式(4.2,1)作为定义，将熵的概念推广到这些状态。 Boltzmann 的H定理表明：当气体不处于稳恒状态时，H_0必定减小。这是热力学中熵值不能减小定律的推广。 Boltzmann 在 1872 年就指明了H与 S 的这种关联。

4.21. H 定理和可逆性

在处于均匀状态且不承受外力的一团气体中，假定每个分子的速度在某一瞬间全都反向，那么这一过程并不改变H或 $n\ \overline{\ln f}$ 值的。这时分子将沿着它们原来的路径折回。一般说来，由于在速度反向之前有 $\partial H/\partial t < 0$，因此人们会认定反向之后应有 $\partial H/\partial t > 0$。这就与$H$定理发生了矛盾。从而产生了疑题。

当然，H定理是一个几率定理。其证明依赖于几率的概念(例如在速度分布函数的定义中，在计算指定类型的碰撞次数时)。所以应当把H定理解释如下：它意味着在给定的短时间间隔内，一团指定气体的H不一定是必须减小，而是其减小的可能性似乎远远大于增加的可能性。然而，即使是如此来解释，H定理也仍然象是与可逆性矛盾的。因为可逆性意味着：对于H在减少着的每一个气体状态，都存在着一个H以同样速率增加着的状态。

下面的论述将有助于解决此疑题。 在推导 $\partial_e f/\partial t$ 的表达式时，曾假定分子在碰撞前是浑沌的，即两个分子恰恰在碰撞发生之前的速度是没有关联的。这个假定之所以合理，是因为在中等密度的气体中，两个分子总是来自相距足够远的区域，从而排除了它们在碰撞前不久彼此能相互影响的可能性。至于紧接着碰撞之后的分子速度，按照同样的理由，就不能是无关的了。假如所有分子的速度都突然反向，那么碰撞过程亦要反过来描述，人们就不能再把碰撞前的分子状态考虑为浑沌的了。所以前面所求得的 $\partial H/\partial t$ 值也就不再适用。这样就部分地解决了上述问题的困难。根据物理上的理由，这就是说，碰撞前分子为浑沌的状态，其几率就远大于偏离这种浑沌性很远的状态。但是依然存在着数学上论证的困难：即对于分子为浑沌的每一个状态均对应存在着一个速度反向且不以分子浑沌来表征的状态，这点尚未解决.

可逆性疑题可以与分子运动论中出现的其它疑题联系起来.例如，现在来考虑下面这样一个疑题，它与重力作用下的稳恒大气层有关. 由于重力的作用使得大气层内任何一个分子都具有向下的恒定加速度.但是按照速度分布律(式(4.18,8))，分子速度在所有各个方向上应大致相等. 这样，分子的向下运动可能因该分子同其它分子的碰撞而受到阻碍，但不可能完全被消除掉[1]. 因此整个气体应当下降，亦即大气层不可能处于稳恒状态.

这第二个疑题是不难解决的. 如果大气层抵抗重力而维持着，那么它必定是凭靠某个表面而受阻挡. 大气与此表面的碰撞阻止了稳定的下降. 为了弄清楚在比这个表面高得多的某个水平面处稳恒状态是如何维持的，让我们来考察两个相邻的水平表面 A 和 B，其中 A 高于 B. 在一个短暂的时间间隔中，开始在 A 处的分子将会沉降到 B，而起初在 B 处的分子也将会上升到 A. 但是由于重力的作用，前者比后者的几率要大些. 然而，B 处的分子密度是大于 A 处的密度. 因此尽管起初在 B 处后来上升到 A 处的分子是较少的，而起初在 A 处后来下沉到 B 处的分子是较多的，但是二者却能够精确地抵消掉. 因此，虽然每个分子可以有趋势以某个速度向下扩散，但是在指定点处分子的平均速度仍可以为零.

同第二个疑题进行比较，将有助于进一步澄清前面所述的可逆性疑题. 先前求得的 $\partial H/\partial t$ 值好比是上一段中所述的表面 A 处分子的扩散速度. 当气体的实际状态经历不同的可能状态而变化时，H 就是以这个速度趋近于其最小值的. 即使对于具有给定 H 值的所有可能状态来说，"速度" $\partial H/\partial t$ 的平均值总等于零，但是 $\frac{\partial H}{\partial t}$ 还是可以是负值，这只要 H 值较小的可能状态，其数量远大于 H 值较大的可能状态. 也就是说，这只要较小的 H 值所固有的几率大于较大的 H 值的几率. 这点与统计力学的结论相符，统计

1) 参阅5.5节关于碰撞后速度住留的问题.

力学证明了 Maxwell 函数就是分子速度的最可几分布[1].

4.3. 混合气体的 H 定理；特定运动的动能均分

当混合气体处于均匀稳恒状态且不承受外力时，将4.1节的论证加以推广便可以得出其速度分布函数. 为简单起见，我们这里仅考虑二组元混合气体. 与方程(4.1,1)相仿，速度分布函数 f_1，f_2 所满足的方程为

$$0=\frac{\partial f_1}{\partial t}=\iint(f_1'f'-f_1f)g\alpha_1 d\mathbf{e}'d\mathbf{c}$$

$$+\iint(f_1'F_2'-f_1F_2)g\alpha_{12}d\mathbf{e}'d\mathbf{c}_2,$$

$$0=\frac{\partial F_2}{\partial t}=\iint(F_2'F'-F_2F)g\alpha_2 d\mathbf{e}'d\mathbf{c}$$

$$+\iint(f_1'F_2'-f_1F_2)g\alpha_{12}d\mathbf{e}'d\mathbf{c}_1, \qquad (4.3,1)$$

在这里，为了强调将第一类分子的函数 $f_1(\mathbf{c}_1,\mathbf{r},t)$ 和 $f_1(\mathbf{c},\mathbf{r},t)$ 同第二类分子的函数 $f_2(\mathbf{c}_2,\mathbf{r},t)$ 和 $f_2(\mathbf{c},\mathbf{r},t)$ 区分开来，暂且用 F_2 代替 f_2. 在积分(4.3,1)中，上述四个函数分别用 f_1，f 和 F_2，F 表示之.

将方程组(4.3,1)的第一式乘以 $\ln f_1 d\mathbf{c}_1$，第二式乘以 $\ln F_2 d\mathbf{c}_2$，并且分别对所有的 $\mathbf{c}_1$，$\mathbf{c}_2$ 值积分，然后再利用式(3.54,2)和式(3.54,5)进行变换，这样此方程组就变为

$$\frac{1}{4}\iiint(\ln f_1+\ln f-\ln f_1'-\ln f')(f'f_1'-ff_1)g\alpha_1 d\mathbf{e}'d\mathbf{c}d\mathbf{c}_1$$

$$+\frac{1}{2}\iiint(\ln f_1-\ln f_1')(f_1'F_2'-f_1F_2)g\alpha_{12}d\mathbf{e}'d\mathbf{c}_1d\mathbf{c}_2=0,$$

---

1) J. H. Jeans, *Dynamical Theory of Gases* (4th ed.), chapter 3(1925).

$$\frac{1}{4}\iiint(\ln F_2+\ln F-\ln F_2'-\ln F')(F'F_2'$$
$$-FF_2)g\alpha_2 d\mathbf{e}' d\mathbf{c} d\mathbf{c}_2$$
$$+\frac{1}{2}\iiint(\ln F_2-\ln F_2')(f_1'F_2'$$
$$-f_1F_2)g\alpha_{12}d\mathbf{e}' d\mathbf{c}_1 d\mathbf{c}_2=0.$$

将此二式相加，我们可得

$$\frac{1}{4}\iiint \ln(ff_1/f'f_1')(f'f_1'-ff_1)g\alpha_1 d\mathbf{e}' d\mathbf{c} d\mathbf{c}_1$$
$$+\frac{1}{2}\iiint \ln(f_1F_2/f_1'F_2')(f_1'F_2'-f_1F_2)g\alpha_{12}d\mathbf{e}' d\mathbf{c}_1 d\mathbf{c}_2$$
$$+\frac{1}{4}\iiint \ln(FF_2/F'F_2')(F'F_2'-FF_2)g\alpha_2 d\mathbf{e}' d\mathbf{c} d\mathbf{c}_2$$
$$=0.$$

在上式的三个积分中，任何一个积分的被积函数都不可能是正值．因而仅当这些被积函数恒等于零时（不论变量 $\mathbf{c}_1$，$\mathbf{c}_2$ 取什么值），这三个积分的和才能等于零．这样，对于同类或异类分子之间的所有各种类型的碰撞来说，都应当有

$$f_1f=f_1'f',\quad f_1F_2=f_1'F_2',\quad F_2F=F_2'F',\tag{4.3,2}$$

因此 $\ln f_1$，$\ln F_2$ 就是下列三个方程的解

$$\psi_1+\psi=\psi_1'+\psi',\quad \psi_1+\Psi_2=\psi_1'+\Psi_2',\quad \Psi_2+\Psi=\Psi_2'+\Psi'.\tag{4.3,3}$$

其中第一个方程和第三个方程表明 ψ_1，Ψ_2 应具有形式

$$\psi_1=\alpha_1^{(1)}+\boldsymbol{\alpha}_1^{(2)}\cdot m_1\mathbf{c}_1+\alpha_1^{(3)}\cdot\frac{1}{2}m_1c_1^2,$$

$$\Psi_2=\alpha_2^{(1)}+\boldsymbol{\alpha}_2^{(2)}\cdot m_2\mathbf{c}_2+\alpha_2^{(3)}\cdot\frac{1}{2}m_2c_2^2;$$

而第二个方程则要求（比方说）$\boldsymbol{\alpha}_1^{(2)}=\boldsymbol{\alpha}_2^{(2)}=\boldsymbol{\alpha}^{(2)}$ 或 $\alpha_1^{(3)}=\alpha_2^{(3)}=\alpha^{(3)}$，以满足异类分子碰撞时的动量守恒方程和能量守恒方程．于是

$$\ln f_1 = \alpha_1^{(1)} + \boldsymbol{\alpha}^{(2)} \cdot m_1 \mathbf{c}_1 + \alpha^{(3)} \cdot \frac{1}{2} m_1 c_1^2$$

$$= \ln A_1 + \alpha^{(3)} \cdot \frac{1}{2} m_1 \sum (u_1 - u_0)^2,$$

$$\ln f_2 = \alpha_2^{(1)} + \boldsymbol{\alpha}^{(2)} \cdot m_2 \mathbf{c}_2 + \alpha^{(3)} \cdot \frac{1}{2} m_2 c_2^2$$

$$= \ln A_2 + \alpha^{(3)} \cdot \frac{1}{2} m_2 \sum (u_2 - u_0)^2,$$

其中 A_1, A_2, u_0, v_0, w_0 是新的常数．和 4.1 节一样，我们可以证明 u_0, v_0, w_0 是任一组元的平均速度的分量，因而它们也就是混合气体的平均速度的分量．我们还可以证明两个组元的分子特定运动平均动能是相同的，都等于 $-3/2\alpha^{(3)}$．所以只要 T 是气体的温度，那么就有 $kT = -1/\alpha^{(3)}$，而且速度分布函数 f_1, f_2 可以表示为

$$\left.\begin{aligned} f_1 &= n_1 \left(\frac{m_1}{2\pi kT}\right)^{\frac{3}{2}} \exp(-m_1 C_1^2/2kT), \\ f_2 &= n_2 \left(\frac{m_2}{2\pi kT}\right)^{\frac{3}{2}} \exp(-m_2 C_2^2/2kT), \end{aligned}\right\} \tag{4.3,4}$$

不同组元的分子特定运动的平均动能相等，这一结果是统计力学的能量均分定理的一个特例(参阅 2.431 节)．

4.13 节和 4.14 节的结果也不难推广应用到混合气体的情况．例如说，若两种气体的分子承受着位势为 Ψ_1, Ψ_2 的外力场，则速度分布的形式将与式(4.3,4)相同．但其中的 n_1, n_2 要由下式给定

$$n_1 = N_1 e^{-m_1\Psi_1/kT}, \quad n_2 = N_2 e^{-m_2\Psi_2/kT}, \tag{4.3,5}$$

式中的 N_1, N_2 为常数．

4.4. 积分定理；$I(F)$, $[F, G]$, $\{F, G\}$

在结束本章时，我们将证明几条与 3.54 节相类似的积分定理．这里只研究二组元混合气体．相应的单组元气体的结果，今后也是需要使用的，但它们不过是这些混合气体结果的特例而已．

我们将认为不同分子群的速度空间有着各自不同的定义域．

于是速度的函数可以在两个域中有不同的定义． 设 $f^{(0)}$ 表示 Maxwell 速度分布函数，即

$$f^{(0)} = n\left(\frac{m}{2\pi kT}\right)^{\frac{3}{2}} e^{-mC^2/2kT}, \qquad (4.4,1)$$

这里还必须对 $f^{(0)}$, n, m 和 C 附上下标 1 或 2．若用变量 C' 代替 C 的话，则还应加上斜撇（如写成 $f^{(0)\prime}$ 这样）以注明之．根据式(4.3,2)，有

$$f_1^{(0)\prime}f^{(0)\prime} = f_1^{(0)}f^{(0)},\ f_1^{(0)\prime}f_2^{(0)\prime} = f_1^{(0)}f_2^{(0)},\ f_2^{(0)\prime}f^{(0)\prime} = f_2^{(0)}f^{(0)}. \quad (4.4,2)$$

设 F 为在第一速度域中定义的某个速度函数；我们定义

$$n_1^2 I_1(F) = \iint f_1^{(0)}f^{(0)}(F_1 + F - F_1' - F')g\alpha_1 d\mathbf{e}'d\mathbf{c}. \qquad (4.4,3)$$

按照类似的方法还可以定义另一个量 $I_2(F)$，此时 F 是在第二速度域中定义的．另外，若 K 是 $\mathbf{c}_1$ 和 $\mathbf{c}_2$ 的任一函数，而 K' 是 $\mathbf{c}_1'$ 和 $\mathbf{c}_2'$ 的同一个函数，我们则定义

$$n_1n_2I_{12}(K) = \iint f_1^{(0)}f_2^{(0)}(K - K')g\alpha_{12}d\mathbf{e}'d\mathbf{c}_2 \qquad (4.4,4)$$

$$n_1n_2I_{21}(K) = \iint f_1^{(0)}f_2^{(0)}(K - K')g\alpha_{12}d\mathbf{e}'d\mathbf{c}_1. \qquad (4.4,5)$$

由于 F 和 K 都是线性地出现在上列公式中，因此有

$$I(\phi + \Psi) = I(\phi) + I(\Psi),\ I(a\phi) = aI(\phi), \quad (4.4,6)$$

其中 a 是任一常数，而函数 I 可以带有 1, 2, 12, 和 21 四种下标中的任何一个． I 和 $\partial_e f/\partial t$ 有着某种类似性．它们都只是部分可积分的，所以 $I_1(F)$, $I_{12}(K)$ 都是 $\mathbf{c}_1$ 的函数，而 $I_{21}(K)$, $I_2(F)$ 都是 $\mathbf{c}_2$ 的函数．

和这些函数有关的完全积分将定义如下．首先，若 F 和 G 是在第一速度域中定义的函数，则我们定义

$$[F, G]_1 = \int G_1 I_1(F) d\mathbf{c}_1. \qquad (4.4,7)$$

这样，根据式(4.4,2)和式(3.54,4)，可得

$$[F, G]_1 = \frac{1}{4n_1^2}\iiint f^{(0)}f_1^{(0)}(F + F_1 - F' - F_1')(G + G_1 - G' - G_1')g\alpha_1 d\mathbf{e}'d\mathbf{c}d\mathbf{c}_1, \qquad (4.4,8)$$

根据对称性，由此可得

$$[F, G]_1 = [G, F]_1.$$

对于在第二速度域中定义的函数 F，G，亦可以按照类似的方式定义出 $[F, G]_2$.

此外，当 F，H 在第一域中定义而 G，K 在第二域中定义时，令

$$[F_1 + G_2, H_1 + K_2]_{12} = \int F_1 I_{12}(H_1 + K_2) d\mathbf{c}_1 + \int G_2 I_{21}(H_1 + K_2) d\mathbf{c}_2. \tag{4.4, 9}$$

此时，根据式(4.4,2)和式(3.54,3)有

$$\begin{aligned}[F_1 + G_2, H_1 + K_2]_{12} &= \frac{1}{2n_1n_2} \times \iiint f_1^{(0)} f_2^{(0)} (F_1 + G_2 - F_1' - G_2') \\ &\quad \times (H_1 + K_2 - H_1' - K_2') g\alpha_{12} d\mathbf{e}' d\mathbf{c}_1 d\mathbf{c}_2 \\ &= [H_1 + K_2, F_1 + G_2]_{12}.\end{aligned} \tag{4.4,10}$$

若 n_1，n_2 均系指同一种气体，于是有 $\alpha_{12} = \alpha_1$，则由式(4.4,9)可以得出

$$[F_1, G_1 + G_2]_{12} = [F, G]_1. \tag{4.4,11}$$

这些完全积分有点类似于 $\Delta_1 \bar{\Phi}_1$，$\Delta_2 \bar{\Phi}_1$ 的表达式. 若将它们如下地组合起来

$$n^2\{F, G\} = n_1^2[F, G]_1 + n_1n_2[F_1 + F_2, G_1 + G_2]_{12} + n_2^2[F, G]_2, \tag{4.4, 12}$$

则同样也和 $\Delta(\bar{\Phi}_1 + \bar{\Phi}_2)$ 相类似. 在上式中 F 和 G 都在两个速度域中定义，而且 $n = n_1 + n_2$.

考虑到这些完全积分对于函数 F，G 等都是线性的，因此下列这些典型的关系式

$$\{F, G\} = \{G, F\}, \{F, G + H\} = \{F, G\} + \{F, H\}, \{F, aG\} = a\{F, G\}, \tag{4.4,13}$$

（其中 a 为任一常数）对于由式 (4.4, 7, 9, 12) 定义的每一个函数

来说都是成立的.

在 $\{F, G\}$ 和 $[F, G]$ 中,函数 F, G 既可以是标量,也可以是矢量,还可以是张量,只要它们是属于同类分子的即可. 不完全积分 $I(F)$ 具有和 F 相同的性质, 我们可以把 $[F, G]$ 和 $\{F, G\}$ 中的被积函数理解为包含有 G 和 $I(F)$ 的标量积.

如果函数 F, G 不是显式地含有数密度 n_1 或 n_2, 那么函数 I_1 和 I_{12}, 以及方括号表达式 $[F, G]_1$, $[F_1 + G_2, H_1 + K_2]_{12}$, ···就肯定与数密度无关;但是另一方面,大括号表达式 $\{F, G\}$ 却一般都是与浓度n_1/n,n_2/n有关的,尽管它们也是与总的数密度 n 无关.

4.41. 与括号表达式 $[F, G]$, $\{F, G\}$ 有关的不等式

由式(4.4,8)可以得出

$$[F, F]_1 = \frac{1}{4n_1^2} \times \iiint f^{(0)} f_1^{(0)} (F + F_1 - F' - F_1')^2 g\alpha_1 d\boldsymbol{e}' d\boldsymbol{c} d\boldsymbol{c}_1 \geqslant 0, \tag{4.41,1}$$

因为其中的被积函数总是正的. 因而类似地,根据式(4.4,10), 可得

$$[F_1 + G_2, F_1 + G_2]_{12} \geqslant 0,$$

从而

$$\{F, F\} \geqslant 0. \tag{4.41,2}$$

式(4.41,1)中的等号仅当下述条件满足时才能成立,即

$$F + F_1 = F' + F_1'. \tag{4.41,3}$$

也就是说,它要求 F 是 3.2 节中的一个总和不变量 $\psi^{(i)}$ 或总和不变量的线性组合. 因此,若 F 是个标量, 则方程 $I_1(F) = 0$ 的完全解(按照我们的定义,还可直接得出 $[F, F]_1 = 0$) 为:

$$F_1 = \boldsymbol{\alpha}_1^{(1)} + \alpha_1^{(2)} \cdot m_1 \boldsymbol{C}_1 + \alpha_1^{(3)} E_1, \tag{4.41,4}$$

其中 $\alpha_1^{(1)}$, $\boldsymbol{\alpha}_1^{(2)}$, $\alpha_1^{(3)}$ 的数值为任意,它们与 $\boldsymbol{c}_1$ 无关,但可以是 $\boldsymbol{r}$, t 的函数. 与此类似,

$$[F_1 - G_2, F_1 + G_2]_{12} = 0$$

就意味着

$$F_1 + G_2 = F_1' + G_2'.$$

而

$$\{F, F\} = 0 \tag{4.41,5}$$

则要求

$$[F, F]_1 = 0, \ [F_1 + F_2, F_1 + F_2]_{12} = 0, \ [F, F]_2 = 0,$$

因而要求

$$F + F_1 = F' + F_1', F_1 + F_2 = F_1' + F_2', F_2 + F = F_2' + F'. \tag{4.41,6}$$

这样就如同 4.3 节的情况一样，若 F 是个标量，则式（4.41，5）的解为

$$F_1 = \alpha_1^{(1)} + \boldsymbol{\alpha}^{(2)} \cdot m_1\boldsymbol{C}_1 + \alpha^{(3)}E_1,$$

$$F_2 = \alpha_2^{(1)} + \boldsymbol{\alpha}^{(2)} \cdot m_2\boldsymbol{C}_2 + \alpha^{(3)}E_2. \tag{4.41,7}$$

式（4.41，1，2，3，6）这些结果同样可以应用于速度的标量函数，矢量函数或张量函数。

第五章 自由程，碰撞频率及速度残留现象

5.1. 光滑弹性刚球分子

本章及下一章都是讨论周围没有外力场作用的光滑弹性刚球分子．在此情况下，分子仅仅在碰撞[1]时才影响彼此的运动．刚性分子在两次连续碰撞之间所通过的路程通常称为自由程．对于非刚性分子来说，碰撞没有明确的开始与结束．这样，自由程的概念就遇到一些麻烦，因此将不再采用之．

现在来研究直径为 σ_1，σ_2 的两个分子的碰撞．设

$$\sigma_{12}=\frac{1}{2}(\sigma_1+\sigma_2).$$

相对速度 $\boldsymbol{g}_{21}$ 与碰撞时分子中心连线的方向 $\mathbf{k}$ 所成的角度 ψ 可以取 0 到 $\pi/2$ 之间的任一数值．碰撞中相对速度的偏转角 χ（参见图 5）由下式给定

$$\chi=\pi-2\psi,$$

因此，χ 是取从 0 到 π 的所有值．此外，由式（3.44，2）可知，碰撞变量 b 应满足下式

$$b=\sigma_{12}\cos\frac{1}{2}\chi,$$

由此，根据式(3.5，4)可得

$$\alpha_{12}=\frac{1}{4}\sigma_{12}^2. \tag{5.1,1}$$

另外，角 χ，ϵ 都是确定 $\mathbf{e}'$（相对于一条平行于 $\boldsymbol{g}_{21}$ 的轴线）的方位

1）对于刚球分子来说，术语“碰撞”就是指分子的直接撞击——译者注．

的极角．因此

$$d\mathbf{e}' = \sin\chi d\chi d\epsilon. \tag{5.1,2}$$

5.2. 碰撞频率

现来探讨均匀稳恒状态下静止混合气体中诸分子对 m_1, m_2 之间所发生的碰撞．根据式(3.5,5)，单位体积和单位时间内，相碰分子的速度范围为 $\mathbf{c}_1$, $d\mathbf{c}_1$ 和 $\mathbf{c}_2$, $d\mathbf{c}_2$, 并使得 $\mathbf{e}'$ 位于 $d\mathbf{e}'$ 中的碰撞次数应为

$$f_1 f_2 g \alpha_{12} d\mathbf{e}' d\mathbf{c}_1 d\mathbf{c}_2$$

或者，利用 5.1 节求得的 $\alpha_{12} d\mathbf{e}'$ 值，那么上述的碰撞次数应为

$$\frac{1}{4} f_1 f_2 g \sigma_{12}^2 \sin\chi d\chi d\epsilon d\mathbf{c}_1 d\mathbf{c}_2.$$

通过对所有的 $\mathbf{e}'$, $\mathbf{c}_1$ $\mathbf{c}_2$ 值求积分，便可得到单位体积和单位时间内诸分子对 m_1, m_2 之间所发生的碰撞总次数． 这个碰撞总次数 N_{12} 为

$$N_{12} \equiv \frac{1}{4} \iiiint f_1 f_2 g \sigma_{12}^2 \sin\chi d\chi d\epsilon d\mathbf{c}_1 d\mathbf{c}_2.$$

对 χ 和 ϵ 求积分并不困难． χ 的积分限是 0 和 π; ϵ 的积分限是 0 和 2π. 这样，先对 χ 和 ϵ 积分，然后将均匀稳恒态的 f_1, f_2 公式代入，即可得出

$$N_{12} = \frac{\pi n_1 n_2 (m_1 m_2)^{\frac{3}{2}} \sigma_{12}^2}{(2\pi kT)^3} \times \iint \exp\{-(m_1 c_1^2 + m_2 c_2^2)/2kT\} g d\mathbf{c}_1 d\mathbf{c}_2. \tag{5.2,1}$$

为了算出此积分表达式的值，可以将积分变量 $\mathbf{c}_1$, $\mathbf{c}_2$ 变为 3.41 节中所引进的 $\mathbf{G}$, $\mathbf{g}_{21}$. 根据式(3.41,8)，有

$$m_1 c_1^2 + m_2 c_2^2 = m_0 (G^2 + M_1 M_2 g^2).$$

再根据式(3.52,5)，可以将体积元 $d\mathbf{c}_1 d\mathbf{c}_2$ 用 $d\mathbf{G} d\mathbf{g}_{21}$ 来代替，于是有

$$N_{12} = \frac{\pi n_1 n_2 (m_1 m_2)^{\frac{3}{2}} \sigma_{12}^2}{(2\pi kT)^3}$$
$$\times \iint \exp\{-m_0(G^2 + M_1 M_2 g^2)/2kT\} g\,d\mathbf{G}d\mathbf{g}_{21}.$$

$$(5.2,2)$$

对 $\mathbf{g}_{21}$ 和 $\mathbf{G}$ 的所有方向积分,我们便得到

$$N_{12} = \frac{2 n_1 n_2 (m_1 m_2)^{\frac{3}{2}} \sigma_{12}^2}{(kT)^3}$$
$$\times \int_0^\infty \int_0^\infty \exp\{-m_0(G^2 + M_1 M_2 g^2)/2kT\} g^3 G^2\,dG\,dg.$$

这时,利用式(1.4,2)和式(1.4,3)就可以完成对 G 和 g 的积分,它给出

$$N_{12} = \frac{\pi^{\frac{1}{2}} n_1 n_2 \sigma_{12}^2}{2} \left(\frac{2 m_1 m_2}{m_0 kT} \right)^{\frac{3}{2}}$$
$$\times \int_0^\infty \exp\{-m_0 M_1 M_2 g^2/2kT\} g^3\,dg \qquad (5.2,3)$$
$$= 2 n_1 n_2 \sigma_{12}^2 \left(\frac{2\pi kT m_0}{m_1 m_2} \right)^{\frac{1}{2}}. \qquad (5.2,4)$$

5.21. 平均自由程

如果我们将式(5.2,4)中的下标 2 改为 1,那么就得到

$$N_{11} = 4 n_1^2 \sigma_1^2 (\pi kT/m_1)^{\frac{1}{2}}. \qquad (5.21,1)$$

在单位体积和单位时间内,诸分子对 m_1 之间的碰撞次数应当是 $\frac{1}{2} N_{11}$. 这是因为在 N_{11} 中,我们将一对分子 A, B 之间所发生的每一次碰撞都算成为两次了,一次把 A 认为是具有速度 c_1 的分子,另一次则把 A 认为是具有速度 c_2 的分子. 但是,另一方面,单位时间内第一种组元的某个分子与同类分子碰撞的平均次数却是 N_{11}/n_1,而不是 $N_{11}/2n_1$. 因为每一次碰撞同时影响着两个分子.

每个分子在单位时间内经历过碰撞的平均次数称为碰撞频率. 因此,分子 m_1 与同类分子碰撞的频率为 N_{11}/n_1;而分子 m_1 与分子 m_2 碰撞的频率为 N_{12}/n_1,如此等等. 分子 m_1 与所有各类分

子的碰撞频率则为

$$(N_{11}+N_{12}+\cdots)/n_1,$$

括号内的项数等于混合气体中组元的数目．这样，碰撞间隔(或者说，连续两次碰撞之间的平均时间）τ_1 为

$$\tau_1=n_1/(N_{11}+N_{12}+\cdots). \qquad (5.21,\ 2)$$

在给定的时间 t，分子 m_1 在连续两次碰撞之间所走过的平均距离 l_1 叫做平均自由程．若将所有的分子 m_1 在这个时间中所走过的总距离 $n_1\bar{c}_1t$ 除以它们的碰撞总次数 n_1t/τ_1，便可以求得平均自由程．它等于

$$l_1=\bar{c}_1\tau_1=n_1\bar{c}_1/(N_{11}+N_{12}+\cdots).$$

由式(4.11，2)可知 $\bar{c}_1=\bar{C}_1=2(2kT/\pi m_1)^{\frac{1}{2}}$．利用这一结果以及前面求得的 N_{11}，N_{12} 等值，可以得到

$$l_1=1/\pi\{n_1\sigma_1^2\sqrt{2}+n_2\sigma_{12}^2\sqrt{(1+m_1/m_2)}+\cdots\}. \qquad (5.21,3)$$

特别是，如若只有一种气体存在的话，则有

$$l=1/\pi n\sigma^2\sqrt{2}=0.707/\pi n\sigma^2. \qquad (5.21,4)$$

Tait[1] 曾采用过另外一种平均自由程．他将此自由程定义为：从指定的瞬间开始到下一次碰撞为止，分子所移过的平均距离．计算 Tait 平均自由程时，要利用求积的方法算出一个积分值．对于单组元气体，Tait 平均自由程为

$$0.677/\pi n\sigma^2.$$

5.22. 碰撞频率的数值

当气体处于标准状况时，1 立方厘米中的分子数约为 2.687×10^{19} 个．氢的分子半径约为 1.372×10^{-8} 厘米，这是把粘性系数的实验值同假定分子为弹性刚球时所导出的公式进行比较而求得的．利用类似的方法，我们还求得了其它分子的半径．尽管一般说来它们都比氢的半径值稍大一些，但是仍属于同一个数量级．由于氢分子的质量为 3.347×10^{-24} 克，因此我们可以求得标准状

1) P. G. Tait, *Trans. R. Soc. Edinb.* **33**, 74 (1886).

况下，1 立方厘米的体积中，氢分子之间在每秒钟内所发生的碰撞次数 $\left(\frac{1}{2}N_{11}\right)$ 等于 2.05×10^{29}. 这样，碰撞频率就为 1.5×10^{10} 秒$^{-1}$. 此外，氢分子的平均自由程为 1.112×10^{-5} 厘米，两次连续碰撞之间的平均时间为 6.6×10^{-11} 秒.

平均自由程的长度既不取决于分子的质量，也不取决于温度（除非假定分子直径随温度而变化，参阅12.3节）. 因此，既然不同气体分子的直径在数量级上是相同的，那么，无论是哪一种气体，只要它处于标准状况下，其平均自由程的数量级就都是 10^{-5} 厘米，所以都是分子直径的几百倍. 这就验证了在 3.5 节中所做的分子混沌假定：即，在自由程开始之时（亦就是分子碰撞终了之际），分子相隔的距离相当大，因而它们的速度之间不可能有值得考虑的关联.

平均自由程与密度成反比. 在高度稀薄的气体中，例如在 0.01 毫米汞柱压强下，自由程的数量级为 1 厘米. 这时，自由程的大小与容器尺寸就可以相提并论了. 另一方面，如果气体处于 100 大气压下，其自由程则与一个分子的尺度相当. 在这种情况下，分子混沌假设可能不成立.

5.3. 碰撞中相对速度的分布及能量的分布

在混合气体中，根据式 (5.2, 3) 可知，每单位体积和单位时间内在分子 m_1 和分子 m_2 之间发生的碰撞总数为

$$N_{12}=n_1n_2\sigma_{12}^2(2\pi)^{\frac{1}{2}}\left(\frac{m_1m_2}{m_0kT}\right)^{\frac{3}{2}}\times\int_0^\infty\exp(-m_0M_1M_2g^2/2kT)g^3dg.$$

此表达式中的积分元素

$$n_1n_2\sigma_{12}^2(2\pi)^{\frac{1}{2}}\left(\frac{m_1m_2}{m_0kT}\right)^{\frac{3}{2}}\times\exp(-m_0M_1M_2g^2/2kT)g^3dg \tag{5.3, 1}$$

代表着这样一类碰撞的次数，即它们的相对速度 g 都位于范围 dg 内。因此 g 值超过某个指定值 g_0 的碰撞次数为

$$n_1n_2\sigma_{12}^2(2\pi)^{\frac{1}{2}}\left(\frac{m_1m_2}{m_0kT}\right)^{\frac{3}{2}}$$

$$\times\int_{g_0}^{\infty}\exp(-m_0M_1M_2g^2/2kT)g^3dg.$$

如果我们令 $x\equiv g\sqrt{(m_0M_1M_2/2kT)}$，$x_0\equiv g_0\sqrt{(m_0M_1M_2/2kT)}$，那么上述积分就化简为

$$4n_1n_2\sigma_{12}^2\left(\frac{2\pi m_0kT}{m_1m_2}\right)^{\frac{1}{2}}\int_{x_0}^{\infty}e^{-x^2}x^3dx,$$

即

$$2n_1n_2\sigma_{12}^2\left(\frac{2\pi m_0kT}{m_1m_2}\right)^{\frac{1}{2}}e^{-x_0^2}(x_0^2+1). \qquad (5.3,2)$$

在气体反应的活化理论中，有时要假定两个异类分子之间的化学反应是在它们碰撞时发生的。但这发生在这样一部分分子中，这些分子的相对动能(相对于两个分子质心的动能)超过了某个临界值 E_0。这里所指的相对动能即是 $\frac{1}{2}m_0M_1M_2g^2$（参见式(3.41,8)）。所以，若令

$$E_0=\frac{1}{2}m_0M_1M_2g_0^2=kTx_0^2, \qquad (5.3,3)$$

则相对动能超过 E_0 的碰撞次数便可由式(5.3,2)给出。

我们还可以利用式(5.3, 1)求得相对速度 g 的任一函数 $\phi(g)$ 对所有碰撞的平均值。该平均值可记作 $\bar{\Phi}$，在这里

$$N_{12}\bar{\Phi}(g)=n_1n_2\sigma_{12}^2(2\pi)^{\frac{1}{2}}\left(\frac{m_1m_2}{m_0kT}\right)^{\frac{3}{2}}$$

$$\times\int_0^{\infty}\exp(-m_0M_1M_2g^2/2kT)g^3\phi dg. \qquad (5.3,4)$$

特别是当 $\phi(g)=\frac{1}{2}m_0M_1M_2g^2\equiv E'$ 时，即当 $\phi(g)$ 是一对碰撞分子相对于随着它们的质心一起运动的坐标系的初始动能或终末动能时，我们有

$$N_{12}\overline{E}' = n_1 n_2 \sigma_{12}^2 (2\pi)^{\frac{1}{2}} \left(\frac{m_1 m_2}{m_0 kT}\right)^{\frac{3}{2}}$$

$$\times \int_0^{\infty} \exp(-m_0 M_1 M_2 g^2/2kT)$$

$$\times \frac{1}{2} m_0 M_1 M_2 g^5 dg$$

$$= 4 n_1 n_2 \sigma_{12}^2 \left(\frac{2\pi m_0}{m_1 m_2}\right)^{\frac{1}{2}} (kT)^{\frac{3}{2}}.$$

式中 N_{12} 用式(5.2,4)代入，即得

$$\overline{E}' = \frac{1}{2} m_0 M_1 M_2 \overline{g^2} = 2kT. \qquad (5.3,5)$$

这个结果可以与另一结果对比一下，即：在气体是相对静止的坐标系中，这类碰撞分子的平均动能则是 $3kT$.

5.4. 碰撞频率和平均自由程与速率的关系

在时间间隔 dt 中，诸分子对 m_1, m_2（其 $\mathbf{c}_1$, $\mathbf{c}_2$, χ, ϵ 位于范围 $d\mathbf{c}_1$, $d\mathbf{c}_2$, $d\chi$, $d\epsilon$ 之内）之间发生的碰撞次数应为

$$dt \cdot \frac{1}{4} f_1 f_2 g \sigma_{12}^2 \sin\chi d\chi d\epsilon d\mathbf{c}_1 d\mathbf{c}_2.$$

如果对所有的 $\mathbf{c}_2$, χ, ϵ 值求积分，便可得到时间间隔 dt 中、$\mathbf{c}_1$ 位于 $d\mathbf{c}_1$ 内的这类碰撞的总次数．这个碰撞次数与 dt 成正比，还与指定速度范围内分子m_1的数目 $f_1(\mathbf{c}_1)d\mathbf{c}_1$ 成比例．正如下面所证实的，它与 $\mathbf{c}_1$ 的方向无关．因此这个碰撞次数可以记作

$$P_{12}(c_1) f_1 d\mathbf{c}_1 dt.$$

这时，函数 $P_{12}(c_1)$ 表示单位时间内速率为 c_1 的每个分子同第二类分子碰撞的平均次数，通常把它称作速率为 c_1 的分子 m_1 同分子 m_2 的碰撞频率.

将上述碰撞次数除以 $f_1 d\mathbf{c}_1 dt$，可得

$$P_{12}(c_1) = \frac{1}{4} \iiint f_2 g \sigma_{12}^2 \sin\chi d\chi d\epsilon d\mathbf{c}_2.$$

对 χ 和 ε 求积分很简单，χ 的积分限是 0 和 π，ε 的积分限是 0 和 2π，因此有

$$P_{12}(c_1) = \pi\sigma_{12}^2 \int f_2 g d\mathbf{c}_2. \tag{5.4,1}$$

让 $\mathbf{c}_2$ 用极坐标 c_2, θ, φ（其轴线为 $\mathbf{c}_1$）表示之，这时有

$$d\mathbf{c}_2 = c_2^2 \sin\theta dc_2 d\theta d\varphi,$$

而且

$$g^2 = c_1^2 + c_2^2 - 2c_1c_2\cos\theta. \tag{5.4,2}$$

于是，对 φ 在区限 0 和 2π 之间进行积分之后，即可得

$$P_{12}(c_1) = 2\pi^2\sigma_{12}^2 \iint f_2 g c_2^2 \sin\theta dc_2 d\theta. \tag{5.4,3}$$

将此式中的积分变量 θ 改为 g，于是根据式(5.4,2)有

$$gdg = c_1c_2\sin\theta d\theta,$$

而 g 的积分限为 $c_1 \sim c_2$ 和 $c_1 + c_2$[1]. 这样

$$\begin{aligned}\int g\sin\theta d\theta &= \frac{1}{c_1c_2}\int g^2 dg \\ &= \frac{1}{3c_1c_2}\{(c_1+c_2)^3 - (c_1 \sim c_2)^3\} \\ &= \frac{2}{3c_1}(3c_1^2 + c_2^2) \text{ 若 } c_1 > c_2,\end{aligned}$$

或

$$= \frac{2}{3c_2}(3c_2^2 + c_1^2) \text{ 若 } c_2 > c_1.$$

将此结果应用于式(5.4,3)并代入 f_2 的值，我们得到

$$\begin{aligned}P_{12}(c_1) = \frac{4}{3}\pi^{\frac{1}{2}} n_2\sigma_{12}^2\left(\frac{m_2}{2kT}\right)^{\frac{3}{2}} &\times \left\{\frac{1}{c_1}\int_0^{c_1}\exp(-m_2c_2^2/2kT)c_2^2(c_2^2+3c_1^2)dc_2\right. \\ &\left.+ \int_{c_1}^{\infty}\exp(-m_2c_2^2/2kT)c_2(3c_2^2+c_1^2)dc_2\right\}.\end{aligned}$$

---

1) 符号 $c_1 \sim c_2$ 表示:

$$\begin{cases} c_1 - c_2 & \text{若 } c_1 > c_2 \\ c_2 - c_1 & \text{若 } c_2 > c_1 \end{cases}$$ ——译者注.

其中第二个积分等于

$$\exp(-m_2c_1^2/2kT)\left(\frac{m_2c_1^2}{kT}+\frac{3}{2}\right)\left(\frac{2kT}{m_2}\right)^2;$$

而第一个积分在进行两次分部积分之后可简化为

$$-\exp(-m_2c_1^2/2kT)\left(\frac{2kT}{m_2}\right)^2\left(\frac{m_2c_1^2}{kT}+\frac{3}{4}\right)$$
$$+\frac{3}{4c_1}\left(\frac{2kT}{m_2}\right)^2\left(\frac{m_2c_1^2}{kT}+1\right)$$
$$\times\int_0^{c_1}\exp(-m_2c_2^2/2kT)dc_2.$$

因此

$$P_{12}(c_1)=n_2\sigma_{12}^2\left(\frac{2\pi kT}{m_2}\right)^{\frac{1}{2}}\Big\{\exp(-m_2c_1^2/2kT)$$
$$+\frac{1}{c_1}\left(\frac{m_2c_1^2}{kT}+1\right)$$
$$\times\int_0^{c_1}\exp(-m_2c_2^2/2kT)dc_2\Big\}.$$

现引入误差函数 Erf (x)[1]，其定义为

$$\mathrm{Erf}\,(x)=\int_0^x e^{-y^2}dy. \tag{5.4,4}$$

则可得到

$$P_{12}(c_1)=n_2\sigma_{12}^2\left(\frac{2\pi kT}{m_2}\right)^{\frac{1}{2}}\{e^{-x^2}+(2x+1/x)\,\mathrm{Erf}\,(x)\}, \tag{5.4,5}$$

其中

$$x=c_1\sqrt{(m_2/2\,kT)}. \tag{5.4,6}$$

至于该分子与同类分子碰撞的频率 $P_{11}(c_1)$，其表达式完全类似于式(5.4,5)．因此，这个分子的总碰撞频率为

$$P_1(c_1)=P_{11}(c_1)+P_{12}(c_1)+\cdots$$

由此，速率为 c_1 的分子的碰撞间隔 $\tau_1(c_1)$ 可按下式给出

1) 这是 E. T. Whittaker 和 G. N. Watson 所采用的符号，请参阅 *Modern Analysis*, 4th ed., footnote to p. 341.

$$1/\tau_1(c_1) = P_1(c_1) = P_{11}(c_1) + P_{12}(c_1) + \cdots \quad (5.4,7)$$

它们的平均自由程长度 $l_1(c_1)$ 就等于 $c_1\tau_1$. 特别是，当只有一种气体存在时，可得

$$l_1(c_1) = c_1/P_{11} = x^2/\pi^{\frac{1}{2}}n_1\sigma_1^2E(x), \quad (5.4,8)$$

其中 $E(x)$ 表示下述函数

$$E(x) = xe^{-x^2} + (2x^2+1)\,\mathrm{Erf}\,(x), \quad (5.4,9)$$

而在此情况下 x 为

$$x = c_1\sqrt{(m_1/2kT)}. \quad (5.4,10)$$

Tait[1] 已经列表给出 $E(x)$ 值. 利用他的表格，可以得到表 2，它给出比值 $l(c)/l$ 如下

表 2[2]

$c/\bar{c}$	x^2	$l(c)/l$
0	0	0
0.25	0.080	0.3445
0.5	0.318	0.6411
0.627	0.5	0.7647
0.886	1	0.9611
1.0	1.273	1.0257
1.253	2	1.1340
1.535	3	1.2127
1.772	4	1.2572
2	5.093	1.2878
3	11.459	1.3551
4	—	1.3803
5	—	1.3923
6	—	1.3989
∞	∞	1.4142

5.41. 自由程为指定长度时的几率

令 $p(l', c_1)$ 表示运动速率为 c_1 的分子所能走过的自由程至

1) P. G. Tait, *Trans. R., Soc. Edinb.* **33**, 74 (1886).

2) 此表取自 O. E. Meyer, *Kinetic Theory of Gases* (Longman, 1899), p. 429.

少等于某个指定值 l' 的几率．这样，当分子再继续行进一段距离 dl' 时，它可能经历一次碰撞的几率为

$$(dl'/c_1)P_1(c_1) = dl'/l_1(c_1).$$

所以，分子走过的自由程至少等于 $l' + dl'$ 的几率 $p(l' + dl', c_1)$ 将为

$$p(l', c_1)\{1 - dl'/l_1(c_1)\}.$$

于是 $$p(l', c_1)\{1 - dl'/l_1(c_1)\} = p(l', c_1) + dl' \frac{\partial p(l', c_1)}{\partial l'}.$$

由此可得 $$\frac{\partial \ln p(l', c_1)}{\partial l'} = -\frac{1}{l_1(c_1)}.$$

对上式进行积分并利用 $p(0, c_1) = 1$ 之后，我们便可得到

$$p(l', c_1) = e^{-l'/l_1(c_1)}. \tag{5.41,1}$$

由于碰撞频率随分子的速率而变化，因此具有任一速率的分子所走过的自由程至少等于l'的几率 $p(l')$ 并不等于 e^{-l'/l_1}. Jeans[1] 曾经利用求积方法发现：对于单组元气体来说，在 $p(l')$ 相当可观的 l' 范围内，$p(l')$ 和 $e^{-1.04l'/l}$（这是分子运动速率为 $(\sqrt{\pi})\bar{c}/2$ 时的相应几率）的差值决不会大于 1%.

显然，由式(5.41, 1)可知，只有极少部分的分子，其自由程比平均自由程大许多倍.

5.5. 碰撞后的速度残留现象

一个指定的分子在同另一个分子发生碰撞之后，按平均来讲，其速度将在分子原来运动的方向上仍保留着一个分量．这种现象就是所谓的碰撞后速度残留现象．其结果是一个分子沿着某个给定瞬时的速度方向上——这个给定瞬时就是在分子平均地损失掉该方向上的运动分量之前——所走过的平均距离将稍大于它的

---

1) J. H. Jeans, *Dynamical Theory of Gases* (4th ed.), p. 258 (1925).

Tait 平均自由程.

速率为 c_1 的分子 m_1 在同分子 m_2 碰撞时，其碰撞频率为 $P_{12}(c_1)$. 在这类碰撞中，有一组特定的碰撞，其中分子 m_2 的速度范围为 $\mathbf{c}_2$, $d\mathbf{c}_2$, 而 χ, ϵ 位于范围 $d\chi$, $d\epsilon$ 之中. 这组碰撞的频率应为

$$\frac{1}{4}f_2 g\sigma_{12}^2 \sin\chi d\chi d\epsilon d\mathbf{c}_2.$$

设 $\bar{\mathbf{c}}_1'(\mathbf{c}_1)$ 表示分子 m_1 在碰撞后的平均速度，它在碰撞前所具有的速度为 $\mathbf{c}_1$. 这样，对于所有同分子 m_2 的碰撞(即对所有可能的 $\mathbf{c}_2$, χ, ϵ 值)求平均，我们便可得到

$$\bar{\mathbf{c}}_1'(\mathbf{c}_1)=\frac{1}{4P_{12}}\iiint f_2\mathbf{c}_1' g\sigma_{12}^2\sin\chi d\chi d\epsilon d\mathbf{c}_2.$$

或者，还可以利用式(3.51,4)，此时有

$$\bar{\mathbf{c}}_1'(\mathbf{c}_1)=\frac{1}{4P_{12}}\iiint f_2\{\mathbf{c}_1+M_2(\mathbf{g}_{21}-\mathbf{g}_{21}')\}g\sigma_{12}^2\sin\chi d\chi d\epsilon d\mathbf{c}_2.$$

$\mathbf{g}_{21}'$ 和 $\mathbf{g}_{21}$ 平行、垂直的分量分别为 $g\cos\chi$, $g\sin\chi$. 当 ϵ 变化时，上面的第二个分量就围绕着 $\mathbf{g}_{21}$ 旋转；因此这个分量对 ϵ 的积分为零，于是

$$\bar{\mathbf{c}}_1'(\mathbf{c}_1)=\frac{\pi}{2P_{12}}\iint f_2\{\mathbf{c}_1+M_2\mathbf{g}_{21}(1-\cos\chi)\}g\sigma_{12}^2\sin\chi d\chi d\mathbf{c}_2.$$

对 χ 的积分是一个初等积分，其积分限为 0 和 π, 积分的结果如下

$$\begin{aligned}\bar{\mathbf{c}}_1'(\mathbf{c}_1)&=\frac{\pi}{P_{12}}\int f_2(\mathbf{c}_1+M_2\mathbf{g}_{21})g\sigma_{12}^2 d\mathbf{c}_2\\&=\frac{\pi}{P_{12}}\int f_2(M_1\mathbf{c}_1+M_2\mathbf{c}_2)g\sigma_{12}^2 d\mathbf{c}_2,\end{aligned}$$

如果利用式(5.4,1)则有

$$\bar{\mathbf{c}}_1'(\mathbf{c}_1)=M_1\mathbf{c}_1+\frac{M_2\pi\sigma_{12}^2}{P_{12}}\int f_2\mathbf{c}_2 g d\mathbf{c}_2.$$

采用5.4节中所用的方法，将 $\mathbf{c}_2$ 用极坐标 c_2, θ, φ (以 $\mathbf{c}_1$ 作为轴线)来表示，便可以算出这个积分值. 对所有的 φ 值积分，$\mathbf{c}_2$ 垂

直于 $\mathbf{c}_1$ 的分量则得零；由于它在 $\mathbf{c}_1$ 方向上的分量是 $c_2\cos\theta$，因此 $\mathbf{c}_1'$ 的平均值为 $\varpi_{12}(c_1)\mathbf{c}_1$，其中

$$\varpi_{12}(c_1) = M_1 + \frac{2M_2\pi^2\sigma_{12}^2}{P_{12}} \times \iint f_2 \frac{c_2}{c_1}\cos\theta g c_2^2 \sin\theta dc_2 d\theta,$$

$\varpi_{12}(c_1)$ 为分子碰撞后速度的平均值与碰撞前的速度（其值为 c_1）的比值，我们把这一比值称作速率为 c_1 的分子的残留比。

和 5.4 节一样，将积分变量从 θ 变为 g 后，即可得

$$\int g\cos\theta\sin\theta d\theta = \int_{c_1\sim c_2}^{c_1+c_2} g\frac{c_1^2+c_2^2-g^2}{2c_1c_2}\frac{gdg}{c_1c_2}$$

$$= \frac{2c_2}{15c_1^2}(c_2^2-5c_1^2) \text{ 若 } c_1 > c_2$$

$$= \frac{2c_1}{15c_2^2}(c_1^2-5c_2^2) \text{ 若 } c_2 > c_1.$$

$\varpi_{12}(c_1)$ 的表达式则相应地变为

$$\varpi_{12}(c_1) = M_1 + \frac{4M_2\pi^2\sigma_{12}^2}{15P_{12}} \times \left\{\int_0^{c_1} f_2\frac{c_2^4}{c_1^3}(c_2^2-5c_1^2)dc_2 + \int_{c_1}^{\infty} f_2 c_2(c_1^2-5c_2^2)dc_2\right\}. \quad (5.5,1)$$

括号中第二个积分用有限的几项便可求算出来，而第一个积分可以用误差函数 Erf(x)（式(5.4,4)）来表示．这样处理后便可求得 $\varpi_{12}(c_1)$ 的值为

$$\varpi_{12}(c_1) = M_1 + \frac{n_2M_2\sigma_{12}^2}{2P_{12}}\left(\frac{2\pi kT}{m_2}\right)^{\frac{1}{2}} \times \left\{-\frac{1}{x^2}e^{-x^2} + \frac{1-2x^2}{x^3}\mathrm{Erf}(x)\right\}, \quad (5.5,2)$$

其中 x 由式(5.4,6)给定．

式(5.5,2)给出的 $\varpi_{12}(c_1)$ 值，当 x 在 0 和∞之间变化时（即 c_1

的范围从 0 到∞时)，将在 $M_1 - M_2/3$ 和 M_1 之间变化．对于同类粒子之间的碰撞来说，$M_1 = M_2 = \frac{1}{2}$．因此 $\varpi_{12}(c_1)$ 就介于 1/3 和 1/2 之间．

5.51. 平均残留比

$\varpi_{12}(c_1)$ 对所有的 c_1 值求平均便得到平均值 ϖ_{12}，其表达式可推导如下．单位体积中，速率介于 c_1 和 $c_1 + dc_1$ 之间的分子 m_1 的数目为 $4\pi f_1 c_1^2 dc_1$，而单位时间内，这些分子同第二类气体分子的碰撞次数为 $4\pi f_1 c_1^2 dc_1 \cdot P_{12}$．因此，根据式(5.5,1)，单位时间内分子 m_1 和分子 m_2 之间的碰撞总次数即为 N_{12}，故 $\varpi_{12}(c_1)$ 对所有可能的碰撞求平均所得的平均值为

$$N_{12}\varpi_{12} = M_1 \int_0^\infty 4\pi f_1 c_1^2 P_{12} dc_1 + \frac{16 M_2 \pi^3 \sigma_{12}^2}{15}$$

$$\times \left\{ \int_0^\infty f_1 c_1^2 \left[\int_0^{c_1} f_2 \frac{c_2^4}{c_1^3} (c_2^2 - 5c_1^2) dc_2 + \int_{c_1}^\infty f_2 c_2 (c_1^2 - 5c_2^2) dc_2 \right] dc_1 \right\}.$$

或者，由于 $N_{12} = \int_0^\infty 4\pi f_1 c_1^2 P_{12} dc_1$，

可得平均值

$$\varpi_{12} = M_1 + \frac{16 M_2 \pi^3 \sigma_{12}^2}{15 N_{12}}$$

$$\times \left\{ \int_0^\infty f_1 c_1^2 \left[\int_0^{c_1} f_2 \frac{c_2^4}{c_1^3} (c_2^2 - 5c_1^2) dc_2 + \int_{c_1}^\infty f_2 c_2 (c_1^2 - 5c_2^2) dc_2 \right] dc_1 \right\},$$

若将已知的 f_1，f_2 和 N_{12}（参见式(5.2,4)）的表达式代入，则上式变为

$$\varpi_{12} = M_1 + \frac{8m_0^{\frac{7}{2}} M_1^2 M_2^3}{15\pi^{\frac{3}{2}}(2kT)^{\frac{7}{2}}}$$

$$\times \left\{\int_0^\infty \int_0^{c_1} \exp\{-(m_1c_1^2 + m_2c_2^2)/2kT\}\right.$$

$$\times \frac{c_2^4}{c_1}(c_2^2 - 5c_1^2)dc_2dc_1$$

$$+ \int_0^\infty \int_{c_1}^\infty \exp\{-(m_1c_1^2 + m_2c_2^2)/2kT\}$$

$$\left.\times c_1^2c_2(c_1^2 - 5c_2^2)dc_2dc_1\right\}.$$

在这里，若令 $c_2 = \theta c_1$，则有

$$\varpi_{12} = M_1 + \frac{8\, m_0^{\frac{7}{2}}\, M_1^2 M_2^3}{15\pi^{\frac{3}{2}}(2kT)^{\frac{7}{2}}}$$

$$\times \left\{\int_0^1 I(\theta)\theta^4(\theta^2 - 5)d\theta\right.$$

$$\left. + \int_1^\infty I(\theta)\theta(1 - 5\theta^2)d\theta\right\},$$

其中
$$I(\theta) = \int_0^\infty \exp\{-c_1^2(m_1 + m_2\theta^2)/2kT\}c_1^6dc_1$$

$$= \frac{15\sqrt{\pi}}{16}\left(\frac{2kT}{m_1 + m_2\theta^4}\right)^{\frac{7}{2}}.$$

因此

$$\varpi_{12} = M_1 + \frac{1}{2}M_1^2M_2^3\left\{\int_0^1 \frac{\theta^4(\theta^2 - 5)d\theta}{(M_1 + M_2\theta^2)^{\frac{7}{2}}}\right.$$

$$\left. + \int_1^\infty \frac{\theta(1 - 5\theta^3)d\theta}{(M_1 + M_2\theta^2)^{\frac{7}{2}}}\right\}.$$

将上式的积分算出，便可得到

$$\varpi_{12} = \frac{1}{2}M_1 + \frac{1}{2}M_1^2M_2^{-\frac{1}{2}}\ln[(M_2^{\frac{1}{2}} + 1)/M_1^{\frac{1}{2}}]. \quad (5.51,1)$$

当 m_1/m_2 由零增加到无穷大时，式(5.51,1)所给出的 ϖ_{12} 值由 0 增加到 1．对于同类分子的碰撞来说，由于 $M_1 = M_2 = \frac{1}{2}$，故 ϖ_{12} 值等于 $\frac{1}{4} + \frac{1}{4\sqrt{2}}\ln(1 + \sqrt{2})$（或者说等于 0.406)．对于

重分子同轻分子的碰撞来说，重分子的残留比接近于1，而轻分子的残留比则接近于零．这意味着：重分子几乎未受干扰，仍维持着其原来的路径；而轻分子被弹射后的方向却是和其原来的运动方向没有关系的．这些都是预料之中的。

第六章　输运现象的初等理论

6.1. 输 运 现 象

非均匀气体中的粘性、热传导和扩散现象代表着气体的宏观速度、温度和组分朝向均匀化的趋势．分子运动论认为，这些趋势是由于分子从这一点向另一点的运动所造成的．这个运动趋于将每个自由程两个端点处的状态均等起来，其方式是将出发点处的平均动量和平均能量(这都是出发点处的气体特征)输运到另一个端点去．因此我们可以把这种现象叫做输运现象，或自由程现象．

第四章中已证明，处于均匀稳恒状态的气体具有 Maxwell 速度分布函数．当气体稍微偏离均匀稳恒状态时，Maxwell 函数给出了实际速度分布的一级近似．这样，第五章的结果仍然是近似正确的．因此，对于直径为 σ 的弹性刚球分子所组成的气体，我们可以利用第五章的结果来求得其粘性系数、热传导系数和扩散系数的近似表达式．

6.2. 粘　　性

现在来研究一种单组元气体．它的温度和密度都是均匀分布的，但在平行于 Ox 轴的方向上运动着，其宏观速度 u_0 仅是 z 的函数．这样，气体便处于平行于 $z=0$ 的层流运动中，而且有

$$w_0=0,\ w=W.$$

现考察 x 向动量穿越平面 $z=0$ 上单位面积的输运率．单位时间内由负侧面(即 z 为负值)穿越此面积而到达正侧面的分子数目为

$$\int_+ wf d\boldsymbol{c}=\int_+ Wf d\boldsymbol{C},$$

此积分要遍及W取正值的所有 $\boldsymbol{C}$ 值. 类似地,由正侧面穿越到负侧面的分子数目为

$$\int_{-}(-w)f d\boldsymbol{c}=\int_{-}(-W)f d\boldsymbol{C},$$

此积分要遍及W取负值的所有 $\boldsymbol{C}$ 值. 由于气体在平行于 Oz 轴方向上没有宏观速度,所以上述这两个分子数应是相等的. 对于一级近似而言,其值为 $\frac{1}{4}n\overline{C}$, 这与均匀稳恒态气体的相同(参见式(4.11,5,6)).

由负侧面穿越到正侧面的分子, 其 x 向平均速度并不是对应于平面 $z=0$ 处的速度值 u_0, 而是对应于某个中间层 (这些分子的自由程由此层开始)的速度值;或者, 如果考虑到碰撞后有速度残留的话,它就是对应于稍微更远些的某一层的速度值. 亦就是说,这些穿越分子的 x 向平均速度是 $z=-\mathrm{u}l$ 层的速度,其中 l 是分子的平均自由程, u 是数量级为 1 的数字因子. 这些分子的 x 向总动量为

$$\frac{1}{4}n\overline{C}\cdot m(u_0)_{z=-\mathrm{u}l},$$

由于 l 通常远小于气体宏观属性的变化尺度, 因此上述总动量还可以写为

$$\frac{1}{4}\rho\overline{C}\left(u_0-\mathrm{u}l\frac{\partial u_0}{\partial z}\right);$$

此处, u_0 和 $\partial u_0/\partial z$ 的值均系指平面 $z=0$ 处的值.

与此类似,单位时间内由正侧面穿越到负侧面的分子,其 x 向平均速度就对应于 $z=+\mathrm{u}l$ 处的速度值,因而它们的 x 向总动量为

$$\frac{1}{4}\rho\overline{C}(u_0)_{z=\mathrm{u}l}=\frac{1}{4}\rho\overline{C}\left(u_0+\mathrm{u}l\frac{\partial u_0}{\partial z}\right),$$

上述表达式中的 u_0 和 $\partial u_0/\partial z$ 仍是指 $z=0$ 处的值. 这样,将 x 向动量经 $z=0$ 平面上的单位面积由负侧面输送到正侧面的净输运

率为

$$\frac{1}{4}\rho\bar{C}\left(u_0-\mathrm{u}l\frac{\partial u_0}{\partial z}\right)-\frac{1}{4}\rho\bar{C}\left(u_0+\mathrm{u}l\frac{\partial u_0}{\partial z}\right)$$

$$=-\frac{1}{2}\mathrm{u}\rho\bar{C}l\frac{\partial u_0}{\partial z}.$$

这个动量输运相当于 $z=0$ 负侧面的气体施于正侧面的气体的一个作用力，而且，单位面积上此作用力的大小就等于上述动量输运率，方向则平行于 Ox. 按照通常的粘性系数 μ 的定义，这个力为 $-\mu\partial u_0/\partial z$. 因此，根据式(4.11,2)和(5.21,4)，可得出

$$\mu=\frac{1}{2}\mathrm{u}\rho\bar{C}l=\frac{\mathrm{u}}{\pi^{\frac{3}{2}}}\frac{\sqrt{(kmT)}}{\sigma^2}. \qquad (6.2,1)$$

式中的 u 值可以根据本书后面将要介绍的精确方法求得（参见式(12.1,6)），其值等于 $0.1792\pi^{\frac{3}{2}}$ 或 0.998。

6.21. 低压下的粘性

气体的压强十分低时，平均自由程就可以与容器的尺度相比较. 这会使得气体的粘性显著地减小. 作为这种现象的一个典型例子，我们现在来探讨两个无限的平行壁面 $z=0$ 和 $z=d$ 之间的气体运动. 其中第一块壁面是静止的，另一块壁面则是以速率 q 平行于 Ox 而运动着. 我们还假定气体的运动完全是由于壁面的运动而引起的，这里根本没有外加的压强梯度. 设 q_1, q_2 表示分子恰好在撞击第二块壁面之前及离开之后的 x 向平均速度. 这样，气体在第二壁面处的 x 向平均速度便是 $\frac{1}{2}(q_1+q_2)$.

实验表明：撞击第二块运动壁面的某些分子会先进入壁面材料之中，然后在离开壁面时具有壁面的温度，而且其 x 向平均速度等于壁面的速度 q. 其余的分子则被壁面弹性地反弹回来. 进入壁面的分子所占的比例 θ 取决于壁面及气体的性质，还取决于壁面的表面状况. 分子离开壁面时其 x 向平均速度是 q_1（弹性地反弹回来的分子的速度）和 q_2（进入壁面的分子的速度）遵循比例

$1-\theta$ 和 θ 的加权平均;这就是说

$$q_2=(1-\theta)q_1+\theta q. \tag{6.21,1}$$

如同 6.2 节中那样,这里的 q_1 值等于距离壁面为 ul 处的气体的宏观速度. 它与壁面处的速度相差 u$l(\partial u_0/\partial z)$, 其中 $\partial u_0/\partial z$ 表示气体宏观速度的梯度(为常数). 因此

$$q_1=\frac{1}{2}(q_1+q_2)-\mathrm{u}l\frac{\partial u_0}{\partial z}. \tag{6.21,2}$$

合并式(6.21,1)和式(6.21,2),可得

$$\frac{1}{2}(q_1+q_2)=q-\frac{2-\theta}{\theta}\mathrm{u}l\frac{\partial u_0}{\partial z}.$$

因而,壁面附近的气体是沿着壁面滑移的,其滑移速率为

$$\frac{2-\theta}{\theta}\mathrm{u}l\frac{\partial u_0}{\partial z}. \tag{6.21,3}$$

在另一壁面处也有类似的滑移速率. 因此两个壁面附近处的气体平均速度之差为

$$q-2\cdot\frac{2-\theta}{\theta}\mathrm{u}l\frac{\partial u_0}{\partial z},$$

由于这个差值应等于 $(\partial u_0/\partial z)d$, 所以

$$\frac{\partial u_0}{\partial z}=q\Big/\left(d+2\mathrm{u}l\frac{2-\theta}{\theta}\right).$$

气体在单位面积上所传递的粘性应力为 $\mu\partial u_0/\partial z$. 当壁面处不存在滑移时,此粘性应力应当等于 $\mu q/d$, 如果将它记作为 $\mu' q/d$, 则有

$$\mu'=\mu d\Big/\left(d+2\mathrm{u}l\frac{2-\theta}{\theta}\right). \tag{6.21,4}$$

壁面处的滑移效应将使得气体的表观粘性系数 μ' 小于实际的粘性系数 μ. 在常压下,这种粘性系数的降低是甚小的. 但是当压强很低,以致 l 与 d 可以相比较时,此降低量就十分可观的了.

上述讨论当 l 超过 d 时就不再适用. 因为分子可以直接从一个壁面跑到另一个壁面, 这时动量的输运就不再是一种自由程现

象了，实验表明，在此情况下 μ' 随同压强的下降而下降到零[1]。

6.3. 热 传 导

热传导的初等理论和上述粘性的相类似．我们现在来研究静止的单组元气体，其温度 T 是 z 的函数，要求给出通过平面 $z=0$ 上单位面积的热通量率．

设 E 表示一个分子的总热能．分子在指定点处的平均热能 $\bar{E}$ 是 T 的函数，因而也就是 z 的函数．另外，由 2.43 节可知，气体的比热 c_v 由下式给定

$$c_v = \frac{d}{dT}\left(\frac{\bar{E}}{m}\right). \tag{6.3,1}$$

由 6.2 节可知，单位时间内由平面 $z=0$ 的负侧面穿越单位面积而到达其正侧面的分子数目是 $\frac{1}{4}n\bar{C}$．每一个分子随身所携带的平均热能不是平面 $z=0$ 处的 $\bar{E}$ 值，而是平面 $z=-u'l$ 处的 $\bar{E}$ 值．其中 l 为自由程长度，而 u' 为另一个数字常数，它类似于 u（参阅 6.2 节），数量级也为 1．因此，这些分子穿越 $z=0$ 时所携带的总热能为

$$\frac{1}{4}n\bar{C}(\bar{E})_{z=-u'l} = \frac{1}{4}n\bar{C}\left(\bar{E} - u'l\frac{\partial\bar{E}}{\partial z}\right).$$

在上面的表达式中，$\bar{E}$ 和 $\partial\bar{E}/\partial z$ 都是指 $z=0$ 处的值．同理，分子从平面 $z=0$ 的正侧面穿越单位面积而到达其负侧面时所携带的总热能为

$$\frac{1}{4}n\bar{C}(\bar{E})_{z=u'l} = \frac{1}{4}n\bar{C}\left(\bar{E} + u'l\frac{\partial\bar{E}}{\partial z}\right),$$

其中 $\bar{E}$ 和 $\partial\bar{E}/\partial z$ 仍是指 $z=0$ 处的值．这样，根据式(6.3,1)，可以得到由平面 $z=0$ 的负侧面穿越单位面积到达正侧面的热能净

---

1) 参阅W. Crookes, *Phil. Trans.* **172**, 387 (1882).
还可参阅 M. H. C. Knudsen, *Kinetic Theory of Gases* (Methuen, 1946).

通量率为

$$\frac{1}{4}n\bar{C}\left(\bar{E}-\mathrm{u}'l\frac{\partial\bar{E}}{\partial z}\right)-\frac{1}{4}n\bar{C}\left(\bar{E}+\mathrm{u}'l\frac{\partial\bar{E}}{\partial z}\right)$$

$$=-\frac{1}{2}n\bar{C}\mathrm{u}'l\frac{\partial\bar{E}}{\partial z}$$

$$=-\frac{1}{2}mn\bar{C}\mathrm{u}'lc_v\frac{\partial T}{\partial z}.$$

在热传导理论中，将此通量率记作 $-\lambda\partial T/\partial z$，其中 λ 是物质的热传导系数．根据这个定义可得

$$\lambda=\frac{1}{2}\rho\mathrm{u}'l\bar{C}c_v, \tag{6.3,2}$$

再根据式(6.2,1)，可由上式得到

$$\lambda=\mathrm{f}\mu c_v, \tag{6.3,3}$$

其中 f 为新的数字常数，等于 u′/u.

由于分子的能量与其速度有着一定的关联，因此本节中的常数u′并不等于 6.2 节中的常数 u．一般说来，分子所具有的能量越大，它就运动得越迅速，因而所具有的自由程也越长．这样，u′一般是大于 u 的，因而 f 大于 1．对于分子内能的输运来说，尽管分子内能与分子速度的关联很微弱，但是人们预料仍然可以找到一个类似于式(6.3,3)的关系式，其中 f 约略地等于 1．但在此时，符号 λ 和 c_v 都是指有关分子内能的热传导系数和比热．一般地说，分子内能对分子平动能的比值越大，f 值就越小．

在本节的公式中，无论热能是采用热学单位或是采用力学单位，都是无关紧要的．由一种单位制变到另一种单位制时，其效果是使 E，c_v 和 λ 都乘以同一个因子．

6.31. 壁面处的温度跃变

正如在运动壁面附近的气体的平均速度与壁面的速度是不同的那样，热物体的与导热气体的温度之间也有着差异．与式(6.21,3)进行类比，可知这个温度差应等于

$$\frac{2-\theta}{\theta}\mathrm{u}'l\frac{\partial T}{\partial z}, \tag{6.31,1}$$

其中 $\partial T/\partial z$ 表示物体附近处的温度梯度.

有一种测定气体热传导系数的方法就是测出从一根微小直径的热丝被气体带走的热量. 在这类试验中, 表面处的温度突降通常是十分重要的.

6.4. 扩　　散

现研究二组元混合气体,其温度和压强是均匀的,但组分随着 z 而变化. 如果 n_1, n_2 是两种气体的数密度,这时由于压强是均匀的,所以有

$$0=\frac{\partial p}{\partial z}=kT\frac{\partial(n_1+n_2)}{\partial z},$$

由此可得

$$\frac{\partial n_1}{\partial z}=-\frac{\partial n_2}{\partial z}. \tag{6.4,1}$$

这里,我们假定了, 混合气体中发生扩散时, 压强仍然维持均匀. 这非常接近于实际的情况.

在单位时间内,分子 m_1 从平面 $z=0$ 的负侧面穿越过单位面积到达正侧面的分子数目是 $\frac{1}{4}n_1\bar{C}_1$. 和前面一样,此表达式中的 n_1 不是指平面 $z=0$ 处的值,而是指 $z=-\mathrm{u}_1l_1$ 处的值,这是因为气体是非均匀的. 由于两个 m_1 分子之间的碰撞对平均扩散速度 $\bar{w}_1$ 没有直接的影响,所以 l_1 应当取作分子 m_1 与分子 m_2 连续两次碰撞之间的平均自由程. u_1 是量级为 1 的数. 因此所求的分子数为

$$\frac{1}{4}\bar{C}_1(n_1)_{z=-\mathrm{u}_1l_1}=\frac{1}{4}\bar{C}_1\left(n_1-\mathrm{u}_1l_1\frac{\partial n_1}{\partial z}\right).$$

与此类似,分子 m_1 在每单位时间内沿着相反的方向穿越 $z=0$ 上

单位面积的分子数目是

$$\frac{1}{4}\bar{C}_1(n_1)_{z=u_1l_1}=\frac{1}{4}\bar{C}_1\left(n_1+u_1l_1\frac{\partial n_1}{\partial z}\right).$$

这样，分子 m_1 在单位时间内由平面 $z=0$ 的负侧面穿越单位面积到正侧面的净分子数通量为

$$\frac{1}{4}\bar{C}_1\left(n_1-u_1l_1\frac{\partial n_1}{\partial z}\right)-\frac{1}{4}\bar{C}_1\left(n_1+u_1l_1\frac{\partial n_1}{\partial z}\right)$$

$$=-\frac{1}{2}u_1l_1\bar{C}_1\frac{\partial n_1}{\partial z}.$$

同样，根据式(6.4,1)可知：分子 m_2 在单位时间内沿着相反的方向穿越过平面 $z=0$ 上单位面积的净分子数通量为

$$-\frac{1}{2}u_2l_2\bar{C}_2\frac{\partial n_1}{\partial z},$$

其中 l_2 是分子 m_2 在同分子 m_1 连续两次碰撞之间的平均自由程，而 u_2 是另外一个量级为 1 的数．分子 m_2 的分子数通量与分子 m_1 的分子数通量并不平衡抵消．但是为了确保压强维持均匀，这两种分子的合通量必须为零．因此人们必须假定，气体中一出现压强差，其后果首先就是立即造成气体的质量流动，其速度为

$$\frac{1}{n_1+n_2}\left(\frac{1}{2}u_1l_1\bar{C}_1-\frac{1}{2}u_2l_2\bar{C}_2\right)\frac{\partial n_1}{\partial z},$$

它恰好足以抵消上述合通量．考虑到了这个质量流动，分子 m_1 的分子数通量就变为

$$-\frac{\frac{1}{2}n_2u_1l_1\bar{C}_1+\frac{1}{2}n_1u_2l_2\bar{C}_2}{n_1+n_2}\frac{\partial n_1}{\partial z};$$

而分子 m_2 的分子数通量则是大小相等，方向相反．我们把这两个通量分别记作 $-D_{12}\partial n_1/\partial z$ 和 $-D_{12}\partial n_2/\partial z$，其中 D_{12} 通常称作混合气体中两个组元的互扩散系数．这样就有

$$D_{12}=\frac{\frac{1}{2}(n_2u_1l_1\bar{C}_1+n_1u_2l_2\bar{C}_2)}{n_1+n_2}. \qquad (6.4,2)$$

在式(6.4,2)中，l_1 和 l_2 分别反比于 n_2 和 n_1. 因此式(6.4,2)意味着 D_{12} 反比于全压强，但是粘性系数和热传导系数却都是和压强无关的. 这一结果与精确理论相符合. 但精确理论表明，D_{12} 还随着混合气体中两种气体的比例不同而稍有变化（参阅 14.3 节）. 这样就必须假定 u_1, u_2 亦对组分的比例有微弱的依赖关系.

如果混合气体中的两种气体是一样的，那么上述过程就是气体中某些选定的分子相对于其余分子的扩散. 在这种场合下，D_{12} 便要用 D_{11} 代替，D_{11} 可以称作气体的自扩散系数. 由于此时 $n_2l_1 = n_1l_2 = (n_1 + n_2)l$（其中 l 为计及了所有的碰撞时的自由程），所以我们可以得出

$$D_{11} = \frac{1}{2} u_{11} l \bar{C}. \tag{6.4,3}$$

这样，根据式(6.2,1)可得

$$D_{11} = u'_{11}\mu/\rho, \tag{6.4,4}$$

其中 u'_{11} 表示一个新的数值常数，其数量级为 1.

在混合气体中，扩散也可能因温度梯度而产生. 如果我们仅仅采用本章这种简单的自由程概念，则无法给出确实令人满意的简单理论来说明这种"热扩散". 原因在于热扩散是一种相互作用现象：温度梯度直接造成了热流，而这个热流又借助于碰撞的作用转而造成了热扩散. 对于相反的效应(即"扩散热效应")，也可以采用类似的说明. 在这种效应中，人们发现，在起初是处于均匀温度下的混合气体中，因组分不均匀所引起的扩散还伴随有热流发生.

6.5. 自由程理论的缺陷

以上所导出的自由程公式都与未知数据 u, u′, u_1, u_2, f, u_{11}, u'_{11} 有关. 人们常采用一些初等的论证方法来推导这些数据的粗略数值. 但是盲目地信赖这些自由程公式将导致严重的问题，特

别是在扩散理论方面[1].

假若我们能逐个地把下述这些因素考虑进去的话，如：不同分子具有不同的自由程长度、碰撞后有速度残留发生等，那么，就可能更好地估算出上述数据. Meyer 和其它一些人就采纳过这种方法[2]. 但是这种处理方法所导出的结果还是不太精确的(即使采用最精炼的形式)，而且其确切的误差值还必须用其它的方法求得. 此外，自由程方法只能应用于刚球分子. 对于本章随后即将介绍的其它一些近似理论，也有类似的缺陷. 为了得到可靠的结果，最好的办法是象本书后面几章那样去求算速度分布函数.

6.6. 碰撞间隔理论

另外还有一种颇为不同的近似理论，它不是依据于自由程概念，而是依据于碰撞间隔 τ 这一概念[3]. 现在来研究一种不承受外力的单组元气体. 由第四章可知，碰撞将会使速度分布函数 f 趋近于同当地的 n，$\boldsymbol{c}_0$ 和 T 值相对应的 Maxwell 函数 $f^{(0)}$. 碰撞间隔理论假定：在时间间隔 dt 内，在给定的微小体积中，只有占 dt/τ 这一部分的分子遭遇到碰撞，而这些碰撞将使分子的速度分布函数由 f 变为 $f^{(0)}$. 这就是碰撞间隔理论的基本近似. 它等价于假定：由于碰撞而造成的 f 的变化率 $\partial_e f/\partial t$ 为 $-(f-f^{(0)})/\tau$，这样 Boltzmann 方程就变成

$$\frac{\partial f}{\partial t}+\boldsymbol{c}\cdot\frac{\partial f}{\partial \boldsymbol{r}}=-\frac{f-f^{(0)}}{\tau}. \tag{6.6,1}$$

---

1) 参阅 S. Chapman, 'On approximate theories of diffusion phenomena', *Phil. Mag.* **5**, 630 (1928).

2) 请参阅 O. F. Meyer, *Kinetic Theory of Gases*, 或 J. H. Jeans, *Dynamical Theory of Gases*, chapters 11—13.

3) 这类理论在电离气体理论中已经应用了多年，它们通过下列三人的工作而广泛地流传：P. L. Bhatragar, E. P. Gross and M. Krook, *Phys. Rev.* **94**, 511 (1954).

鉴于 τ 是非常小的，因此上述方程意味着：如果气体的状态随时间的变化并不很快的话，那么 $f-f^{(0)}$ 必定很小. 在方程（6.6,1）的左侧中，用 $f^{(0)}$ 代替 f 后，可得[1)]

$$f=f^{(0)}-\tau\frac{\partial f^{(0)}}{\partial t}-\mathbf{c}\tau\cdot\frac{\partial f^{(0)}}{\partial \mathbf{r}}. \tag{6.6,2}$$

当气体的密度和温度都是均匀的，而且它以宏观速度 u_0（它仅是 z 的函数）平行于 Ox 轴流动时，方程(6.6,2)就变为

$$f=f^{(0)}-w\tau\frac{\partial u_0}{\partial z}\frac{\partial f^{(0)}}{\partial u_0}. \tag{6.6,3}$$

此外，穿越过平面 $z=$ 常数上的 x 向粘性应力为

$$p_{xz}=\int m(u-u_0)wf d\mathbf{c}. \tag{6.6,4}$$

现用方程 (6.6,3) 代替上式中的 f; 由于这时 $f^{(0)}$ 是 $u-u_0$ 的偶函数，式(6.6,4)就可简化为 $p_{xz}=-\mu\partial u_0/\partial z$，其中

$$\begin{aligned}\mu&=\tau\int m(u-u_0)w^2\frac{\partial f^{(0)}}{\partial u_0}d\mathbf{c}\\&=\frac{\partial}{\partial u_0}\left\{\tau\int m(u-u_0)w^2f^{(0)}d\mathbf{c}\right\}\\&\quad+\tau\int mw^2f^{(0)}d\mathbf{c}.\end{aligned}$$

上式括号中的被积函数是 $u-u_0$ 的奇函数，故其积分值为零. 根据式(1.42,1)和 2.32 节，上式中第二个积分等于 p. 因此粘性系数 μ 由下式给出

$$\mu=p\tau. \tag{6.6,5}$$

类似地，对于静止的气体，如果其压强均匀而温度是 z 的函数，

---

1) 方程(6.6,1)的精确解是

$$f=\int_0^\infty e^{-t'/\tau}f^{(0)}(\mathbf{c},\mathbf{r}-\mathbf{c}t',t-t')\tau^{-1}dt';$$

这个解也可以直接导出，其方法是：将范围 $\mathbf{c}$, $d\mathbf{c}$ 内的分子按照时间 $t-t'$ 来进行分类，每类分子都是在时刻 t 到达体积 $\mathbf{r}$, $d\mathbf{r}$，但是使它们进入这个体积内的自由程却是在不同的时刻 $t-t'$ 开始的. 将上述积分中的 $f^{(0)}$ 按照 t' 的幂次展开并略去 t'^2 以及更高阶的幂次项，便可以得出方程(6.6,2).

则方程(6.6,2)变为，

$$f = f^{(0)} - w\tau \frac{\partial T}{\partial z}\frac{\partial f^{(0)}}{\partial T}. \tag{6.6,6}$$

如若分子不具有内能，那么在 z 方向的相应热流 $-\lambda\partial T/\partial z$ 是 $\int \frac{1}{2} mc^2 wf dc$. 根据式(1.42,1)和式(1.4,2)计算出此积分后，即可以求得热传导系数 λ 为

$$\lambda = \tau \frac{\partial}{\partial T}\int \frac{1}{2} mc^2 w^2 f^{(0)} dc = \tau \frac{\partial}{\partial T}\left(\frac{5}{2}\frac{pkT}{m}\right)$$

$$= \frac{5}{3} p\tau c_v, \tag{6.6,7}$$

这是因为在气体中 p 是不变的，而且 $c_v = 3k/2m$.

6.61. 弛豫时间

6.6 节所采用的碰撞间隔 τ 并没有考虑到碰撞后的速度残留，或者，没有考虑到碰撞频率随着分子速率的变化. 因此必须将它看作是一种理想化的碰撞间隔，可以预料它与第五章中的碰撞间隔将相差一个数值因子（类似于 6.2 节和 6.3 节中的数 u，u′）. 例如，为了使式(6.6,5)和式(6.2,1)相一致，我们必须取

$$\tau = 3\mathrm{u}l\bar{C}/2\overline{C^2} = 4\mathrm{u}l/\pi\bar{C},$$

而第五章中的 τ 则为 $l/\bar{C}$.

为了说明这个 τ 的意义，现在来研究具有非 Maxwell 速度分布的均匀气体. 对于这类气体，方程(6.6,1)变为

$$\frac{\partial f}{\partial t} = -\frac{f - f^{(0)}}{\tau}, \tag{6.61,1}$$

因而 $f - f^{(0)}$ 按照指数 $e^{-t/\tau}$ 的方式衰减. 所以 τ 就是对 Maxwell 状态的扰动减小到其初始值的 $1/e$ 所经历的时间. 它可称为扰动的弛豫时间.

精确理论表明：形式如式(6.61,1)的方程仅当 $f - f^{(0)}$ 很小时才成立，而且仅仅是对于一组特定的"本征函数" $f - f^{(0)}$ 才成立. 在这里，当本征函数由这一个变为另一个时，弛豫时间是不同

的(参阅 10.321 节). 如果 $f_{(1)}$, $f_{(2)}$, $\cdots$ 是逐级的本征函数，而 $\tau_1, \tau_2, \cdots$是相应的弛豫时间，那么 f 对于 $f^{(0)}$ 的任一微小偏离均可以表示为级数

$$f - f^{(0)} = \sum_m A_m f_{(m)};$$

与此相应有

$$\frac{\partial f}{\partial t} = -\sum_m \frac{A_m f_{(m)}}{\tau_m}. \qquad (6.61,2)$$

方程(6.61,1)可以认为是方程(6.61,2)的近似式,而方程 (6.61,1)中的 τ 代表 $\tau_1, \tau_2, \cdots$ 的平均值,后面这些 τ 当函数 $f - f^0$ 由这一个变到另一个时是改变的. 特别是在方程(6.6,5)和(6.6,7)中,可以预料其中的 τ 代表着两个性质不同的平均弛豫时间. 它们并不相等,但是数量级相似,分别表征粘性和热传导[1].

6.62. 弛豫和扩散

利用弛豫时间可以给出扩散的近似理论，这时无需显式地确定出速度分布函数. 假定二组元混合气体中发生的扩散将使得两种气体之间产生一个作用力,它正比于相对速度 $\bar{\boldsymbol{c}}_1 - \bar{\boldsymbol{c}}_2$, 并且趋于消除这个速度. 设 τ_{12} 是使得作用在这两种气体上的上述作用力(单位体积内的)等于 $\pm(\rho_1\rho_2/\rho\tau_{12})(\bar{\boldsymbol{c}}_1 - \bar{\boldsymbol{c}}_2)$ 的时间. 这时，假若造成扩散的因素突然不起作用了，那么这两种气体应当承受加速,其加速度应为

$$-\rho_2(\bar{\boldsymbol{c}}_1 - \bar{\boldsymbol{c}}_2)/\rho\tau_{12}, \quad \rho_1(\bar{\boldsymbol{c}}_1 - \bar{\boldsymbol{c}}_2)/\rho\tau_{12}.$$

而它们的相对加速度应该是 $-(\bar{\boldsymbol{c}}_1 - \bar{\boldsymbol{c}}_2)/\tau_{12}$. 所以，扩散速度 $\bar{\boldsymbol{c}}_1 - \bar{\boldsymbol{c}}_2$ 应当以指数 $e^{-t/\tau_{12}}$ 的方式消失. 这就是说 τ_{12} 是扩散的弛豫时间.

在稳恒的扩散中,假定两种扩散气体是各自独立地运动着,每一种气体既承受着自己的分压强 $p_s = n_s kT$, 同时还承受着另一

1) 若要更详细讨论弛豫时间和输运现象的关系,请参阅 E. P. Gross and E. A. Jackson, *Phys. Fluids*, **2**, 432 (1959).

种气体所施加的阻力 $\pm(\rho_1\rho_2/\rho\tau_{12})(\bar{\boldsymbol{c}}_1-\bar{\boldsymbol{c}}_2)$. 由于两种气体并未被加速，所以有

$$-\nabla p_1=\rho_1\rho_2(\bar{\boldsymbol{c}}_1-\bar{\boldsymbol{c}}_2)/\rho\tau_{12}=\nabla p_2, \tag{6.62, 1}$$

其中 $\nabla\equiv\partial/\partial\boldsymbol{r}$ (参见 1.2 节). 在恒温扩散的情况下，上式给出

$$\bar{\boldsymbol{c}}_1-\bar{\boldsymbol{c}}_2=-\rho kT\tau_{12}(\nabla n_1)/\rho_1\rho_2. \tag{6.62,2}$$

对于这种情况，还可以根据 6.4 节得到

$$n_1\bar{\boldsymbol{c}}_1=-D_{12}\nabla n_1=-n_2\bar{\boldsymbol{c}}_2.$$

如果

$$D_{12}=\rho\tau_{12}kT/nm_1m_2, \tag{6.62,3}$$

那么上述方程就是自洽的. 而且只要式 (6.62,3) 能被满足，弛豫理论的结果就与自由程理论的一致. 利用 D_{12}, 则单位体积内两种气体相互施加的阻力即为

$$\pm p_1p_2(\bar{\boldsymbol{c}}_1-\bar{\boldsymbol{c}}_2)/pD_{12}. \tag{6.62,4}$$

我们还可以把 τ_{12} 和碰撞过程联系起来，这时只需假定：单位体积和单位时间内，异类分子之间有 N_{12} 次碰撞，而这些碰撞将使得相碰分子的平均速度 $\bar{\boldsymbol{c}}_1$ 和 $\bar{\boldsymbol{c}}_2$ 减小为共同的平均速度 $\boldsymbol{c}'$. 根据动量守恒定理，得

$$m_1\bar{\boldsymbol{c}}_1+m_2\bar{\boldsymbol{c}}_2=(m_1+m_2)\boldsymbol{c}'; \tag{6.62,5}$$

因此一个分子 m_1 在一次碰撞中的平均动量变化为 $m_1(\boldsymbol{c}'-\bar{\boldsymbol{c}}_1)$ (或 $-m_1m_2(\bar{\boldsymbol{c}}_1-\bar{\boldsymbol{c}}_2)/(m_1+m_2)$). 作用于第一种气体上的阻力 $-\rho_1\rho_2(\bar{\boldsymbol{c}}_1-\bar{\boldsymbol{c}}_2)/\rho\tau_{12}$ 就等于这个平均动量变化乘以 N_{12}, 于是

$$\tau_{12}=n_1n_2(m_1+m_2)/\rho N_{12}=(\rho_2n_1+\rho_1n_2)/\rho N_{12}. \tag{6.62,6}$$

所以 τ_{12} 是分子 m_1 和分子 m_2 在相互碰撞中的碰撞间隔 n_1/N_{12}, n_2/N_{12} 的加权平均，权重因子为 ρ_2, ρ_1. 如果 m_2/m_1 和 ρ_2/ρ_1 都很小，那么 τ_{12} 就接近于 n_2/N_{12}, (即分子 m_2 的碰撞间隔)。

根据式(6.62,3,6)可得

$$D_{12}=\frac{(m_1+m_2)p_1p_2}{m_1m_2pN_{12}}. \tag{6.62,7}$$

由于 $N_{12}\propto n_1n_2$, 故此式表明：在给定的温度下，D_{12} 反比于全压强，但与混合气体的组成比例无关。如同 6.4 节所提到的那样，精确理

论将表明：D_{12} 对于混合气体的组成比例有微小的依赖性．结果是使弛豫方法不再适用．此外，弛豫理论和简单的自由程理论一样，无法解释热扩散现象．但是，鉴于其简明性，在一些较为复杂的问题中（尤其是与电离气体有关的问题中）亦时常采用弛豫时间方法．

作为一个例子，现在来研究运动着的二组元混合气体．每种组元气体除了承受阻力（由式(6.62,4)给定）和它们的分压强外，每个分子还承受着外加的作用力 $m_s\boldsymbol{F}_s$．这二种气体的速度之所以不同，只是由于存在微小的扩散速度之故，因此每种气体的加速度，作为一级近似而言，就等于整个质团的加速度 $D\boldsymbol{c}_0/Dt$．这样，两种气体的运动方程就是

$$\rho_1\frac{D\boldsymbol{c}_0}{Dt}=\rho_1\boldsymbol{F}_1-\nabla p_1-\frac{\rho_1\rho_2}{\rho\tau_{12}}(\bar{\boldsymbol{c}}_1-\bar{\boldsymbol{c}}_2),\qquad(6.62,8)$$

$$\rho_2\frac{D\boldsymbol{c}_0}{Dt}=\rho_2\boldsymbol{F}_2-\nabla p_2+\frac{\rho_1\rho_2}{\rho\tau_{12}}(\bar{\boldsymbol{c}}_1-\bar{\boldsymbol{c}}_2).\qquad(6.62,9)$$

将上两个方程相加，我们便得到整个气体的近似运动方程

$$\rho\frac{D\boldsymbol{c}_0}{Dt}=\rho_1\boldsymbol{F}_1+\rho_2\boldsymbol{F}_2-\nabla p.$$

另一方面，若消去 $D\boldsymbol{c}_0/Dt$ 便可得到

$$\bar{\boldsymbol{c}}_1-\bar{\boldsymbol{c}}_2=\tau_{12}\{\boldsymbol{F}_1-\rho_1^{-1}\nabla p_1-(\boldsymbol{F}_2-\rho_2^{-1}\nabla p_2)\}.\qquad(6.62,10)$$

这就是普遍的扩散方程．它意味着：只要作用在这两种气体上的力 $\rho_s\boldsymbol{F}_s-\nabla p_s$ 所产生的加速度不相等，那么相对扩散就会发生；而且相对扩散速度就等于 τ_{12} 乘以上述两个加速度的差．

扩散方程还可以从两种气体的 Boltzmann 方程推导出来，后一方程的近似形式可写为

$$\frac{\partial f_1}{\partial t}+\boldsymbol{c}_1\cdot\frac{\partial f_1}{\partial \boldsymbol{r}}+\boldsymbol{F}_1\cdot\frac{\partial f_1}{\partial \boldsymbol{c}_1}=-\frac{f_1-f_1^{(0)}}{\tau_1},\qquad(6.62,11)$$

$$\frac{\partial f_2}{\partial t}+\boldsymbol{c}_2\cdot\frac{\partial f_2}{\partial \boldsymbol{r}}+\boldsymbol{F}_2\cdot\frac{\partial f_2}{\partial \boldsymbol{c}_2}=-\frac{f_2-f_2^{(0)}}{\tau_2},\qquad(6.62,12)$$

其中 $\tau_1=n_1/N_{12}$，$\tau_2=n_2/N_{12}$，而 $f_1^{(0)}$，$f_2^{(0)}$ 表示相对于平均速度 $\boldsymbol{c}'$（由式(6.62,5)给定）的 Maxwell 速度分布．如果是精确到 τ_1，τ_2

的一阶量，这样所给出的结果就与方程(6.62,8,9)一致．但是方程(6.62,11,12)的修正形式还可以在某些更一般的扩散问题中应用，对于后一类问题，简单的弛豫方法则不再适用了．[1]

6.63. 混合气体

下面我们将给出二组元或多组元混合气体的粘性系数近似理论．假定每一种气体有着各自的弛豫时间，第 s 种气体的弛豫时间为 τ_s，这里 τ_s^{-1} 是碰撞频率 $\sum_t N_{st}/n_s$．设 $N_{st}=\mu_{st}^{-1}n_s n_t kT$；于是

$$\tau_s^{-1}=kT\sum_t n_t\mu_{st}^{-1}. \qquad (6.63,1)$$

由于粘性是恒量分子运动输运动量的难易程度的一个度量，因而我们还可以假设整个气体的粘性系数是各种气体的贡献的和．按照式(6.6,5)进行计算，即得

$$\mu=\sum_s p_s\tau_s=\sum_s\frac{n_s}{\mu_{s1}^{-1}n_1+\mu_{s2}^{-1}n_2+\cdots}. \qquad (6.63,2)$$

如果假定：除了 n_s 不等于零以外，其它的 n 都为零，这样就可以把 μ_{ss} 看作是纯粹只有第 s 种气体时的粘性系数．类似地，我们可以把 μ_{st} 解释为第 s 种气体和第 t 种气体的"互粘性系数"．更精确地讲，可以把 $\mu_{st}^{-1}n_t$ 或 $N_{st}/n_s kT$ 解释为：鉴于分子 m_s 用分子 m_t 的碰撞妨碍了分子 m_s 所进行的动量输运，因此 $\mu_{st}^{-1}n_t$ 或 $N_{st}/n_s kT$ 就是恒量这种妨碍程度的一种度量．式(6.63,2)意味着：第 s 种气体对粘性系数的贡献正比于数密度 n_s，反比于 $\mu_{s1}^{-1}n_1$，$\mu_{s2}^{-1}n_2$，$\cdots$ 各项之和，而 $\mu_{s1}^{-1}n_1$，$\mu_{s2}^{-1}n_2$，$\cdots$ 各项都是恒量上述妨碍程度(即分子 m_s 同分子 m_1，m_2，$\cdots$ 的碰撞造成对动量输运的妨碍)的度量．

方程(6.63,2)和 Sutherland[2] 根据自由程方法导出的方程相

---

1) P. L. Bhatnagar, E. P. Gross and M. Krook, *Phys. Rev.* **94**, 511 (1954).
2) W. Sutherland, *Phil. Mag.* **40**, 421 (1895).

类似。和前面一样，他的推导也给出了 $\mu_{st}=\mu_{ts}$。但是他当时引进了一个半经验关系式，允许两个相碰分子的速度残留不相同，这样做就相当于取

$$\mu_{st}=\mu_{ts}(m_s/m_t)^{\frac{3}{4}}.$$

即使允许有 $\mu_{st}\neq\mu_{ts}$ 的可能性，形式为式(6.63,2)那样的公式亦只可能是近似的；碰撞并不是简单地阻碍动量的流通，它还将动量从一种气体传递给另一种气体。

Wassiljewa[1] 曾给出热传导系数的另一个近似公式，它与式(6.63,2)类似，即为

$$\lambda=\sum_s\frac{n_s}{\lambda_{s1}^{-1}n_1+\lambda_{s2}^{-1}n_2+\cdots},\qquad(6.63,3)$$

其中 λ_{ss} 是纯粹只有第 s 种气体时的热传导系数，λ_{st} 则是"互热传导系数"。人们发现，当 $\lambda_{st}\neq\lambda_{ts}$ 时，这类公式同 λ 随着组分而变化的实验结果相符甚好，即使是对于分子具有内能的气体亦如此。

最后，6.62 节的方法还可以推广应用于多组元混合气体的扩散问题[2]。在这类混合气体中，第 s 种气体将由于同第 t 种气体分子的碰撞而受到一个阻力，每单位体积内该阻力为（参见式(6.62,4)）

$$\frac{p_sp_t}{pD_{st}}(\bar{\boldsymbol{c}}_t-\bar{\boldsymbol{c}}_s)$$

在这里，D_{st} 是在实际的混合气体压强下第 s 种气体和第 t 种气体的互扩散系数（应当注意，pD_{st} 与压强无关）。所以方程(6.62,8,9)可以推广为

$$\rho_s\frac{D\boldsymbol{c}_0}{Dt}=\rho_s\boldsymbol{F}_s-\frac{\partial p_s}{\partial\boldsymbol{r}}+\sum_t\frac{p_sp_t}{pD_{st}}(\bar{\boldsymbol{c}}_t-\bar{\boldsymbol{c}}_s).\qquad(6.63,4)$$

求解这些方程就可以得出 $D\boldsymbol{c}_0/Dt$，以及混合气体中所有其余气

---

1) A. Wassiljewa, *Phys. Z.* 5, 737 (1904).

2) 参阅 M. H. Johnson and E. O. Hulburt, *Phys. Rev.* **79**, 802 (1950); M. H. Johnson, *Phys. Rev.* **82**, 298 (1951); A. Schlüter, *Z. Naturf.* **5a**, 72 (1950), and **6a**, 73 (1951).

体相对于任意选定的一种气体的扩散速度.

在某些问题中（特别是那些与高速交变电场中电离气体有关的问题），假设不同气体的加速度等于 Dc_0/Dt 是不合适的. 在这类问题中，方程(6.63，4)左侧的 Dc_0/Dt 要用 $D_s\bar{c}_s/Dt$ 来代替，这里，D_s/Dt 是追随着第 s 种气体的运动 $\bar{c}_s$ 的导数.

第七章　单组元气体的非均匀状态

7.1. Boltzmann 方程的解法

本章将论述 Enskog 在一般情况下求解 Boltzmann 方程的方法．在这一章中，我们只考虑单组元气体，而在第八章和第十八章中，将分别研究二组元混合气体和多组元混合气体，但都只是处理仅具有平动能的分子．对于分子具有内能的气体，其相应的理论将在第十一章中给出．

Enskog 方法是一种逐次逼近的方法．人们先将 Boltzmann 方程表达为普遍的形式 $\xi(f)=0$，其中 $\xi(f)$ 表示对未知函数 f 施行某些运算的结果；然后假定方程的解[1]可用一个无穷级数来表示，即

$$f=f^{(0)}+f^{(1)}+f^{(2)}+\cdots \tag{7.1,1}$$

另外还假定，当 ξ 运用于这个级数时，其结果亦能表示为一个级数，此级数中的第 r 项只涉及到级数(7.1,1)的前 r 项．这就是说

$$\begin{aligned}\xi(f)=\xi(f^{(0)}+f^{(1)}+f^{(2)}+\cdots)&=\xi^{(0)}(f^{(0)})+\xi^{(1)}(f^{(0)},f^{(1)})\\&\quad+\xi^{(2)}(f^{(0)},f^{(1)},f^{(2)})+\cdots\end{aligned} \tag{7.1,2}$$

到目前为止，对于诸函数 $f^{(r)}$，我们还只是要求它们的和是 $\xi(f)=0$ 的解．但是现在，我们要假设它们还分别满足下列方程

$$\xi^{(0)}(f^{(0)})=0, \tag{7.1,3}$$

$$\xi^{(1)}(f^{(0)},f^{(1)})=0, \tag{7.1,4}$$

$$\xi^{(2)}(f^{(0)},f^{(1)},f^{(2)})=0, \tag{7.1,5}$$

$$\cdots\cdots\cdots\cdots\cdots$$

这些方程合在一起就保证满足 $\xi(f)=0$．函数 $f^{(0)}$ 由方程(7.1,3)

---

1) 假定所引进的级数全都是一致收敛的．

确定，然后 $f^{(1)}$, $f^{(2)}$, ··· 可依次地由方程 (7.1, 4, 5, ···) 求得. 当所有前面的方程已经被解出来之后，上列每一个方程就只包含一个未知函数.

如果果真可以将 $\xi(f)$ 分解成 $\xi^{(0)}$, $\xi^{(1)}$, ··· 等各部分，那么这种分解也不是唯一的. 因为任何一项 $\xi^{(r)}$ 都可能被分解成任意多个部分，而且这些部分中的任何一项又可能再被转换成其后继的任何一项，这样做仍不会改变表达式的普遍形式. 因此，分解 $\xi(f)$ 必须按照这样一种方式来进行：即应当使方程 (7.1, 3, 4, ···) 都是可解的，同时还须考虑到使这些方程便于求解.

在上述这些不同的方程中，可能进入一些任意的积分常量. 我们必须对这些常量进行选择或分组，使得在最终的结果中任意常量的个数不超过方程 $\xi(f)=0$ 所相应的数目. 这样，表达式 $f^{(0)}$, $f^{(0)}+f^{(1)}$, $f^{(0)}+f^{(1)}+f^{(2)}$, ··· 将逐次逼近 f.

7.11. $\xi(f)$ 的逐次分解；一级近似 $f^{(0)}$

对于单组元气体的 Boltzmann 方程，我们有

$$\xi(f)=J(ff_1)+\mathscr{D}f, \qquad (7.11,1)$$

其中

$$J(FG_1)\equiv\iint(FG_1-F'G_1')g\alpha_1 d\mathbf{e}'d\mathbf{c}_1 \qquad (7.11,2)$$

因此根据式(3.52,11)可得 $J(ff_1)=-\partial_e f/\partial t$. 另外，由式 (3.1,3) 可知

$$\mathscr{D}f=\frac{\partial f}{\partial t}+\mathbf{c}\cdot\frac{\partial f}{\partial \mathbf{r}}+\boldsymbol{F}\cdot\frac{\partial f}{\partial \mathbf{c}}. \qquad (7.11,3)$$

将式(7.1,1)代入式(7.11,1)，则得到

$$\begin{aligned}\xi(f)&=J\{(\Sigma f^{(r)})(\Sigma f_1^{(s)})\}+\mathscr{D}\Sigma f^{(r)}\\&=\Sigma\Sigma J(f^{(r)}f_1^{(s)})+\Sigma\mathscr{D}f^{(r)}.\end{aligned}$$

两个无穷级数 Σx_r 和 Σy_r 的乘积可以表示为第三个级数，此级数的通项为

$$\Sigma(x_0y_r+x_1y_{r-1}+\cdots+x_ry_0).$$

Enskog 根据这点写出了

$$J^{(r)} = J^{(r)}(f^{(0)}, f^{(1)}, \cdots, f^{(r)})$$
$$= J(f^{(0)}f_1^{(r)}) + J(f^{(1)}f_1^{(r-1)}) + \cdots + J(f^{(r)}f_1^{(0)}). \quad (7.11,4)$$

Enskog 还将 $\Sigma\mathscr{D}f^{(r)}$ 分解成一系列的 $\mathscr{D}^{(r)}$，但是他没有用显式的方法写出 $\mathscr{D}^{(r)} = \mathscr{D}f^{(r)}$. Enskog 的分解方法将在后面 7.14 节中加以解释，这里要说明的只是他定义了

$$\mathscr{D}^{(0)} = 0, \quad (7.11,5)$$

而且他还设 $r > 0$ 时 $\mathscr{D}^{(r)}$ 仅依赖于 $f^{(0)}, \cdots, f^{(r-1)}$. 这样，若我们写出

$$\xi^{(r)} = J^{(r)} + \mathscr{D}^{(r)} \quad (7.11,6)$$

则有

$$\xi^{(0)} = J^{(0)} = 0, \quad (7.11,7)$$

$$\xi^{(r)} = J^{(r)} + \mathscr{D}^{(r)} = 0 \ (r > 0). \quad (7.11,8)$$

此时方程 (7.11,7) (或者说 $J(f^{(0)}f_1^{(0)}) = 0$) 在形式上和方程(4.1,7)是全同的，而方程(4.1,7)可以确定均匀稳恒状态下的速度分布函数 f. 因此方程(7.11,7)的一般解的形式就和 4.1 节中求得的一样. 这就是说，$\ln f^{(0)}$ 是式(3.2,2)中各总和不变量 $\psi^{(i)}$ 的线性组合，即

$$\ln f^{(0)} = \alpha^{(1)} + \boldsymbol{\alpha}^{(2)} \cdot m\boldsymbol{c} + \alpha^{(3)} \cdot \frac{1}{2}mc^2,$$

其中 $\alpha^{(1)}$, $\boldsymbol{\alpha}^{(2)}$ 和 $\alpha^{(3)}$ 都是任意的物理量，它们与 $\boldsymbol{c}$ 无关，但可以与 $\boldsymbol{r}$ 和 t 有关. 依照 4.1 节那样作了简单的变换后，我们可以得到

$$f^{(0)} = n\left(\frac{m}{2\pi kT}\right)^{\frac{3}{2}} e^{-mC^2/2kT}, \quad (7.11,9)$$

其中 $\boldsymbol{C} = \boldsymbol{c} - \boldsymbol{c}_0$; 在这里，$n$, $\boldsymbol{c}_0$ 和 T 代表着与 $\alpha^{(1)}$, $\boldsymbol{\alpha}^{(2)}$, $\alpha^{(3)}$ 有某种简单关系的任意物理量. 仅就方程(7.11, 7)而论，n, $\boldsymbol{c}_0$ 和 T 并不要求一定就是气体的数密度，宏观速度和温度. 但是，我们可以完全随意地处置这三个量的数值. 因此为了方便起见，就认为它们是数密度、宏观速度和温度. 这样做就相当于选择用 $\boldsymbol{r}$, t 处的数密度，宏观速度以及温度所对应的 Maxwell 函数来作为 $\boldsymbol{r}$, t 处

的 f 的有效一级近似．以后在 7.15 节中，我们将说明这是一种唯一的选择，它可以导致得到整个解 f 的适当有序形式．

由于我们明确了 n, $\boldsymbol{c}_0$ 和 T 的物理意义，结果可以得到

$$\int f^{(0)} d\boldsymbol{c} = n = \int f d\boldsymbol{c}.$$

类似地，还可得到

$$\int f_0^{(0)} m\boldsymbol{C} d\boldsymbol{c} = \int f m\boldsymbol{C} d\boldsymbol{c}, \int f^{(0)} \frac{1}{2} mC^2 d\boldsymbol{c} = \int f \frac{1}{2} mC^2 d\boldsymbol{c}.$$

可以把上述这些关系合并写为

$$\int (f - f^{(0)}) \phi^{(i)} d\boldsymbol{c} = 0,$$

其中 $\phi^{(i)} = 1,\ m\boldsymbol{C},\ \frac{1}{2} mC^2$．根据式(7.1,1)，上式等价于

$$\int \sum_{r=1}^{\infty} f^{(r)} \phi^{(i)} d\boldsymbol{c} = 0. \tag{7.11,10}$$

由式(7.11,9)可以得出下列结果

$$f^{(0)} f_1^{(0)} = f^{(0)\prime} f_1^{(0)\prime}. \tag{7.11,11}$$

7.12. 完全形式解

方程(7.11,8)可以写成下述形式

$$J(f^{(0)} f_1^{(r)}) + J(f^{(r)} f_1^{(0)}) = -\mathscr{D}^{(r)} - J(f^{(1)} f_1^{(r-1)}) - \cdots - J(f^{(r-1)} f_1^{(1)}). \tag{7.12,1}$$

其右侧有 r 项(当 $r = 1$ 时，右侧便只有一项为 $-\mathscr{D}^{(1)}$)．方程的右侧只包含 $f^{(0)}, f^{(1)}, \cdots, f^{(r-1)}$，这些函数都是已知的，它们是前面各级方程 $\xi^{(0)} = 0, \cdots, \xi^{(r-1)} = 0$ 的解．未知函数 $f^{(r)}$ 只是在左侧出现，而且呈线性关系．这样，如果 $F^{(r)}$ 是它的某个解，那么任何的其它解则将是 $F^{(r)} + \chi^{(r)}$，其中 $\chi^{(r)}$ 是下列方程的解

$$J(f^{(0)} \chi_1^{(r)}) + J(\chi^{(r)} f_1^{(0)}) = 0; \tag{7.12,2}$$

$F^{(r)}$ 和 $\chi^{(r)}$ 相当于线性微分方程的特解和余函数．方程(7.12, 1)的最普通解是 $F^{(r)}$ 和方程(7.12, 2)的最普通解的和．

为了求得方程(7.12, 2)的通解，现令 $\chi^{(r)} = \phi^{(r)} f^{(0)}$，这样 $\phi^{(r)}$

就变成待定的函数．如果 $\phi^{(r)}$ 是 $\boldsymbol{c}$ 的任一函数，那么根据式(7.11,2)和(4.4,3)有

$$J(f^{(0)}f_1^{(0)}\phi_1^{(r)}) + J(f^{(0)}\phi^{(r)}f_1^{(0)}) = \iint f^{(0)}f_1^{(0)}(\phi^{(r)} + \phi_1^{(r)} - \phi^{(r)\prime} - \phi_1^{(r)\prime})g\alpha_1 d\mathbf{e}' d\boldsymbol{c}_1 = n^2 I(\phi^{(r)}), \qquad (7.12,3)$$

在这里，由于气体只包含一种分子，所以 $I(\phi)$ 的下标可以略去不写．这样，方程 (7.12,2) 的形式就是 $I(\phi^{(r)}) = 0$．而这个方程的解则早已在 4.41 节中给出，即为

$$\phi^{(r)} = \alpha^{(1,r)} + \boldsymbol{\alpha}^{(2,r)} \cdot m\boldsymbol{C} + \alpha^{(3,r)} \cdot \frac{1}{2} mC^2,$$

其中 $\alpha^{(1,r)}$, $\boldsymbol{\alpha}^{(2,r)}$, $\alpha^{(3,r)}$ 是 $\boldsymbol{r}$, t 的任意函数．因此

$$\chi^{(r)} = \left(\alpha^{(1,r)} + \boldsymbol{\alpha}^{(2,r)} \cdot m\boldsymbol{C} + \alpha^{(3,r)} \cdot \frac{1}{2} mC^2\right) f^{(0)}.$$

此外，由于方程(7.12,1)的任一解 $f^{(r)}$ 的形式都是 $F^{(r)} + \chi^{(r)}$，因此只要适当地选取 $\alpha^{(1,r)}$, $\boldsymbol{\alpha}^{(2,r)}$, $\alpha^{(3,r)}$，下列各量

$$\int f^{(r)}\psi^{(i)} d\boldsymbol{c} \quad (i = 1, 2, 3)$$

就可以成为任意取定值．为了方便起见，我们将这样来选择 $\alpha^{(1,r)}$, $\boldsymbol{\alpha}^{(2,r)}$, $\alpha^{(3,r)}$，即它们应使得对于大于零的所有 r 值都有

$$\int f^{(r)}\psi^{(i)} d\boldsymbol{c} = 0 \quad (i = 1, 2, 3). \qquad (7.12,4)$$

这种选择保证了方程(7.11,10)得到满足．这是至今对函数 $f^{(r)}$ 所加的唯一约束，除了它应该满足方程 (7.12, 1) 以外．这点还意味着：在 f 的每一级近似中，新引进的常数只是取决于 $\boldsymbol{r}$, t 处的参数 n, $\boldsymbol{c}_0$ 和 T，以及它们对空间和时间的各阶导数．这样来选择 $\alpha^{(1,r)}$ $\boldsymbol{\alpha}^{(2,r)}$ 和 $\alpha^{(3,r)}$ 可能显得限制过严了，因为它是用无穷多个关系式(7.12,4)来代替一个条件（式 (7.11,10)）；但是，不管是使 $\Sigma f^{(r)}$ 满足单个的关系式 (7.11,10)，还是使它的各个部分满足一组关系式 (7.12, 4)，实际上最后求得的和 $\Sigma f^{(r)}$ 都是同一个数值（参见 7.2 节）.

7.13. 可解性条件

方程(7.11, 8)到目前为止还是不确定的. 这是因为 $\mathscr{D}f$ 至今尚未分解出来,尚未表示为各个组成部分 $\mathscr{D}^{(r)}$ 的和. 但是这种分解不能随意地进行. 因为根据积分方程的理论,仅当 $\mathscr{D}^{(r)}$ 满足某些条件时,方程才是可解的. 其理由是: 如果方程 (7.11,8) 被满足,则有

$$\int (J^{(r)} + \mathscr{D}^{(r)})\psi^{(i)} d\mathbf{c} = 0,$$

其中 $\psi^{(i)}$ 代表式(3.2, 2)中的任何一个总和不变量. $J^{(r)}$ 可以分解成一对对诸如象 $J(f^{(p)}f_1^{(q)}) + J(f^{(q)}f_1^{(p)})$这样的项,而若 r 为偶数,则需再加上一项 $J(f^p f_1^p)$. 将这些项与 $\psi^{(i)}d\mathbf{c}$ 相乘然后遍及 $\mathbf{c}$ 的整个范围积分,这时所得到的积分就和式 (3.54,4,5) 中所出现的那些积分相类似. 这些积分值都为零,因为

$$\psi + \psi_1 - \psi' - \psi_1' = 0.$$

因此方程(7.11, 8)可解的必要条件是

$$\int \mathscr{D}^{(r)}\psi^{(i)} d\mathbf{c} = 0. \tag{7.13,1}$$

此式同时还是充分条件. 因为如果我们令

$$f^{(r)} = f^{(0)}\Phi^{(r)}, \tag{7.13, 2}$$

这时,利用式(7.12,3),方程(7.11,8)就变为

$$n^2 I(\Phi^{(r)}) = -\mathscr{D}^{(r)} - J(f^{(1)}f_1^{(r-1)}) - \cdots - J(f^{(r-1)}f_1^{(1)}). \tag{7.13,3}$$

可以证明[1], $\mathbf{c}$ 的函数 $I(\phi^{(r)})$ 可表达为下述形式

$$K_0(\mathbf{c})\Phi^{(r)}(\mathbf{c}) + \int K(\mathbf{c}, \mathbf{c}_1)\Phi^{(r)}(\mathbf{c}_1)d\mathbf{c}_1,$$

其中 $K(\mathbf{c}, \mathbf{c}_1)$ 是 $\mathbf{c}$, $\mathbf{c}_1$ 的对称函数. 所以方程 (7.13,3) 是第二类的线性正交非齐次积分方程. 其相应的第二类线性正交齐次方程则是 $n^2I(\Phi^{(r)}) = 0$, 它的独立解为 $\Phi^{(r)} = \psi^{(i)}(i = 1, 2, 3)$. 这

---

1) 第一个证出这点的是 D. Hilbert (*Integralgleichungen*, p. 267; *Math. Annalen*, **72**, 567(1912)), 但他只是对弹性刚球分子证明的. Enskog 曾将它推广到一般的球形分子. 这一证明可在本书前几版的 7.6 节中找到.

点业已在 4.41 节中证明过了．根据积分方程的理论[1]可知，方程(7.13,3) 有解的充分必要条件是满足相应的“正交条件”

$$\int \phi^{(i)}\{-\mathscr{D}^{(r)} - J(f^{(1)}f_1^{(r-1)}) - \cdots - J(f^{(r-1)}f_1^{(1)})\}d\boldsymbol{c} = 0.$$

从上式中除去等于零的各项，它便可简化为式(7.13,1)．因此，式(7.13,1)也就是方程(7.11,8)可解性的充分条件．

7.14. $\mathscr{D}f$ 的逐次分解

方程 (3.21,3,5) 给出了 $\boldsymbol{c}_0$ 和 T 的时间导数，它们还包含有平均值函数 P 和 $\boldsymbol{q}$ (参见 2.31 节和 2.45 节)，但是 P 和 $\boldsymbol{q}$ 只有当 f 已知后才能求算出来．这就给通过逐次逼近法确定 f 造成了困难．因为 n，$\boldsymbol{c}_0$ 和 T 的时间导数确定了 $f^{(0)}$ 的时间导数，而 $f^{(0)}$ 的时间导数又影响确定 $f^{(1)}$ 的方程．不过，在目前阶段，由于 f 只是部分地已知，所以 P 和 $\boldsymbol{q}$ 也不能完全计算出来．Enskog 通过一种恰当的方法来分解 $\xi(f)$ 中的 $\mathscr{D}f$ 部分，从而克服了这一困难．

设 ϕ 表示 $\boldsymbol{c}$, $\boldsymbol{r}$, t 的任一函数，这样就有

$$\begin{aligned}\bar{\phi} &= \frac{1}{n}\int f\phi d\boldsymbol{c} \\ &= \frac{1}{n}\int \sum_0^\infty f^{(r)}\phi d\boldsymbol{c} \\ &= \Sigma\bar{\phi}^{(r)},\end{aligned} \qquad (7.14,1)$$

其中

$$\bar{\phi}^{(r)} = \frac{1}{n}\int \phi f^{(r)} d\boldsymbol{c}. \qquad (7.14,2)$$

特别是，当我们依次取 $\phi = m\boldsymbol{CC}$, $\phi = E\boldsymbol{C}$ 时则有

$$\mathsf{P} = \sum_0^\infty \mathsf{P}^{(r)},\ \boldsymbol{q} = \sum_0^\infty \boldsymbol{q}^{(r)}, \qquad (7.14,3)$$

其中

$$\mathsf{P}^{(r)} = \int m\boldsymbol{CC}f^{(r)}d\boldsymbol{c},\ \boldsymbol{q}^{(r)} = \int E\boldsymbol{C}f^{(r)}d\boldsymbol{c}; \qquad (7.14,4)$$

---

1) 参阅 R. Courant and D. Hilbert, *Methoden der Math. Physik*, vol. 1(2nd ed.), 99, 129.

当然，在本章中我们认为 $E=\frac{1}{2}mC^2$ 而且 $N=3$（参阅 2.44 节）.

根据 $f^{(0)}$ 的形式可得

$$\boldsymbol{q}^{(0)}=0. \tag{7.14,5}$$

此外 $\mathsf{P}^{(0)}$ 的非对角元素亦为零，而且每个对角元素都等于 knT. 因此

$$\mathsf{P}^{(0)}=knT\mathsf{U}=\mathsf{U}p, \tag{7.14,6}$$

式中 U 是单位张量(参见 1.3 节)，p 是流体静压强.

现在可以将 $\partial n/\partial t$, $\partial \boldsymbol{c}_0/\partial t$ 和 $\partial T/\partial t$ 的表达式(3.21, 1, 3, 5)写成

$$\frac{\partial n}{\partial t}=-\frac{\partial}{\partial \boldsymbol{r}}\cdot(n\boldsymbol{c}_0),$$

$$\frac{\partial \boldsymbol{c}_0}{\partial t}=-\left(\boldsymbol{c}_0\cdot\frac{\partial}{\partial \boldsymbol{r}}\right)\boldsymbol{c}_0+\boldsymbol{F}-\frac{1}{\rho}\frac{\partial}{\partial \boldsymbol{r}}\cdot\Sigma\mathsf{P}^{(r)},$$

$$\frac{\partial T}{\partial t}=-\boldsymbol{c}_0\cdot\frac{\partial T}{\partial \boldsymbol{r}}-\frac{2}{3kn}\left\{(\Sigma\mathsf{P}^{(r)}):\frac{\partial}{\partial \boldsymbol{r}}\boldsymbol{c}_0+\frac{\partial}{\partial \boldsymbol{r}}\cdot\Sigma\boldsymbol{q}^{(r)}\right\}.$$

这些时间导数可按如下的方式分解成许多部分

$$\frac{\partial n}{\partial t}=\Sigma\frac{\partial_r n}{\partial t},\quad \frac{\partial \boldsymbol{c}_0}{\partial t}=\Sigma\frac{\partial_r \boldsymbol{c}_0}{\partial t},\quad \frac{\partial T}{\partial t}=\Sigma\frac{\partial_r T}{\partial t}, \tag{7.14,7}$$

其中右侧各量本身都不是时间导数，它们是由下列各式确定的

$$\frac{\partial_0 n}{\partial t}=-\frac{\partial}{\partial \boldsymbol{r}}\cdot(n\boldsymbol{c}_0), \tag{7.14,8}$$

$$\frac{\partial_r n}{\partial t}=0\ (r>0), \tag{7.14,9}$$

$$\begin{aligned}\frac{\partial_0 \boldsymbol{c}_0}{\partial t}&=-\left(\boldsymbol{c}_0\cdot\frac{\partial}{\partial \boldsymbol{r}}\right)\boldsymbol{c}_0+\boldsymbol{F}-\frac{1}{\rho}\frac{\partial}{\partial \boldsymbol{r}}\cdot\mathsf{P}^{(0)}\\&=-\left(\boldsymbol{c}_0\cdot\frac{\partial}{\partial \boldsymbol{r}}\right)\boldsymbol{c}_0+\boldsymbol{F}-\frac{1}{\rho}\frac{\partial p}{\partial \boldsymbol{r}},\end{aligned} \tag{7.14,10}$$

$$\frac{\partial_r \boldsymbol{c}_0}{\partial t}=-\frac{1}{\rho}\frac{\partial}{\partial \boldsymbol{r}}\cdot\mathsf{P}^{(r)}\ (r>0), \tag{7.14,11}$$

$$\frac{\partial_0 T}{\partial t}=-\boldsymbol{c}_0\cdot\frac{\partial T}{\partial \boldsymbol{r}}-\frac{2}{3kn}\left\{\mathsf{P}^{(0)}:\frac{\partial}{\partial \boldsymbol{r}}\boldsymbol{c}_0+\frac{\partial}{\partial \boldsymbol{r}}\cdot\boldsymbol{q}^{(0)}\right\}$$

$$= -\boldsymbol{c}_0 \cdot \frac{\partial T}{\partial \boldsymbol{r}} - \frac{2T}{3} \frac{\partial}{\partial \boldsymbol{r}} \cdot \boldsymbol{c}_0, \tag{7.14,12}$$

$$\frac{\partial_r T}{\partial t} = -\frac{2}{3kn}\left\{\mathbf{P}^{(r)}: \frac{\partial}{\partial \boldsymbol{r}} \boldsymbol{c}_0 + \frac{\partial}{\partial \boldsymbol{r}} \cdot \boldsymbol{q}^{(r)}\right\} \ (r > 0). \tag{7.14,13}$$

为了方便起见，我们还可以令

$$\frac{D_0}{Dt} = \frac{\partial_0}{\partial t} + \boldsymbol{c}_0 \cdot \frac{\partial}{\partial \boldsymbol{r}}, \tag{7.14,14}$$

于是 D_0/Dt 表示 D/Dt 的一级近似，因而有

$$\frac{D_0 n}{Dt} = -n \frac{\partial}{\partial \boldsymbol{r}} \cdot \boldsymbol{c}_0, \quad \frac{D_0 \boldsymbol{c}_0}{Dt} = \boldsymbol{F} - \frac{1}{\rho} \frac{\partial p}{\partial \boldsymbol{r}}, \tag{7.14,15}$$

$$\frac{D_0 T}{Dt} = -\frac{2T}{3}\left(\frac{\partial}{\partial \boldsymbol{r}} \cdot \boldsymbol{c}_0\right). \tag{7.14,16}$$

符号 $\partial_r/\partial t$ 亦可以应用于包含有 n，$\boldsymbol{c}_0$ 和 T 及其空间导数的各种函数，而且，$\partial_r/\partial t$ 还可以被假定为服从象 $\partial/\partial t$ 一样的微分法则．例如，我们可以由式(7.14,15,16)得到

$$\frac{D_0}{Dt}(n/T^{\frac{3}{2}}) = 0. \tag{7.14,17}$$

所以，对于一级近似来说，气体运动过程中的温度变化应遵循绝热规律：

$$\rho \propto T^{\frac{3}{2}}.$$

另外，当 $\partial_r/\partial t$ 后面跟着的是 n，$\boldsymbol{c}_0$ 或 T 的空间导数时，可以认为

$$\frac{\partial_r}{\partial t} \frac{\partial}{\partial \boldsymbol{r}} = \frac{\partial}{\partial \boldsymbol{r}} \frac{\partial_r}{\partial t}.$$

还有，如果函数 F 仅仅是通过参数 λ_s（它们是 n，$\boldsymbol{c}_0$，T 及其任意阶空间导数）而与 t 有关的，那么有

$$\frac{\partial_r \boldsymbol{F}}{\partial t} = \sum_s \frac{\partial \boldsymbol{F}}{\partial \lambda_s} \frac{\partial_r \lambda_s}{\partial t}. \tag{7.14,18}$$

现在我们假定式（7.1,1）中的每一个 $f^{(r)}$ 都仅仅是通过 n，$\boldsymbol{c}_0$，T 及其空间导数而与 t 有关的．这样便有

$$\mathscr{D}f=\left(\Sigma\frac{\partial_r}{\partial t}+\boldsymbol{c}\cdot\frac{\partial}{\partial\boldsymbol{r}}+\boldsymbol{F}\cdot\frac{\partial}{\partial\boldsymbol{c}}\right)\Sigma f^{(s)}$$
$$=\Sigma\Sigma\frac{\partial_r f^{(s)}}{\partial t}+\Sigma\left(\boldsymbol{c}\cdot\frac{\partial f^{(s)}}{\partial\boldsymbol{r}}+\boldsymbol{F}\cdot\frac{\partial f^{(s)}}{\partial\boldsymbol{c}}\right).$$

现在，我们就可以来说明 Enskog 是如何分解 $\mathscr{D}f$ 的. 他取 $\mathscr{D}^{(0)}=0$，而当 $r>0$ 时则取

$$\begin{aligned}\mathscr{D}^{(r)}&=\mathscr{D}^{(r)}(f^{(0)},f^{(1)},\cdots,f^{(r-1)})\\&=\frac{\partial_0 f^{(r-1)}}{\partial t}+\frac{\partial_1 f^{(r-2)}}{\partial t}+\cdots+\frac{\partial_{r-1}f^{(0)}}{\partial t}\\&\quad+\boldsymbol{c}\cdot\frac{\partial f^{(r-1)}}{\partial\boldsymbol{r}}+\boldsymbol{F}\cdot\frac{\partial f^{(r-1)}}{\partial\boldsymbol{c}},\end{aligned}\qquad(7.14,19)$$

当 $f^{(0)},\cdots,f^{(r-1)}$ 已知时，上式中的每一项都可以确定. 这种分解方式克服了本节开头所提到的困难. 可以证明，采用这种分解方式时，下述可解性条件是满足的

$$\int\mathscr{D}^{(r)}\psi^{(i)}d\boldsymbol{c}=0\ (i=1,2,3)\qquad(7.14,20)$$

其原因是：$\mathscr{D}^{(0)}=0$，再加上 $r>0$ 时的条件(即式(7.14,20))就等价于逐次分解 $\partial n/\partial t$, $\partial\boldsymbol{c}_0/\partial t$, $\partial T/\partial t$ 时所得到的方程(7.14, 8—13).

为了证明上述论断的正确，我们只需研究一下式(3.21, 1, 3, 4)中给出的 $\int\psi^{(i)}\mathscr{D}fd\boldsymbol{c}$ 的值，就可以发现它能分解成与 $\mathscr{D}^{(r)}$ 的各表达式相对应的各个部分. 在这些部分中，P, $\boldsymbol{q}$ 都由 $\mathsf{P}^{(r-1)}$, $\boldsymbol{q}^{(r-1)}$ 所代替. 此外，凡是出现函数 ϕ 平均值的时间导数 $\partial\bar{\phi}/\partial t$ 时，它就用下式来代替

$$\frac{\partial_0\overline{\phi}^{(r-1)}}{\partial t}+\frac{\partial_1\overline{\phi}^{(r-2)}}{\partial t}+\cdots+\frac{\partial_{r-1}\overline{\phi}^{(0)}}{\partial t},$$

这种分解方法相应于 $\mathscr{D}^{(r)}$ 表达式中分解 $\partial f/\partial t$ 的方法. 但是在 3.21 节的各方程中，那些独立存在的时间导数只是函数 $\psi^{(i)}$ 平均值的时间导数，而根据式(7.12,4)可知，这些函数应满足

$$\overline{\psi^{(i)}}^{(r)}=0\ (r>0).$$

所以 $\int \mathscr{D}^{(r)}\psi^{(i)}d\boldsymbol{c}$ 中那些独立的时间导数只是 $\partial_{r-1}n/\partial t$，$\partial_{r-1}\boldsymbol{c}_0/\partial t$，$\partial_{r-1}T/\partial t$. 这样，我们就可以直接得知：式(7.14,20)和式(7.14,8—15)是等效的．事实上，逐次分解 $\partial n/\partial t$,$\partial \boldsymbol{c}_0/\partial t$,$\partial T/\partial t$ 的规则亦可能由可积性条件（即式(7.14,20)）导出.

由于可解性条件能被满足，人们在确定 f 时，可达到所希望的任何一级近似，从而 u，$\boldsymbol{c}_0$ 和 T 的时间导数亦可以得知，并达到同一级近似．这时，n，$\boldsymbol{c}_0$ 和 T 的时间导数不再是可以任意调整的参数了，而是由 $\boldsymbol{r}$，t 处的 n，$\boldsymbol{c}_0$ 和 T 及其空间导数唯一地确定的.

7.15. Enskog 解法的参数表示

现在将前面所介绍的 Enskog 方法归纳如下．先将 Boltzmann 方程表示为形式 $\xi(f)=0$，并假定其解为 $f=\Sigma f^{(r)}$；然后将 $\xi(f)$ 表示为形式 $\Sigma\xi^{(r)}$，其中 $\xi^{(r)}=J^{(r)}+\mathscr{D}^{(r)}$，而 $J^{(r)}$，$\mathscr{D}^{(r)}$ 由式(7.11,4)和(7.14,19)给定．f 的第一项($f^{(0)}$)是所考察点处的数密度 n,宏观速度 $\boldsymbol{c}_0$ 以及温度 T 的函数．它就是各处的数密度、宏观速度和温度均为 n，$\boldsymbol{c}_0$ 和 T 的稳恒态均匀气体中的速度分布函数．后面的各项 $f^{(r)}$ 是方程 $\xi^{(r)}=0$ 的解，它们满足

$$\int f^{(r)}\psi^{(i)}d\boldsymbol{c}=0\ \ (i=1,2,3).$$

这样确定的解是唯一的.

Enskog 曾采用下述方式简洁地将 ξ 分解成 $\Sigma\xi^{(r)}$. 他将参数 θ 引入 f 的级数中，

$$f=\frac{1}{\theta}f^{(0)}+f^{(1)}+\theta f^{(2)}+\theta^2 f^{(3)}+\cdots \qquad (7.15,1)$$

（若我们取 $\theta=1$，则上式与式(7.1,1)一致)．于是

$$J(ff_1)=\frac{1}{\theta^2}J^{(0)}+\frac{1}{\theta}J^{(1)}+J^{(2)}+\theta J^{(3)}+\cdots,$$

其中 $J^{(r)}$ 与式(7.11，4)中的相同．与此类似，7.14 节的各式可改写如下

$$\frac{1}{\theta}\bar{\Phi} = \frac{1}{n}\int\phi\left(\frac{1}{\theta}f^{(0)} + f^{(1)} + \theta f^{(2)} + \cdots\right)d\mathbf{c}$$

$$= \frac{1}{\theta}\bar{\Phi}^{(0)} + \bar{\Phi}^{(1)} + \theta\bar{\Phi}^{(2)} + \cdots,$$

或者

$$\bar{\Phi} = \sum_0^\infty \theta^r \bar{\Phi}^{(r)}, \qquad (7.15,2)$$

而且

$$\frac{\partial}{\partial t} = \sum_0^\infty \theta^r \frac{\partial_r}{\partial t},$$

$$\mathscr{D}f = \left(\sum_0^\infty \theta^r \frac{\partial_r}{\partial t} + \mathbf{c}\cdot\frac{\partial}{\partial \boldsymbol{r}} + \boldsymbol{F}\cdot\frac{\partial}{\partial \mathbf{c}}\right)\left(\frac{1}{\theta}f^{(0)} + f^{(1)} + \cdots\right)$$

$$= \frac{1}{\theta}\mathscr{D}^{(1)} + \mathscr{D}^{(2)} + \theta\mathscr{D}^{(3)} + \cdots,$$

其中 $\mathscr{D}^{(r)}$ 的定义和 7.14 节中的一样．由此可得

$$\xi(f) = \frac{1}{\theta^2}J^{(0)} + \frac{1}{\theta}(J^{(1)} + \mathscr{D}^{(1)}) + \cdots$$

$$= \frac{1}{\theta^2}\xi^{(0)} + \frac{1}{\theta}\xi^{(1)} + \xi^{(2)} + \theta\xi^{(3)} + \cdots,$$

其中，$\xi^{(r)} = J^{(r)} + \mathscr{D}^{(r)}$ 仍然和以前一样．如果对于每一个 r 均有 $\xi^{(r)} = 0$，那么对于所有的 θ 值来说，$\xi(f)$ 都为零．前面所介绍的 Enskog 方法在形式上相应于 $\theta = 1$ 的情况．

利用前面那种选定任意参数来计算 $f^{(0)}$, $f^{(1)}$, $\cdots$的方法，人们发现 $f^{(0)}$ 正比于 n（或 ρ），$f^{(1)}$ 与 n 无关，$f^{(2)}$ 正比于 $1/n$，如此等等．这样，在各方程的任一项中所出现的 $1/\theta$ 的幂次，与同一项中所出现的 n 的幂次相同．假如对任意参数作不同的选择，那么，尽管完全解的值可能并不改变，但是方程的解就不会这样简单地依照密度的幂次而排列（参见 7.2 节）．

当气体的密度可以与地面附近的大气密度相比较，而且 n，$\mathbf{c}_0$，T 的非均匀性又是通常实验室试验中所出现的那样大小时，f 中

的各项 $f^{(r)}$ 就随着 r 的增大而迅速地下降[1]. 因而在大多数场合下，$f^{(0)}+f^{(1)}$ 对 f 的近似就已经是足够好的了. 当然，在较稀薄的气体中，后面各项就相对地较为重要了. 因此，对于某些情况来说，还需确定 $f^{(2)}$. 不幸的是，后面各项 $f^{(r)}$ 的复杂性是随着 r 的增大而迅速地增加.

Hilbert 曾利用形式为式(7.15，1)的公式来表示 f. 但是他在讨论 Boltzmann 方程时，由于在分解 $\mathscr{D}f$ 之前没有引进式(7.15，2)，因此除了第一项 $f^{(0)}$ 以外，他未能提供出确定 f 的方便的办法.

7.2. f 中的任意参数

由 Enskog 方法所求得的 Boltzmann 方程解 f，只与整个气体中的 n，$\mathbf{c}_0$ 和 T 的值有关，而不取决于其它的参数. 气体的物理状态只取决于这三个参数而不取决于其它参数，这个结论似乎是与试验结果相符的. 但是 Boltzmann 方程的 Enskog 解并不是最普通解，因为在某个初始瞬间，f 可能具有任意值，Boltzmann 方程仅仅是确定随后的 f 的变化方式.

人们可能认为 Enskog 解缺乏通解的任意性. 因为在 $f^{(0)}$ 的表达式(7.11，9)中已经采用了 n，$\mathbf{c}_0$ 和 T 的特定值，而且在 7.12 节的 $f^{(r)}$ 表达式中所出现的任意常数 $\alpha^{(1,r)}$，$\boldsymbol{\alpha}^{(2,r)}$ 和 $\alpha^{(3,r)}$ 也采用了特定值. 但是事实并非如此. 可以证明(此证明太长，因而不在这里给出)：由于某些收敛性条件，Enskog 逐次分解方法所给出的每一个解(对应于给定的 n，$\mathbf{c}_0$ 和 T 的分布)和任意积分常数采用这些特定值所得到的解完全相同. 缺乏任意性是由于 $\partial f^{(r)}/\partial t$ 对

1) 一般说来，对于刚球分子，$f^{(r)}$ 对 $f^{(r-1)}$ 的比值可以用比值 l/L 相比较，其中 l 是平均自由程，L 是表征密度、宏观速度和温度的空间变化的特征长度. 至于更一般的分子，此比值可以同 $\bar{C}\tau/L$ 相比较，其中 τ 是弛豫时间(参阅 6.61 节).

于确定 $f^{(r)}$ 的方程没有贡献所致． 假如它是有贡献的话，$f^{(r)}$ 就可以是任意的，而且这个方程就只能确定 $\partial f^{(r)}/\partial t$．

为探求 Enskog 解和通解的关系，现在假定初始的速度分布函数 f 所对应的是 n，$\mathbf{c}_0$ 和 T 值（这些物理量的空间变化尺度与自由程相比是大的），但是除此而外 f 却是任意的．这时，一般地讲，气体中每一点处的 f 开始总是凭借分子的碰撞而迅速地变化，其变化的时间尺度可以与平均碰撞间隔相比较．根据均匀状态气体中的结果进行类推，便可预料：f 会很快地接近于一个极限形式，在此极限形式下，分子碰撞不再会使 f 产生如此迅速的随时间的变化．f 的极限值叫做 Boltzmann 方程的"正规解"，与此相应的气体状态则是"正常态"．气体有效地达到正常态所需的弛豫时间和碰撞间隔为同一个数量级（参阅 6.61 节）．

如果气体是均匀的，那么正规解就是 Maxwell 分布函数．在稍微不均匀的气体中，正规解乃是 $\mathbf{r}$ 和 t 的函数，但在任一时刻，该解都局部地近似于 Maxwell 函数．正常态表征着非均匀性效应和分子碰撞效应之间达到了平衡，前者趋于偏离当地的 Maxwell 状态，后者则趋于消除这种偏离．

Boltzmann 方程的正规解和非正规解的区别在于：正规解没有那些可以由分子碰撞来迅速消除掉的"不规则性"．因此正规解所依赖的参数就比非正规解的少一些．鉴于碰撞是不改变单位体积内的质量、动量和能量的，所以整个气体中的 n，$\mathbf{c}_0$ 和 T 就是正规解所必须依赖的几个参数；反之，由于只有三个总和不变量，我们可以预料：n，$\mathbf{c}_0$ 和 T（它们都是由这些总和不变量确定的）就是一个正规解所能够依赖的仅有的三个局部属性． 实际上，点 P 处的状态只受其直接毗邻的气体（即在几个平均自由程的距离之内）的显著影响，所以我们可以认为 P 处的正规解取决于 n，$\mathbf{c}_0$，T 及其空间导数在 P 处的值；此外，正规解还可以取决于作用在分子上的力 $m\boldsymbol{F}$．Enskog 近似方法所给出的解恰好就只取决于这些参数，而且与其它参数无关．既然正规解所依赖的参数的数目是最少的，因此 Enskog 解就是个正规解． 这样，7.1 节的级数（假如它是收敛的话)所确定的就是气体的一个正常态[1].

必须强调指出，Enskog 方法所以可证明是合理的，仅仅因为在正常情况下碰撞间隔与宏观属性变化的时间尺度相比都是很小的. 我们曾认为在数量级上 $\partial f^{(r)}/\partial t$ 是小于 $f^{(r)}$ 对 $\partial_e f^{(r)}/\partial t$ 的贡献. 这一看法现在也得到了证实(参见式 (7.11, 4) 和式 (7.14, 19)). 还可以得出的结论是：偏离均匀性对 f 仅有轻微的影响；一级近似 $f^{(0)}$ 与 n, $\boldsymbol{c}_0$ 和 T 有关，但与它们的空间导数无关；二级近似 $f^{(0)}+f^{(1)}$ 与一阶导数线性相关；三级近似 $f^{(0)}+f^{(1)}+f^{(2)}$ 则含有二阶导数的线性项或一阶导数的平方项；如此等等. 在某个宏观变量变化的时间尺度与碰撞间隔相比不是很大的状况下，这种近似方法便完全地失效了.

7.3. f 的二级近似

本章的剩余篇幅将用来详细地计算 f 的二级近似（包括确定 $\Phi^{(1)}$). 由此可以确定 $\boldsymbol{q}^{(1)}$ 和 $\mathbf{P}^{(1)}$, 从而可以得到热传导系数 (λ) 和粘性系数 (μ) 的表达式.

确定 $f^{(1)}$ 或 $f^{(0)}\Phi^{(1)}$ 的方程是

$$\xi^{(1)} \equiv \mathscr{D}^{(1)} + J^{(1)} = 0. \qquad (7.3,1)$$

其中 $\xi^{(1)}$ 的微分部分 $\mathscr{D}^{(1)}$ 只与 $f^{(0)}$ 有关. 由于 $f^{(0)}$ 是 $\boldsymbol{C}$ 的函数，因此为了方便起见，我们现在用类似于式 (3.12,2) 中给出的 $\mathscr{D}f$ 形式来表示 $\mathscr{D}^{(1)}$, 即

$$\mathscr{D}^{(1)} = \frac{D_0 f^{(0)}}{Dt} + \boldsymbol{C}\cdot\frac{\partial f^{(0)}}{\partial \boldsymbol{r}} + \left(\boldsymbol{F} - \frac{D_0\boldsymbol{c}_0}{Dt}\right)\cdot\frac{\partial f^{(0)}}{\partial \boldsymbol{C}} - \frac{\partial f^{(0)}}{\partial \boldsymbol{C}}\boldsymbol{C} : \frac{\partial}{\partial \boldsymbol{r}}\boldsymbol{c}_0,$$

或者还可以将式 (7.14, 15) 代入，则有

---

1) H. Grad 对于 Boltzmann 方程的正规解和非正规解做过充分的讨论，请参阅 H. Grad, *Handbuch der Physik*, vol. 12, 241—51, 266—93 (Springer, 1958); *Phys. Fluids*, **6**, 147(1963).

$$\mathscr{D}^{(1)}=f^{(0)}\left\{\frac{D_0\ln f^{(0)}}{Dt}+\boldsymbol{C}\cdot\frac{\partial\ln f^{(0)}}{\partial\boldsymbol{r}}+\frac{1}{\rho}\frac{\partial p}{\partial\boldsymbol{r}}\right.$$

$$\left.\cdot\frac{\partial\ln f^{(0)}}{\partial\boldsymbol{C}}-\frac{\partial\ln f^{(0)}}{\partial\boldsymbol{C}}\boldsymbol{C}:\frac{\partial}{\partial\boldsymbol{r}}\boldsymbol{c}_0\right\}.\qquad(7.3,2)$$

根据式 (7.11, 9) 可知

$$\ln f^{(0)}=\text{const.}+\ln(n/T^{\frac{3}{2}})-mC^2/2kT,$$

于是

$$\frac{\partial\ln f^{(0)}}{\partial\boldsymbol{C}}=-\frac{m\boldsymbol{C}}{kT}.$$

同时根据式(7.14,16,17)可得

$$\frac{D_0\ln f^{(0)}}{Dt}=\frac{mC^2}{2kT^2}\frac{D_0T}{Dt}=-\frac{mC^2}{3kT}\frac{\partial}{\partial\boldsymbol{r}}\cdot\boldsymbol{c}_0.$$

于是，式(7.3,2)右侧括号中第一项和最末项的和为

$$\frac{m}{kT}\overset{\circ}{\boldsymbol{C}\boldsymbol{C}}:\frac{\partial}{\partial\boldsymbol{r}}\boldsymbol{c}_0,$$

其中 $\overset{\circ}{\boldsymbol{C}\boldsymbol{C}}$ 由式(1.32,2)给定．此外，中间两项的和是

$$\boldsymbol{C}\cdot\left(\frac{\partial\ln f^{(0)}}{\partial\boldsymbol{r}}-\frac{m}{\rho kT}\frac{\partial p}{\partial\boldsymbol{r}}\right)=\boldsymbol{C}\cdot\frac{\partial\ln(f^{(0)}/nkT)}{\partial\boldsymbol{r}}$$

$$=\boldsymbol{C}\cdot\left(\frac{\partial\ln T^{-\frac{5}{2}}}{\partial\boldsymbol{r}}+\frac{mC^2}{2kT^2}\frac{\partial T}{\partial\boldsymbol{r}}\right)$$

$$=\left(\frac{mC^2}{2kT}-\frac{5}{2}\right)\boldsymbol{C}\cdot\frac{\partial\ln T}{\partial\boldsymbol{r}}.$$

相应地，式(7.3,2)可以写成下列形式

$$\mathscr{D}^{(1)}=f^{(0)}\left\{\left(\frac{mC^2}{2kT}-\frac{5}{2}\right)\boldsymbol{C}\cdot\frac{\partial\ln T}{\partial\boldsymbol{r}}+\frac{m}{kT}\overset{\circ}{\boldsymbol{C}\boldsymbol{C}}:\frac{\partial}{\partial\boldsymbol{r}}\boldsymbol{c}_0\right\}$$

$$=f^{(0)}\left\{\left(\mathscr{C}^2-\frac{5}{2}\right)\boldsymbol{C}\cdot\frac{\partial\ln T}{\partial\boldsymbol{r}}+2\overset{\circ}{\mathscr{C}\mathscr{C}}:\frac{\partial}{\partial\boldsymbol{r}}\boldsymbol{c}_0\right\},$$

$$(7.3,3)$$

其中 $\mathscr{C}$ 是一个无量纲变量，定义如下

$$\mathscr{C}=\left(\frac{m}{2kT}\right)^{\frac{1}{2}}\boldsymbol{C},\qquad(7.3,4)$$

它的分量为 $\mathscr{U}$，$\mathscr{V}$，$\mathscr{W}$，大小为 $\mathscr{C}$．若采用这个无量纲变量，则

有

$$f^{(0)}=n\left(\frac{m}{2\pi kT}\right)^{\frac{3}{2}}e^{-\mathscr{C}^2},\quad f^{(0)}d\boldsymbol{c}=\frac{n}{\pi^{\frac{3}{2}}}e^{-\mathscr{C}^2}d\boldsymbol{\mathscr{C}}. \tag{7.3,5}$$

$\xi^{(1)}$ 的积分部分 $J^{(1)}$ 由下式给出

$$J^{(1)}=J(f^{(0)}f_1^{(1)})+J(f^{(1)}f_1^{(0)}).$$

将 $f^{(1)}=f^{(0)}\Phi^{(1)}$ 代入，然后利用式(7.12,3)，可得

$$J^{(1)}=n^2I(\Phi^{(1)}). \tag{7.3, 6}$$

因此方程 $\xi^{(1)}=0$ 等价于

$$n^2I(\Phi^{(1)})=-f^{(0)}\left\{\left(\mathscr{C}^2-\frac{5}{2}\right)\boldsymbol{C}\cdot\nabla\ln T\right.$$
$$\left.+2\overset{\circ}{\boldsymbol{\mathscr{C}}\boldsymbol{\mathscr{C}}}:\nabla\boldsymbol{c}_0\right\}, \tag{7.3,7}$$

其中引进了符号 ∇ 来代替 $\partial/\partial\boldsymbol{r}$（参见 1.2 节）.

7.31. 函数 $\Phi^{(1)}$

$\Phi^{(1)}$ 就象 $f^{(1)}$ 本身一样是个标量，因此我们只须考虑方程(7.3,7)的标量解. 因为 $I(\Phi^{(1)})$ 和 $\Phi^{(1)}$ 是线性关系，而且方程的右侧是 T 和 u_0, v_0, w_0 的空间导数的线性函数. 所以，最普通的标量解 $\Phi^{(1)}$ 是下列三个部分的和：(i) ∇T 各分量的线性组合；由于这个组合是一个标量，因此它必定是 ∇T 和另外一个矢量的标量积；(ii) $\nabla\boldsymbol{c}_0$ 各分量的线性组合；同样地，这个组合必定是 $\nabla\boldsymbol{c}_0$ 和另外一个张量的标量积；(iii) 方程 $I(\Phi^{(1)})=0$ 的最普通标量解. 其中(i)和 (ii) 相应于微分方程的特解，而 (iii) 相应于余函数. 这样我们可以写出

$$\Phi^{(1)}=-\frac{1}{n}\left(\frac{2kT}{m}\right)^{\frac{1}{2}}\boldsymbol{A}\cdot\nabla\ln T-\frac{2}{n}\mathsf{B}:\nabla\boldsymbol{c}_0$$
$$+\alpha^{(1,1)}+\boldsymbol{\alpha}^{(2,1)}\cdot m\boldsymbol{C}+\alpha^{(3,1)}\cdot\frac{1}{2}mC^2, \tag{7.31,1}$$

其中 $\boldsymbol{A}$ 和 $\boldsymbol{\alpha}^{(2,1)}$ 是矢量，B 是张量，$\boldsymbol{A}$, B 是 $\boldsymbol{C}$ 的函数，而 $\alpha^{(1,1)}$, $\boldsymbol{\alpha}^{(2,1)}$, $\alpha^{(3,1)}$ 都是常数.

将式(7.31,1)代入方程(7.3,7)，并使 ∇T, $\nabla\boldsymbol{c}_0$ 各分量的系数

相等，我们便可得到 $\boldsymbol{A}$, B 是下列方程的特解

$$nI(\boldsymbol{A}) = f^{(0)}\left(\mathscr{C}^2 - \frac{5}{2}\right)\boldsymbol{\mathscr{C}}, \tag{7.31,2}$$

$$nI(\mathsf{B}) = f^{(0)}\overset{\circ}{\boldsymbol{\mathscr{C}}\boldsymbol{\mathscr{C}}}. \tag{7.31,3}$$

不难证明，这两个积分方程的可解性条件是满足的，即（参阅 7.31 节）

$$\int f^{(0)}\left(\mathscr{C}^2 - \frac{5}{2}\right)\boldsymbol{\mathscr{C}}\psi^{(i)}d\mathbf{c} = 0,$$

$$\int f^{(0)}\overset{\circ}{\boldsymbol{\mathscr{C}}\boldsymbol{\mathscr{C}}}\psi^{(i)}d\mathbf{c} = 0 \quad (i = 1, 2, 3).$$

方程 (7.31,2,3) 中所涉及的变量只是 $\boldsymbol{C}$（或 $\mathscr{C}$）以及所考察点处的 n, T 值；$\mathbf{c}_0$ 并不明显地出现，它只是包含在 $\boldsymbol{\mathscr{C}}$ 中．因此，$\boldsymbol{A}$ 和 B 必定是 n, T 和 $\boldsymbol{\mathscr{C}}$ 的函数．由 n, T 和 $\boldsymbol{\mathscr{C}}$ 这几个基本量所能构成的唯一矢量就是 $\boldsymbol{\mathscr{C}}$ 本身，它可以乘以 n, T 和 $\mathscr{C}$ 的某个函数．这个函数是个独立的标量，与 $\boldsymbol{\mathscr{C}}$ 有关．这样我们可以写出

$$\boldsymbol{A} = A(\mathscr{C})\boldsymbol{\mathscr{C}}, \tag{7.31,4}$$

其中 $A(\mathscr{C})$ 是 $\mathscr{C}$（还有 n, T）的函数．

方程(7.31,3)可以分成九个分量方程，其中典型方程为

$$nI(B_{xx}) = f^{(0)}\left(\mathscr{U}^2 - \frac{1}{3}\mathscr{C}^2\right),\ nI(B_{xy}) = f^{(0)}\mathscr{U}\mathscr{V}.$$

将第一种类型的三个方程相加就可以给出

$$I(B_{xx} + B_{yy} + B_{zz}) = 0;$$

而由第二种类型的方程则可以得出

$$I(B_{xy} - B_{yx}) = 0.$$

因此这九个方程的解应当满足

$$B_{xx} + B_{yy} + B_{zz} = 0,\ B_{xy} = B_{yx}, \quad \text{等等}$$

亦即 B 应当是一个对称无散张量．既然 B 只与 n, T 和 $\boldsymbol{\mathscr{C}}$ 有关，而且可以由这三个基本量构成的无散对称张量只能是 $\overset{\circ}{\boldsymbol{\mathscr{C}}\boldsymbol{\mathscr{C}}}$ 和某些标量因子（它们是 n, T 和 $\mathscr{C}$ 的函数）的乘积．这样，我们就可以将方程(7.31, 3)的解写成

$$\mathsf{B} = \mathscr{C}\overset{\circ}{}\mathscr{C} B(\mathscr{C}), \tag{7.31,5}$$

其中 $B(\mathscr{C})$ 是 $\mathscr{C}$, n 和 T 的函数.

式 (7.31,1) 中的常数 $\alpha^{(1,1)}$, $\boldsymbol{\alpha}^{(2,1)}$, $\alpha^{(3,1)}$ 是这样来选定的：它们应使得相应的 $f^{(1)}$ 满足方程(7.12,4)，即

$$0 = \int \psi^{(i)} f^{(1)} d\mathbf{c} = \int \psi^{(i)} f^{(0)} \Phi^{(1)} d\mathbf{c}$$

$$= \int \psi^{(i)} f^{(0)} \left\{ -\frac{1}{n} \left(\frac{2kT}{m} \right)^{\frac{1}{2}} A(\mathscr{C}) \boldsymbol{\mathscr{C}} \cdot \nabla \ln T \right.$$

$$- \frac{2}{n} B(\mathscr{C}) \mathscr{C} \circ \mathscr{C} : \nabla \mathbf{c}_0 + \alpha^{(1,1)} + \boldsymbol{\alpha}^{(2,1)} \cdot m\boldsymbol{C}$$

$$\left. + \alpha^{(3,1)} \cdot \frac{1}{2} m C^2 \right\} d\mathbf{c}.$$

略去上述方程中等于零的各个积分，并利用式 (1.42, 4) 进行简化之后，这时上述方程就变成

$$\int f^{(0)} \left(\alpha^{(1,1)} + \alpha^{(3,1)} \cdot \frac{1}{2} m C^2 \right) d\mathbf{c} = 0,$$

$$\int f^{(0)} \left(-\frac{1}{n} A(\mathscr{C}) \nabla \ln T + m\boldsymbol{\alpha}^{(2,1)} \right) m C^2 d\mathbf{c} = 0,$$

$$\int f^{(0)} \left(\alpha^{(1,1)} + \alpha^{(3,1)} \cdot \frac{1}{2} m C^2 \right) \frac{1}{2} m C^2 d\mathbf{c} = 0,$$

它们分别对应于 $i = 1, 2, 3$ 三种情况. 其中的第一、第三关系式表明了 $\alpha^{(1,1)} = 0$, $\alpha^{(3,1)} = 0$; 第二个关系式则表明 $\boldsymbol{\alpha}^{(2,1)}$ 与 ∇T 成比例. 这样，式 (7.31,1) 中的 $\boldsymbol{\alpha}^{(2,1)} \cdot m\boldsymbol{C}$ 项可以合并到右侧的第一项中，结果我们还可以得出 $\boldsymbol{\alpha}^{(2,1)} = 0$，此时上述关系式中的第二式变为

$$\int f^{(0)} A(\mathscr{C}) \mathscr{C}^2 d\mathbf{c} = 0. \tag{7.31,6}$$

此外，式 (7.31, 1) 可以简化为

$$\Phi^{(1)} = -\frac{1}{n} \left(\frac{2kT}{m} \right)^{\frac{1}{2}} \boldsymbol{A} \cdot \nabla \ln T - \frac{2}{n} \mathsf{B} : \nabla \mathbf{c}_0. \tag{7.31,7}$$

7.4. 热传导系数

在详细地探讨确定 $\boldsymbol{A}$, B 的方法之前，我们将先推导热流矢 $\boldsymbol{q}$ 的二级近似(即 $\boldsymbol{q}^{(1)}$, 因为 $\boldsymbol{q}^{(0)}=0$; 参见式(7.14,5))表达式，以及应力系统对于流体静压强(由 $\mathsf{P}^{(0)}$ 或 $p\mathsf{U}$ 给定)的偏离量的二级近似表达式。对于二级近似来说，这个应力偏离量由 $\mathsf{P}^{(1)}$ 给出。$\boldsymbol{q}^{(1)}$ 的方程是

$$\boldsymbol{q}^{(1)}=\frac{1}{2}m\int f^{(1)}C^2\boldsymbol{C}d\boldsymbol{c}=\frac{1}{2}m\int f^{(0)}\Phi^{(1)}C^2\boldsymbol{C}d\boldsymbol{c}.$$

用式(7.31,7)代替 $\Phi^{(1)}$, 并略去是 $\mathscr{C}$ (或 $\boldsymbol{C}$) 分量的奇函数的那些积分，然后再根据式(1.42,4)，这时上式就变为

$$\begin{aligned}\boldsymbol{q}^{(1)}&=-\frac{m}{2n}\int f^{(0)}\boldsymbol{C}C^2\left(\frac{2kT}{m}\right)^{\frac{1}{2}}A(\mathscr{C})\boldsymbol{\mathscr{C}}\cdot\nabla\ln T d\boldsymbol{c}\\&=-\frac{m}{2n}\left(\frac{2kT}{m}\right)^2\int f^{(0)}\boldsymbol{\mathscr{C}}\mathscr{C}^2A(\mathscr{C})\boldsymbol{\mathscr{C}}\cdot\nabla\ln T d\boldsymbol{c}\\&=-\frac{1}{3}\frac{2k^2T^2}{mn}\nabla\ln T\int f^{(0)}\mathscr{C}^4A(\mathscr{C})d\boldsymbol{c}.\end{aligned}$$

利用关系式(7.31, 6)可得

$$\begin{aligned}\boldsymbol{q}^{(1)}&=-\frac{2k^2T}{3mn}\nabla T\int f^{(0)}\left(\mathscr{C}^4-\frac{5}{2}\mathscr{C}^2\right)A(\mathscr{C})d\boldsymbol{c}\\&=-\frac{2k^2T}{3mn}\nabla T\int\boldsymbol{\mathscr{C}}A(\mathscr{C})\cdot f^{(0)}\left(\mathscr{C}^2-\frac{5}{2}\right)\boldsymbol{\mathscr{C}}d\boldsymbol{c},\end{aligned}$$

再根据式(7.31,2)和(4.4,7)，可由此得出

$$\begin{aligned}\boldsymbol{q}^{(1)}&=-\frac{2k^2T}{3m}\nabla T\int\boldsymbol{A}\cdot I(\boldsymbol{A})d\boldsymbol{c}\\&=-\frac{2k^2T}{3m}[\boldsymbol{A},\boldsymbol{A}]\nabla T.\end{aligned}$$

这样，如果令

$$\lambda=\frac{2k^2T}{3m}[\boldsymbol{A},\boldsymbol{A}],\tag{7.4,1}$$

于是，根据式(4.41,1)可知，λ 总是正值，而且可以给出 $\boldsymbol{q}^{(1)}$ 的值如下

$$\boldsymbol{q}^{(1)} = -\lambda \nabla T. \tag{7.4,2}$$

所以对于二级近似而言，热流的大小与温度的梯度成正比，但方向相反. 这和第六章的近似理论相符合. 上面的 λ 就是气体的热传导系数.

7.41. 粘性系数

$\mathsf{P}^{(1)}$ 的方程是

$$\mathsf{P}^{(1)} = m\int f^{(1)}\boldsymbol{CC}d\boldsymbol{c} = m\int f^{(0)}\Phi^{(1)}\boldsymbol{CC}d\boldsymbol{c}.$$

在此式中，我们用式(7.31,7)代替 $\Phi^{(1)}$，然后略去是 $\boldsymbol{C}$ 分量的奇函数的那些积分，于是有

$$\begin{aligned}\mathsf{P}^{(1)} &= -\frac{2m}{n}\int f^{(0)}B(\mathscr{C})(\overset{\circ}{\boldsymbol{\mathscr{C}}\boldsymbol{\mathscr{C}}}:\nabla\boldsymbol{c}_0)\boldsymbol{CC}d\boldsymbol{c}\\ &= -\frac{4kT}{n}\int f^{(0)}B(\mathscr{C})(\overset{\circ}{\boldsymbol{\mathscr{C}}\boldsymbol{\mathscr{C}}}:\nabla\boldsymbol{c}_0)\boldsymbol{\mathscr{C}\mathscr{C}}d\boldsymbol{c}\end{aligned}$$

再利用 1.421 节的定理和方程(7.31,3)，并采用 $\mathbf{e}$ 代替 $\overline{\overline{\nabla\boldsymbol{c}_0}}$（参阅 1.33 节），由此可得

$$\begin{aligned}\mathsf{P}^{(1)} &= -\frac{4kT}{5n}\overset{\circ}{\mathbf{e}}\int f^{(0)}B(\mathscr{C})(\overset{\circ}{\boldsymbol{\mathscr{C}}\boldsymbol{\mathscr{C}}}:\overset{\circ}{\boldsymbol{\mathscr{C}}\boldsymbol{\mathscr{C}}})d\boldsymbol{c}\\ &= -\frac{4kT}{5n}\overset{\circ}{\mathbf{e}}\int f^{(0)}\overset{\circ}{\boldsymbol{\mathscr{C}}\boldsymbol{\mathscr{C}}}:\mathsf{B}d\boldsymbol{c}\\ &= -\frac{4}{5}kT\overset{\circ}{\mathbf{e}}\int \mathsf{B}:I(\mathsf{B})d\boldsymbol{c}\\ &= -\frac{4}{5}kT[\mathsf{B},\mathsf{B}]\overset{\circ}{\mathbf{e}}.\end{aligned}$$

因此，如果令

$$\mu = \frac{2}{5}kT[\mathsf{B},\mathsf{B}], \tag{7.41,1}$$

则 μ 和 λ 一样也总是正值，而 $\mathsf{P}^{(1)}$ 的上述表达式就变为

$$\mathbf{P}^{(1)} = -2\mu\mathring{\mathbf{e}} = -2\mu\overline{\overline{\nabla\mathbf{c}_0}}^{\circ}. \tag{7.41,2}$$

根据式(7.14,3,6)可知，整个应力张量 $\mathbf{P}$ 的二级近似是 $p\mathbf{U}+\mathbf{P}^{(1)}$，或者说是

$$p\mathbf{U}-2\mu\overline{\overline{\nabla\mathbf{c}_0}}^{\circ},$$

这可由式 (7.41,2) 给出．因此应力张量 $\mathbf{P}$ 的典型元素 p_{xx}，p_{yz} 的二级近似值为

$$p_{xx}=p-\frac{2}{3}\mu\left(\frac{2\partial u_0}{\partial x}-\frac{\partial v_0}{\partial y}-\frac{\partial w_0}{\partial z}\right),$$

$$p_{yz}=-\mu\left(\frac{\partial v_0}{\partial z}+\frac{\partial w_0}{\partial y}\right).$$

这些式子和粘性系数为 μ 的介质中相应的应力分量的表达式完全相同．它们是 6.2 节结果的推广，6.2 节的结果对应于 $v_0=w_0=0$ 且 u_0 仅是 z 的函数时的情况．这时，上述六个应力分量的表达式便简化为

$$p_{xx}=p_{yy}=p_{zz}=p,\ p_{xy}=p_{yx}=-\mu\frac{\partial u_0}{\partial z},$$

$$p_{yz}=p_{zy}=0=p_{zx}=p_{xz}.$$

7.5. Sonine 多项式

确定 $\mathbf{A}$ 和 $\mathbf{B}$ 的办法是将它们表示为某些多项式 $S_m^{(n)}(x)$[1]，这些多项式的定义如下．

设 s 是小于 1 的正数，而 x，m 是任何的实数；再设

$$S=s/(1-s). \tag{7.5,1}$$

---

1) 这些多项式是由 D. Burnett (*Proc. Lond. Math. Soc.* **39**, 385(1935)) 首先运用于气体分子运动论的．但是 Burnett 所说的 Sonine 多项式 $S_m^{(n)}(x)$ 与这里所定义的多项式是不同的，它们相差一个常数因子 $1/\Gamma(m+n+1)$．而且 H. Grad(*Comm. Pure Appl. Maths.* **2**, 331(1949)) 还曾利用广义的 Hermite 多项式从另一角度进行了讨论．Hermite 多项式相当于在速度空间中按笛卡尔坐标展开，而 Sonine 多项式相当于按极坐标展开．

于是多项式 $S_m^{(n)}(x)$ 就可以用下列展开式来定义

$$(S/s)^{m+1}e^{-xS}=(1-s)^{-m-1}e^{-xs/(1-s)}$$
$$=\sum_{n=0}^{\infty}s^nS_m^{(n)}(x). \tag{7.5,2}$$

因为

$$(1-s)^{-m-1}e^{-xs/(1-s)}=\sum_p(-xs)^p(1-s)^{-p-m-1}/p!$$
$$=\sum_p\sum_q(-xs)^ps^q(m+p+q)_q/p!q!,$$

其中 r_q 表示 q 个因子 $r, r-1, \cdots, r-q+1$ 的乘积；这样，选择使得 $p+q=n$ 的那些项，从而得到

$$S_m^{(n)}(x)=\sum_{p=0}^{n}(-x)^p(m+n)_{n-p}/p!(n-p)!. \tag{7.5,3}$$

特别是

$$S_m^{(0)}(x)=1,\ S_m^{(1)}=m+1-x. \tag{7.5,4}$$

多项式 $S_m^{(n)}(x)$ 是研究 Bessel 函数时得到的 Sonine 多项式[1]的整数倍.

令 $T=t/(1-t)$，由于

$$(1-s)^{-m-1}(1-t)^{-m-1}\int_0^{\infty}e^{-x(1+S+T)}x^mdx$$
$$=(1-s)^{-m-1}(1-t)^{-m-1}\int_0^{\infty}e^{-x(1-st)/(1-s)(1-t)}x^mdx$$
$$=(1-st)^{-m-1}\Gamma(m+1),$$

使上式两侧的 s^pt^q 项的系数相等，我们便可得到

$$\left.\begin{aligned}\int_0^{\infty}e^{-x}S_m^{(p)}(x)S_m^{(q)}(x)x^mdx&=0 \quad (p\neq q)\\ &=\Gamma(m+p+1)/p!\ (p=q).\end{aligned}\right\} \tag{7.5,5}$$

---

1) 参阅 N. J. Sonine, *Math. Ann.* **16**, 41(1880). 典型的 Sonine 多项式等于

$$\Gamma(m+n+1)(-1)^nS_m^{(n)}(x).$$

它与 E. Schrödinger (*Ann. Phys.* **80**, 483(1926)) 所采用的广义 Laguerre 多项式 L 有关，Laguerre 多项式满足

$$\sum_{k=0}^{\infty}L_{n+k}^{n}(x)\frac{t^k}{\Gamma(n+k+1)}=(-1)^n(1-t)^{-n-1}e^{-xt/(1-t)}.$$

7.51. $\boldsymbol{A}$ 和 λ 的形式计算

假定函数 $A(\mathscr{C})$ 可以展开为一个收敛级数[1]，其形式为

$$A(\mathscr{C})=\sum_{p=0}^{\infty}a_pS_{\frac{3}{2}}^{(p)}(\mathscr{C}^2), \tag{7.51,1}$$

其中系数 a_p 与 $\mathscr{C}$ 无关．关系式(7.31,6)现在变为（参见式(7.3,5)）

$$n\pi^{-\frac{3}{2}}\sum_{p=0}^{\infty}a_p\int e^{-\mathscr{C}^2}\mathscr{C}^2S_{\frac{3}{2}}^{(p)}(\mathscr{C}^2)d\boldsymbol{\mathscr{C}}=0,$$

或者，对 $\boldsymbol{\mathscr{C}}$ 的所有方向积分并注意到 $S_{\frac{3}{2}}^{(0)}(\mathscr{C}^2)=1$ 和式(7.5,5)之后，即可得出

$$\begin{aligned}0&=2n\pi^{-\frac{1}{2}}\sum_{p=0}^{\infty}a_p\int_0^{\infty}e^{-\mathscr{C}^2}\mathscr{C}^3S_{\frac{3}{2}}^{(0)}(\mathscr{C}^2)S_{\frac{3}{2}}^{(p)}(\mathscr{C}^2)d\mathscr{C}^2\\&=2n\pi^{-\frac{1}{2}}\Gamma\left(\frac{5}{2}\right)a_0.\end{aligned}$$

因此，$a_0=0$．而且有

$$\boldsymbol{A}=A(\mathscr{C})\boldsymbol{\mathscr{C}}=\sum_{p=1}^{\infty}a_p\boldsymbol{a}^{(p)}, \tag{7.51,2}$$

其中

$$\boldsymbol{a}^{(p)}=S_{\frac{3}{2}}^{(p)}(\mathscr{C}^2)\boldsymbol{\mathscr{C}}. \tag{7.51,3}$$

$a_1, a_2, \cdots$ 的值由式(7.31,2)确定，该式等价于

$$nI(\boldsymbol{A})=-f^{(0)}S_{\frac{3}{2}}^{(1)}(\mathscr{C}^2)\boldsymbol{\mathscr{C}}. \tag{7.51,4}$$

我们用 $\boldsymbol{a}^{(q)}=S_{\frac{3}{2}}^{(q)}(\mathscr{C}^2)\boldsymbol{\mathscr{C}}$ 乘以此式并对 $\mathbf{c}$ 积分，然后利用式(4.4,7)和(7.3,5)便可以得到

$$[\boldsymbol{a}^{(q)},\boldsymbol{A}]=\alpha_q. \tag{7.51,5}$$

这里，根据式(7.5,5)，得

---

1) D. Burnett 在刚才引用的参考文献中还研究过某些分子模型的收敛性问题．关于可以用多项式级数来表达一个函数的一般理论，请参阅 R. Courant and D. Hilbert, *Meth. der Math. Phys.* vol. 1, chapter 2.

$$\alpha_q = -2\pi^{-\frac{1}{2}}\int_0^\infty e^{-\mathscr{C}^2}\mathscr{C}^3 S_{\frac{3}{2}}^{(1)}(\mathscr{C}^2) S_{\frac{3}{2}}^{(q)}(\mathscr{C}^2)d(\mathscr{C}^2)$$

$$\left.\begin{aligned} &= -\frac{15}{4} \quad (q=1) \\ &= 0 \qquad (q \neq 1) \end{aligned}\right\} \tag{7.51,6}$$

令

$$a_{pq} \equiv [\boldsymbol{a}^{(p)}, \boldsymbol{a}^{(q)}]. \tag{7.51,7}$$

于是，根据式(7.51,2)，方程(7.51,5)变为

$$\sum_{p=1}^{\infty} a_p a_{pq} = \alpha_q \ (q = 1, 2, \cdots, \infty). \tag{7.51,8}$$

由于函数 $\boldsymbol{a}^{(p)}$ 是已知的，因此 a_{pq} 亦就可以认为是已知的. 所以，方程(7.51,8)是确定一组无穷个系数 a_p 的无穷方程组. 我们不必去详细研究无穷线性方程组的理论，只要指出下述这点就足够了：当无穷线性方程组有唯一解时(物理上的考虑显然表明：在本问题中，情况就是如此)，该解可以用逐次逼近的方法求得.

Enskog 假定：$\boldsymbol{A}^{(m)}$ 可以被取为 $\boldsymbol{A}$ 的第 m 级近似，而 $\boldsymbol{A}^{(m)}$ 由下式给出

$$\boldsymbol{A}^{(m)} = \sum_{p=1}^{m} a_p^{(m)} \boldsymbol{a}^{(p)}, \tag{7.51,9}$$

其中

$$\sum_{p=1}^{m} a_p^{(m)} a_{pq} = \alpha_q \ (q = 1, 2, \cdots, m) \tag{7.51,10}$$

这种近似相当于在式(7.51, 2)和(7.51, 8)中略去与 $\boldsymbol{a}^{(r)}$ (其中 $r > m$)有关的各项. 他还假定：当 m 趋于无穷大时，$a_p^{(m)}$ 趋于 a_p，因而 $\boldsymbol{A}^{(m)}$ 趋于 $\boldsymbol{A}$. 利用式(7.51,6)中所给定的 α_q 值，我们就得出

$$a_q^{(m)} = -\frac{15}{4}\mathscr{A}_{1q}^{(m)}/\mathscr{A}^{(m)} \ (q = 1, 2, \cdots, m) \tag{7.51,11}$$

可以作为方程(7.51, 10)的解[1]. 在这里，$\mathscr{A}^{(m)}$ 是元素为 $a_{pq}(p,$

1) 在实际中，当 a_{pq} 的数值已知时，求得 $a_q^{(m)}$ 的最方便的办法是采用求解线性方程组的一种标准的数值方法(例如，Gauss 方法).

$q=1,2,\cdots,m$)的对称行列式，而 $\mathscr{A}_{1q}^{(m)}$ 是 $\mathscr{A}^{(m)}$ 中元素 a_{1q} 的余子式.

热传导系数 λ 只取决于系数 a_1，因为根据式(7.4,1)和式(7.51,5,6)可知

$$\lambda=\frac{2k^2T}{3m}[\boldsymbol{A},\boldsymbol{A}]$$

$$=\frac{2k^2T}{3m}\sum_{p=1}^{\infty}a_p[\boldsymbol{a}^{(p)},\boldsymbol{A}]$$

$$=-\frac{5k^2T}{2m}a_1.$$

由于假定了气体分子只具有平动能，因此气体的比热 c_v 就是 $3k/2m$. 所以，利用式(7.51,11)便可得出

$$\lambda=\frac{25}{4}c_vkT\lim_{m\to\infty}\mathscr{A}_{11}^{(m)}/\mathscr{A}^{(m)}. \tag{7.51, 12}$$

上式右侧的极限可以用一个无穷级数来代替. 根据关于子行列式及其倒易(转置伴随)行列式的雅可比定理[1]可得

$$\mathscr{A}_{11}^{(m)}\mathscr{A}^{(m-1)}-(\mathscr{A}_{1m}^{(m)})^2=\mathscr{A}_{11}^{(m-1)}\mathscr{A}^{(m)},$$

于是

$$\frac{\mathscr{A}_{11}^{(m)}}{\mathscr{A}^{(m)}}-\frac{\mathscr{A}_{11}^{(m-1)}}{\mathscr{A}^{(m-1)}}=\frac{(\mathscr{A}_{1m}^{(m)})^2}{\mathscr{A}^{(m)}\mathscr{A}^{(m-1)}}. \tag{7.51,13}$$

而 $\mathscr{A}_{11}^{(1)}/\mathscr{A}^{(1)}=1/a_{11}$；因此我们重复运用式(7.51,13)后，便可得到

$$\frac{\mathscr{A}_{11}^{(m)}}{\mathscr{A}^{(m)}}=\frac{1}{a_{11}}+\frac{(\mathscr{A}_{12}^{(2)})^2}{\mathscr{A}^{(1)}\mathscr{A}^{(2)}}+\cdots+\frac{(\mathscr{A}_{1m}^{(m)})^2}{\mathscr{A}^{(m-1)}\mathscr{A}^{(m)}}.$$

将此式代入式(7.51,12)，可得

$$\lambda=\frac{25}{4}c_vkT\left[\frac{1}{a_{11}}+\frac{(\mathscr{A}_{12}^{(2)})^2}{\mathscr{A}^{(1)}\mathscr{A}^{(2)}}+\frac{(\mathscr{A}_{13}^{(3)})^2}{\mathscr{A}^{(2)}\mathscr{A}^{(3)}}+\cdots\right]. \tag{7.51,14}$$

根据式(7.51,7)可知，a_{pq} 与数密度 n 无关；因此，式(7.51,14)中的级数以及 λ 都同样地与数密度 n 无关.

---

1) 可以参阅 L. Mirsky, *Introduction to Linear Algebra* (Oxford, 1961), p 25.

式(7.51,14)中级数的每一项都总是正值．因为若 $x_1, x_2, \cdots, x_m$ 是任意的非零参数，则有

$$\left[\sum_{p=1}^{m} x_p \boldsymbol{a}_p, \sum_{p=1}^{m} x_p \boldsymbol{a}_p\right] = \sum_{p=1}^{m}\sum_{q=1}^{m} a_{pq} x_p x_q.$$

其左侧的表达式总是正值；它不可能为零，因为 $\sum_{p=1}^{\infty} x_p \boldsymbol{a}_p$ 不是总和不变量．所以，上式右侧的二次项是有限正值，不过这一点仅当系数行列式 $\mathscr{A}^{(m)}$ 为正值时才正确． 这个结论对所有的 m 都成立；由于 $a_{11} = \mathscr{A}^{(1)}$，因此式(7.51,14)中的级数就是一个正项级数．

当 a_{pq} 的各个表达式都已知时，在式(7.51,14)中取级数的 m 项便求得 m 级近似．我们将在第九章和第十章中计算 a_{pq}．

7.52. B 和 μ 的形式计算

张量 B 和粘性系数 μ 可用类似于 7.51 节中的方法来计算．由于 B 的形式为 $\overset{\circ}{\mathscr{C}\mathscr{C}} B(\mathscr{C})$，我们可以将它表示为形式如下的级数

$$\mathsf{B} = \sum_{p=1}^{\infty} b_p \mathbf{b}^{(p)}, \qquad (7.52,1)$$

其中

$$\mathbf{b}^{(p)} = \overset{\circ}{\mathscr{C}\mathscr{C}} S_{\frac{5}{2}}^{(p-1)}(\mathscr{C}^2) \qquad (7.52,2)$$

而系数 b_p 是待定的常数． 用 $\mathbf{b}^{(q)}$ 乘以式(7.31, 3)并对 $\mathbf{c}$ 求积分后，便可得到

$$[\mathbf{b}^{(q)}, \mathsf{B}] = \beta_q \qquad (7.52,3)$$

或者，根据式(7.52,1)，可得

$$\sum_{p=1}^{\infty} b_p b_{pq} = \beta_q \ (q = 1, 2, \cdots, \infty) \qquad (7.52,4)$$

其中

$$b_{pq} = [\mathbf{b}^{(p)}, \mathbf{b}^{(q)}], \qquad (7.52,5)$$

$$\beta_q = \frac{1}{n}\int f^{(0)} \overset{\circ}{\mathscr{C}\mathscr{C}} : S_{\frac{5}{2}}^{(q-1)}(\mathscr{C}^2) \overset{\circ}{\mathscr{C}\mathscr{C}} d\mathbf{c}.$$

利用式(1.32,9)、(7.3,5)和(7.5,4,5)，上式给出

$$\beta_q = \frac{4}{3\pi^{\frac{1}{2}}}\int_0^\infty e^{-\mathscr{C}^2}\mathscr{C}^5 S_{\frac{5}{2}}^{(q-1)}(\mathscr{C}^2)d(\mathscr{C}^2)$$

$$= \frac{5}{2}\,(q=1),$$

$$= 0\,(q>1). \tag{7.52,6}$$

粘性系数 μ 只取决于 b_1，因为(参见式(7.41,1))根据式(7.52,3) 和 (7.52,6) 可得

$$\mu = \frac{2}{5}kT[\mathsf{B},\mathsf{B}] = \frac{2}{5}kT\sum_p b_p[\mathsf{b}^{(p)},\mathsf{B}]$$
$$= kTb_1.$$

所以，应用和 7.51 节相同的近似方法求解方程(7.52,4)后，就可以得到

$$\mu = \frac{5}{2}kT\lim_{m\to\infty}\mathscr{B}_{11}^{(m)}/\mathscr{B}^{(m)} \tag{7.52,7}$$

$$= \frac{5}{2}kT\left[\frac{1}{b_{11}} + \frac{(\mathscr{B}_{12}^{(2)})^2}{\mathscr{B}^{(1)}\mathscr{B}^{(2)}} + \frac{(\mathscr{B}_{13}^{(3)})^2}{\mathscr{B}^{(2)}\mathscr{B}^{(3)}} + \cdots\right], \tag{7.52,8}$$

其中 $\mathscr{B}^{(m)}$ 是元素为 $b_{pq}(p,\ q=1,\ 2,\ \cdots,\ m)$ 的行列式，而 $\mathscr{B}_{1q}^{(m)}$ 是 $\mathscr{B}^{(m)}$ 中元素 b_{1q} 的余子式. μ 的表达式也象 λ 一样与数密度无关. 另外，式(7.52,8)中级数的每一项都是正的，因而 μ 的逐级近似构成了一个单调递增数列.

Enskog 曾给出与式(7.52,8)和(7.51,14)相类似的级数[1].

历史情况的说明

Enskog 的结果发表在 1917 年他在 Uppsala 的就职论文中[2].

1) 参阅 Inaugural Dissertation, Uppsala (1917). Enskog 在这篇就职论文中还给出了下述论证: 函数 $\boldsymbol{A}^{(m)}$ 由式(7.51,9)给定，其中的系数 $a_p^{(m)}$ 由式(7.51,10)给定，在所有的函数 $A^{(m)}$ 中有一个函数将使得量 $[\boldsymbol{A}-\boldsymbol{A}_p^{(m)}, \boldsymbol{A}-\boldsymbol{A}^{(m)}]$ (总为正值)取最小值. 这意味着: 系数 $a_p^{(m)}$ 应当这样选取以使得 $\boldsymbol{A}^{(m)}$ 从某种意义上讲是 $\boldsymbol{A}$ (形式为(7.51,9))的最佳可能近似. 对于 **B** 亦可以给出类似的论证. 反之，我们还可以利用这个最小值原理来建立式 (7.51,10)以及相应的 $b_p^{(m)}$ 公式. 关于这一点可参阅: F. J. Hellund and E. A. Uehling, *Phys. Rev.* **56**, 818(1939), 以及 M. Kohler, *Z. Phys.* **124**, 772 (1948).

2) 还可参阅 D. Enskog, *Arkiv. Mat. Astr. Fys.* **16**, 1(1921).

Chapman[1] 则在稍早一些的时候独立地给出了 λ 和 μ 的公式以及混合气体中的扩散系数公式．这些公式和 Enskog 结果实质上是等价的．Chapman 并未试图去直接求解 Boltzmann 方程，他仿效 Maxwell，研究了分子属性的变化方程．不难证明，方程 (7.51,8) 和(7.52,4) 等同于分子属性 $\boldsymbol{a}^{(p)}$, $\mathbf{b}^{(p)}$ 的变化方程．对于第 8 章中的相应方程亦有类似的情况．从根本上讲，Chapman 采用了像方程 (7.51，10) 那样的近似形式，因此他的结果和 Enskog 结果一致[2]．

1) S. Chapman, *Phil. Trans. R. Soc.* A, **216**, 279(1916), and **217**, 115 (1917); *Proc. R. Soc.* A, **93**, 1(1916).

2) 还可参阅本书末尾的«发展简史»一节．

第八章　二组元混合气体的非均匀状态

8.1. 二组元混合气体的 Boltzmann 方程和输运方程

在混合气体中，当气体的组分、宏观速度和温度逐点改变时，对于计算其速度分布函数这样一个一般性问题，其求解方法和单组元气体的相类似. 在本章里，我们研究的是二组元混合气体. 多组元混合气体的相应解法则将在第十八章中给出.

混合气体的宏观速度、分压强、密度以及其它参数的定义已经在 2.5 节中给出.

两种气体的分子速度分布函数 f_1, f_2 应满足下列方程

$$\frac{\partial f_1}{\partial t}+\boldsymbol{c}_1\cdot\frac{\partial f_1}{\partial \boldsymbol{r}}+\boldsymbol{F}_1\cdot\frac{\partial f_1}{\partial \boldsymbol{c}_1}=\frac{\partial_e f_1}{\partial t}, \tag{8.1,1}$$

$$\frac{\partial f_2}{\partial t}+\boldsymbol{c}_2\cdot\frac{\partial f_2}{\partial \boldsymbol{r}}+\boldsymbol{F}_2\cdot\frac{\partial f_2}{\partial \boldsymbol{c}_2}=\frac{\partial_e f_2}{\partial t}, \tag{8.1,2}$$

其中 $\partial_e f_1/\partial t$, $\partial_e f_2/\partial t$ 的值由方程(3.52,1,9,11)及其类似的方程给定.

如果将 f_1 表示为 $\boldsymbol{C}_1$, $\boldsymbol{r}$ 和 t（而不采用 $\boldsymbol{c}_1$, $\boldsymbol{r}$ 和 t）的函数，那么方程(8.1,1)的左侧变为

$$\frac{Df_1}{Dt}+\boldsymbol{C}_1\cdot\frac{\partial f_1}{\partial \boldsymbol{r}}+\left(\boldsymbol{F}_1-\frac{D\boldsymbol{c}_0}{Dt}\right)\cdot\frac{\partial f_1}{\partial \boldsymbol{C}_1}-\frac{\partial f_1}{\partial \boldsymbol{C}_1}\boldsymbol{C}_1:\frac{\partial}{\partial \boldsymbol{r}}\boldsymbol{c}_0;$$

方程(8.1,2)的左侧亦有一个与此类似的表达式.

第一种气体分子速度的函数 $\phi_1(\boldsymbol{C}_1, \boldsymbol{r}, t)$ 的变化方程为（参见式(3.13, 2)）

$$\frac{D(n_1\bar{\phi}_1)}{Dt}+n_1\bar{\phi}_1\frac{\partial}{\partial \boldsymbol{r}}\cdot\boldsymbol{c}_0+\frac{\partial}{\partial \boldsymbol{r}}\cdot n_1\overline{\phi_1\boldsymbol{C}_1}$$

$$-n_1\left\{\frac{D\bar{\phi}_1}{Dt}+\overline{\boldsymbol{C}_1\cdot\frac{\partial\phi_1}{\partial\boldsymbol{r}}}+\left(\boldsymbol{F}_1-\frac{D\boldsymbol{c}_0}{Dt}\right)\cdot\overline{\frac{\partial\phi_1}{\partial\boldsymbol{C}}}\right.$$

$$\left.-\overline{\frac{\partial\phi_1}{\partial\boldsymbol{C}_1}\boldsymbol{C}_1}:\frac{\partial}{\partial\boldsymbol{r}}\boldsymbol{c}_0\right\}=n_1\Delta\bar{\phi}_1; \tag{8.1,3}$$

对于第二种气体分子速度的函数 $\phi_2(\boldsymbol{C}_2, \boldsymbol{r}, t)$ 亦有一个类似的方程成立.

由 3.21 节可知，对于某些 ϕ 值，$\Delta\bar{\phi}$ 等于零；与此相对应的变化方程具有特殊的重要性.

情况 1　令 $\phi_1=1$；这时 $n_1\Delta\bar{\phi}_1$ 为第一种气体的数密度由于碰撞而造成的变化率；当然，此变化率等于零．所以变化方程为

$$\frac{Dn_1}{Dt}+n_1\frac{\partial}{\partial\boldsymbol{r}}\cdot\boldsymbol{c}_0+\frac{\partial}{\partial\boldsymbol{r}}\cdot(n_1\bar{\boldsymbol{C}}_1)=0. \tag{8.1,4}$$

这就是第一种气体的分子数守恒方程．将此方程与第二种气体的分子数守恒方程相加，就得出混合气体的分子数守恒方程如下

$$\frac{Dn}{Dt}+n\frac{\partial}{\partial\boldsymbol{r}}\cdot\boldsymbol{c}_0+\frac{\partial}{\partial\boldsymbol{r}}\cdot(n_1\bar{\boldsymbol{C}}_1+n_2\bar{\boldsymbol{C}}_2)=0. \tag{8.1,5}$$

此外，用 m_1 和 m_2 分别乘以这两种气体的分子数守恒方程，然后相加，而且由于 $\rho_1\bar{\boldsymbol{C}}_1+\rho_2\bar{\boldsymbol{C}}_2=0$（参见式(2.5,9)），便可得出下列方程

$$\frac{D\rho}{Dt}+\rho\frac{\partial}{\partial\boldsymbol{r}}\cdot\boldsymbol{c}_0=0, \tag{8.1,6}$$

这就是混合气体的质量守恒方程.

情况 2　令 $\phi_1=m_1\boldsymbol{C}_1$；这时变化方程为

$$\frac{D}{Dt}(\rho_1\bar{\boldsymbol{C}}_1)+\rho_1\bar{\boldsymbol{C}}_1\left(\frac{\partial}{\partial\boldsymbol{r}}\cdot\boldsymbol{c}_0\right)+\frac{\partial}{\partial\boldsymbol{r}}\cdot\rho_1\overline{\boldsymbol{C}_1\boldsymbol{C}_1}-\rho_1\left(\boldsymbol{F}_1-\frac{D\boldsymbol{c}_0}{Dt}\right)$$

$$+\rho_1\bar{\boldsymbol{C}}_1\cdot\frac{\partial}{\partial\boldsymbol{r}}\boldsymbol{c}_0=n_1\Delta m_1\bar{\boldsymbol{C}}_1. \tag{8.1,7}$$

将它与第二种气体的相应方程相加并利用下述关系式（它表示两种分子的总动量不因碰撞而改变这样一个事实）

$$n_1\Delta m_1\bar{\boldsymbol{C}}_1+n_2\Delta m_2\bar{\boldsymbol{C}}_2=0,$$

这样就可以得到混合气体的运动方程，即

$$\frac{\partial}{\partial \boldsymbol{r}} \cdot \mathsf{P} = \rho_1 \boldsymbol{F}_1 + \rho_2 \boldsymbol{F}_2 - \rho \frac{D\boldsymbol{c}_0}{Dt}. \qquad (8.1,8)$$

情况 3 令 $\phi_1 = E_1$；由于一个分子的平动运动对 E_1 的贡献是 $\frac{1}{2} m_1 C_1^2$，所以 $\partial\phi_1/\partial \boldsymbol{C}_1 = m_1 \boldsymbol{C}_1$. 这样，相应的变化方程为

$$\frac{D(n_1\bar{E}_1)}{Dt} + n_1\bar{E}_1\left(\frac{\partial}{\partial \boldsymbol{r}} \boldsymbol{c}_0\right) + \frac{\partial}{\partial \boldsymbol{r}} \cdot \boldsymbol{q}_1 - \rho_1 \bar{\boldsymbol{C}}_1 \cdot \left(\boldsymbol{F}_1 - \frac{D\boldsymbol{c}_0}{Dt}\right)$$

$$+ \rho_1 \overline{\boldsymbol{C}_1\boldsymbol{C}_1} : \frac{\partial}{\partial \boldsymbol{r}} \boldsymbol{c}_0 = n_1 \Delta \bar{E}_1. \qquad (8.1,9)$$

将此方程与第二种气体的相应方程相加并利用下述关系式（它表示碰撞时能量守恒）

$$n_1 \Delta \bar{E}_1 + n_2 \Delta \bar{E}_2 = 0,$$

于是便可求得整个混合气体的能量方程为

$$\frac{D(n\bar{E})}{Dt} + n\bar{E}\left(\frac{\partial}{\partial \boldsymbol{r}} \cdot \boldsymbol{c}_0\right) + \frac{\partial}{\partial \boldsymbol{r}} \cdot \boldsymbol{q}$$

$$= \rho_1 \bar{\boldsymbol{C}}_1 \cdot \boldsymbol{F}_1 + \rho_2 \bar{\boldsymbol{C}}_2 \cdot \boldsymbol{F}_2 - \mathsf{P} : \frac{\partial}{\partial \boldsymbol{r}} \boldsymbol{c}_0,$$

这个方程很象式(3.21,4)，它可以逐项加以解释. 在这里，和式(2.44,1)一样，取 $d\bar{E}/dT = \frac{1}{2} Nk$，并利用方程(8.1,5)，于是上述方程就简化为

$$\frac{1}{2} Nkn \frac{DT}{Dt} + \frac{\partial}{\partial \boldsymbol{r}} \cdot \boldsymbol{q} = \bar{E} \frac{\partial}{\partial \boldsymbol{r}} \cdot (n_1 \bar{\boldsymbol{C}}_1 + n_2 \bar{\boldsymbol{C}}_2)$$

$$+ \rho_1 \bar{\boldsymbol{C}}_1 \cdot \boldsymbol{F}_1 + \rho_2 \bar{\boldsymbol{C}}_2 \cdot \boldsymbol{F}_2 - \mathsf{P} : \frac{\partial}{\partial \boldsymbol{r}} \boldsymbol{c}_0. \qquad (8.1,10)$$

8.2. 求 解 方 法

f_1, f_2 的方程(8.1, 1, 2)可以采用逐次逼近的方法来求解. 这和第七章的方法一样. 这两个方程可以写成下述形式

$$\mathscr{D}_1 f_1 + J_1(f_1 f) + J_{12}(f_1 f_2) = 0,$$

$$\mathscr{D}_2 f_2 + J_2(f_2 f) + J_{21}(f_2 f_1) = 0, \qquad (8.2,1)$$

其中 $\mathscr{D}_1 f_1, \mathscr{D}_2 f_2$ 表示方程(8.1,1,2)左侧的表达式，而且有

$$J_1(f_1 f) = \iint (f_1 f - f_1' f') g \alpha_1 d\mathbf{e}' d\mathbf{c}, \tag{8.2,2}$$

$$J_{12}(f_1 f_2) = \iint (f_1 f_2 - f_1' f_2') g \alpha_{12} d\mathbf{e}' d\mathbf{c}_2, \tag{8.2,3}$$

对于表达式 $J_2(f_2 f)$，$J_{21}(f_2 f_1)$ 亦有类似的定义.

根据式(7.1，1)，f_1，f_2 的展开式为

$$f_1 = f_1^{(0)} + f_1^{(1)} + f_1^{(2)} + \cdots, \quad f_2 = f_2^{(0)} + f_2^{(1)} + f_2^{(2)} + \cdots. \tag{8.2,4}$$

而且方程(8.2,1)可以类似地逐次分解成下列方程组

$$\mathscr{D}_1^{(r)} + J_1^{(r)} = 0, \quad \mathscr{D}_2^{(r)} + J_2^{(r)} = 0, \tag{8.2,5}$$

其中

$$J_1^{(0)} = J_1(f_1^{(0)} f^{(0)}) + J_{12}(f_1^{(0)} f_2^{(0)}), \tag{8.2,6}$$

$$\begin{aligned} J_1^{(r)} = {} & J_1(f_1^{(0)} f^{(r)}) + J_1(f_1^{(1)} f^{(r-1)}) + \cdots + J_1(f_1^{(r)} f^{(0)}) \\ & + J_{12}(f_1^{(0)} f_2^{(r)}) + \cdots + J_{12}(f_1^{(r)} f_2^{(0)}), \end{aligned} \tag{8.2,7}$$

而且 $\mathscr{D}_1^{(r)}$ 是 $f_1^{(0)}, f_1^{(1)}, \cdots, f_1^{(r-1)}$ 的函数，但它不是 $f_1^{(r)}$ 的函数. 这样就使得 $\mathscr{D}_1^{(0)} = 0$，以及

$$\sum_{r=1}^{\infty} \mathscr{D}_1^{(r)} = \mathscr{D}_1(f_1^{(0)} + f_1^{(1)} + f_1^{(2)} + \cdots) = \mathscr{D}_1 f_1. \tag{8.2,8}$$

对于 $\mathscr{D}_2^{(r)}$ 和 $J_2^{(r)}$ 亦可以作类似的说明.

f_1，f_2 的一级近似式由下述方程给出

$$J_1^{(0)} = J_1(f_1^{(0)} f^{(0)}) + J_{12}(f_1^{(0)} f_2^{(0)}) = 0,$$

$$J_2^{(0)} = J_2(f_2^{(0)} f^{(0)}) + J_{21}(f_2^{(0)} f_1^{(0)}) = 0.$$

它们在形式上和方程(4.3,1)全同. 因此由 4.3 节可知，这二个方程的解为

$$\begin{aligned} f_1^{(0)} = {} & n_1 \left(\frac{m_1}{2\pi kT}\right)^{\frac{3}{2}} \exp\left\{-\frac{m_1}{2kT}\left[(u_1 - u_0)^2\right.\right. \\ & \left.\left. + (v_1 - v_0)^2 + (w_1 - w_0)^2\right]\right\}, \end{aligned} \tag{8.2,9}$$

$$\begin{aligned} f_2^{(0)} = {} & n_2 \left(\frac{m_2}{2\pi kT}\right)^{\frac{3}{2}} \exp\left\{-\frac{m_2}{2kT}\left[(u_2 - u_0)^2\right.\right. \\ & \left.\left. + (v_2 - v_0)^2 + (w_2 - w_0)^2\right]\right\}, \end{aligned} \tag{8.2,10}$$

其中 n_1, n_2, $\mathbf{c}_0$, T 是 $\mathbf{r}$, t 的任意函数. 它们可以象 7.11 节那样来选定,即 n_1, n_2 取混合气体中两种组元气体的数密度,而 $\mathbf{c}_0$ 和 T 取混合气体的宏观速度和温度. 因此,对于已给定的气体来说,在给定的时刻 t, 这些物理量都是 $\mathbf{r}$ 的已知函数. 这种选择就意味着

$$\int f_1 d\mathbf{c}_1 = \int f_1^{(0)} d\mathbf{c}_1, \quad \int f_2 d\mathbf{c}_2 = \int f_2^{(0)} d\mathbf{c}_2,$$

$$\int f_1 m_1 \mathbf{C}_1 d\mathbf{c}_1 + \int f_2 m_2 \mathbf{C}_2 d\mathbf{c}_2 = \int f_1^{(0)} m_1 \mathbf{C}_1 d\mathbf{c}_1 + \int f_2^{(0)} m_2 \mathbf{C}_2 d\mathbf{c}_2,$$

$$\int f_1 E_1 d\mathbf{c}_1 + \int f_2 E_2 d\mathbf{c}_2 = \int f_1^{(0)} E_1 d\mathbf{c}_1 + \int f_2^{(0)} E_2 d\mathbf{c}_2,$$

亦就是说,

$$\int \sum_{r=1}^{\infty} f_1^{(r)} d\mathbf{c}_1 = 0, \quad \int \sum_{r=1}^{\infty} f_2^{(r)} d\mathbf{c}_2 = 0, \tag{8.2,11}$$

$$\int \sum_{r=1}^{\infty} f_1^{(r)} m_1 \mathbf{C}_1 d\mathbf{c}_1 + \int \sum_{r=1}^{\infty} f_2^{(r)} m_2 \mathbf{C}_2 d\mathbf{c}_2 = 0, \tag{8.2,12}$$

$$\int \sum_{r=1}^{\infty} f_1^{(r)} E_1 d\mathbf{c}_1 + \int \sum_{r=1}^{\infty} f_2^{(r)} E_2 d\mathbf{c}_2 = 0. \tag{8.2,13}$$

确定 $f_1^{(r)}$, $f_2^{(r)}$ $(r > 0)$ 的方程组为式(8.2,5). 可以证明(其论证方法和7.12 节的相类似): 只要 $F_1^{(r)}$, $F_2^{(r)}$ 是这两个方程的任意一对解,那么其它的任何一对解的形式将是 $F_1^{(r)} + \chi_1$, $F_2^{(r)} + \chi_2$,其中 χ_1, χ_2 是下列方程的解

$$J_1(f_1^{(0)}\chi) + J_1(\chi_1 f^{(0)}) + J_{12}(f_1^{(0)}\chi_2) + J_{12}(\chi_1 f_2^{(0)}) = 0,$$

$$J_2(f_2^{(0)}\chi) + J_2(\chi_2 f^{(0)}) + J_{21}(f_2^{(0)}\chi_1) + J_{21}(\chi_2 f_1^{(0)}) = 0.$$

如果我们设 $\chi_1 = f_1^{(0)}\phi_1$, $\chi_2 = f_2^{(0)}\phi_2$, 并采用 4.4 节的符号, 那么上面两个方程就简化为

$$n_1^2 I_1(\phi_1) + n_1 n_2 I_{12}(\phi_1 + \phi_2) = 0,$$

$$n_2^2 I_2(\phi_2) + n_1 n_2 I_{21}(\phi_2 + \phi_1) = 0.$$

现在用 $\phi_1 d\mathbf{c}_1$, $\phi_2 d\mathbf{c}_2$ 分别乘以这两个方程, 并对所有的 $\mathbf{c}_1$, $\mathbf{c}_2$ 值求积分,然后相加,这样,最终的方程即为

$$\{\phi, \phi\} = 0.$$

在 4.4 节中已经求出此方程的解为

$$\phi_1 = \alpha_1^{(1)} + \boldsymbol{\alpha}^{(2)} \cdot m_1\boldsymbol{C}_1 + \alpha^{(3)}E_1,$$
$$\phi_2 = \alpha_2^{(1)} + \boldsymbol{\alpha}^{(2)} \cdot m_2\boldsymbol{C}_2 + \alpha^{(3)}E_2,$$

其中 $\alpha_1^{(1)}$, $\alpha_2^{(1)}$, $\boldsymbol{\alpha}^{(2)}$, $\alpha^{(3)}$ 是 $\boldsymbol{r}$, t 的任意函数.

方程(8.2, 5)的任何一对解都可以表示为形式 $F_1^{(r)} + f_1^{(0)}\phi_1$, $F_2^{(r)} + f_2^{(0)}\phi_2$. 适当地选择 $\alpha_1^{(1)}$, $\alpha_2^{(1)}$, $\boldsymbol{\alpha}^{(2)}$ 和 $\alpha^{(3)}$, 便可以使得解 $f_1^{(r)}$, $f_2^{(r)}$ 满足

$$\int f_1^{(r)} d\boldsymbol{c}_1 = 0, \quad \int f_2^{(r)} d\boldsymbol{c}_2 = 0, \tag{8.2,14}$$

$$\int f_1^{(r)} m_1\boldsymbol{C}_1 d\boldsymbol{c}_1 + \int f_2^{(r)} m_2\boldsymbol{C}_2 d\boldsymbol{c}_2 = 0, \tag{8.2,15}$$

$$\int f_1^{(r)} E_1 d\boldsymbol{c}_1 + \int f_2^{(r)} E_2 d\boldsymbol{c}_2 = 0. \tag{8.2,16}$$

当 $r > 0$ 时,我们采用满足上述关系式的 $f_1^{(r)}, f_2^{(r)}$ 作为级数(8.2, 4)中的 $f_1^{(r)}$ 和 $f_2^{(r)}$. 这样,方程(8.2,11,12,13)就能满足.

8.21. $\mathscr{D}f$ 的逐次分解

逐次分解 $\mathscr{D}_1 f_1$ 和 $\mathscr{D}_2 f_2$ 的方法和 7.14 节中分解 $\mathscr{D}f$ 的方法相类似. 我们定义 $\mathsf{P}^{(r)}$ 和 $\boldsymbol{q}^{(r)}$ 为

$$\mathsf{P}^{(r)} = \int f_1^{(r)} m_1 \boldsymbol{C}_1\boldsymbol{C}_1 d\boldsymbol{c}_1 + \int f_2^{(r)} m_2 \boldsymbol{C}_2\boldsymbol{C}_2 d\boldsymbol{c}_2,$$

$$\boldsymbol{q}^{(r)} = \int f_1^{(r)} E_1 \boldsymbol{C}_1 d\boldsymbol{c}_1 + \int f_2^{(r)} E_2 \boldsymbol{C}_2 d\boldsymbol{c}_2.$$

同样地可以定义

$$\bar{\boldsymbol{C}}_1^{(r)} = \frac{1}{n_1}\int f_1^{(r)} \boldsymbol{C}_1 d\boldsymbol{c}_1, \quad \bar{\boldsymbol{C}}_2^{(r)} = \frac{1}{n_2}\int f_2^{(r)} \boldsymbol{C}_2 d\boldsymbol{c}_2,$$

于是

$$\bar{\boldsymbol{C}}_1 = \sum_{r=0}^{\infty} \bar{\boldsymbol{C}}_1^{(r)}, \quad \bar{\boldsymbol{C}}_2 = \sum_{r=0}^{\infty} \bar{\boldsymbol{C}}_2^{(r)}.$$

因而式(8.2, 5)变为

$$\rho_1 \bar{\boldsymbol{C}}_1^{(r)} + \rho_2 \bar{\boldsymbol{C}}_2^{(r)} = 0.$$

把方程(8.1,4,8,10)中的时间导数展开成:

$$\frac{\partial}{\partial t} = \frac{\partial_0}{\partial t} + \frac{\partial_1}{\partial t} + \frac{\partial_2}{\partial t} + \cdots. \tag{8.21,1}$$

在那些方程中，当变量 n_1, $\mathbf{c}_0$ 和 T 有算符 $\partial/\partial t$ 作用时，其逐次分解的方法如下：算符 $\partial_1/\partial t$, $\partial_2/\partial t$, $\cdots$ 的运算是直接规定的，而算符 $\partial_0/\partial t$ 的运算则是用 D_0/Dt（它表示 $\partial_0/\partial t+\mathbf{c}_0\cdot\partial/\partial\boldsymbol{r}$）来规定的，这就是说

$$\frac{D_0 n_1}{Dt}=\frac{\partial_0 n_1}{\partial t}+\mathbf{c}_0\cdot\frac{\partial n_1}{\partial \boldsymbol{r}}=-n_1\frac{\partial}{\partial \boldsymbol{r}}\cdot\mathbf{c}_0, \tag{8.21,2}$$

$$\frac{\partial_r n_1}{\partial t}=-\frac{\partial}{\partial \boldsymbol{r}}\cdot(n_1\bar{\boldsymbol{C}}_1^{(r)})\ (r>0), \tag{8.21,3}$$

$$\begin{aligned}\rho\frac{D_0\mathbf{c}_0}{Dt}&=\rho\left\{\frac{\partial_0\mathbf{c}_0}{\partial t}+\left(\mathbf{c}_0\cdot\frac{\partial}{\partial \boldsymbol{r}}\right)\mathbf{c}_0\right\}\\&=\rho_1\boldsymbol{F}_1+\rho_2\boldsymbol{F}_2-\frac{\partial}{\partial \boldsymbol{r}}\cdot\mathsf{P}^{(0)}\\&=\rho_1\boldsymbol{F}_1+\rho_2\boldsymbol{F}_2-\frac{\partial p}{\partial \boldsymbol{r}},\end{aligned} \tag{8.21,4}$$

$$\rho\frac{\partial_r\mathbf{c}_0}{\partial t}=-\frac{\partial}{\partial \boldsymbol{r}}\cdot\mathsf{P}^{(r)}\qquad(r>0), \tag{8.21,5}$$

$$\frac{3}{2}nk\frac{D_0T}{Dt}=\frac{3}{2}nk\left\{\frac{\partial_0 T}{\partial t}+\mathbf{c}_0\cdot\frac{\partial T}{\partial \boldsymbol{r}}\right\}=-p\frac{\partial}{\partial \boldsymbol{r}}\cdot\mathbf{c}_0, \tag{8.21,6}$$

$$\begin{aligned}\frac{3}{2}nk\frac{\partial_r T}{\partial t}=&\frac{3}{2}kT\frac{\partial}{\partial \boldsymbol{r}}\cdot(n_1\bar{\boldsymbol{C}}_1^{(r)}+n_2\bar{\boldsymbol{C}}_2^{(r)})+\rho_1\bar{\boldsymbol{C}}_1^{(r)}\cdot\boldsymbol{F}_1\\&+\rho_2\bar{\boldsymbol{C}}_2^{(r)}\cdot\boldsymbol{F}_2-\frac{\partial}{\partial \boldsymbol{r}}\cdot\boldsymbol{q}^{(r)}-\mathsf{P}^{(r)}:\frac{\partial}{\partial \boldsymbol{r}}\mathbf{c}_0\\&(r>0).\end{aligned} \tag{8.21,7}$$

式（8.21，6，7）中假定了分子仅具有平动能，因而有 $N=3$. 当 $\partial_r/\partial t$ 作用于 n_1, n_2, $\mathbf{c}_0$ 和 T 及其空间导数的某个函数上时，它遵循一般的微分法则. 这仍和 7.14 节一样.

对时间导数这样进行逐次分解之后，就可以将 $\mathscr{D}_1^{(r)}$ 表示为

$$\begin{aligned}\mathscr{D}_1^{(r)}=&\frac{\partial_{r-1}f_1^{(0)}}{\partial t}+\frac{\partial_{r-2}f_1^{(1)}}{\partial t}+\cdots+\frac{\partial_0 f_1^{(r-1)}}{\partial t}\\&+\left(\mathbf{c}_1\cdot\frac{\partial}{\partial \boldsymbol{r}}+\boldsymbol{F}_1\cdot\frac{\partial}{\partial \mathbf{c}_1}\right)f_1^{(r-1)},\end{aligned} \tag{8.21,8}$$

这和式(7.14，19)相类似.

当而且仅当 $\mathscr{D}_1^{(r)}$,$\mathscr{D}_2^{(r)}$ 满足于某些关系式(它们与式(7.13,1)相类似)时,方程组

$$\mathscr{D}_1^{(r)} + J_1^{(r)} = 0, \quad \mathscr{D}_2^{(r)} + J_2^{(r)} = 0$$

才是可解的. 利用式(3.54,2,4,5)和 $J_1^{(r)}$, $J_2^{(r)}$ 的定义,可以证明

$$\int J_1^{(r)} d\boldsymbol{c}_1 = 0, \quad \int J_2^{(r)} d\boldsymbol{c}_2 = 0,$$

$$\int J_1^{(r)} m_1 \boldsymbol{C}_1 d\boldsymbol{C}_1 + \int J_2^{(r)} m_2 \boldsymbol{C}_2 d\boldsymbol{c}_2 = 0,$$

$$\int J_1^{(r)} \frac{1}{2} m_1 C_1^2 d\boldsymbol{c}_1 + \int J_2^{(r)} \frac{1}{2} m_2 C_2^2 d\boldsymbol{c}_2 = 0.$$

因此,为了使方程有解,其必要及充分条件是

$$\int \mathscr{D}_1^{(r)} d\boldsymbol{c}_1 = 0, \quad \int \mathscr{D}_2^{(r)} d\boldsymbol{c}_2 = 0,$$

$$\int \mathscr{D}_1^{(r)} m_1 \boldsymbol{C}_1 d\boldsymbol{c}_1 + \int \mathscr{D}_2^{(r)} m_2 \boldsymbol{C}_2 d\boldsymbol{c}_2 = 0,$$

$$\int \mathscr{D}_1^{(r)} \frac{1}{2} m_1 C_1^2 d\boldsymbol{c}_1 + \int \mathscr{D}_2^{(r)} \frac{1}{2} m_2 C_2^2 d\boldsymbol{c}_2 = 0.$$

不难验证,按照上述的方式选择 $\mathscr{D}_1^{(r)}$, $\mathscr{D}_2^{(r)}$ 时,这些条件事实上都是满足的.

8.3. f 的二级近似

现在,我们将集中于研究 $f_1 f_2$ 的二级近似.如果将 $f_1^{(1)}$,$f_2^{(1)}$ 写成形式 $f_1^{(0)}\Phi_1^{(1)}$, $f_2^{(0)}\Phi_2^{(1)}$, 那么按照 4.4 节的符号则有

$$\begin{aligned} J_1^{(1)} &= J_1(f_1^{(0)} f^{(0)} \Phi^{(1)}) + J_1(f_1^{(0)} \Phi_1^{(1)} f^{(0)}) + J_{12}(f_1^{(0)} f_2^{(0)} \Phi_2^{(1)}) \\ &\quad + J_{12}(f_1^{(0)} \Phi_1^{(1)} f_2^{(0)}) \\ &= n_1^2 I_1(\Phi_1^{(1)}) + n_1 n_2 I_{12}(\Phi_1^{(1)} + \Phi_2^{(1)}). \end{aligned}$$

因此 $\Phi_1^{(1)}$, $\Phi_2^{(1)}$ 所满足的方程是

$$\mathscr{D}_1^{(1)} = -n_1^2 I_1(\Phi_1^{(1)}) - n_1 n_2 I_{12}(\Phi_1^{(1)} + \Phi_2^{(1)}), \tag{8.3,1}$$

$$\mathscr{D}_2^{(1)} = -n_2^2 I_2(\Phi_2^{(1)}) - n_1 n_2 I_{21}(\Phi_1^{(1)} + \Phi_2^{(1)}). \tag{8.3,2}$$

如果把 f_1 看作是 $\boldsymbol{C}_1$, $\boldsymbol{r}$, t 的函数,由 7.3 节可知

$$\mathscr{D}_1^{(1)} = f_1^{(0)}\left\{\frac{D_0\ln f_1^{(0)}}{Dt} + \boldsymbol{C}_1\cdot\frac{\partial\ln f_1^{(0)}}{\partial\boldsymbol{r}} + \left(\boldsymbol{F}_1 - \frac{D_0\boldsymbol{c}_0}{Dt}\right)\right.$$

$$\left.\cdot\frac{\partial\ln f_1^{(0)}}{\partial\boldsymbol{C}_1} - \frac{\partial\ln f_1^{(0)}}{\partial\boldsymbol{C}_1}\boldsymbol{C}_1 : \frac{\partial}{\partial\boldsymbol{r}}\boldsymbol{c}_0\right\}, \qquad (8.3,3)$$

此外,由7.3节还可知

$$\frac{D_0\ln f_1^{(0)}}{Dt} = -\frac{m_1C_1^2}{3kT}\frac{\partial}{\partial\boldsymbol{r}}\cdot\boldsymbol{c}_0, \quad \frac{\partial\ln f_1^{(0)}}{\partial\boldsymbol{C}_1} = -\frac{m_1\boldsymbol{C}_1}{kT}.$$

因此式 (8.3, 3) 的括号中的第一项和最末项可化简为

$$\frac{m_1}{kT}\overset{\circ}{\boldsymbol{C}_1\boldsymbol{C}_1} : \frac{\partial}{\partial\boldsymbol{r}}\boldsymbol{c}_0.$$

由于式(8.21,4)等价于下式

$$\boldsymbol{F}_1 - \frac{D_0\boldsymbol{c}_0}{Dt} = \frac{1}{\rho}\left\{\frac{\partial p}{\partial\boldsymbol{r}} + \rho_2(\boldsymbol{F}_1 - \boldsymbol{F}_2)\right\}, \qquad (8.3,4)$$

所以式(8.3,3)的括号里的中间两项可以写为

$$\boldsymbol{C}_1\cdot\left[\frac{\partial\ln(n_1T^{-\frac{3}{2}})}{\partial\boldsymbol{r}} + \frac{m_1C_1^2}{2kT}\frac{\partial\ln T}{\partial\boldsymbol{r}}\right.$$

$$\left. - \frac{m_1}{\rho kT}\left\{\rho_2(\boldsymbol{F}_1 - \boldsymbol{F}_2) + \frac{\partial p}{\partial\boldsymbol{r}}\right\}\right]. \qquad (8.3,5)$$

设 p_1, p_2 是两种气体的分压强 n_1kT, n_2kT, 再设

$$\mathscr{C}_1 = (m_1/2kT)^{\frac{1}{2}}\boldsymbol{C}_1, \quad \mathscr{C}_2 = (m_2/2kT)^{\frac{1}{2}}\boldsymbol{C}_2, \qquad (8.3,6)$$

$$\mathrm{x}_1 = n_1/n = p_1/p, \qquad \mathrm{x}_2 = n_2/n = p_2/p. \qquad (8.3,7)$$

于是 x_1, x_2 就表示两种气体在混合气体中所占的体积比例. 这样, 式(8.3,5)可以写成下列形式

$$\boldsymbol{C}_1\cdot\left\{\left(\mathscr{C}_1^2 - \frac{5}{2}\right)\nabla\ln T + \mathrm{x}_1^{-1}\boldsymbol{d}_{12}\right\},$$

其中

$$\boldsymbol{d}_{12} = \mathrm{x}_1\nabla\ln p_1 - \frac{\rho_1\rho_2}{\rho p}(\boldsymbol{F}_1 - \boldsymbol{F}_2) - \frac{\rho_1}{\rho p}\nabla p. \qquad (8.3,8)$$

因此式(8.3,3)变成为

$$\mathscr{D}_1^{(1)} = f_1^{(0)}\left\{\left(\mathscr{C}_1^2 - \frac{5}{2}\right)\boldsymbol{C}_1\cdot\nabla\ln T + \mathrm{x}_1^{-1}\boldsymbol{d}_{12}\right.$$

$$\cdot \boldsymbol{C}_1 + 2\overset{\circ}{\mathscr{C}}_1\mathscr{C}_1 : \nabla \boldsymbol{c}_0\Big\}. \tag{8.3,9}$$

如果 $\boldsymbol{d}_{21}$ 的定义和式(8.3，8)相类似，这时我们可以用同样的方式求得

$$\mathscr{D}_2^{(1)} = f_2^{(0)}\left\{\left(\mathscr{C}_2^2 - \frac{5}{2}\right)\boldsymbol{C}_2 \cdot \nabla \ln T + x_2^{-1}\boldsymbol{d}_{21}\right.$$

$$\left.\cdot \boldsymbol{C}_2 + 2\overset{\circ}{\mathscr{C}}_2\mathscr{C}_2 : \nabla \boldsymbol{c}_0\right\}. \tag{8.3,10}$$

利用等式 $x_1 = p_1/p$，$p = p_1 + p_2$，就可以导出 $\boldsymbol{d}_{12}$ 的另外两个表达式：

$$\boldsymbol{d}_{12} = \frac{\rho_1\rho_2}{\rho p}\left\{\boldsymbol{F}_2 - \frac{1}{\rho_2}\nabla p_2 - \left(\boldsymbol{F}_1 - \frac{1}{\rho_1}\nabla p_1\right)\right\}, \tag{8.3,11}$$

$$\boldsymbol{d}_{12} = \nabla x_1 + \frac{n_1 n_2(m_2 - m_1)}{n\rho}\nabla \ln p - \frac{\rho_1\rho_2}{\rho p}(\boldsymbol{F}_1 - \boldsymbol{F}_2). \tag{8.3,12}$$

根据上列任意一个表达式，都可以得出 $\boldsymbol{d}_{21} = -\boldsymbol{d}_{12}$.（因为 $\nabla x_2 = -\nabla x_1$）.

如果气体是静止的，那么式(8.3，8)所给出的 $\boldsymbol{d}_{12}$ 表达式就大为简化．在式(8.21,4)中取 $D_0\boldsymbol{c}_0/Dt = 0$，我们便得到

$$\nabla p = \rho_1\boldsymbol{F}_1 + \rho_2\boldsymbol{F}_2.$$

因而式(8.3,8)变为

$$\boldsymbol{d}_{12} = x_1\nabla \ln p_1 - \rho_1\boldsymbol{F}_1/p = (\nabla p_1 - \rho_1\boldsymbol{F}_1)/p. \tag{8.3,13}$$

8.31. 函数 $\boldsymbol{\Phi}^{(1)}$, $\boldsymbol{A}$, $\boldsymbol{D}$, B

根据式(8.3，9，10)可知，表达式 $\nabla \ln T$，$\boldsymbol{d}_{12}$（或 $-\boldsymbol{d}_{21}$）以及 $\nabla \boldsymbol{c}_0$ 是线性地出现在方程(8.3,1,2)左侧的．因此我们便能够象7.31节那样证明：$\Phi_1^{(1)}$, $\Phi_2^{(1)}$ 可以表示为下列形式

$$\Phi_1^{(1)} = -\boldsymbol{A}_1 \cdot \frac{\partial \ln T}{\partial \boldsymbol{r}} - \boldsymbol{D}_1 \cdot \boldsymbol{d}_{12} - 2\mathsf{B}_1 : \frac{\partial}{\partial \boldsymbol{r}}\boldsymbol{c}_0, \tag{8.31,1}$$

$$\Phi_2^{(1)} = -\boldsymbol{A}_2 \cdot \frac{\partial \ln T}{\partial \boldsymbol{r}} - \boldsymbol{D}_2 \cdot \boldsymbol{d}_{12} - 2\mathsf{B}_2 : \frac{\partial}{\partial \boldsymbol{r}}\boldsymbol{c}_0, \tag{8.31,2}$$

其中函数 $\boldsymbol{A}, \boldsymbol{D}$ 是矢量，函数 B 是无散张量，而且可以写为

$$\boldsymbol{A}=\boldsymbol{C}A(C),\ \boldsymbol{D}=\boldsymbol{C}D(C),\ \mathsf{B}=\overset{\circ}{\boldsymbol{C}\boldsymbol{C}}B(C),\quad(8.31,3)$$

上面各量均应带有下标 1 或 2. 函数 $\boldsymbol{A}$, $\boldsymbol{D}$, B 必须满足下列方程组：

$$\left.\begin{aligned}f_1^{(0)}\left(\mathscr{C}_1^2-\frac{5}{2}\right)\boldsymbol{C}_1&=n_1^2I_1(\boldsymbol{A}_1)+n_1n_2I_{12}(\boldsymbol{A}_1+\boldsymbol{A}_2),\\ f_2^{(0)}\left(\mathscr{C}_2^2-\frac{5}{2}\right)\boldsymbol{C}_2&=n_2^2I_2(\boldsymbol{A}_2)+n_1n_2I_{21}(\boldsymbol{A}_1+\boldsymbol{A}_2),\end{aligned}\right\}\quad(8.31,4)$$

$$\left.\begin{aligned}x_1^{-1}f_1^{(0)}\boldsymbol{C}_1&=n_1^2I_1(\boldsymbol{D}_1)+n_1n_2I_{12}(\boldsymbol{D}_1+\boldsymbol{D}_2),\\ -x_2^{-1}f_2^{(0)}\boldsymbol{C}_2&=n_2^2I_2(\boldsymbol{D}_2)+n_1n_2I_{21}(\boldsymbol{D}_1+\boldsymbol{D}_2),\end{aligned}\right\}\quad(8.31,5)$$

$$\left.\begin{aligned}f_1^{(0)}\overset{\circ}{\boldsymbol{\mathscr{C}}_1\boldsymbol{\mathscr{C}}_1}&=n_1^2I_1(\mathsf{B}_1)+n_1n_2I_{12}(\mathsf{B}_1+\mathsf{B}_2),\\ f_2^{(0)}\overset{\circ}{\boldsymbol{\mathscr{C}}_2\boldsymbol{\mathscr{C}}_2}&=n_2^2I_2(\mathsf{B}_2)+n_1n_2I_{21}(\mathsf{B}_1+\mathsf{B}_2).\end{aligned}\right\}\quad(8.31,6)$$

可以证明这些方程都满足可解性条件，而这些条件和原始方程(8.3,1,2)的可解性条件是类似的. 为了满足式(8.2,14-16)，我们还必须这样来选择 $\boldsymbol{A}$, $\boldsymbol{D}$ 以使得

$$\int f_1^{(0)}m_1\boldsymbol{C}_1\cdot\boldsymbol{A}_1d\boldsymbol{c}_1+\int f_2^{(0)}m_2\boldsymbol{C}_2\cdot\boldsymbol{A}_2d\boldsymbol{c}_2=0,\quad(8.31,7)$$

$$\int f_1^{(0)}m_1\boldsymbol{C}_1\cdot\boldsymbol{D}_1d\boldsymbol{c}_1+\int f_2^{(0)}m_2\boldsymbol{C}_2\cdot\boldsymbol{D}_2d\boldsymbol{c}_2=0.\quad(8.31,8)$$

因此，对于二级近似来说，f_1 和 f_2 由下式给出

$$\begin{aligned}f_1=f_1^{(0)}\{1-A_1(C_1)\boldsymbol{C}_1\cdot\nabla\ln T-D_1(C_1)\boldsymbol{C}_1\\ \cdot\boldsymbol{d}_{12}-2B_1(C_1)\overset{\circ}{\boldsymbol{C}_1\boldsymbol{C}_1}:\nabla\boldsymbol{c}_0\},\end{aligned}\quad(8.31,9)$$

$$\begin{aligned}f_2=f_2^{(0)}\{1-A_2(C_2)\boldsymbol{C}_2\cdot\nabla\ln T-D_2(C_2)\boldsymbol{C}_2\\ \cdot\boldsymbol{d}_{12}-2B_2(C_2)\overset{\circ}{\boldsymbol{C}_2\boldsymbol{C}_2}:\nabla\boldsymbol{c}_0\}.\end{aligned}\quad(8.31,10)$$

利用这些表达式不难证明：如果是准确到二级近似，那么每一种组元气体的分子特定运动的平均动能是相同的.

根据方程(8.31,4-6)可知，如果 $\boldsymbol{a}$ 是任一矢量函数，b 是任一张量函数，而且这二个函数在两个组元的速度域中都有定义，则有

$$n^2\{\boldsymbol{A},\boldsymbol{a}\}=\int f_1^{(0)}\left(\mathscr{C}_1^2-\frac{5}{2}\right)\boldsymbol{C}_1\cdot\boldsymbol{a}_1d\boldsymbol{c}_1$$

$$+\int f_2^{(0)}\left(\mathscr{C}_2^2-\frac{5}{2}\right)\boldsymbol{C}_2\cdot\boldsymbol{a}_2 d\boldsymbol{c}_2, \quad (8.31,11)$$

$$n^2\{\boldsymbol{D},\ \boldsymbol{a}\}=x_1^{-1}\int f_1^{(0)}\boldsymbol{C}_1\cdot\boldsymbol{a}_1 d\boldsymbol{c}_1$$

$$-x_2^{-1}\int f_2^{(0)}\boldsymbol{C}_2\cdot\boldsymbol{a}_2 d\boldsymbol{c}_2, \quad (8.31,12)$$

$$n^2\{\mathsf{B},\ \mathsf{b}\}=\int f_1^{(0)}\overset{\circ}{\mathscr{C}_1\mathscr{C}_1}:\mathsf{b}_1 d\boldsymbol{c}_1$$

$$+\int f_2^{(0)}\overset{\circ}{\mathscr{C}_2\mathscr{C}_2}:\mathsf{b}_2 d\boldsymbol{c}_2. \quad (8.31,13)$$

8.4. 扩散和热扩散

如果混合气体中两种组元的分子在 $\boldsymbol{r}$, t 处的平均速度不相同,即如果 $\bar{\boldsymbol{c}}_1-\bar{\boldsymbol{c}}_2$ 或者 $\bar{\boldsymbol{C}}_1-\bar{\boldsymbol{C}}_2$(它们是等价的)不等于零,那么我们就可以说混合气体中两个组元在彼此相对地扩散. 在这种情况下

$$\bar{\boldsymbol{C}}_1-\bar{\boldsymbol{C}}_2=\frac{1}{n_1}\int f_1\boldsymbol{C}_1 d\boldsymbol{c}_1-\frac{1}{n_2}\int f_2\boldsymbol{C}_2 d\boldsymbol{c}_2.$$

将式(8.31,9,10)代入上式,其中 f_1 和 f_2 表达式中的第一项和最末项给出的是 $\boldsymbol{C}$ 分量的奇函数的积分;因此这些积分值为零. 而剩余的各项,则根据式(8.31,12)就不难得出下列表达式

$$\bar{\boldsymbol{C}}_1-\bar{\boldsymbol{C}}_2=-\frac{1}{3}\left[\left\{\frac{1}{n_1}\int f_1^{(0)}C_1^2D_1(C_1)d\boldsymbol{c}_1\right.\right.$$

$$\left.-\frac{1}{n_2}\int f_2^{(0)}C_2^2D_2(C_2)d\boldsymbol{c}_2\right\}\boldsymbol{d}_{12}+\left\{\frac{1}{n_1}\int f_1^{(0)}C_1^2A_1(C_1)d\boldsymbol{c}_1\right.$$

$$\left.\left.-\frac{1}{n_2}\int f_2^{(0)}C_2^2A_2(C_2)d\boldsymbol{c}_2\right\}\nabla\ln T\right]$$

$$=-\frac{1}{3}\left[\left\{\frac{1}{n_1}\int f_1^{(0)}\boldsymbol{C}_1\cdot\boldsymbol{D}_1 d\boldsymbol{c}_1\right.\right.$$

$$\left.-\frac{1}{n_2}\int f_2^{(0)}\boldsymbol{C}_2\cdot\boldsymbol{D}_2 d\boldsymbol{c}_2\right\}\boldsymbol{d}_{12}+\left\{\frac{1}{n_1}\int f_1^{(0)}\boldsymbol{C}_1\cdot\boldsymbol{A}_1 d\boldsymbol{c}_1\right.$$

$$- \frac{1}{n_2} \int f_2^{(0)} \boldsymbol{C}_2 \cdot \boldsymbol{A}_2 d\boldsymbol{c}_2 \Big\} \nabla \ln T \Big]$$

$$= -\frac{1}{3} n [\{\boldsymbol{D}, \boldsymbol{D}\} \boldsymbol{d}_{12} + \{\boldsymbol{D}, \boldsymbol{A}\} \nabla \ln T]. \quad (8.4,1)$$

由此可见：扩散速度 $\bar{\boldsymbol{C}}_1 - \bar{\boldsymbol{C}}_2$ 在 $-\boldsymbol{d}_{12}$ 方向上有一个分量，因为根据式(4.41,2)可知，因子 $\{\boldsymbol{D}, \boldsymbol{D}\}$ 为正值．由于 $-\boldsymbol{d}_{12}$ 本身的分量与 $-\nabla x_1$，$\boldsymbol{F}_1 - \boldsymbol{F}_2$，和 $-(m_2 - m_1)\nabla \ln p$ 成比例（参见式(8.3,12)），但各个比例因子值（为正的）不同．因此第一种气体分子相对于第二种气体分子的扩散运动，在上述三个矢量的方向上亦有分量．其中第一个分量对应的扩散是趋于减小气体组分的不均匀性；第二个分量表示，当作用在两种气体分子上的外力引起的加速效应不相等时就会发生扩散，这正如人们早已预料的那样；第三个分量则表明，当压强不均匀时较重的分子趋于扩散到压强较高的区域．

扩散速度在温度梯度的方向上也有一个分量．但是到目前为止，关于系数 $\{\boldsymbol{D}, \boldsymbol{A}\}$ 的符号，人们还不能做出一般性的说明．这种热扩散现象趋向于把封闭容器（容器内保持着不同的恒定温度）内的气体成为一种非均匀的稳恒状态．

第六章所给出的扩散系数 D_{12} 的定义，只考虑了分子上没有任何外力作用这一情况，而且气体的压强和温度还都是均匀的．在这种情况下，$\boldsymbol{n}$ 与 $\boldsymbol{r}$ 无关，于是式(8.3,12)简化为

$$\boldsymbol{d}_{12} = \nabla x_1 = n^{-1} \nabla n_1.$$

因此有

$$\bar{\boldsymbol{c}}_1 - \bar{\boldsymbol{c}}_2 = \bar{\boldsymbol{C}}_1 - \bar{\boldsymbol{C}}_2 = -\frac{1}{3}\{\boldsymbol{D}, \boldsymbol{D}\} \nabla n_1. \quad (8.4,2)$$

由 6.4 节可知，矢量 $n_1 \bar{\boldsymbol{c}}_1$ 是第一种气体的分子数通量，它等于 $-D_{12} \nabla n_1$．对于第二种气体亦有类似的结果．因此

$$\bar{\boldsymbol{c}}_1 - \bar{\boldsymbol{c}}_2 = -D_{12} \left(\frac{1}{n_1} \nabla n_1 - \frac{1}{n_2} \nabla n_2 \right)$$

$$= -D_{12} \left(\frac{1}{n_1} + \frac{1}{n_2} \right) \nabla n_1$$

$$= -D_{12}\frac{n}{n_1n_2}\nabla n_1. \qquad (8.4,3)$$

把式(8.4,2)和式(8.4,3)作比较，我们可以得知

$$D_{12} = (n_1n_2/3n)\{\boldsymbol{D},\boldsymbol{D}\}. \qquad (8.4,4)$$

我们还可写出：

$$D_T \equiv (n_1n_2/3n)\{\boldsymbol{D},\boldsymbol{A}\} \qquad (8.4,5)$$

以及

$$\mathrm{k}_T \equiv D_T/D_{12} = \{\boldsymbol{D},\boldsymbol{A}\}/\{\boldsymbol{D},\boldsymbol{D}\}. \qquad (8.4,6)$$

系数 D_T 称作**热扩散系数**，而 k_T 称作**热扩散比**．利用 D_{12}，D_T 和 k_T，可以将式(8.4,1)改写为

$$\bar{\boldsymbol{C}}_1 - \bar{\boldsymbol{C}}_2 = -\frac{n^2}{n_1n_2}\{D_{12}\boldsymbol{d}_{12} + D_T\nabla\ln T\}$$

$$= -\frac{n^2}{n_1n_2}D_{12}\{\boldsymbol{d}_{12} + \mathrm{k}_T\nabla\ln T\}. \qquad (8.4,7)$$

这就是普遍的扩散方程（到二级近似为止）．为了方便起见[1]，还可以引进**热扩散因子** α_{12}，它的定义为

$$\mathrm{k}_T = \mathrm{x}_1\mathrm{x}_2\alpha_{12}. \qquad (8.4,8)$$

这样，在扩散速度 $\bar{\boldsymbol{C}}_1 - \bar{\boldsymbol{C}}_2$ 中，由于温度梯度而引起的那一项就变成 $-\alpha_{12}D_{12}\nabla\ln T$。

交换式(8.4,7)中的下标 1 和 2，再利用关系式 $\boldsymbol{d}_{21} = -\boldsymbol{d}_{12}$ 之后，就不难发现 D_{12}，α_{12} 满足关系 $D_{21} = D_{12}$，$\alpha_{21} = -\alpha_{12}$。

8.41. 热传导

我们现在所研究的混合气体，其分子都只具有可传递的平动能．因此热通量可以由下式给定（参见式(2.5,13)）

$$\boldsymbol{q} = \int f_1\frac{1}{2}m_1C_1^2\boldsymbol{C}_1d\boldsymbol{c}_1 + \int f_2\frac{1}{2}m_2C_2^2\boldsymbol{C}_2d\boldsymbol{c}_2. \qquad (8.41,1)$$

这样就可得到

$$(\boldsymbol{q}/kT) - \frac{5}{2}(n_1\bar{\boldsymbol{C}}_1 + n_2\bar{\boldsymbol{C}}_2) = \int f_1\left(\mathscr{C}_1^2 - \frac{5}{2}\right)\boldsymbol{C}_1d\boldsymbol{c}_1$$

---

1) W. H. Furry, R. Clark Jones and L. Onsager, *Phys. Rev.* **55**, 1083(1939).

$$+\int f_2\left(\mathscr{C}_2^2-\frac{5}{2}\right)\boldsymbol{C}_2 d\boldsymbol{c}_2. \qquad (8.41,2)$$

用式(8.31,9,10)代替其中的 f_1, f_2，然后略去对最后结果没有贡献的各项，上述方程的右侧就变为(到二级近似为止)

$$-\frac{1}{3}\int f_1^{(0)}\left(\mathscr{C}_1^2-\frac{5}{2}\right)\{(\boldsymbol{C}_1\cdot\boldsymbol{D}_1)\boldsymbol{d}_{12}$$

$$+(\boldsymbol{C}_1\cdot\boldsymbol{A}_1)\nabla\ln T\}d\boldsymbol{c}_1-\frac{1}{3}\int f_2^{(0)}\left(\mathscr{C}_2^2-\frac{5}{2}\right)$$

$$\cdot\{(\boldsymbol{C}_2\cdot\boldsymbol{D}_2)\boldsymbol{d}_{12}+(\boldsymbol{C}_2\cdot\boldsymbol{A}_2)\nabla\ln T\}d\boldsymbol{c}_2,$$

或者利用式(8.31,11)，可得

$$-\frac{1}{3}n^2[\{\boldsymbol{A},\boldsymbol{D}\}\boldsymbol{d}_{12}+\{\boldsymbol{A},\boldsymbol{A}\}\nabla\ln T].$$

因此 $\boldsymbol{q}$ 的二级近似为

$$\boldsymbol{q}=\frac{5}{2}kT(n_1\bar{\boldsymbol{C}}_1+n_2\bar{\boldsymbol{C}}_2)-\frac{1}{3}kn^2T[\{\boldsymbol{A},\boldsymbol{D}\}\boldsymbol{d}_{12}$$

$$+\{\boldsymbol{A},\boldsymbol{A}\}\nabla\ln T].$$

或者在上式和式(8.4,1)之间消去 $\boldsymbol{d}_{12}$，便得

$$\boldsymbol{q}=\frac{5}{2}kT(n_1\bar{\boldsymbol{C}}_1+n_2\bar{\boldsymbol{C}}_2)+knT(\bar{\boldsymbol{C}}_1-\bar{\boldsymbol{C}}_2)$$

$$\cdot(\{\boldsymbol{A},\boldsymbol{D}\}/\{\boldsymbol{D},\boldsymbol{D}\})-\lambda\nabla T$$

$$=-\lambda\nabla T+\frac{5}{2}kT(n_1\bar{\boldsymbol{C}}_1+n_2\bar{\boldsymbol{C}}_2)$$

$$+knTk_T(\bar{\boldsymbol{C}}_1-\bar{\boldsymbol{C}}_2), \qquad (8.41,3)$$

其中

$$\lambda=\frac{1}{3}kn^2[\{\boldsymbol{A},\boldsymbol{A}\}-\{\boldsymbol{A},\boldsymbol{D}\}^2/\{\boldsymbol{D},\boldsymbol{D}\}]. \qquad (8.41,4)$$

如果我们设

$$\boldsymbol{A}_1\equiv\boldsymbol{A}_1-\frac{\{\boldsymbol{A},\boldsymbol{D}\}}{\{\boldsymbol{D},\boldsymbol{D}\}}\boldsymbol{D}_1=\boldsymbol{A}_1-\mathrm{k}_T\boldsymbol{D}_1;$$

$$\tilde{\boldsymbol{A}}_2\equiv\boldsymbol{A}_2-\mathrm{k}_T\boldsymbol{D}_2, \qquad (8.41,5)$$

那么便有

$$\{\boldsymbol{A}, \boldsymbol{A}\} = \{\boldsymbol{A}, \boldsymbol{A}\} - 2k_T\{\boldsymbol{A}, \boldsymbol{D}\} + k_T^2\{\boldsymbol{D}, \boldsymbol{D}\}$$
$$= \{\boldsymbol{A}, \boldsymbol{A}\} - \{\boldsymbol{A}, \boldsymbol{D}\}^2/\{\boldsymbol{D}, \boldsymbol{D}\}.$$

这样式(8.41,4)就变为

$$\lambda = \frac{1}{3} k n^2 \{\tilde{\boldsymbol{A}}, \tilde{\boldsymbol{A}}\}, \qquad (8.41,6)$$

这表明λ值总是为正的．如果混合气体中各种气体之间没有相互扩散，于是$\bar{\boldsymbol{C}}_1$，$\bar{\boldsymbol{C}}_2$都为零，热通量就等于$-\lambda\nabla T$；这种情况就是气体的组分达到了对应于给定温度分布的稳恒状态．显然，这里的λ和通常所定义的热传导系数相同．

式(8.41,3)指明，热通量一般是由三个部分组成的．第一，由于气体中温度不相等就产生了通常的热流；其次，当有扩散进行时，每单位时间里有$n_1\bar{\boldsymbol{C}}_1 + n_2\bar{\boldsymbol{C}}_2$个分子相对于宏观速度流通，每个分子平均携带着的热能为$\frac{5}{2}kT$[1]，这样亦会造成热流．这个热流之所以出现，是因为热通量是相对于气体的宏观速度$\boldsymbol{c}_0$计量的，而不是相对于分子的平均速度$\bar{\boldsymbol{c}}$计量的．假若热通量是相对

1) 这里出现的因子是$\frac{5}{2}$，而不是通常的$\frac{3}{2}$，原因是分子的动能及热流都是相对于宏观速度$\boldsymbol{c}_0$(而不是平均速度$\bar{\boldsymbol{c}}$)测量的．Enskog 做过如下的分析．同式(8.41,1)相类比后可知，相对于分子平均速度$\bar{\boldsymbol{c}}$的能量通量为

$$\frac{1}{2}\left(\rho_1\overline{(\boldsymbol{c}_1-\bar{\boldsymbol{c}})\cdot(\boldsymbol{c}_1-\bar{\boldsymbol{c}})(\boldsymbol{c}_1-\bar{\boldsymbol{c}})} + \rho_2\overline{(\boldsymbol{c}_2-\bar{\boldsymbol{c}})\cdot(\boldsymbol{c}_2-\bar{\boldsymbol{c}})(\boldsymbol{c}_2-\bar{\boldsymbol{c}})}\right)$$
$$= \frac{1}{2}\left(\rho_1\overline{(\boldsymbol{C}_1-\bar{\boldsymbol{C}})\cdot(\boldsymbol{C}_1-\bar{\boldsymbol{C}})(\boldsymbol{C}_1-\bar{\boldsymbol{C}})} + \rho_2\overline{(\boldsymbol{C}_2-\bar{\boldsymbol{C}})\cdot(\boldsymbol{C}_2-\bar{\boldsymbol{C}})(\boldsymbol{C}_2-\bar{\boldsymbol{C}})}\right).$$

将此式展开，并利用$\rho_1\bar{\boldsymbol{C}}_1 + \rho_2\bar{\boldsymbol{C}}_2 = 0$这个事实，我们便得出表达式

$$\frac{1}{2}\left(\rho_1\overline{C_1^2\boldsymbol{C}_1} + \rho_2\overline{C_2^2\boldsymbol{C}_2}\right) - \frac{1}{2}\rho\bar{\boldsymbol{C}}\cdot\bar{\boldsymbol{C}}\bar{\boldsymbol{C}} - \frac{1}{2}\left(\rho_2\bar{C}_1^2 + \rho_2\bar{C}_2^2\right)\bar{\boldsymbol{C}}$$
$$-\rho_1\overline{\boldsymbol{C}_1\boldsymbol{C}_1}\cdot\boldsymbol{C} - \rho_2\overline{\boldsymbol{C}_2\boldsymbol{C}_2}\cdot\bar{\boldsymbol{C}}.$$

既然$\bar{\boldsymbol{C}}$是个小量，我们就可以略去$\bar{\boldsymbol{c}}$的平方项及$\bar{\boldsymbol{c}}$与其它小量的乘积．因此，我们可以略去$\frac{1}{2}\rho\bar{\boldsymbol{C}}\cdot\bar{\boldsymbol{C}}\bar{\boldsymbol{C}}$，而且在乘积$\rho_1\overline{\boldsymbol{C}_1\boldsymbol{C}_1}\cdot\boldsymbol{C}$中可以用一级近似式$\overline{\boldsymbol{C}_1\boldsymbol{C}_1}^{(0)} = (kT/m_1)\mathsf{U}$(其中$\mathsf{U}$为单位张量)来代替$\overline{\boldsymbol{C}_1\boldsymbol{C}_1}$．于是上式变为

$$\boldsymbol{q} - \frac{5}{2}knT\bar{\boldsymbol{C}} = \boldsymbol{q} - \frac{5}{2}kT(n_1\bar{\boldsymbol{C}}_1 + n_2\bar{\boldsymbol{C}}_2).$$

因此，式(8.41,3)中所以会存在$\frac{5}{2}kT(n_1\bar{\boldsymbol{C}}_1 + n_2\bar{\boldsymbol{C}}_2)$项，就是因为热能和热流都是相对于宏观速度$\boldsymbol{c}_0$(而不是$\bar{\boldsymbol{c}}$)的缘故．

于 $\bar{c}$ 计量的话，那么通量中的这一项就会消失；最后，即使热通量是相对于 $\bar{c}$ 计量，扩散对于热通量仍然会有一项贡献 $knTk_T(\bar{C}_1-\bar{C}_2)$. 在实验室的试验中，通常只有这三个部分中的第一部分是可以测量出来的.

然而在某些情况下，热通量 $knTk_T(\bar{C}_1-\bar{C}_2)$ 是很重要的. 它是扩散所引起的热流，这可以看成是热扩散的逆效应，因此被称作为扩散的热效应. 这一热流的方向是这样的：如果它产生温度梯度的话，此梯度所引起的热扩散将使原生扩散减小. 换言之，这个热流的方向和在热扩散中朝向冷端运动的分子扩散方向是相同的. 此热通量表达式中的系数 k_T 和热扩散比相等，这是不可逆过程热力学中普遍的倒易定理的一个特例[1].

当气体中没有扩散时，$\boldsymbol{d}_{12}=-k_T\nabla\ln T$（参见式(8.4,7)). 因此对于这种气体来说，式(8.31,1,2)取下列形式

$$\left.\begin{aligned}\Phi_1^{(1)}&=-\tilde{\boldsymbol{A}}_1\cdot\nabla\ln T-2\mathsf{B}_1:\nabla\boldsymbol{c}_0,\\ \Phi_2^{(1)}&=-\tilde{\boldsymbol{A}}_2\cdot\nabla\ln T-2\mathsf{B}_2:\nabla\boldsymbol{c}_0.\end{aligned}\right\}\tag{8.41,7}$$

这些关系式使得矢量 $\tilde{\boldsymbol{A}}_1,\tilde{\boldsymbol{A}}_2$ 具有独立的意义. 式(8.41,7)对应于零扩散的条件是

$$\int f_1^{(0)}\tilde{\boldsymbol{A}}_1\cdot\boldsymbol{C}_1d\boldsymbol{c}_1=0;\quad\int f_2^{(0)}\tilde{\boldsymbol{A}}_2\cdot\boldsymbol{C}_2d\boldsymbol{c}_2=0.\tag{8.41,8}$$

8.42. 粘性

象单组元气体的情况一样，在混合气体中，应力系统的一级近似就化为流体静压强；而二级近似则比一级近似增加一个量 $\mathsf{P}^{(1)}$，后者为

$$\mathsf{P}^{(1)}=n_1m_1(\overline{\boldsymbol{C}_1\boldsymbol{C}_1})^{(1)}+n_2m_2(\overline{\boldsymbol{C}_2\boldsymbol{C}_2})^{(1)},$$

这就是整个应力系统，在二级近似下，对流体静压强 p 的偏离值.

在式(8.31,9,10)中，只有包含着 $\nabla\boldsymbol{c}_0$ 的各项才会对 $\mathsf{P}^{(1)}$ 值有贡献. 所以，和 7.41 节的情形一样，根据式(8.31,3)、1.421 节定

---

1) L. Onsager, *Phys. Rev.* 37,405(1931); **38**, 2265(1931).

理以及式(8.31,13)，可以得到

$$\begin{aligned}\mathbf{P}^{(1)} &= -2m_1\int f_1^{(0)}\boldsymbol{C}_1\boldsymbol{C}_1(\mathbf{B}_1:\nabla\mathbf{c}_0)d\boldsymbol{c}_1 \\ &\quad -2m_2\int f_2^{(0)}\boldsymbol{C}_2\boldsymbol{C}_2(\mathbf{B}_2:\nabla\mathbf{c}_0)d\boldsymbol{c}_2 \\ &= -\frac{2}{5}\left\{m_1\int f_1^{(0)}\,\overset{\circ}{\boldsymbol{C}_1\boldsymbol{C}_1}:\mathbf{B}_1 d\boldsymbol{c}_1\right. \\ &\quad \left.+m_2\int f_2^{(0)}\,\overset{\circ}{\boldsymbol{C}_2\boldsymbol{C}_2}:\mathbf{B}_2 d\boldsymbol{c}_2\right\}\overset{\circ}{\mathbf{e}} \\ &= -\frac{4}{5}kn^2T\{B,B\}\overset{\circ}{\mathbf{e}}.\end{aligned}$$

因此，如果我们设

$$\mu = \frac{2}{5}kn^2T\{\mathbf{B},\mathbf{B}\}, \tag{8.42,1}$$

那么前面的表达式就变为

$$\mathbf{P}^{(1)} = -2\mu\overset{\circ}{\mathbf{e}} = -2\mu\,\overset{\circ}{\overline{\overline{\frac{\partial}{\partial\boldsymbol{r}}\mathbf{c}_0}}}, \tag{8.42,2}$$

此式与任意介质中粘性应力系统的表达式完全相同（参阅 7.41 节）．所以，我们可以认为 μ 就是粘性系数．象单组元气体的情况一样，μ 值总是正的．

8.5. 四个基本的气体系数

如果将混合气体的速度分布函数确定到二级近似的程度，那么就会出现四个与非均匀状态有关联的系数，即 D_{12}，D_T，λ 和 μ．我们把它们称作非均匀气体的“基本”气体系数．这四个系数以及与它们有关的比值 f 和 k_T（参见式(6.3,3)和(8.4,6)）取决于四个积分表达式

$$\{\boldsymbol{A},\boldsymbol{A}\},\ \{\boldsymbol{A},\boldsymbol{D}\},\ \{\boldsymbol{D},\boldsymbol{D}\},\ \{\mathbf{B},\mathbf{B}\}.$$

它们的计算方法和 7.51 节，7.52 节的类似．

8.51. 热传导系数、扩散系数和热扩散系数

假定 $\tilde{\boldsymbol{A}}_1, \tilde{\boldsymbol{A}}_2, \boldsymbol{D}_1, \boldsymbol{D}_2$ 可以按级数展开．为了便于后面的计算，我们将这些级数写成为形式

$$\tilde{\boldsymbol{A}}_1 = \sum_{-\infty}^{+\infty}{}' a_p \boldsymbol{a}_1^{(p)}, \quad \tilde{\boldsymbol{A}}_2 = \sum_{-\infty}^{+\infty}{}' a_p \boldsymbol{a}_2^{(p)}, \tag{8.51,1}$$

$$\boldsymbol{D}_1 = \sum_{-\infty}^{+\infty} d_p \boldsymbol{a}_1^{(p)}, \quad \boldsymbol{D}_2 = \sum_{-\infty}^{+\infty} d_p \boldsymbol{a}_2^{(p)}. \tag{8.51,2}$$

此处

$$\boldsymbol{a}_1^{(0)} \equiv M_1^{\frac{1}{2}} \rho_2 \boldsymbol{\mathscr{C}}_1/\rho, \boldsymbol{a}_2^{(0)} \equiv -M_2^{\frac{1}{2}} \rho_1 \boldsymbol{\mathscr{C}}_2/\rho \tag{8.51,3}$$

（其中 $M_1 = m_1/m_0$，$M_2 = m_2/m_0$，$m_0 = m_1 + m_2$，和前面一样）．而且，当 p 值大于零时有

$$\left.\begin{aligned} &\boldsymbol{a}_1^{(p)} \equiv S_{\frac{3}{2}}^{(p)}(\mathscr{C}_1^2)\boldsymbol{\mathscr{C}}_1, \quad \boldsymbol{a}_1^{(-p)} \equiv 0, \\ &\boldsymbol{a}_2^{(p)} \equiv 0, \quad \boldsymbol{a}_2^{(-p)} \equiv S_{\frac{3}{2}}^{(p)}(\mathscr{C}_2^2)\boldsymbol{\mathscr{C}}_2. \end{aligned}\right\} \tag{8.51,4}$$

展开式(8.51,1)，(8.51,2) 和 7.51 节中的展开式相类似．人们会注意到，式(8.51，1)中的两个展开式是取同一系数 a_p 的．同样，式(8.51,2)中的系数也是取为相同的；但是，由于 $\boldsymbol{a}_1^{(p)}$ 和 $\boldsymbol{a}_2^{(p)}$ 两者之中总有一个等于零（$p = 0$ 时除外），因而它们的系数相等只有形式上的意义．符号 Σ' 表示式 (8.51,1) 中的求和不包括对应于 $p = 0$ 的那一项；在证明这一点时，所用的论证方法和导出式(7.51,2)的相类似，只是其中要用式 (8.41,8) 来代替式 (7.31,6)．展开式(8.51,2)中 $\boldsymbol{a}_1^{(0)}$ 和 $\boldsymbol{a}_2^{(0)}$ 的系数是相等的，这可以由式 (8.31, 8) 得出．将式(8.51,2)代入式 (8.31,8) 后，因包含函数 $\boldsymbol{a}^{(p)}$ 的积分部分在 $p \neq 0$ 时等于零（这和 7.51 节一样），因此，由于 $\boldsymbol{a}_1^{(0)}$ 和 $\boldsymbol{a}_2^{(0)}$ 的系数相同，式(8.31,8)就简化为

$$\int f_1^{(0)} m_1 \boldsymbol{C}_1 \cdot \boldsymbol{a}_1^{(0)} d\boldsymbol{c}_1 + \int f_2^{(0)} m_2 \boldsymbol{C}_2 \cdot \boldsymbol{a}_2^{(0)} d\boldsymbol{c}_2 = 0.$$

采用式(8.51,3)给出的 $\boldsymbol{a}_1^{(0)}$ 和 $\boldsymbol{a}_2^{(0)}$ 值，上式就等价于

$$\int \exp(-\mathscr{C}_1^2)\mathscr{C}_1^2 d\boldsymbol{\mathscr{C}}_1 - \int \exp(-\mathscr{C}_2^2)\mathscr{C}_2^2 d\boldsymbol{\mathscr{C}}_2 = 0,$$

此式是显然满足的．这样，只需要 $\boldsymbol{a}_1^{(0)}$，$\boldsymbol{a}_2^{(0)}$ 的系数相等这样一个条件，形式为(8.51,2)的 $\boldsymbol{D}_1$，$\boldsymbol{D}_2$ 表达式就满足式(8.31,8)．

为了确定系数 a_p，d_p，我们可以由式(8.31,11,12)看到

$$\{\boldsymbol{A},\ \boldsymbol{a}^{(q)}\} = \alpha_q,\ \{\boldsymbol{D},\ \boldsymbol{a}^{(q)}\} = \delta_q, \tag{8.51,5}$$

其中

$$n^2\alpha_q = \int f_1^{(0)}\left(\mathscr{C}_1^2 - \frac{5}{2}\right)\boldsymbol{C}_1\cdot\boldsymbol{a}_1^{(q)}d\boldsymbol{c}_1 + \int f_2^{(0)}\left(\mathscr{C}_2^2 - \frac{5}{2}\right)\boldsymbol{C}_2\cdot\boldsymbol{a}_2^{(q)}d\boldsymbol{c}_2, \tag{8.51,6}$$

$$n^2\delta_q = x_1^{-1}\int f_1^{(0)}\boldsymbol{C}_1\cdot\boldsymbol{a}_1^{(q)}d\boldsymbol{c}_1 - x_2^{-1}\int f_2^{(0)}\boldsymbol{C}_2\cdot\boldsymbol{a}_2^{(q)}d\boldsymbol{c}_2. \tag{8.51,7}$$

按照7.51.节的方法并利用式(7.5,4,5)来计算上述积分，我们可求得

$$\alpha_1 = -\frac{15n_1}{4n^2}\left(\frac{2kT}{m_1}\right)^{\frac{1}{2}},\ \alpha_{-1} = -\frac{15n_2}{4n^2}\left(\frac{2kT}{m_2}\right)^{\frac{1}{2}},$$

$$\delta_0 = \frac{3}{2n}\left(\frac{2kT}{m_0}\right)^{\frac{1}{2}}. \tag{8.51,8}$$

但当 q 为所有的其它值时，则有

$$\alpha_q = 0,\ \delta_q = 0. \tag{8.51,9}$$

将式(8.51,2)代入式(8.51,5)可以得到

$$\sum_{p=-\infty}^{\infty} d_p a_{pq} = \delta_q, \tag{8.51,10}$$

其中

$$a_{pq} = \{\boldsymbol{a}^{(p)}, \boldsymbol{a}^{(q)}\} = a_{qp}. \tag{8.51,11}$$

这些方程就确定了系数 d_p．此外，

$$\{\tilde{\boldsymbol{A}},\ \boldsymbol{a}^{(q)}\} = \{\boldsymbol{A},\ \boldsymbol{a}^{(q)}\} - k_T\{\boldsymbol{D},\ \boldsymbol{a}^{(q)}\} = \alpha_q - k_T\delta_q. \tag{8.51,12}$$

由于，只要 $q \neq 0$，则有 $\delta_q = 0$；因此将式(8.51,1)代入并利用式(8.51,11)，我们便有

$$\sum_{p=-\infty}^{\infty}{}' a_p a_{pq} = \alpha_q\ (q \neq 0). \tag{8.51,13}$$

它所给出的方程比方程(8.51,10)要少一个，这相应于这样一个事

实：不需要确定系数 a_0.

求解方程(8.51，10)和方程(8.51，13)的方法，和求解方程(7.51,8)的方法一样，都可以采用逐次逼近方法. 这些解就是

$$d_p = \delta_0 \lim_{m\to\infty} \mathscr{A}_{0p}^{(m)}/\mathscr{A}^{(m)}. \tag{8.51,14}$$

以及

$$a_p = \lim_{m\to\infty}(\alpha_1 \mathscr{A}'^{(m)}_{1p} + \alpha_{-1}\mathscr{A}'^{(m)}_{-1,p})/\mathscr{A}'^{(m)}(p \neq 0). \tag{8.51,15}$$

在这里，$\mathscr{A}^{(m)}$ 是 $2m+1$ 行与列的行列式，其元素为 $a_{pq}(-m \leqslant p, q \leqslant m)$，而 $\mathscr{A}_{0p}^{(m)}$ 是 $\mathscr{A}^{(m)}$ 展开式中 a_{0p} 的余子式；另外，$\mathscr{A}'^{(m)}$ 表示 $\mathscr{A}_{00}^{(m)}$，$\mathscr{A}'^{(m)}_{pq}$ 则是 $\mathscr{A}'^{(m)}$ 展开式中 a_{qp} 的余子式.

根据式(8.51，1，2，5，9 和 10)可得

$$\{\boldsymbol{D}, \boldsymbol{D}\} = \Sigma d_p\{\boldsymbol{\alpha}^{(p)}, \boldsymbol{D}\} = d_0\delta_0,$$

$$\{\boldsymbol{D}, \boldsymbol{A}\} = \Sigma d_p\{\boldsymbol{\alpha}^{(p)}, \boldsymbol{A}\} = d_1\alpha_1 + d_{-1}\alpha_{-1},$$

$$\{\tilde{\boldsymbol{A}}, \tilde{\boldsymbol{A}}\} = \Sigma' a_p\{\boldsymbol{\alpha}^{(p)}, \tilde{\boldsymbol{A}}\} = a_1\alpha_1 + a_{-1}\alpha_{-1}.$$

因此，利用式(8.51，8，14，15)后，8.4 节和 8.41 节所给出的各输运系数的公式将变为

$$D_{12} = \frac{3}{2}\frac{x_1x_2kT}{nm_0}\lim_{m\to\infty}\mathscr{A}'^{(m)}/\mathscr{A}^{(m)}, \tag{8.51,16}$$

$$k_T = -\frac{5}{2}\lim_{m\to\infty}\{x_1M_1^{-\frac{1}{2}}\mathscr{A}_{01}^{(m)} + x_2M_2^{-\frac{1}{2}}\mathscr{A}_{0,-1}^{(m)}\}/\mathscr{A}'^{(m)}, \tag{8.51,17}$$

$$\lambda = \frac{75}{8}k^2T\lim_{m\to\infty}\{x_1^2m_1^{-1}\mathscr{A}'^{(m)}_{11} + 2x_1x_2(m_1m_2)^{-\frac{1}{2}}\mathscr{A}'^{(m)}_{1-1} + x_2^2m_2^{-1}\mathscr{A}'^{(m)}_{-1-1}\}/\mathscr{A}'^{(m)}. \tag{8.51,18}$$

正如 7.51 节后面部分那样，有关上述行列式的各种定理是完全可以证明的. 特别是我们可以证明 D_{12} 和 λ 的逐级近似值构成了单调递增的数列. 但是，考虑到混合气体的结果很复杂，这些结果就不在这里给出了.

从式(8.51,3,4和11)可知，量 a_{pq} 与组分有关；但是为混合气体组分给定时，它却与总密度无关. 这点对于 λ 和 k_T 同样正确；然而 D_{12} 却是和总密度成反比的.

8.52. 粘性系数

象 8.51 节一样，假定 $\mathbf{B}_1, \mathbf{B}_2$ 可以用级数表示，其形式为

$$\mathbf{B}_1 = \sum_{p=-\infty}^{+\infty}{}' b_p \mathbf{b}_1^{(p)},\ \mathbf{B}_2 = \sum_{p=-\infty}^{+\infty}{}' b_p \mathbf{b}_2^{(p)}, \qquad (8.52,1)$$

在这两个级数中，系数是相同的．函数 $\mathbf{b}^{(p)}$ 在两个组元的速度域中被定义为

$$\left.\begin{aligned} &\mathbf{b}_1^{(p)} = 0, && \mathbf{b}_2^{(-p)} = 0 && (p<0),\\ &\mathbf{b}_1^{(p)} = S_{\frac{5}{2}}^{(p-1)}(\mathscr{C}_1^2)\overset{\circ}{\mathscr{C}_1\mathscr{C}_1}, && \mathbf{b}_2^{(-p)} = S_{\frac{5}{2}}^{(p-1)}(\mathscr{C}_2^2)\overset{\circ}{\mathscr{C}_2\mathscr{C}_2} && (p>0). \end{aligned}\right\} \qquad (8.52,2)$$

如同 8.51 节一样，符号 $\sum'$ 表示 $p=0$ 的值不在求和中出现．

由式(8.31，13)可得

$$\{\mathbf{B}, \mathbf{b}^{(q)}\} = \beta_q, \qquad (8.52,3)$$

其中

$$n^2\beta_q = \int f_1^{(0)}\mathscr{C}_1\mathscr{C}_1 : \mathbf{b}_1^{(q)} d\mathbf{c}_1 + \int f_2^{(0)}\mathscr{C}_2\mathscr{C}_2 : \mathbf{b}_2^{(q)} d\mathbf{c}_2. \qquad (8.52,4)$$

象 7.52 节那样进行积分后，我们便可得到

$$\beta_1 = \frac{5}{2}\frac{n_1}{n^2},\quad \beta_{-1} = \frac{5}{2}\frac{n_2}{n^2},\quad \beta_q = 0\ (q \neq \pm 1). \qquad (8.52,5)$$

合并式(8.51，1，3)，可得

$$\sum_{p=-\infty}^{\infty}{}' b_p b_{pq} = \beta_q, \qquad (8.52,6)$$

其中

$$b_{pq} = \{\mathbf{b}^{(p)}, \mathbf{b}^{(q)}\}. \qquad (8.52,7)$$

这些方程和方程(8.51，11，13)相似．它们的解是

$$b_p = \lim_{m\to\infty}\{\beta_1 \mathscr{B}_{1p}^{(m)} + \beta_{-1}\mathscr{B}_{-1p}^{(m)}\}/\mathscr{B}^{(m)}. \qquad (8.52,8)$$

此处的 $\mathscr{B}^{(m)}$ 是对称行列式，它有 $2m$ 个行和列，元素为 b_{pq}，其中 p 和 q 取 $-m$ 和 m 之间不为零的所有值；$\mathscr{B}_{qp}^{(m)}$ 是 $\mathscr{B}^{(m)}$ 展开式中 b_{qp} 的余子式．

由式(8.52，1，3，5)可得

$$\{\mathbf{B}, \mathbf{B}\} = \sum_p b_p\{\mathbf{B}, \mathbf{b}^{(p)}\} = \beta_1 b_1 + \beta_{-1} b_{-1}. \qquad (8.52,9)$$

因此，利用式(8.52,5,8)，式(8.42,1)就变为

$$\mu = \frac{5}{2} kT \lim_{m\to\infty} \{x_1^2 \mathscr{B}_{11}^{(m)} + 2x_1x_2 \mathscr{B}_{1-1}^{(m)} + x_2^2 \mathscr{B}_{-1-1}^{(m)}\} / \mathscr{B}^{(m)}. \qquad (8.52,10)$$

象以前一样，人们可以证明μ的逐级近似值构成了一个单调递增数列.

粘性系数μ也象λ一样与组分有关，而当混合气体组分给定时，它与总密度无关.

第九章　粘性，热传导和扩散：一般表达式

9.1. $[\boldsymbol{a}^{(p)}, \boldsymbol{a}^{(q)}]$ 和 $[\mathsf{b}^{(p)}, \mathsf{b}^{(q)}]$ 的计算

为了利用前两章的方法来确定气体的粘性系数，热传导系数和扩散系数，首先必须计算 $\{\boldsymbol{a}^{(p)}, \boldsymbol{a}^{(q)}\}$ 和 $\{\mathsf{b}^{(p)}, \mathsf{b}^{(q)}\}$，而根据式(4.4,12)可知，这就必须算出

$$[\boldsymbol{a}_1^{(p)}, \boldsymbol{a}_1^{(q)}]_1, \quad [\boldsymbol{a}_1^{(p)}, \boldsymbol{a}_1^{(q)}]_{12}, \quad [\boldsymbol{a}_1^{(p)}, \boldsymbol{a}_2^{(q)}]_{12},$$

$$[\mathsf{b}_1^{(p)}, \mathsf{b}_1^{(q)}]_1, \quad [\mathsf{b}_1^{(p)}, \mathsf{b}_1^{(q)}]_{12}, \quad [\mathsf{b}_1^{(p)}, \mathsf{b}_2^{(q)}]_{12}.$$

这就要求对所有的碰撞变量积分，这些变量确定了同类分子对或异类分子对之间所发生的碰撞．但是我们只有在确定了分子间相互作用的规律之后，才能把这类积分完全算出来．在 3.42 节中已经说明，相互作用规律的具体形式只影响碰撞中相对速度的偏转值 (χ) 与变量 g 和 b 之间的关系．因此，对 g 和 b 以外的各个变量的积分，无需知道相互作用规律便可以完成．本章就是只完成这一步．下一章则将考虑各种具体的相互作用规律．这样，我们就可以确定上述各表达式的相应值．

9.2. 速 度 变 换

为了引用方便起见，我们在这里将一些有关速度变换的一般关系式集中在这一节中．根据式(3.41,6)，质量为 m_1，m_2 的两个分子在碰撞前的速度 $\mathbf{c}_1$，$\mathbf{c}_2$ 可以用变量 $\boldsymbol{G}$，$\boldsymbol{g}_{21}$ 给出，即

$$\mathbf{c}_1 = \boldsymbol{G} - M_2\boldsymbol{g}_{21}, \quad \mathbf{c}_2 = \boldsymbol{G} + M_1\boldsymbol{g}_{21},$$

其中

$$M_1 = m_1/m_0, \quad M_2 = m_2/m_0, \quad m_0 = m_1 + m_2.$$

这和式(3.41,1)一样，于是有

$$M_1 + M_2 = 1.$$

碰撞后的速度 $\boldsymbol{c}_1', \boldsymbol{c}_2'$ 与变量 $\boldsymbol{G}, \boldsymbol{g}_{21}'$ 之间的关系式与此相类似。$\boldsymbol{g}_{21}$，$\boldsymbol{g}_{21}'$ 的数值是相等的，可以记作为 g.

设 $\boldsymbol{G}_0$ 表示这对碰撞分子的质心相对于运动坐标系(其速度等于气体的宏观速度)的速度，于是

$$\boldsymbol{G}_0 = \boldsymbol{G} - \boldsymbol{c}_0. \tag{9.2,1}$$

这样，两个分子的特定速度 $\boldsymbol{C}_1, \boldsymbol{C}_2$ 便可以由下面两式给出

$$\boldsymbol{C}_1 = \boldsymbol{G}_0 - M_2 \boldsymbol{g}_{21}, \quad \boldsymbol{C}_2 = \boldsymbol{G}_0 + M_1 \boldsymbol{g}_{21}; \tag{9.2,2}$$

$\boldsymbol{C}_1', \boldsymbol{C}_2'$ 则由类似的式子给出. 由式(9.2,2)可得

$$\frac{1}{2} m_1 C_1^2 + \frac{1}{2} m_2 C_2^2 = \frac{1}{2} m_0 (G_0^2 + M_1 M_2 g^2) \tag{9.2,3}$$

以及(参见式(3.52,4))

$$\frac{\partial(\boldsymbol{G}_0, \boldsymbol{g}_{21})}{\partial(\boldsymbol{C}_1, \boldsymbol{C}_2)} = 1. \tag{9.2,4}$$

在这里，我们重新写出式(8.3,6)

$$\boldsymbol{\mathscr{C}}_1 = (m_1/2kT)^{\frac{1}{2}} \boldsymbol{C}_1, \quad \boldsymbol{\mathscr{C}}_2 = (m_2/2kT)^{\frac{1}{2}} \boldsymbol{C}_2. \tag{9.2,5}$$

与此相类似，我们可以定义一些新的变量 $\boldsymbol{\mathscr{G}}_0, g, g'$ 如下

$$\boldsymbol{\mathscr{G}}_0 = (m_0/2kT)^{\frac{1}{2}} \boldsymbol{G}_0, \quad g = (m_0 M_1 M_2/2kT)^{\frac{1}{2}} \boldsymbol{g}_{21},$$
$$g' = (m_0 M_1 M_2/2kT)^{\frac{1}{2}} \boldsymbol{g}_{21}'. \tag{9.2,6}$$

于是有 $g = g'$.

根据这些定义和式(9.2,2—4)，可以得到

$$\boldsymbol{\mathscr{C}}_1 = M_1^{\frac{1}{2}} \boldsymbol{\mathscr{G}}_0 - M_2^{\frac{1}{2}} g, \quad \boldsymbol{\mathscr{C}}_2 = M_2^{\frac{1}{2}} \boldsymbol{\mathscr{G}}_0 + M_1^{\frac{1}{2}} g,$$
$$\boldsymbol{\mathscr{C}}_1' = M_1^{\frac{1}{2}} \boldsymbol{\mathscr{G}}_0 - M_2^{\frac{1}{2}} g', \tag{9.2,7}$$

$$\mathscr{C}_1^2 + \mathscr{C}_2^2 = \boldsymbol{\mathscr{G}}_0^2 + g^2, \tag{9.2,8}$$

$$\frac{\partial(\boldsymbol{\mathscr{G}}_0, g)}{\partial(\boldsymbol{c}_1, \boldsymbol{c}_2)} = \frac{\partial(\boldsymbol{\mathscr{G}}_0, g)}{\partial(\boldsymbol{G}_0, \boldsymbol{g}_{21})} \cdot \frac{\partial(\boldsymbol{G}_0, \boldsymbol{g}_{21})}{\partial(\boldsymbol{C}_1, \boldsymbol{C}_2)} = \frac{(m_1 m_2)^{\frac{3}{2}}}{(2kT)^3}. \tag{9.2,9}$$

此外，由于 g 和 g' 之间的夹角与 $\boldsymbol{g}_{21}$ 和 $\boldsymbol{g}_{21}'$ 之间的夹角相同，故有

$$g \cdot g' = g^2 \cos\chi. \tag{9.2,10}$$

任一碰撞后速度的函数都可以变换成相应的碰撞前速度的函数，只要 $\chi = 0$ 即可。

9.3. 表达式 $[S(\mathscr{C}_1^2)\boldsymbol{\mathscr{C}}_1, S(\mathscr{C}_2^2)\boldsymbol{\mathscr{C}}_2]_{12}$ 和 $[S(\mathscr{C}_1^2)\boldsymbol{\mathscr{C}}_1^\circ\boldsymbol{\mathscr{C}}_1, S(\mathscr{C}_2^2)\boldsymbol{\mathscr{C}}_2^\circ\boldsymbol{\mathscr{C}}_2]_{12}$

根据式(4.4,4,9)和(3.5,3)可知，表达式

$$[S_{\frac{3}{2}}^{(p)}(\mathscr{C}_1^2)\boldsymbol{\mathscr{C}}_1, S_{\frac{3}{2}}^{(q)}(\mathscr{C}_2^2)\boldsymbol{\mathscr{C}}_2]_{12} \tag{9.3,1}$$

等于

$$\frac{1}{n_1n_2}\iiiint f_1^{(0)}f_2^{(0)}\{S_{\frac{3}{2}}^{(p)}(\mathscr{C}_1^2)\boldsymbol{\mathscr{C}}_1 - S_{\frac{3}{2}}^{(p)}(\mathscr{C}_1'^2)\boldsymbol{\mathscr{C}}_1'\} \cdot S_{\frac{3}{2}}^{(q)}(\mathscr{C}_2^2)\boldsymbol{\mathscr{C}}_2 gbdbd\varepsilon d\mathbf{c}_1 d\mathbf{c}_2.$$

根据 $S_m^{(n)}(x)$ 的定义(参见 7.5 节)，此式就是积分

$$\frac{(ST/st)^{\frac{3}{2}}}{n_1n_2}\iiiint f_1^{(0)}f_2^{(0)}\{\exp(-S\mathscr{C}_1^2)\boldsymbol{\mathscr{C}}_1 - \exp(-S\mathscr{C}_1'^2)\boldsymbol{\mathscr{C}}_1'\} \cdot \boldsymbol{\mathscr{C}}_2 \times \exp(-T\mathscr{C}_2^2)gbdbd\varepsilon d\mathbf{c}_1 d\mathbf{c}_2 \tag{9.3,2}$$

的展开式中 s^pt^q 项的系数，其中

$$S = \frac{s}{1-s}, T = \frac{t}{1-t}. \tag{9.3,3}$$

将 $f_1^{(0)}$, $f_2^{(0)}$ 的值代入式(9.3, 2)可得

$$\left(\frac{ST}{st}\right)^{\frac{3}{2}}\frac{(m_1m_2)^{\frac{3}{2}}}{(2\pi kT)^3}\iiiint \exp(-\mathscr{C}_1^2-\mathscr{C}_2^2)\{\exp(-S\mathscr{C}_1^2)\boldsymbol{\mathscr{C}}_1 - \exp(-S\mathscr{C}_1'^2)\boldsymbol{\mathscr{C}}_1'\} \cdot \boldsymbol{\mathscr{C}}_2 \times \exp(-T\mathscr{C}_2^2)gbdbd\varepsilon d\mathbf{c}_1 d\mathbf{c}_2.$$

或者，利用式(9.2,8,9)可得

$$(ST/st)^{\frac{3}{2}}\pi^{-3}\iiiint \exp(-\mathscr{G}_0^2-g^2)\{\exp(-S\mathscr{C}_1^2)\boldsymbol{\mathscr{C}}_1 - \exp(-S\mathscr{C}_1'^2)\boldsymbol{\mathscr{C}}_1'\} \cdot \boldsymbol{\mathscr{C}}_2 \times \exp(-T\mathscr{C}_2^2)gbdbd\varepsilon d\boldsymbol{\mathscr{G}}_0 dg.$$

设 $H_{12}(\chi) = \int \exp(-\mathscr{G}_0^2 - g^2 - S\mathscr{C}_1'^2 - T\mathscr{C}_2^2)\boldsymbol{\mathscr{C}}_1' \cdot \boldsymbol{\mathscr{C}}_2 d\boldsymbol{\mathscr{G}}_0.$

$$\tag{9.3,4}$$

由于只需令 $\chi = 0$ 就可以将 $\boldsymbol{\mathscr{C}}_1'$, $\boldsymbol{\mathscr{C}}_2$ 的任一函数变换成 $\boldsymbol{\mathscr{C}}_1$, $\boldsymbol{\mathscr{C}}_2$ 的相应函数，因此

$$H_{12}(\circ)=\int \exp(-\mathscr{G}_0^2-g^2-S\mathscr{C}_1^2-T\mathscr{C}_2^2)\mathscr{C}_1\mathscr{C}_2 d\mathscr{G}_0.$$

所以，表达式(9.3,2)就等于

$$(ST/st)^{\frac{5}{2}}\pi^{-3}\iiint\{H_{12}(0)-H_{12}(\chi)\}gbdbd\varepsilon dg. \qquad (9.3,5)$$

类似地，我们可以证明表达式

$$[S_{\frac{5}{2}}^{(p)}(\mathscr{C}_1^2)\mathring{\mathscr{C}}_1\mathscr{C}_1,\ S_{\frac{5}{2}}^{(q)}(\mathscr{C}_2^2)\mathring{\mathscr{C}}_2\mathscr{C}_2]_{12} \qquad (9.3,6)$$

是积分

$$(ST/st)^{\frac{7}{2}}\pi^{-3}\iiint\{L_{12}(0)-L_{12}(\chi)\}gbdbd\varepsilon dg, \qquad (9.3,7)$$

的展开式中 $s^p t^q$ 项的系数，其中

$$L_{12}(\chi)=\int\exp(-\mathscr{G}_0^2-g^2-S\mathscr{C}_1'^2 - T\mathscr{C}_2^2)\mathring{\mathscr{C}}_1'\mathscr{C}_1':\mathring{\mathscr{C}}_2\mathscr{C}_2 d\mathscr{G}_0. \qquad (9.3,8)$$

9.31 积分 $H_{12}(\chi)$ 和 $L_{12}(\chi)$

根据式(9.2, 7)有

$$\mathscr{C}_2^2=(M_2^{\frac{1}{2}}\mathscr{G}_0+M_1^{\frac{1}{2}}\mathbf{g})\cdot(M_2^{\frac{1}{2}}\mathscr{G}_0+M_1^{\frac{1}{2}}\mathbf{g})$$
$$=M_2\mathscr{G}_0^2+M_1g^2+2(M_1M_2)^{\frac{1}{2}}\mathscr{G}_0\cdot\mathbf{g}. \qquad (9.31,1)$$

与此类似还有

$$\mathscr{C}_1'^2=M_1\mathscr{G}_0^2+M_2g^2-2(M_1M_2)^{\frac{1}{2}}\mathscr{G}_0\mathbf{g}'. \qquad (9.31,2)$$

因此

$$\mathscr{G}_0^2+g^2+S\mathscr{C}_1'^2+T\mathscr{C}_2^2=i_{12}\mathscr{G}_0^2+i_{21}g^2+2(M_1M_2)^{\frac{1}{2}}\mathscr{G}_0\cdot(T\mathbf{g}-S\mathbf{g}'),$$

其中

$$i_{12}\equiv 1+M_1S+M_2T,\ i_{21}\equiv 1+M_2S+M_1T. \qquad (9.31,3)$$

设

$$\mathbf{v}\equiv\mathscr{G}_0+\frac{1}{i_{12}}(M_1M_2)^{\frac{1}{2}}(T\mathbf{g}-S\mathbf{g}'), \qquad (9.31,4)$$

于是将变量由 $\mathscr{G}_0$ 变换为 $\mathbf{v}$ 就相当于在 $\mathscr{G}_0$ 空间中改变原点的位

置. 因此有

$$\mathscr{G}_0^2+g^2+S\mathscr{C}_1'^2+T\mathscr{C}_2^2=i_{12}v^2+i_{21}g^2$$
$$-(M_1M_2/i_{12})(T\boldsymbol{g}-S\boldsymbol{g}')\cdot(T\boldsymbol{g}-S\boldsymbol{g}')$$
$$=i_{12}v^2+j_{12}g^2, \tag{9.31,5}$$

其中

$$j_{12}=i_{21}-(M_1M_2/i_{12})(S^2+T^2-2ST\cos\chi). \tag{9.31,6}$$

此外,如果设

$$\left.\begin{aligned}\boldsymbol{v}_1&=(M_1/i_{12})(T\boldsymbol{g}-S\boldsymbol{g}')+\boldsymbol{g}',\\ \boldsymbol{v}_2&=(M_2/i_{12})(T\boldsymbol{g}-S\boldsymbol{g}')-\boldsymbol{g},\end{aligned}\right\} \tag{9.31,7}$$

那么根据(9.31,4)和(9.2,7)可得

$$\left.\begin{aligned}\boldsymbol{\mathscr{C}}_1'&=M_1^{\frac{1}{2}}\boldsymbol{v}-M_2^{\frac{1}{2}}\boldsymbol{v}_1,\\ \boldsymbol{\mathscr{C}}_2&=M_2^{\frac{1}{2}}\boldsymbol{v}-M_1^{\frac{1}{2}}\boldsymbol{v}_2.\end{aligned}\right\} \tag{9.31,8}$$

因此

$$\begin{aligned}\boldsymbol{\mathscr{C}}_1'\cdot\boldsymbol{\mathscr{C}}_2&=(M_1M_2)^{\frac{1}{2}}v^2-\boldsymbol{v}(M_2\boldsymbol{v}_1+M_1\boldsymbol{v}_2)\\&\quad+(M_1M_2)^{\frac{1}{2}}\boldsymbol{v}_1\cdot\boldsymbol{v}_2,\\ \mathscr{C}_1'^2&=M_1v^2-2(M_1M_2)^{\frac{1}{2}}\boldsymbol{v}\cdot\boldsymbol{v}_1+M_2v_1^2,\\ \mathscr{C}_2^2&=M_2v^2-2(M_1M_2)^{\frac{1}{2}}\boldsymbol{v}\cdot\boldsymbol{v}_2+M_1v_2^2.\end{aligned} \tag{9.31,9}$$

于是有

$$\mathscr{C}_1'^2\mathscr{C}_2^2=M_1M_2v^4+v^2(M_1^2v_2^2+M_2^2v_1^2)+4M_1M_2\cdot(\boldsymbol{v}\cdot\boldsymbol{v}_1)(\boldsymbol{v}\cdot\boldsymbol{v}_2)+M_1M_2v_1^2v_2^2+\boldsymbol{v}\text{ 的奇次幂项}$$

$$(\boldsymbol{\mathscr{C}}_1'\cdot\boldsymbol{\mathscr{C}}_2)^2=M_1M_2v^4+2M_1M_2v^2\boldsymbol{v}_1\cdot\boldsymbol{v}_2+\{\boldsymbol{v}\cdot(M_2\boldsymbol{v}_1+M_1\boldsymbol{v}_2)\}^2+M_1M_2(\boldsymbol{v}_1\cdot\boldsymbol{v}_2)^2+\boldsymbol{v}\text{ 的奇幂次项}.$$

这样,利用式(1.32,9),(1.42,2)以及 1.421 节的定理,我们可以将式(9.3,8)写成下列形式

$$\begin{aligned}L_{12}(\chi)&=\int e^{-i_{12}v^2-j_{12}g^2}\left\{(\boldsymbol{\mathscr{C}}_1'\cdot\boldsymbol{\mathscr{C}}_2)^2-\frac{1}{3}\mathscr{C}_1'^2\mathscr{C}_2^2\right\}d\boldsymbol{v}\\&=4\pi M_1M_2\int_0^\infty e^{-i_{12}v^2-j_{12}g^2}\left\{\frac{2}{3}v^4+\frac{20}{9}v^2\boldsymbol{v}_1\cdot\boldsymbol{v}_2\right.\\&\quad\left.+(\boldsymbol{v}_1\cdot\boldsymbol{v}_2)^2-\frac{1}{3}v_1^2v_2^2\right\}v^2dv\end{aligned}$$

$$= \pi^{\frac{3}{2}} M_1 M_2 e^{-j_{12}g^2} i_{12}^{-\frac{7}{2}} \left\{ \frac{5}{2} + \frac{10}{3} i_{12} \boldsymbol{v}_1 \cdot \boldsymbol{v}_2 \right.$$

$$\left. + i_{12}^2 (\boldsymbol{v}_1 \cdot \boldsymbol{v}_2)^2 - \frac{1}{3} i_{12}^2 v_1^2 v_2^2 \right\}. \tag{9.31,10}$$

此外,根据式(9.31,9)可得

$$H_{12}(\chi) = (M_1 M_2)^{\frac{1}{2}} \int e^{-i_{12}v^2 - i_{12}g^2} (v^2 + \boldsymbol{v}_1 \cdot \boldsymbol{v}_2) dv$$

$$= 4\pi (M_1 M_2)^{\frac{1}{2}} \int_0^\infty e^{-i_{12}v^2 - i_{12}g^2} (v^2 + \boldsymbol{v}_1 \cdot \boldsymbol{v}_2) v^2 dv$$

$$= \pi^{\frac{3}{2}} (M_1 M_2)^{\frac{1}{2}} e^{-j_{12}g^2} i_{12}^{-\frac{5}{2}} \left(\frac{3}{2} + i_{12} \boldsymbol{v}_1 \cdot \boldsymbol{v}_2 \right). \tag{9.31,11}$$

现在剩下的工作是计算 $\boldsymbol{v}_1 \cdot \boldsymbol{v}_2$ 和 $v_1^2 v_2^2$. 根据式(9.31,7)并利用式(9.31,3,6)和(9.2,10)可得

$$\boldsymbol{v}_1 \cdot \boldsymbol{v}_2 = (M_1 M_2 / i_{12}^2)(T\boldsymbol{g} - S\boldsymbol{g}') \cdot (T\boldsymbol{g} - S\boldsymbol{g}')$$

$$+ (1/i_{12})(M_2 \boldsymbol{g}' - M_1 \boldsymbol{g}) \cdot (T\boldsymbol{g} - S\boldsymbol{g}') - \boldsymbol{g} \cdot \boldsymbol{g}'$$

$$= (M_1 M_2 / i_{12}^2) g^2 (S^2 + T^2 - 2ST\cos\chi) + (g^2 / i_{12})\{-i_{21}$$

$$+ 1 + (i_{12} - 1)\cos\chi\} - g^2 \cos\chi$$

$$= (g^2 / i_{12})(1 - j_{12} - \cos\chi). \tag{9.31,12}$$

还有 $|\boldsymbol{v}_1 \wedge \boldsymbol{v}_2|^2 = v_1^2 v_2^2 - (\boldsymbol{v}_1 \cdot \boldsymbol{v}_2)^2$, 而且, 由于 $\boldsymbol{g}' \wedge \boldsymbol{g} = -\boldsymbol{g} \wedge \boldsymbol{g}'$, $\boldsymbol{g} \wedge \boldsymbol{g} = 0 = \boldsymbol{g}' \wedge \boldsymbol{g}'$, 因此利用式(9.31,3)后, 我们最后可得到

$$\boldsymbol{v}_1 \wedge \boldsymbol{v}_2 = (\boldsymbol{g} \wedge \boldsymbol{g}')/i_{12}.$$

由于 $\boldsymbol{g} \wedge \boldsymbol{g}'$ 的数值是 $g^2 \sin\chi$, 因此可得

$$v_1^2 v_2^2 - (\boldsymbol{v}_1 \cdot \boldsymbol{v}_2)^2 = (g^4 / i_{12}^2)\sin^2\chi. \tag{9.31,13}$$

将式(9.31,12,13)代入式(9.31,10,11),则可得

$$H_{12}(\chi) = \pi^{\frac{3}{2}} (M_1 M_2)^{\frac{1}{2}} e^{-j_{12}g^2} i_{12}^{-\frac{5}{2}} \left\{ \frac{3}{2} + (1 - j_{12} - \cos\chi)g^2 \right\}, \tag{9.31,14}$$

$$L_{12}(\chi) = \frac{2}{3} \pi^{\frac{3}{2}} M_1 M_2 e^{-j_{12}g^2} i_{12}^{-\frac{7}{2}} \left[\frac{15}{4} + 5(1 - j_{12} - \cos\chi)g^2 \right.$$

$$\left. + \left\{ (1 - j_{12} - \cos\chi)^2 - \frac{1}{2}\sin^2\chi \right\} g^4 \right]. \tag{9.31,15}$$

9.32. $H_{12}(\chi)$ 和 $L_{12}(\chi)$ 作为 s 和 t 的函数

现在设

$$y_{12} = M_2 s + M_1 t, z_{12} = 2M_1M_2 st(1 - \cos\chi). \quad (9.32,1)$$

这样，由于 $S^{-1} = s^{-1} - 1$, $T^{-1} = t^{-1} - 1$，我们便可由式 (9.31, 3, 6) 求得

$$i_{12}/ST = (1 - y_{12})/st, \quad (9.32,2)$$

$$j_{12} = \{(1+S)(1+T) - 2M_1M_2ST(1-\cos\chi)\}/i_{12}$$
$$= (1 - z_{12})/(1 - y_{12}). \quad (9.32,3)$$

如果认为 y_{12} 和 z_{12} 是独立的，那么就有

$$\frac{\partial j_{12}}{\partial y_{12}} = \frac{j_{12}}{1 - y_{12}}. \quad (9.32,4)$$

因此，由式(9.31,14)可知

$$(ST/st)^{\frac{3}{2}}(M_1M_2)^{-\frac{1}{2}}\pi^{-\frac{3}{2}}H_{12}(\chi)$$
$$= e^{-i_{12}g^2}(1-y_{12})^{-\frac{5}{2}}\left\{\frac{3}{2} + (1 - j_{12} - \cos\chi)g^2\right\}$$
$$= \frac{\partial}{\partial y_{12}}\{e^{-i_{12}g^2}(1-y_{12})^{-\frac{3}{2}}\}$$
$$+ e^{-i_{12}g^2}(1-y_{12})^{-\frac{5}{2}}g^2(1-\cos\chi).$$

但是，根据式(9.32,3)和定义 Sonine 多项式的那个展开式，可以得出

$$e^{-i_{12}g^2}(1-y_{12})^{-\frac{5}{2}} = e^{-g^2/(1-y_{12})}\sum_r \frac{(z_{12}g^2)^r}{r!}(1-y_{12})^{-r-\frac{5}{2}}$$
$$= e^{-g^2}\sum_r\sum_n \frac{(z_{12}g^2)^r}{r!}y_{12}^n S_{r+\frac{3}{2}}^{(n)}(g^2).$$

而且，由类似的关系式可得

$$\frac{\partial}{\partial y_{12}}\{e^{-i_{12}g^2}(1-y_{12})^{-\frac{3}{2}}\} = e^{-g^2}\sum_r\sum_n\frac{(z_{12}g^2)^r}{r!}$$
$$\times(n+1)y_{12}^n S_{r+\frac{1}{2}}^{(n+1)}(g^2).$$

合并上述各结果并利用式(9.32,1)之后，可以得出

$$(ST/st)^{\frac{5}{2}}(M_1M_2)^{-\frac{1}{2}}\pi^{-\frac{3}{2}}H_{12}(\chi)$$

$$= e^{-g^2}\sum_r\sum_n\{2M_1M_2st(1-\cos\chi)\}^r\frac{g^{2r}}{r!}(M_2s+M_1t)^n$$

$$\times\{(n+1)S_{r+\frac{1}{2}}^{(n+1)}(g^2)+g^2(1-\cos\chi)S_{r+\frac{3}{2}}^{(n)}(g^2)\}. \tag{9.32,5}$$

利用二项式定理，我们可将式(9.32,5)右侧的和值展开成 s 和 t 的幂级数．由于 M_1, M_2 只是在组合量 M_1t, M_2s 中出现，因此该级数中 s^pt^q 的系数有一个因子 $M_2^pM_1^q$．除此之外它就与 M_1, M_2 无关了．一般说来，这个系数是 g^2 和 $\cos\chi$ 的多项式，它对于 g^2 的幂次是 $p+q+1$ 次，对于 $\cos\chi$ 的次数则等于 $p+1$ 和 $q+1$ 中数值较小的一个．这样，式(9.32,5)展开后变为

$$\left(\frac{ST}{st}\right)^{\frac{5}{2}}(M_1M_2)^{-\frac{1}{2}}\pi^{-\frac{3}{2}}H_{12}(\chi)$$

$$= e^{-g^2}\sum_{p,q,r,l}A_{pqrl}(M_2s)^p(M_1t)^qg^{2r}\cos^l\chi, \tag{9.32,6}$$

其中 A_{pqrl} 是一个与 M_1 和 M_2 无关的纯数字．

类似地可以得知

$$\frac{3}{2}(ST/st)^{\frac{7}{2}}(M_1M_2)^{-1}\pi^{-\frac{3}{2}}L_{12}(\chi)$$

$$= \frac{\partial^2}{\partial y_{12}^2}\{e^{-j_{12}g^2}(1-y_{12})^{-\frac{3}{2}}\}+2g^2(1-\cos\chi)\frac{\partial}{\partial y_{12}}$$

$$\times\{e^{-j_{12}g^2}(1-y_{12})^{-\frac{5}{2}}\}+g^4\left\{(1-\cos\chi)^2-\frac{1}{2}\sin^2\chi\right\}$$

$$\times e^{-j_{12}g^2}(1-y_{12})^{-\frac{7}{2}}$$

$$= e^{-g^2}\sum_r\sum_n\{2M_1M_2st(1-\cos\chi)\}^r\frac{g^{2r}}{r!}(M_2s+M_1t)^n$$

$$\times[(n+1)(n+2)S_{r+\frac{1}{2}}^{(n+2)}(g^2)$$

$$+2(n+1)g^2(1-\cos\chi)S_{r+\frac{3}{2}}^{(n+1)}(g^2)$$

$$+g^4\left\{(1-\cos\chi)^2-\frac{1}{2}\sin^2\chi\right\}S_{r+\frac{5}{2}}^{(n)}(g^2)]. \tag{9.32,7}$$

将此式按 s, t 的幂次展开,则所求得的 s^pt^q 项的系数为 $e^{-g^2}M_2^pM_1^q$ 与 g^2 和 $\cos\chi$ 的一个多项式(此多项式对 g^2 的次数是 $p+q+2$, 对 $\cos\chi$ 的次数则等于 $p+2$ 和 $q+2$ 中数值较小的一个)的乘积. 因此

$$\frac{3}{2}(ST/st)^{\frac{7}{2}}(M_1M_2)^{-1}\pi^{-\frac{3}{2}}L_{12}(\chi)$$

$$=e^{-g^2}\sum_{p,q,r,l}B_{pqrl}(M_2s)^p(M_1t)^qg^{2r}\cos^l\chi, \qquad (9.32,8)$$

其中 B_{pqrl} 是与 M_1 和 M_2 无关的纯数字.

由式(9.32,5,7)可以求得 A_{pqrl}, B_{pqrl} 的显式. 其中 $S_m^{(n)}(x)$的表达式采用式(7.5,3). 鉴于这些表达式都很复杂,在实用中我们最好还是直接由式(9.32,5,7)来计算任何所需的 A_{pqrl}, B_{pqrl} 值.

9.33. $[S(\mathscr{C}_1^2)\mathscr{C}_1, S(\mathscr{C}_2^2)\mathscr{C}_2]_{12}$ 和 $[S(\mathscr{C}_1^2)\mathscr{C}_1^\circ\mathscr{C}_1, S(\mathscr{C}_2^2)\mathscr{C}_2^\circ\mathscr{C}_2]_{12}$ 的计算

根据 9.3 节可知,表达式

$$[S_{\frac{3}{2}}^{(p)}(\mathscr{C}_1^2)\mathscr{C}_1, S_{\frac{3}{2}}^{(q)}(\mathscr{C}_2^2)\mathscr{C}_2]_{12}$$

是式(9.3,5)的展开式

$$(ST/st)^{\frac{5}{2}}\pi^{-3}\iiint\{H_{12}(0)-H_{12}(\chi)\}gbdbd\varepsilon dg.$$

中 s^pt^q 项的系数. 因此,利用式(9.32, 6)可得

$$[S_{\frac{3}{2}}^{(p)}(\mathscr{C}_1^2)\mathscr{C}_1, S_{\frac{3}{2}}^{(q)}(\mathscr{C}_2^2)\mathscr{C}_2]_{12}$$

$$=\pi^{-\frac{3}{2}}M_2^{p+\frac{1}{2}}M_1^{q+\frac{1}{2}}\iiint e^{-g^2}\sum_{r,l}A_{pqrl}g^{2r}(1-\cos^l\chi)gbdbd\varepsilon d\boldsymbol{g}.$$

这里的被积函数与 ε 无关,与 $\boldsymbol{g}$ 的方向亦无关. 遍及 ε 的所有值和 $\boldsymbol{g}$ 的所有方向积分便可以求得

$$[S_{\frac{3}{2}}^{(p)}(\mathscr{C}_1^2)\mathscr{C}_1, S_{\frac{3}{2}}^{(q)}(\mathscr{C}_2^2)\mathscr{C}_2]_{12}$$

$$=8\pi^{\frac{1}{2}}M_2^{p+\frac{1}{2}}M_1^{q+\frac{1}{2}}\iint e^{-g^2}\sum_{r,l}A_{pqrl}g^{2r+2}(1-\cos^l\chi)gbdbdg$$

$$=8M_2^{p+\frac{1}{2}}M_1^{q+\frac{1}{2}}\sum_{r,l}A_{pqrl}\Omega_{12}^{(l)}(r), \qquad (9.33,1)$$

其中 $\Omega_{12}^{(l)}(r)$ 由下式定义

$$\Omega_{12}^{(l)}(r)=\pi^{\frac{1}{2}}\iint e^{-g^2}g^{2r+2}(1-\cos^l\chi)gbdbdg. \quad (9.33,2)$$

于是 $\Omega_{12}^{(0)}(r)=0$，$\Omega_{12}^{(l)}(r)>0$ 若 $l>0$.

与此类似，根据式(9.32,8)和(9.3,6—8)可得

$$\begin{aligned}&[S_{\frac{5}{2}}^{(p)}(\mathscr{C}_1^2)\overset{\circ}{\boldsymbol{\mathscr{C}}_1}\boldsymbol{\mathscr{C}}_1,\ S_{\frac{5}{2}}^{(q)}(\mathscr{C}_2^2)\overset{\circ}{\boldsymbol{\mathscr{C}}_2}\boldsymbol{\mathscr{C}}_2]_{12}\\&=\frac{2}{3}\pi^{-\frac{3}{2}}M_2^{p+1}M_1^{q+1}\iiint e^{-g^2}\sum_{r,l}B_{pqrl}g^{2r}\\&\quad\times(1-\cos^l\chi)gbdbdedg\\&=\frac{16}{3}\pi^{\frac{1}{2}}M_2^{p+1}M_1^{q+1}\iint e^{-g^2}\sum_{r,l}B_{pqrl}g^{2r+2}\\&\quad\times(1-\cos^l\chi)gbdbdg\\&=\frac{16}{3}M_2^{p+1}M_1^{q+1}\sum_{r,l}B_{pqrl}\Omega_{12}^{(l)}(r). \quad (9.33,3)\end{aligned}$$

除 $\Omega_{12}^{(l)}(r)$ 以外，再引进 $\phi_{12}^{(l)}$ 是很方便的，它定义为[1].

$$\phi_{12}^{(l)}=2\pi\int(1-\cos^l\chi)bdb. \quad (9.33,4)$$

按照这个定义并根据式(9.2,6)，可得

$$\Omega_{12}^{(l)}(r)=(kT/2\pi m_0M_1M_2)^{\frac{1}{2}}\int_0^\infty e^{-g^2}g^{2r+3}\phi_{12}^{(l)}dg. \quad (9.33,5)$$

我们将在 9.6 节中，针对某些特定的 p 和 q 值，给出用函数 $\Omega_{12}^{(l)}(r)$ 表示的下列括号表达式

$$[S_{\frac{3}{2}}^{(p)}(\mathscr{C}_1^2)\boldsymbol{\mathscr{C}}_1,\ S_{\frac{3}{2}}^{(q)}(\mathscr{C}_2^2)\boldsymbol{\mathscr{C}}_2]_{12}$$

和

$$[S_{\frac{5}{2}}^{(p)}(\mathscr{C}_1^2)\overset{\circ}{\boldsymbol{\mathscr{C}}_1}\boldsymbol{\mathscr{C}}_1,\ S_{\frac{5}{2}}^{(q)}(\mathscr{C}_2^2)\overset{\circ}{\boldsymbol{\mathscr{C}}_2}\boldsymbol{\mathscr{C}}_2]_{12}$$

---

1) 在本书的前两版中，$\phi_{12}^{(l)}$ 的定义是 $\int(1-\cos^l\chi)gbdb$. 但是，我们这里使 $\phi_{12}^{(l)}$ 具有面积的量纲. 这样，它就可以和分子截面联系起来，这更具优越性.

9.4. $[S(\mathscr{C}_1^2)\boldsymbol{\mathscr{C}}_1, S(\mathscr{C}_1^2)\boldsymbol{\mathscr{C}}_1]_{12}$ 和 $[S(\mathscr{C}_1^2)\boldsymbol{\mathscr{C}}_1^\circ\mathscr{C}_1, S(\mathscr{C}_1^2)\boldsymbol{\mathscr{C}}_1^\circ\mathscr{C}_1]_{12}$ 的计算

这里所采用的方法和 9.3—9.33 节的相类似，因此只需指出其主要的步骤即可.

表达式

$$[S_{\frac{3}{2}}^{(p)}(\mathscr{C}_1^2)\boldsymbol{\mathscr{C}}_1,\ S_{\frac{3}{2}}^{(q)}(\mathscr{C}_1^2)\boldsymbol{\mathscr{C}}_1]_{12} \tag{9.4,1}$$

等于下列积分

$$(ST/st)^{\frac{5}{2}}\pi^{-3}\iiint\{H_1(0)-H_1(\chi)\}gbdbd\epsilon d\boldsymbol{g} \tag{9.4,2}$$

按照 s 和 t 的幂次展开的展开式中 s^pt^q 项的系数，其中

$$H_1(\chi)=\int\exp(-\mathscr{G}_0^2-g^2-S\mathscr{C}_1'^2-T\mathscr{C}_1^2)\boldsymbol{\mathscr{C}}_1'\cdot\boldsymbol{\mathscr{C}}_1d\boldsymbol{\mathscr{G}}_0, \tag{9.4,3}$$

而 S 和 T 则由式 (9.3, 3) 定义.

同样地，表达式

$$[S_{\frac{5}{2}}^{(p)}(\mathscr{C}_1^2)\overset{\circ}{\boldsymbol{\mathscr{C}}_1}\boldsymbol{\mathscr{C}}_1,\ S_{\frac{5}{2}}^{(q)}(\mathscr{C}_1^2)\overset{\circ}{\boldsymbol{\mathscr{C}}_1}\boldsymbol{\mathscr{C}}_1]_{12} \tag{9.4,4}$$

等于积分

$$(ST/st)^{\frac{7}{2}}\pi^{-3}\iiint\{L_1(0)-L_1(\chi)\}gbdbd\epsilon d\boldsymbol{g},$$

的展开式中 s^pt^q 项的系数，其中

$$L_1(\chi)=\int\exp(-\mathscr{G}_0^2-g^2-S\mathscr{C}_1'^2-T\mathscr{C}_1^2)\overset{\circ}{\boldsymbol{\mathscr{C}}_1'}\boldsymbol{\mathscr{C}}_1':\overset{\circ}{\boldsymbol{\mathscr{C}}_1}\boldsymbol{\mathscr{C}}_1d\mathscr{G}_0. \tag{9.4,5}$$

利用类似于式(9.31,1,2)的关系式，可得

$$\mathscr{G}_0^2+g^2+S\mathscr{C}_1'^2+T\mathscr{C}_1^2 = i_1\mathscr{G}_0^2+i_2g^2-2(M_1M_2)^{\frac{1}{2}}\boldsymbol{\mathscr{G}}_0\cdot(S\boldsymbol{g}'+T\boldsymbol{g}),$$

其中

$$i_1=1+M_1(S+T),\quad i_2=1+M_2(S+T). \tag{9.4,6}$$

这样，通过下述变换便可将式(9.4,3,5)算出，

$$v = \mathscr{G}_0 - (M_1M_2)^{\frac{1}{2}}(Sg' + Tg)/i_1.$$

按照 9.31 节的方式进行积分，可以求得

$$H_1(\chi) = \pi^{\frac{3}{2}} i_1^{-\frac{5}{2}} e^{-i_1 g^2} \left[\frac{3}{2}M_1 + \{M_1(1-j_1) + M_2\cos\chi\}g^2\right], \tag{9.4,7}$$

$$L_1(\chi) = \frac{2}{3}\pi^{\frac{3}{2}} i_1^{-\frac{7}{2}} e^{-i_1 g^2} \left[\frac{15}{4}M_1^2 + 5M_1\{M_1(1-j_1)+M_2\cos\chi\}g^2 + \{M_1(1-j_1) + M_2\cos\chi\}^2 g^4 - \frac{1}{2}M_2^2 g^4 \sin^2\chi\right], \tag{9.4,8}$$

其中

$$j_1 \equiv i_2 - (M_1M_2/i_1)(S^2 + T^2 + 2ST\cos\chi). \tag{9.4,9}$$

根据式(9.4,6,9)和(9.3,9)可知

$$i_1 = 1 + M_1\frac{s}{1-s} + M_1\frac{t}{1-t} = \frac{1 - M_2(s+t) + (M_2 - M_1)st}{(1-s)(1-t)}, \tag{9.4,10}$$

$$\begin{aligned} j_1 &= 1 + M_2(S+T) - M_1M_2(S^2 + T^2 + 2ST\cos\chi)/\{1 + M_1(S+T)\} \\ &= \{(1+S)(1+T) - ST(M_1^2 + M_2^2 + 2M_1M_2\cos\chi)\}/\{1 + M_1(S+T)\} \\ &= \{1 - st(M_1^2 + M_2^2 + 2M_1M_2\cos\chi)\}/\{1 - M_2(s+t) + (M_2 - M_1)st\}. \end{aligned} \tag{9.4,11}$$

于是 $H_1(\chi)$, $L_1(\chi)$ 都可以表示为 s, t 的函数. 与式(9.32,5,7)相对应的展开式为

$$\begin{aligned} (ST/st)^{\frac{5}{2}}\pi^{-\frac{3}{2}}H_1(\chi) = e^{-g^2}\sum_r\sum_n &\{st(M_1^2 + M_2^2 + 2M_1M_2\cos\chi)\}^r(g^{2r}/r!)\{M_2(s+t) \\ &- (M_2 - M_1)st\}^n\{M_1(n+1)S_{r+\frac{1}{2}}^{(n+1)}(g^2) \\ &+ (M_1 + M_2\cos\chi)^2 g^2 S_{r+\frac{3}{2}}^{(n)}(g^2)\}, \end{aligned} \tag{9.4,12}$$

$$\frac{3}{2}(ST/st)^{\frac{7}{2}}\pi^{-\frac{3}{2}}L_1(\chi)=e^{-g^2}\sum_r\sum_n[st(M_1^2+M_2^2+2M_1M_2\cos\chi)]^r(g^{2r}/r!)[M_2(s+t)-(M_2-M_1)st]^n[M_1^2(n+1)(n+2)S_{r+\frac{1}{2}}^{(n+2)}(g^2)+2(n+1)g^2M_1(M_1+M_2\cos\chi)S_{r+\frac{3}{2}}^{(n+1)}(g^2)+g^4\left\{(M_1+M_2\cos\chi)^2-\frac{1}{2}M_2^2\sin^2\chi\right\}S_{r+\frac{5}{2}}^{(n)}(g^2)]. \tag{9.4,13}$$

如果将式(9.4,12)按 s 和 t 的幂次展开，其展开式可表成下列形式

$$e^{-g^2}\sum_{p,q,r,l}A'_{pqrl}s^pt^qg^{2r}\cos^l\chi, \tag{9.4,14}$$

于是就有

$$[S_{\frac{3}{2}}^{(p)}(\mathscr{C}_1^2)\mathscr{C}_1,S_{\frac{3}{2}}^{(q)}(\mathscr{C}_1^2)\mathscr{C}_1]_{12}=8\sum_{r,l}A'_{pqrl}\Omega_{12}^{(l)}(r), \tag{9.4,15}$$

它类似于式(9.33,1)．

表达式(9.4，4)的值同样也可以由式(9.4，13)的展开式中 s^pt^q 的系数导出．对于特定的 p 和 q 值，用函数 $\Omega_{12}^{(l)}(r)$ 表示的括号表达式(9.4,1 和 4)将在 9.6 节中给出．

9.5. $[S(\mathscr{C}_1^2)\mathscr{C}_1,S(\mathscr{C}_1^2)\mathscr{C}_1]_1$ 和 $[S(\mathscr{C}_1^2)\mathscr{C}_1^\circ\mathscr{C}_1,S(\mathscr{C}_1^2)\mathscr{C}_1^\circ\mathscr{C}_1]_1$ 的计算

由式(4.4,11)显然可知，$[S_{\frac{3}{2}}^{(p)}(\mathscr{C}_1^2)\mathscr{C}_1,S_{\frac{3}{2}}^{(q)}(\mathscr{C}_1^2)\mathscr{C}_1]_1$ 可以由下式导出

$$[S_{\frac{3}{2}}^{(p)}(\mathscr{C}_1^2)\mathscr{C}_1,S_{\frac{3}{2}}^{(q)}(\mathscr{C}_2^2)\mathscr{C}_2]_{12}+[S_{\frac{3}{2}}^{(p)}(\mathscr{C}_1^2)\mathscr{C}_1,S_{\frac{3}{2}}^{(q)}(\mathscr{C}_1^2)\mathscr{C}_1]_{12},$$

其中只要取 m_2 等于 m_1，而且用第一种气体分子对之间的相互作用规律来代替异类分子对之间的相互作用规律即可．做这些变更的效果就是：在每一个结果中，M_1,M_2 都要用 $\frac{1}{2}$ 来代替；而 $\Omega_{12}^{(l)}(r)$ 则须用一个类似的积分 $\Omega_1^{(l)}(r)$（它与第一种气体分子对的

碰撞有关)来代替.

取 $M_1 = M_2 = \frac{1}{2}$，这时 $H_{12}(\chi)$ 的表达式 (9.31, 14) 变得和 $H_1(\chi)$ 的表达式(9.4,7)完全相同，只是 $\cos\chi$ 的符号相反（参见式(9.31,6) 和 (9.4,9)）. 这意味着展开式(9.33,1)中 $\Omega_{12}^{(l)}(r)$ 的系数是展开式(9.4,13)中相应系数的 $(-1)^l$ 倍. 因此

$$[S_{\frac{3}{2}}^{(p)}(\mathscr{C}_1^2)\boldsymbol{\mathscr{C}}_1,\ S_{\frac{3}{2}}^{(q)}(\mathscr{C}_2^2)\boldsymbol{\mathscr{C}}_2]_{12} + [S_{\frac{3}{2}}^{(p)}(\mathscr{C}_1^2)\boldsymbol{\mathscr{C}}_1, S_{\frac{3}{2}}^{(q)}(\mathscr{C}_1^2)\boldsymbol{\mathscr{C}}_1]_{12}$$

就等于按下述方式得到的表达式，即：将

$$[S_{\frac{3}{2}}^{(p)}(\mathscr{C}_1^2)\boldsymbol{\mathscr{C}}_1,\ S_{\frac{3}{2}}^{(q)}(\mathscr{C}_2^2)\boldsymbol{\mathscr{C}}_2]_{12}$$

中所包含的 l 为奇数值的 $\Omega_{12}^{(l)}(r)$ 项去掉，然后将剩余的各项加倍. 因此，$[S_{\frac{3}{2}}^{(p)}(\mathscr{C}_1^2)\boldsymbol{\mathscr{C}}_1,\ S_{\frac{3}{2}}^{(q)}(\mathscr{C}_1^2)\boldsymbol{\mathscr{C}}_1]_1$ 只含有 l 为偶数值的各个 $\Omega_1^{(l)}(r)$ 表达式.

$[S_{\frac{5}{2}}^{(p)}(\mathscr{C}_1^2)\boldsymbol{\mathscr{C}}_1^\circ\boldsymbol{\mathscr{C}}_1,\ S_{\frac{5}{2}}^{(q)}(\mathscr{C}_1^2)\boldsymbol{\mathscr{C}}_1^\circ\boldsymbol{\mathscr{C}}_1]_1$ 的值也可以类似地由下式导出 $[S_{\frac{5}{2}}^{(p)}(\mathscr{C}_1^2)\boldsymbol{\mathscr{C}}_1^\circ\boldsymbol{\mathscr{C}}_1,\ \ S_{\frac{5}{2}}^{(q)}(\mathscr{C}_2^2)\boldsymbol{\mathscr{C}}_2^\circ\boldsymbol{\mathscr{C}}_2]_{12}$.

我们将在 9.6. 节中，针对某些特定的 p, q 值，给出用表达式 $\Omega_1^{(l)}(r)$ 表示的下列表达式

$$[S_{\frac{3}{2}}^{(p)}(\mathscr{C}_1^2)\boldsymbol{\mathscr{C}}_1,\ S_{\frac{3}{2}}^{(q)}(\mathscr{C}_1^2)\boldsymbol{\mathscr{C}}_1]_1$$

和

$$[S_{\frac{5}{2}}^{(p)}(\mathscr{C}_1^2)\boldsymbol{\mathscr{C}}_1^\circ\boldsymbol{\mathscr{C}}_1,\ S_{\frac{5}{2}}^{(q)}(\mathscr{C}_1^2)\boldsymbol{\mathscr{C}}_1^\circ\boldsymbol{\mathscr{C}}_1]_1$$

9.6. 公式表

为了引用方便，现将 9.33 节和 9.5 节中一些具体的结果列表如下

$$[\boldsymbol{\mathscr{C}}_1,\ \boldsymbol{\mathscr{C}}_2]_{12} = -8(M_1M_2)^{\frac{1}{2}}\Omega_{12}^{(1)}(1), \tag{9.6,1}$$

$$[\boldsymbol{\mathscr{C}}_1,\ S_{\frac{3}{2}}^{(1)}(\mathscr{C}_2^2)\boldsymbol{\mathscr{C}}_2]_{12} = 8(M_1^3M_2)^{\frac{1}{2}}\left\{\Omega_{12}^{(1)}(2) - \frac{5}{2}\Omega_{12}^{(1)}(1)\right\}, \tag{9.6,2}$$

$$[S_{\frac{3}{2}}^{(1)}(\mathscr{C}_1^2)\boldsymbol{\mathscr{C}}_1,\ S_{\frac{3}{2}}^{(1)}(\mathscr{C}_2^2)\boldsymbol{\mathscr{C}}_2]_{12} = -8(M_1M_2)^{\frac{3}{2}}$$

$$\times\left\{\frac{55}{4}\Omega_{12}^{(1)}(1)-5\Omega_{12}^{(1)}(2)+\Omega_{12}^{(1)}(3)-2\Omega_{12}^{(2)}(2)\right\},\quad(9.6,3)$$

$$[\mathscr{C}_1,\mathscr{C}_1]_{12}=8M_2\Omega_{12}^{(1)}(1),\quad(9.6,4)$$

$$[\mathscr{C}_1,S_{\frac{3}{2}}^{(1)}(\mathscr{C}_1^2)\mathscr{C}_1]_{12}=-8M_2^2\left\{\Omega_{12}^{(1)}(2)-\frac{5}{2}\Omega_{12}^{(1)}(1)\right\},\quad(9.6,5)$$

$$[S_{\frac{3}{2}}^{(1)}(\mathscr{C}_1^2)\mathscr{C}_1,S_{\frac{3}{2}}^{(1)}(\mathscr{C}_1^2)\mathscr{C}_1]_{12}=8M_2\left\{\frac{5}{4}(6M_1^2+5M_2^2)\Omega_{12}^{(1)}(1)-5M_2^2\Omega_{12}^{(1)}(2)+M_2^2\Omega_{12}^{(1)}(3)+2M_1M_2\Omega_{12}^{(2)}(2)\right\},\quad(9.6,6)$$

$$[\mathscr{C}_1,S_{\frac{3}{2}}^{(4)}(\mathscr{C}_1^2)\mathscr{C}_1]_1=0.\quad(9.6,7)$$

上面的最后一个结果还可以根据动量守恒原理直接由 式(4.4, 8)得出. 此外还有

$$[S_{\frac{3}{2}}^{(1)}(\mathscr{C}_1^2)\mathscr{C}_1,S_{\frac{3}{2}}^{(1)}(\mathscr{C}_1^2)\mathscr{C}_1]_1=4\Omega_1^{(2)}(2),\quad(9.6,8)$$

$$[S_{\frac{3}{2}}^{(1)}(\mathscr{C}_1^2)\mathscr{C}_1,S_{\frac{3}{2}}^{(2)}(\mathscr{C}_1^2)\mathscr{C}_1]_1=7\Omega_1^{(2)}(2)-2\Omega_1^{(2)}(3),\quad(9.6,9)$$

$$[S_{\frac{3}{2}}^{(2)}(\mathscr{C}_1^2)\mathscr{C}_1,S_{\frac{3}{2}}^{(2)}(\mathscr{C}_1^2)\mathscr{C}_1]_1=\frac{77}{4}\Omega_1^{(2)}(2)-7\Omega_1^{(2)}(3)+\Omega_1^{(2)}(4),\quad(9.6,10)$$

$$[S_{\frac{3}{2}}^{(1)}(\mathscr{C}_1^2)\mathscr{C}_1,S_{\frac{3}{2}}^{(3)}(\mathscr{C}_1^2)\mathscr{C}_1]_1=\frac{63}{8}\Omega_1^{(2)}(2)-\frac{9}{2}\Omega_1^{(2)}(3)+\frac{1}{2}\Omega_1^{(2)}(4),\quad(9.6,11)$$

$$[S_{\frac{3}{2}}^{(2)}(\mathscr{C}_1^2)\mathscr{C}_1,S_{\frac{3}{2}}^{(3)}(\mathscr{C}_1^2)\mathscr{C}_1]_1=\frac{945}{32}\Omega_1^{(2)}(2)-\frac{261}{16}\Omega_1^{(2)}(3)+\frac{25}{8}\Omega_1^{(2)}(4)-\frac{1}{4}\Omega_1^{(2)}(5),\quad(9.6,12)$$

$$[S_{\frac{3}{2}}^{(3)}(\mathscr{C}_1^2)\mathscr{C}_1,S_{\frac{3}{2}}^{(3)}(\mathscr{C}_1^2)\mathscr{C}_1]_1=\frac{14553}{256}\Omega_1^{(2)}(2)-\frac{1215}{32}\Omega_1^{(2)}(3)+\frac{313}{32}\Omega_1^{(2)}(4)-\frac{9}{8}\Omega_1^{(2)}(5)+\frac{1}{16}\Omega_1^{(2)}(6)+\frac{1}{6}\Omega_1^{(4)}(4),\quad(9.6,13)$$

$$[\mathscr{C}_1^{\circ}\mathscr{C}_1, \mathscr{C}_2^{\circ}\mathscr{C}_2]_{12} = -\frac{16}{3} M_1 M_2 \left\{5\Omega_{12}^{(1)}(1) - \frac{3}{2}\Omega_{12}^{(2)}(2)\right\}, \tag{9.6,14}$$

$$[\mathscr{C}_1^{\circ}\mathscr{C}_1, \mathscr{C}_1^{\circ}\mathscr{C}_1]_{12} = \frac{16}{3} M_2\left\{5M_1\Omega_{12}^{(1)}(1) + \frac{3}{2} M_2\Omega_{12}^{(2)}(2)\right\}, \tag{9.6,15}$$

$$[\mathscr{C}_1^{\circ}\mathscr{C}_1, \mathscr{C}_1^{\circ}\mathscr{C}_1]_1 = 4\Omega_1^{(2)}(2), \tag{9.6,16}$$

$$[S_{\frac{5}{2}}^{(1)}(\mathscr{C}_1^2)\mathscr{C}_1^{\circ}\mathscr{C}_1, \mathscr{C}_1^{\circ}\mathscr{C}_1]_1 = 7\Omega_1^{(2)}(2) - 2\Omega_1^{(2)}(3), \tag{9.6,17}$$

$$[S_{\frac{5}{2}}^{(1)}(\mathscr{C}_1^2)\mathscr{C}_1^{\circ}\mathscr{C}_1, S_{\frac{5}{2}}^{(1)}(\mathscr{C}_1^2)\mathscr{C}_1^{\circ}\mathscr{C}_1]_1 =$$

$$\frac{301}{12}\Omega_1^{(2)}(2) - 7\Omega_1^{(2)}(3) + \Omega_1^{(2)}(4), \tag{9.6,18}$$

$$[S_{\frac{5}{2}}^{(2)}(\mathscr{C}_1^2)\mathscr{C}_1^{\circ}\mathscr{C}_1, \mathscr{C}_1^{\circ}\mathscr{C}_1]_1$$

$$= \frac{63}{8}\Omega_1^{(2)}(2) - \frac{9}{2}\Omega_1^{(2)}(3) + \frac{1}{2}\Omega_1^{(2)}(4), \tag{9.6,19}$$

$$[S_{\frac{5}{2}}^{(2)}(\mathscr{C}_1^2)\mathscr{C}_1^{\circ}\mathscr{C}_1, S_{\frac{5}{2}}^{(1)}(\mathscr{C}_1^2)\mathscr{C}_1^{\circ}\mathscr{C}_1] = \frac{1365}{32}\Omega_1^{(2)}(2)$$

$$-\frac{321}{16}\Omega_1^{(2)}(3) + \frac{25}{8}\Omega_1^{(2)}(4) - \frac{1}{4}\Omega_1^{(2)}(5), \tag{9.6,20}$$

$$[S_{\frac{5}{2}}^{(2)}(\mathscr{C}_1^2)\mathscr{C}_1^{\circ}\mathscr{C}_1, S_{\frac{5}{2}}^{(2)}(\mathscr{C}_1^2)\mathscr{C}_1^{\circ}\mathscr{C}_1]_1 = \frac{25137}{256}\Omega_1^{(2)}(2)$$

$$-\frac{1755}{32}\Omega_1^{(2)}(3) + \frac{381}{32}\Omega_1^{(2)}(4) - \frac{9}{8}\Omega_1^{(2)}(5)$$

$$+\frac{1}{16}\Omega_1^{(2)}(6) + \frac{1}{2}\Omega_1^{(4)}(4). \tag{9.6,21}$$

9.7. 单组元气体中的粘性和热传导

在单组元气体的情况下，7.51 节的行列式 $\mathscr{A}$，$\mathscr{A}^{(m)}$ 的元素 a_{pq} 都应定义为等于 $[\boldsymbol{a}^{(p)}, \boldsymbol{a}^{(q)}]$; 根据式(7.51,2)，这就是等于

$$[S_{\frac{3}{2}}^{(p)}(\mathscr{C}^2)\mathscr{C}, S_{\frac{3}{2}}^{(q)}(\mathscr{C}^2)\mathscr{C}].$$

因此，式(9.6,8—13)给出了 p, q 值由 1 变到 3 时的元素值 a_{pq}. 类似地式 (9.6, 16—21) 给出了式 (7.52, 5) 中的元素值 b_{pq}, 其中 p, q 的范围与上面相同(参见式 (7.52,2)).

在式 (7.51, 14) 和 (7.52, 8) 中，系数 λ 和 μ 都表示为无穷级数. 如果我们取这两个级数的一项，二项，……，就得到 λ 和 μ 的一阶近似，二阶近似，……. 这些近似值将记作 $[\lambda]_1$, $[\lambda]_2$, · · ·，以及 $[\mu]_1$, $[\mu]_2$, · · ·. 例如

$$[\mu]_1 = \frac{5kT}{2b_{11}}, [\lambda]_1 = \frac{25c_v kT}{4a_{11}}, \tag{9.7,1}$$

$$[\lambda]_2 = \frac{25}{4}c_v kT\left(\frac{1}{a_{11}} + \frac{(\mathscr{A}_{12}^{(2)})^2}{\mathscr{A}^{(1)}\mathscr{A}^{(2)}}\right) = \frac{25}{4}c_v kT\frac{a_{22}}{a_{11}a_{22} - a_{12}^2}. \tag{9.7,2}$$

对于混合气体，我们亦将采用类似的符号来表示 D_{12}, D_T, λ, μ 和 k_T 的逐阶近似值. 将式(8.51,16—18) 和 (8.52,8)这样一些表达式中的极限符号去掉，并取 m 的值为 0 (在式 (8.51,16)中) 或 1 (在其它各式中)，这样我们便可求得非零的一阶近似结果. 对于式(6.3,3)的比例值 f 来说，情况亦类似，因此我们可以写出 $[f]_1 = [\lambda]_1/c_v[\mu]_1$.

这种表示气体系数逐阶近似值的方法，与用来表示速度分布函数 f 逐级近似的方法并不相同. 分布函数的逐级近似是取 $f^{(0)}$, $f^{(0)} + f^{(1)}$, · · · · · ·. 但是没有理由一定要采用类似的符号. 因为系数 λ, μ, D_{12}, D_T, f, k_T 都取决于 f 的二级近似，因而这些系数的近似值实际上是一种"近似里的近似"，它们是和那些与 $f^{(0)}+f^{(1)}$ 有关的现象相联系的.

由式(9.6,8,16)可以得到

$$[\lambda]_1 = 25c_v kT/16\Omega_1^{(2)}(2), \ [\mu]_1 = 5kT/8\Omega_1^{(2)}(2). \tag{9.7,3}$$

因此，无论分子间相互作用的规律如何，我们均可得到

$$[\lambda]_1 = \frac{5}{2}c_v[\mu]_1. \tag{9.7,4}$$

这表明，对于所有的球对称非旋转分子来说，比值 $\lambda/\mu c_v$ 的一

阶近似 $[f]_1$ 是 $\frac{5}{2}$.

在探讨二阶近似量 $[\lambda]_2$ 和 $[\mu]_2$ 时，我们要利用式(9.6，8，16 和 9.17，10，18)等结果，它们可以给出

$$b_{11}=a_{11},\ b_{12}=a_{12},\ b_{22}=a_{22}+\frac{35}{24}a_{11}.$$

因此我们可求得

$$[\lambda]_2/[\lambda]_1=(1-a_{12}^2/a_{11}a_{22})^{-1}$$
$$\geqslant(1-b_{12}^2/b_{11}b_{22})^{-1}=[\mu]_2/[\mu]_1,$$

式中的等号对应于 $a_{12}=b_{12}=0$ 时的情况．这样便有

$$[\lambda]_2\geqslant\frac{5}{2}c_v[\mu]_2.$$

人们尚未得到对于所有各阶近似都成立的类似结果．但是某些特殊分子模型的数值计算结果却表明：当我们研究逐次的各阶近似时，比值 $\lambda/c_v\mu$ 随之而增加，其极限仅仅稍大于 $\frac{5}{2}$.

9.71. Kihara 近似法

Kihara 曾推导出 λ 和 μ 的简化二阶近似式[1]．他利用了这一事实，即：对于大多数的分子模型来说，行列式 $\mathscr{A}^{(m)}$，$\mathscr{B}^{(m)}$ 的非对角元素 a_{pq}，b_{pq} 比对角元素 a_{pp}，b_{pp} 小得多．

现在我们从式(9.33，2)出发．由于 $g^2=m_0M_1M_2g^2/2kT$，所以有

$$\Omega_{12}^{(l)}(r)=\pi^{\frac{1}{2}}\left(\frac{m_0M_1M_2}{2kT}\right)^{r+\frac{3}{2}}\iint e^{-m_1M_1M_2g^2/2kT}g^{2r+3}(1-\cos^l\chi)bdbdg.$$

在这里，χ 是 g 和 b 的函数(参阅 3.42 节)，但与 T 无关．因此

1) 参阅 T. Kihara, *Imperfect Gases* (Asakusa Bookscore, Tokyo,1949;English translation by U. S. Office of Air Research, Wright-Patterson Air Base); 还可参阅 *Rev. Mod. Phys.* **25**, 831(1953). Kihara 近似法是根据 Maxwell 分子的结果提出的(参阅后面的 10.32 节)；它们相当于给出 Maxwell 分子碰撞积分 $\Omega_{12}^{(l)}(r)$ 的某些比值.

$$T\frac{d\Omega_{12}^{(l)}(r)}{dT}=-\left(r+\frac{3}{2}\right)\Omega_{12}^{(l)}(r)+\Omega_{12}^{(l)}(r+1).\quad(9.71,1)$$

在 $\Omega_1^{(l)}(r)$ 和 $\Omega_1^{(l)}(r+1)$ 之间亦有类似的关系式. 利用上述关系式和式(9.6,8—10, 16—18),可以得到

$$a_{11}=b_{11},\ a_{12}=b_{12}=-\frac{1}{2}T\frac{da_{11}}{dT},$$

$$a_{22}=\frac{1}{4}\left(T^2\frac{d^2a_{11}}{dT^2}+2T\frac{da_{11}}{dT}+\frac{21}{2}a_{11}\right),$$

$$b_{22}=\frac{1}{4}\left(T^2\frac{d^2a_{11}}{dT^2}+2T\frac{da_{11}}{dT}+\frac{49}{3}a_{11}\right).\qquad(9.71,2)$$

对于在物理上是合理的所有电中性分子模型来说, $a_{11}(=4\Omega_1^{(2)}(2))$ 值在很小的温度范围内,是大致随 T^n 而变化的, 其中 n 约在 0 和 $\frac{1}{3}$ 之间(参阅 12.31 节). 这样, 在 a_{22} 和 b_{22} 的表达式(9.71,2)中, 含有 da_{11}/dT 和 d^2a_{11}/dT^2 的各项与 a_{11} 项相比较是非常小的. 同样, a_{12} 和 b_{12}(它们与 da_{11}/dT 有关)分别与 a_{11}, a_{22} 和 b_{11}, b_{22} 相比较也是非常小的.

在下列 Enskog 近似式中

$$[\lambda]_2=[\lambda]_1/(1-a_{12}^2/a_{11}a_{22}),$$
$$[\mu]_2=[\mu]_1/(1-b_{12}^2/b_{11}b_{22}),\qquad(9.71,3)$$

Kihara 假定: 二阶以上的温度导数项都可以忽略不计, 这样就得到了他的简化二阶近似式. 这相当于在二阶表达式 $a_{12}^2/a_{11}a_{22}$, $b_{12}^2/b_{11}b_{22}$ 中取 $a_{22}=\frac{21}{8}a_{11}$, $b_{22}=\frac{49}{12}a_{11}$. 于是可以近似地得出

$$[\lambda]_2=[\lambda]_1\bigg/\left(1-\frac{8}{21}\left(\frac{a_{12}}{a_{11}}\right)^2\right)$$
$$\doteq[\lambda]_1\left(1+\frac{2}{21}\left(\frac{\Omega_1^{(2)}(3)}{\Omega_1^{(2)}(2)}-\frac{7}{2}\right)^2\right),\qquad(9.71,4)$$

$$[\mu]_2=[\mu]_1\bigg/\left(1-\frac{12}{49}\left(\frac{a_{12}}{a_{11}}\right)^2\right)$$
$$\doteq[\mu]_1\left(1+\frac{3}{49}\left(\frac{\Omega_1^{(2)}(3)}{\Omega_1^{(2)}(2)}-\frac{7}{2}\right)^2\right).\qquad(9.71,5)$$

对于 $[\lambda]_2$ 和 $[\mu]_2$ 来说，分式(9.71,4,5)比精确的 Enskog 分式较为简单些，而且所给出的 λ 和 μ 值还往往更接近于准确值．因为略去这些温度导数项通常会减小 a_{22}，b_{22}，从而增大了 $[\lambda]_2$ 和 $[\mu]_2$；所以其效果相当于取更高阶的 Enskog 近似值．Mason[1] 曾指出：保留更高阶温度导数项就可以将 Kihara 方法扩展到更高阶的近似．

9.8. 混合气体的行列式元素 a_{pq}，b_{pq}

对于 8.51 节和 8.52 节中所讨论的行列式 $\mathscr{A}^{(m)}$，$\mathscr{B}^{(m)}$ 的元素 a_{pq}，b_{pq}，其表达式要比式(4.4,12)的完全积分 $\{F,G\}$ 简单些．理由是有式(8.51,4)和(8.52,2)这样一些条件．因此

$$\begin{aligned} a_{pq} &= \{\boldsymbol{a}^{(p)},\boldsymbol{a}^{(q)}\} = x_1^2[\boldsymbol{a}_1^{(p)},\boldsymbol{a}_1^{(q)}]_1 + x_1x_2[\boldsymbol{a}_1^{(p)},\boldsymbol{a}_1^{(q)}]_{12} \\ &\equiv x_1^2a''_{pq} + x_1x_2a'_{pq}\ (p,\ q>0), \end{aligned} \tag{9.8,1}$$

$$\begin{aligned} a_{pq} &= x_1x_2[\boldsymbol{a}_2^{(p)},\boldsymbol{a}_2^{(q)}]_{12} + x_2^2[\boldsymbol{a}_2^{(p)},\boldsymbol{a}_2^{(q)}]_2 \\ &\equiv x_1x_2a'_{pq} + x_2^2a''_{pq}\ (p,\ q<0), \end{aligned} \tag{9.8,2}$$

$$\begin{aligned} a_{pq} &= a_{qp} = x_1x_2[\boldsymbol{a}_1^{(p)},\boldsymbol{a}_2^{(q)}]_{12} \\ &\equiv x_1x_2a'_{pq}\ (p>0>q), \end{aligned} \tag{9.8,3}$$

对于 b_{pq} 亦有类似的结果．由于 $p \neq 0$ 时量 $\boldsymbol{a}^{(p)}$，$\boldsymbol{b}^{(p)}$ 不涉及各个数密度，因此在上述方程中这些数密度只能以显式的形式出现．

式(8.51,3)中所采用的 $\boldsymbol{a}_1^{(0)}$，$\boldsymbol{a}_2^{(0)}$ 两值使得 a_{0q} 的形式特别简单．根据动量守恒原理，可以由式(4.4, 8)得出 $[\mathscr{C},\boldsymbol{F}]_1=0$，$[\mathscr{C},\boldsymbol{F}]_2=0$，在这里无论函数 $\boldsymbol{F}$ 为何均可．因此，若 $q>0$，则 $a_{0q}=x_1x_2a'_{0q}$，其中

$$a'_{0q} = [\boldsymbol{a}_1^{(0)} + \boldsymbol{a}_2^{(0)},\ \boldsymbol{a}_1^{(q)}]_{12}.$$

此外，由式(4.4,10)可知，$[m_1\boldsymbol{C}_1+m_2\boldsymbol{C}_2,\ \boldsymbol{F}]_{12}=0$．于是

$$M_1^{\frac{1}{2}}[\mathscr{C}_1,\boldsymbol{F}]_{12} = -M_2^{\frac{1}{2}}[\mathscr{C}_2,\ \boldsymbol{F}]_{12}.$$

因此可得

---

1) 参阅 E. A. Mason, *J. Chem. Phys.* **27**, 75, 782 (1957). 关于 Kihara 近似法的精度问题，还可以参阅 M. J. Offerhaus, *Physica*, **28**, 76(1962).

$$a'_{0q} = M_1^{\frac{1}{2}}[\mathscr{C}_1, \boldsymbol{a}_1^{(q)}]_{12}. \tag{9.8,4}$$

与此类似，若 $q < 0$，则

$$a'_{0q} = -M_2^{\frac{1}{2}}[\mathscr{C}_2, \boldsymbol{a}_2^{(q)}]_{12}; \tag{9.8,5}$$

同样地，若 $q = 0$，我们再一次应用同样的方法就可以得出 $a_{00} = \mathrm{x}_1\mathrm{x}_2 a'_{00}$，其中

$$\begin{aligned} a'_{00} &= M_1^{\frac{1}{2}}[\mathscr{C}_1, \boldsymbol{a}_1^{(0)} + \boldsymbol{a}_2^{(0)}]_{12} \\ &= -(M_1M_2)^{\frac{1}{2}}[\mathscr{C}_1, \mathscr{C}_2]_{12}. \end{aligned} \tag{9.8,6}$$

于是，根据式(9.6,1,6,8)，可得

$$a'_{00} = 8M_1M_2\Omega_{12}^{(1)}(1),$$

$$a'_{11} = 8M_2\left[\frac{5}{4}(6M_1^2 + 5M_2^2)\Omega_{12}^{(1)}(1) - M_2^2\{5\Omega_{12}^{(1)}(2) - \Omega_{12}^{(1)}(3)\} + 2M_1M_2\Omega_{12}^{(2)}(2)\right],$$

$$a''_{11} = 4\Omega_1^{(2)}(2).$$

因此，利用式(9.8,11)即可得出 a_{11}；同理，利用式(9.8,2)可以得知 a'_{-1-1}，a''_{-1-1} 和 a_{-1-1}。另外，根据式(9.6,3,5)可得

$$a'_{01} = -8M_1^{\frac{1}{2}}M_2^2\left\{\Omega_{12}^{(1)}(2) - \frac{5}{2}\Omega_{12}^{(1)}(1)\right\},$$

$$a'_{0-1} = 8M_2^{\frac{1}{2}}M_1^2\left\{\Omega_{12}^{(1)}(2) - \frac{5}{2}\Omega_{12}^{(1)}(1)\right\},$$

$$a'_{1-1} = -8(M_1M_2)^{\frac{3}{2}}\left[\frac{55}{4}\Omega_{12}^{(1)}(1) - \{5\Omega_{12}^{(1)}(2) - \Omega_{12}^{(1)}(3)\} - 2\Omega_{12}^{(2)}(2)\right].$$

设 A，B，C，E 四个常数由下列各式定义

$$\left.\begin{aligned} \mathrm{A} &\equiv \Omega_{12}^{(2)}(2)/5\Omega_{12}^{(1)}(1), \\ \mathrm{B} &\equiv \{5\Omega_{12}^{(1)}(2) - \Omega_{12}^{(1)}(3)\}/5\Omega_{12}^{(1)}(1), \\ \mathrm{C} + 1 &\equiv 2\Omega_{12}^{(1)}(2)/5\Omega_{12}^{(1)}(1), \end{aligned}\right\} \tag{9.8,7}$$

$$\mathrm{E} \equiv kT/8M_1M_2\Omega_{12}^{(1)}(1), \tag{9.8,8}$$

于是可知，A，B，C 取决于各个函数 Ω 的比值(参见式(9.33,2))，

它们都是纯数字. 这样

$$a'_{00}=kT/\text{E},\tag{9.8,9}$$

$$a'_{01}=-5cM_2kT/2M_1^{\frac{1}{2}}\text{E},\tag{9.8,10}$$

$$a'_{0-1}=5cM_1kT/2M_2^{\frac{1}{2}}\text{E},\tag{9.8,11}$$

$$a'_{1-1}=-5(M_1M_2)^{\frac{1}{2}}kT\left(\frac{11}{4}-\text{B}-2\text{A}\right)/\text{E},\tag{9.8,12}$$

$$a'_{11}=5kT\left\{\frac{1}{4}(6M_1^2+5M_2^2)-M_2^2\text{B}+2M_1M_2\text{A}\right\}/M_1\text{E}.\tag{9.8,13}$$

a'_{-1-1} 亦有类似的结果. 另外, 如果 $[\mu_1]_1$ 表示温度为 T 时混合气体中第一种组分气体粘性系数的一阶近似值,那么根据式 (9.7,3) 可得

$$a''_{11}=5kT/2[\mu_1]_1.\tag{9.8,14}$$

而用 $[\mu_2]_1$ 表示 a''_{-1-1} 的关系式与此类似.

利用 8.52 节中给出的 b_{pq} 定义, 我们也同样可以从式 (9.6, 14,15,16)导出 b_{11}, b_{1-1} 和 b_{-1-1} 各值. 所得到的结果如下

$$b'_{1-1}=-\frac{16}{3}M_1M_2\left\{5\Omega_{12}^{(1)}(1)-\frac{3}{2}\Omega_{12}^{(2)}(2)\right\}=-5kT\left(\frac{2}{3}-\text{A}\right)/\text{E},\tag{9.8,15}$$

$$b'_{11}=\frac{16}{3}M_2\left\{5M_1\Omega_{12}^{(1)}(1)+\frac{3}{2}M_2\Omega_{12}^{(2)}(2)\right\}=5kT\left(\frac{2}{3}+M_2\text{A}/M_1\right)/\text{E},\tag{9.8,16}$$

$$b''_{11}=4\Omega_1^{(2)}(2)=5kT/2[\mu_1]_1,\tag{9.8,17}$$

b'_{-1-1}, b''_{-1-1} 亦有类似的结果.

a_{pq}, b_{pq} 各量的这些表达式给出了混合气体的粘性系数、热传导系数和扩散系数的一阶近似值.

9.81. 扩散系数 D_{12};一阶近似值 $[D_{12}]_1$ 和二阶近似值 $[D_{12}]_2$

D_{12} 的一阶近似值和二阶近似值记作 $[D_{12}]_1$, $[D_{12}]_2$. 只要将

式(8.51,16)中的极限符号去掉并取 $m=0$ 或 $m=1$,此时便可得到这两个近似值(参阅 9.7. 节). 因此

$$[D_{12}]_1=\frac{3kT}{2nm_0a'_{00}}=\frac{3kT}{16nm_0M_1M_2\Omega_{12}^{(1)}(1)}=\frac{3\text{B}}{2nm_0}. \tag{9.81,1}$$

将 $[D_{12}]_1$ 乘以因子 $a_{00}\mathscr{A}_{00}^{(1)}/\mathscr{A}^{(1)}$,即乘以

$$a_{00}\begin{vmatrix}a_{11} & a_{1-1}\\ a_{1-1} & a_{-1-1}\end{vmatrix}\bigg/\begin{vmatrix}a_{11} & a_{10} & a_{1-1}\\ a_{01} & a_{00} & a_{0-1}\\ a_{-11} & a_{-10} & a_{-1-1}\end{vmatrix}, \tag{9.81,2}$$

就可以得出二阶近似值 $[D_{12}]_2$. 于是有

$$[D_{12}]_2=[D_{12}]_1/(1-\Delta), \tag{9.81,3}$$

其中

$$a_{00}(a_{11}a_{-1-1}-a_{1-1}^2)\Delta\equiv a_{01}^2a_{-1-1}+a_{0-1}^2a_{11}-2a_{-11}a_{01}a_{0-1}.$$

利用 9.8. 节中给出的 a_{pq} 各值,便可求得Δ为

$$\Delta=5\text{C}^2\frac{M_1^2\text{P}_1\text{x}_1^2+M_2^2\text{P}_2\text{x}_2^2+\text{P}_{12}\text{x}_1\text{x}_2}{\text{Q}_1\text{x}_1^2+\text{Q}_2\text{x}_2^2+\text{Q}_{12}\text{x}_1\text{x}_2}, \tag{9.81,4}$$

其中

$$\text{P}_1\equiv M_1\text{E}/[\mu_1]_1,\quad \text{P}_2\equiv M_2\text{E}/[\mu_2]_1, \tag{9.81,5}$$

$$\text{P}_{12}\equiv 3(M_1-M_2)^2+4M_1M_2\text{A}, \tag{9.81,6}$$

$$\text{Q}_{12}\equiv 3(M_1-M_2)^2(5-4\text{B})+4M_1M_2\text{A}(11-4\text{B})+2\text{P}_1\text{P}_2, \tag{9.81,7}$$

$$\text{Q}_1\equiv \text{P}_1(6M_2^2+5M_1^2-4M_1^2\text{B}+8M_1M_2\text{A}), \tag{9.81,8}$$

对于 Q_2 亦有类似的关系式.

D_{12} 的三阶近似值的一般表达式十分复杂, 这里就不再研究了.

9.82. 混合气体的热传导系数;一阶近似值 $[\lambda]_1$

式(8.51, 18)求得了混合气体的热传导系数,其 m 阶近似值为

$$[\lambda]_m=\frac{75}{8}k^2T(\text{x}_1^2m_1^{-1}\mathscr{A}_{11}^{\prime(m)}+2\text{x}_1\text{x}_2(m_1m_2)^{-\frac{1}{2}}\mathscr{A}_{1-1}^{\prime(m)}+\text{x}_2^2m_2^{-1}\mathscr{A}_{-1-1}^{\prime(m)})/\mathscr{A}^{\prime(m)}.$$

因此一阶近似值是

$$[\lambda]_1=\frac{75}{8}k^2T(x_1^2m_1^{-1}a_{-1-1}-2x_1x_2(m_1m_2)^{-\frac{1}{2}}a_{1-1}$$

$$+x_2^2m_2^{-1}a_{11})/(a_{11}a_{-1-1}-a_{1-1}^2). \qquad (9.82,1)$$

在式(9.8,12—14)中已经得出 a_{11}，a_{-1-1}，a_{1-1} 各值，它们是用 E，$[\mu_1]_1$ 和 $[\mu_2]_1$，…来表示的。但是在这里若用温度为 T 时混合气体中各组元气体的热传导系数一阶近似值 $[\lambda_1]_1$ 和 $[\lambda_2]_1$ 来表示 a''_{11}，a''_{-1-1} 则较为方便。根据式(9.7，4)可得

$$[\lambda_1]_1=\frac{5}{2}[\mu_1]_1(c_v)_1=\frac{15k}{4m_1}[\mu_1]_1,\ [\lambda_2]_1=\frac{15k}{4m_2}[\mu_2]_1.$$

而且，P_1，P_2 的表达式(9.81,5)可以写成

$$P_1=\frac{15k\text{E}}{4m_0[\lambda_1]_1},\ P_2=\frac{15k\text{E}}{4m_0[\lambda_2]_1}. \qquad (9.82,2)$$

因此式(9.8,14)变为

$$a''_{11}=\frac{75k^2T}{8m_1[\lambda_1]_1}=\frac{5kTP_1}{2M_1\text{E}}. \qquad (9.82,3)$$

对于 a''_{-1-1} 有类似的关系式。将 a_{11}，a_{1-1}，a_{-1-1} 各值代入式(9.82，1)，可以得到

$$[\lambda]_1=\frac{x_1^2Q_1[\lambda_1]_1+x_2^2Q_2[\lambda_2]_1+x_1x_2Q'_{12}}{x_1^2Q_1+x_2^2Q_2+x_1x_2Q_{12}}, \qquad (9.82,4)$$

其中 Q_1，Q_2，Q_{12} 由式(9.81,7,8)给定，Q'_{12} 由下式给定

$$Q'_{12}=\frac{15k\text{E}}{2m_0}\{P_1+P_2+(11-4B-8A)M_1M_2\}. \qquad (9.82,5)$$

若 n_1(或 n_2)等于零，λ 的一阶近似值 $[\lambda]_1$ 就还原为单组元气体热传导系数的一阶近似值。当然事实亦应当如此。

9.83. 热扩散系数

根据式(8.51,17)，热扩散比的一阶近似值 $[k_T]_1$ 由下式给定

$$[k_T]_1=\frac{5}{2}\frac{x_1M_1^{-\frac{1}{2}}(a_{01}a_{-1-1}-a_{0-1}a_{1-1})+x_2M_2^{-\frac{1}{2}}(a_{0-1}a_{11}-a_{01}a_{1-1})}{a_{11}a_{-1-1}-a_{1-1}^2}.$$

热扩散因子的一阶近似值是 $[\alpha_{12}]_1=[k_T]_1/x_1x_2$。所以利用 9.8 节

中给出的 a_{pq} 值可得

$$[\alpha_{12}]_1 = \frac{[\mathrm{k}_T]_1}{\mathrm{x}_1\mathrm{x}_2} = 5\mathrm{C}\,\frac{\mathrm{x}_1\mathrm{S}_1 - \mathrm{x}_2\mathrm{S}_2}{\mathrm{x}_1^2\mathrm{Q}_1 + \mathrm{x}_2^2\mathrm{Q}_2 + \mathrm{x}_1\mathrm{x}_2\mathrm{Q}_{12}}, \quad (9.83,1)$$

其中 Q_1, Q_2, Q_{12} 按照式(9.81,7,8)定义，而 S_1, S_2 的定义则是

$$\mathrm{S}_1 = M_1\mathrm{P}_1 - M_2\{3(M_2 - M_1) + 4M_1\mathrm{A}\}, \quad (9.83,2)$$

$$\mathrm{S}_2 = M_2\mathrm{P}_2 - M_1\{3(M_1 - M_2) + 4M_2\mathrm{A}\}. \quad (9.83,3)$$

9.84. 混合气体的粘性系数；一阶近似值 $[\mu]_1$

根据式(8.52,10)可知，

$$[\mu]_1 = \frac{5}{2}kT(\mathrm{x}_1^2 b_{-1-1} + \mathrm{x}_2^2 b_{11} - 2\mathrm{x}_1\mathrm{x}_2 b_{1-1})/(b_{11}b_{-1-1} - b_{1-1}^2).$$

$$(9.84,1)$$

利用 9.8 节中给出的 b_{pq} 值，上式可以变为

$$[\mu]_1 = \frac{\mathrm{x}_1^2\mathrm{R}_1 + \mathrm{x}_2^2\mathrm{R}_2 + \mathrm{x}_1\mathrm{x}_2\mathrm{R}_{12}'}{\mathrm{x}_1^2\mathrm{R}_1/[\mu_1]_1 + \mathrm{x}_2^2\mathrm{R}_2/[\mu_2]_1 + \mathrm{x}_1\mathrm{x}_2\mathrm{R}_{12}}, \quad (9.84,2)$$

其中

$$\mathrm{R}_1 = \frac{2}{3} + M_1\mathrm{A}/M_2, \quad \mathrm{R}_2 = \frac{2}{3} + M_2\mathrm{A}/M_1, \quad (9.84,3)$$

$$\mathrm{R}_{12}' = \mathrm{E}/2[\mu_1]_1 + \mathrm{E}/2[\mu_2]_1 + 2\left(\frac{2}{3} - \mathrm{A}\right),$$

$$\mathrm{R}_{12} = \mathrm{E}/2[\mu_1]_1[\mu_2]_1 + 4\mathrm{A}/3\mathrm{E}M_1M_2. \quad (9.84,4)$$

若 x_1（或 x_2）等于零，表达式(9.84,2)就还原为相应的单组元气体粘性系数 μ 的一阶近似式。

9.85. 混合气体的 Kihara 近似式

根据式(9.71,1)和(9.8,7)可得

$$\mathrm{C} = \frac{2T}{5\Omega_{12}^{(1)}(1)}\frac{d\Omega_{12}^{(1)}(1)}{dT},$$

$$\mathrm{B} - \frac{3}{4} = -\frac{1}{5\Omega_{12}^{(1)}(1)}\frac{d}{dT}\left(T^2\frac{d\Omega_{12}^{(1)}(1)}{dT}\right). \quad (9.85,1)$$

因此，如果（参阅 9.71. 节）忽略温度三阶导数的各项，我们便可以

在Δ的表达式(9.81, 4)中取 $B = \frac{3}{4}$ 来作为近似. 此时式(9.81, 7, 8)将取更简单的形式:

$$Q_{12} = 6(M_1 - M_2)^2 + 32M_1M_2A + 2P_1P_2, \qquad (9.85,2)$$

$$Q_1 = 2P_1(3M_2^2 + M_1^2 + 4M_1M_2A). \qquad (9.85,3)$$

这就是 Kihara 近似式. Kihara 在 $[\lambda]_1$ 和 $[k_T]_1$ 的公式中也取 $B = \frac{3}{4}$. 因而他所采用的 Q_{12}, Q_1 值为式(9.85,2,3),而 Q'_{12} 值则为

$$Q'_{12} = \frac{15kE}{2m_0}\{P_1 + P_2 + 8(1 - A)M_1M_2\}. \qquad (9.85,4)$$

对于大多数的分子模型来说, $B < \frac{3}{4}$. 我们可以证明,将 B 增加到 $\frac{3}{4}$ 的效果就是增加 $[D_{12}]_1$, $[\lambda]_1$ 和 $[k_T]_1$ 的数值. 而取更高阶近似的效果同样也是增加 $[D_{12}]_1$ 和 $[\lambda]_1$,对于 $[k_T]_1$ 的情况通常也是如此;所以,Kihara 近似值往往比 Enskog 近似值更接近实际值,而且更容易计算些. 由于 9.81. 节所做的近似 $B = \frac{3}{4}$ 是修正一个已知是很小的项,因此在 9.82. 节和 9.83. 节中,这种近似就影响到整个的 $[\lambda]_1$ 和 $[k_T]_1$ 值. 所以,就这一方面而言,Kihara 近似法则是一个相当粗糙的近似. 特别是,有时可以发现由 Kihara 近似法算出的 $[\lambda]_1$ 值明显地超过 λ 的精确值[1].

---

1) E. A. Mason and S. C. Saxena, *J. Chem. Phys.* **31**, 511(1959).

第十章 粘性，热传导和扩散：一些特殊分子模型的理论公式

10.1. 函 数 $\Omega(r)$

第九章所导出的表达式可以应用于任何只具有平动能的球对称分子，但是它们包含着函数 $\Omega^{(l)}(r)$，即式 (9.33, 2)．这些函数仅仅在分子间相互作用规律已知时才能够算出．现在，我们就来确定某些特殊分子模型的函数 $\Omega^{(l)}(r)$.

为了方便起见，首先引进 $\Omega_{12}^{(l)}(r)$ 的无量纲变式 $\mathscr{W}_{12}^{(l)}(r)$．令 σ_{12} 是一个便于选择的长度，其值在 b 范围之内，而后者在 $\Omega_{12}^{(l)}(r)$ 的积分中有很大的作用．这样，$\mathscr{W}_{12}^{(l)}(r)$ 被定义为[1)]

$$\Omega_{12}^{(l)}(r)=\frac{1}{2}\sigma_{12}^{2}\left(\frac{2\pi kT}{m_0M_1M_2}\right)^{\frac{1}{2}}\mathscr{W}_{12}^{(l)}(r). \qquad (10.1,1)$$

于是(参见式 (9.33,2))

$$\mathscr{W}_{12}^{(l)}(r)=\int e^{-g^2}g^{2r+2}\int(1-\cos^l\chi)(b/\sigma_{12})d(b/\sigma_{12})d(g^2). \qquad (10.1,2)$$

对于同类分子来说，对应于式(10.1,1)的公式为

$$\Omega_{1}^{(l)}(r)=\sigma_{1}^{2}\left(\frac{\pi kT}{m_1}\right)^{\frac{1}{2}}\mathscr{W}_{1}^{(l)}(r). \qquad (10.1,3)$$

若采用 $\mathscr{W}^{(l)}(r)$ 来表示，则 $[\mu]_1$，$[\lambda]_1$ 和 $[D_{12}]_1$ 的表达式 (9.7,1),(9.81,1)就变为

---

1) J. O. Hirschfelder, R. B. Bird and E. L. Spotz (*J. Chem. Phys*. **16**, 968 (1948))采用的是 $\mathscr{W}_{12}^{(l)}(r)$，$\mathscr{W}_{12}^{(l)}(r)$ 是它的两倍．J. O. Hirschfelder, C. F. Curtiss and R. B. Bird (*The Molecular Theory of Gases and Liquids*, *chap*. 8) 所用的符号 $\Omega_{12}^{*(l,r)}$ 则表示 $\Omega_{12}^{(l)}(r)$ 值与直径为 σ_{12} 的刚性球分子的 $\Omega_{12}^{(l)}(r)$值之比．采用他们的符号会把一些附加的数值因子引入到一般公式中．

$$[\mu]_1 = \frac{5}{8}\frac{(kmT)^{\frac{1}{2}}}{\pi^{\frac{1}{2}}\sigma^2\mathscr{W}_1^{(2)}(2)},\ [\lambda]_1 = \frac{5}{2}c_v[\mu]_1, \quad (10.1,4)$$

$$[D_{12}]_1 = \frac{3}{8n\sigma_{12}^2\mathscr{W}_{12}^{(1)}(1)}\left(\frac{kT}{2\pi m_0 M_1 M_2}\right)^{\frac{1}{2}}. \quad (10.1,5)$$

10.2. 无外力场作用的弹性刚球分子

对于直径为 σ_1, σ_2 的两个弹性刚球分子，仅当 $b < \sigma_{12}$ 时$\left(\text{其中 } \sigma_{12} = \frac{1}{2}(\sigma_1 + \sigma_2).\right)$，其间才会发生碰撞．根据式(3.44,2)可知，在碰撞时有 $b = \sigma_{12}\cos\frac{1}{2}\chi$，因而 $bdb = -\frac{1}{4}\sigma_{12}^2\sin\chi d\chi$．因此，如果这里的 σ_{12} 就与 10.1. 节中的 σ_{12} 相同，那么根据式(10.1,2)可知

$$\mathscr{W}_{12}^{(l)}(r) = \frac{1}{4}\int_0^\pi (1 - \cos^l\chi)\sin\chi d\chi \int_0^\infty e^{-g^2}g^{2r+2}d(g^2)$$

$$= \frac{1}{4}\left[2 - \frac{1}{l+1}(1 + (-1)^l)\right](r+1)!. \quad (10.2,1)$$

特别是，$\mathscr{W}_{12}^{(1)}(1) = 1$，$\mathscr{W}_{12}^{(2)}(2) = 2$． 显然可得 $\mathscr{W}_1^{(l)}(r) = \mathscr{W}_{12}^{(l)}(r)$．

此外，根据式(9.33,4)可知

$$\phi_{12}^{(l)} = \frac{1}{2}\pi\sigma_{12}^2\int_0^\pi (1 - \cos^l\chi)\sin\chi d\chi$$

$$= \frac{1}{2}\pi\sigma_{12}^2\left[2 - \frac{1}{l+1}(1 + (-1)^l)\right]. \quad (10.2,2)$$

特别是，$\phi_{12}^{(1)}$ 就等于通常的碰撞截面 $\pi\sigma_{12}^2$。

10.21. 单组元气体的粘性系数和热传导系数

根据式(10.1,4)可知，单组元气体的 μ 和 λ 的一阶近似值 $[\mu]_1$, $[\lambda]_1$ 可用分子直径 σ 来表示的，即

$$[\mu]_1 = \frac{5}{16}\frac{\sqrt{(kmT)}}{\pi^{\frac{1}{2}}\sigma^2},\ [\lambda]_1 = \frac{5}{2}[\mu]_1 c_v = \frac{75}{64\sigma^2}\left(\frac{k^3T}{\pi m}\right)^{\frac{1}{2}}. \quad (10.21,1)$$

将上述各值分别乘以级数(参见式(7.51,14)和(7.52,8))

$$1+a_{11}(\mathscr{A}_{12}^{(2)})^2/\mathscr{A}^{(1)}\mathscr{A}^{(2)}+a_{11}(\mathscr{A}_{13}^{(3)})^2/\mathscr{A}^{(2)}\mathscr{A}^{(3)}+\cdots, \tag{10.21,2}$$

$$1+b_{11}(\mathscr{B}_{12}^{(2)})^2/\mathscr{B}^{(1)}\mathscr{B}^{(2)}+b_{11}(\mathscr{B}_{13}^{(3)})^2/\mathscr{B}^{(2)}\mathscr{B}^{(3)}+\cdots. \tag{10.21,3}$$

中相应的前几项之和，即可求得 λ 与 μ 的更高阶近似值. 在目前情况下，这两个级数中的每一项都是纯数字. 因为在行列式 $\mathscr{A}$，$\mathscr{B}$ 的每个元素中都出现了因子 $1/\sigma^2\sqrt{(kT/m)}$，因而它们可以全部消掉.

利用前面的 $\Omega^{(l)}(r)$ 表达式，我们不难由式(9.6,8—13，16—21)导出

$$a_{12}=-\frac{1}{4}a_{11},\quad a_{22}=\frac{45}{16}a_{11},\quad a_{13}=-\frac{1}{32}a_{11},$$

$$a_{23}=-\frac{103}{128}a_{11},\quad a_{33}=\frac{5657}{1024}a_{11},$$

$$b_{12}=-\frac{1}{4}b_{11},\quad b_{22}=\frac{205}{48}b_{11},\quad b_{13}=-\frac{1}{32}b_{11},$$

$$b_{23}=-\frac{163}{128}b_{11},\quad b_{33}=\frac{11889}{1024}b_{11}.$$

因此上述两个级数的前三项为

$$1+\frac{1}{44}+\frac{(111)^2}{88\times 66951}=1+0.02273+0.00209$$

以及

$$1+\frac{3}{202}+\frac{(347)^2}{808\times 145043}=1+0.01485+0.00103.$$

这些级数的第四项也已经算出[1)]，尽管 9.6. 节中并没有列出计算时所必需用的公式. 这两级数的第四项分别为

0.00031，0.00012.

于是，对于四阶近似来说，λ，μ 的表达式便为

1) D. Burnett (*Proc. Lond. Math. Soc.* **39**, 385(1935))已经修正了 Chapman 在计算第四项中的数值误差.

$$[\lambda]_4 = 1.02513[\lambda]_1, \quad [\mu]_4 = 1.01600[\mu]_1, \tag{10.21,4}$$
和
$$[\lambda]_4 = 2.522[\mu]_4 c_v. \tag{10.21,5}$$
这些近似值收敛得很快，以致我们可以认为它们已精确到千分之一[1]。

10.22. 混合气体；$[D_{12}]_1$, $[D_{12}]_2$, $[\lambda]_1$, $[k_T]_1$, $[\mu]_1$.

在目前的情况下，我们可以用 10.21. 节的方法将 9.81.—9.84. 节所求得的有关混合气体的各个结果，完全计算出来. 由此得到的 A, B, C 和 E 的值如下

$$\text{A} = 2/5, \quad \text{B} = 3/5, \quad \text{C} = 1/5, \tag{10.22,1}$$

$$\text{E} = \left(\frac{2kTm_0}{\pi M_1 M_2}\right)^{\frac{1}{2}} \frac{1}{8\sigma_{12}^2}. \tag{10.22,2}$$

10.3. 力心点分子

Boscovich[2] 在1758年首先提出了另一种重要而又简单的分子模型. 这是一个周围有力场围绕着的质点，并假定两个分子 m_1, m_2 在相互作用时施于对方的作用力分别为 $\boldsymbol{P}$, $-\boldsymbol{P}$.

设这两个分子在时刻 t 的位置矢量是 $\boldsymbol{r}_1$, $\boldsymbol{r}_2$. 这样，第二个分子相对于第一个分子的位置矢量 $\boldsymbol{r}_{21}$ 就是 $\boldsymbol{r}_2 - \boldsymbol{r}_1$. 两个分子的运动方程则为

$$m_1\ddot{\boldsymbol{r}}_1 = -\boldsymbol{P}, \quad m_2\ddot{\boldsymbol{r}}_2 = \boldsymbol{P}.$$

因此 $\quad m_1m_2\ddot{\boldsymbol{r}}_{21} = m_1m_2(\ddot{\boldsymbol{r}}_2 - \ddot{\boldsymbol{r}}_1) = (m_1 + m_2)\boldsymbol{P} = m_0\boldsymbol{P}.$

所以，分子 m_2 相对于分子 m_1 的运动，与一个单位质量的粒子相对一个固定的力心（其作用力为 $m_0\boldsymbol{P}/m_1m_2$）的运动是相同的. 如果在轨道平面内取极坐标 r, θ，那么这个粒子的角动量方程和能量

1) C. L. Pekeris and Z. Altermann (*Proc. nanatn. Acad. Sci. U. S. A.* **43**, 998 (1957)) 曾利用不同的方法（但这只能用于弹性刚球）重新计算了 λ 和 μ 的值，他们求得 $\lambda = 1.02513[\lambda]_1$, $\mu = 1.016034[\mu]_1$.

2) R. G. Boscovich, *Philosophiae naturalis theoria* (1758).

方程就具有如下的形式

$$r^2\dot{\theta} = \text{const} = gb, \qquad (10.3,1)$$

$$\frac{1}{2}(\dot{r}^2 + r^2\dot{\theta}^2) + m_0 V_{12}(r)/m_1 m_2 = \text{const.} = \frac{1}{2}g^2. \qquad (10.3,2)$$

这里，g 和 b 的意义与 3.41. 节和 3.42. 节的相同，而 $V_{12}(r)$ 则是作用力 $\boldsymbol{P}$ 的势能（$r = \infty$ 处的势能取为零）.

在式(10.3,1,2)之间消去时间，我们便得到轨道的微分方程

$$\frac{1}{2}\frac{g^2b^2}{r^4}\left\{\left(\frac{dr}{d\theta}\right)^2 + r^2\right\} = \frac{1}{2}g^2 - \frac{m_0 V_{12}(r)}{m_1 m_2}.$$

如果 θ 是根据平行于轨道初始渐近线的轴线计量的，那么上式的积分便为

$$\theta = \int_r^\infty \left\{\frac{r^4}{b^2}\left(1 - \frac{V_{12}(r)}{kT\mathscr{g}^2}\right) - r^2\right\}^{-\frac{1}{2}} dr \qquad (10.3,3)$$

(因为 $\mathscr{g}^2 = m_1 m_2 g^2/2m_0 kT$). 轨道的极距线 $r = R$ 对应于 $dr/d\theta = 0$，亦即对应于

$$\frac{V_{12}(R)}{kT\mathscr{g}^2} = 1 - \frac{b^2}{R^2}. \qquad (10.3,4)$$

如果此方程的根不止一个，那么 R 就是最大的根[1)]. 轨道的两条渐近线之间的夹角是 $r = R$ 处的 θ 值的两倍. 由于偏转角 χ 是这个夹角的补角，因此有

$$\chi = \pi - 2\int_R^\infty \left\{\frac{r^4}{b^2}\left(1 - \frac{V_{12}(r)}{kT\mathscr{g}^2}\right) - r^2\right\}^{-\frac{1}{2}} dr. \qquad (10.3,5)$$

它表明 χ 只取决于 b, $kT\mathscr{g}^2$ 以及作用力的规律. 所以式(10.1,2)的积分 $\mathscr{W}_{12}^{(l)}(r)$ 只取决于 kT 和作用力规律；而且特别应当指出的是，它与分子的质量无关.

10.31. 幂次反比律作用力

现假定 $\boldsymbol{P}$ 是个斥力，它由幂次律给定如下

---

1) 当方程(10.3,4)的根多于一个时，同一个能量的若干束缚态就可能出现. 在这种束缚态中，分子在彼此间距为有限的距离处将不确定地出现. 这样的束缚态，我们在此并不研究.

$$P=\kappa_{12}/r^{\nu},\ V_{12}(r)=\kappa_{12}/(\nu-1)r^{\nu-1}. \qquad (10.31,1)$$

如果 v, v_0, v_{00} 等纯数字的定义为

$$v=b/r,\ v_0=b(2kTg^2/\kappa_{12})^{1/(\nu-1)},\ v_{00}=b/R, \qquad (10.31,2)$$

这时,若用式(10.31,1)代替 V_{12},则可使式(10.3,5)变为

$$\chi=\pi-2\int_0^{v_{00}}\left\{1-v^2-\frac{2}{\nu-1}\left(\frac{v}{v_0}\right)^{\nu-1}\right\}^{-\frac{1}{2}}dv. \qquad (10.31,3)$$

量 v_{00} 是下述方程的(唯一的)正根

$$1-v^2-\frac{2}{\nu-1}\left(\frac{v}{v_0}\right)^{\nu-1}=0. \qquad (10.31,4)$$

因此 χ 只与 ν 和 v_0 有关.将式(10.31,2)中的 κ_{12} 用 $|\kappa_{12}|$ 代替,并将式(10.31,3,4)中含有 $2/(\nu-1)$ 的各项的符号变号,这样就可求得对应于引力(κ_{12} 为负值)的公式:v_{00} 是方程(10.31, 4)作这样修改后的最小正根.

式(9.33,4)的积分 $\phi_{12}^{(l)}$ 现在可以变换如下:

$$\phi_{12}^{(l)}=2\pi\int_0^{\infty}(1-\cos^l\chi)bdb$$

$$=2\pi\left(\frac{\kappa_{12}}{2kTg^2}\right)^{2/(\nu-1)}A_l(\nu), \qquad (10.31,5)$$

其中

$$A_l(\nu)=\int_0^{\infty}(1-\cos^l\chi)v_0dv_0. \qquad (10.31,6)$$

$A_l(\nu)$ 是个纯数字,只与 l 和 ν 有关.于是,积分 $\Omega_{12}^{(l)}(r)$ 可以用 gamma 函数来表示.因为(参见式(9.33,5))

$$\Omega_{12}^{(l)}(r)=\left(\frac{2\pi kT}{m_0M_1M_2}\right)^{\frac{1}{2}}\left(\frac{\kappa_{12}}{2kT}\right)^{2/(\nu-1)}A_l(\nu)\int_0^{\infty}e^{-g^2}g^{2r+3-4/(\nu-1)}dg$$

$$=\frac{1}{2}\left(\frac{2\pi kT}{m_0M_1M_2}\right)^{\frac{1}{2}}\left(\frac{\kappa_{12}}{2kT}\right)^{2/(\nu-1)}A_l(\nu)\Gamma\left(r+2-\frac{2}{\nu-1}\right). \qquad (10.31,7)$$

在这里,若将 10.1. 节所引进的长度 σ_{12} 如下地定义是很方便的,即:

$$\sigma_{12}=(\kappa_{12}/2kT)^{1/(\nu-1)} \qquad (10.31,8)$$

这个长度与温度以及作用力规律有关. 这样,式(10.1, 1)就变成

$$\mathscr{W}_{12}^{(l)}(r)=A_l(\nu)\Gamma\left(r+2-\frac{2}{\nu-1}\right). \qquad (10.31,9)$$

显然,只要 $\mathscr{W}_{1}^{(l)}(r)$ 和 $\mathscr{W}_{12}^{(l)}(r)$ 中的 ν 值相同,它们的值也就相同.

由式(10.31,7)和(9.8,7,8)可以求得 A, B, C, E 的具体公式为

$$A=\frac{(3\nu-5)A_2(\nu)}{5(\nu-1)A_1(\nu)},\quad B=\frac{(3\nu-5)(\nu+1)}{5(\nu-1)^2},\quad C=\frac{\nu-5}{5(\nu-1)}, \qquad (10.31,10)$$

$$E=\left(\frac{2kTm_0}{\pi M_1M_2}\right)^{\frac{1}{2}}\left(\frac{2kT}{\kappa_{12}}\right)^{2/(\nu-1)}/8\Gamma\left(3-\frac{2}{\nu-1}\right)A_1(\nu). \qquad (10.31,11)$$

它们适用于相互作用规律如式(10.31,1)的分子, 故而 A, B 和 C 诸数值都只与 ν 有关.

常数 $A_l(\nu)$ 必须使用求积的方法来计算[1]. 表 3 列出若干 ν

表 3

ν	$A_1(\nu)$	$A_D(\nu)$	A
5	0.422	0.436	0.517
7	0.385	0.357	0.493
9	0.382	0.332	0.478
11	0.383	0.319	0.465
15	0.393	0.309	0.450
21	—	0.307	—
25	—	0.306	—
∞	0.5	0.333	0.4

1) $A_1(5)$, $A_2(5)$ 是由 J. C. Maxwell (*Collected Papers*, Vol. **2**. 26) 和 K. Aichi and A. Tanakadate (参阅 D. Enskog, *Arkiv. Mat. Astr. Fys*. **16**, 36 (1921)) 算出的; $A_1(\nu)$ 和 $A_2(\nu)$ 是由 S. Chapman (*Manchester Lit. and Phil. Soc. Memoirs*, **66**, 1(1922)) 给出的,其中 $\nu=5,7,9,11,15$; $A_2(21)$ 和 $A_2(25)$ 是由 J. E. (Lennard-)Jones (*Proc. R. Soc*. A, **106**, 421(1924)) 求得的;而 $A_1(9)$ 和 $A_2(9)$ 则是由 H.R.Hassé and W. R. Cook (*Proc. R. Soc. A*, **125**, 196(1929))得到的. 表 3 中给出的值都是 Chapman 和 (Lennard) Jones 的结果.

值时的 $A_1(\nu)$, $A_2(\nu)$ 值，此外应列出了一些 Λ 值.

我们可以认为弹性刚球分子就是这种模型的极限情况，它相应于 $\nu=\infty$；其作用力在 $r>\sigma_{12}$ 时等于零，而在 $r=\sigma_{12}$ 时变为无穷大. 只要有

$$P\propto\lim_{\nu\to\infty}(\sigma_{12}/r)^\nu.$$

那么这些条件就得到满足.

10.32. 单组元气体的粘性系数和热传导系数

力心点模型的 λ 和 μ 的一阶近似值为

$$[\mu]_1=5(kmT/\pi)^{\frac{1}{2}}(2kT/\kappa)^{2(\nu-1)}/8\Gamma\left(4-\frac{2}{\nu-1}\right)A_2(\nu),$$

$$[\lambda]_1=\frac{5}{2}[\mu]_1c_v \tag{10.32,1}$$

$[\lambda]_1$ 和 $[\mu]_1$ 都正比于 T^s,其中

$$s=\frac{1}{2}+\frac{2}{\nu-1}.$$

当 ν 趋于无穷大时,指数 s 的极限值为 $\frac{1}{2}$. 这个极限值就是对应于弹性刚球分子所求得的值. ν 值越小,指数 s 就越大,当 $\nu=5$ 时，该指数等于 1.

由 10.21. 节可知，用级数 (10.21, 2, 3) 乘以上面的一阶近似值，就可以得到 λ 和 μ 的精确值. 这两个级数的和都是纯数字. 可以证明 (采用类似于 10.21 节中的论证方法)：这两个和值既与气体的温度无关，又与分子作用力场的常数 κ_{12} 无关，它只是与作用力的指数 ν 有关系. 由式(10.31,7)可以直接得出下述结果

$$\frac{\Omega_1^{(l)}(r)}{\Omega_1^{(l)}(1)}=\left(r+1-\frac{2}{\nu-1}\right)_{r-1}.$$

利用此结果可以确定上述两个级数的第二项，再将之代入 9.6. 节的各个式中,即可得到

$$a_{12} = -\left(\frac{1}{4} - \frac{1}{\nu-1}\right)a_{11}, \quad a_{22} = \left(\frac{45}{16} - \frac{1}{\nu-1} + \frac{1}{(\nu-1)^2}\right)a_{11},$$

$$b_{12} = -\left(\frac{1}{4} - \frac{1}{\nu-1}\right)b_{11}, \quad b_{22} = \left(\frac{205}{48} - \frac{1}{\nu-1} + \frac{1}{(\nu-1)^2}\right)b_{11}.$$

这样就可以导出二阶近似值

$$[\mu]_2 = [\mu]_1 \left\{1 + \frac{3(\nu-5)^2}{2(\nu-1)(101\nu-113)}\right\}, \quad (10.32,2)$$

$$[\lambda]_2 = [\lambda]_1 \left\{1 + \frac{(\nu-5)^2}{4(\nu-1)(11\nu-13)}\right\}. \quad (10.32,3)$$

当 $\nu=5$ 时，它们与一阶近似值全同；当 ν 值在 5 和无穷大之间时，两式中与 $[\mu]_1$ 和 $[\lambda]_1$ 相乘的数值因子在 1 和前述弹性刚球分子的值(前面已求得)之间．比值 $\lambda/\mu c_v$ 也介于 2.5 和 2.522 (弹性球的值)之间.

10.33. Maxwell 分子

当 $\nu=5$ 时，10.31. 节和 10.32. 节的公式都将变得十分简单。Maxwell 首先发现了这一情况的简单性[1]．他发现，当气体的分子是力心，其斥力与 r^{-5} 成比例时，无需确定速度分布函数 f，就可以进行理论上的分析推导．对于这类"Maxwell"分子，根据式(10.31,2) 可以得到

$$gbdb = (m_0\kappa_{12}/m_1m_2)^{\frac{1}{2}}v_0dv_0. \quad (10.33,1)$$

因此，元素 $gbdb$ 与 g 无关，只取决于 v_0。这时，9.3. 至 9.5. 节中各个积分的形式将变得更为简单．例如，由式(9.31,14)得到

$$\iint H_{12}(\chi)g^2gbdbdg$$

$$= \pi^{\frac{3}{2}}i_{12}^{-\frac{3}{2}}\left(\frac{\kappa_{12}}{m_0}\right)^{\frac{1}{2}}\iint e^{-i_{12}g^2}\left\{\frac{3}{2} + (1-j_{12}-\cos\chi)g^2\right\}g^2v_0dv_0dg$$

$$= \frac{3}{8}\pi^2\left(\frac{\kappa_{12}}{m_0}\right)^{\frac{1}{2}}\int (i_{12}j_{12})^{-\frac{5}{2}}(1-\cos\chi)v_0dv_0.$$

---

1) J. C. Maxwell, *Collected Papers*, Vol. 2, 42; *Phil. Trans. R. Soc.*, **157**, 49(1867).

于是根据式(9.32，1—3)有

$$(ST/st)^{\frac{3}{2}}\pi^{-3}\iiint\{H_{12}(0)-H_{12}(\chi)\}gbdbd\varepsilon dg$$

$$=-3\pi\left(\frac{\kappa_{12}}{m_0}\right)^{\frac{1}{2}}\int\{1-2M_1M_2st(1-\cos\chi)\}^{-\frac{5}{2}}(1-\cos\chi)v_0dv_0.$$

现在，上式左侧表达式中 s^pt^q 的系数等于

$$[S_{\frac{3}{2}}^{(p)}(\mathscr{C}_1^2)\mathscr{C}_1,\ S_{\frac{3}{2}}^{(q)}(\mathscr{C}_2^2)\mathscr{C}_2]_{12},$$

因此除了 $p=q$ 的情况外，上式均为零．与此类似，由 9.5. 节可得

$$[S_{\frac{3}{2}}^{(p)}(\mathscr{C}^2)\mathscr{C},\ S_{\frac{3}{2}}^{(q)}(\mathscr{C}^2)\mathscr{C}]=0$$

但 $p=q$ 时除外．利用类似的方法还可以证明，此结论对于下式同样正确

$$[S_{\frac{5}{2}}^{(p)}(\mathscr{C}^2)\overset{\circ}{\mathscr{C}}\mathscr{C},\ S_{\frac{5}{2}}^{(q)}(\mathscr{C}^2)\overset{\circ}{\mathscr{C}}\mathscr{C}].$$

利用上述这些结果以及已知的 α_q，β_q 值，可以将方程组 (7.51，8)，(7.52，4) 化简为

$$a_1a_{11}=\alpha_1,\ a_2a_{22}=0,\ a_3a_{33}=0,\cdots,$$

$$b_1b_{11}=\beta_1,\ b_2b_{22}=0,\ b_3b_{33}=0,\cdots.$$

因此除了 a_1，b_1 以外，所有的系数 a_p，b_p 均为零．这样，λ，μ 的公式就转化为 10.32. 节给出的一阶近似式，即

$$\mu=\frac{1}{3\pi}\left(\frac{2m}{\kappa}\right)^{\frac{1}{2}}\frac{kT}{A_2(5)},\ \lambda=\frac{5}{2}\mu c_v,\ f=\frac{5}{2}.$$

我们还可以类似地证明：8.51. 节和 8.52. 节中的所有 a_{pq}，b_{pq} 值都等于零，但是 $p=q$ 或 $p=-q$ 时除外．因此在级数 (8.51，1，2)，(8.52，1)中，除 a_1，a_{-1}，d_0，b_1 和 b_{-1} 外，所有的系数 a_p，d_p，b_p 都为零．其结果是：混合气体扩散系数、粘性系数和热传导系数的表达式都变得与 9.81. 节、9.82. 节和 9.84. 节所给出的一阶近似式完全相同，同时热扩散系数等于零．

这些结果意味着：对于单组元气体来说，由式 (7.51，2)，(7.52，1)给出的函数 $\boldsymbol{A}$，B 的级数展开式简化为单一项

$$\boldsymbol{A}=a_1\boldsymbol{a}^{(1)}=a_1\left(\frac{5}{2}-\mathscr{C}^2\right)\mathscr{C}, \qquad (10.33,2)$$

$$\mathsf{B}=b_1\mathsf{b}^{(1)}=b_1\overset{\circ}{\mathscr{C}\mathscr{C}}. \qquad (10.33,3)$$

对于混合气体，亦有类似的结果成立.

由于 $\boldsymbol{A}$ 和 B 满足式(7.31,2,3)，由此可知，对于适当的 a_1，b_1 值有

$$-a_1 nI\left\{\left(\mathscr{C}^2-\frac{5}{2}\right)\mathscr{C}\right\}=f^{(0)}\left(\mathscr{C}^2-\frac{5}{2}\right)\mathscr{C}, \qquad (10.33,4)$$

$$b_1 nI(\overset{\circ}{\mathscr{C}\mathscr{C}})=f^{(0)}\overset{\circ}{\mathscr{C}\mathscr{C}}. \qquad (10.33,5)$$

本书的前几版对这些结果都曾直接做过证明. 对于混合气体，亦有类似的结果成立.

对于单组元气体，根据 7.51. 节、7.52. 节和 9.7. 节的结果可得

$$\alpha_1=-\frac{15}{4},\ \beta_1=\frac{5}{2},\ a_{11}=b_{11}=5kT/2\mu.$$

因此

$$a_1=-\frac{3\mu}{2kT},\ b_1=\frac{\mu}{kT}. \qquad (10.33,6)$$

而式(10.33,2,3)则变为

$$\boldsymbol{A}=\frac{3\mu}{2kT}\left(\mathscr{C}^2-\frac{5}{2}\right)\mathscr{C},\ \mathsf{B}=\frac{\mu}{kT}\overset{\circ}{\mathscr{C}\mathscr{C}}. \qquad (10.33,7)$$

这样(参见式(7.31,1))，Maxwell 分子的 $f^{(1)}$ 便由下式给定

$$f^{(1)}=-f^{(0)}\left\{\frac{3\mu}{2p}\left(\frac{2kT}{m}\right)^{\frac{1}{2}}\left(\mathscr{C}^2-\frac{5}{2}\right)\mathscr{C}\cdot\nabla\ln T+\frac{2\mu}{p}\overset{\circ}{\mathscr{C}\mathscr{C}}:\nabla\boldsymbol{c}_0\right\}. \qquad (10.33,8)$$

10.331. 本征值理论

方程(10.33,4,5)就是普遍的本征值理论的一些具体结果. 人们曾广泛地探讨过本征值理论，特别是 Kihara, 王承书 (Wang-

Chang）和 Uhlenbeck，以及 Waldmann 等人[1]．当均匀气体不承受作用力时，令

$$f = f^{(0)}(1 + \Phi) \qquad (10.331,1)$$

是 Boltzmann 方程的一个非正规解，其中 Φ 是个小量．将式(10.331,1)代入 Boltzmann 方程，忽略函数 Φ 的各个乘积，我们便可近似地得出

$$-n^2 I(\Phi) = f^{(0)} \frac{\partial \Phi}{\partial t}. \qquad (10.331,2)$$

只要适当地选取 Φ，例如，它按照 $e^{-t/\tau}$ 方式指数地衰减，结果（参阅 6.61. 节）τ 就是 Φ 的弛豫时间．此时，式(10.331,2)变为

$$n^2 I(\Phi) = \tau^{-1} f^{(0)} \Phi. \qquad (10.331,3)$$

在式(10.331,3)中，可以把 τ^{-1} 看成是碰撞算符 I 的本征值：Φ 是相应的本征函数．这样，例如，式(10.33,4,5)就意味着：对于 Maxwell 分子来说，$(\mathscr{C}^2 - 5/2)\mathscr{C}$ 和 $\overset{\circ}{\mathscr{C}\mathscr{C}}$ 是 I 的本征函数；相应的弛豫时间 τ 是 $-a_1/n$ 和 b_1/n，或者说是（参见式(10.33,6)）$3\mu/2p$ 和 μ/p．它们分别是在热传导和粘性中起作用的弛豫时间（参见式(6.6,5,7)）；根据 6.6. 节的弛豫方法所导出的结果就与 Maxwell 分子的精确理论的结果完全相同．

现已求得 Maxwell 分子的普遍本征函数是

$$\Phi_{l,r} = S^{(r)}_{l+\frac{1}{2}}(\mathscr{C}^2)\mathscr{C}^l Y_l(\theta,\varphi), \qquad (10.331,4)$$

其中 $Y_l(\theta,\varphi)$ 是极角 θ,φ 的面调和函数（其阶数为 l），而 θ,φ 则确定了 $\mathscr{C}$ 的方向．不论 r 或 l 哪一个为大量，相应的弛豫时间与 μ/p 相比都是很小的．

对于更一般的分子模型，确定其本征函数是件相当困难的事情[2]．但是，正如式(10.33,2,3)那样，虽然它仅仅是对 Maxwell 分

---

1) T. Kihara, *Imperfect Gases*, section 21; C. S. Wang-Chang and G. E. Uhlenbeck, University of Michigan Project M999, 1952; L. Waldmann, *Handbuch der Physik*, Vol. 12 (Springer, 1958) 367—76.

2) 除了有对应于正则本征函数的离散本征值以外，在某些特殊情况下还有本征值的连续谱，这可能是与奇异本征函数相关联的．请参阅 H. Grad. *3rd International Rarefied Gas Dynamics Symposium Report*, p. 26 (Academic Press, 1963). Grad 还指出：对于按 $r^{-\nu}$ 规律排斥的分子（其中 $\nu<5$），其本征值可能是无穷小，它相应于弛豫时间为无穷大的情况．

子来说才是正确的，但它却依然代表了其它分子的一阶近似结果，而且所给出的 λ 和 μ 的值很接近于实际值．人们从这一情况就可以预料到：至少，Maxwell 分子的前一个或前二个本征函数，对于更为一般的模型的本征函数来说，都是合理的近似．这为验证 6.6. 节和 6.62. 节所用的弛豫方法的正确性提供了一些办法。

10.34. 平方反比律的相互作用

假若气体中大部分的分子都已经电离，那么静电力就在分子碰撞中起主导作用了．研究这种情况是很有意义的，此时各对分子间的作用力 P 满足于下式

$$P = e_1 e_2 / r^2 \tag{10.34,1}$$

（其中 e_1，e_2 表示分子的电荷）．在实际中还有很小部分的作用力是随 r 变化得更加迅速的，但这里没有计入．

若 e_1, e_2 的符号相同，则式(10.31，2)中的变量 v_0 就由下式给定

$$v_0 = 2kTbg^2 / e_1 e_2. \tag{10.34,2}$$

而偏转角 χ 为

$$\chi = \pi - 2\int_0^{v_{00}} \left(1 - v^2 - \frac{2v}{v_0}\right)^{-\frac{1}{2}} dv,$$

其中 v_{00} 是下列方程的正根

$$1 - v_{00}^2 - \frac{2v_{00}}{v_0} = 0.$$

在目前的情况下，χ 的表达式是可积的，其结果为

$$\chi = 2\sin^{-1} \frac{1}{\sqrt{(1 + v_0^2)}}. \tag{10.34,3}$$

由此可得

$$\cos\chi = \frac{v_0^2 - 1}{v_0^2 + 1}.$$

若 e_1，e_2 的符号相反，则式 (10.34，2) 中的 $e_1 e_2$ 要用 $|e_1 e_2|$ 代替，但是 $\cos\chi$ 的最终表达式不变。

因此，无论是 e_1，e_2 同号或反号，我们都可以得出

$$\phi_{12}^{(l)}=2\pi\left(\frac{e_1e_2}{2kTg^2}\right)^2\int\left(1-\left(\frac{v_0^2-1}{v_0^2+1}\right)^l\right)v_0dv_0.$$

特别是

$$\phi_{12}^{(1)}=2\pi\left(\frac{e_1e_2}{2kTg^2}\right)^2\ln(1+v_{01}^2), \qquad (10.34,4)$$

$$\phi_{12}^{(2)}=4\pi\left(\frac{e_1e_2}{2kTg^2}\right)^2\left\{\ln(1+v_{01}^2)-\frac{v_{01}^2}{1+v_{01}^2}\right\}, \qquad (10.34,5)$$

式中 v_{01} 表示 v_0 的上限.在前面的讨论中,我们都是取 v_0 的上限为无穷大,但是在本节中,这种近似就不再是十分有效的了，因为它将会使 $\phi_{12}^{(1)}$，$\phi_{12}^{(2)}$ 的值成为无穷大，而相应的粘性系数、扩散系数和热传导系数将要全部为零.

这个困难是由于静电力引起的. 因为后者只反比于距离的平方，它随着距离的增加而减小，其变化远慢于通常的相互作用力. 因此,分子相互距离总是很大的那些碰撞，对积分（10.34,4,5）作出了主要的贡献. 但是与一个指定的分子相距很远的分子还同时受到许多其它分子的静电吸引或静电排斥的作用，因此这些“远距”碰撞已经不再是真正的二体碰撞了；然而,我们所做的整个分析都是只考虑二体碰撞的. 虽然当“平方反比”作用力占主导地位时，分子力场已彼此渗透到所有的碰撞都可以看成是多体碰撞的程度. 不过,在某些情况下,仅仅考虑二体碰撞依然有可能导出粘性系数、热传导系数和扩散系数的近似值.

各对相碰分子的 g^2（或者说 $m_0M_1M_2g^2/2kT$）的平均值是 2（参见式 (5.3, 5)）. 因此一般说来,式 (10.34, 2) 中的 v_0 可以与 $4kTb/|e_1e_2|$ 相比较;这样,根据式(10.43,3)可知,如果 b 与 $|e_1e_2|/4kT$ 相比是个大量，那么 χ 就是小量. 各对相邻分子之间的平均距离与 $n^{-\frac{1}{3}}$ 同阶大小. 现在假定

$$|e_1e_2|/4kT\ll n^{-\frac{1}{3}}. \qquad (10.34,6)$$

这样，除非 $b\ll n^{-\frac{1}{3}}$，一般来说 χ 都是很小的. 这就是说，仅当两个分子接近的程度比 $n^{-\frac{1}{3}}$ 还要近得多的时候，才可能发生较大的

偏转角．所以，产生小偏转的远距碰撞在数量上要比产生大偏转的碰撞多得多．而且远距碰撞也更为重要．因为对于大的 v_{01}，式(10.34，4，5)都是发散的．正如前面已经提到的那样，严格地讲，远距碰撞不能认为是二体碰撞．然而，由于远距碰撞所产生的偏转很小，它们的效果就可以粗略地迭加起来．这就是说，在计算由一次这样的远距碰撞所产生的速度变化时，我们可以不必考虑其它相对远距的分子同时施加的各种作用力，而可以看作好象有许多次二体碰撞相继地进行那样．

当 b 变得太大时，上述论点就不能成立了．当分子与一个指定的电荷相距足够远时，它们就能被该电荷的极化场(由于其间气体极化而产生)所屏蔽．Debye[1] 根据某些近似假设证明了：由于类似的极化结果，点电荷在电解质中的电势将按照 $(1/r)\exp(-r/d)$ 方式而变化，其中的距离 d 就是所谓的 Debye 屏蔽长度．如果在电离气体中可以应用 Debye 电势(严格地讲，它只能应用于静止电荷的电场)，那么我们就可以认为平方反比的作用力大约在截止距离 d 处便不再起作用了．这就是说，二体碰撞的公式(10.34，4，5)仍然可以采用，只是需要假定 v_0 有一个有效上限 v_{01} 即可．此上限的精确数量级可以由式(10.34，2)得到，即在其中取 $b=d$[2]．

在二组元混合气体中，Debye 长度由下式给出

$$4\pi d^2(n_1e_1^2+n_2e_2^2)=kT. \qquad (10.34,7)$$

因此

$$d\sim\left(\frac{kT}{4\pi n|e_1e_2|}\right)^{\frac{1}{2}}=\left(\frac{4kT}{n^{\frac{1}{3}}|e_1e_2|}\right)^{\frac{1}{2}}\left(\frac{1}{16\pi}\right)^{\frac{1}{2}}n^{-\frac{1}{3}}. \qquad (10.34,8)$$

根据式(10.34，6)可知，$4kT/n^{\frac{1}{3}}|e_1e_2|$ 值很大，所以 $d\gg n^{-\frac{1}{3}}$ 这样，对于一个指定的分子来说，与它不直接相邻的分子对于该分子的偏转都会有相当大的贡献．

为便于实际的计算，可以规定

1) P. Debye and E. Hückel, *Phys*. Z.**24** 185, 305(1923).

2) R. L. Liboff (*Phys. Fluids*, **2**, 40, (1959)) 计算过 Debye 截止电势的输运积分．就其主要的(对数)项而言，他所得到的结果与本书所给的结果是一致的．

$$v_{01} = 4dkT/|e_1e_2|. \qquad (10.34,9)$$

这等价于在式(10.34,2) 中取 $b = d$,同时式中的 g^2 应改用其平均值 2. 在各种情况下，v_{01} 的不确定是相对地无关紧要的. 因为式(10.34, 4, 5) 中所出现的函数随着 v_{01} 的变化是很缓慢的. 如果在式(10.34,9)中用 $n^{-\frac{1}{3}}$ 代替 d 来作截止距离，那么根据式(10.34,8)可知，其效果决不会使 $\phi_{12}^{(1)}$ 和 $\phi_{12}^{(2)}$ 减小 $\frac{1}{3}$[1].

利用式(10.34,9)所给定的 v_{01}，可以求得式 (10.31, 6) 所定义的常数 $A_1(2)$, $A_2(2)$ 为

$$A_1(2) = \ln(1 + v_{01}^2),\ A_2(2) = 2\left\{\ln(1 + v_{01}^2) - \frac{v_{01}^2}{1 + v_{01}^2}\right\}. \qquad (10.34,10)$$

依据这些数值，可以将粘性系数、热传导系数和扩散系数的一阶近似值表示为下述形式

$$[\mu]_1 = \frac{5}{8}\left(\frac{kmT}{\pi}\right)^{\frac{1}{2}}\left(\frac{2kT}{e^2}\right)^2 \Big/ A_2(2),\ [\lambda]_1 = \frac{5}{2}[\mu]_1 c_v, \qquad (10.34,11)$$

$$[D_{12}]_1 = \frac{3}{16n}\left(\frac{2kT}{\pi m_0 M_1 M_2}\right)^{\frac{1}{2}}\left(\frac{2kT}{e_1e_2}\right)^2 \Big/ A_1(2). \qquad (10.34,12)$$

在自然界中是不会遇到一种全部都是由电荷符号相同的分子所组成的单组元气体的. 不过，$\cos\chi$ 与 e_1, e_2 的符号无关，因此公式 (10.34, 11) 可以应用于由数量相等的离子所组成的二组元气体. 这些离子的质量和电荷都相等，但一半是正电荷，另一半是负电荷.

由式 (10.32,2,3) 可知：$[\mu]_2 = 1.15[\mu]_1$, $[\lambda]_2 = 1.25[\lambda]_1$.

---

1) S. Chapman (*Mon. Not. R. Astr. Soc.* **82**, 294(1922)) 为克服静电相互作用中的发散性困难，第一个建议采用截止距离的概念. 他取截止距离为 $n^{-\frac{1}{3}}$. 首先讨论电离气体中静电屏蔽问题的是 E. Persico (*Mon. Not. R. Astr. Soc.* **86**, 294(1926)). 由于 Spitzer 的工作 (参阅 R. S. Cohen, L. Spitzer and P.McR. Routly, *Phys. Rev.* **80**, 230(1950), L. Spitzer and R. Härm, *Phys. Rev.* **89**, 977(1953), 以及这些文章中所引用的论文), 人们才普遍地采用 Debye 长度作为截止距离. 当温度很高时 ($>10^{6}$°K)，必须按照量子效应对截止距离进行修正.

若 $m_1=m_2$, $e_1=-e_2$, $n_1=n_2$, 则人们还可以求得$[D_{12}]_2=1.15[D_{12}]_1$. 所以，作用力规律为平方反比律时，气体各个系数一阶近似值的误差就显著地大于作用力指数 ν 较高值时的误差. 还有一种重要情况是 m_2/m_1 为可忽略的小量，它对应于离子-电子混合气. Landshoff[1] 研究过此种情况的更高阶的近似. 他取 $e_1=-Ze_2$, $n_2=Zn_1$ (这对应于电中性混合气中有 Z 倍电离原子的情况)，因而求得了 D_{12} 的 m 阶近似值与一阶近似值的比值. 这些比值如表4所示. 表中的数字表明：尽管二阶近似值与一阶近似值有着显著的差异，但以后的各阶近似所增加的修正量相对说来都是很微小的了.

表 4 电子和 Z 倍离子所组成的气体的 $[D_{12}]_m/[D_{12}]_1$ 值

m	$Z=1$	$Z=2$	$Z=3$	$Z=\infty$
2	1.9320	2.3180	2.5290	3.25
3	1.9498	2.3210	2.5290	3.3906
4	1.9616	2.3256	2.5305	3.3945
5	1.9657	2.3268	2.5308	3.3950
∞	—	—	—	3.3953

同时具有引力场和斥力场的分子

10.4. Lennard-Jones 模型

正如 3.3. 节所提到的那样，在实际的气体中，不带电荷的分子之间的作用力 P，当距离小时是斥力，而当距离较大时就是个比较微弱的引力了. 这种特性在数学上可以最简单地用 Lennard-Jones 模型表示[2]. 对于这种模型有

1) R. Landshoff, *Phys. Rev.* **76**, 904(1949) and **82**, 442(1951). Landshoff 的截止方法与上面所介绍的稍有不同，但是这种不同对于他所得到的数值并没有很大的影响.

2) 这种模型首先是由 J. E. (Lennard-)Jones (*Proc. R. Soc.* A, **106**,441, 463 (1924)) 引用的，现在已经广泛地应用来讨论气体状态方程和晶体性质，以及输运现象理论. Lennard-Jones 模型乃是 W. Sutherland (*Phil. Mag.*, **36**, 507(1893); **17**, 320(1909)) 早先引用过的一个模型(参见 10.41 节)的推广.

$$P = \kappa_{12}/r^{\nu} - \kappa'_{12}/r^{\nu'}, \tag{10.4,1}$$

其中 $\nu > \nu'$. 这样，相互作用在小距离处近似为一个斥力 κ_{12}/r^{ν}，而在大距离处则近似于一个引力 $\kappa'_{12}/r^{\nu'}$. 对应于式(10.4,1)的势能是

$$V(r) = \frac{\kappa_{12}}{(\nu-1)r^{\nu-1}} - \frac{\kappa'_{12}}{(\nu'-1)r^{\nu'-1}}. \tag{10.4,2}$$

设 $\sigma_{12}, \epsilon_{12}$ 被定义为

$$\sigma_{12}^{\nu-\nu'} = \frac{\kappa_{12}(\nu'-1)}{\kappa'_{12}(\nu-1)},$$

$$\epsilon_{12} = \frac{\nu-\nu'}{(\nu-1)(\nu'-1)}\left(\frac{(\kappa'_{12})^{\nu-1}}{(\kappa_{12})^{\nu'-1}}\right)^{1/(\nu-\nu')}. \tag{10.4,3}$$

这样，σ_{12} 表示"低速直径"，它使得 $V(\sigma_{12}) = 0$，而 ϵ_{12} 是势阱深度，亦即 $-\epsilon_{12}$ 的数值就是 $V(r)$ 能达到的最大负值. 若采用 σ_{12}，ϵ_{12} 来表示，则式(10.4,2)可以写成为

$$V(r) = \beta\epsilon_{12}\{(\sigma_{12}/r)^{\nu-1} - (\sigma_{12}/r)^{\nu'-1}\}, \tag{10.4,4}$$

其中

$$\beta = \frac{1}{\nu-\nu'}\left\{\frac{(\nu-1)^{\nu-1}}{(\nu'-1)^{\nu'-1}}\right\}^{1/(\nu-\nu')}. \tag{10.4,5}$$

这种模型通常用 $V(r)$ 表达式中所出现的幂次来命名. 因此，式(10.4,1)就对应于 Lennard-Jones 的 $\nu-1$，$\nu'-1$ 模型[1]. 对于单组元气体，式(10.4,1—4)中的 κ_{12}，κ'_{12}，σ_{12}，ϵ_{12} 要用 κ，κ'，σ，ϵ 来代替.

当 ν 和 ν' 的值固定时，式(10.4,4)可以写成下列形式

$$V(r) = \epsilon_{12}\mathscr{V}(r/\sigma_{12}), \tag{10.4,6}$$

其中 $\mathscr{V}$ 是一个无量纲函数. 只要 $V(r)$ 是用这种形式表达的，那么输运系数就遵循对应态定律. 式(10.1,1)定义的无量纲变量 $\mathscr{W}_{12}$ 必定只是 kT/ϵ_{12} 的函数，它是可以由 σ_{12}，ϵ_{12} 和 kT 等参数($\mathscr{W}_{12}$ 只与这些参数有关(参见 10.3. 节))组成的一个无量纲组合

1) 这一符号和本书 1951 年版注记A中的符号不同，那里把式(10.4,1)称作 ν，ν' 模型(参见该版 392 页).

量．对于 $\mathscr{W}_1$ 亦有类似的结果．因此对于单组元气体来说，根据式(10.1，4)有

$$[\mu]_1=\frac{(kmT)^{\frac{1}{2}}}{\sigma^2F_\mu(kT/\epsilon)},\ [\lambda]_1=\frac{(k^3T)^{\frac{1}{2}}}{m^{\frac{1}{2}}\sigma^2F_\lambda(kT/\epsilon)},\quad(10.4,7)$$

其中 F_μ，F_λ 是两个无量纲函数．按照量纲分析，更高阶的近似对式(10.4,7)的修正仅仅是改变函数 F_μ，F_λ 而已；因此，式(10.4,7)这一形式还可以应用于 μ 和 λ 的精确值．这些公式表达了单组元气体的对应态定律．当然，式(10.4,6,7)中的量 ϵ 和 σ 都是常数，不是温度的函数，这和式(10.31,8)定义的 σ_{12} 是不一样的．

在二组元混合气体中，我们可以类似地根据式(10.1，5)得出

$$[D_{12}]_1=(kT)^{\frac{1}{2}}/\{(m_0M_1M_2)^{\frac{1}{2}}n\sigma_{12}^2F_D(kT/\epsilon_{12})\},\quad(10.4,8)$$

其中 F_D 是另一个无量纲函数．这给出了 D_{12} 的对应态定律(到一阶近似为止)．但是，对于更高阶近似，函数 F_D 除了仍取决于 kT/ϵ_{12} 外，还稍微取决于 n_1/n_2，m_1/m_2，σ_1/σ_{12}，σ_2/σ_{12}，ϵ_1/ϵ_{12}，ϵ_2/ϵ_{12} 等参数，尽管式(10.4,6)中的函数 $\mathscr{V}$ 对于同类分子和异类分子都是相同的．因此，对于 D_{12} 并不存在着简单而精确的对应态定律：同样的结论亦适用于混合气体的 μ，λ 和 k_T，而且表现得更强烈．

10.41. 弱引力场

当 Lennard-Jones 作用力规律(10.4，1)中的引力部分很弱时，用下面两式

$$[\mu]_1=[\mu_0]_1/\psi_\mu(\epsilon/kT),\ [\lambda]_1=[\lambda_0]_1/\psi_\mu(\epsilon/kT),\quad(10.41,1)$$

$$[D_{12}]_1=[(D_{12})_0]_1/\psi_D(\epsilon_{12}/kT)\quad(10.41,2)$$

来代替式(10.4,7,8)会更方便些．其中 $[\mu_0]_1$，$[\lambda_0]_1$，$[(D_{12})_0]_1$ 表示忽略了引力（$\kappa'/r^{\nu'}$ 或 $\kappa'_{12}/r^{\nu'}$）时所得到的 μ，λ 和 D_{12} 的一阶近似值．正如式中符号所示，无量纲量 ψ_μ 和 ψ_D 仅是 ϵ/kT 和 ϵ_{12}/kT 的函数．在 $[\mu]_1$ 和 $[\lambda]_1$ 的表达式中所出现的函数是相同的，这是因为它们都取决于同一个碰撞积分 $\Omega_1^{(2)}(2)$ 的缘故．

当 κ'，κ'_{12} 的值是小量的时候，可以把引力场看作是小扰动，它对 ψ_μ，ψ_D 的影响线性地取决于引力场的强度（即 κ'，κ'_{12}），根据 ϵ_{12}

的表达式(10.4,3)，可以写出

$$\phi_D = 1 + \frac{i_1(\nu,\nu')\kappa'_{12}}{(\nu'-1)(\kappa_{12})^{(\nu'-1)/(\nu-1)}(kT)^{(\nu-\nu')/(\nu-1)}}. \quad (10.41,3)$$

类似地还可以写出

$$\phi_\mu = 1 + \frac{i_2(\nu,\nu')\kappa'}{(\nu'-1)\kappa^{(\nu'-1)/(\nu-1)}(kT)^{(\nu-\nu')/(\nu-1)}}, \quad (10.41,4)$$

其中 $i_1(\nu,\nu')$ 和 $i_2(\nu,\nu')$ 都是纯数字．因此，式(10.41,12)可简化为下述形式

$$[\mu]_1 = [\mu_0]_1/(1+ST^{-(\nu-\nu')/(\nu-1)}),$$

$$[\lambda]_1 = [\lambda_0]_1/(1+ST^{-(\nu-\nu')/(\nu-1)}), \quad (10.41,5)$$

$$[D_{12}]_1 = [(D_{12})_0]_1/(1+S_{12}T^{-(\nu-\nu')/(\nu-1)}), \quad (10.41,6)$$

其中

$$S = \frac{i_2(\nu,\nu')\kappa'}{(\nu'-1)\kappa^{(\nu'-1)/(\nu-1)}k^{(\nu-\nu')/(\nu-1)}},$$

$$S_{12} = \frac{i_1(\nu,\nu')\kappa'_{12}}{(\nu'-1)(\kappa_{12})^{(\nu'-1)/(\nu-1)}k^{(\nu-\nu')/(\nu-1)}}. \quad (10.41,7)$$

在两种特殊情况下，计算常数 i_1，i_2 是十分简单的．第一种情况是 Sutherland 模型，即周围有引力场的光滑弹性刚球．可以把这种模型认为是 Lennard-Jones 模型的极限情况，即取 ν 为无穷大并将 κ_{12} 作如下调整：使得 $r>\sigma_{12}$ 时(现在的情况下，σ_{12} 为分子的半径之和)，作用力 $\kappa_{12}r^{-\nu}$ 为零；而当 $r<\sigma_{12}$ 时，作用力为无穷大．在这种极限情况下，式(10.41，5，6和7)变为

$$[\mu]_1 = [\mu_0]_1/(1+S/T), [\lambda]_1 = [\lambda_0]_1/(1+S/T), \quad (10.41,8)$$

$$[D_{12}]_1 = [(D_{12})_0]_1/(1+S_{12}/T), \quad (10.41,9)$$

$$S = \frac{i_2(\infty,\nu')\kappa'}{(\nu'-1)\sigma^{\nu'-1}k}, \quad S_{12} = \frac{i_1(\infty,\nu')\kappa'_{12}}{(\nu'-1)\sigma_{12}^{\nu'-1}k}. \quad (10.41,10)$$

注意上式中的 S 正比于 $\kappa'/(\nu'-1)\sigma^{\nu'-1}$，而后者是两个分子接触时相互吸引的势能．这就使得 S 具有独立的物理意义．对于 S_{12} 亦可以作类似的说明．

对于 Sutherland 模型来说，倘若引力场不存在的话本来不应当发生碰撞的那些分子，现在却由于该引力场的作用而偏转了一

个角度 χ. 它与 κ'_{12} 成正比. 对于这些分子, 在被积函数 $\phi_{12}^{(l)}$ 中出现的因子 $1-\cos^l\chi$ 的量级是 κ'^2_{12}, 因而可以忽略不计. 这意味着在计算 $\phi_{12}^{(l)}$ 时, 我们仅仅需要考虑 $b<\sigma_{12}$ 这样一些碰撞. 对于这类碰撞来说, 相对轨道的极距线距离(即两个相碰分子的中心之间的最短距离)等于 σ_{12}; 此外, 在式(10.4,2)中, 当 $r>\sigma_{12}$ 时 $V(r)$中的斥力项亦应当略去. 因此由式(10.3,5)可得

$$\chi=\pi-2\int_0^{v_{00}}\left\{1-v^2+\frac{\kappa'_{12}}{(\nu'-1)kTg^2}\left(\frac{v}{b}\right)^{\nu'-1}\right\}^{-\frac{1}{2}}dv,$$

其中 $v=b/r$, $v_{00}=b/\sigma_{12}$. 这样, 如果只考虑到 κ'_{12} 的一阶量, 那么便有

$$\chi=\chi_0+\frac{\kappa'_{12}b^{1-\nu'}}{(\nu'-1)kTg^2}\int_0^{v_{00}}v^{\nu'-1}(1-v^2)^{-\frac{3}{2}}dv,$$

其中 χ_0 是不存在引力场时的偏转角 $2\cos^{-1}(b/\sigma_{12})$. 将此式用于 $\Omega_{12}^{(l)}(1)$ 的表达式中, 并且只保留 κ'_{12} 的一阶项, 我们就可以得到 $i_1(\infty,\nu')$ 的表达式. 利用类似的办法还可以得到 $i_2(\infty,\nu')$ 的表达式.

对于 ν' 的某些整数值, $i_1(\infty,\nu')$, $i_2(\infty,\nu')$ 的值已经确定[1], 并在表 5 中给出. 它们都是正值. 这就是说, 引力总是增加分子碰撞的有效截面.

表 5 $i_1(\infty,\nu')$ 和 $i_2(\infty,\nu')$ 的值

ν'	$i_1(\infty,\nu')$	$i_2(\infty,\nu')$
3	$\frac{1}{8}(12-\pi^2)=0.2663$	$\frac{1}{8}(\pi^2-8)=0.2337$
4	$3-4\ln 2=0.2274$	$\frac{8}{3}(3\ln 2-2)=0.2118$
5	$\frac{1}{8}(3\pi^2-28)=0.2011$	$\frac{3}{2}(10-\pi^2)=0.1956$
7	$\frac{1}{6}=0.1667$	$\frac{5}{24}(9\pi^2-88)=0.1722$
9	$\frac{13}{90}=0.1444$	$\frac{7}{45}=0.1556$

1) D. Enskog, Uppsala Dissertation; C. G. F. James, *Proc. Camb. Phil. Soc.* **20**, 447(1921); 以及 R. C. Jones, *Phys. Rev.* **58**, 111(1940).

第二种情况是 $\nu'=3$. 此时 $i_1(\nu,\nu')$, $i_2(\nu,\nu')$ 也能够方便地计算出来. Lennard-Jones[1] 曾经证明: 在这种情况下的偏转角 χ 可以用没有引力场时的偏转角来表示之. 这就使得计算得以实现. 但是 $\nu'=3$ 并不适宜于实际的气体, 因此我们就不在这里详细地给出其结果了. Lennard-Jones 还发现: 当 ν 值很大时 (对于 i_1 约大于 12, 对于 i_2 约大于 16) $i_1(\nu,3)$ 和 $i_2(\nu,3)$ 都是正的, 但当 ν 值很小时它们却是负的. 因此, 当 ν 值大时引力的效果是减小 μ 和 D_{12}, 但当 ν 值小时其效果却是增大 μ 和 D_{12} 了.

10.42. 非弱吸引力; 12,6 模型

当引力过强时, 就不能把它作为一阶扰动来处理了. 此时, 计算 Lennard-Jones 模型的碰撞积分就涉及到一系列数值积分, 为了针对每一组 kTg^2/ε_{12} 和 b/σ_{12} 值来确定 χ, 就要求做第一次积分; 下一步则是对 b/σ_{12} 和 g^2 进行积分, 以求得作为 kT/ε_{12} 函数的各个无量纲函数 $\mathscr{W}_{12}^{(l)}(r)$ (参见式 (10.1, 2)). 在早期的研究中, 所讨论的情况都限于某些 ν, ν' 值, 它能够减少这类积分的计算工作量.

Hassé 和 Cook[2] 研究过 Sutherland 模型 ($\nu=\infty$, $\nu'=5$) 和 Lennard-Jones 的 8,4 模型 ($\nu=9$, $\nu'=5$). 他们对每一种模型都没有限定引力应当很小. 对于第一种模型, 偏转角 χ 可以表成椭圆积分; 而对于 8,4 模型, 数值计算也可以稍有简化. Clark Jones[3] 曾经指出, 类似的简化亦可能发生在 12,6 模型 ($\nu=13$, $\nu'=7$). 鉴于近代电子计算机的能力很强, 现在人们就不认为这样的简化是重要的了. 但是从物理上的原因来考虑, 12,6 模型仍有某些优点.

对于非极性气体 (其分子没有永久电偶极矩的那些气体), 量

1) J. E. (Lennard-) Jones. *Proc. R. Soc.* A, **106**, 441(1924).
2) H. R. Hassé and W. R. Cook, *Phil. Mag.* **3**, 978 (1928), 以及 *Proc. R. Soc.* A, **125**, 196(1920).
3) R. C. Jones, *Phys. Rev.* **59**, 1019(1941).

子理论[1]认为：分子间吸引力的主要部分为 κ'_{12}/r^7，此作用力是由于两个分子相互感应于每一个分子上的偶极矩所产生的．因此取 $\nu'=7$ 是合乎道理的．量子理论并没有如此清楚地指明 ν 的数值；实际上，它只是提出斥力的主要部分不是与幂次 $r^{-\nu}$ 成比例，而是与指数 e^{-ar} 成比例．不过，斥力仅仅在很小的 r 值范围内才是重要的，而且在此范围之内无论用何种表达式来代表斥力几乎都是同样地好．特别是用幂次律 $\kappa_{12}r^{-\nu}$（其中 $\nu>\nu'$）．人们所以认为选取 $\nu=13$ 是有道理的，其原因有二个：其一是对于具有弱引力场的气体所做的粘性测量，其结果表明：斥力至少是象 r^{-12} 这样快地变化着（参阅下面的 12.31 节）；其二是（按照维里方法）研究实际气体对 Boyle 定律的偏离，其结果指出：12，6模型是作用力规律的一个很好的近似．

对于 12，6 模型，则有[2]

$$V(r)=4\epsilon_{12}\{(\sigma_{12}/r)^{12}-(\sigma_{12}/r)^{6}\}. \qquad (10.42,1)$$

Kihara,[3] de Boer 和 van Kranendonk,[4] 以及 Hirschfelder, Bird 和 Spotz[5] 曾经各自独立地研究过这种模型．其中最后三个人研究得更加全面些． Monchick 和 Mason，以及 Itean, Glueck 和 Svehla[6] 还对此模型进行了计算机积分．不同的研究者采用了不同的数值积分方法，但一般说来，他们的结果都相符得很好．表 6 列出了不同 kT/ϵ_{12} 值下的 $\mathscr{W}_{12}^{(1)}(1)$，$\mathscr{W}_{12}^{(2)}(2)$，A，B 和 C 值，这

---

1) 例如可以参阅 N. F. Mott and I. N. Sneddon, *Wave Mechanics and its Applications* (Oxford, 1948), pp. 164—75.

2) E. A. Mason (*J. Chem. Phys.* **22**, 169 (1954)) 采用另一种表达式
$$v(r)=\epsilon_{12}\{(r_m/r)^{12}-2(r_m/r)^6\},$$
其中 $r_m^6=2\sigma_{12}^6$；r_m 表示 $-v(r)$ 达到最大值 ϵ_{12} 时的 r 值．

3) T. Kihara, *Imperfect Gases*, section 28.

4) J. de Boer and J. van Kranendonk, *Physica*, **14**, 442 (1948).

5) J. O. Hirschfelder, R. B. Bird and E. L. Spotz, *J. Chem. Phys.* **16**, 968 (1948); *Chem. Rev.* **44**, 205 (1949).

6) L. Monchick and E. A. Mason, *J.Chem. Phys.* **35**, 1676 (1961); E. C. Itean, A. R. Glueck and R. A. Svehla, NASA Report TND-481 (1961).

是根据 Monchick 和 Mason 以及 Itean, Glueck 和 Svehla 的结果[1]。

图 8, 9 给出了 $\log \mathscr{W}_{12}^{(1)}(1)$, $\log \mathscr{W}_{12}^{(2)}(2)$, A, B 和 C 值随 $\log(kT/\epsilon_{12})$ 的变化曲线. 在各种情况下,曲线的斜率都不是单调变化的. 当 kT/ϵ_{12} 值很大时, 力场的斥力部分占优势, 因而 $\log \mathscr{W}_{12}^{(1)}(1)$, $\log \mathscr{W}_{12}^{(2)}(2)$ 曲线的斜率是 $2/(\nu-1)$ (或者说 1/6); 当 kT/ϵ_{12} 值很小时,力场的引力部分占优势,上述曲线的斜率则为 $2/(\nu'-1)$ (或者说 1/3). 不过,随着 kT/ϵ_{12} 的增加,斜率并不是稳定地下降,而是在 kT/ϵ_{12} 约等于 1 时有一个最大值(其值大于 1/2). 与此类似,当 kT/ϵ_{12} 很大时 C 为 0.1333,当 kT/ϵ_{12} 很小时 C 为 0.0667,而当 kT/ϵ_{12} 介于 0.45 和 0.95 左右之间时,

表 6 12,6 模型的 $\mathscr{W}_{12}^{(1)}(1)$, $\mathscr{W}_{12}^{(2)}(2)$, A, B, C 值

kT/ϵ_{12}	$\mathscr{W}_{12}^{(1)}(1)$	$\frac{1}{2}\mathscr{W}_{12}^{(2)}(2)$	A	B	C
0.3	2.648	2.841	0.4291	0.774	0.022
0.5	2.066	2.284	0.4422	0.772	−0.009
0.7	1.729	1.922	0.4446	0.747	−0.012
1.0	1.440	1.593	0.4425	0.715	0.004
1.3	1.274	1.401	0.4398	0.695	0.023
1.6	1.168	1.280	0.4383	0.682	0.042
2.0	1.075	1.176	0.4376	0.672	0.062
2.5	1.0002	1.093	0.4371	0.665	0.080
3.0	0.9500	1.0388	0.4374	0.661	0.0925
4.0	0.8845	0.9699	0.4387	0.657	0.1085
5.0	0.8428	0.9268	0.4399	0.656	0.118
7.0	0.7898	0.8728	0.4421	0.655	0.127
10.0	0.7422	0.8244	0.4443	0.655	0.133
20.0	0.6640	0.7436	0.4479	0.656	0.135
50.0	0.5761	0.6504	0.4516	0.656	0.138
100.0	0.5177	0.5869	0.4536	0.657	0.138

---

1) 根据这些结果而得到的前两个表达式(即 $\mathscr{W}_{12}^{(1)}(1)$ 和 $\mathscr{W}_{12}^{(2)}(2)$——译者注) 的详尽数值, 已经由 P. E. Liley 列表给出. 请参阅 P. E. Liley, *Thermophysical Properties Research Centre, Report* 15 (Purdue University, 1963).

C 为负值.

Hirschfelder, Bird 和 Spotz 曾经计算到粘性系数的二阶近似。当 $kT\sim\varepsilon_{12}$ 时，二阶近似值和一阶近似值相差甚小. 但是（如式(10.32,2)所示）当 kT/ε_{12} 很小时二阶近似值比一阶近似值约大 0.168%，而当 kT/ε_{12} 很大时，则约大 0.667%.

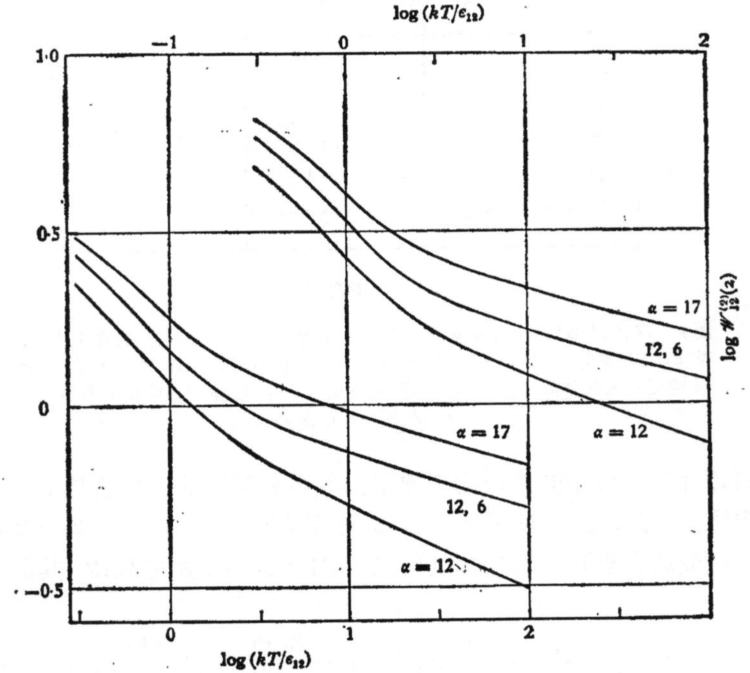

图 8　12,6 模型和 exp; 6 模型的 $\log\mathscr{W}_{12}^{(1)}(1)$ 和 $\log\mathscr{W}_{12}^{(2)}(2)$ 对 $\log(kT/\varepsilon_{12})$ 的变化曲线为了避免混淆起见，曲线 $\log\mathscr{W}_{12}^{(2)}(2)$ 的水平坐标标尺（图中上面那条标尺线）相对于曲线 $\log\mathscr{W}_{12}^{(1)}(1)$ 的标尺线向右移动 1 个单位. 而且，exp; 6 模型的两条曲线在垂直方向上向上移动了 0.1 个单位($\alpha=17$)与向下移动了 0.1 单位 ($\alpha=12$)，否则它们将要在 $\log(kT/\varepsilon_{12})=0.3$ 附近和 12,6 模型的曲线相交.

10.43. exp; 6 模型以及其它的模型

由于计算技术的进展，人们现在已经有可能来讨论其它一些

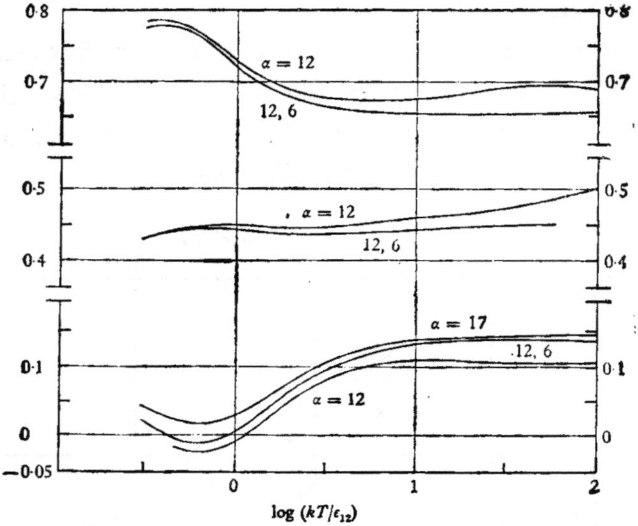

图 9　12,6 模型和 exp; 6 模型的 A, B 和 C 值对 $\log(kT/\epsilon_{12})$ 的变化曲线. 对 exp; 6 模型, 绘出了 $\alpha=12$ 和 $\alpha=17$ 两种情况的 C 值, 还绘出了 $\alpha=12$ 情况的 A 和 B 值. 因为 $\alpha=17$ 的 A 值和 12,6 模型的 A 值相差很小, 而 $\alpha=17$ 的 B 值尚未得出.

更为复杂的分子间作用力规律了. 其中最重要的一个就是 exp; 6 模型, 或者称修正的 Buckingham 作用力规律. Mason[1] 第一个将它与输运现象联系起来加以研究. 对于这种作用力规律, 其势能为

$$V(r)=\frac{\varepsilon_{12}}{(1-6/\alpha)}\left[\frac{6}{\alpha}\exp\left\{\alpha\left(1-\frac{r}{r_m}\right)\right\}-\left(\frac{r_m}{r}\right)^6\right], \quad (10.43,1)$$

其中 α 是一个数值, 其范围通常在 12～15 之间. 和采用 Lennard-Jones 模型的情形一样, ε_{12} 是 $\sim V(r)$ 的最大值, r_m 是达到此最大值时的 r 值. 10.42. 节已经提到, 量子理论认为可以采用式(10.43,

---

1) E. A. Mason, *J. Chem. Phys.* **22**, 169 (1954). 原来的 Buckingham 作用力规律在 $V(r)$ 中还包括一个引力项 r^{-8}. 请参阅 R. A. Buckingham, *Proc. R. Soc.* A, **168**, 264 (1938), 还有 *H. Margenau. Phys. Rev.* **38**, 747 (1931).

1)．为了使得 $r=0$ 处的指数项为有限值，就要求势能（10.43,1）在某个距离 $r=r'(<r_m)$ 处具有最大的正值，并且当 r 非常小时为负值．这种性质在物理上是没有意义的．为了避免出现这一情况，Mason 建议当 $r<r'$ 时取 $V(r)=\infty$．但是，这一假设的效果不大，因为几乎没有什么分子的碰撞能够有如此高的能量，以致使分子足以达到 $r=r'$ 处．

和采用 Lennard-Jones 模型的情况一样，对于指定的 α，粘性系数和热传导系数都遵循对应态定律．如果 σ_{12} 的定义仍然是使得 $V(\sigma_{12})=0$，那么 $\alpha=12$ 时 σ_{12} 就等于 $0.8761\,r_m$，$\alpha=15$ 时 σ_{12} 等于 $0.8942r_m$，作为对比，在 12,6 模型时 $\sigma_{12}=0.8909\,r_m$．

Mason 在他的最初论文中给出了详细的数值结果(对应于 $\alpha=$ 12，13，14，15 各值)；随后 Mason 和 Rice[1] 又给出 $\alpha=16$ 和 $\alpha=17$ 的结果．$\alpha=12$ 和 $\alpha=17$ 的结果已在图 8 和图 9 中画出；而 $\alpha=14$ 和 $\alpha=15$ 的结果则和 12,6 模型的结果十分接近．

引力势能按 r^{-6} 变化的情况只适用于那些电中性的非极性分子．离子的中性分子的相互作用将使 $V(r)$ 中包含有一个 r^{-4} 的部分．为了讨论这类相互作用，Mason 和 Schamp[2] 已经计算出一些碰撞积分，它们的势能表达式为

$$V(r)=\frac{1}{2}\epsilon_{12}\left[(1+\gamma)\left(\frac{r_m}{r}\right)^{12}-4\gamma\left(\frac{r_m}{r}\right)^{6}\right.$$
$$\left.-3(1-\gamma)\left(\frac{r_m}{r}\right)^{4}\right].\qquad(10.43,2)$$

如果上式中的 $\gamma=1$，那么它就转化为 12,6 模型；γ 是度量引力 r^{-6} 和 r^{-4} 的相对重要性的参数．对于极性分子，Stockmayer[3] 曾建议采用下述形式

$$V(r)=4\epsilon_{12}[(\sigma_{12}/r)^{12}-(\sigma_{12}/r)^{6}]-\mathscr{M}_1\mathscr{M}_2\zeta/r^3.\qquad(10.43,3)$$

此处，$\mathscr{M}_1$，$\mathscr{M}_2$ 是相互作用着的分子的偶极矩，ζ 是它们的相对

---

1) E. A. Mason and W. E. Rice, *J. Chem. Phys.* **22**, 843 (1954).
2) E. A. Mason and H. W. Schamp, *Ann. Phys.* **4**, 233 (1958).
3) W. H. Stockmayer, *J. Chem. Phys.* **9**, 398 (1941).

方位角的某个函数．势能(10.43,3)不是球对称的，因而严格地讲光滑分子的理论不能应用于这种情况．但是，Monchick 和 Mason[1)] 一直把极性分子当作是对称的情况来讨论．他们假定，由于转动能和平动能之间的传递所造成的分子轨道变形是可以忽略的，还假定每一次碰撞都可以在式(10.43，3)中用 ζ 的一个常数值来表征．为了确定碰撞积分，他们又对所有可能的 ζ 值取平均．

人们还研究了其它一些与输运性质有关的模型．它们包括：纯指数模型[2)] ($V(r)=\sigma_{12}\exp(-r/\sigma_{12})$)，引力的幂次律模型[3)] ($V(r)=-\kappa'/(\nu'-1)r^{\nu'-1}$)，exp；exp 模型[4)] ($V(r)=Ae^{-r/\rho}-Be^{-r/\rho'}$) 以及 Lennard-Jones 的 9,6 模型和 28,7 模型[5)]．关于这些研究结果的详细情况，读者可以参阅各篇原始论文．

10.5 Lorentz 近似法

在混合气体中，假若下列两个条件满足，就可以得到一个特别简单的速度分布函数的表达式：(i) 第一种组元分子的质量 m_1 远远大于第二种组元分子的质量；(ii) 第二种组元分子之间的相互碰撞对于改变它们的运动的效果，与它们同重分子的碰撞对于改变它们运动的效果相比较，是可以忽略不计的．如果 a) 轻分子力场的数值，或者 b) 轻分子力场的作用范围与重分子的相比较是十分小的话，那么上面的第(ii)个条件就能满足．Lorentz[6)] 最先研究了满足这些特定条件(i)和(ii)的气体的分子运动理论．因此我们

---

1) L. Monchick and E. A. Mason, *J. Chem. Phys.* **35**, 1676(1961).

2) 关于斥力的，可参阅 L. Monchick, *Phys Fluids*, **2**, 695 (1959).
关于引力的，可参阅 R. J. Munn, E. A. Mason, and F. J. Smith, *Phys. Fluids*, **8**, 1103(1965)

3) T. Kihara, M. H. Taylor and J. O. Hirschfelder, *Phys. Fluids*, **3**, 715 (1960).

4) F. J. Smith and R. J. Munn, *J. Chem. Phys.* **41**, 3560 (1964).

5) F. J. Smith, E. A. Mason and R. J. Munn, *J. Chem. Phys.* **42**, 1334 (1965).

6) H. A. Lorentz, *Proc. Amst. Acad.* **7**, 438, 585, 684 (1905).

便把这样的气体叫做 Lorentz 气体.

根据条件(ii),可以将式(8.31,4—6)右边的积分 I_2 略去. 此外,由于两种分子的特定运动的平均动能近似地相等,因此重分子的特定速度就总是比轻分子的小得多. 因此轻重两类分子碰撞时,相对速度 g 就和轻分子的特定速度 C_2 大体相等. 事实上,现在的问题就相当于: 要求确定一组轻分子遇到一静止障碍物[1]而发生偏转时的速度分布.

重分子的速度并不会因为与轻分子的碰撞而发生明显的变化. 这样,在计算方程(8.31,4—6)中的积分 I_{12}, I_{21} 时,我们可以取 $\boldsymbol{C}_1' = \boldsymbol{C}_1$, $A_1' = A_1$, $D_1' = D_1$, $\mathsf{B}_1' = \mathsf{B}_1$. 此外,由于 I_2 可以忽略不计而且 $g = C_2$, 方程(8.31,4)中的第二式就变为

$$f_2^{(0)}\left(\mathscr{C}_2^2 - \frac{5}{2}\right)\boldsymbol{C}_2 = \iiint f_1^{(0)} f_2^{(0)}(\boldsymbol{A}_2 - \boldsymbol{A}_2')C_2 b\,db\,d\epsilon\,d\boldsymbol{c}_1.$$

若对 $\boldsymbol{c}_1$ 积分便可由此得到

$$\left(\mathscr{C}_2^2 - \frac{5}{2}\right)\boldsymbol{C}_2 = n_1\iint(\boldsymbol{A}_2 - \boldsymbol{A}_2')C_2 b\,db\,d\epsilon.$$

鉴于碰撞后的相对速度和碰撞前的相对速度在数值上是相等的,所以 $C_2' = C_2$. 这样,上面的方程就等价于

$$\left(\mathscr{C}_2^2 - \frac{5}{2}\right)\boldsymbol{C}_2 = n_1 A_2(C_2)\iint(\boldsymbol{C}_2 - \boldsymbol{C}_2')C_2 b\,db\,d\epsilon. \quad (10.5,1)$$

类似地,方程组(8.31,5,6)的第二式可简化为

$$-\frac{n}{n_2}\boldsymbol{C}_2 = n_1 D_2(C_2)\iint(\boldsymbol{C}_2 - \boldsymbol{C}_2')C_2 b\,db\,d\epsilon, \quad (10.5,2)$$

$$\frac{m_2}{2kT}\boldsymbol{C}_2{}^\circ\boldsymbol{C}_2 = n_1 B_2(C_2)\iint(\boldsymbol{C}_2^\circ\boldsymbol{C}_2 - \boldsymbol{C}_2'^\circ\boldsymbol{C}_2')C_2 b\,db\,d\epsilon. \quad (10.5,3)$$

由于在这里 χ 和 ϵ 是确定 $\boldsymbol{C}_2'$ 相对于 $\boldsymbol{C}_2$ 的方位的极角(参阅 3.5.节),所以有

$$\boldsymbol{C}_2' = \boldsymbol{C}_2\cos\chi + C_2\sin\chi(\mathbf{h}\cos\epsilon + \mathbf{i}\sin\epsilon),$$

---

1) 即指重分子——译者注

其中 $\mathbf{h}, \mathbf{i}$ 是适当选定的单位矢量，它们都垂直于 $\boldsymbol{C}_2$，彼此也相互垂直．这样根据式(9.33，4)有

$$\iint (\boldsymbol{C}_2 - \boldsymbol{C}_2')bdbd\varepsilon = 2\pi\boldsymbol{C}_2\int(1-\cos\chi)bdb = \boldsymbol{C}_2\phi_{12}^{(1)}.$$

另外，由于 $C_2' = C_2$，因此

$$\iint (\overset{\circ}{\boldsymbol{C}_2}\boldsymbol{C}_2 - \overset{\circ}{\boldsymbol{C}_2'}\boldsymbol{C}_2')bdbd\varepsilon = 2\pi\int(1-\cos^2\chi) \cdot \left\{\boldsymbol{C}_2\boldsymbol{C}_2 - \frac{1}{2}C_2^2(\mathbf{hh}+\mathbf{ii})\right\}bdb.$$

由于 $\boldsymbol{C}_2/C_2$，$\mathbf{h}$ 和 $\mathbf{i}$ 都是相互正交的单位矢量，所以根据式(1.3,9)可得

$$\boldsymbol{C}_2\boldsymbol{C}_2/C_2^2 + \mathbf{hh} + \mathbf{ii} = \mathsf{U},$$

其中 U 是单位张量．这样就有

$$\iint (\overset{\circ}{\boldsymbol{C}_2}\boldsymbol{C}_2 - \overset{\circ}{\boldsymbol{C}_2'}\boldsymbol{C}_2')bdbd\varepsilon = 3\pi\overset{\circ}{\boldsymbol{C}_2}\boldsymbol{C}_2\int(1-\cos^2\chi)bdb = \frac{3}{2}\overset{\circ}{\boldsymbol{C}_2}\boldsymbol{C}_2\phi_{12}^{(2)}.$$

此处的 $\phi_{12}^{(1)}$，$\phi_{12}^{(2)}$ 都是 C_2 的函数．将这些结果用于式(10.5,1—3)便可以得到

$$A_2(C_2) = \frac{\mathscr{C}_2^2 - \dfrac{5}{2}}{n_1C_2\phi_{12}^{(1)}}, \tag{10.5,4}$$

$$D_2(C_2) = -n/n_1n_2C_2\phi_{12}^{(1)}, \tag{10.5,5}$$

$$B_2(C_2) = m_2/3n_1kTC_2\phi_{12}^{(2)}. \tag{10.5,6}$$

在目前的情况下，由于 $\bar{\boldsymbol{C}}_1 = 0$．方程(8.4,1,7)就转化为

$$\bar{\boldsymbol{C}}_2 = -\frac{1}{3n_2}\left\{\boldsymbol{d}_{12}\int f_2^{(0)}C_2^2D_2(C_2)d\boldsymbol{c}_2 + \nabla\ln T\int f_2^{(0)}C_2^2A_2(C_2)d\boldsymbol{c}_2\right\} = \frac{n^2}{n_1n_2}\{D_{12}\boldsymbol{d}_{12} + D_T\nabla\ln T\}.$$

因此利用式(10.5,4,5)可得

$$D_{12} = \frac{1}{3n_2n}\int f_2^{(0)}\frac{C_2}{\phi_{12}^{(1)}}d\boldsymbol{c}_2, \tag{10.5,7}$$

$$D_T = -\frac{1}{3n^2}\int f_2^{(0)} \frac{C_2}{\phi_{12}^{(1)}}\left(\mathscr{C}_2^2 - \frac{5}{2}\right) d\boldsymbol{c}_2. \qquad (10.5,8)$$

由于轻分子的速度较大，因此它对于热传导的影响就比重分子的更强些，其效果与轻分子的数目成比例．倘若假定热传导主要是由于轻分子所引起的，那么在下式(即式(8.41,4))中

$$\lambda = \frac{1}{3} kn^2[\{\boldsymbol{A},\boldsymbol{A}\} - \{\boldsymbol{A},\boldsymbol{D}\}^2/\{\boldsymbol{D},\boldsymbol{D}\}], \qquad (10.5,9)$$

我们必须用式(8.31,11,12)的下列简化形式代入

$$n^2\{\boldsymbol{A},\boldsymbol{A}\} = n_1^{-1}\int f_2^{(0)}\left(\mathscr{C}_2^2 - \frac{5}{2}\right)^2 (C_2/\phi_{12}^{(1)}) d\boldsymbol{c}_2, \qquad (10.5,10)$$

$$n\{\boldsymbol{A},\boldsymbol{D}\} = -(n_1n_2)^{-1}\int f_2^{(0)}\left(\mathscr{C}_2^2 - \frac{5}{2}\right)(C_2/\phi_{12}^{(1)}) d\boldsymbol{c}_2, \qquad (10.5,11)$$

$$\{\boldsymbol{D},\boldsymbol{D}\} = (n_1n_2^2)^{-1}\int f_2^{(0)}(C_2/\phi_{12}^{(1)}) d\boldsymbol{c}_2. \qquad (10.5,12)$$

只要这两种分子的数密度相近，它们对于流体静压强的贡献在数量级上就是相同的．但是重分子所引起的粘性应力却要比轻分子的大得多．尽管如此，如果只是考虑单独由轻分子所产生的应力系统，那么（参阅 8.42. 节）利用式(10.5,6)和 1.421. 节定理后，相应的粘性系数 μ 可由下式给定

$$\mu = \frac{1}{5} m_2 \int f_2^{(0)} \overset{\circ}{\boldsymbol{C}_2}\boldsymbol{C}_2 : \overset{\circ}{\boldsymbol{C}_2}\boldsymbol{C}_2 B_2(C_2) d\boldsymbol{c}_2$$

$$= \frac{2m_2^2}{45n_1kT}\int f_2^{(0)} \frac{C_2^3}{\phi_{12}^{(2)}} d\boldsymbol{c}_2. \qquad (10.5,13)$$

如果我们做下述的替换

$$n_1\phi_{12}^{(1)} = 1/l(C_2).$$

这样也许就可以把方程(10.5, 7—12)的意义看得更清楚些．倘若分子是弹性刚球，根据 10.2 节就可以得出 $\phi_{12}^{(1)} = \pi\sigma_{12}^2$，因而上述替换意味着：对于这类分子来说，

$$l(C_2) = 1/(\pi n_1\sigma_{12}^2).$$

由于在 Lorentz 近似法中，两个 m_2 分子之间的碰撞可以忽略不计，由此便可得知：对于弹性刚球来说，$l(C_2)$ 是特定速率为 C_2 的 m_2

分子的平均自由程；对于更一般的分子来说，我们可以把 $l(C_2)$ 解释为特定速率为 C_2 的 m_2 分子的等效平均自由程。

例如，采用上述替换之后，我们可得

$$D_{12}=\frac{n_1}{3n_2n}\int f_2^{(0)}C_2l(C_2)d\mathbf{c}_2=\frac{n_1}{3n}\overline{C_2l(C_2)},$$

可以将此关系式与式(6.4, 2)相对比。

10.51 相互作用力与 $r^{-\nu}$ 成正比

当分子是个力心点，而其作用力又反比于距离的 ν 次幂而变化时，上述各结果的形式就特别简单。这时，我们利用式 (10.31, 5) 并令 $g=\mathscr{C}_2$，则可以得到

$$\phi_{12}^{(l)}=2\pi(\kappa_{12}/2kT\mathscr{C}_2^2)^{2/(\nu-1)}A_l(\nu). \qquad (10.51,1)$$

在这种情况下可以得到

$$D_{12}=\left(\frac{2kT}{m_2}\right)^{\frac{1}{2}}\left(\frac{2kT}{\kappa_{12}}\right)^{2/(\nu-1)}\Gamma\left(2+\frac{2}{\nu-1}\right)\Big/3\pi^{\frac{3}{2}}nA_1(\nu), \qquad (10.51,2)$$

$$D_T=n_2\left(\frac{2kT}{m_2}\right)^{\frac{1}{2}}\left(\frac{2kT}{\kappa_{12}}\right)^{2/(\nu-1)}\frac{(\nu-5)}{2(\nu-1)}\Gamma\left(2+\frac{2}{\nu-1}\right)\Big/3\pi^{\frac{3}{2}}n^2A_1(\nu). \qquad (10.51,3)$$

$$\mathrm{k}_T=\frac{n_2}{n}\frac{\nu-5}{2(\nu-1)}, \qquad (10.51,4)$$

$$\lambda=kn_2\left(\frac{2kT}{m_2}\right)^{\frac{1}{2}}\left(\frac{2kT}{\kappa_{12}}\right)^{2/(\nu-1)}\Gamma\left(3+\frac{2}{\nu-1}\right)\Big/3\pi^{\frac{3}{2}}n_1A_1(\nu), \qquad (10.51,5)$$

$$\mu=4n_2m_2\left(\frac{2kT}{m_2}\right)^{\frac{1}{2}}\left(\frac{2kT}{\kappa_{12}}\right)^{2/(\nu-1)}\Gamma\left(3+\frac{2}{\nu-1}\right)\Big/45\pi^{\frac{3}{2}}n_1A_2(\nu), \qquad (10.51,6)$$

$$\lambda/\mu=15kA_2(\nu)/4m_2A_1(\nu)=(c_v)_25A_2(\nu)/2A_1(\nu), \qquad (10.51,7)$$

式中 $(c_v)_2$ 表示较轻这种气体的比热。

如果让 ν 趋于无穷大并让 $\kappa_{12}^{1/\nu}$ 趋于 σ_{12}，上面这些公式也适用于弹性刚球分子的情况。特别是，由于 $A_1(\infty)=\frac{1}{2}$，$A_2(\infty)=$

$\frac{1}{3}$，我们就可以得出

$$\mathrm{k}_T=\frac{n_2}{2n},\ \lambda=\frac{5}{3}\mu(c_v)_2. \qquad (10.51,8)$$

对于以上的各种模型，k_T 都与温度无关．但是对于更复杂的模型，此结论并不正确．如果把证明式 (9.71, 1) 时所用的论证方法应用于式(10.5,7)，则可证明：在一般的情况下有

$$\mathrm{k}_T=\frac{n_2}{n}\frac{\partial\ln(T/D_{12})}{\partial\ln T}, \qquad (10.51,9)$$

其中，在进行微分时 n 要保持为常数．这样，若取 Lennard-Jones 模型和 exp；6 模型为例，则有

$$\mathrm{k}_T=\frac{n_2}{n}F(kT/\varepsilon_{12}), \qquad (10.51,10)$$

其中函数 F 的形式与具体的模型有关．

10.52. 由一般公式导出 Lorentz 结果

10.5. 节的结果还可以由一般解导出．这时只要使其中的 m_2/m_1 趋于零，并略去由于轻分子相互碰撞而产生的各项即可．这样所导出的结果和一般情况下的结果一样，都要用无穷行列式的方式来表示．可以证明[1]（虽然此证明未在这里给出）这些行列式表达式就等于上节所求得的结果．而且对这两种形式的结果进行比较，有助于阐明那些表示一般解的行列式的收敛本质．

把相互作用力为负幂次 κ_{12}/r^ν 的输运系数的各阶近似值与 10.51. 节的公式所给出的精确值进行比较，便可以说明这种收敛性．在表 7 中，将 $m=2$ 和 $m=3$ 时的 $[D_{12}]_m/[D_{12}]_1$ 值与极限值 $D_{12}/[D_{12}]_1$ 做了比较．其中第一行是 $\nu=\infty$，它相应于弹性刚球的情况．对于这种模型，D_{12} 一阶近似值的误差约为 12% 左右；二阶近似值的误差则减小到 5% 以下，而三阶近似值的误差约为 2%．当 ν 值在 5 和∞之间时，各阶近似值的误差都低于 $\nu=\infty$

1) 参阅 Chapman, *J. Lond. Math. Soc.* 8, 266 (1933).

时的误差．当 $\nu=5$ 时（它相应于 Maxwell 分子），一阶近似值以及后面的各阶高阶近似值都等于精确值．当 ν 小于 5 时，一阶近似的精度显著下降，不过二阶近似和三阶近似仍然是很好的．

表 7　$[D_{12}]_m/[D_{12}]_1$ 和 $D_{12}/[D_{12}]_1$ 的值

ν	$[D_{12}]_2/[D_{12}]_1$	$[D_{12}]_3/[D_{12}]_1$	$D_{12}/[D_{12}]_1$
∞	1.083	1.107	1.132
1.7	1.049	1.060	1.072
1.3	1.039	1.048	1.056
9	1.023	1.027	1.031
5	1	1	1
3	1.125	1.130	1.132
2	3.250	3.391	3.396

表 8 给出 $[k_T]_1$，$[k_T]_2$ 两个近似值对极限值 k_T 的比值；它表明 k_T 一阶近似值的误差大于 D_{12} 一阶近似值的误差． 当 $\nu=5$ 时，k_T 及其各阶近似值都等于零，但是随着 ν 趋于 5，其比值都趋于 1．

表 8　k_T 的一阶近似值、二阶近似值对 k_T 精确值的比值

$\nu=\infty$	17	13	9	5	3	2
$[k_T]_1/k_T=0.77$	0.83	0.85	0.89	1	1.11	0.77
$[k_T]_2/k_T=0.88$	0.92	0.93	0.95	1	1.01	1.01

下面的表 9 给出了 $[\lambda]_1$ 和 $[\lambda]_2$ 对精确值 λ 的比值． 这些近似值是根据重分子所产生的热传导系数可以忽略不计的假设（参阅 10.5. 节）而算出的．看来 λ 各阶近似的精度约等于 D_{12} 各阶近似的精度．

表 9　λ 的一阶近似值、二阶近似值对 λ 精确值的比值

$\nu=\infty$	17	13	9	5	3	2
(1)=0.85	0.91	0.93	0.96	1	0.82	0.14
(2)=0.93	0.96	0.97	0.99	1	0.99	0.92

最后，表 10 给出了 $[\mu]_1$ 和 $[\mu]_2$ 对 μ 的比值．这里的 μ 乃是

由轻分子单独对粘性所做的(小)贡献(参阅 10.5. 节)。结果表明，μ 的各阶近似值要比 D_{12} 的各阶近似值精确得多。

表 10 μ 的一阶近似值、二阶近似值对 μ 精确值的比值

$\nu=\infty$	17	13	9	5	3	2
(1)=0.92	0.95	0.96	0.98	1	0.92	0.46
(2)=0.98	0.99	0.99	0.99	1	1.00	0.98

在表 7—10 的各表中，$\nu=2$ 时一阶近似值都不准确，这一点很为明显。不过，严格地讲，Lorentz 近似法是不可以应用的，尽管离子-电子混合气中质量比也很大。因为在正常情况下，这种混合气体中电子-电子相互作用的影响并不是很小的。这些相互作用使这类气体的一阶近似值的不准确度降低了一些(请将本节表 7 和 10.34 节表 4 作比较)。

10.53. 准 Lorentz 气体

另外还有一种特殊情况也是很重要的，即混合气体中 m_1/m_2 很大但 n_1/n_2 却很小，以致 m_1 分子对之间的碰撞对速度分布函数 f_1 没有显著的影响。Kihara[1] 和 Mason[2] 都研究过这种情况，Mason 把这类气体叫做准 Lorentz 气体。

对于这一情况，Kihara 直接将上述条件代入式(8.31,5)，从而证实了扩散系数的一阶近似值就是其精确值。Mason 通过仔细地分析行列式各元素的数量级，也肯定了 Kihara 的结论。不幸的是，其它的输运系数并没有相应的简化结果。

10.6. 力学上相似的分子的混合物

求解混合物问题时，还有另外一个特别简单的情况：两种分子具有相同的质量，它们在碰撞中遵循同样的相互作用规律。这

1) T. Kihara, *Imperfect Gases*, section 20.
2) E. A. Mason, *J. Chem. Phys.* **27**, 782 (1957).

样的分子在力学上是相似的．在这种情况下，热传导系数和粘性系数就相同于分子好象在所有方面都是全同时所得的结果，而且热扩散系数为零．另外，扩散系数就是单组元气体的自扩散系数 D_{11}．

由于所有的分子都相似，我们就可以引进所有分子的速度分布函数．这一分布函数的一级近似是 $f^{(0)}$，在这里，函数 $f^{(0)}/n$，$f_1^{(0)}/n_1$，$f_2^{(0)}/n_2$ 都是相同的，只是它们有各自的变量 $\boldsymbol{C}$，$\boldsymbol{C}_1$，$\boldsymbol{C}_2$．二级近似为 $f^{(0)}+f^{(1)}$，其中

$$f^{(1)}(\boldsymbol{C})=f_1^{(1)}(\boldsymbol{C})+f_2^{(1)}(\boldsymbol{C}). \tag{10.6,1}$$

由于 f 与混合物中两种气体的相对比例无关，而只是与总的数密度有关，因而两种气体的相对扩散就不会影响 $f^{(1)}$．这样，在 $f^{(1)}$ 中任何一部分都不会与式(8.3,8)的矢量 $\boldsymbol{d}_{12}$ 有关．因此，令式(10.6,1)中与 $\boldsymbol{d}_{12}$ 有关的各项相等，我们便可以得出（参见式(8.31,9,10)）

$$n_1\boldsymbol{D}_1(\boldsymbol{C})=-n_2\boldsymbol{D}_2(\boldsymbol{C}). \tag{10.6,2}$$

我们用 $\boldsymbol{D}_0(\boldsymbol{C})$ 来表示上述每个表达式中的共同值．考虑到两种气体分子在力学上的全同性，所以可得

$$I_1\{\boldsymbol{D}_0(\boldsymbol{C}_1)\}=I_{12}\{\boldsymbol{D}_0(\boldsymbol{C}_1)+\boldsymbol{D}_0(\boldsymbol{C}_2)\},$$
$$I_2\{\boldsymbol{D}_0(\boldsymbol{C}_2)\}=I_{21}\{\boldsymbol{D}_0(\boldsymbol{C}_1)+\boldsymbol{D}_0(\boldsymbol{C}_2)\}.$$

利用此式和式(10.6,2)，方程(8.31,5)就变为

$$x_1^{-1}f_1^{(0)}\boldsymbol{C}_1=nI_{12}\{\boldsymbol{D}_0(\boldsymbol{C}_1)\},\quad x_2^{-1}f_2^{(0)}\boldsymbol{C}_2=nI_{21}\{\boldsymbol{D}_0(\boldsymbol{C}_2)\}.$$

以上两式除了所包含的变量不同以外，其它都是全同的．另外，根据式(8.4,1)可得

$$\bar{\boldsymbol{C}}_1-\bar{\boldsymbol{C}}_2=-\frac{1}{3n_1n_2}\boldsymbol{d}_{12}\int f^{(0)}\boldsymbol{C}.\boldsymbol{D}_0(\boldsymbol{C})d\boldsymbol{c}.$$

因此根据式(8.4,7)可得

$$D_{11}=\frac{1}{3n^2}\int f^{(0)}\boldsymbol{C}.\boldsymbol{D}_0(\boldsymbol{C})d\boldsymbol{c}.$$

这样 D_{11} 就与混合物的比例无关，而只是与其密度有关．

如果令 $m_1=m_2=m$，便可以由式(9.81,1,3)导出 D_{11} 的一

阶近似值．此一阶近似值 $[D_{11}]_1$ 即为

$$[D_{11}]_1 = 3\text{E}/4\rho.$$

根据式(9.8,8)和(9.7,3)可得

$$\text{E}/[\mu]_1 = 4\Omega_1^{(2)}(2)/5\Omega_{12}^{(1)}(1).$$

或者，利用式(9.8,7)并记住在此情况下有 $\Omega_1^{(2)}(2) = \Omega_{12}^{(2)}(2)$，于是

$$\text{E}/[\mu]_1 = 4\text{A}. \tag{10.6,3}$$

因此

$$[D_{11}]_1 = 3\text{A}[\mu]_1/\rho. \tag{10.6,4}$$

用 $1/(1-\Delta)$乘以 $[D_{11}]_1$ 就可以得到其二阶近似值，此处Δ由式(9.81,4)给定．在该式中取 $M_1 = M_2$ 并利用式(10.6,3)便可求得

$$\Delta = 5\text{C}^2/(11 - 4\text{B} + 8\text{A}). \tag{10.6,5}$$

在 Kihara 近似法中 $\left(\text{B} = \dfrac{3}{4}\right)$

$$\Delta = 5\text{C}^2/8(1 + \text{A}). \tag{10.6,6}$$

将 A, B, C 的值代入便可以由式（10.6,5 和 6）求得 $1/(1-\Delta)$ 的值．对于指数为 ν 的各种力心点，其结果如下

	$\nu = 5$	9	15	∞
式 (10.6,5)	$1/(1-\Delta) = 1$	1.004	1.0085	1.017
式 (10.6,6)	$1/(1-\Delta) = 1$	1.004	1.009	1.018

D_{11} 的正确值将稍大于二阶近似值． 因为这个正确值可由其一阶近似值乘以某个因子而得出，而这个因子的精确值我们可以近似地估算出来． 对应于上述那些模型，它们分别为 1，1.005，1.010 和 1.019．特别是对于弹性刚球（$\nu = \infty$）来说，精确值为[1)]

$$D_{11} = 1.019\,\frac{3}{8n\sigma^2}\left(\frac{kT}{\pi m}\right)^{\frac{1}{2}} \tag{10.6,7}$$

---

1) 这个自扩散系数的值是由 F B. Pidduck (*Proc. Lond. Math. Soc.* **15**, 89 (1915)) 首先求得的，他讨论的方法与此完全不同． C. L. Pekeris (*Proc. natn. Acad. Sci. U S. A.* **41**, 661(1955)) 曾求得式 (10.6,7) 中的数值因子应该是 1.01896．

$$= \frac{1.019}{1.016}\frac{6}{5}\frac{\mu}{\rho}$$

$$= 1.204\mu/\rho. \tag{10.6,8}$$

10.61. 同位素分子的混合物

在同一种元素的同位素混合物中，通常可以认为所有的分子对之间的作用力规律都是相同的. 这意味着(参阅 10.1. 节)

$$\mathscr{W}_1^{(l)}(r) = \mathscr{W}_{12}^{(l)}(r) = \mathscr{W}_2^{(l)}(r) \tag{10.61,1}$$

以及

$$m_1^{1/2}\Omega_1^{(l)}(r) = (2m_0M_1M_2)^{\frac{1}{2}}\Omega_{12}^{(l)}(r) = m_2^{1/2}\Omega_2^{(l)}(r). \tag{10.61,2}$$

我们可以用这些结果来简化混合气体的输运系数的一般公式.

除了一些最轻的气体以外. 我们完全可以把$(m_1-m_2)/(m_1+m_2)$看作是个小量，其平方项因而可以忽略不计. 这样，举例来说，热扩散因子 $\alpha_{12}=k_T/x_1x_2$ 的一阶近似值就与混合气中同位素的比例 x_1, x_2 无关，它可由下式给定[1)]

$$[\alpha_{12}]_1 = \frac{15\text{C}(1+\text{A})}{\text{A}(11-4\text{B}+8\text{A})}\frac{m_1-m_2}{m_1+m_4}. \tag{10.61,3}$$

而在 Kihara 近似法中 $\left(\text{B}=\frac{3}{4}\right)$，此式即为

$$[\alpha_{12}]_1 = \frac{15\text{C}}{8\text{A}}\cdot\frac{m_1-m_2}{m_1+m_2}. \tag{10.61,4}$$

---

1) R. C. Jones, *Phys. Rev.* **58**, 111(1940).

第十一章　具有内能的分子

11.1. 可传递的内能

在前面的论述中，一直把分子看作是没有内能的[1]，或者至少是，在碰撞时没有发生分子的内能与平动能的交换．如果分子内能与平动能可以互相转换，那就必须引入额外的变量以确定分子内部运动．现在，已经有了一种适用于这种情况的普遍理论，但是要想对它作详尽的讨论却是十分冗繁的，除了几种最简单的模型外．然而，某些普遍结论——对于所有具有内能的分子都适用——还是可以在此建立的．人们发现，分子内能对热传导的贡献相对地比平动能对热传导的贡献要小些．此外，平动能与转动能之间进行交换需要一定的时间，这样就出现了阻碍气体收缩和膨胀的‘体积粘性’．这一体积粘性会使声波的衰减率明显地增加，超出了‘剪切’粘性 μ 引起的衰减作用．

迄今仅能对一、两种显然是人为的分子模型推导出详尽的公式．其中一种模型是完全粗糙、完全弹性的刚球分子．这种模型是由 Bryan[2] 首先提出的；Pidduck[3] 则把 Chapman 和 Enskog 在研究光滑球模型时建立的方法推广到 Bryan 模型．这一模型的数学处理比所有其它可变旋转模型（Variably rotating models）[4] 都

1) 在本章中，分子不能再看作是一个质点，而是具有内部结构的．因此除了象质点一样具有平动能以外，还有转动能和振动能等等．这里说的内能就是指平动能以外的能量，即转动能和振动能等等，我们亦可称之为分子内能．
在气体动力学和热力学中，内能通常指气体内能，是分子的无规则热运动的能量（在本书中把它称为热能（heat energy））．请读者要予以区别．——译者注

2) G. H. Bryan, *Rep. Br. Ass. Advmt. Sci.* p. 83 (1894).

3) F. B. Pidduck, *Proc. R. Soc.* A, **101**, 101 (1922).

4) ‘可变旋转模型’系指各分子具有各自的转动速度，它们具有一定的分布规律．在这类模型中，分布函数不仅取决于平动速度 c（以及 r, t 等），而且还取决于角速度 ω 等参数．完全粗糙的刚球模型是这类模型中最简单的情况．——译者注

要简单，因为无需引入确定分子空间方位的变量.

Jeans[1] 提出，把质量中心与几何中心不重合的光滑弹性球作为一种分子模型. 这种模型业经 Dahler 等人[2]作了研究. Curtiss 和 Muckenfuss[3] 则建立了球-柱分子的详细理论，他们把分子看作两端为半球的光滑圆柱体. 这两种模型不仅需要有确定角速度的变量，而且还需要有两个确定分子方位的空间变量. 球-柱模型，尤其是在细长分子的情况下，还有难以处理的特性，即分子可能发生'接连不断'的碰撞；也就是说，在一次碰撞之后，如果分子的角速度倒转过来的话，就会使这对分子之间随即再发生一次或多次碰撞.

由于这些模型具有人为的特点，并且由此推导出来的公式很复杂，这就促使 Mason 和 Monchick 试图寻找一种更为简捷的途径[4]. 他们以普遍理论为基础分析问题，对碰撞积分则根据弛豫时间近似地算出.

11.2. Liouville 定理

上面提到的普遍理论是以 Liouville 提出的动力学定理为基础的，这一定理在统计力学中具有根本的重要性. 假设一个体系的状态由 R 个广义坐标 Q^α 及其共轭动量 $P^\alpha(\alpha=1,2,\cdots,R)$ 所确定，如果H是体系的 Hamilton 函数，那么 Hamilton 运动方程就为

$$\dot{Q}^\alpha=\frac{\partial H}{\partial P^\alpha},\ \dot{P}^\alpha=-\frac{\partial H}{\partial Q^\alpha},\qquad(11.2,1)$$

---

1) J. H. Jeans, *Phil. Trans. R. Soc.* **196**, 399 (1901); *Q. J. Math.* **25**, 224 (1904).

2) J. S. Dahler and N. F. Sather, *J. Chem. Phys.* **35**, 2029 (1961), and **38**, 2363 (1962); S. I. Sandler and J. S. Dahler, *J. Chem Phys.* **43**, 1750 (1965); **46**, 3520 (1967), and **47**, 2621 (1967).

3) C. F. Curtiss, *F. Chem. Phys.* **24**, 225 (1956); C. F. Curtiss and C. Muckenfuss, *F. Chem. Phys.* **26**, 1619 (1957) and **29**, 1257 (1958).

4) E. A. Mason and L. Monchick, *J. Chem. Phys.* **36**, 1622 (1962).

于是

$$\frac{\partial \dot{Q}^{\alpha}}{\partial Q^{\alpha}}=-\frac{\partial \dot{P}^{\alpha}}{\partial P^{\alpha}}. \qquad (11.2,2)$$

Q^{α}，P^{α} 既可以看作是 R 维矢量 $\boldsymbol{Q}$，$\boldsymbol{P}$ 的分量，也可以看作是 $2R$ 维空间(相空间)中一个点的坐标.

Liouville 定理是针对相空间中的一组点群而言的，后者代表了具有相同H的动力学体系的一个系集. 这个定理告诉我们：如果在时刻 t 这些点占有一个无限小的相空间体积 V，那么在任何其它时刻它们仍占有相等的体积.

Liouville 定理证明如下：经过短暂的时间 dt 以后，Q^{α} 和 P^{α} 变为 $Q^{\alpha}+\dot{Q}^{\alpha}dt$ 和 $P^{\alpha}+\dot{P}^{\alpha}dt$，而体积 V 则变为 $\mathrm{V}+d\mathrm{V}$；根据微体积元的变换法则，得到

$$\frac{\mathrm{V}+d\mathrm{V}}{\mathrm{V}}=\frac{\partial(\boldsymbol{Q}+\dot{\boldsymbol{Q}}dt,\boldsymbol{P}+\dot{\boldsymbol{P}}dt)}{\partial(\boldsymbol{Q},\boldsymbol{P})}.$$

右边是雅可比行列式，它的非对角元素都与 dt 成正比，对角元素都呈现 $1+(\partial\dot{Q}^{\alpha}/\partial Q^{\alpha})dt$ 或 $1+(\partial\dot{P}^{\alpha}/\partial P^{\alpha})dt$ 的形式，因此，忽略 dt 的平方项和高次项后，根据式(11.2，2)便得到

$$\frac{1}{\mathrm{V}}\left(\mathrm{V}+\frac{d\mathrm{V}}{dt}dt\right)=1+dt\sum_{\alpha}\left(\frac{\partial\dot{Q}^{\alpha}}{\partial Q^{\alpha}}+\frac{\partial\dot{P}^{\alpha}}{\partial P^{\alpha}}\right)$$
$$=1.$$

因此 $d\mathrm{V}/dt=0$；也就是说 V 不随时间而改变.

11.21. 广义 Boltzmann 方程

现在我们来研究混合气体；单组元气体可以看作是它的特例. 一个典型分子 m_s 的位置和运动状态由一组广义坐标 Q_s^{α} 和广义动量 $P_s^{\alpha}(\alpha=1,2,\cdots,R)$ 确定. 或者由分量为 Q_s^{α}，P_s^{α} 的两个 R 维矢量 $\boldsymbol{Q}_s$，$\boldsymbol{P}_s$ 确定. 前三个坐标就取质心的笛卡尔坐标 x_s，y_s，z_s（$\boldsymbol{r}_s$ 的分量），与此相应的动量便是线动量 $m_s\boldsymbol{c}_s$ 的分量 m_su_s，m_sv_s，m_sw_s. 其余的坐标和动量是描述分子内部状态的，它们总起来可由描述内部运动的相空间中的 $(R-3)$ 维矢量 $\boldsymbol{Q}_s^{(i)}$，$\boldsymbol{P}_s^{(i)}$ 表

示. 我们把这个内部相空间中的体积元 $d\boldsymbol{Q}_s^{(i)}d\boldsymbol{P}_s^{(i)}$ 记作 $d\boldsymbol{\Omega}_s$. 于是，广义速度分布函数 $f_s(\boldsymbol{Q}_s, \boldsymbol{P}_s, t)$ 被定义为： 在时刻 t，分子 m_s——其坐标 $\boldsymbol{Q}_s$ 和动量 $\boldsymbol{P}_s$ 处于总相空间的体积元 $d\boldsymbol{Q}_s d\boldsymbol{P}_s$ 中——的几率数目是

$$m_s^{-3}f_s(\boldsymbol{Q}_s,\boldsymbol{P}_s,t)d\boldsymbol{Q}_s d\boldsymbol{P}_s = f_s(\boldsymbol{Q}_s,\boldsymbol{P}_s,t)d\boldsymbol{r}_s d\boldsymbol{c}_s d\boldsymbol{\Omega}_s. \quad (11.21,1)$$

象通常一样，我们假设任何一个分子与其它分子发生相互作用的时间,同它们的整个自由运动时间相比可以忽略不计,因而只需考虑二体碰撞;此外还假设,不存在诸如化学反应和电离那类过程,我们认为一个分子m_s在两次碰撞之间的运动满足Hamilton方程(11.2,1). 相应的 Hamilton 函数 H_s 是动量的偶函数，不显含时间,因而 H_s 就等于分子的总能量,如果有外力作用在分子上,则把外力的势能 $V_s(\boldsymbol{r}_s)$ 看作仅仅是位置 $\boldsymbol{r}_s$ 的函数,这样就有

$$\mathrm{H}_s = V_s(\boldsymbol{r}_s) + \mathrm{H}_s^{(F)}, \quad (11.21,2)$$

其中 $\mathrm{H}_s^{(F)}$ 表示不存在外力时自由运动的能量.

现在我们来考虑 f_s 的变化率. 要是没有碰撞，由式(11.21,1)表示的一组分子经过时间 dt 以后就会构成下面一组分子：

$$m_s^{-3}f_s(\boldsymbol{Q}_s + \dot{\boldsymbol{Q}}_s dt, \boldsymbol{P}_s + \dot{\boldsymbol{P}}_s dt, t + dt)d\boldsymbol{Q}_s d\boldsymbol{P}_s$$

(根据 Liouville 定理，它们在相空间中所占体积仍然是 $d\boldsymbol{Q}_s d\boldsymbol{P}_s$)。设在时间 dt 内碰撞的净效果是使这组分子的数目增加

$$m_s^{-3}dt\,\frac{\partial_e f_s}{\partial t}\,d\boldsymbol{Q}_s d\boldsymbol{P}_s.$$

那么,象 3.1 节一样，我们可以得到

$$\mathscr{D}_s f_s = \frac{\partial f_s}{\partial t} + \dot{\boldsymbol{Q}}_s\cdot\frac{\partial f_s}{\partial \boldsymbol{Q}_s} + \dot{\boldsymbol{P}}_s\cdot\frac{\partial f_s}{\partial \boldsymbol{P}_s} = \frac{\partial_e f_s}{\partial t}, \quad (11.21,3)$$

其中 $\partial/\partial\boldsymbol{Q}_s$, $\partial/\partial\boldsymbol{P}_s$ 表示分量为 $\partial/\partial Q_s^a$, $\partial/\partial P_s^a$ 的 R 维矢量算符，而且 $\dot{\boldsymbol{Q}}_s\cdot\partial f_s/\partial\boldsymbol{Q}_s = \Sigma\dot{Q}_s^a\partial f_s/\partial Q_s^a$ 等等.

方程(11.21,3)便是广义的 Boltzmann 方程. 利用 Hamilton 方程可以将 $\mathscr{D}_s f_s$ 表达为

$$\mathscr{D}_s f_s = \frac{\partial f_s}{\partial t} + \frac{\partial \mathrm{H}_s}{\partial \boldsymbol{P}_s}\cdot\frac{\partial f_s}{\partial \boldsymbol{Q}_s} - \frac{\partial H_s}{\partial \boldsymbol{Q}_s}\cdot\frac{\partial f_s}{\partial \boldsymbol{P}_s}. \quad (11.21,4)$$

11.22. $\partial_e f_s/\partial t$ 的计算

在计算 $\partial_e f_s/\partial t$ 时，我们把一对分子 m_s, m_t 的碰撞[1]随意地看作是在某一瞬时 t_0' 开始、在另一瞬时 t_0 结束的. 为了避免由于内部坐标和动量的急剧变化所引起的各种困难，我们用下面那样一个突变式的'碰撞'来代替这一碰撞过程：即假定两个分子在 t_0' 以前的运动一直持续到 $\frac{1}{2}(t_0+t_0')$，而没有发生任何相互作用，在 $\frac{1}{2}(t_0+t_0')$ 这一瞬间它们的坐标和动量分别为 $\boldsymbol{Q}_s'$, $\boldsymbol{P}_s'$ 和 $\boldsymbol{Q}_t'$, $\boldsymbol{P}_t'$；同样，假定 $\frac{1}{2}(t_0+t_0')$ 到 t_0 之间的运动与 t_0 以后的运动一样，其间也没有发生任何相互作用，不过在 $\frac{1}{2}(t_0+t_0')$ 瞬间的坐标和动量却是 $\boldsymbol{Q}_s$, $\boldsymbol{P}_s$ 和 $\boldsymbol{Q}_t$, $\boldsymbol{P}_t$；这样，除了 t_0' 到 t_0 这一段可忽略不计的短暂时间以外，碰撞效应通过如下办法表示出来，即把实际碰撞过程替换成在 $\frac{1}{2}(t_0+t_0')$ 这一瞬间发生的'碰撞'，此时 $\boldsymbol{Q}_s'$, $\boldsymbol{P}_s'$, $\boldsymbol{Q}_t'$, $\boldsymbol{P}_t'$ 突变为 $\boldsymbol{Q}_s$, $\boldsymbol{P}_s$, $\boldsymbol{Q}_t$, $\boldsymbol{P}_t$.

我们假定按照这种方式的碰撞代替实际的相互作用，那么在碰撞以前，分子 m_t 的质心相对于分子 m_s 的质心的运动轨道可以由 3.42 节定义的碰撞参数 b, ϵ 来确定，现在考虑下列两组分子在时间 dt 内发生的、碰撞参数 b 和 ϵ 处于 db, $d\epsilon$ 范围内的碰撞次数：一组是处于相体积元 $d\boldsymbol{Q}_s d\boldsymbol{P}_s$ 中的分子 m_s，其数目为

$$dn_s(=m_s^{-3}f_s(\boldsymbol{Q}_s,\boldsymbol{P}_s,t)d\boldsymbol{Q}_s d\boldsymbol{P}_s),$$

另一组是动量和内部坐标处于 $d\boldsymbol{P}_t$, $d\boldsymbol{Q}_t^{(i)}$ 范围内的分子 m_t. 在 dt 的开始时刻，分子 m_t 必定处于体积 $gdtbdbd\epsilon$ 中，其中 g 是相对速度 $\boldsymbol{c}_t-\boldsymbol{c}_s$ 的绝对值（参见 3.5 节）. 这样，此类碰撞的次数应是 $dn_s dn_t$，其中

$$dn_t=m_t^{-3}f_t(\boldsymbol{Q}_t,\boldsymbol{P}_t,t)gdtbdbd\epsilon d\boldsymbol{P}_t d\boldsymbol{Q}_t^{(i)}.$$

1）参见绪论第 4 节的脚注．——译者注

对 b, ϵ, $\boldsymbol{P}_t$, $\boldsymbol{Q}_t^{(i)}$ 的所有值求和，就得到 dn_s 个 m_s 分子与所有的分子 m_t 在时间 dt 内的碰撞总数：

$$dt(m_s m_t)^{-3} f_s(\boldsymbol{Q}_s, \boldsymbol{P}_s) d\boldsymbol{Q}_s d\boldsymbol{P}_s \iiiint f_t(\boldsymbol{Q}_t, \boldsymbol{P}_t) g b db d\epsilon d\boldsymbol{Q}_t^{(i)} d\boldsymbol{P}_t.$$

这就是在时间 dt 内把分子 m_s 撞出相体积元 $d\boldsymbol{Q}_s d\boldsymbol{P}_s$ 的碰撞次数。

类似地，把分子 m_s 撞进同一相体积元 $d\boldsymbol{Q}_s d\boldsymbol{P}_s$ 的碰撞次数为

$$dt(m_s m_t)^{-3} \iiiint f_s(\boldsymbol{Q}'_s, \boldsymbol{P}'_s) f_t(\boldsymbol{Q}'_t, \boldsymbol{P}'_t) g' b' db' d\epsilon' d\boldsymbol{Q}'_s d\boldsymbol{P}'_s d\boldsymbol{Q}_t^{(i)\prime} d\boldsymbol{P}'_t.$$

这里的积分是对初始坐标和动量为 $\boldsymbol{Q}'_s$, $\boldsymbol{P}'_s$, $\boldsymbol{Q}_t^{(i)\prime}$, $\boldsymbol{P}'_t$ 而碰撞参数为 b'、ϵ' 并满足下列条件的所有碰撞进行的；即经过碰撞使得分子 m_s 的最终坐标和动量 $\boldsymbol{Q}_s$, $\boldsymbol{P}_s$ 落在 $d\boldsymbol{Q}_s$、$d\boldsymbol{P}_s$ 中。把每一对分子看作一个单独的动力学体系，并利用 Liouville 定理[1]，则得到

$$g' dt b' db' d\epsilon' d\boldsymbol{Q}'_s d\boldsymbol{P}'_s d\boldsymbol{Q}_t^{(i)\prime} d\boldsymbol{P}'_t = g dt b db d\epsilon d\boldsymbol{Q}_s d\boldsymbol{P}_s d\boldsymbol{Q}_t^{(i)} d\boldsymbol{P}_t. \tag{11.22,1}$$

其中 b, ϵ 是碰撞参数，由它们可以确定碰撞后分子 m_t 相对于分子 m_s 运动的状态。

综合上述两个结果，我们可求得在时间 dt 内通过与分子 m_t 碰撞而使相体积元 $d\boldsymbol{Q}_s d\boldsymbol{P}_s$ 内的分子 m_s 的净增数为

$$dt(m_s m_t)^{-3} d\boldsymbol{Q}_s d\boldsymbol{P}_s \iiiint (f'_s f'_t - f_s f_t) g b db d\epsilon d\boldsymbol{Q}_t^{(i)} d\boldsymbol{P}_t,$$

其中 f'_s, f'_t 表示 $f_s(\boldsymbol{Q}'_s, \boldsymbol{P}'_s)$, $f_t(\boldsymbol{Q}'_t, \boldsymbol{P}'_t)$。这样，根据 $\partial_e f_s/\partial t$ 的定义就有

$$\frac{\partial_e f_s}{\partial t} = \sum_t m_t^{-3} \iiiint (f'_s f'_t - f_s f_t) g b db d\epsilon d\boldsymbol{Q}_t^{(i)} d\boldsymbol{P}_t \tag{11.22,2}$$

$$= \sum_t \iiiint (f'_s f'_t - f_s f_t) g b db d\epsilon d\boldsymbol{c}_t d\boldsymbol{\Omega}_t. \tag{11.22,3}$$

11.23. 分布函数的平滑化

上述推导基于如下假设：分子 m_s 中正在进行碰撞的部分与

1) 对每对分子必须三次应用 Liouville 定理。第一次应用于碰撞过程中的真实运动；其次应用于从 t'_0 到 $1/2(t_0+t'_0)$ 的(假定的未受干扰的)运动；最后应用于从 $1/2(t_0+t'_0)$ 到 t_0 的同样未受干扰的运动，在后两种情况中，由于忽略了相互作用，因此H是两个分子的 Hamilton 函数之和。

它的总数之比在任何时刻都是微不足道的，因此所有分子 m_s 的速度分布函数与不在进行碰撞的那些分子的速度分布函数是无法区分的．这一假设之所以合理，其原因在于一次碰撞过程持续时间 t_0-t_0' 十分短暂，用突变式碰撞代替实际碰撞之所以合理，也是基于这一原因．

在 Boltzmann 方程(11.21,3)中，含有 $\dot{\boldsymbol{Q}}_s$，$\dot{\boldsymbol{P}}_s$ 的各项表示由分子在两次碰撞之间的运动所引起的 f_s 的变化．一般说来，分子的转动周期与分子通过分子有效半径这样一段距离所化费的时间差不多(参见 11.34 节)，所以也与一次碰撞的持续时间差不多；而分子的振动周期，一般说来，还要短些．因此，Boltzmann 方程中含有 $\dot{\boldsymbol{Q}}_s$，$\dot{\boldsymbol{P}}_s$ 的各项会使 f_s 产生涨落，涨落的时间尺度与碰撞的持续时间差不多．既然我们认为碰撞持续时间短得可以忽略，那么在比分子的转动和振动周期要长得多的时间内通过对 f_s 取平均，以此来抹掉这种涨落，这种做法是合理的．这样平均以后，f_s 就不再取决于在内部运动过程中发生急剧变化的那些物理量了；f_s 可以取决于内部振动能量以及转动的角动量和能量，但不取决于振动相位，也不取决于转动过程中方位的改变．鉴于对 f_s 已采取这样的平均，相应地，$\partial_e f_s/\partial t$ 也应对(与转动角动量、转动能量和振动能量的特定值相对应的)所有内部状态取平均．

这种平均方法是把 f_s 用一个平滑化的函数来代替，而用这种光滑化的函数就足以算出气体的所有宏观属性了[1]．

11.24. 输运方程

为方便起见，这里采用下列相对于固定坐标系的总和不变量，它们是：

$$\psi_s^{(1)}=1,\quad \psi_s^{(2)}=m_s\boldsymbol{c}_s,\quad \psi_s^{(3)}=\mathrm{H}_s^{(F)}. \qquad (11.24,1)$$

象 11.21 节一样，这里 $\mathrm{H}_s^{(F)}$ 乃是不存在外力时的自由运动能量．每一个 ψ_s 都是自由运动常数；这样，在自由运动状态下有

1) 这里引用的平滑化方法，本质上是与 2.21 节中引用的相似．

$$\dot{\boldsymbol{Q}}_s \cdot \partial\psi_s/\partial\boldsymbol{Q}_s + \dot{\boldsymbol{P}}_s \cdot \partial\psi_s/\partial P_s = 0,$$

因而

$$\frac{\partial \mathrm{H}_s^{(F)}}{\partial\boldsymbol{P}_s}\cdot\frac{\partial\psi_s}{\partial\boldsymbol{Q}_s}-\frac{\partial \mathrm{H}_s^{(F)}}{\partial\boldsymbol{Q}_s}\cdot\frac{\partial\psi_s}{\partial\boldsymbol{P}_s}=0. \qquad (11.24,2)$$

用 $\psi_s d\boldsymbol{P}_s d\boldsymbol{Q}_s^{(i)}$ 乘 Boltzmann 方程(11.21,3)两边,然后进行积分,再对 s 求和,就得到任一总和不变量 ψ_s 的变化方程.由于总和不变的特性,因而代表碰撞效应的 $\partial_e f_s/\partial t$ 项应为零.因此

$$\sum_s \iint \left(\frac{\partial f_s}{\partial t}+\frac{\partial \mathrm{H}_s}{\partial\boldsymbol{P}_s}\cdot\frac{\partial f_s}{\partial\boldsymbol{Q}_s}-\frac{\partial \mathrm{H}_s}{\partial\boldsymbol{Q}_s}\cdot\frac{\partial f_s}{\partial\boldsymbol{P}_s}\right)\psi_s d\boldsymbol{P}_s d\boldsymbol{Q}_s^{(i)}=0. \qquad (11.24,3)$$

此外,$\mathrm{H}_s = V_s(\boldsymbol{r}_s) + \mathrm{H}_s^{(F)}$(参见式(11.21,2)),而作用在分子 m_s 上的力 $m_s\boldsymbol{F}_s$ 则为

$$m_s\boldsymbol{F}_s = -\frac{\partial V_s}{\partial\boldsymbol{r}_s}. \qquad (11.24,4)$$

把式(11.24,2,4)代入式(11.24,3)中,我们得到

$$\sum_s \iint \left\{\frac{\partial f_s}{\partial t}\psi_s+\frac{\partial}{\partial\boldsymbol{Q}_s}\cdot\left(\frac{\partial \mathrm{H}_s^{(F)}}{\partial\boldsymbol{P}_s}f_s\psi_s\right)-\frac{\partial}{\partial\boldsymbol{P}_s}\cdot\left(\frac{\partial H_s^{(F)}}{\partial\boldsymbol{Q}_s}f_s\psi_s\right)\right.$$
$$\left.+\boldsymbol{F}_s\cdot\frac{\partial}{\partial\boldsymbol{c}_s}(\psi_s f_s)-\boldsymbol{F}_s\cdot\frac{\partial\psi_s}{\partial\boldsymbol{c}_s}f_s\right\}d\boldsymbol{P}_s d\boldsymbol{Q}_s^{(i)}=0. \qquad (11.24,5)$$

在方程(11.24,5)中,被积函数的第三项对 $\boldsymbol{P}_s$ 积分后,其结果为零,因为 $\boldsymbol{P}_s \to \infty$ 时 $f_s \to 0$. 同样,第四项对 $\boldsymbol{c}_s$ 积分后其结果也为零. 在第二项中,坐标 Q_s^a 可以分成三组:第一组是质心的笛卡尔坐标;第二组是确定分子方位的 Euler 角;最后一组是确定内部振动中位移的坐标. 由于周期性,Euler 坐标经过积分后对第二项的贡献为零;振动坐标的贡献同样也为零,因为当某一个振动坐标变得很大时便有 $f_s \to 0$.由于 ψ_s 不显含时间 t,所以方程(11.24,5)中剩下的那些项即为

$$\sum_s \left\{\frac{\partial}{\partial t}(n_s\bar{\psi}_s)+\frac{\partial}{\partial\boldsymbol{r}}\cdot(n_s\overline{\boldsymbol{c}_s\psi_s})-n_s\boldsymbol{F}_s\cdot\overline{\frac{\partial}{\partial\boldsymbol{c}_s}\psi_s}\right\}=0. \qquad (11.24,6)$$

方程(11.24,6)在形式上与不存在分子内部运动时所得到的

方程完全一样. 因此，将它应用于总和不变量 $\psi_s^{(1)}$, $\psi_s^{(2)}$, $\psi_s^{(3)}$ 时，所得到的连续方程、动量方程和能量方程，必定与 3.21 节或 8.1 节中得到的方程完全一样. 特别要指出，能量方程为

$$\rho \frac{D}{Dt}\left(\sum_s n_s\bar{E}_s/\rho\right)+\frac{\partial}{\partial \boldsymbol{r}}\cdot \boldsymbol{q}=\sum_s \rho_s\bar{\boldsymbol{C}}_s\cdot \boldsymbol{F}_s-\mathsf{P}:\frac{\partial}{\partial \boldsymbol{r}}\boldsymbol{c}_0. \tag{11.24,7}$$

这里，仍象以前一样，$\mathsf{P}=\sum_s\rho_s\overline{\boldsymbol{C}_s\boldsymbol{C}_s}$，而 E_s 与 $\mathrm{H}_s^{(F)}$ 的差别仅在于 E_s 是相对于以速度 $\boldsymbol{c}_0$ 运动的坐标系计量的.

除了式(11.24,1)中的三个总和不变量外，角动量也是一个总和不变量，即

$$\boldsymbol{\psi}_s^{(4)}=\boldsymbol{r}_s\wedge m_s\boldsymbol{c}_s+\boldsymbol{h}_s, \tag{11.24,8}$$

其中 $\boldsymbol{h}_s$ 是绕质心的角动量. 把式(11.24,8)直接代入式(11.24,6)中，利用动量方程进行简化后便得

$$\frac{\partial}{\partial t}\left(\sum_s n_s\bar{\boldsymbol{h}}_s\right)+\frac{\partial}{\partial \boldsymbol{r}}\cdot\left(\sum_s n_s\overline{\boldsymbol{c}_s\boldsymbol{h}_s}\right)=0. \tag{11.24,9}$$

然而这个方程容易引起非议，因为‘$\boldsymbol{\psi}_s^{(4)}$ 是个总和不变量’只是由于两个碰撞分子，其中心的 $\boldsymbol{r}$ 值之间有差异. 因而为了保持一致性，在考虑 $\boldsymbol{\psi}_s^{(4)}$ 的变化方程时，必须同样地把内部角动量 $\boldsymbol{h}_s$ 发生传递(在碰撞中从一个分子传递到另一个分子)的有限距离考虑进去. 在通常密度下，$\boldsymbol{h}_s$ 的碰撞交换同相应的热交换和动量交换一样，都是十分小的；但它对方程(11.24,9)的修正却相当可观，因为 $\bar{\boldsymbol{h}}_s$ 在正常情况下是十分小的(见 11.32 节).

11.3. 静止的均匀稳恒状态

对于一般的分子模型，由于不存在‘逆’碰撞，亦即‘正’碰撞的效应正好完全颠倒过来的碰撞，这就使得确定均匀稳恒状态的速度分布函数变得复杂了. 然而，可以找到另一种‘反’碰撞，亦即正碰撞的路线恰好折回去的碰撞，这时，分子的末速度正好是正碰撞

初速度的负值．可以用这样的反碰撞（按照 Lorentz 的论述[1]）去确定均匀稳恒状态下的 f_s，但必须求助于另一个几率假设．

考虑一种单组元气体，没有外力作用，处于静止的均匀稳恒状态．为了利用反碰撞，假设在这种状态下有

$$f_s = f_s(\boldsymbol{Q}_s, \boldsymbol{P}_s) = f_s(\boldsymbol{Q}_s, -\boldsymbol{P}_s) = f_{s-}, \qquad (11.3,1)$$

亦即速度为同值异号的两组分子有相同的几率．这个假设是合理的，但并不是自明的．

将 Boltzmann 方程（11.21，3）乘以 $\ln f_s$，并对 $\boldsymbol{Q}_s^{(i)}$ 和 $\boldsymbol{P}_s$ 的整个范围进行积分．在均匀稳恒状态下 $\partial f_s/\partial t = 0$，此外，$f_s$ 和 H_s 两者都是 $\boldsymbol{P}_s$ 的偶函数，所以上述方程的左边就归结为对 $\boldsymbol{P}_s$ 的奇函数的积分（参见式（11.21，4）），而奇函数的积分为零．这样将式（11.22，2）代入 $\partial_e f_s/\partial t$ 就得到

$$0 = \iiiint\!\!\iint (f'_s f'_t - f_s f_t) \ln f_s g b d b d \varepsilon d \boldsymbol{Q}_t^{(i)} d \boldsymbol{P}_t d \boldsymbol{Q}_s^{(i)} d \boldsymbol{P}_s \quad (11.3,2)$$

（保留下标 s 和 t 纯粹是为了区分两个碰撞分子）．在方程（11.3，2）中，$\boldsymbol{Q}'_s$，$\boldsymbol{P}'_s$，$\boldsymbol{Q}'_t$，$\boldsymbol{P}'_t$ 是碰撞前两个分子的坐标和动量，而 $\boldsymbol{Q}_s$，$\boldsymbol{P}_s$，$\boldsymbol{Q}_t$，$\boldsymbol{P}_t$ 是碰撞后的坐标和动量．

从式（11.3，1，2）可得到

$$0 = \iiiint\!\!\iint (f'_{s-} f'_{t-} - f_{s-} f_{t-}) \ln f_{s-} g b d b d \varepsilon d \boldsymbol{Q}_t^{(i)} d \boldsymbol{P}_t d \boldsymbol{Q}_s^{(i)} d \boldsymbol{P}_s.$$

在这个方程中，$\boldsymbol{Q}_s$，$-\boldsymbol{P}_s$，$\boldsymbol{Q}_t$，$-\boldsymbol{P}_t$ 可以看作是反碰撞前的坐标和动量，而 $\boldsymbol{Q}'_s$，$-\boldsymbol{P}'_s$ $\boldsymbol{Q}'_t$，$-\boldsymbol{P}'_t$ 是反碰撞后的坐标和动量．我们重新命名这些量为 $\boldsymbol{Q}'_s$，$\boldsymbol{P}'_s$，$\boldsymbol{Q}'_t$，$\boldsymbol{P}'_t$（碰撞前）和 $\boldsymbol{Q}_s$，$\boldsymbol{P}_s$，$\boldsymbol{Q}_t$，$\boldsymbol{P}_t$（碰撞后）．利用式（11.22，1）我们就得到

$$0 = \iiiint\!\!\iint (f_s f_t - f'_s f'_t) \ln f'_s g b d b d \varepsilon d Q_t^{(i)} d \boldsymbol{P}_t d \boldsymbol{Q}_s^{(i)} d \boldsymbol{P}_s. \quad (11.3,3)$$

把它加到方程（11.3，2）上，再加到把碰撞分子互相交换地位之后（这样 $\boldsymbol{Q}_s$，$\boldsymbol{P}_s$ 就变成 $\boldsymbol{Q}_t$，$\boldsymbol{P}_t$，如此等等）的方程（11.3，2，3）上．于是就得出（因为我们认为 $\boldsymbol{Q}_s$ 和 $\boldsymbol{Q}_t$ 的空间坐标是相同的）：

---

1) H. A. Lorentz, *Wien. Sitz.* **95** (2), 115 (1887).

$$0=\iiiiiint (f_s'f_t'-f_sf_t)\ln(f_sf_t/f_s'f_t')gbdbd\varepsilon d\boldsymbol{Q}_t^{(i)}d\boldsymbol{P}_td\boldsymbol{Q}_s^{(i)}d\boldsymbol{P}_s. \tag{11.3,4}$$

如 4.1 节所述，方程(11.3,4)意味着对于所有可能的碰撞均有

$$\ln f_s+\ln f_t=\ln f_s'+\ln f_t'. \tag{11.3,5}$$

当这个条件满足时，$\partial_e f_s/\partial t$ 中的被积函数恒为零，达到了细致平衡．不过，这里的细致平衡应解释为：这种类型的碰撞跟它们的反碰撞达到了处处平衡．

方程(11.3,5)意味着 $\ln f_s$ 乃是总和不变量的线性组合．由于 $\ln f_s$ 是 $\boldsymbol{P}_s$ 的偶函数，因此它就不可能与线动量或角动量有关，所以

$$f_s=A_se^{-\alpha H_s}, \tag{11.3,6}$$

其中 A_s 和 α 都是常数．由于总能量 H_s 包含 $1/2m_sc_s^2$ 这一部分，因而象通常那样，$\frac{1}{2}m_s\bar{c}_s^2=\frac{3}{2}kT$（参见 2.41. 节）这一条件导致 $\alpha=1/kT$；而 A_s 同数密度有联系．公式(11.3,6)就是通常所说的 Boltzmann 分布公式．不难证明，式(11.3, 6)也能应用于混合气体．

11.31. Boltzmann 闭链

上述 Lorentz 论证是根据如下假设确定 f_s 的：气体已经达到一种稳恒状态，其 f_s 是 $\boldsymbol{P}_s$ 的偶函数．但是并没有证明气体必定会趋于这种状态．由于这个原因，Boltzmann 沿着下述思路给出了另一种论证[1]．

他考虑了这样一种碰撞链：在此链第 i 次碰撞之后，碰撞分子的坐标和动量以及碰撞参数正好就是此链其它碰撞分子第($i+1$)次碰撞之前的相应变量值．他论证了：如果这样一根链无限

---

1) L. Boltzmann, *Wien. Sitz.* **95** (2), 153 (1887). 关于 Boltzmann 论述更详细一点的阐述可阅 R. C. Tolman 的 *Statistical Mechanics*, chapters 5 and 6(Oxford, 1938).也可阅 D. ter Haar, *Elements of Statistical Mechanics* appendix 1 (Rinehart, New York, 1954).

延伸下去，最终总能达到这样一种碰撞：在这次碰撞以后的坐标和动量与第一次碰撞以前的坐标和动量是不可区分的. 因而此链实际上是闭合的. 他把闭合的碰撞链作为逆碰撞的推广，便能证明：在均匀气体中，积分 $\iint f_s \ln f_s d\boldsymbol{Q}_s^{(i)} d\boldsymbol{P}_s$ 趋于极小值. 他还证明，在这一极小值所对应的状态中，$\ln f_s$ 是总和不变量. 对于静止气体，象前面一样也可推导出 f_s 的公式(11.3,6).

Boltzmann 这一论述的弱点在于它的闭链假设. 各态经历理论可克服此假设的缺陷[1). 然而，虽然对它的可靠性无可置疑，但是它的详细数学证明却不是容易的.

11.32. 更一般的稳恒状态

假定 $\ln f_s$ 是个广义的总和不变量，亦即

$$\ln f_s = \alpha_s^{(1)} + \boldsymbol{\alpha}^{(2)} \cdot m_s \boldsymbol{c}_s - \alpha^{(3)} \mathrm{H}_s^{(F)} + \boldsymbol{\alpha}^{(4)} \cdot (\boldsymbol{r} \wedge m_s \boldsymbol{c}_s + \boldsymbol{h}_s), \tag{11.32,1}$$

那么就可得到没有外力作用时气体的更一般的稳恒状态，其中 $\alpha_s^{(1)}$, $\boldsymbol{\alpha}^{(2)}$, $\alpha^{(3)}$, $\boldsymbol{\alpha}^{(4)}$ 都与 $\boldsymbol{Q}_s$, $\boldsymbol{P}_s$, t 无关. 表达式(11.32, 1)使得 $f_s'f_t' = f_s f_t$，因而 $\partial_e f_s/\partial t = 0$；[2) 另外在用 Hamilton 量 $\mathrm{H}_s^{(F)}$ 描述的自由运动中，这些总和不变量都是常数，因而使得 $\mathscr{D}_s f_s = 0$. 正如符号所含义的那样，在混合气体中，对于不同组元的气体，$\alpha_s^{(1)}$ 取不同的值，而 $\boldsymbol{\alpha}^{(2)}$, $\alpha^{(3)}$, $\boldsymbol{\alpha}^{(4)}$ 对所有组元都取相同值.

如 11.3 节所述，由于 $\mathrm{H}_s^{(F)}$ 含有 $\frac{1}{2} m_s c_s^2$ 这一部分，所以 $\alpha^{(3)}$ 的值是 $1/kT$. 式(11.32,1)中与 $\boldsymbol{c}_s$ 有关的部分是

$$-(m_s/2kT)\{c_s^2 - 2kT\boldsymbol{c}_s \cdot (\boldsymbol{\alpha}^{(2)} + \boldsymbol{\alpha}^{(4)} \wedge \boldsymbol{r})\},$$

因此宏观速度 $\boldsymbol{c}_0$ 由下式给出

$$\boldsymbol{c}_0 = kT(\boldsymbol{\alpha}^{(2)} + \boldsymbol{\alpha}^{(4)} \wedge \boldsymbol{r}). \tag{11.32,2}$$

---

1) 见前面引证的 D. ter Haar 的文章.

2) 为了证明式(11.32,1)中应当包含 $\boldsymbol{\alpha}^{(4)}$ 这一项，必须修改 Boltzmann 碰撞积分(11.22,2)，以便把碰撞分子中心位置间的微小差别考虑进去(参见 11.24. 节).

由此可见整团气体的运动就象有转动也有平动的刚体一样，它的角度速是 $kT\boldsymbol{a}^{(4)}$；气体的状态类似于 4.14 节中探讨过的那样.

为了阐明式 (11.32,1) 中 $\boldsymbol{a}^{(4)}\cdot\boldsymbol{h}_s$ 项的意义，现来探讨刚性旋转球分子这一特殊模型. 设 I_s 是围绕直径的转动惯量，$\boldsymbol{\omega}_s$ 是角速度，那么

$$\mathrm{H}_s^{(F)}=\frac{1}{2}m_sc_s^2+\frac{1}{2}I_s\omega_s^2,\quad \boldsymbol{h}_s=I_s\boldsymbol{\omega}_s.$$

于是式(11.32,1)中含有 $\boldsymbol{\omega}_s$ 的那些项就为

$$-(I_s/2kT)(\omega_s^2-2kT\boldsymbol{a}^{(4)}\cdot\boldsymbol{\omega}_s).$$

既然 $\boldsymbol{\omega}_s$ 是 $\boldsymbol{P}_s$ 的线性函数，因此得知 $\boldsymbol{\omega}_s$ 的平均值等于 $kT\boldsymbol{a}^{(4)}$. 这就是整个气体微团的角速度. 根据式(11.32,2)，把它用 $\boldsymbol{c}_0$ 表示出来，便是

$$2\bar{\boldsymbol{\omega}}_s=\nabla\wedge\boldsymbol{c}_0.\tag{11.32,3}$$

这一结果对于非球形的刚性分子也是精确成立的；而对于非刚性分子，则是近似地成立. 由于平均角速度 $\bar{\boldsymbol{\omega}}_s$ 的存在，使组成分子的各粒子获得附加的速度，这一附加速度很小，跟分子半径距离内发生的 $\boldsymbol{c}_0$ 变化量同一量级.

11.33. 均匀稳恒状态的性质

对于无旋转分子模型的气体 ($\boldsymbol{a}^{(4)}=0$)，式 (11.32,1) 呈现下列形式

$$f_s=n_sZ_s^{-1}e^{-E_s/kT},\tag{11.33,1}$$

其中 n_s 是数密度，E_s 是热能(与 $\mathrm{H}_s^{(F)}$ 的区别仅在于 E_s 的是相对于跟着宏观速度 $\boldsymbol{c}_0$ 一起运动的坐标轴计量的；参见 11.24. 节). 由于

$$n_s=\iint f_sd\boldsymbol{c}_sd\boldsymbol{\Omega}_s,\tag{11.33,2}$$

所以式(11.33, 1)中的 Z_s 便是由下式给出的**配分函数**

$$Z_s=\iint e^{-E_s/kT}d\boldsymbol{c}_sd\boldsymbol{\Omega}_s.\tag{11.33,3}$$

对于在保守力场中处于静止的气体，亦有一个与式(11.33,1)类似的公式可予应用，这时 $n_3\propto e^{-V_s/kT}$，其中 V_s 是分子的势能（参见式

(4.14, 7)).

从式(11.33,3)可得到与式(11.33,1)相应的 E_s 的平均值

$$\bar{E}_s = n_s^{-1}\iint f_s E_s d\mathbf{c}_s d\mathbf{\Omega}_s$$

$$= Z_s^{-1}\iint E_s e^{-E_s/kT} d\mathbf{c}_s d\mathbf{\Omega}_s \qquad (11.33,4)$$

$$= \frac{kT^2}{Z_s}\frac{dZ_s}{dT}. \qquad (11.33,5)$$

分子 m_s 的比热(每单位质量)由下式给出(参见 2.44 节):

$$(c_v)_s = \frac{d}{dT}\left(\frac{\bar{E}_s}{m_s}\right) = \frac{kN_s}{2m_s}. \qquad (11.33,6)$$

这个比热可以表达为 $(c_v)'_s$,$(c_v)''_s$ 之和,它们分别对应于平动和内部运动:

$$(c_v)'_s = 3k/2m_s, (c_v)''_s = (N_s - 3)k/2m_s. \qquad (11.33,7)$$

按照下列推导可以得到 $(c_v)_s$ 的另一表达式:根据式(11.33,1,4—6)可得

$$\overline{E_s^2} = Z_s^{-1}\iint E_s^2 e^{-E_s/kT} d\mathbf{c}_s d\mathbf{\Omega}_s$$

$$= kT^2 Z_s^{-1}\frac{d}{dT}(\bar{E}_s Z_s)$$

$$= kT^2\left(\frac{d\bar{E}_s}{dT} + \frac{\bar{E}_s}{Z_s}\frac{dZ_s}{dT}\right)$$

$$= kT^2 m_s (c_v)_s + (\bar{E}_s)^2. \qquad (11.33,8)$$

为了方便起见,引入一个无量纲量 $\mathscr{E}_s$,其定义为:

$$\mathscr{E}_s = E_s/kT. \qquad (11.33,9)$$

将式(11.33,6,8)合并,便得到

$$\frac{1}{2}N_s = \overline{\mathscr{E}_s^2} - (\bar{\mathscr{E}}_s)^2. \qquad (11.33,10)$$

类似地[1],如果 $E_s^{(i)}$ 是一个分子的内能,并且 $\mathscr{E}_s^{(i)} = E_s^{(i)}/kT$,那么

---

1) 沿着与式(11.33,5)和式(11.33,8)的证明一样的思路,可以证明式(11.33,11).只要在 Z_s 的表达式(11.33,3)中将 E_s/kT 替换为 $\frac{1}{2}m_s C_s^2/kT' + E_s^{(i)}/kT$,并且只对 T 进行微分就行了;微分以后令 T' 等于 T.

$$(c_v)_i'' = (kT^2m_s)^{-1}(\overline{E_s^{(i)2}} - (\overline{E_s^{(i)}})^2),$$

$$\frac{1}{2}(N_s - 3) = \overline{\mathscr{E}_s^{(i)2}} - (\overline{\mathscr{E}_s^{(i)}})^2. \qquad (11.33,11)$$

11.34. 能量均分

对于式(11.33, 6)定义的数 N_s，往往可以给予一个简单的解释. 假设在静止气体中 E_s 可以表达为 N_s' 个坐标和动量的非退化的二次齐次函数(如果 E_s 是由几个独立部分组成，即由平动能、转动能、小振幅内部振动的动能和势能所组成，那么就属于这种情况). 对于这 N_s' 个量中的每一个，写成 $P_s^a = (kT)^{\frac{1}{2}}p_s^a$，$Q_s^a = (kT)^{\frac{1}{2}}q_s^a$ 形式，那么我们就可以把 Z_s 的积分式(11.33,3)表示成 $(kT)^{N_s'/2}$ 与另一个跟 T 无关的积分的乘积. 利用式(11.33, 5)就得到 $\bar{E}_s = \frac{1}{2}N_s'kT$. 再根据式(11.33,6)就得到 $N_s = N_s'$.

在这种情况下方程 $\bar{E}_s = \frac{1}{2}N_skT$ 表达了能量均分这一普遍原理. 能量均分原理认为: 在 E_s 的二次式中出现的坐标和动量项的每一项，对每个分子热能的贡献均为 $\frac{1}{2}kT$. 对于完全自由转动，并具有平动能的分子，则 $N_s = 6$; 对于双原子分子，应有 $N_s = 5$，因为量子化条件排除了围绕原子核连线的转动. 每一个完全的振动自由度，使 N_s 增加二，这与新增加的 P_s^a 和 Q_s^a 相对应. 然而量子化条件通常使得分子不能够取得它们振动自由度的全部均分能量. 因此每一个这样的自由度所增加的 N_s 将小于二. 以上对经典体系导出的能量均分原理只能当作一个理想的原理，并不适用于实际气体. 然而，除了上述对双原子分子所加的限制以外，在转动和平动自由度中间，能量几乎是精确地均分的. 但低温下的轻分子除外(参见 17.63 节).

在刚性旋转球分子模型的气体中，假定能量是均分的. 如果 I_s 是围绕直径的转动惯量，ω_s 是角速度，则

$$\frac{1}{2}I_s\overline{\omega_s^2}=\frac{1}{2}m_s\overline{c_s^2}.$$

由于 I_s 的大小与 $m_s\times$（半径）^{2}差不多，这就说明分子通过距离为其有效半径所需时间通常与分子转动周期 $2\pi/\omega_s$ 在数量级上是差不多的（参见 11.23 节）.

11.4. 非均匀气体[1)]

下面讨论二组元混合气体在非稳恒状态下的普遍理论；单组元气体的结果可作为一种特例而得到. Boltzmann 表达式

$$f_s^{(0)}=n_sZ_s^{-1}e^{-E_s/kT} \tag{11.4,1}$$

可作为 f_s 的一级近似(参见式 (11.33，1，3)). 象式 (11.32,1) 那样，把与转动总和不变量 $\boldsymbol{\psi}_s^{(4)}$ 对应的那一项包括进去看起来可能更正确. 然而，这只会影响 $\overline{\boldsymbol{h}}_s$ 的值；在式 (11.33，1) 中已经允许 $\boldsymbol{c}_0$ 的值可变，因为它有包含 $\boldsymbol{\psi}_s^{(2)}$的项. 还有，由式(11.32,3)可知：可以认为对应于 $\overline{\boldsymbol{h}}_s$ 的平均角速度 ϖ_s 与 $\boldsymbol{c}_0$ 的空间导数大小差不多. 通常只在 f_s 的二级近似中才考虑这些空间导数，因此跟式 (11.33,1)一样，在一级近似中忽略 $\overline{\boldsymbol{h}}_s$ 是合理的. 实际上，严格说来，在二级近似中也不可能考虑 $\overline{\boldsymbol{h}}_s$，除非把两个碰撞分子的中心位置不重合也考虑进去，而这里我们忽略了这一点.

象 2.41 节一样，温度被定义如下：假设某一处于均匀稳恒状态的气体，它与实际气体有相同的分子平均能量 $\overline{E}$ 和相同的组分，它所具有的温度就定义为实际气体的温度. 在一级近似中，流体静压强等于 knT（有体积粘性存在时流体静压强就偏离这个值了).

忽略 $\overline{\boldsymbol{h}}_s$ 以后，f_s 的二级近似式就只取决于参数 $n_1,n_2,\boldsymbol{c}_0$ 和 T

---

1) 此处对非均匀气体的讨论是遵循（作了修改）N. Taxman，所作的工作 *Phys. Rev.* **110**, 1235 (1956)；王承书 (C. S. Wang-Chang) 和 G. E. Uhlenbeck University of Michigan Report CM-681，在量子论基础上又对它进行了探讨（参见 17.6 节). 不论是经典的或是量子论的探讨，得到的总的结果是相同的只在气体诸系数的详细计算中有差异.

以及它们的空间导数. Dn_s/Dt, $D\boldsymbol{c}_0/Dt$ 和 DT/Dt 的一级近似式只取决于 p 的一级近似 $p_0(=nkT)$. 因此(参见式(8.21,2,4,6))

$$\frac{D_0 n_s}{Dt} = -n_s \frac{\partial}{\partial \boldsymbol{r}} \cdot \boldsymbol{c}_0, \quad \rho \frac{D_0 \boldsymbol{c}_0}{Dt} = \sum_s \rho_s \boldsymbol{F}_s - \frac{\partial p_0}{\partial \boldsymbol{r}}, \tag{11.4,2}$$

$$\frac{D_0 T}{Dt} = -\frac{2T}{N} \frac{\partial}{\partial \boldsymbol{r}} \cdot \boldsymbol{c}_0; \tag{11.4,3}$$

此处N是由下式给出的平均值:

$$nN = \sum_s n_s N_s. \tag{11.4,4}$$

作为二级近似, f_s 可以表示为

$$f_s = f_s^{(0)}(1 + \Phi_s^{(1)}). \tag{11.4,5}$$

$\Phi_s^{(1)}$ 应该满足的方程是

$$-J_s(\Phi^{(1)}) = \frac{\partial_0 f_s^{(0)}}{\partial t} + \frac{\partial \mathrm{H}_s}{\partial \boldsymbol{P}_s} \cdot \frac{\partial f_s^{(0)}}{\partial \boldsymbol{Q}_s} - \frac{\partial \mathrm{H}_s}{\partial \boldsymbol{Q}_s} \cdot \frac{\partial f_s^{(0)}}{\partial \boldsymbol{P}_s}, \tag{11.4,6}$$

其中

$$J_s(\Phi^{(1)}) = \sum_t \iiiint f_s^{(0)} f_t^{(0)} (\Phi_s^{(1)} + \Phi_t^{(1)} - \Phi_s^{(1)\prime} - \Phi_t^{(1)\prime}) g b\, db\, d\varepsilon\, d\boldsymbol{c}_t\, d\boldsymbol{\Omega}_t. \tag{11.4,7}$$

由于 E_s 和 H_s 中含有内部坐标和动量的那些部分彼此相同, 因此根据式(11.4,1), 在式(11.4,6)的右边涉及对内部坐标和动量微分的那些项可以略去. 如果把 $f_s^{(0)}$ 看作是 $\boldsymbol{C}_s$, $\boldsymbol{r}$, t 的函数,而不是 $\boldsymbol{c}_s$, $\boldsymbol{r}$, t 的函数,那么方程(11.4,6)就变成(参见式(8.3,3))

$$-J_s(\Phi^{(1)}) = \frac{D_0 f_s^{(0)}}{Dt} + \boldsymbol{C}_s \cdot \frac{\partial f_s^{(0)}}{\partial \boldsymbol{r}} + \left(\boldsymbol{F}_s - \frac{D_0 \boldsymbol{c}_0}{Dt}\right) \cdot \frac{\partial f_s^{(0)}}{\partial \boldsymbol{C}_s} - \frac{\partial f_s^{(0)}}{\partial \boldsymbol{C}_s} \boldsymbol{C}_s : \frac{\partial}{\partial \boldsymbol{r}} \boldsymbol{c}_0,$$

此处 $f_s^{(0)}$ 只是通过 n_s 和 T 而与 $\boldsymbol{r}$ 和 t 有关. 由于 E_s 只是通过 $\frac{1}{2} m_s C_s^2$ 这一项而与 $\boldsymbol{C}_s$ 有关的,故将式(11.4, 1—3)和式(11.33, 5)代入就得到

$$-J_s(\Phi^{(1)}) = f_s^{(0)} \left\{ \frac{1}{n_s} \left(\frac{D_0 n_s}{Dt} + \boldsymbol{C}_s \cdot \frac{\partial n_s}{\partial \boldsymbol{r}} \right) + \frac{E_s - \bar{E}_s}{kT^2} \left(\frac{D_0 T}{Dt} \right. \right.$$

$$+\boldsymbol{C}_s\cdot\frac{\partial T}{\partial \boldsymbol{r}}\Big)-\Big(\boldsymbol{F}_s-\frac{D_0\mathbf{c}_0}{Dt}\Big)\cdot\frac{m_s\boldsymbol{C}_s}{kT}$$

$$+\frac{m_s}{kT}\boldsymbol{C}_s\boldsymbol{C}_s:\frac{\partial}{\partial \boldsymbol{r}}\mathbf{c}_0\Big\}$$

$$=f_s^{(0)}\Big\{x_s^{-1}\boldsymbol{C}_s\cdot\boldsymbol{d}_s+(\mathscr{E}_s-\bar{\mathscr{E}}_s-1)\boldsymbol{C}_s\cdot\nabla\ln T$$

$$+2\mathscr{C}_s^{\circ}\mathscr{C}_s:\nabla\mathbf{c}_0+\Big(\frac{2}{3}\Big(\mathscr{C}_s^2-\frac{3}{2}\Big)$$

$$-\frac{2}{N}(\mathscr{E}_s-\bar{\mathscr{E}}_s)\Big)\nabla\cdot\mathbf{c}_0\Big\}. \tag{11.4,8}$$

此处，$\boldsymbol{d}_1$，$\boldsymbol{d}_2$ 就是式 (8.3,11) 的矢量 $\boldsymbol{d}_{12}$，$\boldsymbol{d}_{21}(\equiv-\boldsymbol{d}_{12})$，而 p 可用 p_0 代替．象以前一样，$\mathscr{C}_s$，$\mathscr{E}_s$ 是下面定义的无量纲变量

$$\mathscr{C}_s=(m_s/2kT)^{\frac{1}{2}}\boldsymbol{C}_s,\quad \mathscr{E}_s=E_s/kT. \tag{11.4,9}$$

函数 $\Phi_1^{(1)}$，$\Phi_2^{(1)}$ 除了必须满足方程(11.4,8)以外，还必须满足某些附加条件，以便使 n_s，$\mathbf{c}_0$ 和 T 可以代表分子 m_s 的数密度、宏观速度和温度(精确到二级近似)，也为了象已经假定的那样，可以忽略总的内部角动量．这些条件是：

$$\iint f_s^{(0)}\Phi_s^{(1)}d\mathbf{c}_s d\boldsymbol{\Omega}_s=0,\quad \sum_s\iint f_s^{(0)}\Phi_s^{(1)}m_s\boldsymbol{C}_s d\mathbf{c}_s d\boldsymbol{\Omega}_s=0, \tag{11.4,10}$$

$$\sum_s\iint f_s^{(0)}\Phi_s^{(1)}E_s d\mathbf{c}_s d\boldsymbol{\Omega}_s=0,\quad \sum_s\iint f_s^{(0)}\Phi_s^{(1)}\boldsymbol{h}_s d\mathbf{c}_s d\boldsymbol{\Omega}_s=0. \tag{11.4,11}$$

不难得到方程 (11.4,6) 的可解性条件．对于每一个总和不变量 $\psi^{(1)}$，$\boldsymbol{\psi}^{(2)}$，$\psi^{(3)}$，都应该满足

$$\sum_s\iint J_s(\Phi^{(1)})\psi_s^{(r)}d\mathbf{c}_s d\boldsymbol{\Omega}_s=0, \tag{11.4,12}$$

因为等式的左边代表总和不变量的总碰撞变化的二级近似贡献(有关这点的详细证明可以按照 7.13 节[1]论述的思路进行)．将方程(11.4,8) 的 $J_s(\Phi^{(1)})$ 代入式 (11.4,12) 就得到可解性条件．不难

1) 原文误为 3.53 节．——译者注

证明这些条件事实上是满足的.

11.41. f_s的二级近似

方程(11.4,8)的解必定是下面的形式(参见式(8.31,1,2)):

$$\Phi_1^{(1)} = -\boldsymbol{A}_1 \cdot \nabla \ln T - \boldsymbol{D}_1 \cdot \boldsymbol{d}_1 - 2\mathsf{B}_1 : \nabla \boldsymbol{c}_0 - 2B_1 \nabla \cdot \boldsymbol{c}_0, \quad (11.41,1)$$

$$\Phi_2^{(1)} = -\boldsymbol{A}_2 \cdot \nabla \ln T - \boldsymbol{D}_2 \cdot \boldsymbol{d}_1 - 2\mathsf{B}_2 : \nabla \boldsymbol{c}_0 - 2B_2 \nabla \cdot \boldsymbol{c}_0. \quad (11.41,2)$$

其中 $\boldsymbol{A}_s$,$\boldsymbol{D}_s$ 是矢量,B_s 是个无散对称张量,B_s 是个标量.我们必须用跟分子 m_s 的运动有关的矢量来表达 $\boldsymbol{A}_s$, $\boldsymbol{D}_s$ 和 B_s 的矢量、张量特征.初看起来这好象给这些量过分的自由;但是如果 f_s 已经经过 11.23 节那样的平滑化,那么与它有关的只是在转动和内部振动过程中保持不变的那些矢量.因而,$\boldsymbol{A}_s$, $\boldsymbol{D}_s$ 和 B_s 只能依赖于 $\boldsymbol{C}_s$ 和内部角动量 $\boldsymbol{h}_s$ 这两个矢量.

由于$\boldsymbol{h}_s$ 是个旋转矢量(参见 1.11节),不是普通矢量,所以可以由 $\boldsymbol{C}_s$ 和 $\boldsymbol{h}_s$ 构成的普通矢量只能是 $\boldsymbol{C}_s$, $\boldsymbol{h}_s \wedge \boldsymbol{C}_s$, $\boldsymbol{h}_s \wedge (\boldsymbol{h}_s \wedge \boldsymbol{C}_s)$, $\cdots$ 的线性组合.但是

$$\boldsymbol{h}_s \wedge \{\boldsymbol{h}_s \wedge (\boldsymbol{h}_s \wedge \boldsymbol{C}_s)\} = -h_s^2 \boldsymbol{h}_s \wedge \boldsymbol{C}_s,$$

于是可以将 $\boldsymbol{A}_s$ 表达为

$$\boldsymbol{A}_s = A_s^{\mathrm{I}} \boldsymbol{C}_s + A_s^{\mathrm{II}} \boldsymbol{h}_s \wedge \boldsymbol{C}_s + A_s^{\mathrm{III}} \boldsymbol{h}_s \wedge (\boldsymbol{h}_s \wedge \boldsymbol{C}_s). \quad (11.41,3)$$

对于 $\boldsymbol{D}_s$ 也有类似的表达式.在式(11.41,3)中,A_s^{I}、A_s^{II} 和 A_s^{III} 是标量,它必定是在内部运动过程中保持不变的那些量(如 C_s^2, h_s^2, E_s 等)的函数.类似地,B_s 是六个无散对称张量($\boldsymbol{C}_s$, $\boldsymbol{h}_s \wedge \boldsymbol{C}_s$, $\boldsymbol{h}_s \wedge (\boldsymbol{h}_s \wedge \boldsymbol{C}_s)$ ——也许还包括张量 $\overset{\circ}{\boldsymbol{h}_s \boldsymbol{h}_s}$——的二次函数)的线性函数,它们的系数,也是在内部运动过程中保持不变的那些量.

既然 $\boldsymbol{A}_s$, $\boldsymbol{D}_s$, B_s, B_s, 具有上述那些形式,于是等式(11.4,10 11)就等价于

$$\iint f_s^{(0)} B_s d\boldsymbol{c}_s d\boldsymbol{\Omega}_s = 0, \quad (11.41,4)$$

$$\sum_s \iint f_s^{(0)} \boldsymbol{A}_s \cdot m_s \boldsymbol{C}_s d\boldsymbol{c}_s d\boldsymbol{\Omega}_s = 0, \quad (11.41,5)$$

$$\sum_s \iint f_s^{(0)} \boldsymbol{D}_s \cdot m_s \boldsymbol{C}_s d\boldsymbol{c}_s d\boldsymbol{\Omega}_s = 0, \quad (11.41,6)$$

$$\sum_s \iint f_s^{(0)} B_s E_s d\boldsymbol{c}_s d\boldsymbol{\Omega}_s = 0. \qquad (11.41,7)$$

11.5. 单组元气体中的热传导

这里只计算单组元气体的粘性系数和热传导系数. 根据式(11.4,8)和式(11.41,1),对于这种气体,$\boldsymbol{A}$ 所满足的方程是

$$J(\boldsymbol{A}) = f^{(0)}(\mathscr{E} - \bar{\mathscr{E}} - 1)\boldsymbol{C}. \qquad (11.5,1)$$

而方程(11.41,3,5)现在变为

$$\boldsymbol{A} = A^{\rm I}\boldsymbol{C} + A^{\rm II}\boldsymbol{h}\wedge\boldsymbol{C} + A^{\rm III}\boldsymbol{h}\wedge(\boldsymbol{h}\wedge\boldsymbol{C}), \qquad (11.5,2)$$

$$\iint f^{(0)}\boldsymbol{A}\cdot m\boldsymbol{C}d\boldsymbol{c}d\boldsymbol{\Omega} = 0. \qquad (11.5,3)$$

我们取下式作为 $\boldsymbol{A}$ 的一阶近似

$$n\boldsymbol{A} = a_1\left(\mathscr{C}^2 - \frac{5}{2}\right)\boldsymbol{C} + a_2(\mathscr{E}^{(i)} - \overline{\mathscr{E}^{(i)}})\boldsymbol{C}, \quad (11.5,4)$$

其中 a_1 和 a_2 是适当的常数; 可以证明这种形式的 $\boldsymbol{A}$ 满足条件(11.5,3). 然而式(11.5,4)不是公式(11.5,2)的最一般的表达式,也不是速度到三次项且满足条件(11.5,3)的最一般表达式. 它只是 $A^{\rm I}\boldsymbol{C}$ 的一个特例, 而且不包含与 $A^{\rm II}$ 和 $A^{\rm III}$ 对应的项. 这个形式十分类似于不具有分子内能的气体里 $\boldsymbol{A}$ 的一阶近似;但是由于删去了一些额外项,因此它的精度大概相当低. 如果分子内能的各部分各自以完全不同的速率与平动能交换,那么就需用若干项(与上述各部分分子内能有关)来代替式(11.5,4)中的第二项.

表达式(11.5,4)只是 $\boldsymbol{A}$ 的近似,因此它当然不可能满足方程(11.5,1). 现在让表达式(11.5,4)满足两个积分方程, 它们是以 $\left(\mathscr{C}^2 - \frac{5}{2}\right)\boldsymbol{C}d\boldsymbol{c}d\boldsymbol{\Omega}$ 和 $(\mathscr{E}^{(i)} - \overline{\mathscr{E}^{(i)}})\boldsymbol{C}d\boldsymbol{c}d\boldsymbol{\Omega}$ 分别乘方程(11.5,1)然后积分而得到的[1]. 这两个方程是

---

1) 使用这样积分后的方程,等价于 11.23 节那样的平滑化.

$$a_1a_{11} + a_2a_{12} = \frac{15}{4}, \tag{11.5,5}$$

$$a_1a_{21} + a_2a_{22} = \frac{3}{4}(N-3), \tag{11.5,6}$$

其中

$$a_{11} = \left[\left(\mathscr{C}^2 - \frac{5}{2}\right)\boldsymbol{\mathscr{C}}, \left(\mathscr{C}^2 - \frac{5}{2}\right)\boldsymbol{\mathscr{C}}\right],$$

$$a_{12} = \left[\left(\mathscr{C}^2 - \frac{5}{2}\right)\boldsymbol{\mathscr{C}}, (\mathscr{E}^{(i)} - \overline{\mathscr{E}^{(i)}})\boldsymbol{\mathscr{C}}\right], \tag{11.5,7}$$

$$a_{21} = \left[(\mathscr{E}^{(i)} - \overline{\mathscr{E}^{(i)}})\boldsymbol{\mathscr{C}}, \left(\mathscr{C}^2 - \frac{5}{2}\right)\boldsymbol{\mathscr{C}}\right],$$

$$a_{22} = [(\mathscr{E}^{(i)} - \overline{\mathscr{E}^{(i)}})\boldsymbol{\mathscr{C}}, (\mathscr{E}^{(i)} - \overline{\mathscr{E}^{(i)}})\boldsymbol{\mathscr{C}}], \tag{11.5,8}$$

而 $[\phi,\psi]$ 定义为(参见式 (4.4,7)):

$$n^2[\phi, \psi] \equiv \iint \phi J(\psi) d\boldsymbol{c} d\boldsymbol{\Omega}. \tag{11.5,9}$$

如果 ϕ 和 ψ 都是动量 $m\boldsymbol{C}$, $\boldsymbol{P}^{(i)}$ 的偶函数或都是奇函数，那么用类似于推导方程(11.3,4)那样的思路(根据反碰撞概念)可以证明，在这种情况下[1]有(参见式(4.4,8))

$$n^2[\phi, \psi] = \frac{1}{4}\iiiint\!\!\iint f^{(0)}f_1^{(0)}(\phi + \phi_1 - \phi' - \phi_1')$$
$$\times (\psi + \psi_1 - \psi' - \psi_1')gbdbd\varepsilon d\boldsymbol{c}_1 d\boldsymbol{\Omega}_1 d\boldsymbol{c} d\boldsymbol{\Omega}, \tag{11.5,10}$$

结果 $[\phi, \psi] = [\psi, \phi]$，因此 $a_{12} = a_{21}$. 方程 (11.5,6) 中的因子 $N-3$ 来自式(11.33,11).

根据式(11.5,4)和(1.42,4)，热流通量矢给出如下

---

1) 如果 ϕ 和 ψ 中有一个是动量的偶函数，另一个是动量的奇函数，则根据对称性可得到

$$n^2[\phi,\psi] = -\iiiint\!\!\iint f^{(0)}f_1^{(0)}\phi(\psi' + \psi_1')gbdbd\varepsilon d\boldsymbol{c}_1 d\boldsymbol{\Omega}_1 d\boldsymbol{c} d\boldsymbol{\Omega},$$

为了避免收敛的困难，积分在 $\chi < \delta$ 处切断，象 3.6 节中一样. 利用反碰撞概念，这时可得出:

$$[\psi,\phi] = -[\phi,\psi].$$

$$\begin{aligned}\boldsymbol{q} &= -\iint f^{(0)}(\boldsymbol{A}\cdot\nabla\ln T)E\boldsymbol{C}dcd\boldsymbol{\Omega}\\ &= -\frac{1}{3}\nabla\ln T\iint f^{(0)}E\boldsymbol{A}\cdot\boldsymbol{C}dcd\boldsymbol{\Omega}\end{aligned}$$

由于 $\boldsymbol{q} = -\lambda\nabla T$，所以 λ 的一阶近似式是

$$\begin{aligned}[\lambda]_1 &= \frac{1}{3T}\iint f^{(0)}E\boldsymbol{A}\cdot\boldsymbol{C}dcd\boldsymbol{\Omega}\\ &= \frac{k^2T}{2m}(5a_1+(N-3)a_2)\\ &= \frac{3k^2T}{8m}\frac{25a_{22}-10(N-3)a_{12}+(N-3)^2a_{11}}{a_{11}a_{22}-a_{12}^2},\end{aligned}\quad(11.5,11)$$

此处利用了式(11.5,4—6)及(11.33,11).

在括号积分式 a_{11}，a_{12}，a_{22} 中，速度[1] $\boldsymbol{c}$，$\boldsymbol{c}_1$ 现在被式(9.2,6)定义的 $\mathscr{G}_0$，g 代替，并采用对称表达式(11.5,10)(因为 E 是动量的偶函数). 然后对 $\mathscr{G}_0$ 进行积分；再利用碰撞过程总能量守恒关系式

$$\mathscr{E}^{(i)}+\mathscr{E}_1^{(i)}-\mathscr{E}^{(i)\prime}-\mathscr{E}_1^{(i)\prime} = -(g^2-g'^2)$$

对积分结果进行简化，最后得到

$$a_{11} = \frac{7}{2}a+a'_{11},\quad a_{12} = -\frac{5}{2}a,\quad a_{22} = \frac{3}{2}a+a'_{22}.\quad(11.5,12)$$

此处

$$\begin{aligned}a &= \frac{\pi^{\frac{3}{2}}}{Z^2}\left(\frac{kT}{m}\right)^3\iiiint\!\!\int\exp(-g^2-\mathscr{E}^{(i)}-\mathscr{E}_1^{(i)})\\ &\quad\times\{g^2-g'^2\}^2gbdbded\boldsymbol{\Omega}d\boldsymbol{\Omega}_1d\boldsymbol{g},\end{aligned}\quad(11.5,13)$$

$$\begin{aligned}a'_{11} &= \frac{2\pi^{\frac{3}{2}}}{Z^2}\left(\frac{kT}{m}\right)^3\iiiint\!\!\int\exp(-g^2-\mathscr{E}^{(i)}-\mathscr{E}_1^{(i)})\\ &\quad\times\{g^4-2g^2g'^2\cos^2\chi+g'^4\}gbdbded\boldsymbol{\Omega}d\boldsymbol{\Omega}_1d\boldsymbol{g},\end{aligned}\quad(11.5,14)$$

$$a'_{22} = \frac{\pi^{\frac{3}{2}}}{Z^2}\left(\frac{kT}{m}\right)^3\iiiint\!\!\int\exp(-g^2-\mathscr{E}^{(i)}-\mathscr{E}_1^{(i)})\{g^2(\mathscr{E}^{(i)}-\mathscr{E}_1^{(i)})^2$$

1) 如同 4.1 节，互相碰撞的两个分子的坐标，速度和动量，分别写作 $\boldsymbol{Q}$，$\boldsymbol{c}$，$\boldsymbol{P}$ 和 $\boldsymbol{Q}_1$，$\boldsymbol{c}_1$，$\boldsymbol{P}_1$.

$$- 2gg'\cos\chi(\mathscr{E}^{(i)} - \mathscr{E}_1^{(i)})(\mathscr{E}^{(i)\prime} - \mathscr{E}_1^{(i)\prime})$$
$$+ g'^2(\mathscr{E}^{(i)\prime} - \mathscr{E}_1^{(i)\prime})^2\}gbdbd\varepsilon d\boldsymbol{\Omega}d\boldsymbol{\Omega}_1 d\boldsymbol{g}; \qquad (11.5,15)$$

χ 仍然是碰撞过程中相对速度的偏转角，于是

$$\boldsymbol{g}\cdot\boldsymbol{g}' = gg'\cos\chi.$$

利用类似于建立恒等式 (11.5,9,10) 的对称关系时所用的方法，可以证明：如果在被积函数中用 g^4 和 $g^2(\mathscr{E}^{(i)} - \mathscr{E}_1^{(i)})^2$ 代替 g'^4 和 $g'^2(\mathscr{E}^{(i)\prime} - \mathscr{E}_1^{(i)\prime})^2$，那么这些积分是不变的.

11.51. 粘性：体积粘性

根据式(11.4,8)和式(11.41,1)，单组元气体的 B 和 B 应满足下列方程

$$J(\mathsf{B}) = f^{(0)}\overset{\circ}{\boldsymbol{\mathscr{C}}\boldsymbol{\mathscr{C}}}, \qquad (11.51,1)$$

$$J(B) = f^{(0)}\left\{\frac{1}{3}\left(\mathscr{C}^2 - \frac{3}{2}\right) - \frac{1}{N}(\mathscr{E} - \bar{\mathscr{E}})\right\}. \qquad (11.51,2)$$

B 和 B 的一阶近似式取为

$$n\mathsf{B} = b_1\overset{\circ}{\boldsymbol{\mathscr{C}}\boldsymbol{\mathscr{C}}}, \qquad (11.51,3)$$

$$nB = b_2\left\{\frac{1}{3}\left(\mathscr{C}^2 - \frac{3}{2}\right) - \frac{1}{N}(\mathscr{E} - \bar{\mathscr{E}})\right\}. \qquad (11.51,4)$$

前一式相应于第七章的一阶近似. 而且可以证明(利用式 (11.33,10)) 第二式满足条件 (11.41,4,7)，而且是满足这些条件的最简单表达式.

方程(11.51,1)及(11.51,2)分别乘以

$$\boldsymbol{\mathscr{C}}\boldsymbol{\mathscr{C}}dcd\boldsymbol{\Omega} \quad 和 \quad \left\{\frac{1}{3}\left(\mathscr{C}^2 - \frac{3}{2}\right) - \frac{1}{N}(\mathscr{E} - \bar{\mathscr{E}})\right\}dcd\boldsymbol{\Omega}$$

然后积分，就得到确定系数 b_1, b_2 的方程. 它们是

$$b_1 b_{11} = \frac{5}{2},\ b_2 b_{22} = (N-3)/6N, \qquad (11.51,5)$$

其中

$$b_{11} = [\overset{\circ}{\boldsymbol{\mathscr{C}}\boldsymbol{\mathscr{C}}}, \overset{\circ}{\boldsymbol{\mathscr{C}}\boldsymbol{\mathscr{C}}}],$$

$$b_{22} = \left[\frac{1}{3}\left(\mathscr{C}^2 - \frac{3}{2}\right) - \frac{1}{N}(\mathscr{E} - \bar{\mathscr{E}}),\right.$$

$$\frac{1}{3}\left(\mathscr{C}^2-\frac{3}{2}\right)-\frac{1}{N}(\mathscr{E}-\bar{\mathscr{E}})\Big].$$

在这些括号积分式中，若表达为式(11.5,10)那样的对称形式后，可以象 11.5 节那样用 $\boldsymbol{\mathscr{G}}_0,\boldsymbol{g}$，代替速度 $\boldsymbol{c}_1$，$\boldsymbol{c}_2$. 对所有 $\boldsymbol{\mathscr{G}}_0$ 值积分后就得到

$$b_{11}=a'_{11}-\frac{2}{3}a,\quad b_{22}=\frac{2}{9}a, \tag{11.51,6}$$

其中 a 和 a'_{11} 是(11.5,13,14)所表示的积分.

f 的二级近似对应力张量的贡献是 $\mathsf{P}^{(1)}$，它表示为

$$\mathsf{P}^{(1)}=-2\iint f^{(0)}m\boldsymbol{CC}(\mathsf{B}:\nabla\boldsymbol{c}_0+B\nabla\cdot\boldsymbol{c}_0)d\boldsymbol{c}d\boldsymbol{\Omega}.$$

$\mathsf{P}^{(1)}$ 只是通过组合量 $\overset{\circ}{\overline{\overline{\nabla\boldsymbol{c}_0}}}(\equiv\overset{\circ}{\mathsf{e}})$ 和 $\nabla\cdot\boldsymbol{c}_0$ 而依赖于 $\boldsymbol{c}_0$ 的空间导数有关. 由于积分不可能引出除单位张量 U 以外别的新张量，所以积分的结果应具有如下形式：

$$\mathsf{p}^{(1)}=-2\mu\overset{\circ}{\mathsf{e}}-\varpi\mathsf{U}\nabla\cdot\boldsymbol{c}_0. \tag{11.51,7}$$

此处 μ 表示通常的‘剪切’粘性，ϖ 就是 11.1 节所说的‘体积’粘性，它是气体阻碍密度变化的能力的度量. 利用式(1.42,2)及 1.421 节的定理，就得到与式(11.51,3,4)相应的 μ 和 ϖ 的一阶近似式：

$$[\mu]_1=\frac{2}{5}kT\iint f^{(0)}\mathscr{C}\mathscr{C}:\mathsf{B}d\boldsymbol{c}d\boldsymbol{\Omega}=5kT/2b_{11}, \tag{11.51,8}$$

$$\begin{aligned}[\varpi]_1&=\frac{4}{3}\frac{kT}{n}\iint f^{(0)}\mathscr{C}^2b_2\left\{\frac{1}{3}\left(\mathscr{C}^2-\frac{3}{2}\right)-\frac{1}{N}(\mathscr{E}-\bar{\mathscr{E}})\right\}d\boldsymbol{c}d\boldsymbol{\Omega}\\&=\frac{1}{9}\left(\frac{N-3}{N}\right)^2\frac{kT}{b_{22}}.\end{aligned} \tag{11.51,9}$$

11.511. 体积粘性与弛豫现象

上面引出的体积粘性可以解释为一种弛豫现象. 在膨胀和收缩过程中压强所作的功立刻引起平动能的改变，但是对分子内能的影响(通过非弹性碰撞)只是在一段时滞以后才起作用，由此引起了弛豫现象.

我们可以引入温度 T_e 和 T_i，分别与平动能和分子内能对应。它们与 T 稍有差别。这两个温度是这样定义的：使 $\frac{1}{2}m\overline{C}^2$（或 $\overline{E^{(I)}}$）的值与某一均匀稳恒状态下温度为 T_e（或 T_i）的气体的平均平动能（或平均分子内能）相同。与平动能和分子内能对应的比热 c_v'，c_v'' 分别为 $3k/2m$ 和 $(N-3)k/2m$；因此若用温度 T_e 和 T_i 给出正确的总能量关系（整体温度为 T），则有

$$3(T_e - T) + (N-3)(T_i - T) = 0, \quad (11.511,1)$$

$$N\frac{DT}{Dt} = 3\frac{DT_e}{Dt} + (N-3)\frac{DT_i}{Dt}. \quad (11.511,2)$$

假设碰撞使能量从平动传递给内部运动，传递速率正比于 $T_e - T_i$，那么不计热传导和剪切粘性效应时，T_e 和 T_i 的变化方程分别是

$$\frac{3}{2}kn\frac{DT_e}{Dt} = -p\nabla\cdot\mathbf{c}_0 - \frac{N-3}{2\tau}kn(T_e - T_i), \quad (11.511,3)$$

$$\frac{N-3}{2}kn\frac{DT_i}{Dt} = \frac{N-3}{2\tau}kn(T_e - T_i), \quad (11.511,4)$$

其中 $p = nkT_e$。τ 是弛豫时间；正如方程 (11.511,4) 所表明的，在 T_e 保持不变的非正规状态下，$T - T_e$ 以指数方式衰减，衰减时间为 τ。

方程(11.511,3,4)可以合并为

$$\frac{D}{Dt}(T_e - T_i) = -\frac{2}{3}T_e\nabla\cdot\mathbf{c}_0 - \frac{N}{3\tau}(T_e - T_i).$$

在正常的膨胀过程中，左侧的时间导数与右侧的两项相比小得多；由此可得

$$T_e - T_i = -\frac{2}{N}\tau T_e\nabla\cdot\mathbf{c}_0.$$

利用式(11.511,1)，并且对上式已经是很小的右侧那一项略去 T_e 与 T 之间的微小差值，便得到

$$T_e - T = -\frac{2(N-3)}{N^2}\tau T\nabla\cdot\mathbf{c}_0. \quad (11.511,5)$$

因此弛豫效应是使 p 由 $p_0(\equiv nkT)$ 变为

$$p = nkT_e = p_0\left(1 - \frac{2(N-3)}{N^2}\tau\nabla\cdot\mathbf{c}_0\right),$$

由此导出体积粘性 ϖ 为

$$\varpi = \frac{2(N-3)}{N^2}p_0\tau. \qquad (11.511,6)$$

如果在一阶近似范围内假设 τ 由下式给出

$$\tau = \frac{1}{18}\frac{N-3}{nb_{22}} = \frac{N-3}{4na}, \qquad (11.511,7)$$

那么就得到与式(11.51,9,6)一致的结果.

象式(11.511,5)或(11.511,7)那样的等式，只有当 $T_e - T_i$ 很小时才成立. 亦即当 τ 与膨胀过程的时间尺度相比很小时才正确. 当温度变化十分迅速时，必须回到方程(11.511,3)和(11.511,4)，而且这些方程也还只是近似正确. 如果与膨胀过程的时间尺度相比 τ 很大，那么方程(11.511,3)就近似于单原子气体的温度方程了.

式(11.511,6)可以推广到有几部分分子内能的情况，每一部分内能有各自的弛豫时间. 如果假设内能的每一部分都只与平动能发生相互作用，那么式(11.511,6)推广为

$$\varpi = \frac{2p_0}{N^2}(N_1\tau_1 + N_2\tau_2 + \cdots). \qquad (11.511,8)$$

此处 N_1，N_2，…… 是内能 $E^{(i)}$ 的各部分对 N 的贡献，而 τ_1，τ_2，……是相应的弛豫时间. 由前述可知，只有当所有的弛豫时间都比膨胀过程的时间尺度小得多时，才能把弛豫效应简单地解释为体积粘性.

11.52. 扩散

二组元混合气体的扩散系数取决于式(11.41,1, 2)中的诸矢量 $\boldsymbol{D}_s$，它们应满足下列方程

$$J_1(\boldsymbol{D}) = x_1^{-1}f_1^{(0)}\boldsymbol{C}_1,\quad J_2(\boldsymbol{D}) = -x_2^{-1}f_2^{(0)}\boldsymbol{C}_2. \qquad (11.52,1)$$

令

$$x_1\boldsymbol{D}_1 = d_0\boldsymbol{C}_1,\quad x_2\boldsymbol{D}_2 = -d_0\boldsymbol{C}_2, \tag{11.52,2}$$

就能得到一阶近似值$[D_{12}]_1$，其中 d_0 是常数．这种形式的 $\boldsymbol{D}_s$ 能满足条件(11.41,6)．代替方程(11.52,1)，让 $\boldsymbol{D}_s$ 满足下面的积分方程

$$\begin{aligned} & x_1^{-1}\iint \boldsymbol{C}_1\cdot J_1(\boldsymbol{D})d\boldsymbol{c}_1 d\boldsymbol{\Omega}_1 - x_2^{-1}\iint \boldsymbol{C}_2\cdot J_2(\boldsymbol{D})d\boldsymbol{c}_2 d\boldsymbol{\Omega}_2 \\ &= \sum_s x_s^{-2}\iint f_s^{(0)} C_s^2 d\boldsymbol{c}_s d\boldsymbol{\Omega}_s. \end{aligned} \tag{11.52,3}$$

然后将式(11.52,2)代入上式就可求得 d_0 的值．方程(11.52,3)的右边积分后化为 $3kT\rho n^2/(\rho_1\rho_2)$．方程左边，由于动量守恒原理，使 $J_1(\boldsymbol{D}_1)$ 和 $J_2(\boldsymbol{D}_2)$ 中来自同类分子碰撞的那部分贡献为零．在左边留下的积分中，利用式(4.4,10)那样的对称关系，再象 11.5 节和 11.51 节那样完成对 $\mathscr{G}_0$ 的积分，那么式(11.52,3)就简化为

$$d_0 = \frac{3m_0}{8\rho d_{00}}, \tag{11.52,4}$$

其中

$$\begin{aligned} d_{00} = \frac{(kT)^3\pi^{\frac{3}{2}}}{(m_1m_2)^{\frac{3}{2}}Z_1Z_2}\iiiint\!\!\!\int \exp(-g^2 - \mathscr{E}_1^{(i)} - \mathscr{E}_2^{(i)}) \\ \times (g^2 - 2gg'\cos\chi + g'^2)gbdbded\boldsymbol{\Omega}_1 d\boldsymbol{\Omega}_2 d\boldsymbol{g}. \end{aligned} \tag{11.52,5}$$

不难看出，与式(11.52,5)对应的扩散速度 $\bar{\boldsymbol{C}}_1 - \bar{\boldsymbol{C}}_2$ 等于 $-n\rho d_0 kT\boldsymbol{d}_1/\rho_1\rho_2$．因此(参见式(8.4,7))

$$[D_{12}]_1 = \frac{\rho kTd_0}{nm_1m_2} = \frac{3m_0kT}{8nm_1m_2d_{00}}. \tag{11.52,6}$$

从上式不难得到单组元气体的自扩散系数，只需令 $m_1 = m_2$，$Z_1 = Z_2$ 等．

分子具有内能时，热扩散公式非常复杂，即使是一阶近似亦然．通常假设(有一定程度的合理性)没有内能的分子的热扩散理论也可近似地应用于具有内能的分子．

11.6. 粗 糙 球

上述这些结果首先被应用于 Bryan 和 Pidduck 的粗糙弹性球

分子．这类分子是这样定义的：碰撞时两个球在撞击点的相对速度正好完全逆转．不难证明，这样两个分子的总能量在碰撞过程中是守恒的．

分子 m_s 的运动状态现在可以由 $\mathbf{c}_s, \boldsymbol{\omega}_s$ 完全确定，这里 $\mathbf{c}_s$ 是分子中心的速度，$\boldsymbol{\omega}_s$ 是分子的角速度．$\boldsymbol{\omega}_s$ 的分量不是它们本身的 Lagrange 速度．然而借助于广义速度分布函数 $f_s(\boldsymbol{r}, \mathbf{c}_s, \boldsymbol{\omega}_s)$ 可以建立起与上面给出的理论十分相似的理论．此处的广义分布函数的定义是：每单位体积内，速度和角速度在 $d\mathbf{c}_s$ 和 $d\boldsymbol{\omega}_s$ 范围内的分子 m_s 的数目是 $f_s d\mathbf{c}_s d\boldsymbol{\omega}_s$．二组元混合气体的 f_s 应满足的 Boltzmann 方程为

$$\frac{\partial f_s}{\partial t} + \mathbf{c}_s \cdot \frac{\partial f_s}{\partial \boldsymbol{r}} + \boldsymbol{F}_s \cdot \frac{\partial f_s}{\partial \mathbf{c}_s}$$
$$= \sum_t \iiint (f_s' f_t' - f_s f_t) \sigma_{st}^2 \boldsymbol{g}_{ts} \cdot \mathbf{k} d\mathbf{k} d\mathbf{c}_t d\boldsymbol{\omega}_t. \qquad (11.6,1)$$

其中 $\boldsymbol{g}_{ts} = \mathbf{c}_t - \mathbf{c}_s$，$\sigma_{st} = \frac{1}{2}(\sigma_s + \sigma_t)$，$\sigma_s$ 是分子 m_s 的直径；此外，$f_s' = f_s(\mathbf{c}_s', \boldsymbol{\omega}_s')$，$f_t' = f_t(\mathbf{c}_t', \boldsymbol{\omega}_t')$，其中 $\mathbf{c}_s', \boldsymbol{\omega}_s'$ 和 $\mathbf{c}_t', \boldsymbol{\omega}_t'$ 是一对分子在碰撞前的速度和角速度，这对分子在碰撞后的速度和角速度是 $\mathbf{c}_s, \boldsymbol{\omega}_s$ 和 $\mathbf{c}_t, \boldsymbol{\omega}_t$；而 $\mathbf{k}$ 是碰撞时从分子 m_s 到分子 m_t 的中心连线方向上的单位矢量，因而 $\boldsymbol{g}_{ts} \cdot \mathbf{k} > 0$．

设 I_1, I_2 是分子 m_1, m_2 围绕其直径的转动惯量．我们定义：

$$K_1 = 4I_1/m_1\sigma_1^2,\quad K_2 = 4I_2/m_2\sigma_2^2,\quad m_0K_0 = m_1K_1 + m_2K_2. \qquad (11.6,2)$$

对于均匀球，K_1 和 K_2 的值是 0.4．因为一个实际分子的有效直径由它的外垒确定，而转动惯量由原子核之间的距离确定，所以对于所有实际情况，K_1, K_2 看来总小于 0.4．利用 K_0, K_1 和 K_2，可以证明分子 m_1 与分子 m_2 之间发生一次碰撞后的参数为：

$$\mathbf{c}_1' = \mathbf{c}_1 + 2M_2\{K_1K_2\mathbf{V} + K_0\mathbf{k}(\mathbf{k}\cdot\mathbf{V})\}/(K_1K_2 + K_0), \qquad (11.6,3)$$
$$\mathbf{c}_2' = \mathbf{c}_2 - 2M_1\{K_1K_2\mathbf{V} + K_0\mathbf{k}(\mathbf{k}\cdot\mathbf{V})\}/(K_1K_2 + K_0), \qquad (11.6,4)$$
$$\boldsymbol{\omega}_1' = \boldsymbol{\omega}_1 + 4M_2K_2\mathbf{k}\wedge\mathbf{V}/\sigma_1(K_1K_2 + K_0), \qquad (11.6,5)$$
$$\boldsymbol{\omega}_2' = \boldsymbol{\omega}_2 + 4M_1K_1\mathbf{k}\wedge\mathbf{V}/\sigma_2(K_1K_2 + K_0). \qquad (11.6,6)$$

在这些公式中，$\mathbf{V}$ 是碰撞终了时在接触点处两球的相对速度，也就是说

$$\mathbf{V}=\mathbf{c}_2+\frac{1}{2}\sigma_2\mathbf{k}\wedge\boldsymbol{\omega}_2-\mathbf{c}_1+\frac{1}{2}\sigma_1\mathbf{k}\wedge\boldsymbol{\omega}_1. \qquad (11.6,7)$$

在均匀稳恒状态下有

$$f_s=n_s\frac{(m_sI_s)^{\frac{3}{2}}}{(2\pi kT)^3}\exp\{-(m_sC_s^2+I_s\omega_s^2)/2kT\}, \qquad (11.6,8)$$

因此(参见 11.34 节)，$N_s'=N_s=6$，$\gamma=\frac{4}{3}$. 对于甲烷和氯，这是很好的近似.在常温下，甲烷和氯的 γ 分别为 1.310 和 1.318. 由于甲烷中氢原子是对称排列的，所以可用球分子来很好地代表.

当 K_1，K_2(因此 I_1，I_2 也一样)趋于零，在这种极限情况下，平动能和转动能不再相互交换. 按照能量均分原理，

$$\frac{1}{2}m_s\overline{C_s^2}=\frac{1}{2}I_s\overline{\omega_s^2}=\frac{1}{8}m_sK_s\sigma_s^2\overline{\omega_s^2}.$$

因此在 $K_s\to 0$ 的极限下，我们必须认为 $\mathbf{c}_s$ 比 $\frac{1}{2}\sigma_s\boldsymbol{\omega}_s$ 小得多，但 $\mathbf{c}_s$ 比 $\frac{1}{2}K_s\sigma_s\boldsymbol{\omega}_s$ 大得多. 这样将式(11.6,7)代入式(11.6,3—6)，就得到如下近似关系

$$\mathbf{c}_1'=\mathbf{c}_1+2M_2\mathbf{k}(\mathbf{k}\cdot\mathbf{g}_{21}),$$
$$\mathbf{c}_2'=\mathbf{c}_2-2M_1\mathbf{k}(\mathbf{k}\cdot\mathbf{g}_{21}),$$
$$\boldsymbol{\omega}_1'=\boldsymbol{\omega}_1+(2M_2K_2/K_0\sigma_1)\mathbf{k}\wedge[\mathbf{k}\wedge(\sigma_1\boldsymbol{\omega}_1+\sigma_2\boldsymbol{\omega}_2)],$$
$$\boldsymbol{\omega}_2'=\boldsymbol{\omega}_2+(2M_1K_1/K_0\sigma_2)\mathbf{k}\wedge[\mathbf{k}\wedge(\sigma_1\boldsymbol{\omega}_1+\sigma_2\boldsymbol{\omega}_2)].$$

这些式子表明线速度与角速度已不再偶合. 可是，尽管它们不再影响线速度，然而角速度本身的变化仍然是显著的.

11.61. 粗糙球的输运系数

在粗糙球情况下，11.5 节和 11.52 节中的碰撞积分 a_{11}'，a，a_{22}'与 d_{00} 均可迅速地算出[1). 利用公式(11.6,3—6)，并以 $\sigma^2\mathbf{g}_{21}\cdot\mathbf{k}d\mathbf{k}$ 或

1) 实际上，通常是用非对称表达式(11.5,9)计算这些括号积分的.

$\sigma_{12}^2 \mathbf{g}_{21} \cdot \mathbf{k} d\mathbf{k}$ 代替 $gbdbde$ 之后，其计算结果为

$$a'_{11} = \sigma^2 \left(\frac{\pi k T}{m}\right)^{\frac{1}{2}} \frac{4(2+5K)}{(1+K)^2},$$

$$a = \sigma^2 \left(\frac{\pi k T}{m}\right)^{\frac{1}{2}} \frac{4K}{(1+K)^2},$$

$$a'_{22} = \sigma^2 \left(\frac{\pi k T}{m}\right)^{\frac{1}{2}} \frac{6(1+K+2K^2)}{(1+K)^2},$$

$$d_{00} = \sigma_{12}^2 \left(\frac{2\pi k T m_0}{m_1 m_2}\right)^{\frac{1}{2}} \frac{K_0 + 2K_1K_2}{K_0 + K_1K_2}.$$

对应的各输运系数一阶近似值为

$$[\lambda]_1 = \frac{9}{16\sigma^2}\left(\frac{k^3 T}{\pi m}\right)^{\frac{1}{2}} \frac{(1+K)^2(37+151K+50K^2)}{12+75K+101K^2+102K^3}, \tag{11.61,1}$$

$$[\mu]_1 = \frac{15}{8\sigma^2}\left(\frac{kTm}{\pi}\right)^{\frac{1}{2}} \frac{(1+K)^2}{6+13K}, \tag{11.61,2}$$

$$[\varpi]_1 = \frac{1}{32\sigma^2}\left(\frac{kTm}{\pi}\right)^{\frac{1}{2}} \frac{(1+K)^2}{K}, \tag{11.61,3}$$

$$[D_{12}]_1 = \frac{3}{8n\sigma_{12}^2}\left(\frac{kTm_0}{2\pi m_1 m_2}\right)^{\frac{1}{2}} \frac{K_0+K_1K_2}{K_0+2K_1K_2}. \tag{11.61,4}$$

式(11.61,2)给出的粘性系数，在 $K=0$ 时(即平动和转动变成互不影响)就等于光滑球模型的数值；当 $K=0.4$ 时它增加到 1.05 倍；但是若 $K<0.2$，则其值与光滑球的数值之差小于百分之一．由于有分子内能输运，因此式(11.61,1)给出的热传导系数总是大于光滑球模型的值．当 K 从 0 增加到 0.4 时，两者之比从 1.48 逐渐地增加到 1.533，这是因为来自转动能的输运量增加了(粗糙球有把与它相碰撞的分子碰回去的倾向，同时还有把它自己的一部分转动能传给碰撞分子的倾向)．事实上，当 K 从 0 增加到 0.4 时，发现 $[\lambda]_1$ 中来自平动能输运的部分(相应于式(11.5,4)中的 a_1 项)减小到原来的 0.916，然而 $[\lambda]_1$ 中来自转动能的部分却增加到原来的 1.28．对于粗糙球 $N=6$，因此 $c_v=3k/m$ (参见式(11.33,6))．从这些结果可以看到，当 $K=0$ 时，$[f]_1=[\lambda]_1/$

$\{[\mu]_1 c_v\} = 1.85$，当 K 的值在 0 和 0.4 之间时，$[f_1]$ 介于 1.87 和 1.825 之间。

正如 Kohler[1] 最初指出的，式(11.61,3)表达的体积粘性 $[\varpi]_1$ 同 $[\mu]_1$ 相比并不小；当 K 为最大值 0.4 时，$[\varpi]_1$ 为 $7[\mu]_1/15$；当 K 很小时，$[\varpi]_1$ 就变得比 $[\mu]_1$ 大得多。这结果是与弛豫表达式(11.511,6)一致的。因为当 $K \to 0$ 时，平动能与转动能之间的交换变得无限慢了。

最后，式(11.61,4)给出的扩散系数，在 K_1 或 K_2 无论那个为零时，与光滑球模型一致；但随着 K_1 和 K_2 的增加，扩散系数变小了；若 $K_1 = K_2 = K_0 = 0.4$，它只有原来的九分之七。扩散系数的减小是由于：随着 K_1 和 K_2 的增加，碰撞时的相对速度偏转角亦在增加。

在式(11.41,3)和类似的关系式中含有 $\boldsymbol{h}_s \wedge \boldsymbol{C}_s$ 和 $\boldsymbol{h}_s \wedge (\boldsymbol{h}_s \wedge \boldsymbol{C}_s)$ 的那些项，会使输运系数的计算值显著地超过它们的一阶近似式(11.61,1—4)。Condiff，Lu 和 Dahler[2] 等——利用含有 $\boldsymbol{C}$ 和 $\boldsymbol{\omega}$ 高达五次项的 $\boldsymbol{A}$ 的近似式——发现，当 K 从 0 增加到 0.4 时，λ 的范围为 $1.066[\lambda]_1$ 到大约 $1.1[\lambda]_1$。类似地，对于 $\boldsymbol{B}$ 一直计及到四次项，当 K 从 0 增加到 0.4 时，他们发现 μ 的范围为 $1.015[\mu]_1$ 到大约 $1.06[\mu]_1$。它们还计算了 ϖ 的二阶近似值和三阶近似值；当 K 很小时，ϖ 的三阶近似值等于 $[\varpi]_1$；但当 $K = 0.4$ 时，ϖ 的三阶近似值比 $[\varpi]_1$ 大百分之三左右。然而，他们发现，与更加真实的模型相比，粗糙球模型中 $\boldsymbol{h}_s \wedge \boldsymbol{C}_s$ 项和 $\boldsymbol{h}_s \wedge (\boldsymbol{h}_s \wedge \boldsymbol{C}_s)$ 项的影响好象要更大一些。

11.62. 粗糙球模型的缺陷

Bryan-Pidduk 的粗糙球模型有几个缺陷。首先，象所有其它刚

1) M. Kohler, *Z. Phys.* **124**, 757(1947); **125**, 715(1949).

2) D. W. Condiff, W.-K. Lu and J. S. Dahler, *J. Chem. Phys.* **42**, 3445(1965). L. Waldmann (*Z. Naturf.* **18a**, 1033(1963))，对于 Lorentz 气体，只保留 $(\boldsymbol{h}_s \wedge \boldsymbol{C}_s)$ 这一项时，发现 D_{12} 小于 $[D_{12}]_1$；然而，如果 $(\boldsymbol{h}_s \wedge (\boldsymbol{h}_s \wedge \boldsymbol{C}_s))$ 这一项也保留下来，则 D_{12} 不是小于 $[D_{12}]_1$，而是大于 $[D_{12}]_1$ 了。

性模型一样，两个分子碰撞时相对速度的偏转角仅取决于它们的速度比[1]，而与它们的实际速率无关．其次，由于碰撞接触点的相对速度逆转了，因此即使是擦掠而过的碰撞也会产生大偏转．最后，实验表明平动动能和转动动能之间的交换是比较慢的；若 K_1，K_2 取值较小，就可以得到这么慢的能量交换；但这时仍然允许分子之间发生转动能的自由交换，而这点同实际分子情况不一致．

Chapman 和 Hainsworth[2] 曾试图修正这个模型以克服上述第一个缺陷，但是这个努力本身就具有严重的缺陷．为了克服第三个缺陷，可以假设：一部分碰撞分子是粗糙的，其余部分是光滑的．但这个假设是人为的．第二个缺陷似乎很难克服．因此，尽管在具有内能的气体分子中，粗糙球分子模型几乎是唯一可以给出精确结果的模型（就这点而言是可取的），但它仍然不能十分确切地表达实际气体的行为．

11.7. 球柱体模型

对于任意的光滑刚性凸形分子，Curtiss 和 Muckenfuss[3] 已经给出计算无外力作用时的输运系数公式．他们给出了球柱体模型（柱体长为 L、直径为 σ，两端带有直径为 σ 的半球）的显式表达式．他们的公式包含两个参数 $\beta = L/\sigma$ 和 $K = 4I/m\sigma^2$，其中 I 是总转动惯量，其转动轴线是通过柱体中心并垂直于柱体的轴．当 $\beta = 0$ 时，分子就是球形的．

这些公式虽然只包含一些初等函数，但是在形式上太繁复了，所以在这里不能引用它，就连 Curtiss 和 Muckenfuss 也没有用显式给出它们全部结果．他们的结果可粗略地综述如下：如果 K 不

1) 此处应是相对速度，不是速度比．——译者注

2) S. Chapman and W. Hainsworth, *Phil. Mag*. **48**, 593(1924)．假设有效直径是随 g'（进行碰撞的分子互相靠近时的相对速度）而变，然而由于 g' 在碰撞中是不守恒的，这就意味着正碰撞不能象 11.3 节那样与反碰撞相平衡．

3) C. F. Curtiss, *J. Chem. Phys*. **24**, 225(1956); C. F. Curtiss and C. Muckenruss, *J. Chem. Phys*. **26**, 1619(1957), and **29**, 1257(1958).

很小，那么在 11.5 节的 a'_{11}，a'_{22} 那样的积分中，球柱分子的有效碰撞截面比同样体积的球形分子大，且其差值随 β 的增加(亦即偏离球形程度的增加)而增加．然而，如果 K 很小，那么碰撞冲击力可以使角速度发生很大改变，却不显著影响分子中心的运动；结果动量和平动动能的输运都增加了．因此，如果 K 不很小，则输运系数比光滑球模型小；但如果 K 很小，则它比光滑球模型大(对于 λ，这里是指与 Eucken 修正公式(11.8,4)比较而言的)．体积粘性系数 ϖ 总是大于同体积光滑球的剪切粘性系数．若 K 很小，则这二者之比很大，即使 β 很小（亦即分子接近球形）亦然；不论哪种情况，转动动能与平动动能之间的交换都是很慢的．

11.71. 加载球模型

对于加载球模型，Dahler 和他的合作者[1]得到了只决定于一个参数 $a = m\xi^2/2I$ 的结果．其中 ξ 是质量中心与几何中心 O 之间的距离，而 I 是围绕通过 G 并垂直于 OG 的轴的转动惯量．他们发现，对于所有的物理上允许的 a 值，比值 $f = \lambda/\mu c_v$ 总是接近于按 Eucken 修正公式（参见下面的 11.8 节）求得的值 1.98；平动能部分贡献的减小与内能部分贡献的增加几乎抵销，他们还发现，在由分子的质量和半径均相同的两种气体组成的混合气体中，不同的质量分布偏心率会产生一个非零的热扩散因子．

11.8. 近于光滑的分子：Eucken 公式

近于光滑的分子是这样定义的：为了使分子内能产生任何明显的改变，需要大量的碰撞．

Eucken[2] 提出过一个热传导系数的近似表达式，严格说它只适

1) J. S. Dahler and N. F. Sather, *J. Chem. Phys.* **35**, 2029(1961), and **38**, 2363(1962); S. I. Sandler and J. S. Dahler, *J. Chem. Phys.* **43**, 1750(1965), **46**, 3520(1967), and **47**, 2621(1967).

2) A. Eucken, *Phys. Z.* **14**, 324(1913).

用于近于光滑分子的气体。他把 λ 分成互不相关的两部分 λ' 和 λ''，它们分别表示平动能输运和分子内能输运造成的热传导系数；同样，他把 c_v 分成 c_v' 和 c_v'' 两部分。对于单原子气体，λ 十分接近 $\frac{5}{2}\mu c_v$（参见式(9.7,4)）；通过类比，Eucken 假设 $\lambda' = \frac{5}{2}\mu c_v'$。在另一方面，由于分子的速率和它的内能之间几乎没有什么联系，根据6.3节末所作的讨论，可以假设 $\lambda'' = \mu c_v''$。Eucken 采用了这一假设。这相当于假设在动量输运和分子内能输运中起作用的平均自由程是相等的。因此 Eucken 记 λ 为

$$\lambda = \mu\left(\frac{5}{2}c_v' + c_v''\right). \tag{11.8,1}$$

既然（参见式(11.33,6,7)）c_v，c_v' 和 c_v'' 可分别表示为

$$c_v = \frac{Nk}{2m},\quad c_v' = \frac{3k}{2m},\quad c_v'' = \frac{(N-3)k}{2m}, \tag{11.8,2}$$

如果 γ 是比热比，则就有 $N = 2/(\gamma - 1)$；这样，式(11.8,1)就等价于

$$\lambda = \frac{1}{4}(9\gamma - 5)\mu c_v. \tag{11.8,3}$$

这就是所谓的 Eucken 公式。

然而，对于近于光滑的分子，当它们从气体的一部分向另一部分进行扩散时，分子具有其出发地区的平均内能，由此导致内能的输运。于是输运过程中的有效自由程就是扩散过程的有效自由程，应该记 $\lambda'' = \rho D_{11} c_v''$。因此式(11.8,1)应以下式代替：

$$\lambda = \frac{5}{2}\mu c_v' + \rho D_{11} c_v''. \tag{11.8,4}$$

令 $\rho D_{11} = u_{11}'\mu$（参见式(6.4,4)），我们就得到

$$\lambda = \frac{1}{4}\{15(\gamma - 1) + 2u_{11}'(5 - 3\gamma)\}\mu c_v. \tag{11.8,5}$$

它取代了式(11.8,3)。数字因子 u_{11}' 一般是大于 1。对于光滑弹性刚球，它等于 1.20。对于 Maxwell 分子它等于 1.55。对于大多数通用的分子模型，它在 1.20 和 1.55 之间。因此从式(11.8,5)得出

的 $f = \lambda/\mu c_v$ 值比从式(11.8,3)得到的值稍大一点.

Eucken 修正公式(11.8,4)也可以从 11.5 节和 11.52 节给出的一般表达式导出. 对于近于光滑的分子, 在碰撞积分中我们可以近似地写成 $g = g'$, $\mathscr{E}^{(i)} = \mathscr{E}^{(i)\prime}$; 而且对于象 $(\mathscr{E}^{(i)} - \mathscr{E}_1^{(i)})^2$ 那样的函数可以在内部坐标和内部动量范围内求其平均值, 因为 $\mathscr{E}^{(i)}$ 不依赖平动速度. 因此式 (11.5,13) 的积分 a 变为零,于是由式(11.5,12)和式(11.51,6,8)我们得到

$$a_{11} = b_{11} = 5kT/2[\mu]_1, \quad a_{12} = 0. \tag{11.8,6}$$

此外, $a_{22} = a'_{22}$, 而且由式(11.5,15),我们得到

$$a'_{22} = \overline{(\mathscr{E}^{(i)} - \mathscr{E}_1^{(i)})^2}\,\frac{\pi^{\frac{3}{2}}}{Z^2}\left(\frac{kT}{m}\right)^3 \iiiiint \exp(-g^2 - \mathscr{E}^{(i)} - \mathscr{E}_1^{(i)})$$

$$\times (g^2 - 2gg'\cos\chi + g'^2)\, g b\, db\, d\varepsilon\, d\mathbf{g}\, d\boldsymbol{\Omega}\, d\boldsymbol{\Omega}_1. \tag{11.8,7}$$

但是,由于 $\mathscr{E}^{(i)}$ 和 $\mathscr{E}_1^{(i)}$ 是互不相关的,根据式 (11.33,11), 我们得到

$$\overline{(\mathscr{E}^{(i)} - \mathscr{E}_1^{(i)})^2} = 2\{\overline{(\mathscr{E}^{(i)})^2} - \overline{(\mathscr{E}^{(i)})}^2\} = N - 3;$$

此外,(11.8,7)中的积分与式 (11.52,5,6) 的扩散表达式 d_{00} 是相同的. 因此

$$a_{22} = a'_{22} = (N-3)(3kT/4\rho[D_{11}]_1). \tag{11.8,8}$$

将 a_{11}, a_{22} 的这些值代入式(11.5,11), 并利用式(11.8,2)后, 我们得到

$$[\lambda]_1 = \frac{15k}{4m}[\mu]_1 + \frac{(N-3)k}{2m}\rho[D_{11}]_1$$

$$= \frac{5}{2}c'_v[\mu]_1 + c''_v\rho[D_{11}]_1, \tag{11.8,9}$$

在一阶近似范围内,此式与式(11.8,4)一致.

11.81. Mason-Monchick 理论

Mason 和 Monchick[1)] 一直试图改进 Eucken 修正公式, 他们假

---

1) E. A. Mason and L. Monchick, *J. Chem. Phys.* **36**, 1622(1962).

定平动与转动之间的能量交换是很慢的，但不能完全忽略．因此积分 a（见式(11.5,13)）很小；根据式(11.511,7)，它与弛豫时间的一阶近似值$[\tau]_1$（见11.511节）的关系为

$$a=(N-3)/4n[\tau]_1. \tag{11.81,1}$$

按照式(11.5,12)和式(11.51,6,8)，我们得到

$$a_{12}=-\frac{5}{2}a=-\frac{5}{8}\frac{(N-3)}{n[\tau]_1}, \tag{11.81,2}$$

$$a_{11}=b_{11}+\frac{25}{6}a=\frac{5kT}{2[\mu]_1}+\frac{25}{24}\frac{(N-3)}{n[\tau]_1}. \tag{11.81,3}$$

在方程 $a_{22}=\frac{3}{2}a+a'_{22}$ 中，仍然要用到 a'_{22} 的表达式(11.8,8)，但是用 $D_{\rm int}$ 代替 $[D_{11}]_1$；$D_{\rm int}$ 可解释为分子内能扩散系数的一阶近似值．由此得到

$$a_{22}=\frac{3(N-3)kT}{4\rho D_{\rm int}}+\frac{3(N-3)}{8n[\tau]_1}. \tag{11.81,4}$$

利用上列各式，再把式(11.8,2)的 c'_v,c''_v 代入，并经适当简化后，由式(11.5,11)我们得到

$$[\lambda]_1=\frac{5}{2}[\mu]_1c'_v+\rho D_{\rm int}c''_v-\frac{\frac{1}{2}c''_v\left(\frac{5}{2}[\mu]_1-\rho D_{\rm int}\right)^2}{p_0[\tau]_1+\frac{1}{2}\rho D_{\rm int}+\frac{5}{12}(N-3)[\mu]_1}. \tag{11.81,5}$$

除了 $[D_{11}]_1$ 用 $D_{\rm int}$ 代替以外，式(11.81,5)与 Eucken 修正公式的差别仅在于式(11.81,5)的右边多了最后一项，这意味着，如果把 $D_{\rm int}$ 取为 $[D_{11}]_1$，那么 $[\lambda]_1$ 和比值 $[{\rm f}]_1=[\lambda]_1/[\mu]_1c_v$ 总是小于式(11.8,4)给出的值．

值得怀疑的是，把 $D_{\rm int}$ 取为 $[D_{11}]_1$（从而 a'_{22} 仍可用式(11.8,8)表示），其可靠程度究竟如何？正如公式(11.5,13)所表明的，碰撞积分 a 取决于碰撞时平动与转动之间能量交换的平方；但式(11.8,8)是否准确到这个能量交换的二阶项，这一点是不清楚的．在式

(11.5,15)的积分中，$(\mathscr{E}^{(i)}-\mathscr{E}_1^{(i)})^2$ 和 $(\mathscr{E}^{(i)'}-\mathscr{E}_1^{(i)'})^2$ 的平均值是相等的，因为每一个正碰撞都对应着一个反碰撞；但是由于 $((\mathscr{E}^{(i)}-\mathscr{E}_1^{(i)})-(\mathscr{E}^{(i)'}-\mathscr{E}_1^{(i)'}))^2$ 总是正的，因此 $(\mathscr{E}^{(i)}-\mathscr{E}_1^{(i)})(\mathscr{E}^{(i)'}-\mathscr{E}_1^{(i)'})$ 的平均值必小于 $(\mathscr{E}^{(i)}-\mathscr{E}_1^{(i)})^2$ 的平均值。因此，用式(11.8,8)近似地代替式(11.5,15)，只有在下列情况下才是适应的。即在 $\mathscr{E}^{(i)'}-\mathscr{E}_1^{(i)'}$ 明显地不同于 $\mathscr{E}^{(i)}-\mathscr{E}_1^{(i)}$ 的那些碰撞中，$gg'\cos\chi$[1)]的平均值要接近于零，亦即 χ 的平均值约为 $\frac{1}{2}\pi$。

对于大多数较真实的分子模型，就扩散而言，$\chi<\frac{1}{2}\pi$ 的那些碰撞比 $\chi>\frac{1}{2}\pi$ 的碰撞更重要。在另一方面，从对分子内能产生明显的变化来说，χ 值较大的那些碰撞，其重要性似乎上升了。因此，在缺少详细分析的条件下，在式(11.81,5)中采用 $D_{int}=[D_{11}]_1$ 在许多情况下可能是一个合理的近似。粗糙球模型表明，同取 $D_{int}=[D_{11}]_1$ 所带来的固有误差相比，K 的增加所引起的 λ 的减小是较慢的。这是因为这种模型有奇特的性质：它使相碰分子的 $gg'\cos\chi$ 的平均值成为负值$\left(\text{相应地，}\chi\text{ 的平均值大于}\frac{1}{2}\pi\right)$，然而 $(\mathscr{E}^{(i)}-\mathscr{E}_1^{(i)})(\mathscr{E}^{(i)'}-\mathscr{E}_1^{(i)'})gg'\cos\chi$ 的平均值却是正的。对那些较真实的模型好象不会出现这样奇特的性质。

即使如此，对于某些分子模型 $D_{int}=[D_{11}]_1$ 似乎存在着系统偏差。例如，正如 Mason 和 Monchick 指出的，具有永久偶极矩的分子在碰撞时可能引起内能交换，而偶极矩却并不显著地影响平动运动。这就意味着 D_{int} 比 $[D_{11}]_1$ 小，并导致 λ 值系统地偏低。

Mason 和 Monchick 在他们的原始论文中作了如下近似：即假定 $D_{int}=[D_{11}]_1$，又假定 $[\tau]_1$ 是如此之大，以至量级为 $[\tau]_1^{-2}$ 的项可以忽略。在这种情况下式(11.81,5)变成

1)此处应为 $gg'\cos\chi$，而不是 $gg'\cos\chi$——译者注

$$[\lambda]_1=\frac{5}{2}[\mu]_1c_v'+\rho[D_{11}]_1c_v''-\frac{1}{2}c_v''$$

$$\times\left(\frac{5}{2}[\mu]_1-\rho[D_{11}]_1\right)^2\Big/p[\tau]_1. \qquad (11.81,6)$$

方程(11.81,6)可以推广到具有几种不同形式的分子内能的情况，每种分子内能以各自的弛豫时间与平动能进行交换．为了把这一效应考虑进去，只要用

$$\frac{k}{2m}\left(\frac{N_1}{[\tau_1]_1}+\frac{N_2}{[\tau_2]_1}+\cdots\right),$$

代替右边最后一项中 $c_v''/[\tau]_1$。这里 $N_1k/2m$，$N_2k/2m$，$\cdots$，如 11.511 节所述，表示各种形式内能对 c_v'' 的贡献．具有很长弛豫时间的内能对这和式的贡献很小，而它对体积粘性却可能给出很大的贡献。

第十二章 粘性：理论与实验比较

12.1. 各种分子模型的粘性系数 μ 的公式

为引用方便起见，我们把已经得到的粘性系数的各种不同公式收集在这里. μ 的一阶近似 $[\mu]_1$ 的公式如下:

(i) 直径为 σ 的光滑弹性刚球分子(式(10.21,1)):

$$[\mu]_1 = \frac{5}{16\sigma^2}\left(\frac{kmT}{\pi}\right)^{\frac{1}{2}}. \tag{12.1,1}$$

(ii) 斥力为 κ/r^ν 的分子(式(10.32,1)):

$$[\mu]_1 = \frac{5}{8}\left(\frac{kmT}{\pi}\right)^{\frac{1}{2}}\left(\frac{2kT}{\kappa}\right)^{2/(\nu-1)} \Bigg/ A_2(\nu)\Gamma\left(4-\frac{2}{\nu-1}\right). \tag{12.1,2}$$

(iii) 直径为 σ 的相吸球 (Sutherland 模型,式(10.41,8)):

$$[\mu]_1 = \frac{5}{16\sigma^2}\left(\frac{kmT}{\pi}\right)^{\frac{1}{2}} \Bigg/ \left(1+\frac{S}{T}\right). \tag{12.1,3}$$

(iv) Lennard-Jones 和 exp; 6 模型(式(10.1,4) 和 (10.4,7)):

$$[\mu]_1 = \frac{5}{8\sigma^2}\left(\frac{kmT}{\pi}\right)^{\frac{1}{2}} \Bigg/ \mathscr{W}_1^{(2)}(2), \tag{12.1,4}$$

其中 $\mathscr{W}_1^{(2)}(2)$ 是 kT/ϵ 的函数；对于 Lennard-Jones 12, 6 模型，它的数值在表 6 (10.42 节) 中给出，而在图 8 (10.42 节)中还就此 12,6 模型和 exp; 6 模型画出其变化曲线.

(v) 直径为 σ 的粗糙弹性球(Bryan-Pidduk 模型，式(11.61, 2)):

$$[\mu]_1 = \frac{15}{8\sigma^2}\left(\frac{kmT}{\pi}\right)^{\frac{1}{2}} \frac{(1+K)^2}{6+13K}, \tag{12.1,5}$$

其中 K 是由式 (11.6,2) 给定.

对于其中的大部分模型，更高阶的近似式也都已确定. 对于第(i) 模型(参见式(10.21,4))，数值因子准确到小数第三位时，μ 值为 (参见式(4.11,2),(5.21,4)和(6.2,1))

$$\mu = 1.016[\mu]_1 = 0.1792(kmT)^{\frac{1}{2}}/\sigma^2 = 0.499\rho\bar{C}l \quad (12.1,6)$$

对于第 (ii) 模型 (参见式 (10.32,2))

$$\mu = [\mu]_1\left\{1 + \frac{3(\nu-5)^2}{2(\nu-1)(101\nu-113)} + \cdots\right\}.$$

因此，对于弹性刚球，μ 比 $[\mu]_1$ 大 1.6%；然而对于 Maxwell 分子 ($\nu = 5$)，μ 和 $[\mu]_1$ 一样；当 ν 值在 5 和 13 之间时，μ 大于 $[\mu]_1$，不会超过 0.7%. 对于其它的光滑球模型，对 $[\mu]_1$ 的修正通常为百分之零点几. 因此，我们可以认为，对于大多数光滑球模型，用一阶近似值 $[\mu]_1$ 代替真值 μ，将不会引起很大的误差.

把式(12.1,1)同式(12.1,5)作比较可以看到(正如 11.61 节所指出的)，并不因分子具有内能而会显著地影响动量输运率. 因为当 K 在 0 到 0.4 (均匀球的值) 的范围内变化时，式 (12.1,5) 与式 (12.1,1) 之比仅在 0.994 与 1.05 之间变化. 然而，粗糙球时，其更高阶近似的影响则要比光滑球的更重要些.

12.11. 粘性对密度的关系

12.1 节的每个公式都表明，单组元气体的粘性系数与其密度无关. 这是一个与分子之间作用力的本质无关的一般结果 (参见 7.52 节). 因此气体的密度下降时，它在传送动量方面的能力并不降低，因而阻止物体在气体中运动的能力并不降低. Maxwell[1] 首先在理论研究的基础上发表了这一出乎人们意料的规律. 以后他和其它一些人又从实验上验证了这一点.

从这个规律得到的一些推论是很有意思的. 例如，就关于气体的粘性阻力对在其中运动的钟摆振荡的阻尼问题而言，其阻尼程度与气体的密度无关，振荡的衰减在稀薄气体中和在稠密气体

1) J. C. Maxwell, *Phil. Mag.* **19**, 19(1860); **20**, 21(1860); *Collected Works*, vol. 1, p. 391.

中是一样的快．这是 Boyle[1] 首先指出的．

另外，根据 Stokes 定律，在重力作用下，质量为 M、半径为 a 的球在粘性流体中下落时，它的速度趋于极限值

$$g(M - M_0)/6\pi a\mu,$$

其中 M_0 是体积与该球相同的流体的质量．当这流体是一种气体时，M_0 与 M 相比可以忽略不计，结果落体的极限速度就与气体的

表 11　标准状态下，气体的粘性系数和分子直径

气体		分子量	$10^7\times\mu$ (泊)*)	$10^8\times\sigma$ (厘米)
H_2	氢	2.016	845	2.745
D_2	氘	4.029	1191	2.751
He	氦	4.003	1865	2.193
CH_4	甲烷	16.043	1024	4.187
NH_3	氨	17.031	923	4.477
Ne	氖	20.183	2975	2.602
C_2H_2	乙炔	26.038	948	4.912
CO	一氧化碳	28.011	1635	3.810
N_2	氮	28.013	1656	3.784
C_2H_4	乙烯	28.054	927	5.062
	空气	—	1719	—
NO	一氧化氮	30.007	1774	3.720
C_2H_6	乙烷	30.070	858	5.353
O_2	氧	32	1919	3.636
H_2S	硫化氢	34.080	1163	4.743
HCl	氯化氢	36.461	1328	4.514
A	氩	39.944	2117	3.659
CO_2	二氧化碳	44.011	1380	4.643
N_2O	一氧化二氮	44.013	1351	4.692
CH_3-Cl	氯甲烷	50.488	968	5.737
SO_2	二氧化硫	64.064	1164	5.551
Cl_2	氯	70.906	1233	5.534
Kr	氪	83.80	2328	4.199
Xe	氙	131.30	2107	4.939

*) 1 泊 = 1 克/厘米·秒．

1) 见 S. G. Brush, *Kinetic Theory*, vol. 1, p. 4(Pergamon, 1965).

密度无关。

然而，当物体在粘性流体中高速运动时，通常的流体层流运动就不稳定了，而成为湍流运动。在这情况下，把动量从物体带走的是旋涡，而不是通常的流体粘性。因此，气体对高速运动物体的阻力不是通常的粘性阻力，从而可能与密度有关。

即使不存在湍流，气体的粘性阻力亦显示出对密度有某种程度的关联。尽管分子的体积只占气体所占据体积的一小部分，但它不是可以完全忽略不计的；这意味着对前述的理论要进行修正，这将在第十六章中加以研究。此外，在接近凝聚点的蒸气中，分子形成了由若干个分子组合而成的聚集体，这时前述的理论及其结果也需要加以修正。事实上，对于许多气体来说，人们已从实验[1]确定了 μ 对 ρ 的关系是一个级数

$$\mu = a + b\rho + c\rho^2 + \cdots$$

对于通常密度下的气体，除第一项外，这级数的其它各项都很小。由此可使我们忽略 μ 对 ρ 的关系。在解释实验结果时，可能需要考虑 6.21 节中所指出的低密度下壁面处的气体滑流现象，但它不代表 μ 对密度的真正关系。

12.2. 粘性和等效分子直径

气体的粘性既可以绝对地测定，也可以相对于一种标准气体来测量。绝对测定较为困难，因而实验误差较大；另一方面，相对测定要受标准气体粘性数值的不精确性的影响。通常都采用干燥空气作为标准气体，它的粘性数据已有许多研究者进行了极其细心的测量。然而，即使对于空气，μ 的加权平均值的几率误差仍约为真值的 0.1%；而对于其它气体，几率误差则可能还要大几倍。当我们同本章给出的各个实验值作比较时，应当牢牢记住这一

1）例如，可见本章末的一览表中的参考文献[1]。以后在正文中采用数字代表该表中的参考文献，如[1]。

点.

表 11 给出了若干种常用气体在标准状态下 μ 的实验值[1)]，同时还给出了由这些 μ 值(利用式 (12.1,6))算出的 0℃ 时的等效直径. 表中所列数据表明，随着分子量的增加和分子结构复杂性的增加，直径也稍有增加. 然而，随着分子量的增加，粘性本身的增加则要比式(12.1,6)中按因子 $m^{1/2}$ 增加要慢得多.

从 μ 推导出来的分子直径一般说来不同于从气体的其它属性(如状态方程)推导出来的直径.

粘性对温度的关系

12.3. 弹性刚球

12.1 节的各个公式给出了粘性系数同温度之间各种不同的关系. 如果分子是弹性刚球，则

$$\mu \propto T^{\frac{1}{2}}. \qquad (12.3,1)$$

而所有其它模型，粘性随温度变化则要更快些. 实验表明，对于所有的气体，正和人们预料的一样，粘性随温度的实际变化要比式(12.3,1)给出的更快些. 因此，如果粘性系数用公式(12.1,6)，那么就必须假设分子直径 σ 随温度而变化： 当温度增加时，分子直径将减小. 为了说明这种变化的数量级，我们给出各种温度下氦分子的直径，它们是利用式(12.1,6)从 μ 的实验值[2)][5,6]计算来的.

根据分子是力心点，而不是硬球的假设，可以对表现半径随温度的变化作出简单的说明. 在碰撞时，一个分子的中心 B 相对于

1) 除一氧化碳和氦以外，所有的实验值均是平均值，它们都取自 'Thermophysical Properties Research Center, Data Book 2' (Wright-Patterson Air Force Base, Ohio, 1964). 至于一氧化碳，所引用的值是由该书中的数据推导得出的，但不包括 Johnston 和 Grilly[2] 的数据，他们的数据同其它研究者不一致. 对于氦，主要依据 Kestin 及其合作者的结果[1]以及 Wobser 和 Müller 的结果 [3].

2) 在表 12 和 13 中所采用的实验值比最近的实验值高 1% 到 2%. 最近的实验值在 0℃ 时是 1887×10⁷ 泊；然而它们指出的温度变化与最近资料是一致的.

表 12　氦气的 μ 和 σ 值

温　度 (℃)	$10^7\times\mu$ (泊)	$10^8\times\sigma$ (cm)
−258.1	294.6	2.67
−197.6	817.6	2.37
−102.6	1392	2.23
17.6	1967	2.14
183.7	2681	2.05
392	3388	2.005
815	4703	1.97

另一分子的中心 A 的运动已表示在图 3a (3.43 节)上．在该图中，碰撞时相对速度 g 的偏转就好象 B 沿着直线 PO，OQ 相对于 A 运动，而不是沿着曲线 LMN 运动似的；也就是说，分子好象是弹性球，当 B 到达 O 时发生了碰撞．因此它们在碰撞时的有效直径是 AO．如果将弹性球理论应用于这种分子，那么从 μ 的实验值推算出来的 σ 值，是这种直径对于所有碰撞的加权平均值，这种加权使产生最大偏转的碰撞具有最大的重要性．

碰撞时相对速度的偏转角 χ 是用碰撞变数 b 和有效直径 OA 给出的，其式如下(参见式 (3.44,2))

$$b = OA\cos\frac{1}{2}\chi.$$

如果 g 增加，而 b 保持不变，那么每个分子承受另一分子力场作用的时间将会减小，而 χ 也将减小；结果 OA 也势必降低．因此，温度的增加意味着碰撞时 g 的平均值增加，从而导致表观直径 σ 的下降．

12.31. 力心点模型

若分子互相排斥的作用力是距离的负 ν 次幂，则粘性随温度而变化的规律是(参见式 (12.1,2))

$$\mu\propto T^s, \qquad (12.31,1)$$

其中[1)]

$$s = \frac{1}{2} + \frac{2}{\nu - 1}. \tag{12.31,2}$$

把它同式(12.1,6)作比较，我们看到，对于这种模型，分子表观半径的变化反比于温度的 $1/(\nu-1)$ 次幂（参见式(10.31,8)）.

式(12.31,1)还可以写成

$$\mu = \mu'(T/T')^s, \tag{12.31,3}$$

其中 μ' 是指定温度 T' 时的粘性系数. 如果第二个温度下的 μ 值已知，则可以找到 s. 因此，只要适当地选取 μ' 和 s，总是可以使两个温度下 μ 的实验值满足公式(12.31,3).

有几种气体，特别是氢和氦，它们的 μ 的实验值在很大温度范围内都遵循形式为(12.31,3)的等式[4,5]. 氦的结果在表 13 中给出；表中第二列是 μ 的实验值[5]，第三列是从式(12.31,3)算得的 μ.

表 13 氦的粘性

温度 (℃)	(实验值) $10^7\times\mu$	(计算值) $10^7\times\mu$ (力心点)	(计算值) $10^7\times\mu$ (Sutherland)
−258.1	294.6	288.7	92
−253.0	349.8	348.9	135
−198.4	813.2	815.5	621
−197.6	817.6	821.3	628
−183.3	918.6	918.5	745
−102.6	1392	1389	1317
−78.5	1506	1515	1460
−70.0	1564	1558	1513
−60.9	1587	1603	1563
−22.8	1788	1783	1771
17.6	1967	1965	1974
18.7	1980	1970	1979
99.8	2337	2309	2345
183.7	2681	2632	2682

1) 这个公式是 Rayleigh 根据量纲考虑推导出来的 (J. W. Strutt, 3rd Lord Rayleigh), *Proc. Roy. Soc.* A, **66**, 68(1900); *Collected Papers*, vol. 4, p. 452.

值，其中取 $s=0.647$ 并采用 $\mu=1887\times10^{-7}$ 作为 0℃ 时的粘性。第四列是根据 Sutherland 公式算得的 μ 值(参见 12.32节)。

但是，对于其它气体，式(12.31,3)同实验结果相符不太好；为使式(12.31,3)同观察值最好地相符合，在不同温度范围内应取不同的 s 值. 即使对于氦，也发现 s 有微小的变化；当温度高于 0℃ 时，取 $s=0.661$ 就能同上面的数据符合得最好[5]；当温度范围是 $-240°$ 到 800℃ 时，最近的研究[1]，是让 s 值在平均值 0.6567 附近上下起伏. 对于大多数气体，当温度增加时 s 显著地下降；这样，Johnston 和 Grilly[2] 求得了大约 $-180°$ 到 20℃ 范围内氮，一氧化碳，空气，甲烷，一氧化氮，氧和氩的 s 值，这些值比 Wobser 和 Müller[3] 在 20—100℃ 范围内所得到的值约大 0.1.

温度增加时 s 下降，这意味着 ν 的增加，这点可以这样来解释：分子斥力按 $1/r$ 的幂次而变化，但 r 大时的幂次小于 r 小时

表 14　s 和 ν 值

气体		s	ν	温度范围(℃)
H_2	氢	0.668(3)	12.9	20—100
D_2	氘	0.699(7)	11.1	−183—22
He	氦	0.657(1)	13.7	−230—800
CH_4	甲烷	0.836(3)	7.0	20—100
NH_3	氨	1.10 (3)	4.3	20—100
Ne	氖	0.661(3)	13.4	20—100
C_2H_2	乙炔	0.998(3)	5.0	20—100
CO	一氧化碳	0.734(3)	9.5	20—100
N_2	氮	0.738(3)	9.4	20—100
	空气	0.77 (3)	8.4	20—100
NO	一氧化氮	0.788(3)	7.9	20—100
O_2	氧	0.773(3)	8.4	20—100
HCl	氯化氢	1.03 (8)	4.8	20—99
A	氩	0.811(3)	7.5	20—100
CO_2	二氧化碳	0.933(3)	5.6	20—100
N_2O	一氧化二氮	0.943(3)	5.5	20—100
Cl_2	氯	1.01 (3)	4.9	20—100
SO_2	二氧化硫	1.05 (3)	4.6	20—100

的幂次（因为低温时分子穿越另一分子的斥力场不如高温时那么深入）. 然而，这不是唯一可能的解释，因为在推导式(12.31,1)时，一点也没考虑到在距离大时分子之间的相互作用可能是引力这一事实；这种引力会影响分子的运动. 在低温时分子速度较小，因此这种影响比在高温时更显著.

表 14 列出了几种气体的 s 值和 ν 值，大部分气体的温度范围在 20—100℃. ν 的数值范围大约从 13（氦，氖和氢）到 5（具有复杂结构的分子）. 若 ν 很大，则碰撞时分子之间的斥力随着分子互相接近而迅速增加，因而碰撞近似于一次剧烈的冲击. 在这种情况下，可以说分子是硬的. 而对于小的 ν 值，即在 5 附近，就可以说分子是软的.

12.32. Sutherland 公式

由刚性相吸球分子所组成的气体，其一阶近似粘性系数为（参见式(12.1,3)）

$$\mu=\frac{5}{16\sigma^2}\left(\frac{kmT}{\pi}\right)^{\frac{1}{2}}\Big/\left(1+\frac{S}{T}\right) \qquad (12.32,1)$$

把它和式(12.1,1)相比较，我们看到引力场的效应是以

$$\sqrt{(1+S/T)}:1$$

的比率来增加分子的表观直径. 当温度低时，增量很大，而当温度甚高时，这增量可以忽略不计. 这是由于引力场使分子在碰撞前先发生偏转；与没有引力场的情况相比，这种偏转使得碰撞更接近于迎面碰撞. Sutherland 常数 S 是引力场强度的一种量度，它正比于两分子接触时的相互作用势能.

式(12.32,1)可以写成

$$\mu=\mu'\left(\frac{T}{T'}\right)^{\frac{3}{2}}\frac{T'+S}{T+S}, \qquad (12.32,2)$$

当 $T=T'$ 时，$\mu=\mu'$. 如果不仅当 $T=T'$ 时 μ 已知，又在第二个温度 $T=T''$ 时 μ 也已知，那么，让式(12.32,2)在 T' 和 T'' 温度下都满足，就能找到 S 值. 若 T' 和 T'' 靠得足够近，则可以预

表 15　*Sutherland* 常数值

气　体	Sutherland 常数	温度范围(℃)
H_2	66.8 [3]	20—100
He	72.9 [3]	20—100
CH_4	169 [3]	20—100
NH_3	503 [9]	25.1—300
Ne	64.1 [3]	20—100
C_2H_2	320 [3]	20—100
CO	102 [3]	20—100
C_2H_4	225 [9]	20—250
N_2	104.7 [6]	19.8—825
空气	113 [3]	20—100
NO	133 [3]	20—100
C_2H_6	252 [10]	20—250
O_2	125 [6]	14.8—829
H_2S	331 [11]	17—100
HCl	362 [12]	21—250
A	148 [3]	20—100
CO_2	253 [3]	20—100
N_2O	263 [3]	20—100
CH_3-Cl	441 [13]	19.6—300.4
SO_2	404 [3]	20—100
Cl_2	345 [3]	20—100
Kr	188 [14]	16.3—100
Xe	252 [14]	15.3—100.1

表 16　氮和氨的粘性系数

氮 [6]			氨 [9]		
温度(℃)	$10^7\times\mu$ (实验值)	$10^7\times\mu$ (计算值)	温度(℃)	$10^7\times\mu$ (实验值)	$10^7\times\mu$ (计算值)
19.8	1746	1746	20	982	982
299	2797	2801	50	1092	1095
408	3141	3134	100	1279	1282
490	3374	3366	150	1463	1465
600	3664	3656	200	1645	1644
713	3930	3934	250	1813	1818
825	4192	4193	300	1986	1987

料，对于这二温度之间的温度，式(12.32,2)与实验值会符合得很好．表 15 给出了在通常温度下几种气体的 S 值

实际上．由表 16 可见，对于好几种气体来说，式(12.32,2)在相当宽的温度范围内很好地表达了 μ 随温度变化的关系．在此表中，氮的计算值是按 0℃ 时 μ 为 1746×10^{-7}，并取 $S = 104.7$ 而算出来的；对于氨，其计算值是按 25.1℃ 时 μ 为 1002×10^{-7}，并取 $S = 503$．其它的气体，如氧，氩和一氧化碳，它们的粘性也能用 Sutherland 公式来表示，其精度与氮和氨的情况相似；这对于空气也同样正确，尽管空气是一种混合气体．

式(12.32,2)已成功地应用于许多种气体，但这并不说明 Sutherland 分子模型对于这些气体来说是有效的．公式(12.32，1，2)都是近似公式，仅对引力场很弱这种情况有效；如果不是这种情况，那么式(12.32,1)中的表达式 $1 + S/T$ 必须用下面形式的级数代替

$$1 + \frac{S}{T} + \frac{S'}{T^2} + \cdots. \tag{12.32,3}$$

若 S/T 同 1 相比不是小量，则很难设想第二项以后的各项可以忽略不计．由表 15 可见，在式(12.32，2)同实验值相符的温度范围内，S/T 常常大于 1；然而对于象氢和氦那样一些气体，它们的 S/T 相当小，Sutherland 公式却不是都很好地同所有实验值相符．这可以用表 13 的第四列氦的数据来说明；那里 S 取为 78.2．对于这些气体，发现使式(12.32,2)同实验数据符合得最好的 S 值是随着温度的增加而增加的．

一般说来，用刚性球代表分子的核，或者只考虑分子引力的一阶量，都是不恰当的．由实验所得到的 μ 随 T 的增加，与无引力的刚性球的结果相比，要增加得更快些．这应解释为：其一部分是由于小距离处斥力场的"柔软性"所致，另一部分是由于引力具有高于一阶的效应． Sutherland 公式的主要价值似乎就是作为在限定温度范围内的一个简单内插公式．

12.33. Lennard-Jones 12, 6 模型

Lennard-Jones 模型（参见 10.4 节）既考虑了分子斥力作用的柔软性，又考虑了距离大时分子的相互吸引. 人们对 12,6 模型特别重视. 对于这种模型，两个分子距离为 r 时的相互作用势能为

$$V(r) = 4\varepsilon\{(\sigma/r)^{12} - (\sigma/r)^6\} \qquad (12.33,1)$$

$$= \varepsilon\{(r_m/r)^{12} - 2(r_m/r)^6\}. \qquad (12.33,2)$$

根据这种模型，单组元气体粘性系数的公式为（参见 10.4 节）

$$\mu = \frac{(kmT)^{\frac{1}{2}}}{\sigma^2 F(kT/\varepsilon)}. \qquad (12.33,3)$$

由式（12.33,3）看出，若画出 $\log(\mu/T^{\frac{1}{2}})$ 对 $\log T$ 的曲线，则具有不同 σ 和 ε 的各条曲线之间，其差别仅仅在于原点的改变. 因此可以用一条标准的 $\log(\mu/T^{\frac{1}{2}})$ 对 $\log T$ 的曲线来符合相应的实验曲线，若能量出两条曲线的原点的相对位移，那就可以确定 σ 和 ε.

对于若干种气体，已经将这种模型的理论结果同实验值进行了比较. 结果发现：对于每一种气体，二者的符合情况至少同 12.31 节和 12.32 节的模型一样好，后面这两种模型也同样包含着两个可调整的参数[1)]. 这就证实了由12,6模型所提供的随距离而变化的斥力和引力，大体上是正确的，至少对于非极性气体是如此，因而这种模型接近于物理上的真实性. 对于极性气体，分子势能的引力部分包括一个与 r^{-3} 成正比的项(参见式(10.43,3))，可是在式(12.33,1)中未考虑这一部分，因此同实验的符合较差些.

图 10 将若干种气体粘性系数的实验值和理论值进行比较. 该图中所用的 ε 和 σ 的值取自表 17（在后面），但二氧化碳除外. 对于二氧化碳，采用了 $\sigma = 3.96 \times 10^{-8}$ 厘米. 图中没有给出温度低于 30°K. 左右的实验点. 在这些温度下，氦和氢的量子效应

---

1) 氦的引力场如此之弱，以致其模型实际上要按斥力势能为 r^{-12} 才合适.

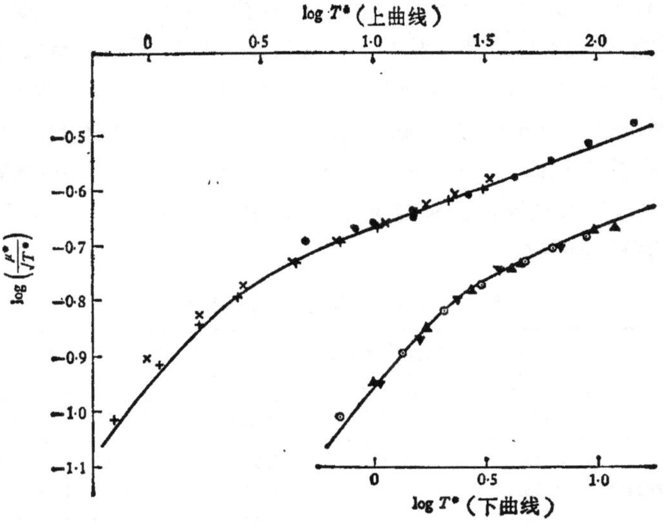

图 10　粘性系数——理论与实验的比较(对 He、Ne、H_2、A、N_2 和 CO_2 诸气体采用 6,12 模型).

其中　$T^* = kT/\epsilon$，$\mu^* = \mu\sigma^2/(m\epsilon)^{1/2}$；
上曲线：●=氦，+=氖，×=氢；
下曲线(向右移了一个单位)：⊙=氩，▲=氮，▼=二氧化碳；
实验数据取自文献[15]，[2]，[6]，[8]，[16]；
实验数据的温度范围：30—80，80—290，290—1000°K

已经显著了(参见 17.4 节和 17.41 节)．实验点和理论曲线之间还有一些不一致之处，其部分是由于不同实验结果之间的不协调而造成的．

从各种气体的粘性得到的 σ，r_m 和 ϵ/k 值(主要取自 Hirschfelder, Bird 和 Spotz[1]) 在表 17 中给出． 它们所应用的温度范围包括 0℃． ‘低速直径’σ 代表初始相对速度可忽略不计的两个分子它们靠得最近时的距离；$r_m(=2^{1/6}\sigma)$ 是分子相互作用从斥力变为

---

1) J. O. Hirschfelder, R. B. Bird and E. L. Spotz, *J. Chem. Phys.* **16**, 968 (1948): *Chem. Rev.* **44**, 205(1949). D_2 值是 J. Kestin and A. Nagashima, *Phys. Fluids*, **7**, 730(1964). 给出的．其它作者给出的 ϵ/k 和 σ 值常常与表 17 中的值有明显的不同．

引力时的距离，而 $-\varepsilon$ 是与此相应的能量．因此无论 σ 还是 r_m 都不能确切地同 12.2 节（表 11）的有效直径相等同的．有效直径表示这样一种距离，这时大多数分子开始发生相互作用．对于象氢，氦和氖那样，分子引力很弱的气体，12.2 节的有效直径比 σ 小；对于所有其它气体，有效直径比 σ 大；对于有很强引力场的气体（ε/k 很大），有效直径甚至超过 r_m．这表明作用力场中的引力部分对粘性有重要影响．

表 17　12,6 模型的 ε/k，σ 和 r_m 值

气体	由粘性值计算的			由其它物理数据计算的	
	ε/k (°K)	$\sigma\times10^8$ (厘米)	$r_m\times10^8$ (厘米)	ε/k (°K)	$\sigma\times10^8$ (厘米)
H_2	33.3	2.97	3.33	37.02	2.92
D或(H^2)	35.2	2.95	3.31	—	—
He	6.03	2.70	3.03	6.03	2.63
CH_4	136.5	3.82	4.29	142.7	3.81
Ne	35.7	2.80	3.14	35.7	2.74
CO	110.3	3.59	4.03	95.33	3.65
N_2	91.46	3.68	4.13	95.9	3.72
NO	119	3.47	3.89	131	3.17
空气	97	3.62	4.06	—	—
O_2	113.2	3.43	3.85	117.5	3.58
A	124	3.42	3.84	119.5	3.41
CO_2	190	4.00	4.49	185	4.57
N_2O	220	3.88	4.35	189	4.59
HCl	360	3.305	3.71	261,243	3.69
SO_2	252	4.29	4.82	366,323	4.15
Cl_2	357	4.115	4.62	332,313	4.15
Kr	190	3.61	4.05	169,158	3.96
Xe	230	4.05	4.55	228,192	4.04

不同的温度范围内的 σ 和 ε 值可能有些差异．这些值也可以从其它物理数据计算出来，它们在表 17 的最后一列给出．其中大多数是从维里（virial）系数算出；但这列的最后五组是从液化数据算出的，它们精度较差．由这两种方法得到的值不一致，这既可

能是由于物理数据的不精确性所造成，同样也可能是由于 12,6 模型的局限性所造成[1]。

12.34. exp; 6 模型和极性气体模型

在 exp; 6 模型中，两个分子的相互作用势能取为

$$V(r)=\frac{\varepsilon}{(1-6/\alpha)}\left[\frac{6}{\alpha}\exp\left\{\alpha\left(1-\frac{r}{r_m}\right)\right\}-\left(\frac{r_m}{r}\right)^6\right]. \quad (12.34,1)$$

此处 ε 和 r_m 的意义与 Lennard-Jones 12，6 模型的相同；α 为纯数字，通常在 12 和 16 之间。对于给定的 α，这种模型遵循形如式(12.33，3)的对应态定律，因此可以用类似于描述 12,6 模型用过的图解法来确定 ε 和 r_m。

Mason 和 Rice[2]将实验测得的若干种气体的粘性系数同按exp; 6 模型势能公式算出的结果进行了比较。他们发现：exp; 6 模型比12,6模型更好地符合实验结果。这并不奇怪，因为式(12.34,1)中包含了一个额外的可调整参数 α；可是除了氢和氦以外，引进这个额外参数对于改进与实验的符合程度是出乎意料地小。凡发现同测量的粘性系数有显著偏离的地方，12,6 模型 和exp，6 模型的偏离方向一般说来是相同的。ε 和 r_m 值以及相应的 α 和 σ 值（σ 值由 $V(\sigma)=0$ 确定）都在表 18 中给出；除了乙烷和二氧化碳以外，这些值都取自 Mason 和 Rice 的结果。考虑到这里所采用的实验资料与表 17 中采用的不总是相同，因此可以认为，12.6 模型和 exp，6 模型之间 ε 值和 σ 值的差异是不大的。

Monchick 和 Mason[3] 采用 10.43 节介绍的方法，应用 Stockmayer 势能公式（参见式 (10.43,3)）讨论了极性气体的粘性。‘对于这

1) R. Gibert and A. Dognin (*C. R.* **246**, 2607(1958)) 指出，在 $0.9<kT/\varepsilon<5$ 的范围内，式(12.33,3)中的函数 $F(kT/\varepsilon)$ 完全可以用下式来近似：

$$C(1+1.077\varepsilon/kT),$$

其中 C 是常数，这一事实也许能说明 Sutherland 公式能成功应用于许多气体的道理；它还意味着，对于这些气体，ε/k 的近似值是 $S/1.077$。

2) E. A. Mason and W. E. Rice, *J. Chem. Phys.* **22**, 522, 843(1954)；对于氦的再次讨论也可见 E. A. Mason, *J. Chem. Phys.* **32**, 1832(1960).

3) L. Monchick and E. A. Mason, *J. Chem. Phys.* **35**, 1676(1961).

表 18　exp; 6 模型的 ϵ/k, σ, r_m 和 α 的值

气体	ϵ/k (°K)	$\sigma\times10^8$ (cm)	$r_m\times10^8$ (cm)	α
H_2	37.3	3.005	3.34	14
He	9.16	2.75	3.135	12.4
CH_4	152.8	3.69	4.21	12.3
Ne	38	2.81	3.15	14.5
CO	119.1	3.55	3.94	17
N_2	101.2	3.62	4.01	17
C_2H_4[17]	229.1	4.41	4.905	16
A	123.2	3.44	3.87	14
CO_2[1]	262	3.72	4.18	14
K	158.3	3.56	4.06	12.3
Xe	231.2	3.935	4.45	13.0

类气体，位势中的 r^{-3} 项致使 μ 在低温时随 T 的变化更加迅速. 这类气体包括氨、氯化氢、二氧化硫、硫化氢；这二位作者声称‘对于极性气体，实验和这种模型之间的符合程度，同非极性气体采用 Lennard-Jones 12，6 模型时所达到的程度完全差不多’.

混　合　气　体

12.4. 混合气体的粘性

混合气体粘性系数的一阶近似式为(参见式 (9.84,2))

$$[\mu]_1=\frac{x_1^2R_1+x_2^2R_2+x_1x_2R_{12}'}{x_1^2R_1/[\mu_1]_1+x_2^2R_2/[\mu_2]_1+x_1x_2R_{12}},\qquad(12.4,1)$$

其中

$$R_1=\frac{2}{3}+m_1A/m_2,\quad R_2=\frac{2}{3}+m_2A/m_1,\qquad(12.4,2)$$

$$R_{12}'=\frac{E}{2[\mu_1]_1}+\frac{E}{2[\mu_2]_1}+2\left(\frac{2}{3}-A\right),$$

$$R_{12}=\frac{E}{2[\mu]_1[\mu_2]_1}+\frac{4A(m_1+m_2)^2}{3Em_1m_2}.\qquad(12.4,3)$$

此处 $[\mu_1]_1, [\mu_2]_1$ 是各组分气体粘性系数的一阶近似值，而 A，E是仅取决于不同种类气体分子之间相互作用的二个量．由式(9.81，1)可知，$E=\frac{2}{3}nm_0[D_{12}]_1$，其中 $[D_{12}]_1$ 是两种气体扩散系数的一阶近似值；A 是无量纲量．对于斥力为 $\kappa r^{-\nu}$ 的力心点分子，A 值在表 3(10.31 节)中列出；对于 12,6 模型，A 值在表 6(10.42 节)中列出．

在 12.1 节中已经指出，对于单组元气体，粘性系数 μ 的一阶近似值 $[\mu]_1$ 的误差一般说来是很微小的，因此当 x_1 或 x_2 任何一个趋于零时，式(12.4，1)的误差肯定也很小，人们可以预料，当 x_1 和 x_2 二者都不是小量时，只要正确地选取 A 和 E，也会有类似的精度．至少是当两种气体的分子不是太不相象时，情况会是这样的[1)]．可是对于相互作用律是平方反比的情况(参见 10.34节)，误差就相当可观了．

如果 x_2 十分小，我们可以把少量的第二种气体当作一种杂质，存在于某气体中．在这种情况下，式(12.4,1)近似为

$$[\mu]_1=[\mu_1]_1+\frac{2x_2[\mu_1]_1^2}{R_1E}\left\{\left(\frac{E}{2[\mu_1]_1}+\frac{2}{3}-A\right)^2-R_1R_2\right\}. \tag{12.4,4}$$

12.41．粘性随组分的变化

在 μ 随 n/n_2 而变化的实验结果与理论结果进行比较时，通常采用等式(12.4,1)，即忽略了粘性的一阶近似值与真值之间的差异．常数 A,E 的值必须指定．取能量 ϵ_{12} 为 $(\epsilon_1\epsilon_2)^{\frac{1}{2}}$，这样从 12,6 模型和 exp；6 模型的表中就可以确定出常数 A 的值．对于大多数主要的 kT/ϵ_{12} 范围，12,6 模型的 A 约 0.44；而对于 exp；6 模型，当 kT/ϵ_{12} 在这个范围内增加时 A 的值从 0.44 缓慢地增加到 0.46；因此 A 的值对于所采用的 ϵ_{12} 值的精确性是不敏感的．常数 E 可以用下面几种方法来确定．

---

1) 关于 Lorentz 气体的结果(见 10.52 节的表 10)不代表 m_1/m_2 很大时的情况，因为对于 Lorentz 气体，粘性中只有一小部分来自轻气体．

(I) 根据式(9.81,1)，$[D_{12}]_1 = 3\text{E}/2nm_0$；因此，可以直接从 D_{12} 的实验值确定 E. 此处忽略了 D_{12} 与 $[D_{12}]_1$ 的差别. 然而，一阶近似值 $[D_{12}]_1$ 的误差有时是可观的，而且实验确定扩散系数也不总是非常可靠的.

(II) 我们可以从单组元气体的粘性数据来确定 E. 例如令

$$\Omega_1^{(2)}(2) = 2s_1^2(\pi kT/m_1)^{\frac{1}{2}},$$

$$\Omega_{12}^{(2)}(2) = s_{12}^2(2\pi kT/m_0M_1M_2)^{\frac{1}{2}}, \qquad (12.41,1)$$

对于 $\Omega_2^{(2)}(2)$ 有类似的关系式；于是(参见式(9.7,3),(9.8,8))

$$[\mu_1]_1 = \frac{5}{16s_1^2}\left(\frac{km_1T}{\pi}\right)^{\frac{1}{2}}, \quad \text{E} = \frac{5\text{A}}{8s_{12}^2}\left(\frac{km_0T}{2\pi M_1M_2}\right)^{\frac{1}{2}}, \qquad (12.41,2)$$

而 s_1, s_2 和 s_{12} 表示同类分子或异类分子相互作用的有效粘性直径. 假定 $s_{12} = \frac{1}{2}(s_1+s_2)$，我们就可以从 μ_1, μ_2 的实验值来计算 E，此处忽略 μ_1, μ_2 与 $[\mu_1]_1, [\mu_2]_1$ 的差别. 可是，虽然 s_{12} 好象介于 s_1 和 s_2 之间，但严格地说，关系式 $s_{12}=\frac{1}{2}(s_1+s_2)$ 只适用于刚性球模型.

(III) 一个更加巧妙的办法是利用 12,6 模型的粘性数据并结合 $\varepsilon_{12} = (\varepsilon_1\varepsilon_2)^{\frac{1}{2}}$ 和 $\sigma_{12} = \frac{1}{2}(\sigma_1+\sigma_2)$ 或 $\sigma_{12} = (\sigma_1\sigma_2)^{\frac{1}{2}}$ 两个组合规则，从而计算出 E. 类似的方法也可以用到 exp；6 模型. 可是又一次，这两个组合规则，但不可能是精确的，尽管是合理的.

(IV) 我们还可以简单地确定 E，只要使理论同实验的符合最佳便可.

在下面讨论中所采用的是方法(IV)；这样得到的 E 还要根据扩散系数以及计算所得到的混合气体粘性系数值来核查. 现在我们所研究的是氢和氦及氦和氩的混合气体.

0℃ 时氢和氦的混合气体

所采用的 A 值是 0.458；用上述方法确定的 E 是 2.48×10^{-4} 泊，它相应于 $[D_{12}]_1 = 1.39$ 厘米²/秒(在 1 个大气压时). 为便于比较，把 D_{12} 的实验值折合到 0℃ 则是 1.313 (Bunde) 和 1.21

(Suetin, Shchegolev and Klestov). 用方法(II)和(III)计算出的 E 值是 2.47×10^{-4} 泊和 2.44×10^{-4} 泊.

20℃时氦和氩的混合气体

A 采用的值是 0.452; 得到的 E 等于 8.70×10^{-4} 泊, 它相应于 $[D_{12}]_1=0.715$ 厘米^2/秒(在 1 个大气压时). D_{12} 的最新实验值在 14.8℃ 时是 0.697 (Strehlow), 在 26.9℃ 时是 0.76 (Walker and Westenberg), 在 16℃ 时为 0.731, 23℃ 时为 0.744 (Saxena and Mason). 由方法(II)和(III)算出的 E 值是 8.125×10^{-4} 泊和 8.84×10^{-4} 泊.

粘性系数的计算值和实验值[1]在表 19 中给出. 从表中可见, 公式(12.4,1)很好地表达了 μ 的变化.

表 19 两种气体混合物的粘性系数

氢-氦			氦-氩		
H_2 %	$10^7\times\mu$ (实验值)	$10^7\times\mu$ (计算值)	He %	$10^7\times\mu$ (实验值)	$10^7\times\mu$ (计算值)
0	1892.5	[1892.5]	0	2227.5	[2227.5]
3.906	1850.0	1846	19.9	2270.7	2271
10.431	1759.6	1767	37.1	2309.5	2305
13.60	1732.7	1730	63.4	2316.1	2319
24.913	1603.2	1600	80.7	2252.8	2255
40.284	1430.6	1431	86.3	2202.7	2207
60.143	1226.7	1224	94.2	2090.2	2093
81.193	1016.5	1017	100.0	1960.4	[1960.4]
100.0	841	[841]	—	—	—

氦-氩混合气体的结果说明了由 Graham[2] 首先注意到的奇怪事实: 将适量的粘性较小又较轻的气体 (Graham 提到的实例是氢) 加入到粘性较大的重气体 (Graham 提到的实例是二氧化碳) 中, 可以明显地增加后一种气体的粘性. 对这一现象似乎可作如

1) 对于氦-氩混合气体可见文献[18]; 对于氢-氦混合气体可见文献[19].

2) T. Graham, *Phil. Trans. R. Soc.* **136**, 573(1846).

下的解释．将一定量的同类气体加入到重气体中，虽然使平均自由程降低，但是携带动量的分子数目增加了；这两种效应正好平衡．然而，少量轻气体加到重气体中去时，由于同较轻分子碰撞以后重分子的速度残留值很大（参见5.5节），所以重气体分子的平均自由程几乎不受影响，因而轻分子引起的少量附加的动量输运可能超过重分子因平均自由程降低所产生的效果．

更确切地说，当 $\mu_1 > \mu_2$ 时，若式(12.4,4)中 x_2 的系数为正值，则随着 x_1/x_2 的变化 μ 有个极大值．根据式(12.4,2)，这个条件等价于

$$\frac{E}{2[\mu_1]_1}+\frac{2}{3}-A>\left\{\left(\frac{2}{3}+A\frac{m_1}{m_2}\right)\left(\frac{2}{3}+A\frac{m_2}{m_1}\right)\right\}^{\frac{1}{2}}. \quad (12.41,3)$$

借助于式(12.41,2)中用过的有效粘性直径 s_1, s_2, s_{12}，上式变为

$$\frac{A(m_1+m_2)^{\frac{3}{2}}}{m_1(2m_2)^{\frac{1}{2}}}\frac{s_1^2}{s_{12}^2}>\left\{\left(\frac{2}{3}+A\frac{m_1}{m_2}\right)\left(\frac{2}{3}+A\frac{m_2}{m_1}\right)\right\}^{\frac{1}{2}}-\frac{2}{3}+A. \quad (12.41,4)$$

这样，对于给定的 m_1, m_2 和 A，s_1/s_{12} 必须超过某一下限．另一方面，s_1/s_{12} 必定还存在着一个有效的上限；因为（可以认为）s_{12} 与 $\frac{1}{2}(s_1+s_2)$ 不会相差很多，而且为使 $\mu_1 > \mu_2$，s_1/s_2 必定小于 $(m_1/m_2)^{\frac{1}{4}}$．取 $A=\frac{4}{9}$，这同12,6模型和exp；6模型的结果大体上一致；这样，对于各种 m_1/m_2 值，s_1/s_{12} 和 $s_1\Big/\frac{1}{2}(s_1+s_2)$ 的界限如下表：

m_1/m_2	=	$\frac{1}{16}$	$\frac{1}{9}$	$\frac{1}{2}$	1	4	9	16
s_1/s_{12}	>	0.618	0.696	0.811	1	1.15	1.205	1.235
$s_1\Big/\frac{1}{2}(s_1+s_2)$	<	0.667	0.732	0.828	1	1.172	1.268	1.333

这些数字表明，仅当 s_1/s_{12} 处于某个相当狭窄的范围内时，才有可能出现 μ 的极大值．当 m_1/m_2 与1相比或者是很大或者是很小时，最可能出现上述情况；但是，两种气体的粘性不应相差太多

$\left(\text{于是 } s_1 \Big/ \frac{1}{2}(s_1+s_2) \text{ 不会比它的上限小很多}\right)$. 若 m_1 和 m_2 很接近，则仅当 $s_{12} < s_1 < s_2$ 时 μ 才可能有极大值. 最可能出现这种情况的是：s_1 和 s_2 接近于相等，而且混合气体是由一种非极性气体和一种极性气体所组成；在这种情况下偶极子相互作用使极性气体的 s 增加，但 s_{12} 不增加.

x_1/x_2 变化时 μ 有极大值这一现象也在某些 $\mu_1 > \mu_2$、但 $m_1 < m_2$ 的混合气体（如 He-N_2）中观察到，象能显示 Graham 现象的混合气体（它们是 $\mu_1 > \mu_2$，$m_1 > m_2$）一样. μ 的极小值，虽然理论上不是不可能存在，但看来是不大会有的. 实际上在正常密度下似乎也没有观察到.

12.42. 粘性随温度的变化

公式（12.4,1）很复杂，因此很难用它来确切地预言混合气体的粘性随温度变化的规律. 然而，在通常情况下，可以认为异类分子之间的作用力规律是介于两种气体的同类分子作用力规律之间的. 因此，可以认为，E 随温度的变化——对于 $[\mu]_1$ 也一样——一般是介于 $[\mu_1]_1$ 和 $[\mu_2]_1$ 随温度的变化之间的.

不同温度下混合气体的粘性，可以用来推算这些温度下的 E 值，而且原则上还可以从这些值找到异类分子之间相互作用的规律. 可是实际上因为不能很肯定地确定 E，所以通常的步骤是反过来做的：异类分子之间相互作用的规律从同类分子的相互作用规律推断出来，将由此计算出来的 E 和 A 值用到式（12.4,1）中，便给出混合气体粘性的理论值. 这个方法通常用于 12,6 模型和 exp；6 模型，利用适当的组合规则来推断出作用力常数（参见 12.41 节的（III））. 通常，由此得到的理论结果与实验值能较好地相符的.

正如 12.41 节所指出的，轻气体同重气体组成的混合气体，当其混合比例改变时（在一定的温度下），其粘性系数常常会有一个极大值. 已经发现，当温度增加时，这个极大值消失. 图 11 显示

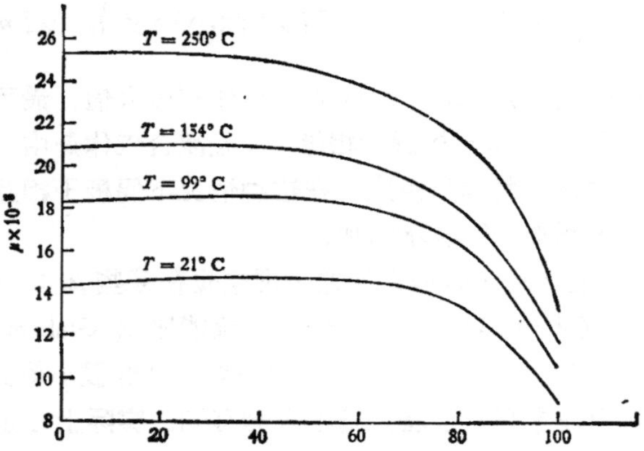

图 11　不同的温度下，(H_2,HCl) 混合气体的粘性系数随组分浓度的变化

了氢和氯化氢混合气体的这种趋势[12].

这种趋势可以解释如下：象 12.41 节一样，假设第一种气体较重；于是，当温度增加时，一般说来 μ_1 比 μ_2 增加得更快，而 E 的变化介于 μ_1 和 μ_2 之间，结果 E/μ_1 下降了. 因此，对于足够高的温度，不等式(12.41,3)可能不再成立.

12.43. 近似公式

由于式 (12.4, 1) 的形式相当复杂，因而对于混合气体的粘性已经提出了各种较简单的近似公式. 一般情况下它们都取 Sutherland 形式 (参见 6.63 节)；亦即，将 μ 表为 $\mu_{(1)}$ 与 $\mu_{(2)}$ 之和，它们分别代表两种组元气体的贡献. $\mu_{(1)}$ 和 $\mu_{(2)}$ 的表达式为

$$\mu_{(1)} = x_1/\{x_1(\mu_1)^{-1} + x_2(\mu'_{12})^{-1}\},$$
$$\mu_{(2)} = x_2/\{x_1(\mu'_{21})^{-1} + x_2(\mu_2)^{-1}\}. \qquad (12.43,1)$$

象通常一样，这里的 μ_1 和 μ_2 是两种单一气体的粘性系数，μ'_{12} 和 μ'_{21} 是'互粘性'系数，它们的值取决于所引用的具体近似式.

可以看出，第八章和第九章的理论意味着，由 μ 分开来的两部分 $\mu_{(1)}$ 和 $\mu_{(2)}$ 实际上满足 (在一阶近似时)

$$\left[\frac{1}{[\mu_1]_1}+\frac{2x_2}{Ex_1}\left(\frac{2}{3}+\frac{m_2}{m_1}A\right)\right]\mu_{(1)}-\frac{2}{E}\left(\frac{2}{3}-A\right)\mu_{(2)}=1 \tag{12.43,2}$$

及另一个与此相似的关系式。这两个关系式同式(12.43, 1)的差别在于包含有 $\frac{2}{3}-A$ 的那项。这项代表动量输运的转移，即在碰撞时由一种气体转移到另一种气体。由于这项相对说来比较小，因此，作为粗略的近似，在方程(12.43,2)中可用 $x_2\mu_{(1)}/x_1$ 代替 $\mu_{(2)}$；这就好象由这两种气体分子输运的动量只是正比于这些分子的数目一样。这样，方程(12.43,2)就变为

$$\mu_{(1)}=x_1\Big/\left\{x_1[\mu_1]_1^{-1}+x_2\frac{2A}{EM_1}\right\}, \tag{12.43,3}$$

它具有式(12.43,1)的形式，其中 μ'_{12} 为

$$\mu'_{12}=\frac{1}{2}EM_1/A. \tag{12.43,4}$$

若用 D_{12} 表示，则得到

$$\mu_{(1)}=x_1\Big/\left\{\frac{x_1}{[\mu_1]_1}+\frac{3Ax_2}{\rho_1[D_{12}]_1}\right\}, \tag{12.43,5}$$

其中 ρ_1 是温度和压力均与实际的混合气体相同、但纯粹只有第一种气体时的密度。如果公式(12.43, 5)中的 $3A$ 取相当高的数值1.385，并用实际值代替公式中的一阶近似值，那么式(12.43,5)就给出 Buddenberg 和 Wilke[1] 近似公式。利用公式(12.43,5)和相类似的 $\mu_{(2)}$ 公式来计算总粘性时，结果总是偏高。但可以选用较大的 $3A$ 值来部分地补偿它。

人们还提出过各种其它的近似公式。有一些是建立在式(12.43,2)或(12.4,1)的进一步变换的基础上，有些则更偏于经验的[2]。这类公式中，有些还相当错综复杂，不如采用公式(12.4, 1)

1) J. W. Buddenberg and C. R. Wilke, *Ind. Eng. Chem.* **41**, 1345(1949).

2) R. S. Brokaw, *J. Chem. Phys.* **29**, 391(1958), and **42**, 1140(1965); W. E. Francis, *Trans. Faraday Soc.* **54**, 1492 (1958)); T. G. Cowling, P. Gray and P. G. Wright, *Proc. R. Soc.* A, **276**, 69(1963); D. Burnett, *J. Chem. Phys.* **42**, 2533(1965).

更为简便些，也更精确些．无论如何，式（12.43，1）作为表达实验结果的公式还是很有价值的，其中 μ'_{12} 和 μ'_{21} 可以作为可调整的参量．

12.5. 体 积 粘 性

如 11.51 节所述，由具有内能的分子组成的气体，它具有一种阻碍膨胀和收缩的体积粘性 ϖ．这种体积粘性的效应是使流体静压强增加 $-\varpi\nabla\cdot\boldsymbol{c}_0$，或者说增加 $\varpi\rho^{-1}D\rho/Dt$．体积粘性是一种弛豫现象． 如果分子内能是几部分之和，它们各自以弛豫时间 τ_1，τ_2，$\cdots$独立地同平动能进行交换，那么（参见式（11.51，8））

$$\varpi=2p\sum_r N_r\tau_r/N^2, \qquad (12.5,1)$$

其中 $Nk/2m$ 是气体的总比热 c_v，而 $N_rk/2m$ 是此比热中与弛豫时间 τ_r 相应的部分．

可以证明，在角频率为 ω 而速度为 V 的平面声波中，每单位传播长度上的吸收系数为[1]

$$\frac{\omega^2}{2\rho V^3}\left[\frac{4}{3}\mu+\frac{\gamma-1}{\gamma}\frac{\lambda}{c_v}+\varpi\right]. \qquad (12.5,2)$$

因此象 μ 和 λ 一样，体积粘性也有耗散效应．在密度变化特别迅速的场合，例如超声波中或激波中，体积粘性的耗散效应特别重要．然而，如果密度变化的时间尺度很短，那么简单地用一个体积粘性来描述就不适当了．若在超声波中 $\omega\tau_r$ 变得很大，则与 τ_r 相应的那部分分子内能就不再参与温度的变化，对吸收作用也没有明显的贡献；气体的有效比热相应地减小，因而声速增加．

在式(12.5,2)中，μ 和 λ/c_v 的值是同 $p\tau$ 的值同量级的，其中 τ 是理想的碰撞频率(参见式（6.6,5,7)）．人们常发现，体积粘性使吸收系数明显地增加，它显著地超过单独由 μ 和 λ 所引起的吸

1) 例如可见 K. F. Herzfeld and T. A. Litovitz, *Absorption and Dispersion of Ultrasonic Waves*, chapter 1(Academic Press, 1959).

收作用，这意味着某些 τ_r 值与 τ 相比是很大的．在超声波的测量中，主要感兴趣的是要确定 τ_r．人们记

$$\tau_r = \zeta_r \tau, \tag{12.5,3}$$

于是粗略地说，ζ_r 是为使所考虑的那部分内能与平动能之间达到能量平衡所需要的碰撞数．为了更确切地给出 τ，我们利用适合于弹性球的公式 $\tau = l/\overline{C}$，$\mu = 0.499\rho\overline{C}l$（参见 5.21 节和式(12.1,6)）；再利用式(4.11,2)就得到

$$\mu = 0.499\rho(\overline{C})^2\tau = 1.271p\tau. \tag{12.5,4}$$

低频实验（此时弛豫现象可恰当地用体积粘性来描述）能确定式(12.5,1)中的和值 $\sum_r N_r\tau_r$；但它们还不足以将不同模式的内能的作用区分开．为了确定各别的 τ_r，必须使实验通过 $\omega\tau_r = 1$ 的点；有效比热比的变化使得人们能够辨认出相应的 N_r，而吸收的极大值大致发生在 $\omega\tau_r = 1$ 处．这样高频下的实验，结果表明：体积粘性(12.5,1)的主要部分通常来自振动弛豫．对于所有的振动能模式，采用单一的弛豫时间通常是足够满意了．在常温下，振动能的 ζ_r 取值范围为：从 10^7 以上（对于氧和氮）经过 10^4（对于其它的普通双原子气体和多原子气体）下降到 100 或更小（对于更复杂的和极性的分子）．

在常温下，氢的振动能太小，对吸收没有明显的贡献．氢和氘的转动弛豫比较慢，在常温下氢的 ζ_r 约 300，氘的 ζ_r 约 200．对于其它气体，转动能的 ζ_r 相当地小，难以测量；正常值的范围为 3 到 20．

关于更详尽的细节以及有关弛豫过程的理论，可参阅这一主题的专著[1]．

---

1) K. F. Herzfeld and T. A. Litovitz, *op. cit.*, chapters 6 and 7; T. L. Cottrell and J. C. McCoubrey, *Molecular Energy Transfer in Gases*, chapters 5 and 6 (Butterworths, 1961).

参考文献

[1] J. Kestin and W. Leidenfrost, *Physica*, **25**, 537, 1033 (1959); J. Kestin and J. H. Whitelaw, *Physica*, **29**, 335 (1963).

[2] H. L. Johnstonand E. R. Grilly, *F. Phys. Chem.* **46**, 948 (1942); H. L. Johnston and K. E. McCloskey *F. Phys. Chem.* **44**, 1038 (1940).

[3] R. Wobser and Fr. Müller, *Kolloidbeihefte*, **52**, **165** (1941).

[4] H. K. Onnes, C. Dorsman and S. Weber, *Vers. Kon. Akad. Wet. Amst.* **21**, 1375, 1913.

[5] H. K. Onnes and S. Weber, *Proc. Sect. Sci. K. ned Akad. Wet.* **21**, 1385 (1913).

[6] M. Trautz and R. Zink, *Annln Phys.* **7**, 427 (1930).

[7] A. B. van Cleave and O. Maass, *Can. F. Res.* **13B**, 384 (1935).

[8] M. Trautz and H. E. Binkele, *Annln Phys.* **5**, 561 (1930).

[9] M. Trautz and R. Heberling, *Annln Phys.* **10**, 155 (1931).

[10] M. Trautz and K. Sorg, *Annln Phys.* **10**, 81 (1931).

[11] A. O. Rankine and C. J. Smith, *Phil. Mag.* **42**, 615 (1921).

[12] M. Trautz and A. Narath, *Annln Phys.* **79** 637 (1926).

[13] H. Braune and R. Linke, *Z. Phys. Chem.*, A, **148**, 195 (1930).

[14] A. O. Rankine, *Proc. R. Soc.* A, **84**, 188 (1910).

[15] A. van Itterbeek and O. van Paemel, *Physica*, **5**, 1009 (1938); J. M. J. Coremans, A. van Itterbeek, J. J. M. Beenakker, H. F. P. Knaap and P. Zandbergen, *Physica*, **24**, 557 (1958).

[16] M. Trautz and P. B. Baumann, *Annlr Phys.* **2**, 733 (1929); M. Trautz and F. Kurz, *Annln Phys.* **9**, 981 (1931).

[17] A. G. de Rocco and J. O. Holford, *J. Chem. Phys.* **28**, 1152 (1958).

[18] H. Iwasaki and J. Kestin, *Physica*, **29**, 1345 (1963).

[19] A. Gille, *Annln Phys.* **48**, 799 (1915).

第十三章　热传导：理论与实验比较

13.1. 公式的归纳

在第十、十一章已经推导出了单组元气体热传导系数 λ 的各种公式，而且业已发现，λ 与粘性系数 μ 有下述关系（参见式（6.3，3））

$$\lambda = \mathrm{f}\mu c_v, \tag{13.1,1}$$

其中 c_v 是定容比热，而 f 是数值因子．类似地，λ 与 μ 的一阶近似值 $[\lambda]_1$ 与 $[\mu]_1$ 有下述关系（参见 9.7 节）

$$[\lambda]_1 = [\mathrm{f}]_1[\mu]_1 c_v,$$

其中 $[\mathrm{f}]_1$ 是 f 的一阶近似值．

已经求得，所有光滑球对称分子的 $[\mathrm{f}]_1$ 值均等于 2.5（参见式（9.7，4））．在若干情况下，f 的高阶近似也已求得．在式（10.21，5）中已经证明，对于弹性刚球分子，$\mathrm{f} = 2.522$；对于与距离的 ν 次幂成反比的斥力型分子（参见式（10.32，2，3）），若 $\nu = 5$（Maxwell 分子），则精确值是 $\mathrm{f} = 2.5$，当 ν 在 5 与 13 之间（12.31 节表 14 的主要范围）时，f 介于 2.5 与大约 2.511 之间．类似的结果亦适用于 12，6 模型和 exp；6 模型．对于这二种模型，当 kT/ϵ 与 1 同量级时，f 接近于 2.5；当 kT/ϵ 很大时，f 增加到 2.51 左右．因此我们可以认为，对于所有的光滑球对称分子，

$$\lambda = \frac{5}{2}\mu c_v \tag{13.1,2}$$

是十分接近于真值的．

对于双原子分子和多原子分子，已经提出了 $[\mathrm{f}]_1$ 的各种近似表达式．Eucken 假定：分子的内部运动不影响动量和平动动能的输运，而且分子内能的输运率与动量的输运率相同．由此，推导

出公式

$$[f]_1 = \frac{1}{4}(9\gamma - 5) \tag{13.1,3}$$

(参见式(11.8,3)),其中 γ 是比热比. Eucken 的修正公式(11.8,5)则假设: 当分子内能和平动动能相互交换十分缓慢时,分子内能是通过自扩散过程来输运. 如果 $[D_{11}]_1$ 是自扩散系数,而 $u'_{11} = \rho[D_{11}]_1/[\mu]_1$,那么式(13.1,3)就由下式代替:

$$[f]_1 = \frac{1}{4}\{15(\gamma - 1) + 2u'_{11}(5 - 3\gamma)\}. \tag{13.1,4}$$

式(13.1,3)和(13.1,4)都忽略了碰撞时分子内能与平动动能的交换. 但 Mason-Monckick 公式(11.81,5)考虑了这种交换,它等价于

$$\begin{aligned}[f]_1 = &\frac{1}{4}\{15(\gamma - 1) + 2u''_{11}(5 - 3\gamma)\} \\ &- \frac{1}{4}(5 - 3\gamma)\left(\frac{5}{2} - u''_{11}\right)^2 \bigg/ \left\{\frac{p[\tau]_1}{[\mu]_1} \right. \\ &\left. + \frac{1}{2}u''_{11} + \frac{5(5 - 3\gamma)}{12(\gamma - 1)}\right\}. \end{aligned} \tag{13.1,5}$$

此处 τ 是分子内能同平动动能交换的弛豫时间,而 $u''_{11} = \rho D_{int}/[\mu]_1$, D_{int}(这里未假定它与 $[D_{11}]_1$ 相同)是分子内能扩散系数的一阶近似值. 如果分子内能与平动动能之间的交换很缓慢,那么 τ 就很大,而 D_{int}, u''_{11} 近似于 $[D_{11}]_1$, u'_{11};因此(参见式(11.81,6)),式(13.1,5)近似于

$$\begin{aligned}[f]_1 = &\frac{1}{4}\{15(\gamma - 1) + 2u'_{11}(5 - 3\gamma)\} \\ &- \frac{1}{4}(5 - 3\gamma)\left(\frac{5}{2} - u'_{11}\right)^2 [\mu]_1/p[\tau]_1. \end{aligned} \tag{13.1,6}$$

如果分子内能的各部分(对比热 $c_v(= Nk/2m)$ 的贡献分别为 $N_1k/2m$, $N_2k/2m$, $\cdots$)具有不同的弛豫时间 τ_1, τ_2, $\cdots$, 那么式(13.1,6)将由下式代替:

$$[f]_1 = \frac{1}{4}\{15(\gamma - 1) + 2u'_{11}(5 - 3\gamma)\}$$
$$- \frac{1}{2}\left(\frac{5}{2} - u'_{11}\right)^2 ([\mu]_1/pN) \sum_r N_r/[\tau_r]_1. \quad (13.1,7)$$

在一阶近似的范围内，粗糙球分子的结果与式(13.1,6)一致，然而这些结果表明，对于具有内能的分子，f 的高阶近似值可能明显地超过 $[f]_1$.

13.2. 0℃ 时气体的热传导系数

理论予示：象 μ 一样，在给定的温度下，λ 与压强无关. 此结果只是当分子本身的体积与气体所占的总体积相比可以忽略时才正确；然而，在通常的压强下，即在离液化点不很近的气体中，λ 随 p 的变化相对说来并不明显. 但在发生对流时，或者在壁面处有温度跳跃时（参见 6.31 节），可能使热传导系数随着 p 有明显变化. 这些情况在用实验方法确定 λ 时都需要予以考虑. 此外，还必须修正由辐射引起的热损失，或者向实验装置的固体部分传热所引起的热损失. 总的说来，实验确定 λ 是件相当困难的事. 可以预料，一组测量值的或然误差(这与因数据之间的分散性引起的误差不同)不会小于百分之一左右.

表 20 给出某些气体在标准状态下的 λ 值[1]和 f 值(即 $\lambda/\mu c_v$). f 值是由表中的 λ 值，表 11 (12.2 节) 中的 μ 值和表 1 (2.44 节) 中的 c_v 值计算出来的. 为了便于比较，还列出了 f 的 Eucken 值 $\frac{1}{4}(9\gamma - 5)$. 表中所列的气体分成三组：第一组是单原子气体；第二组是双原子和多原子气体，它们的分子或者没有永久的偶极

1) 这里所引用的数据，一般都是取自 *Thermophysical Properties Research Center, Data Book* 2 (Wright-Patterson Air Force Base, Ohio, 1964 and 1966) 中的平均值. 然而也广泛地参考了原文. 因此，这些数据不是在所有情况下都同该书所列的数据一致的. 不过差别很小，在该书作者认为可以允许的范围内.

矩，或者只有弱偶极矩；第三组是某些具有较强极性的气体。这三组气体的数据将分别在下面予以讨论.

表 20　0℃ 时气体的热传导系数

气　体	$\lambda\times10^7$ (卡/厘米·秒·度)	$f\equiv\lambda/\mu c_v$	$\frac{1}{4}(9\gamma-5)$
	单原子气体		
He	3410	2.45	2.50
Ne[1)]	1110	2.52	2.50
A	392	2.48	2.50
K[1)]	210	2.535	2.50
Xe	124	2.58	2.50
	有弱偶极矩或没有偶极矩的气体		
H_2	4130	2.02	1.92
D_2	3050	2.07	1.90
CH_4	733	1.77	1.695
C_2H_2	470	1.54	1.54
CO	553	1.91	1.90
N_2	575	1.96	1.91
C_2H_4	403	1.48	1.56
空气	577	1.96	1.90
NO	562	1.90	1.90
C_2H_6	426	1.44	1.45
O_2	585	1.94	1.90
CO_2	348	1.64	1.68
N_2O	362	1.73	1.68
Cl_2	189	1.825	1.80
	强极性气体		
NH_3	524	1.455	1.715
H_2S	308	1.49	1.77
HCl	301	1.655	1.90
CH_3-Cl	215	1.53	1.64
SO_2	204	1.50	1.64

1) 单原子气体氖和氪的 c_v 值是由 $c_v=3k/2mJ$ 计算得来的。

13.3. 单原子气体

可以预料,关系式 $\lambda=\frac{5}{2}\mu c_v$ (即式(13.1,2))用于单原子气体时，它具有较多的精确度. 因为单原子气体的分子没有可交换的分子内能,而且是高度球对称的. 对于这类气体,检验一下这个关系式,有其特殊的意义，因为理论为式(13.1,2)中的三个物理量提供了一个明确的数值关系，而这三个物理量又都是可由实验确定的. 此外,单原子气体的理论与实验的一致,对其它气体的理论也有着决定意义，因为公式(13.1,3—5)都是基于这样的假设：即平动动能的输运,在一阶近似范围内都遵循公式 $\lambda'=\frac{5}{2}\mu c'_v$.

表 20 的数据表明，惰性气体的 $\lambda/\mu c_v$ 值确实在 2.5 附近，但与 2.5 还是有明显的偏差. 对于氖、氩和氪，这种偏差值是在实验的误差范围内. 用氙做实验相当困难,鉴于这种情况，它与 2.5 的偏差值也就不算是很大. 对于氦，偏差为百分之二. 氦是人们经常研究的一种气体,而竟有这么大的误差，这是出乎意料的；这种情况可以通过改进测量精度予以解决.

O'Neal 和 Brokaw[1]1) 利用气流通过喷管的实验，直接确定了若干种气体的 Prandtl 数 $\mu c_p/\lambda=\gamma/f$. 他们发现：对于氦，f = 2.503；对于氩，f = 2.506；这同理论满意地符合. 然而，尽管他们的方法避免了在分别确定 μ 和 λ 的过程中可能带来的误差，但是对于此方法本身的误差来源,并未充分探讨过.

某些实验显示出 f 随温度而变化. 但是各次实验不总是一致，连变化的方向也不总是一致2). 对于单原子气体，这种变化是否真实，值得怀疑. 对于氦，在十分低的温度下（低于 20°K 左右),从 μ 的实验值,用 $\lambda=\frac{5}{2}\mu c_v$ 关系式计算所得的 λ 值，仍然

1) 象第十二章一样，方括号中的数字指本章末尾所列实验论文一览表中的序号.
2) Keyes[2] 对 λ,μ 和 f 的实验值作过广泛的评论.

同直接测得的实验值符合得相当好[3],[4]，虽然在这么低的温度下精确性当然要差些。

对于汞蒸气，Schleiermacher[5] 给出的 f 值为 3.15. Zaitseva[6] 指出，如果 Schleiermacher 的 λ 值同近来测得的 μ 值结合在一起，则得到 f = 2.69，这就同她自己的结果大致符合。

对于氢，当温度降到 0℃ 以下时，比热比 γ 的值开始明显地增加；到 −200℃ 左右时，它接近于单原子气体的值 5/3. 这表明在这样的温度下，分子的能量几乎全部都是平动动能。因此可以预料，低于 −200℃ 时 f 将上升到 2.5. Eucken[7] 和 Ubbink[8] 发现实际情况确实如此。 Eucken 发现在 −192℃ 时 f = 2.25，而 Ubbink 发现低于 20°K 时 f 在 2.45 与 2.5 之间。类似地，对于氘，Ubbink 发现在低温下 f 接近 2.3.

因此，我们可以得出结论：正如理论所预言的那样，单原子气体的 f 值近似为 2.5.

13.31. 非极性气体

对于双原子气体和多原子气体，式(13.1,3—7)给出了 $[f]_1$ 的近似式。表 20 所引用的数据表明，Eucken 公式 (13.1,3) 只给出 f 的一种粗略的近似。

如果碰撞并未改变分子的内能，那么式(13.1,4)仍可以使用；在这种情况下，$[D_{11}]_1$ 接近于 $3A[\mu]_1/\rho$，即分子没有内能时的值(参见式(10.6,4))，而 u'_{11} 则变为 3A. 对于 12,6 模型和 exp；6 模型，3A 约为 1.32 或稍大些，下面我们将采用它的平均值 $3A=\frac{4}{3}$. 这样式(13.1,4)就变为

$$[f]_1=\frac{1}{12}(21\gamma-5). \qquad (13.31,1)$$

这个 $[f]_1$ 值总是大于 Eucken 值 $\frac{1}{4}(9\gamma-5)$.

式 (13.1, 5—7) 考虑了分子内能与平动能之间的交换。这种

交换使 λ 中对应于分子内能输运的那部分增加了，但对应平动能输运的那部分,却降低得要更多,结果 $[f]_1$ 下降了,比式(13.31,1)给出的值要低. 式(13.1, 6)是式(13.1, 5)的简化形式，仅当分子内能与平动动能的交换相当缓慢时它才适用. 式(13.1,7)比式(13.1,6)更可取，因为它允许振动能和转动能可以有不同的弛豫时间. 振动能的弛豫过程通常是如此之缓慢，以至于可以忽略它对 $[f]_1$ 的影响;这样,由于 $\gamma = 1 + 2/N$, 式(13.1,7)就简化为

$$[f]_1 = \frac{1}{4}\left\{15(\gamma - 1) + 2u'_{11}(5 - 3\gamma) - \left(\frac{5}{2} - u'_{11}\right)^2 (\gamma - 1)[\mu]_1 N_r / p[\tau_r]_1\right\}, \quad (13.31,2)$$

其中 N_r,$[\tau_r]_1$ 现在是指转动能的. 对于双原子分子和其它线性分子，$N_r = 2$; 对于非线性的多原子分子，$N_r = 3$. 此外，我们可以将$[\tau_r]_1$表达为

$$[\tau_r]_1 = \zeta_r[\mu]_1/1.271p, \quad (13.31,3)$$

其中(参见式(12.5,3)) ζ_r 是在时间 $[\tau_r]_1$ 内发生的平均'碰撞'数.

式(13.31,2)仍然假定转动能与平动能的交换相当缓慢. 因此，$u'_{11} \sim \frac{4}{3}$.若这种交换不缓慢,则必须用 $u''_{11}(= \rho D_{\text{int}}/[\mu]_1)$ 代替 $u'_{11}(= \rho[D_{11}]_1/[\mu]_1)$. 此外（参见式(13.1,5)），$p[\tau_r]_1$ 需用 $p[\tau_r]_1 + [\mu]_1\left(\frac{1}{2}u''_{11} + \frac{5}{12}N_r\right)$ 代替，于是式(13.31,2)就变为

$$[f]_1 = \frac{1}{4}\left\{15(\gamma - 1) + 2u''_{11}(5 - 3\gamma) - \left(\frac{5}{2} - u''_{11}\right)^2 (\gamma - 1) N_r \Big/ \left(p[\tau_r]_1/[\mu]_1 + \frac{1}{2}u''_{11} + \frac{5}{12}N_r\right)\right\}. \quad (13.31,4)$$

对于氢和氘，式(13.31,4)与式(13.31,2)实际上没有差别，因为对于这二种气体 $\zeta_r \sim 300$.从式(13.31,1),我们分别得到 $[f]_1 = 2.05$ 和 $[f]_1 = 2.03$,它们同表 20 的实验值 $f = 2.02$ 和 $f = 2.07$令

人满意地相符合.

对于其它非极性气体，与式(13.31，1)相比，Eucken 表达式 $\frac{1}{4}(9\gamma-5)$ 常常更接近于表 20 中的 f 值.这种情况相应于较小的 $[\tau_r]$ 值和较小的 ζ_r 值，因此必须采用式(13.31,4)，而不用(13.31,2). 若

$$\frac{\zeta_r}{1.271}+\frac{1}{2}u_{11}''+\frac{5}{12}N_r=\frac{\left(\frac{5}{2}-u_{11}''\right)^2}{2(u_{11}''-1)}\ \frac{N_r(\gamma-1)}{5-3\gamma},\quad(13.31,5)$$

则由式(13.31,4)给出的 $[f]_1$ 值与 Eucken 表达式一致. 对于分子内能只包含转动能的双原子气体($N_r=2,\gamma=1.4$)，式(13.31,5)给出的 ζ_r 对 u_{11}'' 的关系由下表给出:

u_{11}'' …	$\frac{4}{3}$	1.3	1.25	1.2
ζ_r …	0.688	1.165	2.12	3.55

对于多原子气体，或其分子具有振动能的气体，它们的 ζ_r 值还要低些. 因为 ζ_r 值明显地超过 1，所以 u_{11}'' 值不大可能在 1.3 以上.

对于甲烷、氮和氧，表 20 给出的 f 值明显地超过相应的 Eucken 值. 即使对于这些气体，$u_{11}''=1.3$ 所对应的 ζ_r 值仍在 2 与 4 之间. 超声波实验得出的值明显地较高[1)](虽然不十分一致)，这表明 u_{11}'' 值较小. 因此分子内能扩散系数 D_{int} 是明显地小于自扩散系数 $[D_{11}]_1$.

表 20 中的数据对应的温度为 0℃. 理论[2)]表明，随着温度的增加，ζ_r 可以显著地增加，相应地 u_{11}'' 也会增加而趋近于 4/3. 因此高温时，f 可能更加接近于 Eucken 的修正公式(13.31,1)或(13.1,4)所给出的值. Mason 和 Monchick[3)] 提供的证据表明，实际上许多气体的情况正是这样.

---

1) 例如，可参见 O'Neal 和 Brokaw[1] 所引证的数值.

2) 参见 J. G. Parker, *Phys. Fluids*, **2**, 449 (1959). 还可参见 12.5 节所引用的文献.

3) E. A. Mason 和 L. Monchick, *J. Chem. Phys* **36**, 1622 (1962).

13.32. 极性气体

从表 20 可以看出，对于极性气体，f 明显地低于 Eucken 值. Mason 和 Monckick[1] 认为，这是由于碰撞过程中因偶极矩的相互作用而引起的旋转变化所致. 他们的计算结果表明，对于某些气体(值得注意的是氯化氢和氨)，后一现象可能降低分子内能扩散系数 D_{int}，使得式(13.1,5)中的 u''_{11} 大约等于 1，同时还减小碰撞数 ζ_r. 详细情况请读者参阅原文.

13.4. 单原子混合气体

对于不具有分子内能的二组元混合气体，其 λ 的一阶近似值为(参见 9.82 节)

$$[\lambda]_1 = \frac{x_1^2 Q_1[\lambda_1]_1 + x_2^2 Q_2[\lambda_2]_1 + x_1 x_2 Q'_{12}}{x_1^2 Q_1 + x_2^2 Q_2 + x_1 x_2 Q_{12}}, \quad (13.4,1)$$

其中

$$Q_{12} = 3(M_1 - M_2)^2(5 - 4B) + 4M_1M_2A(11 - 4B) + 2P_1P_2, \quad (13.4,2)$$

$$Q'_{12} = 2F\{P_1 + P_2 + (11 - 4B - 8A)M_1M_2\}, \quad (13.4,3)$$

$$Q_1 = P_1\{6M_2^2 + (5 - 4B)M_1^2 + 8M_1M_2A\}, \quad (13.4,4)$$

对于 Q_2 也有类似的公式. 式中的 P_1，P_2 和 F 由下式给出(参见式(9.82,2)):

$$F \equiv 15k_E/4m_0, \quad P_1 = F/[\lambda_1]_1, \quad P_2 = F/[\lambda_2]_1. \quad (13.4,5)$$

对于力心点模型，常数 A，B 由式(10.31，10)和表 3 给定；对于 12，6 模型，它们由 10.42 节的表 6 给定；对于 12，6 模型和 exp；6 模型，在大多数有意义的 ε_{12}/kT 值范围内，A 值大约在 0.44 和 0.46 之间，而 B 值在 0.72 和 0.66 之间；式(13.4，1)对 A 和 B 的精确数值不十分敏感.

---

1) E. A. Mason 和 L. Monchick, *J. Chem Phys.* **36**, 1622 (1962).

若 x_2 很小，则式(13.4,1)就变成描述"杂质"对热传导影响的公式；此时该公式近似为

$$[\lambda]_1 = [\lambda_1]_1 \left\{1 + \frac{x_2}{2Q_1}\left[\{2P_1 + M_1M_2(11-4B-8A)\}^2 - \frac{Q_1Q_2}{P_1P_2}\right]\right\}. \tag{13.4,6}$$

不难看出，这个公式不包含 $[\lambda_2]_1$.

象单组元气体的情况一样，式(13.4,1)只适用于单原子的混合气体．人们将五种惰性气体任意配对组合，然后对所有这样组合的二组元混合气体作了研究，结果发现理论与实验之间有合乎情理的一致性．这示于表 21 中，该表根据 von Ubisch[9] 的实验数据，列出了氦-氩混合气体在 29℃ 时的结果．在应用式(13.4,1)时，A 和 B 值可分别取为 0.452 和 0.667．这个 A 值就是 12.41 节中讨论氦-氩混合气体的粘性时所采用的值．可以发现 E 值取作 9.103×10^{-4} 泊时，与实验结果吻合得最好．然而在 12.41 节采用的 E 值却为 8.70×10^{-4} 泊(在 15℃)[1)]．这两个数值之间的差异大约有一半是因为所涉及的温度不同，其余则部分是由于实验误差(包括 λ_1 和 λ_2 值的各种可能误差)，部分是由于所用的公式不精确，这些公式只是精确公式的一阶近似．

表 21 还给出了 Mason 和 von Ubisch[2)] 按公式(13.4,1)得出的第二组计算值．他们所用的 A，B 值同上，但 E，$[\lambda_1]_1$，$[\lambda_2]_1$ 的值不同，这三个值是从 exp；6 模型导出的，其中异类分子的作用力常数是根据经验的组合律确定的．可以看到，表中的三组数值是相当符合的．

当 x_1/x_2 改变时，$[\lambda]_1$ 可能存在极大值和极小值．这一问题的讨论和 $[\mu]_1$ 的同类问题的讨论相似，可以在式(13.4,1)的基础上进行．然而，对于单原子混合气体，尚未观察到这种极大值和极小值．

---

1) 12.41 节讨论的氦-氩混合气体其温度是 20℃．——译者注

2) E. A. Mason and H. von Ubisch, *Phys. Fluids*, **3**, 355 (1960).

表 21 氦和氩混合气体在 29℃ 时的热传导系数

氦 (%)	$\lambda\times10^7$ (实验值)	$\lambda\times10^7$ (计算值)	$\lambda\times10^7$ (计算值) (Mason 和 von Ubisch)
0	434	434	426
29.0	843	857	854.5
45.9	1220	1205	1205
72.4	2020	2029	2030
89.4	2920	2889	2897
100	3670	3670	3702

13.41. 具有分子内能的混合气体

Hirschfelder[1] 已将 Eucken 的修正公式(13.1,4)推广应用到具有分子内能的混合气体．他认为平动能和分子内能的输运是独立进行的．这样，平动能的热传导系数 λ' 就是式(13.4,1)给出的单原子气体的热传导系数，但$[\lambda_1]_1$，$[\lambda_2]_1$要用 $\frac{5}{2}[\mu_1]_1c'_{v1}$，$\frac{5}{2}[\mu_2]_1c'_{v2}$ 代替，其中 c'_{v1}，c'_{v2} 是平动能的比热．至于分子内能对 λ 的贡献，则假定是由于分子穿过混合气体的扩散(扩散时这些分子携带着它们的内能)而引起的．将推导式(11.8, 9)时所用的近似方法应用到混合气体，就不难推导出最终的公式：

$$\lambda=\lambda'+\frac{\rho_1c''_{v1}}{x_1D_{11}^{-1}+x_2D_{12}^{-1}}+\frac{\rho_2c''_{v2}}{x_1D_{12}^{-1}+x_2D_{22}^{-1}},\quad(13.41,1)$$

其中 D_{11}，D_{12}，D_{22} 是实际气体压强时的通常的扩散系数和自扩散系数．

式(13.41,1)中 $x_1D_{11}^{-1}+x_2D_{12}^{-1}$ 的含意是： D_{11}^{-1}(或 D_{12}^{-1})表示一个 m_1 分子在另外的只由分子 m_1(或分子 m_2)所组成的单一气体中扩散的阻力； $x_1D_{11}^{-1}+x_2D_{12}^{-1}$ 是这些阻力对应于实际混合气体的加权平均．在同样压强下，由分子 m_1 组成的单一气体中，来

1) J. O. Hirschfelder, *Sixth International Combustion Symposium*, p. 351 (Reinhold Publication Corporation, New York, 1957). 还可见 E. A. Mason and S. C. Saxena, *Phys. Fluids*, **1**, 361 (1958).

自分子内能的热传导系数 λ_1'' 是 $c_{v1}''(\rho_1/x_1)D_{11}$，因为在实际混合气体中，气体 m_1 的密度乃是单一气体的密度乘以 x_1. 因此，式(13.41,1)还可写作

$$\lambda = \lambda' + \frac{\lambda_1''}{1 + x_2 D_{11}/x_1 D_{12}} + \frac{\lambda_2''}{1 + x_1 D_{22}/x_2 D_{12}}. \quad (13.41,2)$$

这个等式不难推广应用到多组元的混合气体中.

严格说来，等式(13.41，2)只适用于象 H_2-D_2 那样的混合气体，它们中的平动动能与分子内能的相互作用十分缓慢. Monchick, Pereira 和 Mason[1] 把式(13.1，5)推广应用于混合气体，给出了这种相互作用不是很慢时也适用的混合气体公式. 这些公式，即使已作了若干近似，但仍十分复杂. 一般地说，它们涉及到四个弛豫时间以及分子内能扩散系数. 和单组元气体中的情况一样，这些分子内能扩散系数可能明显地偏离通常的扩散系数和自扩散系数. Monchick, Pereira 和 Mason 用他们自己的公式和 Hirschfelder 公式对几种气体的实验数据已经作了成功的拟合. 他们建议，只要将 D_{11}，D_{12}，D_{22} 用可调整的分子内能扩散系数代替，这样利用式(13.41，2)算出的 λ 值通常是足够好的. 然而，从式(13.4,1)计算 λ' 时，若单一气体的弛豫时间已知，他们宁可用平动能热传导系数 λ_1',λ_2' 来代替式(13.4,1)中的 $[\lambda_1]_1$,$[\lambda_2]_1$，其中 λ_1' 为

$$\lambda_1' = \frac{5}{2}[\mu_1]_1\left\{c_{v1}' - \frac{1}{2}c_{v1}''\left(\frac{5}{2}[\mu_1]_1 - \rho_1[D_{11}]_1\right)/p_1\tau_1\right\}, \quad (13.41,3)$$

λ_2' 亦有类似的关系式. 式(13.41，3)给出了平动能对总的热传导系数(由式(11.81,6)推导出来的)的贡献.

13.42. 用于混合气体的近似公式

象粘性系数一样，由于混合气体的 λ 公式十分复杂，促使人们寻找简单的近似公式. 这些公式通常具有 Wassiljewa 近似式的形

---

1) L. Monchick, A. N. G. Pereira and A. E. Mason, *J. Chem. Phys.* **42**, 3241 (1965). 还可见 L. Monchick, K. S. Yun and A. E. Mason, *J. Chem. Phys.* **39**, 654 (1963).

式（参见 6.63 节），即把 λ 表示为 $\lambda_{(1)}$，$\lambda_{(2)}$ 之和，而 $\lambda_{(1)}$ 和 $\lambda_{(2)}$ 分别来源于混合气体中的两种气体，这里

$$\lambda_{(1)} = x_1/\{x_1(\lambda_1)^{-1} + x_2(\lambda'_{12})^{-1}\},$$
$$\lambda_{(2)} = x_2/\{x_2(\lambda_2)^{-1} + x_1(\lambda'_{21})^{-1}\}, \qquad (13.42,1)$$

而 λ'_{12}，λ'_{21} 是所研究气体的"互导热系数"。

对于单原子气体，若作一些（非物理的）假设：取 $\mathrm{B} = \frac{3}{4}$，$\mathrm{A} = 1$，就可以从式(13.4,1)推导出上述 λ 公式，这时此式变为

$$[\lambda]_1 = x_1/\{x_1[\lambda_1]_1^{-1} + x_2[\lambda'_{12}]_1^{-1}\} + x_2/\{x_2[\lambda_2]_1^{-1} + x_1[\lambda'_{21}]_1^{-1}\}, \qquad (13.42,2)$$

其中

$$[\lambda'_{12}]_1^{-1} = (3M_1 + M_2)/\mathrm{F},\ [\lambda'_{21}]_1^{-1} = (3M_2 + M_1)/\mathrm{F}, \qquad (13.42,3)$$

而 $\mathrm{F} = 15k_{\mathrm{B}}/4m_0 = 5p[D_{12}]_1/2T$。然而，由这些替换所引起的误差可能不小。把推导粘性公式（12.43，3）时所采用的方法应用到热传导问题，便可以得到一个更好一些的近似式。其形式和式(13.42,2)一样，但是在这里

$$[\lambda'_{12}]_1^{-1} = \frac{1}{2}\{(M_1 - M_2)[6M_1 - (5 - 4\mathrm{B})M_2] + 16M_1M_2\mathrm{A}\}/\mathrm{F}, \qquad (13.42,4)$$

$[\lambda'_{21}]_1^{-1}$ 亦有类似的式子。一般说来，这个公式对 $[\lambda]_1$ 的估计偏高，但只要两种气体的分子不是太不相同，偏差就不大[1)]。

Wassiljewa 型公式一直相当成功地被用来表达具有分子内能的混合气体的 λ 值随组分的变化。若不考虑物理解释的话，则可以把 λ'_{12} 和 λ'_{21} 看作是可调整的参数。通常，人们希望能从单一气体的热传导系数来预测混合气体的热传导系数。在这种情况下，通常采用的步骤是从下面形式的公式出发：

$$\lambda = \lambda_1 x_1/\{x_1 + \alpha_{12}x_2D_{11}/D_{12}\} + \lambda_2 x_2/\{x_2 + \alpha_{21}x_1D_{22}/D_{12}\}, \qquad (13.42,5)$$

其中 α_{12}，α_{21} 可看作为 m_1/m_2 的函数，它们是用半经验的方式确定

---

1) T. G. Cowling, P. Gray and P. G. Wright, *Proc. R. Soc.* A, **276**, 69 (1963).

的. 将式(13.42,3)或式(13.42,4)代入式(13.42,2)就可以得到一个形式为(13.42,5)的表达式(因为λ_1乃是 pD_{11}/T 同某一纯数的乘积),由此证明假设(13.42,5)是合理的;同样可以证明,分子内能对热传导贡献的表达式(13.41,2)也是合理的.

Lindsay-Bromley 公式[1]是这类公式中最著名的一个. 它以 Sutherland 模型为基础,并用

$$\frac{1}{4}\left\{1+\left[\frac{\mu_1}{\mu_2}\left(\frac{m_2}{m_1}\right)^{\frac{3}{4}}\frac{1+S_1/T}{1+S_2/T}\right]^{\frac{1}{2}}\right\}^2\frac{1+S_{12}/T}{1+S_1/T} \qquad (13.42,6)$$

代替式(13.42, 5)中的 $\alpha_{12}D_{11}/D_{12}$. 为了让它同 $\alpha_{12}=\alpha_{21}=1$ 的 Sutherland 模型完全符合,此式中 m_2/m_1 的幂次项应该是 $(m_2/m_1)^{\frac{1}{2}}$, 而且整个表达式还应该乘以 $\{2m_2/(m_1+m_2)\}^{\frac{1}{2}}$. 这些改变都是经验修正. Lindsay 和 Bromley 还进一步建议,对于非极性气体,可以用 $(S_1S_2)^{\frac{1}{2}}$ 作为 Sutherland 常数 S_{12}; 但如果一种气体具有很强的极性,那么这个常数可能只是 $(S_1S_2)^{1/2}$ 的 0.733 倍.

参 考 文 献

[1] C. O'Neal and R. S. Brokaw, *Phys. Fluids*, **5**, 567 (1962), and **6**, 1675 (1963).
[2] F. G Keyes, *Trans. Am. Soc. Mech. Eng.* **73**, 589 (1951).
[3] J. B. Ubbink, *Physica,* **13**, 629 (1947).
[4] K. Fokkens, W. Vermeer, K. W. Taconis and R. de Bruyn Ouboter, *Physica,* **30**, 2153 (1964).
[5] A. Schleiermacher, *Annln Phys.* **36**, 346 (1889).
[6] L. S. Zaitseva, *Sov. Phys. Tech. Phys.* **4**, 444 (1959).
[7] A. Eucken, *Phys. Zeit.* **14**, 324 (1913).
[8] J. B. Ubbink, *Physica,* **14**, 165 (1948).
[9] H. von Ubisch, *Ark. Fys.* **16**, 93 (1959).

1) A. L. Lindsay and L. A. Bromley, *Ind. Eng. Chem.* **42**, 1508 (1950).

第十四章　扩散：理论与实验比较

14.1. 扩散的起因

二组元混合气体扩散的一般方程(8.4,7)可写为

$$\bar{\boldsymbol{C}}_1-\bar{\boldsymbol{C}}_2=-(\mathrm{x}_1\mathrm{x}_2)^{-1}D_{12}\left\{\nabla \mathrm{x}_1+\frac{n_1n_2(m_2-m_1)}{n\rho}\nabla\ln p-\frac{\rho_1\rho_2}{p\rho}(\boldsymbol{F}_1-\boldsymbol{F}_2)+\mathrm{k}_T\nabla\ln T\right\}.\qquad(14.1,1)$$

正如 8.4 节所指出的，这个方程表明扩散速度是由几部分 组成：有组分、压强和温度的不均匀引起的扩散，还有因作用在两种气体分子上的外力产生不同的加速度而引起的扩散．用实验方法测定扩散系数 D_{12} 时，通常是测量因组分的不均匀而引起的扩散．

在静止的气体中（总的分子数通量为零），扩散方程变为（见(8.3,13)式）

$$\mathrm{x}_1\bar{\boldsymbol{c}}_1=-\mathrm{x}_2\bar{\boldsymbol{c}}_2=-D_{12}\{p^{-1}(\nabla p_1-\rho_1\boldsymbol{F}_1)+\mathrm{k}_T\nabla\ln T\}.\qquad(14.1,2)$$

右边第一项对应于作用在第一种气体分子上的外力与这种气体的分压梯度之间不平衡而引起的扩散，对于第二种气体，采用了相应的各物理量，亦有类似的方程．

我们可以引用大气中的扩散过程作为压强扩散（即相应于式(14.1,1) 右边第二项)的一个例子．由于大气压强随着高度而变化，大气中的各种成分有分开的趋势：较重的元素有向下沉的趋势，而较轻的元素有向上升的趋势．这个过程不是直接由作用在分子上的重力引起的，因为重力对每个分子产生的加速效应是相同的；这是一种间接的效应，是由重力造成的压强梯度造 成 的．(但是实际上在 100 公里高度以下的大气中，成分随高度的变化是

很小的，因为气流和涡旋运动的掺混效应抵销了扩散引起的分离趋势．）

在绕某轴旋转的气体中，也出现压强扩散；重分子有从轴向外扩散的趋势，结果在稳恒状态下，每种成分的密度分布类似于式(4.14,9,11)给出的那种分布(此处$\Psi=0$)．

式(14.1,1)右边第三项相应于受迫扩散．这种扩散的最重要例子是部分电离气体中，带电粒子在电场作用下的扩散．这种扩散导致电流的产生，这一情况将在第十九章详细讨论．

在保守力场中，混合气体的稳恒状态(由式(4.3,5)表达)可以看作是因组分的、压强的非均匀性引起的扩散速度与因外力场引起的扩散速度之间达到了平衡．因此，例如，在重力作用下，大气同温层中的稳恒状态就是压强扩散与组分非均匀性引起的扩散之间达到精确平衡．事实上，由不存在扩散这一条件出发，利用式(14.1,2)可以推导出式(4.3,5)．

热扩散问题将留到14.6节去讨论．

14.2. D_{12} 的一阶近似

观察成对气体的互扩散过程是困难的，因而已经做过的这类观察常常有相当大的实验误差．这点在作理论和实验的比较时应予以注意．

有关扩散系数一阶近似值 $[D_{12}]_1$ 的几个公式已在第九章和第十章中导出；为了便于查阅，现将这些公式抄录在这里．对于直径为σ_1，σ_2的弹性刚球，根据公式(10.1,5)和(10.2,1)得到

$$[D_{12}]_1=\frac{3}{8n\sigma_{12}^2}\left\{\frac{kT(m_1+m_2)}{2\pi m_1m_2}\right\}^{\frac{1}{2}},\qquad(14.2,1)$$

其中

$$\sigma_{12}=\frac{1}{2}(\sigma_1+\sigma_2)$$

对于相互间斥力为$\kappa_{12}r^{-\nu}$类型的分子，根据公式(10.1,5)和(10.31,8,9)得到

$$[D_{12}]_1 = \frac{3}{8nA_1(\nu)\Gamma\left(3-\frac{2}{\nu-1}\right)} \cdot \left(\frac{kT(m_1+m_2)}{2\pi m_1 m_2}\right)^{\frac{1}{2}} \left(\frac{2kT}{\kappa_{12}}\right)^{2/(\nu-1)}. \qquad (14.2,2)$$

对于相吸球分子（Sutherland 模型），根据公式(10.41,9)得到

$$[D_{12}]_1 = \frac{3}{8n\sigma_{12}^2}\left(\frac{kT(m_1+m_2)}{2\pi m_1 m_2}\right)^{\frac{1}{2}} \Big/ \left(1+\frac{S_{12}}{T}\right). \qquad (14.2,3)$$

对于 12,6 模型和exp；6 模型，根据公式（10.1,5）和 10.4 节得到

$$[D_{12}]_1 = \frac{3}{8\,n\sigma_{12}^2 \mathscr{W}_{12}^{(1)}(1)}\left(\frac{kT(m_1+m_2)}{2\pi m_1 m_2}\right)^{\frac{1}{2}}, \qquad (14.2,4)$$

其中 $\mathscr{W}_{12}^{(1)}(1)$ 是 kT/ε_{12} 的函数，12，6 模型的 $\mathscr{W}_{12}^{(1)}(1)$ 值在表 6 (10.42 节)给出，12,6 模型和 exp，6 模型的 $\mathscr{W}_{12}^{(1)}(1)$ 曲线在图 8 (10.42 节)画出.

对于粗糙弹性球，根据公式(11.61,4)得到

$$[D_{12}]_1 = \frac{3}{8n\sigma_{12}^2}\left(\frac{kT(m_1+m_2)}{2\pi m_1 m_2}\right)^{\frac{1}{2}} \frac{K_0+K_1K_2}{K_0+2K_1K_2}, \qquad (14.2,5)$$

其中 K_1, K_2, K_0 与迴转半径的关系由式(11.6,2)给出.

这个公式表明，转动与平动之间的相互作用使 $[D_{12}]_1$ 有所下降. 然而这种相互作用的影响是不大的，因此下面的讨论一般都忽略这一效应，仍把分子当作光滑的来处理.

扩散系数的一阶近似值不取决于混合气体(扩散在其中发生)的混合比，也即，它只取决于异类分子之间的碰撞. 因此，在一阶近似范围内，同类分子的碰撞不影响扩散.

14.21. D_{12} 的二阶近似

式(9.81,3)得到的二阶近似值具有形式

$$[D_{12}]_2 = [D_{12}]_1/(1-\Delta), \qquad (14.21,1)$$

其中

$$\Delta = 5\text{C}^2 \frac{M_1^2\text{P}_1\text{X}_1^2 + M_2^2\text{P}_2\text{X}_2^2 + \text{P}_{12}\text{X}_1\text{X}_2}{\text{Q}_1\text{X}_1^2 + \text{Q}_2\text{X}_2^2 + \text{Q}_{12}\text{X}_1\text{X}_2}, \qquad (14.21,2)$$

而且

$$\text{P}_1 = M_1\text{E}/[\mu_1]_1, \quad \text{P}_2 = M_2\text{E}/[\mu_2]_1, \qquad (14.21,3)$$

$$\text{P}_{12} = 3(M_1 - M_2)^2 + 4M_1M_2\text{A}, \qquad (14.21,4)$$

$$\text{Q}_1 = \text{P}_1(6M_2^2 + 5M_1^2 - 4M_1^2\text{B} + 8M_1M_2\text{A}), \qquad (14.21,5)$$

$$\text{Q}_{12} = 3(M_1 - M_2)^2(5 - 4\text{B}) + 4M_1M_2\text{A}(11 - 4\text{B}) + 2\text{P}_1\text{P}_2, \qquad (14.21,6)$$

对于 Q_2 有类似的关系式；量 A，B，C，E 由式（9.8,7,8）确定．对于 Maxwell 分子（$\nu = 5$），$\text{C} = 0$（参见式（10.31,10）)，因此在这种情况下，$\Delta = 0$，二阶近似值（以及更高阶的近似）与一阶近似值相同．这同 10.33 节的结果是一致的．D_{12} 的更高阶近似值比 $[D_{12}]_2$ 大些．在分子质量比 m_1/m_2 十分大，而 n_2/n_1 十分小的特殊情况下，已经证明（见 10.52 节中表 7），对于弹性刚球，D_{12} 的真值与 $[D_{12}]_2$ 之比为 1.132:1.083 = 1.046；对于其它更接近真实的作用力模型，这个比值通常在 1 与 1.02 之间．在其它不那么特殊的情况下，高阶近似的效果在量级上同上述特殊情况下得到的结果差不多，但数值较小些．

在式（14.21,5,6）中令 $\text{B} = \frac{3}{4}$，就得到 Kihara 近似式．这时的 $[D_{12}]_1$ 增大，更接近 D_{12} 的精确值．事实上，Kihara 的 $[D_{12}]_2$ 值，其精度常是接近于通常的 $[D_{12}]_3$ 的精度，因此在大多数场合下，作为 D_{12} 的近似值，Kihara 的 $[D_{12}]_2$ 是足够精确的[1]．

14.3. D_{12} 随压强和浓度比的变化

14.2 节和 14.21 节的所有公式都表明，D_{12} 与 n 成反比；也就是说当温度和组分比不变时，D_{12} 与气体的压强成反比．这种反

1) E. A. Mason, *J. Chem. Phys.* **27**, **75**, 782 (1957).

比关系，首先由 Loschmidt[1]1) 观察到，并且在中等压强下普遍地得到证实。

从式(14.21,2)可以看到，在 $[D_{12}]_2$ 中出现的量 Δ 随 x_1/x_2 而变，也就是说，随混合气体（扩散在其中发生）的组分比而变。例如，若定义 Δ_1 和 Δ_2 为 $x_1 \to 1$ 和 $x_1 \to 0$ 这两种极限情况下的 Δ 值，则

$$\Delta_1 = 5m_1^2c^2/\{(5-4\text{B})m_1^2 + 6m_2^2 + 8\text{A}m_1m_2\}, \tag{14.3,1}$$

Δ_2 也有类似的关系式。因此若 $m_1 > m_2$ 则 $\Delta_1 > \Delta_2$；而且还可看到，除非 m_1 与 m_2 接近相等（此时 Δ 变化不大），否则当 x_1 增加时，Δ 从 Δ_2 增加到 Δ_1。因此当 m_1 和 m_2 不是接近相等时，根据式(14.21,1)，可以预料，D_{12} 将随重分子浓度的增加而增加；当两种气体分子的质量相差很大时，这种增加最明显。

对于弹性刚球，式(14.3,1)变成

$$\Delta_1 = m_1^2/(13m_1^2 + 30m_2^2 + 16m_1m_2). \tag{14.3,2}$$

因此，在这种情况下，对于二阶近似有

$$\frac{[D_{12}]_{n_2=0}}{[D_{12}]_{n_1=0}} = \frac{1-\Delta_2}{1-\Delta_1}$$

$$= \frac{1 - m_2^2/(13m_2^2 + 30m_1^2 + 16m_1m_2)}{1 - m_1^2/(13m_1^2 + 30m_2^2 + 16m_1m_2)}.$$

若 $m_2/m_1 \to 0$，则 Δ_1，Δ_2 分别趋近于它们的极限 1/13 和 0。$[D_{12}]_2$ 的两个极限值之比为 13/12。因此对于二阶近似，当浓度比变化时，弹性刚球的扩散系数的最大变化量是 $8\frac{1}{3}\%$。对于更高阶近似，这个变化量增加到 13.2%（若 $m_2/m_1 \to 0$，则

$$[D_{12}]_{n_1=0} = [D_{12}]_1,\quad [D_{12}]_{n_2=0} = 1.132[D_{12}]_1$$

——参见已经引用的 Lorentz 状况下的那些结果）。由 Kihara 二阶近似式求出的这种变化是 1/9，即 11.1%。

对于更真实的分子模型，Δ 中的因子 c^2 比弹性球模型时的一

---

1) 象第十二章和第十三章一样，方括号中的数字指本章末所列实验论文序号。

半还小，而 Δ 中的其它各项在分子模型改变时变化较小。因此对于实际气体，当组分比改变时 D_{12} 的变化不会超过 6% 左右。这种情况系指不带电的分子；对于相互作用力为平方反比的情况，D_{12} 的变化可能达 2 至 3 倍(参见 10.34 节的表 4)。

14.31. 同各种浓度比的实验结果的比较

理论估算的 D_{12} 随组分比的变化量不比实验误差大很多，因此不容易得到证实，为了说明 D_{12} 随组分比的变化，大约在 1908 年，在 Halle 作了一系列实验(见 Lonius [2] 作的报导)。这些实验第一次提供了这些变化的证据。在这一系列实验中，对 H_2-CO_2 混合气体和 He-A 混合气体，实验时间持续最长。这些实验表明，D_{12} 的变化规律与弹刚性球分子模型所估算的变化规律（见式(14.21,1,2)）符号相同，数值相近。然而实验表明的变化量比理论的大。可是，这和人们所预料的正好相反。人们原先估计，按刚球模型估算的理论变化会大于实验的，因为虽则采用更高阶的近似可以增加理论的 D_{12} 变化，但若采用真实 c^2 值(对于 He-A 混合气体，其值约为刚球模型的 0.4 倍，对于 H_2-CO_2 混合气体，约为刚球模型的 0.25 倍)时，D_{12} 变化的理论值应该更为减小，于是现在，实验值还是超过了后一抵消作用，比刚球模型的理论值还大。最近一些采用放射性示踪物的实验[3,4,5] 表明，对于上述这两种混合气体，D_{12} 的变化量肯定小于由 Halle 实验所得的结果。

对于其它混合气体亦有类似的情况，即实验得出的 D_{12}变化规律与理论结果在符号和数量级方面都是相符的，而二者在数值上的不一致完全可以归因于实验误差。D_{12} 变化的大小以及实验结果的不确定性均在图 12 上示出。图上给出两组气体（H_2-N_2 和 He-A）的数据。这个图给出了 D_{12} 的测量值与等克分子混合的混合气体 $\left(x_1=x_2=\frac{1}{2}\right)$ 的 D_{12} 值之比，它们是由在 Leiden 做的一系列精细的实验[6] 中得到的。为了便于比较，同时还给出了理论曲线。这些曲线是根据式 (14.21,1;2) 作出的，采用的是 Kihara

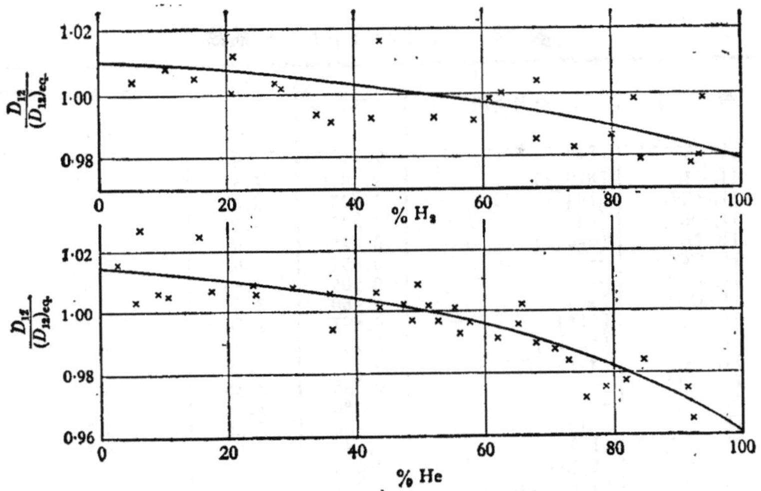

图 12 (H_2-N_2) 和 (He-A) 混合气体中，扩散系数 D_{12} 随组分浓度的变化

上曲线：(H_2-N_2) 混合气体，温度 294.8°K

下曲线：(Ne-A) 混合气体，温度 295°K

$(D_{12})_{eq}$：等克分子混合时的 D_{12} 值

曲线给出理论值

×代表实验值[6]

(我们非常感谢 Beenakker 教授和 van Heijningen 博士，他们提供了有用的原始数据，使我们能作出此图)

近似式 $B=\frac{3}{4}$；A 采用 12，6 模型的值(～0.44)，而 C 当作可调整的参数．对于 N_2-H_2 混合气体，C 值同 12，6 模型计算值一致，其中作用力常数 ε_{12} 或者从组合规则 $\varepsilon_{12}=(\varepsilon_1\varepsilon_2)^{\frac{1}{2}}$ 确定，或者从 D_{12} 随温度的变化(见下面的 14.4 节)确定． 然而对于 He-A 混合气体(以及其它含氦的混合气体)，Leiden 的工作人员发现，为了同观测值拟合，C 值应比由类似方法得出的计算值至少要大 20%．

由于扩散系数一阶近似的误差不是很大，因此在下面的讨论中对此就忽略不计了．这就意味着忽略了混合比所引起的 D_{12} 变化．这样做法不会对实验结果的讨论产生严重的影响，因为在某

表 22 在标准状态下的扩散系数

气　体	参考文献	D_{12}	$\sigma_{12}\times10^8$ (cm)	$\frac{1}{2}(\sigma_1+\sigma_2)\times10^8$ (cm)
H_2-D_2	[7*]	1.12	2.54	2.75
H_2-He	[8,9,4]	1.30	2.36	2.47
H_2-CH_4	[10]	0.625	3.17	3.47
H_2-NH_3	[8]	0.645	3.11	3.61
H_2-N_2	[4,6,8]	0.678	3.00	3.26
H_2-CO	—	0.651	3.07	3.28
H_2-C_2H_4	—	0.505	3.48	3.90
H_2-C_2H_5	[10]	0.460	3.64	4.05
H_2-O_2	[11*]	0.697	2.96	3.19
H_2-A	[12,13]	0.70	2.94	3.20
H_2-CO_2	[4,10,13*]	0.557	3.29	3.69
H_2-N_2O	—	0.535	3.36	3.72
H_2-SO_2	—	0.480	3.54	4.15
D_2-CO_2	[3]	0.410	3.26	3.70
He-NH_3	[14]	0.665	2.65	3.335
He-Ne	[6,15]	0.906	2.25	2.40
He-N_2	[4,8,11,16]	0.607	2.72	2.99
He-O_2	[4,16]	0.626	2.67	2.92
He-A	[3,4,5,6,12,15,17]	0.641	2.62	2.93
He-CO_2	[3,9,17]	0.540	2.85	3.42
He-Kr	[6,15]	0.558	2.77	3.20
He-Xe	[6,15]	0.496	2.93	3.57
CH_4-O_2	[11]	0.194	3.64	3.91
CH_4-CO_2	—	0.153	4.00	4.42
NH_3-Ne	[14]	0.296	3.05	3.54
NH_3-A	[14]	0.172	3.76	4.07
NH_3-Kr	[14]	0.140	3.99	4.34
NH_3-Xe	[14]	0.113	4.37	4.71
Ne-A	[6,15]	0.276	2.88	3.13
Ne-CO_2	[13*]	0.232	3.12	3.62
Ne-Kr	[6,15]	0.223	3.05	3.40
Ne-Xe	[6,15]	0.188	3.27	3.77
N_2-CO	[18]	0.192	3.42	3.80
N_2-C_2H_4	[10]	0.142	3.97	4.42
N_2-C_2H_6	[10]	0.126	4.18	4.57
N_2-O_2	—	0.181	3.46	3.71
N_2-A	[16]	0.167	3.52	3.72
N_2-CO_2	[4,10,11]	0.144	3.75	4.21
N_2-Xe	[16]	0.105	4.08	4.36
CO-C_2H_4	—	0.116	4.40	4.44
CO-O_2	[11*]	0.188	3.40	3.72
CO-CO_2	—	0.137	3.85	4.23
O_2-A	[16]	0.166	3.46	3.65
O_2-CO_2	[11*]	0.138	3.76	4.14
O_2-Xe	[16]	0.099	4.09	4.28
A-CO_2	[17]	0.128	3.79	4.15
A-Kr	[6,15]	0.119	3.68	3.93
A-Xe	[6,15]	0.095	3.99	4.30
CO_2-N_2O	[18]	0.098	4.27	4.67
Kr-Xe	[6]	0.0641	4.28	4.57

注：参考文献上有 * 号者，表示该文献里还引用了其它的实验值，但这些值在这里没有引用。除了上面引用的参考文献以外，*International Critical Tables* 中给出的数据凡可采用的均已采用。

些情况下，实验人员或者未能把混合比记录下来，或者没有保持混合比不变. 然而应该记住：当 m_1/m_2 同 1 相差很多时，忽略 $[D_{12}]_1$ 和 D_{12} 之间的差值所引起的误差可能明显地大于 $[\mu]_1$ 与 μ 和 $[\lambda]_1$ 与 λ 之间的误差.

14.32. 由 D_{12} 计算的分子半径

表 22 列出了 0℃ 时若干对气体的 D_{12} 实验值[1]. 利用式(14.2,1)，可以从这些数据算出 σ_{12} 值；后者就是扩散问题中 σ_{12} 的有效值 s'_{12}. 量 s'_{12} 与混合气体粘性系数中的 σ_{12} 的有效值（见 12.41 节）s_{12} 不同，它们之间的关系是：$s'^2_{12} = (2/5\text{A})s^2_{12}$；若取 $\text{A} = 4/9$，便可看到 s'_{12} 比 s_{12} 约小 5%. 为了进行比较，表中还列出了

$$\frac{1}{2}(\sigma_1 + \sigma_2)$$

的值，其中 σ_1，σ_2 是表 11（12.2 节）中的粘性直径.

可以看出，从粘性导出的 $\frac{1}{2}(\sigma_1 + \sigma_2)$ 值一般比从 D_{12} 导出的 σ_{12} 约大 10%. 造成这种不一致的主要原因：一是 s'_{12} 和 s_{12} 之间有差异；二是由 D_{12} 导出 s'_{12} 时是利用一阶近似 $[D_{12}]_1$ 的公式，而 σ_1，σ_2 是由 μ 的精确公式导出的. 然而这还可能部分地是由于弹性刚球分子模型的不完善性，以及同类分子的相互作用与异类分子的相互作用之间有本质的不同引起的.

表 22 所引用的 D_{12} 值，只要可能，都是指两种气体组分之比为适中的混合气体. D_{12} 的测量精度并不高，在比较差的情况下，误差可能达百分之几.

14.4. D_{12} 与温度的关系；分子间作用力规律

从理论上讲，D_{12} 随温度的变化取决于所采用的分子模型.

---

1) 在这里(以及整本书内) D_{12} 值是用厘米²/秒表示的.

若压强不变（于是 nT 就是常数）则根据式(9.81,1)，(9.71,1)和(9.8,7)可得到

$$\frac{d\ln[D_{12}]_1}{d\ln T}=2-\frac{d\ln\Omega_{12}^{(1)}(1)}{d\ln T}=2-\frac{5}{2}\mathrm{c}. \tag{14.4,1}$$

对于 Maxwell 分子，$\mathrm{c}=0$；对于弹性刚球分子，$\mathrm{c}=\frac{1}{5}$；对于在物理上令人满意的电中性分子，c 通常介于 0 和 2/15 之间．因此在温度变化范围不大时，$[D_{12}]_1$ 随 T^{1+s} 而变化，其中

$$s\left(=1-\frac{5}{2}\mathrm{c}\right)$$

大约在 2/3 和 1 之间．若异类分子之间是斥力，其斥力的变化为 $r^{-\nu_{12}}$，则根据式(14.2,2)可得，$[D_{12}]_1$ 精确地按照 T^{1+s} 变化，其中

$$s=\frac{1}{2}+\frac{2}{\nu_{12}-1}; \tag{14.4,2}$$ [1)]

此式同式(12.31,2)的形式非常相似．在许多情况下可以认为，s 值介于由混合气体的两个组分气体的粘性系数（通过 12.31 节的公式）导出的两个 s 值之间．

分析 D_{12} 在某一温度区间内的实验值，就可以按照各种分子模型来确定异类分子的作用力常数，就象在第十二章利用粘性系数数据来确定同类分子的作用力常数一样．最常用的分子模型是幂次反比的斥力模型，以及 12,6 模型和exp；6 模型．涉及很宽温度范围的实验数据很少，尤其是 0℃ 以下的数据．表 23 列出由实验数据导出的若干气体的作用力常数． Walker 和 Westenberg [11] 以及 Saxena 和 Mason[3]提出：温度高于 0℃时，将实验值用 T^{1+s} 形式的关系来表达，其效果与用复杂的表达式一样好；然而，可以预料，描述真实作用力规律时，用 12，6 模型和 exp；6 模型则要好得多．

这里引用的作用力常数的数据并不总是在两种单一气体的作

---

1) 应该是 $1+s=\frac{1}{2}+\frac{2}{\nu_{12}-1}$——译者注

用力常数之间．这个矛盾一部分可能是来源于实验，而另一部分可能是由于分子常数的不确定性引起的．采用 exp；6 模型和 12，6 模型算出的 D_{12}，通常同实验值相当一致，而其中作用力常数是用单一气体的作用力常数按 12.41 节的组合规则得到的．凡在一致性不好的地方，它可能是由于分子模型有缺陷，或者是由于同类分子相互作用力与异类分子相互作用力之间有差异．

表 23 D_{12} 随温度的变化

气 体	参考文献	Exp; 6 模型			12,6模型		$r^{-\nu_{12}}$ 斥力	
		ϵ_{12}/k	r_m	α	ϵ_{12}/k	σ_{12}	s	ν_{12}
CO_2-O_2	(11)	255	3.616	17	213	3.365	0.805	7.54
H_2-O_2	(11)	143	3.234	14	152	2.825	0.780	8.13
CH_4-O_2	(11)	220	3.612	17	182	3.367	0.793	7.83
CO-O_2	(11)	110	3.733	17	91	3.480	0.710	10.52
He-N_2	(11)	85	3.069	17	69	2.87	0.691	11.45
CO_2-N_2	(11)	184	3.782	17	154	3.52	0.753	8.91
He-A	(6,11)	29.8	3.51	14	40.2	2.98	0.725	9.9
He-Ne	(6)	20.5	3.01	15	23.7	2.64	—	—
Ne-A	(6)	60.9	3.50	15	61.7	3.11	—	—
NH_3-A	(16)	—	—	—	224.65	3.286	—	—
NH_3-Kr	(16)	—	—	—	264.95	3.349	—	—
Ne-CO_2	(3)	—	—	—	82.4	3.392	0.83	7.05
H_2-CO_2	(3)	—	—	—	94	3.30	0.84	6.9
He-CO_2	(3)	—	—	—	61.5	3.19	0.84	6.9

注：此表并非详尽无遗

14.5. 自扩散系数 D_{11}

若所考虑的互扩散现象是在相同分子的两种气体之间发生的，则扩散系数就变成单组元气体的自扩散系数．根据式（14.2，1），对于直径为 σ 的弹性刚球分子，自扩散系数的一阶近似式为

$$[D_{11}]_1 = \frac{3}{8n\sigma^2}\left(\frac{kT}{\pi m}\right)^{\frac{1}{2}} = \frac{6}{5}\frac{[\mu]_1}{\rho}. \qquad (14.5,1)$$

然而，在一般情况下，根据式(10.6,4)，一阶近似式为

$$[D_{11}]_1 = 3A[\mu]_1/\rho, \tag{14.5,2}$$

这里 $[\mu]_1$ 是粘性系数的一阶近似值，而 A 是由式(9.8,7)定义的数值因子. 若忽略 D_{11} 和 μ 同它们的一阶近似值之间的差别，而把(14.5,2)写成

$$\rho D_{11} = 3A\mu, \tag{14.5,3}$$

则（参见 10.6 节）这样引起的误差对于弹性刚球模型来说，仅 1/3%；对于更实际的模型来说，这个误差最多只有上述的一半；因此可以忽略.

象等式 $\lambda = \frac{5}{2}\mu c_v$ 一样，式(14.5,3)对校验理论以及所假设的分子模型的正确性提供了重要的判据. 对于 Maxwell 分子，$3A = 1.55$；对于弹性刚球，$3A = 1.2$；而对于 $r^{-\nu}$ 型的斥力模型，当 ν 由 5 增加到∞时，3A 的值在 1.55 与 1.2 之间变化. 另一方面，对于 12, 6 模型，3A 接近 1.32；对于exp；6 模型，若 kT/ε 在 0.5 与 10 之间，则 3A 大约在 1.32 与 1.36 之间. 因此，式(14.5,3)对于区分分子模型是否有引力场提供了一个简明清晰的判据. 然而，粗糙球的结果表明：若分子内能与平动能之间可以进行交换，则所得到的 $\rho D_{11}/\mu$ 值可能太低.

自然，探讨个别分子的运动是不可能的，因为这些分子不具有能把它们自己同气体中的其它分子区别开的任何特征，因此实际上不可能从实验直接确定自扩散系数. 由于这个原因，Lord Kelvin[1)]从弹性球模型着手来计算 D_{11} 值. 他的方法，象表 22 (14.32节）那样，从 D_{12} 算出 σ_{12}. 若假定 σ_{12} 等于异类分子的直径的平均值，那么从（由三种气体选出来的）三对互扩散系数 D_{12}, D_{13}, D_{23}，可以得到这些气体分子的直径 σ_1, σ_2, σ_3. 将它们代入式(14.5,1)，就得到这三种气体各自的 D_{11} 值. 采用几种不同的二种气体与某一气体组合，用 Lord Kelvin 方法就可导出后一气体的几

1) Lord Kelvin, *Baltimore Lectures*, p. 295. 然而 Kelvin 所用的 D_{12} 的公式与式(14.2,1)相差一个常数因子.

个 D_{11} 值，比较这些值之间是否一致，就可以检验 Lord Kelvin 方法。

根据这个方法，利用表 22 给出的 D_{12} 值，求得氢气，氧气，一氧化碳和二氧化碳这四种气体的自扩散系数如下

选用的三种气体	H_2 的 D_{11}	O_2 的 D_{11}	CO 的 D_{11}	CO_2 的 D_{11}
H_2-O_2-CO	1.24	0.191	0.179	—
H_2-O_2-CO_2	1.30	0.182	—	0.107
H_2-CO-CO_2	1.34	—	0.170	0.105
O_2-CO-CO_2	—	0.193	0.176	0.101
	平均 1.29	0.189	0.175	0.104

从不同的三种气体组合得出的 D_{11} 值之间相符还比较好。从 D_{11} 的平均值可以计算 $\rho D_{11}/\mu$。其结果在表 24 中列出。这些数据与弹性刚球的相应值 1.2 不一致；其原因已在 14.32 节指出，是由于粘性的有效半径与扩散的有效半径之间有系统偏差。由于这些数值的计算是基于弹性球假设，因此，想从这些数据推导出真作用力规律的有关信息是不合逻辑的。

表 24 自扩散系数

气体	D_{11}	$\rho\times10^6$	$\mu\times10^7$	$D_{11}\rho/\mu$
H_2	1.29	89.9	850	1.37
O_2	0.189	1429	1926	1.40
CO	0.175	1250	1665	1.31
CO_2	0.104	1977	1380	1.49

14.51. 同位素和同类分子的互扩散

同一种气体的同位素的互扩散现象与自扩散现象十分相似，尤其是分子质量比 m_1/m_2 接近于 1 的时候(如重气体情况)。若一种同位素的分子有放射性的话，则扩散过程就比较容易跟踪。从同位素的互扩散系数 D_{12} 导出 D_{11} 时，必须记住：D_{12} 与质量因子 $[(m_1+m_2)/(2m_1m_2)]^{\frac{1}{2}}$ 成正比，而 D_{11} 是与 $m_1^{-1/2}$ 成正比的。

表25中列出从同位素扩散实验导出的若干气体的 $\rho D_{11}/\mu$ 值。

表 25　从同位素扩散实验得到的自扩散系数

气　体	温度(℃)	D_{11}	$\rho D_{11}/\mu$	参考文献
H_2	23	1.455	1.37	[7]
He	23	1.555	1.32	[7]
CH_4	0	0.206	1.42	[20]
	25	0.223	1.33	[19]
Ne	0	0.452	1.35	[20]
	−195.5	0.0492	1.35	[20]
CO	0	0.190	1.42	[18]
N_2	0	0.178	1.34	[20,21]
	−195.5	0.0168	1.43	[20]
O_2	0	0.181	1.35	[20,21]
	−195.5	0.0153	1.38	[20]
HCl	22	0.1246	1.33	[22]
A	0	0.157	1.33	[20,23]
CO_2	0	0.0965	1.375	[18,20,21]
	89.5	0.1644	1.36	[18]
	−78.3	0.0505	1.31	[18,20]
Kr	0	0.0795	1.29	[24]
	200	0.214	1.27	[24]
Xe	0	0.0480	1.33	[25]
	105	0.0900	1.31	[25]

它们大多数在 1.32 与 1.38 之间，与此相应 A 值在 0.44 与 0.46 之间．对于 10.31 节中简单的幂次反比模型，这就意味着作用力指数 ν 约在 13 与 17 之间——这同粘性的结果不一致．然而可以预料：对于 12,6 模型和exp；6 模型，$\rho D_{11}/\mu$ 值在 1.32 与 1.36 之间．但也得到过相当高的值．其原因部分可能是这些模型有缺陷，但是也可以解释为：异类的同位素的有效碰撞截面比同类同位素的稍小．没有任何证据表明分子内能与平动能的交换会引起 $\rho D_{11}/\mu$ 的下降．

表 25 中的数值大多数是对应于 0℃ 或室温，但为了比较，也包含了几个其它温度下的值．至于 12，6 模型和 exp；6 模型，当 $kT/\epsilon_{12} > 2$ 时，$\rho D_{11}/\mu$ 应该随着 T 的增加而略有增加；但在表 25

中任何这类的增加都被随机误差所掩盖．由 $\rho D_{11} = 1.34\mu$ 算出的 D_{11} 值与实验值的相符程度，一般说来，和按更冗长的程序算出的 D_{11} 值的情况一样，而且有同样充分的理论根据．

表中氢的 D_{11} 值是从氢和氘的互扩散，以及仲氢和正氢的互扩散推导出来的．在这两种情况下，人们都有理由相信，两种气体的分子场稍有差异．对于其它同位素的力场，可以预料有类似的差异，但差异要较小些．

从化学性质不同的，但其分子行为相似的两种气体的互扩散值也能推断出 D_{11} 值．例如，一氧化碳和氮气的分子量几乎相同，分子结构相似；它们的输运性质也十分相似（参见第十二章的表11和表17，第十三章的表20）[1]．取 $D_{12} = 0.192$，$\mu = 1.645 \times 10^{-4}$（两种气体的平均值），则得到 $\rho D_{11}/\mu = 1.46$．对于二氧化碳和一氧化二氮这对相似气体，用同样方法得到 $\rho D_{11}/\mu = 1.39$．然而我们总是更愿意采用同位素扩散导出的值．因为尽管它们很相似，但异类分子相互间的作用力可能不同于同类分子之间的相互作用力．事实上实验已表明，CO_2-N_2O 混合气体的 D_{12} 值比 CO_2 的 D_{11} 大百分之三，而 N_2-CO 混合气体的 D_{12} 比一氧化碳的 D_{11} 小些[18]．

14.6. 热扩散和扩散的热效应

正如14.1节指出的，扩散速度中有一部分是由于温度不均匀引起的．这部分与系数 k_T 和 α_{12} 有关，它们分别称为热扩散比和热扩散因子，它们的关系是 $k_T = x_1x_2\alpha_{12}$．Chapman 和 Dootson 首先在1916年从实验上演示了热扩散现象[2]．热扩散为分子间作用力

1) L. E. Boardman 和 N. E. Wild (*Proc. R. Soc.* A, **162**, 511 (1937)) 最早计算气体对 CO-N_2 和气体对 CO_2-N_2O 的 $\rho D_{11}/\mu$. C. J. Smith (*Proc. Phys. Soc.* **34**, 162 (1922))已经注意到这几对气体在性质上的相似性．

2) S. Chapman and F. W. Dootson, *Phil. Mag.* **33**, 248 (1917).

定律提供了一个敏感的试验方法[1]. 在 Clusius 和 Dickel[2] 于 1938 年研制发展起来的分离柱中,热扩散也是分离气体(尤其是在同位素混合气中)的一种有效方法.

分离柱利用热扩散和缓慢热对流的组合效应. 其理论很复杂[3], 它不仅与混合气体的粘性有关,也与 α_{12} 有关. 这理论还涉及某些近似,因此无法精确确定 α_{12}. 但是可以确定 α_{12} 的符号,并能粗略地估计 α_{12} 的数值. 为了更精确地确定 α_{12},可以采用稳恒态方法.

在一个装有混合气体的容器中,若容器的各部分保持不同的温度,就会发生热扩散,结果使气体组分趋于不均匀. 这样建立起来的浓度梯度受到使气体组分趋于均匀的普通扩散过程的阻碍;经过一段时间,最后达到了一个稳恒状态. 这时两种相反的作用,即热扩散作用和普通扩散作用达到平衡. 于是,根据式 (14.1,1) 有

$$\nabla x_1 = - x_1 x_2 \alpha_{12} \nabla \ln T; \qquad (14.6,1)$$

人们常常用热扩散因子 α_{12} 代替 k_T, 因为它随组分的变化要小得多. 如果忽略 α_{12} 对组分的关系,那么积分(14.6,1)后可得到

$$\ln(x_1'/x_2') - \ln(x_1/x_2) = - \int_T^{T'} \alpha_{12} d \ln T \qquad (14.6,2)$$

$$= - \bar{\alpha}_{12} \ln(T'/T), \qquad (14.6,3)$$

其中 x_1', x_2' 和 x_1, x_2 系指温度为 T' 和 T 时的气体组分[4],而 $\bar{\alpha}_{12}$ 是温度在 T' 和 T 之间的 α_{12} 的平均值. 如果温度分别保持为 T' 和 T 的两个容器彼此自由相通,这两个容器最终达到稳恒浓度比 x_1'/x_2' 和 x_1/x_2;根据这二个比值,从式(14.6,3)即可以求出 $\bar{\alpha}_{12}$. 在一系列实验中,通常是让一个容器的温度 T' 保持不变,而另一容器的温

---

1) 见 K. E. Grew and T. L. Ibbs, *Thermal Diffusion in Cases* (Cambridge University Press, 1952).

2) K. Clusius and G. Dickel, *Z. Phys. Chem.* B, **44**, 397 (1939).

3) L. Waldmann, *Z. Phys.* **114**, 53 (1939); W. H. Furry, R. C. Jones and L. Onsager, *Phys. Rev.* **55**, 1083 (1939); R. C. Jones and W. H. Furry, *Rev. Mod. Phys.* **18**, 151 (1946).

4) 通常称 x 为克分子分数——译者注

度 T 是变化的，取两个 T 值下的式(14.6,2)之差，可以得到两个不同的 T 之间的 $\bar{\alpha}_{12}$ 值.

在这类实验中，由热扩散产生的分离程度是不大的. 对于非电离气体，α_{12} 值很少能达到 0.5；仅当一种轻气体和另一种重得多的气体混合，而且其中重气体只占很少量时才可能出现这么大的 α_{12} 值[1]. 当第一个容器的温度 T 为第二个容器的温度 T' 之半时，为使 $\bar{\alpha}_{12}=0.5$，这两个容器的平衡浓度 x_1, x_1' 应有如下关系：

$x_1=0.1$	0.3	0.5	0.7	0.9
$x_1'=0.073$	0.233	0.414	0.623	0.864

因为分离效应很小，不难想到必须用大温差 T', T 来做实验. 但这时会相应地发生 $\bar{\alpha}_{12}$ 所对应的温度的不确定性. 这个困难在摆动分离器 (swing separator)[2] 中得到了克服. 这种分离器是由若干根串联的分离管组成，一根管子冷端的气体可以同下一根管子的热端的气体进行质量交换，其方法是通过一根连接它们的毛细管来回地抽吸气体. 这种摆动分离器象若干根串联的分离管一样有效地运行，它在运行时只需要小的温差 $T'-T$.

正如 8.41 节中所指出的，扩散速度 $\bar{C}_1-\bar{C}_2$ 伴随着热流 $px_1x_2\alpha_{12}(\bar{C}_1-\bar{C}_2)$. Waldmann[3]已经从理论和实验两方面研究了这种扩散的热效应. 他的实验有两类. 第一类为'定态'效应：用同样两种气体组成不同混合比的两种混合气体，使这两种混合气体沿着两根平行的管子流动，这两根管子通过沿长度方向开的槽缝而互相沟通；槽缝两边气体温度的变化用平行于槽缝安装的铂丝(作为电阻温度计)测定. 第二类为'非定态'效应，两根互相衔接垂直放置的圆筒分别用混合比不同的两种混合气体充满；允许扩散在两管之间进行，在整个扩散过程中仍是用电阻温度计测量这

1) 见前面引证的 K. E. Grew and T. L. Ibbs, 一书.

2) K. Clusius and M. Huber, *Z. Naturf.* **10***a*, 230 (1955).

3) L. Waldmann, *Z. Phys.* **121**, 501 (1943); **124**, 2, 30, 175 (1947—8); *Z. Naturforschung*, **1**, 59, 483 (1946); 4*a*, 105 (1949); **5***a*, 322, 327, 399 (1950); L. Waldmann and E. W. Becker, *Z. Naturforschung*, **3***a*, 180 (1948).

两个圆筒的温度变化. 记录到的温度变化是很小的（大约为0.5℃），但足以用相当高的精度记录下来. 正如 Waldmann 所认识到的，从某个方面来说，温度变化微小是个优点，因为这样的实验结果实际上不受 α_{12} 随温度而变化的影响.

虽然扩散的热效应涉及到扩散，但是利用热传导方程和每一种气体的连续方程后，便可由扩散的热效应确定出 α_{12}，而无需预先知道扩散系数 D_{12}. 然而，必须在'定态'和'非定态'这两种情况下，已知其热传导系数 λ 并求解一个热传导方程. 在这两种情况下，根据温度偏差值最终是按指数方式下降的规律性（在'非定态'是随时间，在'定态'是随着沿管子的距离），不仅可以确定 α_{12}，而且也附带得到了扩散系数.

从扩散的热效应得到的 α_{12} 值包含有几个可能的误差来源. 它们来源于热传导方程的近似解，而推导热传导方程时又假设了 λ 是常数. 还有，对于大多数混合气体，λ 亦并非精确已知；有时没有任何实验数据，只能从相应的单一气体的 λ 值，根据近似公式估计出混合气体的 λ 值. 尽管如此，Waldmann 仍能利用扩散的热效应得到了 α_{12} 的若干有意义的结果，特别是在低温下的结果.

14.7. 热扩散因子 α_{12}

式(9.83,1)给出 α_{12} 的一阶近似值为

$$[\alpha_{12}]_1 = 5\mathrm{C}\frac{\mathrm{x}_1\mathrm{S}_1 - \mathrm{x}_2\mathrm{S}_2}{\mathrm{x}_1^2\mathrm{Q}_1 + \mathrm{x}_2^2\mathrm{Q}_2 + \mathrm{x}_1\mathrm{x}_2\mathrm{Q}_{12}}. \qquad (14.7,1)$$

此处

$$\mathrm{S}_1 = M_1\mathrm{P}_1 + 3M_2(M_1 - M_2) - 4M_1M_2\mathrm{A}, \qquad (14.7,2)$$

$$\mathrm{Q}_1 = \mathrm{P}_1\{6M_2^2 + (5 - 4\mathrm{B})M_1^2 + 8M_1M_2\mathrm{A}\}, \qquad (14.7,3)$$

$$\mathrm{Q}_{12} = 3(M_1 - M_2)^2(5 - 4\mathrm{B}) + 4M_1M_2\mathrm{A}(11 - 4\mathrm{B}) + 2\mathrm{P}_1\mathrm{P}_2, \qquad (14.7,4)$$

对于 S_2 和 Q_2 也有类似的关系式；此外，$\mathrm{P}_1 = M_1\mathrm{E}/[\mu_1]_1$，$\mathrm{P}_2 = M_2\mathrm{E}/[\mu_2]_1$；量 A，B，C，E 象 9.8 节一样定义. 在 Q_1，Q_2 和 Q_{12}

的表达式中取 $\text{B}=\frac{3}{4}$ 就得到 Kihara 的一阶近似值 $[\alpha'_{12}]_1$。在质量近似相等的同位素混合气体中(参见 10.61 节)有

$$[\alpha_{12}]_1=\frac{15\text{C}(1+\text{A})}{\text{A}(11-4\text{B}+8\text{A})}\frac{m_1-m_2}{m_1+m_2},$$

$$[\alpha'_{12}]_1=\frac{15\text{C}}{8\text{A}}\frac{m_1-m_2}{m_1+m_2}. \qquad (14.7,5)$$

Mason[1] 已推导出更高阶的近似式,其结果是十分复杂的代数式. Mason 求得了 Lorentz 气体(见 10.5 节),准 Lorentz 气体(见 10.53 节)以及同位素混合气体的逐次近似式.对于每种情况,他都考虑了幂次律斥力模型和exp;6 模型. 对于幂次律模型,他发现 $[\alpha'_{12}]_1$ 的近似性比 $[\alpha_{12}]_1$ 好. 在 Lorentz 气体中,$[\alpha'_{12}]_1$ 是精确的,而 $[\alpha_{12}]_1$ 却比真值小;当 ν 从 5 增加到 13 时,它们之差从 0 增加到 15%. 在准 Lorentz 气体中,$[\alpha'_{12}]_1$ 与 $[\alpha_{12}]_1$ 相等,它们都比真值小,当 ν 从 5 增加到 13 时,它们同真值之差从 0 增加到 $3\frac{1}{2}\%$. 对于同位素,当 ν 在同样范围变化时,$[\alpha_{12}]_1$ 和$[\alpha'_{12}]$分别比真值小 0 到 $4\frac{1}{2}\%$ 和 0 到 $1\frac{1}{2}\%$.

对于exp;6 模型,$[\alpha'_{12}]_1$ 就没有什么优越性了. 在 Lorentz 气体中,当 $kT/\varepsilon_{12}<2$ 时 $[\alpha_{12}]_1$ 乃是良好的近似;但是当 $kT/\varepsilon_{12}=5$ 时,它要小 8%;当 $kT/\varepsilon_{12}=20$ 时,它小 13%. 另一方面,$[\alpha'_{12}]_1$ 总是偏大,当 kT/ε_{12} 在 2 与 3 之间时,约大 15%;但当 kT/ε_{12} 在此范围以外时,$[\alpha'_{12}]_1$ 就大得不太多了. 在准 Lorentz 气体中,$[\alpha_{12}]_1$ 和 $[\alpha'_{12}]_1$ 又相等了,它们都比真值小. 当 kT/ε_{12} 从 2 增加到 20 时,它们同真值之差从 0 增加到 4% 左右. 对于同位素,$[\alpha_{12}]_1$ 比真值小,当 kT/ε_{12} 也从 2 增加到 20 时,差值从 0 增加到约 4%;而 $[\alpha'_{12}]$ 当 kT/ε_{12} 在 2 与 3 之间时却比真值大 2%,当

---

1) E. A. Mason, *J. Chem. Phys.* **27**, 75, 782 (1957); 还可参见 S. C. Saxena and E. A. Mason, *J. Chem Phys.* **28**, 623 (1957).
Saxena 和他的同事在一些论文中考虑了 m_2/m_1 很小的情况,并给出了以$(m_2/m_1)^{1/2}$ 幂次展开的 $[\alpha_{12}]_1$ 的表达式. 例如可参阅 S. C. Saxena and S. M. Dave, *Rev. Mod. Phys.* **33**, 148 (1961).

$kT/\epsilon_{12}=20$ 时比真值约小 $1\frac{1}{2}\%$。

因此对于幂次反比的斥力分子，采用 $[\alpha'_{12}]_1$ 通常可以得到足够好的精度；但对于更重要的 exp；6 模型，那就不是这样了。因此，要同实验作细致比较时，必须记住公式 (14.7,1) 只是近似成立[1]。

14.71. $[\alpha_{12}]_1$ 的符号及其与组分比的关系

式 (14.7,1) 右边分式的分母总是正的；而且对于电中性的分子来说，c 通常也是正的。假设 $c>0$，则$[\alpha_{12}]_1$ 的符号就是 $x_1s_1-x_2s_2$的符号。象(12.41,2)一样，我们记

$$[\mu_1]_1=\frac{5}{16s_1^2}\left(\frac{km_1T}{\pi}\right)^{\frac{1}{2}},$$

$$E=\frac{5A}{8s_{12}^2}\left(\frac{km_0T}{2\pi M_1M_2}\right)^{\frac{1}{2}}, \qquad (14.71,1)$$

于是 s_1 是分子 m_1 的有效粘性直径，而 s_{12} 是异类分子的有效粘性直径。这样

$$s_1=4M_1M_2A\{(2M_2)^{-\frac{3}{2}}s_1^2/s_{12}^2-1\}+3M_2(M_1-M_2). \qquad (14.71,2)$$

一般说来，量 s_1，s_{12} 不会相差很大。因此若 m_1 和 m_2 不是非常接近，则 s_1 的符号就是 m_1-m_2 的符号(若 $m_1>m_2$，则 $M_1>\frac{1}{2}>M_2$)。与此类似，s_2 的符号就是 m_2-m_1 的符号。因此，若 $m_1>m_2$，则 $x_1s_1-x_2s_2$ 是正的，α_{12} 也是正的。这就是说(参见式(14.1,1))，重分子是朝较冷的区域扩散的。

若 m_1 和 m_2 近似相等，则在确定$[\alpha_{12}]_1$的符号时，量 s_1^2/s_{12}^2，s_2^2/s_{12}^2 可能比 m_1/m_2 更重要。若$m_1=m_2$，则

---

1) 如果在式(14.7,3)和(14.7,4)中用 B' 代替 B

$$\left(\text{其中 } B'=2B-\frac{3}{4}+c\left(1+\frac{5}{2}c\right)\right),$$

此时可以发现，对于同位素分子和 Lorentz 分子，采用 exp；6 模型，则式(14.7,1)算出的 $[\alpha_{12}]_1$ 值同 Mason 的数值很接近；而对于幂次律模型，$[\alpha_{12}]_1$值同 $[\alpha'_{12}]_1$ 值相同。这意味着，用 B' 代替B一般来说可以减小误差。

$$s_1 = A(s_1^2/s_{12}^2 - 1),\quad s_2 = A(s_2^2/s_{12}^2 - 1).$$

这样，当 $s_1 > s_{12} > s_2$ 时，$s_1 > 0$，$s_2 < 0$；在此情况下$[\alpha_{12}]_1 > 0$，粗略地说就是：若 m_1 和 m_2 近似相等，则较大的分子趋于朝较冷的区域扩散．

为更详细地讨论[1]，我们可以假设 $m_1 \geqslant m_2$，又假设

$$A = \frac{4}{9} = 0.444$$

（这段讨论对所采用的 A 值是不敏感的）． 那么若 $m_1/m_2 > 2.5$，s_1 就不可能是负的；而 s_2 仅当 s_2/s_{12} 的值大于 2.4 才可能是正的，而此值过高，是不可能达到的．当 m_1/m_2 值接近于 1 时，下表列出了可以使 s_1 为负值的 s_1/s_{12} 的最大值，以及可使 s_2 为正值的 s_2/s_{12} 的最小值．它表明，在确定 s_1，s_2 符号时，质量比 m_1/m_2 比 s_1/s_{12}，s_2/s_{12} 更重要．

M_1 …	0.5	0.55	0.6	0.65	0.7
m_1/m_2	1	$1\frac{2}{9}$	$1\frac{1}{2}$	$1\frac{6}{7}$	$2\frac{1}{3}$
最大的 s_1/s_{12}	1	0.771	0.577	0.362	0.135
最小的 s_2/s_{12}	1	1.261	1.557	1.90	2.30

在某些特殊情况下，当 m_1/m_2 同 1 相差不大而且较重的分子反而较小时，s_1 和 s_2 的符号可能相同．正如上表所表明，若 $s_1/s_{12} > 0.577$，$s_2/s_{12} > 1.557$（这时 $s_{12} < \frac{1}{2}(s_1 + s_2)$，从物理上讲，这个不等式比相反的不等式更有可能），则当 $m_1/m_2 = 3/2$ 时，就出现 s_1 和 s_2 符号相同的情况．在这种情况下，当 x_1 从 0 增加到 1 时，$[\alpha_{12}]_1$ 会改变符号；然而，那时 s_1，s_2 都很小，因此 $[\alpha_{12}]_1$ 也很小．

上面我们假定了 $c > 0$． 对于 12，6 模型和 exp；6 模型（对于后者仅当 $\alpha < 15$），在低温下，即 kT/ϵ_{12} 的值约在 $\frac{1}{2}$ 与 1 之间时，c 刚刚可能变成负的；在这样温度下，混合气体中至少有一种

1) S. Chapman, *Proc. R. Soc.* A, **177**, 38 (1940) 给出了热扩散特性的详细讨论．

气体已明显低于它的临界温度。对于平方反比作用力——例如在一种完全电离的气体中——c 是大大地为负的. 在上面两种情况下，热扩散的方向都要翻转过来：即较重的(或较大的)粒子朝较热的区域扩散. 特别是，在太阳和恒星中，热扩散会增强压强扩散，使重离子朝热的中心区集中的趋势得以加强. 这一效应对于整个恒星来说是不重要的，因为在那么大的体积中，靠扩散使组分明显改变需要十分长的时间；然而在外层大气中，这一效应可能是重要的.

对于很大的 m_1/m_2 值，当轻分子的克分子数 x_2 从 0 增加到 1 时，$[\alpha_{12}]_1$ 可能增加三倍甚至更多. 在这种情况下，热扩散几乎完全是由于轻分子 m_2 的运动造成的. 把 M_2 看作是个小量，便可由式(14.71,1)得到

$$[\mu_1]_1 = O(1),\ [\mu_2]_1 = O(M_2^{\frac{1}{2}}),\ E = O(M_2^{-\frac{1}{2}}).$$

因此，9.8 节中的系数 a_{pq} 就是

$$a_{11} = O(1),\ a_{-1-1} = O(M_2^{-\frac{1}{2}}),\ a_{1-1} = O(M_2),$$

$$a_{01} = O(M_2^{\frac{3}{2}}),\ a_{0-1} = O(1).$$

这样，若忽略量级为$M_2^{\frac{3}{2}}$ 的所有量，则 9.83 节中给出的 $[k_T]_1$ 的一般表达式就简化为

$$[k_T]_1 = \frac{5}{2} x_2 M_2^{-\frac{1}{2}} a_{0-1}/a_{-1-1}.$$

这表明了 $[k_T]_1$ 对分子 m_2 的关系. 若用 P, Q 来表示，就得到

$$[\alpha_{12}]_1 = 5c/\{x_1(Q_1/P_1) + 2x_2P_2\}, \qquad (14.71,3)$$

结果，$[\alpha_{12}]_1^{-1}$ 是克分子分数 x_1，x_2 的线性函数. 这一线性关系是由 Laranjeira 首先发现的[1). 他用的是另一种近似方法. 他发现，对于若干对气体，实验结果均很好地符合这种函数关系，有时甚至当 m_1/m_2 同 1 相差不太大时也有这样的结果.

当 m_1/m_2 很大时，Q_1/P_1 就简化为 $5-4B$，通常它约为 2.2；

1) M. F. Laranjeira, *Physica*, **26**, 409, 417 (1960).

$2\rho_2$则为$2\sqrt{2(As_2^2/s_{12}^2)}$，或者说近似于$1.25s_2^2/s_{12}^2$，此处$s_2$和$s_{12}$是粘性直径．由于$m_1/m_2$很大时，$s_2/s_{12}$通常总是小于1的，因此由式(14.71,3)可看出，当x_2从0增加到1时，$[\alpha_{12}]_1$明显地增加．

14.711. 实验和α_{12}的符号

一般说来，就正负号的规律来说，α_{12}的实验值同$[\alpha_{12}]_1$的表达式(14.7,1)是一致的．这就是说，朝较冷的区域扩散的是较重的分子，或者，当$m_1/m_2\sim 1$时，则是半径较大的分子．

在足够低的温度下，由于c符号的改变，使α_{12}变号，这一点是Watson和Woernley[26]在氨的同位素（$^{15}NH_3$-$^{14}NH_3$）的热扩散现象中首先观察到的；此处实验温度约20℃．利用扩散的热效应，Waldmann[27]发现，在低温下，N_2-A，O_2-A和N_2-CO_2的α_{12}都会类似地变号．对于另外一些气体对，也发现有同样的效应．例如在液氢温度下的H_2-D_2，H_2-He；但是Grew和Mundy[28]发现，对于Kr-A，α_{12}有一个正的极小值，符号不改变．当$\alpha>15$时，根据exp；6模型，从C的温度变化中可以预料到这种情况；尽管给出了定性的正确解释，然而Grew和Mundy发现，由exp；6模型得出的，与极小值对应的温度，比观察到的对应温度低得多．

当混合气体的组分比改变时也会引起α_{12}符号的改变，这一现象是Grew[29]首先在Ne-ND_3混合气体中发现的．较重的然而是较小的氖分子，当它们的浓度超过75％时就朝冷侧扩散；在其它情况下，则是氨朝向冷侧扩散．Clusius和Huber[30]研究了三种混合气体^{20}Ne-NH_3，^{22}Ne-NH_3和^{20}Ne-ND_3，他们证实并推广了Grew的结果．对于^{20}Ne-NH_3混合气体，他们的结果同Grew的结果一致；对于^{22}Ne-NH_3混合气体，当Ne的浓度为58％左右时，α_{12}就变号；对于^{20}Ne-ND_3混合气体，由于它们的分子质量十分接近，没有发现α_{12}变号——较大的ND_3分子总是朝冷侧扩散．

假定在这两种Ne-NH_3混合气体中s_1，s_2，s_{12}都相同，我们就可以利用式(14.71,2)，从α_{12}为零时的浓度来确定s_1，s_2，s_{12}的比例．取$A=4/9$，我们求得$s_{Ne}:s_{NH_3}:s_{12}=0.941:1.515:1$．因

此，s_{12} 介于 s_1 和 s_2 之间；若将同样的 s 值用于 Ne-ND_3 混合气体，就能说明为什么 Ne-ND_3 的 α_{12} 不变号．此外，这里的 s_{Ne}/s_{NH_3} = 0.62，而从粘性（12.11 节的表 11）导出的这个比值是 0.59，然而用这个方法得到的 s_{12} 值明显地小于表 22 给出的数值．

在 ^{40}A-D^{37}Cl 混合气体中也发现 α_{12} 改变符号[31]，实验温度在 12° 与 17.9℃之间．当 DCl 的浓度超过 47%时，它朝冷侧扩散，而当它的浓度较低时则朝热侧扩散．

可以注意到，上述这些效应似乎不能用球对称分子的理论予以解释清楚的．Becker 和 Beyrich[32] 发现，对于^{16}O^{13}C^{16}O-^{16}O^{12}C^{16}O 和 ^{16}O^{12}C^{17}O-^{16}O^{12}C^{16}O 这两种混合气体，当实验温度在 65° 与 117℃ 之间时，α_{12} 值有相反的符号；但在 98° 与 180℃ 之间时，他们发现，α_{12} 又有相同的符号，但数值相差很多．由于^{16}O^{13}C^{16}O 与 ^{16}O^{12}C^{17}O 两种分子的质量相同，因而它们之间的差别必定出于分子间作用力方面或质量的分布方面．在一氧化碳同位素混合气体[33] 和氢同位素混合气体[34] 中，也观察到类似的效应．根据某些同位素质量分布是偏心的特点，Sandler 和 Dahler[1] 根据加载球模型对这种现象作了解释．

14.72. α_{12} 和分子间作用力规律：同位素的热扩散

有关分子间作用力规律的重要信息，原则上可以从 α_{12} 值直接导出．在式(14.7,1)中 $[\alpha_{12}]_1$ 被表示为 5c 与一个因子的乘积，当改变分子模型时，这个因子只有缓慢的变化（通过 A，B 和式(14.71，1，2) 中的 s_1^2/s_{12}^2，s_2^2/s_{12}^2）．从粘性数据不难推导出这第二个因子的数值，它具有相当的精度．因此，我们可以从 α_{12} 的实验值确定 c，从 c 又可以得到幂次反比作用力模型的 ν 值，或 12，6 模型和 exp；6 模型的 ϵ_{12} 值．利用 α_{12} 的优点是明显的，因为从 D_{12} 来确定 c 需要精确测量 D_{12} 随温度的变化，而这里的方法却是从 α_{12} 本身来确定 c 值的．

---

1) S. I. Sandler and J. S. Dahler, *J. Chem. Phys.* **47**, 2621 (1967).

这样做的缺点是，一阶近似的 $[\alpha_{12}]_1$，其误差很大；采用 $[\alpha_{12}]_1$ 代替 α_{12} 会导致 c 值太大。然而，在同位素热扩散这一情况时，Mason 和 Saxena[1)] 给出了能相当精确地计算幂次反比律模型、12，6 模型和 exp；6 模型的 α_{12} 值的数据表。他们制表时实际列出的是 α_0 值，它与 α_{12} 的关系是

$$\alpha_{12} = \alpha_0(m_1 - m_2)/(m_1 + m_2) \tag{14.72,1}$$

（参见式 (14.7,5)）；它可表示为 ν 或 kT/ε_{12} 的函数。对于任何一种 α_{12} 值已知的气体，都可以利用他们的数据表找到 ν 或 ε_{12}。

实际上，由于确定 α_{12} 时（对于同位素混合气体，α_{12} 很小）有很大的或然误差，因此计算过程是反过来处理的：从作用力常数（由粘性系数导出）来推算 α_0 的理论值，再把它同实验得到的 α_0 作比较。这些结果列在表 26 中，表 26 给出 25℃左右时若干种气体的 α_0 值。同时还给出用幂次反比律模型、12，6 模型和 exp；6 模型导出的理论值。可以看出，这些理论值与实验值，总的趋势是一致的，但理

表 26　25℃时同位素的热扩散因子 α_0

气　体	参考文献	α_0（观察值）	α_0（计算值）		
			$r^{-\nu}$	12,6	exp;6
H_2*	[35]	0.48	0.55	0.55	0.51
He*	[35,36]	0.43	0.55	0.58	0.43
CH_4	[35]	0.22	0.255	0.28	0.19
NH_3	[35]	0	−0.1	—	—
Ne	[35,36]	0.46	0.56	0.55	0.52
N_2	[35]	0.37	0.42	0.40	0.42
O_2	[35]	0.35	0.36	0.34	—
A	[35,36]	0.24	0.295	0.31	0.32
Kr	[37]	0.12	—	0.17	0.23
Xe	[37]	0.11	—	0.10	0.07

* 对于氢 (H_2-D_2) 和氦 (^3He-^4He) 的情况（氦影响较小），引入 α_0 可能依据不充分，因为 $(m_1 - m_2)/(m_1 + m_2)$ 并不是那么小，以至于可以合理地忽略它的平方项

1) E. A. Mason, *J. Chem. Phys.* **27**, 782 (1957); S. C. Saxena and E. A. Mason, *J. Chem. Phys.* **28**, 623 (1958).

论值有点偏大;同前两种模型相比,exp;6 模型的理论值同实验值符合得更好一些.

α_0 随温度的变化主要是由于 c 随温度而变化. 一般说来,观察到的变化同 12,6 模型和 exp;6 模型所给出的 c 的变化趋势是一致的;在低温下,α_0 很小,对于氢(处于液氢的温度),氖(温度的范围为 195—273°K),以及氨都观察到 α_0 符号的改变. 当增加 T,使它超过上述范围的温度时,α_0 也增加;而在高温下它大体上变成常数. 虽然总的性质是与 12,6 模型和exp;6 模型一致的,然而仍有些异常. 其原因究竟是模型的缺陷,还是不同的同位素有不同的作用力规律,或者是实验的不精确,这些尚未搞清楚.

14.73. α_{12} 和分子间作用力规律: 异类分子

对于非同位素混合气体,一般说来,只是对相当不精确的一阶近似值 $[\alpha_{12}]_1$ 作过研究. Mason 和 Smith[1] 提出了下述方法,可以导出 m_1/m_2 很大时的较好近似式. 他们指出,在这种情况下,当 $x_1 \to 0$ 时,α_{12} 趋近于准 Lorentz 值;他们给出 $x_2 \to 0$ 时计算 α_{12} 的较好近似公式;对于一般的 x_1 和 x_2,他们还假定

$$\alpha_{12}^{-1} = x_1(\alpha_{12}^{-1})_{x_2=0} + x_2(\alpha_{12}^{-1})_{x_1=0}. \qquad (14.73,1)$$

虽然 α_{12}^{-1} 随 x_1 和 x_2 变化是非常接近线性的(参见 14.71 节),然而还不清楚式(14.73,1)那样的线性关系是否给出了同实验的最佳拟合.

现在,我们用式(14.7,1)计算 0℃ 时等克分子混合

$$\left(x_1 = x_2 = \frac{1}{2}\right)$$

的混合气体的 $[\alpha_{12}]_1$,并将此理论值同实验结果作比较[2]. 我们采用 12,6 模型;始终取 A = 0.44,而 B 和 C 由 kT/ε_{12} 值得到,其中

1) E. A. Mason and F. J. Smith, *J. Chem. Phys.* **44**, 3100 (1966).

2) 在前几版中,进行比较的是 α_{12} 同 $[\alpha_{12}]_1$ 的比值 R_T,计算 $[\alpha_{12}]_1$ 时假设分子是弹性刚球,并采用粘性直径. 将 R_T 与它的Lorentz值作比较就可以确定分子相互作用力($r^{-\nu}$)中的作用力指数 ν. 然而 Lorentz 值通常高估了 $[\alpha_{12}]_1$ 的误差,由此导出的 ν 值太大.

ε_{12} 由组合规则 $\varepsilon_{12}=(\varepsilon_1\varepsilon_2)^{\frac{1}{2}}$ 确定．出现在式(14.7，2—4)中的 p_1，p_2 的表达式等价于

$$\mathrm{p}_1=\frac{2}{3}nm_1[D_{12}]_1/[\mu_1]_1,$$

$$\mathrm{p}_2=\frac{2}{3}nm_2[D_{12}]_1/[\mu_2]_1; \qquad (14.73,2)$$

作计算时，这些关系式中的 $[D_{12}]_1$，$[\mu]_1$ 和 $[\mu_2]_1$ 用它们的实验值 D_{12}，μ_1 和 μ_2 等代替．

计算的结果列在表 27 中；为便于比较，同时还列出了 Kihara $\left(\mathrm{B}=\frac{3}{4}\right)$ 的一阶近似值．表中带括号的计算值，不论是 ε_1(对于 C_2H_4-H_2) 或 D_{12}(对于其它的气体对)都是在缺少实验值情况下粗略估计出来的．表中所列的 α_{12} 实验值就是 Grew 和 Ibbs[35] 所引用的数据．凡数据充分的，都把 0℃ 的值估计出来了；否则就给出平均温度 $\bar{T}=\sqrt{(T_1T_2)}$，其中 T_1，T_2 是实验装置工作温度的上下限．当我们将实验值同计算值作比较时，应考虑到温度的增加一般说来会使 α_{12} 增加这一事实．

由于 $[\alpha_{12}]_1$ 通常小于真值 α_{12}，因此可以预料，实验值会超过 $[\alpha_{12}]_1$．但实际上表 27 中的情况常常恰巧相反．产生这种矛盾的原因，部分可能是早年的实验有低估 α_{12} 的趋向，但是还有一部分似乎不好解释．它们或者是由于 12，6 模型给出的 c 值太高，或者是由于在具有分子内能的气体的热扩散问题中，采用球分子理论仅仅是一种近似[1)]．

从 α_{12} 随温度变化的数据中，同样可看出这个理论只是近似可用．$[\alpha_{12}]_1$ 随温度变化的主要部分是 c 随温度的变化；根据 12，6 模型和 exp；6 模型，当温度降到低于 ε_{12}/k 时，c 将通过极小值．在某些情况下这极小值可能是正的．对于 CO_2-A 混合气体，确实已观察到 α_{12} 有正的极小值．但是出现极小值的温度，明显地高

---

1) L. Monchick, R. J. Munn and E. A. Mason, *J. Chem. Phys.* **45**, 3051 (1966)，讨论了非弹性碰撞对 α_{12} 的影响，他们发现这种影响是微小的．

于理论的预计值[38]. 对于二氧化碳同其它惰性气体组成的混合气体，α_{12} 随温度的变化也有类似的反常现象[38,39].

表 27 异类气体的 α_{12}——理论与实验比较

气体	α_{12}（实验值）和 $\bar{T}$(°K)	$[\alpha_{12}]_1$	$[\alpha_{12}]_1$ (Kihara)
$He-H_2$	0.145	0.15	0.16
CH_4-H_2	0.25	0.31	0.34
$Ne-H_2$	0.42	(0.32)	(0.35)
$CO-H_2$	0.30	0.33	0.37
N_2-H_2	0.30	0.345	0.38
$C_2H_4-H_2$	0.28	(0.31)	(0.35)
O_2-H_2	0.19(162°)	0.32	0.35
$A-H_2$	0.27	0.32	0.355
CO_2-H_2	0.28	0.315	0.35
N_2-D_2	0.31(327°)	(0.31)	(0.34)
Ne-He	0.33	0.335	0.38
N_2-He	0.36(327°)	0.38	0.42
A-He	0.38	0.38	0.425
CO_2-He	0.44(366°)	0.375	0.42
Kr-He	0.44	0.39	0.44
Xe-He	0.43	0.40	0.45
A-Ne	0.17	0.17	0.18
Kr-Ne	0.28	0.245	0.265
Xe-Ne	0.29	0.275	0.30
O_2-N_2	0.018(293°)	0.020	0.021
$A-N_2$	0.071(293°)	0.056	0.058
CO_2-N_2	0.050(339°)	0.064	0.066
N_2O-N_2	0.048(339°)	(0.064)	(0.066)
$A-O_2$	0.050(283°)	0.033	0.034
CO_2-O_2	0.040(293°)	0.049	0.051
CO_2-A	0.019(283°)	(0.019)	(0.020)
Kr-A	0.070	0.072	0.076
Xe-A	0.084	0.093	0.098
Xe-Kr	0.016(327°)	(0.024)	(0.025)

参 考 文 献

[1] J. Loschmidt, *Wien. Ber.* **61**, 367 (1870); **62**, 468 (1870).
[2] A. Lonius, *Annln Phys.* **29**, 664 (1909).
[3] S. C. Saxena and E. A. Mason, *Molec. Phys.* **2**, 379 (1959).
[4] J. C. Giddings and S. L. Seager, *Ind. Eng. Chem. Fund.* **1**, 277 (1962).
[5] R. E. Walker and A. A. Westenberg, *J. Chem. Phys.* **31**, 519 (1959).
[6] R. J. J. van Heijningen, A. Feberwee, A. van Oosten and J. J. M. Beenakker, *Physica*, **32**, 1649 (1966); R. J. J. van Heijningen, J. P. Harpe and J. J. M. Beenakker, *Physica*, **38**, 1 (1968).
[7] P. J. Bendt, *Phys. Rev.* **110**, 85 (1958).
[8] R. E. Bunde, *Rep. Univ. of Wisconsin Naval Res. Lab.*, CM-850 (1955).
[9] P. E. Suetin, G. T. Shchegolev and R. E. Klestov, *Soc. Phys. Tech. Phys.* **4**, 964 (1960).
[10] C. A. Boyd, N. Stein, V. Steingrimsson and W. F. Rumpel, *J. Chem. Phys.* **19**, 548 (1951).
[11] R. E. Walker and A. A. Westenberg, *J. Chem. Phys.* **29**, 1139, 1147 (1959), **32**, 436 (1960); R. E. Walker, L. Monchick, A. A. Westenberg and S. Favin, *Plan. Space Sci.* **3**, 221 (1961).
[12] R. Strehlow, *J. Chem. Phys.* **21**, 2101 (1953).
[13] S. Weissmann, S. C. Saxena and E. A. Mason, *Phys. Fluids*, **4**, 643 (1961); E. A. Mason, S. Weissmann and R. P. Wendt, *Phys. Fluids*, **7**, 174 (1964).
[14] B. N. and I. B. Srivastava, *J. Chem. Phys.* **36**, 2616 (1962); I. B. Srivastava, *Ind. J. Phys.* **36**, 193 (1962).
[15] B. N. and K. P. Srivastava, *J. Chem. Phys.* **30**, 984 (1959); K. P. Srivastava, *Physica*, **25**, 571 (1959); K. P. Srivastava and A. K. Barua, *Ind. J. Phys.* **33**, 229 (1959).
[16] R. Paul and I. B. Srivastava, *Ind J. Phys.* **35**, 465, 523 (1961).
[17] J. N. Holsen and M. R. Strunk, *Ind. Eng. Chem .Fund.* **3**, 143 (1964).
[18] I. Amdur, J. W. Irvine, E. A. Mason and J. Ross, *J. Chem. Phys.* **20**, 436 (1952); I. Amdur and L. M. Shuler, *J. Chem. Phys.* **38**, 188 (1963).
[19] E. B. Winn and E. P. Ney, *Phys. Rev.* **72**, 77 (1947).
[20] E. B. Winn, *Phys. Rev.*, **80**, 1024 (1950).
[21] E. R. S. Winter, *Trans. Far. Soc.* **47**, 342 (1951).
[22] H. Braune and F. Zehle, *Z. Phys. Chem.* B **49**, 247 (1941).
[23] F. Hutchinson, *J. Chem. Phys.* **17**, 1081 (1949).
[24] B. N. Srivastava and R. Paul, *Physica*, **28**, 646 (1962).
[25] I. Amdur and T. F. Schatzki, *J. Chem. Phys.* **27**, 1049 (1957).
[26] W. W. Watson and D. Woernley, *Phys. Rev.* **63**, 181 (1943).
[27] L. Waldmann, *Z. Naturf* .**4a**, 105 (1949).
[28] K. E. Grew and J. N. Mundy, *Phys. Fluids*, **4**, 1325 (1961).
[29] K. E. Grew. *Phil .Mag.* **35**, 30 (1944).

[30] K. Clusius and M. Huber, *Z. Naturf.* **10a**, 556 (1955).
[31] K. Clusius and P. Flubacher, *Helv. Chim. Acta*, **41**, 2323 (1958).
[32] E. W. Becker and W. Beyrich, *J. Phys. Chem.* **56**, 911 (1952).
[33] A. E. de Vries, A. Haring and W. Slots, *Physica*, **22**, 247 (1956).
[34] J. Schirdewahn, A Klemm and L. Waldmann, *Z. Naturf.* **16a**, 133 (1961).
[35] References quoted by K. E. Grew and T. L. Ibbs, *Thermal Diffusion in Gases*, table VA, p. 128 (Cambridge University Press, 1952).
[36] S. C. Saxena, J. G. Kelley and W. W. Watson, *Phys. Fluids*, 4, 1216 (1961).
[37] T. I. Moran and W. W. Watson, *Phys. Rev.* **109**, 1184 (1958).
[38] J. R. Cozens and K. E. Grew, *Phys. Fluids*, **7**, 1395 (1964).
[39] S. Weissmann, S. C. Saxena and E. A. Mason, *Phys. Fluids*, **4**, 643 (1961).

第十五章 速度分布函数的三级近似

15.1. f 的逐次逼近

第七章已经指出，如何用逐次逼近的方法确定单组元气体的速度分布函数，使其达到任何要求的精度；f 的一级近似，二级近似，三级近似，…分别为 $f^{(0)}$，$f^{(0)}+f^{(1)}$，$f^{(0)}+f^{(1)}+f^{(2)}$，…. 7.15 节已经指出 $f^{(0)}$，$f^{(1)}$，$f^{(2)}$，…分别正比于 n^1，n^0，n^{-1}，…，这里 n 是分子的数密度．因此当密度下降时．近似式中高阶项相对地说来就变得重要了．

一级近似 $f^{(0)}$ 就是 Maxwell 函数，即

$$f=n\left(\frac{m}{2\pi kT}\right)^{\frac{3}{2}}e^{-mC^2/2kT}$$

$$=n\left(\frac{m}{2\pi kT}\right)^{\frac{3}{2}}e^{-\mathscr{C}^2} \tag{15.1,1}$$

由 7.3 节和 7.31 节的结果可以得出 $f^{(1)}$ 的表达式为：

$$f^{(1)}=f^{(0)}\Phi^{(1)}=-\frac{1}{n}f^{(0)}\left\{\left(\frac{2kT}{m}\right)^{\frac{1}{2}}\boldsymbol{A}\cdot\nabla\ln T+2\mathbf{B}:\nabla\mathbf{c}_0\right\}$$

$$=-\left(\frac{m}{2\pi kT}\right)^{\frac{3}{2}}e^{-\mathscr{C}^2}\left\{\left(\frac{2kT}{m}\right)^{\frac{1}{2}}A(\mathscr{C})(\boldsymbol{\mathscr{C}})\right.$$

$$\left.\cdot\frac{1}{T}\nabla T+2B(\mathscr{C})\overset{\circ}{\boldsymbol{\mathscr{C}}\boldsymbol{\mathscr{C}}}:\nabla\mathbf{c}_0\right\}. \tag{15.1,2}$$

于是我们可以记

$$f^{(1)}\equiv A'(C)\boldsymbol{C}\cdot\nabla T+B'(C)\overset{\circ}{\boldsymbol{C}\boldsymbol{C}}:\nabla\mathbf{c}_0, \tag{15.1,3}$$

其中 A'，B' 为由上式定义的 C 和 T 的函数．根据式 (1.31,7,9)，我们可以采用应变率张量 $\overline{\overline{\mathbf{e}}}=\overline{\overline{\nabla\mathbf{c}_0}}$ 或者它的无散度部分 $\overset{\circ}{\overline{\overline{\mathbf{e}}}}$ 来代替 (15.1,2) 和 (15.1,3) 中的速度梯度张量 $\nabla\mathbf{c}_0$，而不改变这些关

系．

我们不难近似地估计出比值 $f^{(1)}/f^{(0)}$ 或者说 $\Phi^{(1)}$．用 7.51 节和 7.52 节的符号，$\boldsymbol{A}$ 和 B 的一阶近似式为

$$\boldsymbol{A} = a_1\boldsymbol{a}^{(1)} = a_1 S_{3/2}^{(1)}(\mathscr{C}^2)\boldsymbol{\mathscr{C}} = a_1\left(\frac{5}{2} - \mathscr{C}^2\right)\boldsymbol{\mathscr{C}},$$

$$\mathsf{B} = b_1\mathsf{b}^{(1)} = b_1 S_{5/2}^{(0)}(\mathscr{C}^2)\overset{\circ}{\boldsymbol{\mathscr{C}}\boldsymbol{\mathscr{C}}} = b_1\overset{\circ}{\boldsymbol{\mathscr{C}}\boldsymbol{\mathscr{C}}},$$

其中 $a_1 = \alpha_1/a_{11} = -\frac{15}{4}\Big/a_{11}$，$b_1 = \beta_1/b_{11} = 5/2b_{11}$．

现在（参见 9.7 节）$a_{11} = b_{11}$，则粘性系数的一阶近似值为

$$[\mu]_1 = \frac{5}{2}kT/b_{11}.$$

因此在一阶近似范围内有

$$a_1 = -3\mu/2kT, \quad b_1 = \mu/kT$$

以及

$$\boldsymbol{A} = \frac{3\mu}{2kT}\left(\mathscr{C}^2 - \frac{5}{2}\right)\boldsymbol{\mathscr{C}},$$

$$\mathsf{B} = \frac{\mu}{kT}\overset{\circ}{\boldsymbol{\mathscr{C}}\boldsymbol{\mathscr{C}}}. \qquad (15.1,4)$$

由此得到（与式（10.33,8）一致）

$$\Phi^{(1)} = -\frac{3\mu}{2p}\left(\frac{2k}{mT}\right)^{\frac{1}{2}}\left(\mathscr{C}^2 - \frac{5}{2}\right)\boldsymbol{\mathscr{C}}\cdot\nabla T$$

$$-\frac{2\mu}{p}\overset{\circ}{\boldsymbol{\mathscr{C}}\boldsymbol{\mathscr{C}}}:\nabla\mathbf{c}_0.$$

我们可以记 $\mu = 0.499\rho\bar{C}l$，其中 l 是等效自由程，而

$$\bar{C} = (8kT/\pi m)^{\frac{1}{2}}$$

（参见式（12.1,6），（4.11,2））．设 V 是特征宏观速度；而 L_1，L_2 是特征长度，它们使 T 和 $\mathbf{c}_0$ 的梯度具有 T/L_1 和 V/L_2 的数量级．这样，如果 $\mathscr{C}$ 的数量级取作为 1，那么 $\Phi^{(1)}$ 中的两项就分别为 l/L_1 和 $lV/L_2\bar{C}$ 的量级．在标准状态下的气体中，自由程 l 约为 10^{-5} 厘米，而 L_1，L_2 的实验值通常与实验装置的尺寸差不多，譬如说，1 厘米的量级；$V/\bar{C}$ 通常也很小，最多为 1 的量级．因此，在正常情

况下，$\Phi^{(1)}$ 很小，亦即 $f^{(1)}$ 同 $f^{(0)}$ 相比很小. 然而，在密度为正常密度的 10^{-5} 倍时，或者在激波中(那里的 L_1 和 L_2 都非常小)，$f^{(1)}$ 就变得与 $f^{(0)}$ 可相比了，因此必须检查 $f^{(2)}$ 是否具有相同量级. 目前，我们仅限于对单组元气体来做这样的检查. 二组元混合气体中扩散问题的一些结果，将在 15.42 节中予以阐述.

Burnett[1] 确定了单组元气体的 f 的完整三级近似式. 而不完全的三级近似式，则早已由 Maxwell[2] 和 (Lennard-)Jones[3]给出. 他们包括了涉及 T 和 $\boldsymbol{c}_0$ 二阶导数的各项，但忽略了一阶导数的平方项和乘积项（这样就避免了这个问题的某些主要的数学困难）；Enskog[4]曾经给出一个包括温度梯度的乘积项(但不包括速度 $\boldsymbol{c}_0$ 的梯度的乘积项)的解.

这里，我们不打算详细地给出 Burnett 的解，我们将讨论确定 $f^{(2)}$ 的方程，但只限于从它推断出 $f^{(2)}$ 中各项的性质，并不导出 $f^{(2)}$ 各项的精确表达式. 我们将看到，热流通量 $\boldsymbol{q}$ 和应力张量 p 的表达式中由 $f^{(2)}$ 引入的新项，不需解 $f^{(2)}$ 方程就可以确定，并且将粗略地估算出这些项的数值.

15.2. $f^{(2)}$ 的积分方程

确定 $f^{(2)}$ 的方程是(参见式(7.12,1)，(7.14,19))

$$-J(f^{(0)}f_1^{(2)})-J(f^{(2)}f_1^{(0)})=\frac{\partial_1 f^{(0)}}{\partial t}+\frac{\partial_0 f^{(1)}}{\partial t}+\boldsymbol{c}\cdot\frac{\partial f^{(1)}}{\partial \boldsymbol{r}}+\boldsymbol{F}\cdot\frac{\partial f^{(1)}}{\partial \boldsymbol{c}}+J(f^{(1)}f_1^{(1)}).$$

在这里记
$$f^{(2)}=f^{(0)}\Phi^{(2)};\tag{15.2,1}$$
利用式(7.12,3)，上述方程就变为

1) D. Burnett, *Proc. Lond. Math. Soc.* **40**, 382 (1935).
2) J. C. Maxwell, *Phil. Trans. R. Soc.* **170**, 231 (1879); *Collected Papers*, Vol. 2, 681 (1890).
3) J. E. (Lennard-) Jones, *Phil. Trans. R. Soc.* A, **223**, 1 (1923).
4) D. Enskog, Inaug. Diss. Uppsala, chapter 6 (1917).

$$-n^2I(\Phi^{(2)})=\frac{\partial_1 f^{(0)}}{\partial t}+\frac{\partial_0 f^{(1)}}{\partial t}+\boldsymbol{c}\cdot\frac{\partial f^{(1)}}{\partial \boldsymbol{r}}$$

$$+\boldsymbol{F}\cdot\frac{\partial f^{(1)}}{\partial \boldsymbol{c}}+J(f^{(1)}f_1^{(1)}).\qquad(15.2.2)$$

方程 (15.2,2) 右边各项将作如下的推演．利用 (7.14,9,11,13)我们有[1]

$$\frac{\partial_1 f^{(0)}}{\partial t}=f^{(0)}\frac{\partial_1 \ln f^{(0)}}{\partial t}=f^{(0)}\frac{\partial_1}{\partial t}\left(\ln n-\frac{3}{2}\ln T-\frac{mC^2}{2kT}\right)$$

$$=f^{(0)}\left\{\left(\mathscr{C}^2-\frac{3}{2}\right)\frac{1}{T}\frac{\partial_1 T}{\partial t}+\frac{m}{kT}\boldsymbol{C}\cdot\frac{\partial_1 \boldsymbol{c}_0}{\partial t}\right\}$$

$$=-\frac{f^{(0)}}{p}\left\{\left(\frac{2}{3}\mathscr{C}^2-1\right)\left(\mathsf{p}^{(1)}:\frac{\partial}{\partial \boldsymbol{r}}\boldsymbol{c}_0+\frac{\partial}{\partial \boldsymbol{r}}\cdot\boldsymbol{q}^{(1)}\right)\right.$$

$$\left.+\boldsymbol{C}\frac{\partial}{\partial \boldsymbol{r}}:\mathsf{p}^{(1)}\right\}.\qquad(15.2,3)$$

如果把 $f^{(1)}$ 看作是 $\boldsymbol{C}$, $\boldsymbol{r}$, t 的函数,那么方程(15.2,2)右边的第二、三、四项便要用

$$\frac{D_0 f^{(1)}}{Dt}+\boldsymbol{C}\cdot\frac{\partial f^{(1)}}{\partial \boldsymbol{r}}+\left(\boldsymbol{F}-\frac{D_0\boldsymbol{c}_0}{Dt}\right)\cdot\frac{\partial f^{(1)}}{\partial \boldsymbol{C}}-\frac{\partial f^{(1)}}{\partial \boldsymbol{C}}\boldsymbol{C}:\frac{\partial}{\partial \boldsymbol{r}}\boldsymbol{c}_0$$

$$=\frac{D_0 f^{(1)}}{Dt}+\boldsymbol{C}\cdot\frac{\partial f^{(1)}}{\partial \boldsymbol{r}}+\frac{1}{\rho}\frac{\partial p}{\partial \boldsymbol{r}}\cdot\frac{\partial f^{(1)}}{\partial \boldsymbol{C}}$$

$$-\frac{\partial f^{(1)}}{\partial \boldsymbol{C}}\boldsymbol{C}:\frac{\partial}{\partial \boldsymbol{r}}\boldsymbol{c}_0.\qquad(15.2,4)$$

来代替．利用 $f^{(1)}$ 的表达式 (15.1,3),就得到

$$\frac{\partial f^{(1)}}{\partial \boldsymbol{r}}=\left(\frac{\partial A'}{\partial T}\boldsymbol{C}\cdot\nabla T+\frac{\partial B'}{\partial T}\mathring{\boldsymbol{C}\boldsymbol{C}}:\nabla\boldsymbol{c}_0+A'\boldsymbol{C}\cdot\nabla\right)\nabla T$$

$$+B'\nabla(\mathring{\boldsymbol{C}\boldsymbol{C}}:\nabla\boldsymbol{c}_0),\qquad(15.2,5)$$

$$\frac{\partial f^{(1)}}{\partial \boldsymbol{C}}=2\left(\frac{\partial A'}{\partial C^2}\boldsymbol{C}\cdot\nabla T+\frac{\partial B'}{\partial C^2}\mathring{\boldsymbol{C}\boldsymbol{C}}:\nabla\boldsymbol{c}_0\right)\boldsymbol{C}$$

$$+A'\nabla T+2B'\boldsymbol{C}\cdot\overset{\circ}{\overline{\overline{\nabla\boldsymbol{c}_0}}},\qquad(15.2,6)$$

---

1) 在推导等式(15.2,3—9)时,我们利用了张量关系式(1.2,7,8),(1.32,6,10)和(1.33,7,8).

而利用方程(7.14,16),则得到

$$\frac{D_0 f^{(1)}}{Dt}=-\left(\frac{\partial A'}{\partial T}\boldsymbol{C}\cdot\nabla T+\frac{\partial B'}{\partial T}\overset{\circ}{\boldsymbol{C}\boldsymbol{C}}:\nabla\boldsymbol{c}_0\right)\frac{2T}{3}(\nabla\cdot\boldsymbol{c}_0)$$

$$+A'\boldsymbol{C}\cdot\frac{D_0}{Dt}(\nabla T)+B'\overset{\circ}{\boldsymbol{C}\boldsymbol{C}}:\frac{D_0}{Dt}(\nabla\boldsymbol{c}_0).\quad(15.2,7)$$

式(15.2,7)右边的各个时间导数,可以用空间导数来表示;因为,根据方程(7.14,15,16),可得到

$$\frac{D_0}{Dt}(\nabla T)=\left(\frac{\partial_0}{\partial t}+\boldsymbol{c}_0\cdot\nabla\right)\nabla T$$

$$=\nabla\left(\frac{\partial_0 T}{\partial t}+\boldsymbol{c}_0\cdot\nabla T\right)-(\nabla\boldsymbol{c}_0)\cdot\nabla T$$

$$=-\frac{2}{3}\nabla(T\nabla\cdot\boldsymbol{c}_0)-(\nabla\boldsymbol{c}_0)\cdot\nabla T,\quad(15.2,8)$$

$$\frac{D_0}{Dt}(\nabla\boldsymbol{c}_0)=\left(\frac{\partial_0}{\partial t}+\boldsymbol{c}_0\cdot\nabla\right)\nabla\boldsymbol{c}_0$$

$$=\nabla\left(\frac{\partial_0\boldsymbol{c}_0}{\partial t}+(\boldsymbol{c}_0\cdot\nabla)\boldsymbol{c}_0\right)-(\nabla\boldsymbol{c}_0)\cdot(\nabla\boldsymbol{c}_0)$$

$$=\nabla\left(\boldsymbol{F}-\frac{1}{\rho}\nabla p\right)-(\nabla\boldsymbol{c}_0)\cdot(\nabla\boldsymbol{c}_0).\quad(15.2,9)$$

然而,在式(15.2,7)中暂时保留时间导数更为方便.

此外(参见式(7.11,2)和(15.1,3),并用 $\overset{\circ}{\mathsf{e}}$ 代替 $\nabla\boldsymbol{c}_0$),得

$$J(f^{(1)}f_1^{(1)})=J(A'\boldsymbol{C}\cdot\nabla T A_1'\boldsymbol{C}_1\cdot\nabla T)$$

$$+J(A'\boldsymbol{C}\cdot\nabla T B_1'\overset{\circ}{\boldsymbol{C}_1\boldsymbol{C}_1}:\overset{\circ}{\mathsf{e}})$$

$$+J(B'\overset{\circ}{\boldsymbol{C}\boldsymbol{C}}:\overset{\circ}{\mathsf{e}}A_1'\boldsymbol{C}_1\cdot\nabla T)$$

$$+J(B'\overset{\circ}{\boldsymbol{C}\boldsymbol{C}}:\overset{\circ}{\mathsf{e}}B_1'\overset{\circ}{\boldsymbol{C}_1\boldsymbol{C}_1}:\overset{\circ}{\mathsf{e}}).\quad(15.2,10)$$

不难看出,此式右边的第一个和第四个表达式是 $\boldsymbol{C}$ 的偶函数;而第二个和第三个表达式是 $\boldsymbol{C}$ 的奇函数.

综合上述这些结果,我们获得一 $n^2I(\Phi^{(2)})$ 的表达式是许多项之和,这些项可以分为下面几组:第一组,各项只包含标量 C;这

一组为

$$-\frac{1}{p}f^{(0)}\left(\frac{2}{3}\mathscr{C}^2-1\right)(\mathsf{p}^{(1)}:\nabla\boldsymbol{c}_0+\nabla\cdot\boldsymbol{q}^{(1)})$$

$$+\frac{1}{\rho}A'\nabla p\cdot\nabla T. \tag{15.2,11}$$

第二组各项都是$\boldsymbol{C}$的奇次项,适当重新排列后,这一组便成为

$$-\frac{1}{p}f^{(0)}\boldsymbol{C}\nabla:\mathsf{p}^{(1)}-\frac{2}{3}\Delta\left(T\frac{\partial A'}{\partial T}+C^2\frac{\partial A'}{\partial C^2}\right)(\boldsymbol{C}\cdot\nabla T)$$

$$+A'\boldsymbol{C}\cdot\left(\frac{D_0}{Dt}(\nabla T)-(\nabla\boldsymbol{c}_0)\cdot\nabla T\right)$$

$$+\frac{2}{\rho}\frac{\partial B'}{\partial C^2}(\boldsymbol{CC}:\mathring{\mathbf{e}})(\boldsymbol{C}\cdot\nabla p)$$

$$+\frac{2}{\rho}B'\boldsymbol{C}\nabla p:\mathring{\mathbf{e}}+B'\boldsymbol{C}\cdot\nabla(\boldsymbol{CC}:\mathring{\mathbf{e}})$$

$$+\left(\frac{\partial B'}{\partial T}-2\frac{\partial A'}{\partial C^2}\right)(\boldsymbol{CC}:\mathring{\mathbf{e}})(\boldsymbol{C}\cdot\nabla T)+J(A'\boldsymbol{C}$$

$$\cdot\nabla T B_1'\boldsymbol{C}_1\boldsymbol{C}_1:\mathring{\mathbf{e}})+J(B'\boldsymbol{CC}:\mathring{\mathbf{e}}A_1'\boldsymbol{C}_1\cdot\nabla T). \tag{15.2,12}$$

其中

$$\Delta\equiv\nabla\cdot\boldsymbol{c}_0=\frac{\partial u_0}{\partial x}+\frac{\partial v_0}{\partial y}+\frac{\partial w_0}{\partial z}, \tag{15.2,13}$$

这就是说,Δ是气体宏观速度的散度.

最后一组的各项都是$\boldsymbol{C}$的偶次项,可以将这一组表达为

$$-\frac{2}{3}\Delta\left(T\frac{\partial B'}{\partial T}+C^2\frac{\partial B'}{\partial C^2}\right)(\boldsymbol{CC}:\mathring{\mathbf{e}})$$

$$+B'\boldsymbol{CC}:\left(\frac{D_0}{Dt}(\mathring{\mathbf{e}})-2\mathring{\mathbf{e}}\cdot\nabla\boldsymbol{c}_0\right)$$

$$+A'\boldsymbol{CC}:\nabla(\nabla T)+\frac{2}{\rho}\frac{\partial A'}{\partial C^2}\boldsymbol{CC}:\nabla p\nabla T$$

$$+\frac{\partial A'}{\partial T}\boldsymbol{CC}:\nabla T\nabla T+J(A'\boldsymbol{C}\cdot\nabla T A_1'\boldsymbol{C}_1\cdot\nabla T)$$

$$-2\frac{\partial B'}{\partial C^2}(\boldsymbol{CC}:\mathring{\mathbf{e}})(\boldsymbol{CC}:\mathring{\mathbf{e}})$$

$$+ J(\boldsymbol{B}'\boldsymbol{CC}:\overset{\circ}{\mathbf{e}}\boldsymbol{B}_1'\boldsymbol{C}_1\boldsymbol{C}_1:\overset{\circ}{\mathbf{e}}). \tag{15.2,14}$$

15.3. 热流通量和应力张量的三级近似

Burnett 已解出 $f^{(2)}$ 或 $\Phi^{(2)}$ 的方程 (15.2,2),其解法就是从方程 (7.3,7) 求得 $f^{(1)}$ 时所用的方法．他将 $\Phi^{(2)}$ 的解表示成级数形式:

$$\Phi^{(2)} = \sum_{p,l} a_{pl} S_{l+1/2}^{(p)}(\mathscr{C}^2)\psi^{(l)}(\boldsymbol{C}) \equiv \sum_{p,l} a_{pl}\chi_{pl}, \tag{15.3,1}$$

其中 $\psi^{(l)}(\boldsymbol{C})$ 是以 $\boldsymbol{C}$ 的分量表示的 l 阶球谐函数,亦即是满足下面方程的 U, V, W 的齐次多项式

$$\frac{\partial}{\partial \boldsymbol{C}}\cdot\frac{\partial\psi^{(l)}}{\partial \boldsymbol{C}} \equiv \frac{\partial^2\psi^{(l)}}{\partial U^2} + \frac{\partial^2\psi^{(l)}}{\partial V^2} + \frac{\partial^2\psi^{(l)}}{\partial W^2} = 0. \tag{15.3,2}$$

在 Burnett 近似下,只需要 $l \leqslant 3$,未知系数 a_{pl} 可以用类似于 7.51 节和 7.52 节的那些方法来确定.

然而,为确定热流通量 $\boldsymbol{q}$ 和应力张量 p 中新增加的各项,可以不必解出 $\Phi^{(2)}$, 因为利用式 (7.12,4), (7.31,2) 和 (4.4,7,8) 后得到:

$$\begin{aligned}
\boldsymbol{q}^{(2)} &= \int f^{(2)}\frac{1}{2}mC^2\boldsymbol{C}d\boldsymbol{c} \\
&= \frac{1}{2}m\left(\frac{2kT}{m}\right)^{\frac{3}{2}}\int f^{(0)}\Phi^{(2)}\mathscr{C}^2\boldsymbol{\mathscr{C}}\,d\boldsymbol{c} \\
&= kT\left(\frac{2kT}{m}\right)^{\frac{1}{2}}\int f^{(0)}\Phi^{(2)}\left(\mathscr{C}^2 - \frac{5}{2}\right)\boldsymbol{\mathscr{C}}\,d\boldsymbol{c} \\
&= p\left(\frac{2kT}{m}\right)^{\frac{1}{2}}\int \Phi^{(2)}I(\boldsymbol{A})d\boldsymbol{c} \\
&= p\left(\frac{2kT}{m}\right)^{\frac{1}{2}}[\Phi^{(2)}, \boldsymbol{A}] \\
&= p\left(\frac{2kT}{m}\right)^{\frac{1}{2}}\int \boldsymbol{A}I(\Phi^{(2)})d\boldsymbol{c}.
\end{aligned} \tag{15.3,3}$$

利用同样这些关系以及式(7.31,3)可类似地得出:

$$
\begin{aligned}
\mathsf{p}^{(2)} &= \int f^{(2)} m \boldsymbol{C}\boldsymbol{C} d\boldsymbol{c} \\
&= \int f^{(0)} \Phi^{(2)} m \overset{\circ}{\boldsymbol{C}\boldsymbol{C}}\, d\boldsymbol{c} \\
&= 2kT \int f^{(0)} \Phi^{(2)} \overset{\circ}{\boldsymbol{\mathscr{C}}\boldsymbol{\mathscr{C}}}\, d\boldsymbol{c} \\
&= 2p \int \Phi^{(2)} I(\mathsf{B}) d\boldsymbol{c} \\
&= 2p[\Phi^{(2)}, \mathsf{B}] \\
&= 2p \int \mathsf{B} I(\Phi^{(2)}) d\boldsymbol{c},
\end{aligned}
\tag{15.3,4}
$$

由于 $-n^2 I(\Phi^{(2)})$ 可表达为式(15.2,11,12,14)之和，由此可以导出 $\boldsymbol{q}^{(2)}$ 和 $\mathsf{p}^{(2)}$ 的表达式.

由于

$$
\boldsymbol{A} = \boldsymbol{\mathscr{C}} A(\mathscr{C}),\quad \mathsf{B} = \overset{\circ}{\boldsymbol{\mathscr{C}}\boldsymbol{\mathscr{C}}} B(\mathscr{C}) \tag{15.3,5}
$$

因此，从 1.42 节可知，式 (15.2,11,14) 各项对 $\boldsymbol{q}^{(2)}$ 没有贡献，而式(15.2,11,12)各项对 $\mathsf{p}^{(2)}$ 也没有贡献. 此外，式(15.2,12)的第一项(即这些项中唯一不取决于 A' 或 B' 的项)对 $\boldsymbol{q}^{(2)}$ 的贡献为

$$
\begin{aligned}
&\frac{p}{n^2}\left(\frac{2kT}{m}\right)^{\frac{1}{2}} \int \boldsymbol{A} \frac{1}{p} f^{(0)} \boldsymbol{C} \nabla : \mathsf{p}^{(1)} d\boldsymbol{c} \\
&= \frac{2kT}{3mn^2} \nabla \cdot \mathsf{p}^{(1)} \int f^{(0)} \boldsymbol{A} \cdot \boldsymbol{\mathscr{C}} d\boldsymbol{c}.
\end{aligned}
$$

根据式(7.31,6)，此式为零. 式(15.2,12)的所有其它各项对 $\boldsymbol{q}^{(2)}$ 都有贡献；因此我们可以记为

$$
\begin{aligned}
\boldsymbol{q}^{(2)} = {}& \theta_1 \frac{\mu^2}{\rho T} \Delta \nabla T + \theta_2 \frac{\mu^2}{\rho T} \left\{ \frac{D_0}{Dt}(\nabla T) - (\nabla \boldsymbol{c}_0) \cdot \nabla T \right\} \\
& + \theta_3 \frac{\mu^2}{\rho p} \nabla p \cdot \overset{\circ}{\mathsf{e}} + \theta_4 \frac{\mu^2}{\rho} \nabla \cdot (\overset{\circ}{\mathsf{e}}) \\
& + \theta_5 \frac{3\mu^2}{\rho T} \nabla T \cdot \overset{\circ}{\mathsf{e}}.
\end{aligned}
\tag{15.3,6}
$$

这个表达式中的诸矢量，乃是式(15,2,12)各项元素所构成的全部矢量. 各矢量前的系数是这样选取的：使得 θ_1, θ_2, θ_3, θ_4 和 θ_5 为

纯数字．第二项中的时间导数我们可以用式(15.2,8)代入，这时括号中的表达式变为

$$-\frac{2}{3}\nabla(T\Delta)-2(\nabla \boldsymbol{c}_0)\cdot\nabla T. \tag{15.3,7}$$

式(15.3,6)中只有最后一项的系数(即 θ_5)是取决于积分 J 的．

由于 $\mathbf{e}$ 和 Δ 都取决于 $\boldsymbol{c}_0$ 的空间导数，因此式(15.3,6)中的每一项都与这些导数有关．如果气体是静止的，或者在空间各处的运动是均匀的，那么 $\boldsymbol{q}^{(2)}=0$，这时 $\boldsymbol{q}=-\lambda\nabla T$ 不仅适用于二级近似，也适用于三级近似．此外，三级近似式中既没有引入任何取决于 T 的二阶或高阶导数的项，也没有引入取决于 T 的导数的平方项或乘积项；然而，只要 p 或 Δ 或 $\overset{\circ}{\mathbf{e}}$ 中有任何一个是不均匀的话，那么即使 T 是均匀的，三阶近似式还是补充了额外的热流通量项．

同样，我们可以证明：

$$\begin{aligned}\mathbf{p}^{(2)}=&\ \varpi_1\frac{\mu^2}{p}\Delta\overset{\circ}{\mathbf{e}}+\varpi_2\frac{\mu^2}{p}\left(\frac{D_0}{Dt}(\overset{\circ}{\mathbf{e}})-2\overline{\overline{\nabla \boldsymbol{c}_0\cdot\overset{\circ}{\mathbf{e}}}}\right)\\&+\varpi_3\frac{\mu^2}{\rho T}\overline{\overline{\nabla\nabla T}}+\varpi_4\frac{\mu^2}{\rho pT}\overline{\overline{\nabla p\nabla T}}\\&+\varpi_5\frac{\mu^2}{\rho T^2}\overline{\overline{\nabla T\nabla T}}+\varpi_6\frac{\mu^2}{p}\overline{\overline{\overset{\circ}{\mathbf{e}}\cdot\overset{\circ}{\mathbf{e}}}},\end{aligned} \tag{15.3,8}$$

其中 ϖ_1，ϖ_2，ϖ_3，ϖ_4，ϖ_5 和 ϖ_6 都是纯数；这个表达式中的诸张量，乃是式(15.2,14)各项元素所构成的全部对称无散张量．因而(参见式(15.3,4,5))，$\mathbf{p}^{(2)}$ 既是对称的，又是无散的．只有系数 ϖ_5 和 ϖ_6，与式(15.2,14)中的积分 J 有关．根据式(15.2,9)，上式第二项括号中的表达式等于

$$\overline{\overline{\nabla\left(\boldsymbol{F}-\frac{1}{\rho}\nabla p\right)}}-\overline{\overline{(\nabla \boldsymbol{c}_0)\cdot(\nabla \boldsymbol{c}_0)}}-2\overline{\overline{\nabla \boldsymbol{c}_0\cdot\overset{\circ}{\mathbf{e}}}}. \tag{15.3,9}$$

因此，应力张量的三级近似式中，引进了分别取决于下列各因素的若干项：(a) 平均运动速度 $\boldsymbol{c}_0$ 的一阶导数的乘积；(b) $\boldsymbol{F}$ —

$\frac{1}{\rho}\nabla p\left(或者说\frac{D_0\mathbf{c}_0}{Dt}\right)$的一阶导数；(c) 温度的一阶导数各分量之间的乘积，以及温度的一阶导数与应力的一阶导数的乘积；(d) 温度的二阶导数. (a) 中各项不仅取决于应变率张量 $\mathbf{e}$ 的各个元素，而且还取决于速度梯度张量 $\nabla\mathbf{c}_0$ 的反对称部分，因此它们中有一个与运动旋度$\left(\frac{1}{2}\operatorname{curl}\mathbf{c}_0\right)$有关的部分. 类似地，式(15.3,6)的第二项对 $\boldsymbol{q}^{(2)}$ 的贡献也包含着一个正比于 $\nabla T\wedge\operatorname{curl}\ \mathbf{c}_0$ 的部分.

15.4. $\boldsymbol{q}^{(2)}$ 的各项

$\boldsymbol{q}^{(2)}$ 和 $\mathsf{p}^{(2)}$ 中各项的系数，其近似值是不难求得的.

在一阶近似范围内，由式(15.1,2—4)得到

$$\mathbf{A}=A(\mathscr{C})\boldsymbol{\mathscr{C}}=\frac{3\mu}{2kT}\left(\mathscr{C}^2-\frac{5}{2}\right)\boldsymbol{\mathscr{C}},$$

$$\mathsf{B}=B(\mathscr{C})\overset{\circ}{\boldsymbol{\mathscr{C}}\boldsymbol{\mathscr{C}}}=\frac{\mu}{kT}\overset{\circ}{\boldsymbol{\mathscr{C}}\boldsymbol{\mathscr{C}}},\tag{15.4,1}$$

$$A'(C)=-\left(\frac{m}{2\pi kT}\right)^{\frac{3}{2}}\frac{3\mu}{2kT^2}e^{-\mathscr{C}^2}\left(\mathscr{C}^2-\frac{5}{2}\right),\tag{15.4,2}$$

$$B'(C)=-\left(\frac{m}{2\pi kT}\right)^{\frac{3}{2}}\frac{\mu m}{(kT)^2}e^{-\mathscr{C}^2}.\tag{15.4,3}$$

我们记得，$\mathscr{C}^2=mC^2/2kT$，因此有

$$T\frac{\partial A'}{\partial T}=-\left(\frac{m}{2\pi kT}\right)^{\frac{3}{2}}e^{-\mathscr{C}^2}\left\{\frac{3\mu}{2kT^2}\left(\mathscr{C}^4-7\mathscr{C}^2+\frac{35}{4}\right)\right.$$
$$\left.+\frac{3}{2kT}\frac{d\mu}{dT}\left(\mathscr{C}^2-\frac{5}{2}\right)\right\},$$

$$C^2\frac{\partial A'}{\partial C^2}=\mathscr{C}^2\frac{\partial A'}{\partial\mathscr{C}^2}=\left(\frac{m}{2\pi kT}\right)^{\frac{3}{2}}e^{-\mathscr{C}^2}$$
$$\cdot\frac{3\mu}{2kT^2}\left(\mathscr{C}^4-\frac{7}{2}\mathscr{C}^2\right),$$

$$T\frac{\partial B'}{\partial T}=-\left(\frac{m}{2\pi kT}\right)^{\frac{3}{2}}e^{-\mathscr{C}^2}\left\{\frac{\mu m}{(kT)^2}\left(\mathscr{C}^2-\frac{7}{2}\right)\right.$$

$$\left.+\frac{m}{k^2T}\frac{d\mu}{dT}\right\},$$

$$C^2\frac{\partial B'}{\partial C^2}=\mathscr{C}^2\frac{\partial B'}{\partial\mathscr{C}^2}=\left(\frac{m}{2\pi kT}\right)^{\frac{3}{2}}e^{-\mathscr{C}^2}\frac{\mu m}{(kT)^2}\mathscr{C}^2.$$

利用这些表达式，我们可以得到式（15.3,6,8）中各系数的近似值.

前面已经指出,式(15.2,12)的第一项对 $\boldsymbol{q}^{(2)}$ 没有任何贡献. 根据式(15.3,3)和式(1.42,4),第二项对 $\boldsymbol{q}^{(2)}$ 贡献为

$$\frac{2}{3}\frac{kT}{n}\left(\frac{2kT}{m}\right)^{\frac{1}{2}}\Delta\int\boldsymbol{A}\left(T\frac{\partial A'}{\partial T}+C^2\frac{\partial A'}{\partial C^2}\right)(\boldsymbol{C}\cdot\nabla T)d\boldsymbol{c}$$

$$=\frac{2}{9}\frac{kT}{n}\left(\frac{2kT}{m}\right)\Delta\nabla T\int\left(T\frac{\partial A'}{\partial T}+C^2\frac{\partial A'}{\partial C^2}\right)\boldsymbol{A}\cdot\boldsymbol{\mathscr{C}}d\boldsymbol{c}.$$

将上面的 $\boldsymbol{A}$ 和 A' 值代入,我们得到

$$\frac{\mu^2}{\rho T}\left(\frac{7}{2}-\frac{T}{\mu}\frac{d\mu}{dT}\right)\Delta\nabla T\pi^{-\frac{3}{2}}\int e^{-\mathscr{C}^2}\left(\mathscr{C}^2-\frac{5}{2}\right)^2\mathscr{C}^2d\boldsymbol{\mathscr{C}}$$

$$=\frac{15\mu^2}{4\rho T}\left(\frac{7}{2}-\frac{T}{\mu}\frac{d\mu}{dT}\right)\Delta\nabla T,$$

于是就可求得式(15.3,6)中的 θ_1 为

$$\theta_1=\frac{15}{4}\left(\frac{7}{2}-\frac{T}{\mu}\frac{d\mu}{dT}\right).\tag{15.4,4}$$

利用式(1.42,4)和1.421节的各关系式，类似地可以确定系数 θ_2,θ_3 和 θ_4,其结果是

$$\theta_2=\frac{45}{8},\ \theta_3=-3,\ \theta_4=3.\tag{15.4,5}$$

系数 θ_5 取决于式(15.2,12)中的积分 J. 我们发现，在一阶近似范围内,式(15.2,12)的第七项对 $\boldsymbol{q}^{(2)}$ 的贡献是

$$\frac{3\mu^2}{\rho T}\left(\frac{35}{4}+\frac{T}{\mu}\frac{d\mu}{dT}\right)\nabla T\cdot\dot{\mathbf{e}}.$$

利用 J 的定义(式(7.11,2)),我们得到与积分 J 有关的那两项对 $\boldsymbol{q}^{(2)}$ 的贡献为:

$$-\frac{kT}{n}\left(\frac{2kT}{m}\right)^{\frac{1}{2}}\int \boldsymbol{A}\{J(A'\boldsymbol{C}\cdot\nabla T B_1'\boldsymbol{C}_1\boldsymbol{C}_1:\overset{\circ}{\mathbf{e}})$$

$$+J(B'\boldsymbol{C}\boldsymbol{C}:\overset{\circ}{\mathbf{e}}A_1'\boldsymbol{C}_1\cdot\nabla T)\}d\boldsymbol{c}$$

$$=-\frac{kT}{n}\left(\frac{2kT}{m}\right)^{\frac{1}{2}}\iiint \boldsymbol{A}\{A'(C)\boldsymbol{C}\cdot\nabla T B'(C_1)\boldsymbol{C}_1\boldsymbol{C}_1:\overset{\circ}{\mathbf{e}}$$

$$+A'(C_1)\boldsymbol{C}_1\cdot\nabla T B'(C)\boldsymbol{C}\boldsymbol{C}:\overset{\circ}{\mathbf{e}}-A'(C')\boldsymbol{C}'$$

$$\cdot\nabla T B'(C_1')\boldsymbol{C}_1'\boldsymbol{C}_1':\overset{\circ}{\mathbf{e}}-A'(C_1')\boldsymbol{C}_1'\cdot\nabla T B'(C')\boldsymbol{C}'\boldsymbol{C}':\overset{\circ}{\mathbf{e}}\}$$

$$\cdot g\alpha_1 d\mathbf{e}'d\boldsymbol{c}d\boldsymbol{c}_1,$$

用类似于 3.54 节的方法作变换,上式就变为

$$-\frac{kT}{n}\left(\frac{2kT}{m}\right)^{\frac{1}{2}}\iiint A'(C)\boldsymbol{C}\cdot\nabla T B'(C_1)\boldsymbol{C}_1\boldsymbol{C}_1:\overset{\circ}{\mathbf{e}}$$

$$\times(\boldsymbol{A}+\boldsymbol{A}_1-\boldsymbol{A}'-\boldsymbol{A}_1')g\alpha_1 d\mathbf{e}'d\boldsymbol{c}d\boldsymbol{c}_1.$$

将前面 $\boldsymbol{A}$, $A'(C)$, 和 $B'(C)$ 的近似表达式代入,再利用表示动量守恒的关系式 $\boldsymbol{\mathscr{C}}+\boldsymbol{\mathscr{C}}_1=\boldsymbol{\mathscr{C}}'+\boldsymbol{\mathscr{C}}_1'$, 我们得到

$$-\frac{9\mu^3}{\pi^3\rho kT^2}\iiint e^{-\mathscr{C}^2-\mathscr{C}_1^2}\left(\mathscr{C}^2-\frac{5}{2}\right)\boldsymbol{\mathscr{C}}\cdot\nabla T\boldsymbol{\mathscr{C}}_1\boldsymbol{\mathscr{C}}_1:\overset{\circ}{\mathbf{e}}$$

$$\times(\mathscr{C}^2\boldsymbol{\mathscr{C}}+\mathscr{C}_1^2\boldsymbol{\mathscr{C}}_1-\mathscr{C}'^2\boldsymbol{\mathscr{C}}'-\mathscr{C}_1'^2\boldsymbol{\mathscr{C}}_1')g\alpha_1\,d\mathbf{e}'d\boldsymbol{\mathscr{C}}d\boldsymbol{\mathscr{C}}_1.$$

设 $\boldsymbol{\mathscr{G}}_0, \boldsymbol{g}$ 是式(9.2,6)定义的变量;于是,对于单组元气体有

$$\boldsymbol{\mathscr{C}}=2^{-\frac{1}{2}}(\boldsymbol{\mathscr{G}}_0-\boldsymbol{g}),\quad \boldsymbol{\mathscr{C}}_1=2^{-\frac{1}{2}}(\boldsymbol{\mathscr{G}}_0+\boldsymbol{g}).$$

对于 $\boldsymbol{\mathscr{C}}'$, $\boldsymbol{\mathscr{C}}_1'$ 也有类似的关系式. 然后象 10.5 节那样对 ε 积分,就得到

$$\int(\mathscr{C}^2\boldsymbol{\mathscr{C}}+\mathscr{C}_1^2\boldsymbol{\mathscr{C}}_1-\mathscr{C}'^2\boldsymbol{\mathscr{C}}'-\mathscr{C}_1'^2\boldsymbol{\mathscr{C}}_1')\alpha_{12}d\mathbf{e}'$$

$$=2^{\frac{1}{2}}\iint\{(\boldsymbol{\mathscr{G}}_0\cdot\boldsymbol{g})\boldsymbol{g}-(\boldsymbol{\mathscr{G}}_0\cdot\boldsymbol{g}')\boldsymbol{g}'\}b\,db\,d\varepsilon$$

$$=(3/\sqrt{2})\phi_1^{(2)}\boldsymbol{\mathscr{G}}_0\cdot\overset{\circ}{\boldsymbol{g}\boldsymbol{g}}$$

利用这个结果,再把 $\boldsymbol{\mathscr{G}}_0$ 和 $\boldsymbol{g}$ 作为新变量,我们可以(但计算有些繁复)完成这个积分. 其结果是

$$- \frac{1S\mu^3}{5\rho k T^2} \nabla T \cdot \mathring{\mathbf{e}} \left(\Omega_1^{(2)}(3) - \frac{7}{2} \Omega_1^{(2)}(2) \right).$$

特别是对于 Maxwell 分子来说(对于这种分子,式(15.4,1—3)是精确的),上面表达式的值为零;因此对于一阶近似来说,我们可以忽略这部分贡献,结果得到:

$$\theta_5 = \left(\frac{35}{4} + \frac{T}{\mu} \frac{d\mu}{dT} \right). \tag{15.4,6}$$

15.41. $\mathbf{p}^{(2)}$ 的各项

$\mathbf{p}^{(2)}$ 的表达式(15.3,8)中各系数的数值可用类似的方法求得.对于一阶近似,与积分 J 无关的四个系数为

$$\varpi_1 = \frac{4}{3} \left(\frac{7}{2} - \frac{T}{\mu} \frac{d\mu}{dT} \right),$$

$$\varpi_2 = 2, \ \varpi_3 = 3, \ \varpi_4 = 0. \tag{15.41.1}$$

式(15.2,14)的第五项和第七项对 $\mathbf{p}^{(2)}$ 的贡献分别为

$$\frac{3\mu}{\rho T} \frac{d\mu}{dT} \nabla \mathring{T} \nabla T$$

和

$$\frac{8\mu^2}{p} \overline{\overline{\mathring{\mathbf{e}} \cdot \mathbf{e}}}.$$

在确定第七项的贡献时,必须利用下面的积分定理(参见式(1.421,1)):

$$\int e^{-\mathscr{C}^2} \mathring{\mathscr{C}\mathscr{C}} (\mathscr{C}\mathscr{C} : \mathring{\mathbf{e}}) (\mathscr{C}\mathscr{C} : \mathring{\mathbf{e}}) d\mathscr{C}$$

$$= \frac{8}{105} \overline{\overline{\mathring{\mathbf{e}} \cdot \mathbf{e}}} \int e^{-\mathscr{C}^2} \mathscr{C}^6 d\mathscr{C}. \tag{15.41,2}$$

式(15.2,14)的第六项和第八项与积分 J 有关,利用确定积分 J 对 $q^{(2)}$ 的贡献时用过的方法,就可以求得这两项对 $\mathbf{p}^{(2)}$ 的贡献;积分时我们利用了

$$\int (\mathbf{B} + \mathbf{B}_1 - \mathbf{B}' - \mathbf{B}'_1) \alpha_{12} d\mathbf{e}'$$

$$-\iint \frac{\mu}{kT}(\mathscr{C}\mathring{\mathscr{C}}+\mathscr{C}_1\mathring{\mathscr{C}}_1-\mathscr{C}'\mathring{\mathscr{C}}'-\mathscr{C}_1'\mathring{\mathscr{C}}_1')bdbde$$

$$=\frac{3\mu}{kT}\phi_1^{(2)}\mathring{\boldsymbol{gg}};$$

在确定第八项贡献时，我们还必须利用式(15.41,2)．这样，最终求得这两项的贡献分别为

$$\frac{9\mu^3}{10\rho kT^3}\left\{\Omega_1^{(2)}(4)-9\Omega_1^{(2)}(3)+\frac{63}{4}\Omega_1^{(2)}(2)\right\}\nabla T\mathring{\nabla}T$$

和
$$-\frac{128\mu^3}{35pkT}\left\{\Omega_1^{(2)}(3)-\frac{7}{2}\Omega_1^{(2)}(2)\right\}\overline{\overline{\mathring{\mathbf{e}}\cdot\mathbf{e}}}.$$

因为对于 Maxwell 分子来说，这两个表达式都为零，因此作为一阶近似可以忽略这两项．于是

$$\varpi_5=\frac{3T}{\mu}\frac{d\mu}{dT},\ \varpi_6=8. \tag{15.41,3}$$

本节和上节所给出的各系数 ϖ_r，θ_r 的值，对于 Maxwell 分子则是精确的．而且可以预料，对于其它分子模型来说，它们偏离真值也不会太远．对于刚球分子，(Lennard-) Jones 曾利用 $\boldsymbol{A}$，$\mathbf{B}$(和 $A'(C)$，$B'(C)$)的三阶近似值来代替以上所用的一阶近似，他所算出的值分别为式(15.41,1)所给出的 1.013 倍和 0.800 倍[1)]．对于斥力正比于 $r^{-\nu}$ 的分子模型(作为它的极限情况，可以把弹性刚球也包括在内)，Burnett 利用 $\boldsymbol{A}$ 和 $\mathbf{B}$ 的四阶近似值，给出了 $\mathbf{p}^{(2)}$ 中各项的一般表达式，并确定了 Maxwell 分子和弹性刚球分子的各个系数．对于 Maxwell 分子来说，Burnett 结果与式(15.41,1)和(15.41,3)一致；而对于弹性刚球分子，Burnett 的结果等价于下列表达式

$$\left.\begin{aligned}&\varpi_1=1.014\times\frac{4}{3}\left(\frac{7}{2}-\frac{T}{\mu}\frac{d\mu}{dT}\right),\\&\varpi_2=1.014\times 2,\ \varpi_3=0.806\times 3,\end{aligned}\right\}$$

1) 参见式(15.41.4)——译者注

$$\varpi_4 = 0.681, \quad \varpi_5 = 0.806 \times \frac{3T}{\mu}\frac{d\mu}{dT} - 0.990, \quad \varpi_6 = 0.928 \times 8. \tag{15.41,4}$$

这些表达式指明了一阶近似各个系数所要乘的因子.

对于斥力正比于 $r^{-\nu}$ 的分子, $\boldsymbol{q}^{(2)}$ 和 $\mathbf{p}^{(2)}$ 的表达式要比一般表达式(15.3,6,8)略为简单些. 因为在这种情况下, 不论 r 和 s 取何值, 积分 $\Omega_1^{(r)}(s)$ 中 T 的幂次都相同(参见 10.31 节), 所以我们可以证明: $A'(C)$ 和 $B'(C)$ 都可以表达为 $\mu/T^{7/2}$ 与 $\mathscr{C}$ 的某个函数的乘积. 于是

$$T\frac{\partial A'}{\partial T} + C^2\frac{\partial A'}{\partial C^2} = -\left(\frac{7}{2} - \frac{T}{\mu}\frac{d\mu}{dT}\right)A',$$

$$T\frac{\partial B'}{\partial T} + C^2\frac{\partial B'}{\partial C^2} = -\left(\frac{7}{2} - \frac{T}{\mu}\frac{d\mu}{dT}\right)B',$$

因而在式(15.2,12)中, 第二项和第三项所包含的 C 的函数相同. 式(15.2,14)中的第一项和第二项, 也有类似的情况. 由此得到

$$\theta_1 = \frac{2}{3}\left(\frac{7}{2} - \frac{T}{\mu}\frac{d\mu}{dT}\right)\theta_2,$$

$$\varpi_1 = \frac{2}{3}\left(\frac{7}{2} - \frac{T}{\mu}\frac{d\mu}{dT}\right)\varpi_2. \tag{15.41,5}$$

这就说明了, 为什么在表达式(15.41,4)中 ϖ_1 和 ϖ_2 有相同的因子 1.014; 类似地也能说明, ϖ_3 和 ϖ_5 的表达式中有相同的因子 0.806 的原因.

15.42. 扩散速度

到目前为止, 我们只讨论了单组元气体. 为了确定三级近似对扩散速度的贡献, 混合气体速度分布函数的三级近似式也已作了研究[1]. 在这里我们仅简单地引用其结果. 三级近似使扩散速度 $\bar{C}_1 - \bar{C}_2$ 新增加九项, 它们是

---

1) S. Chapman and T. G. Cowling, *Proc. R. Soc.* A, 179, 159 (1941).

$$\frac{n^2 m_1 m_2 D_{12}}{p\rho x_1 x_2}\left\{\theta_a \frac{D_T}{T}\Delta\nabla T+\theta_b \frac{D_T}{T}\left(\frac{D_0}{Dt}(\nabla T)-\nabla c_0\cdot\nabla T\right)\right.$$

$$+\theta_c D_{12}\Delta d_{12}+\theta_d D_{12}\left.\left(\frac{D_0}{Dt}(d_{12})-\nabla c_0\cdot d_{12}\right)\right\}$$

$$+\frac{\rho D_{12}^2}{x_1 x_2 p}\{\theta_e\nabla x_1\cdot\mathring{e}+\theta_f d_{12}\cdot\mathring{e}\}$$

$$+\frac{\rho D_{12}^2}{p}\left\{\theta_g\frac{1}{T}\nabla T\cdot\mathring{e}+\theta_h\cdot\frac{1}{p}\nabla p\cdot\mathring{e}+\theta_i\nabla\cdot\mathring{e}\right\},\tag{15.42,1}$$

其中 $\theta_a, \theta_b, \cdots, \theta_i$ 都是量级为 1 的纯数，不过它们可以随着温度和混合气体的属性而变化．量 θ 中有一些已经确定，但就象 15.41 节的系数那样，也只是准确到一阶近似；它们的数值为（精确到一阶近似）

$$\theta_a=\frac{2}{3}\left(\frac{7}{2}-\frac{T}{D_T}\frac{\partial D_T}{\partial T}\right),$$

$$\theta_c=\frac{2}{3}\left(\frac{7}{2}-\frac{T}{D_{12}}\frac{\partial D_{12}}{\partial T}\right),$$

$$\theta_b=\theta_d=1,\ \theta_h=0.\tag{15.42,2}$$

可以证明，扩散速度中所有这些新增加的项都取决于速度梯度，因此当宏观速度 c_0 均匀时，它们都变为零．一般说来，这些项与以前考虑过的扩散速度相比，都是小量，而且当它们很大时又容易被湍流所掩盖．然而，在沿毛细管的流动中，式（15.42,1）中的最后一项，其大小可与压强扩散相当．

15.5. $q^{(2)}$ 和 $p^{(2)}$ 的量级

现在来探讨单组元气体 $q^{(2)}$，$p^{(2)}$ 表达式里各项的量级大小．因为 $(T/\mu)(d\mu/dT)$ 是个纯数，对于通常的气体，该值在 1/2 与 1 之间（参见 12.31 节），因此，所有系数 θ_r 和 ϖ_r 都小于 45/4．

设 V，L_1，L_2，l 的含义都与 15.1 节中的相同，于是 T，c_0 的一阶和二阶空间导数分别为 T/L_1，V/L_2 和 T/L_1^2，V/L_2^2 的量级．

在绝热膨胀流动中，∇p 是 p/L_2 的量级；在近于稳恒的流动中，通常它将更小些，是 $\rho V^2/L_2$（或者说是 $pV^2/L_2\bar{C}^2$）的量级． 因此式(15.3,6)的第一项和第五项是 $\mu^2V/\rho L_1L_2$ 的量级；第四项是 $\mu^2V/\rho L_2^2$ 的量级；其余的项也都是这种量级或更小．另一方面，f 的二级近似所给出的热流通量 $\boldsymbol{q}^{(1)}$ 为

$$-\lambda\nabla T=-\frac{5}{2}\mu c_v\nabla T=-\frac{15}{4}\mu(k/m)\nabla T,$$

它是 $\mu kT/mL_1$（或者说是 $\mu p/\rho L_1$）的量级． 由于 $\mu=0.499\rho l\bar{C}$，而 p 是 $\rho\bar{C}^2$ 的量级，因此 $\boldsymbol{q}^{(2)}$ 的各项与 $\boldsymbol{q}^{(1)}$ 之比是 $Vl/\bar{C}L_2$（或者说是 $VlL_1/\bar{C}L_2^2$）的量级．这就意味着（参见 15.1 节），在通常条件下（因此 l/L_2 很小），热流通量 $\boldsymbol{q}^{(2)}$ 与 $\boldsymbol{q}^{(1)}$ 相比可以忽略． 在任何情况下，热流通量 $\boldsymbol{q}^{(2)}$ 都不太重要，因为它实际上取决于气体的运动，当气体静止时它为零．在通常的气流中，对流所引起的热交换要比传导所引起的热交换更重要些．

类似地，在 $\mathrm{p}^{(2)}$ 的表达式(15.3,8)中，第一项、第二项和最后一项是 μ^2V^2/pL_2^2 的量级．由于 $\mathrm{p}^{(1)}$ 是 $\mu V/L_2$ 量级，因此这些项与 $\mathrm{p}^{(1)}$ 之比和 $\mathrm{p}^{(1)}$ 与 p 之比相似．特别是，在通常的压强下，这些项与 $\mathrm{p}^{(1)}$ 相比是小量，因而可以忽略，式(15.3,8)的第三项和第五项所给出的热应力，以及在某些特殊情况下还有第四项所给出的应力，可能较为重要．它们是 $\mu^2/\rho L_1^2$ 的量级，与 $\mathrm{p}^{(1)}$ 的比值是 $\mu L_2/\rho VL_1^2$（即 $\bar{C}lL_2/VL_1^2$）的量级．因此，当 $\bar{C}/V$ 很大且 L_1 和 L_2 同量级时，温度应力同普通的粘性应力相比也许不可以完全忽略不计，即使是在 l/L_1 很小的通常压强下也是如此．

15.51. 三级近似的有效范围

$f^{(0)}+f^{(1)}$ 完全足以近似 f 的流动领域就是众所周知的 Navier-Stokes 流动领域．在这个领域里，采用粘性应力 $\mathrm{p}^{(1)}$ 和热流通量 $\boldsymbol{q}^{(1)}$ 就足以描述单组元气体的输运性质．

在有些情况下，$\boldsymbol{q}^{(2)}$，$\mathrm{p}^{(2)}$ 也同样是重要的，这就是 l 很大的情况（量级为 10^{-5} 大气压的低压情况），或 L_1，L_2 非常小的情况（如

在激波内)，或一些介于两者之间的情况(压强相当低的毛细管流动或超声波问题)．然而，每当 $\boldsymbol{q}^{(2)}$ 和 $\mathbf{p}^{(2)}$ 是重要的时候，也就总存在着需要计入高级近似的理由．展开式 $f=f^{(0)}+f^{(1)}+f^{(2)}+\cdots$ 实际上是 l/L_1，l/L_2 的幂级数展开式；$f^{(1)}$ 对于 l/L_1，l/L_2 是线性的，$f^{(2)}$ 是二次的，如此等等．正常情况下 l/L_1，l/L_2 都很小，只需要考虑展开式的一项或两项．但是当 $\boldsymbol{q}^{(2)}$ 和 $\mathbf{p}^{(2)}$ 变得重要时，l/L_1 和 l/L_2 就可以与 1 相比了；这时，展开式逐项递减得慢了，而且展开式可能不再收敛．这就是说，仅当 Navier-Stokes 流动领域已经是很好的近似时，为了给出更精细的流场描述才需要利用较高级的近似[1]．

例如，王承书[2] 曾试图把三级近似(即(Burnett)近似)的结果应用于超声波的传播和衰减问题上，她甚至还给出了相应于四级近似(超 Burnett 近似)的方程．然而，这些结果与实验结果的比较表明；虽然当 l/L_2 仍是相当小时(此处 L_2 指的是波长)，Burnett 和超 Burnett 近似可能使理论与实验的一致性有所改进，但是当 l/L_2 接近或大于 1 时，理论的结果与实验值就完全不相符[3]．这是预料之中的；因为 $\partial n/\partial t$ 和 $\partial T/\partial t$ 的一级近似相应于绝热膨胀，而当 l/L_2 很大时，流动却接近于等温．

当 l/L_1 和 l/L_2 不是小量时，就需要用一种新方法来逼近 f．将前面所给出的方法加以推广，人们假设 f 具有某一形式，其中包含有若干个未知参数，利用适当数目的输运方程可确定这些参数(参见 3.11 节)．这种方法是否成功取决于所选择的 f 形式是否

---

1) 参见 H. Grad, *Phys. Fluids*, **6**, 147 (1963). Grad 还认为，一般说来，展开式 $f^{(0)}+f^{(1)}+f^{(2)}+\cdots$ 可能是渐近的而不是收敛的；在正常条件下，这种差别是不重要的，因为那时仅在十分高级近似下它才可能变得很明显；但是当 l/L_1，l/L_2 不再是小量时，这种差别就是重要的了．

2) C. S. Wang-Chang, Univ. of Michigan, Dept. of Engineering Rep. UMH-3-F (APL/JHU CH-467), 1948. 第一个将 Burnett 方程用到流体力学方面的是 L. H. Thomas (*J. Chem. Phys.* **12**, 449 (1944))，他将此方程应用于研究激波内的流动分布．

3) M. Greenspan, *J. Acoust. Soc. Am.* **22**, 569 (1950), and **28**, 644 (1956); E. Meyer and G. Sessler, *Z. Phys.* **149**, 15 (1957).

令人满意．另一方面，人们还尝试过用数值方法求解 Boltzmann 方程；通常这都应用于 Boltzmann 方程的近似形式上．激波问题按此作了专门的研究．

15.6. Grad 方法

由 Grad[1] 发展起来的方法最接近于 Enskog 方法，两者的主要差别在于时间导数的讨论．因为在激波内，各种物理量的变化很陡峻，达不到 Boltzmann 方程的正态解（参见 7.2 节），所以 Grad 便设法寻求更普遍形式的解．他假设 f 有如下形式的近似表达式

$$f = f^{(0)}\left\{1 + \sum_{p,l} a_{pl}\chi_{pl}\right\}, \tag{15.6,1}$$

其中函数 χ_{pl}（数目有限）是如式(15.3,1)那样的函数，而量 a_{pl} 是可变参数．可以假定参数 a_{pl} 有任意的初值；这些参数随时间的变化，就象 n, $\boldsymbol{c}_0$ 和 T 一样，可以由适当的分子属性变化方程来确定（参见式(3.11,1)），于是这些参数在任一后续时刻的值也就可以求得．只要函数 χ_{pl} 和参数 a_{pl} 的数目取得足够多，就可以将 f 确定到我们所希望的任何级的近似．

$$f = f^{(0)}\left\{1 + \boldsymbol{a}\cdot\boldsymbol{C}\left(\mathscr{C}^2 - \frac{5}{2}\right) + \mathbf{b}:\boldsymbol{C}\overset{\circ}{\boldsymbol{C}}\right\}. \tag{15.6,2}$$

乃是简单的、然而能给出好结果的近似式．其中矢量 $\boldsymbol{a}$ 和张量 $\mathbf{b}$ 都是未知参数，它们与热流通量 $\boldsymbol{q}$ 和应力张量的非流体静压部分 $\mathbf{p}' = \mathbf{p} - \mathbf{U}p$ 有关．其关系式为

$$\boldsymbol{a} = \frac{2}{5}\frac{\rho\boldsymbol{q}}{p^2},\quad \mathbf{b} = \frac{\rho}{2p^2}\mathbf{p}'. \tag{15.6,3}$$

$\boldsymbol{a}$ 和 $\mathbf{b}$ 的时间导数由分子属性 $\left(\mathscr{C}^2 - \frac{5}{2}\right)\boldsymbol{C}$ 和 $\boldsymbol{C}\overset{\circ}{\boldsymbol{C}}$ 的变化方程确定．这样就导出了一系列方程．若用我们所采用的记号表示，这

1) H. Grad, *Communs pure appl. Maths.* **2**, 331 (1949); **5**, 257 (1952).

些方程便是

$$\frac{D\mathbf{p}'}{Dt}-2\overset{\circ}{\overline{\overline{\nabla \boldsymbol{c}_0\cdot\mathbf{p}'}}}+4\overset{\circ}{\overline{\overline{\mathring{\mathbf{e}}\cdot\mathbf{p}'}}}+\frac{7}{3}\Delta\mathbf{p}'+\frac{4}{5}\overset{\circ}{\overline{\overline{\nabla \boldsymbol{q}}}}$$

$$+2p\mathring{\mathbf{e}}+\frac{p}{\mu}\mathbf{p}'=0, \qquad (15.6,4)$$

$$\frac{D\boldsymbol{q}}{Dt}\nabla\boldsymbol{c}_0\cdot\boldsymbol{q}+\frac{14}{5}\mathring{\mathbf{e}}\cdot\boldsymbol{q}+\frac{7}{3}\Delta\boldsymbol{q}+\frac{p}{\rho}\nabla\mathbf{p}\cdot{}'$$

$$+\frac{7p}{2\rho T}\nabla T\cdot\mathbf{p}'-\frac{\mathbf{p}'}{\rho}\cdot(\nabla p+\nabla\cdot\mathbf{p}')$$

$$+\frac{5p^2}{2\rho T}\nabla T+\frac{2}{3}\frac{p}{\mu}\boldsymbol{q}=0, \qquad (15.6,5)$$

其中 μ 是粘性系数的一阶近似值．这些方程与连续方程，运动方程和能量方程结合在一起形成一个完备的微分方程组，它们给出所有这些物理量的时间变化． 近似式(15.6,2)就是熟知的13矩近似方程；为了得到 n，T 以及 $\boldsymbol{c}_0$，$\boldsymbol{q}$ 和 $\mathbf{p}'$ 中11个独立分量的精确值，我们需要13个矩积分 $\int f\chi_{pl}d\boldsymbol{c}$ 的值．

当15.5节的参数 l/L_1，l/L_2 都很小时，由方程(15.6,4)和(15.6,5)所得到的结果等效于15.3节的结果．将每个方程的第一项和最末一项比较一下，就可以看到，最初 $\mathbf{p}'$ 和 $\boldsymbol{q}$ 可能迅速地变化，在量级为 μ/p(平均碰撞间隔)这段弛豫时间内，趋近于正态值(正态值仅取决于 n，$\boldsymbol{c}_0$ 和 T 以及它们的导数)． 在达到'正态'以后，每个方程的最后两项便成为主要项，因此方程解的一级近似为 $\mathbf{p}'=\mathbf{p}^{(1)}$，$\boldsymbol{q}=\boldsymbol{q}^{(1)}$，其中

$$\mathbf{p}^{(1)}=-2\mu\mathring{\mathbf{e}},\quad \boldsymbol{q}^{(1)}=-\frac{15k}{4m}\mu\nabla T=-\lambda\nabla T,$$

λ 是热传导系数的一阶近似值．这些结果在形式上等价于第七章导出的 $\mathbf{p}'$ 和 $\boldsymbol{q}$ 的一级近似[1)]；在方程(15.6,4)和(15.6,5)的前几项

1) 第七章讨论的 $\mathbf{p}'$ 和 $\boldsymbol{q}$，是 Enskog 意义上的二级近似，但它们相当于 Grad 近似中的一级近似．——译者注

中代入 $\mathbf{p}'=\mathbf{p}^{(1)}$，和 $\boldsymbol{q}=\boldsymbol{q}^{(1)}$，但在每个方程的最后一项代入 $\mathbf{p}'=\mathbf{p}^{(1)}+\mathbf{p}^{(2)}$，和 $\boldsymbol{q}=\boldsymbol{q}^{(1)}+\boldsymbol{q}^{(2)}$，再用 D_0/Dt 代替 D/Dt 之后，这样就能导出二级近似．这样得到的 $\mathbf{p}^{(2)}$ 和 $\boldsymbol{q}^{(2)}$ 的表达式与 15.3 节的表达式全同．其中系数 θ 和 ϖ 的近似值已在 15.4 节和 15.41 节给出．

Grad 曾试图把方程(15.6,4)和(15.6,5)应用到 l/L_1，l/L_2 不是很小、而且用 D_0/Dt 近似 D/Dt 不是很好的情况．他的方法能讨论中等强度的激波，而且他的理论显然是比建立在 Burnett 近似方程基础上的王承书[1]理论前进了一步．然而，当来流气体的马赫数超过 1.65 时，基于 13 矩近似的 Grad 方程便没有解．虽然用更多项的近似式可以扩大可解的范围，但是正如 Holway 所指出[2]的那样，如果激波马赫数大于 1.851，则任何 Grad 型的 Boltzmann 方程，其解都不会收敛．这不是 Grad 方法的致命缺陷，因为我们并不要求近似解在这范围内收敛，而只要求它能足够好地逼近 f，从而能得出有意义的结果．然而很遗憾，随着激波强度增加，象式(15.6,1)或(15.6,2)那样的多项式展开变得越来越难以作为 f 的近似了．

15.61. Mott-Smith 方法

由于穿过激波时气体各物理量的变化十分急剧，因此 Mott-Smith[3] 假定，在转变区内任何一点处，f 都是两个 Maxwell 函数 f_1，f_2 之和．这两个函数分别对应于激波两侧的温度和平均速度．此外还假定：f_1，f_2 中的数密度 n_1，n_2 在转变区内是变化的，在激波的一侧 n_1 为零，而在另一侧 n_2 为零．利用 u^2 或 u^3 的输运方程(其中 u 是垂直于激波的速度分量)，可以确定转变区内 n_1/n_2 的变化；当然总和不变量的输运方程在任何情况下都要利用． Mott-

1) C. S. Wang-Chang, Univ. of Michigan, Dept. of Engineering Rep. UMH-3-F (APL/JHU CM-503), 1948.
2) L. H. Holway, *Phys. Fluids*, **7**, 911 (1964).
3) H. M. Mott-Smith, *Phys. Rev.* **82**, 885 (1951).

Smith 得到的激波厚度，与强激波的实验结果符合得尚好. 对于弱激波，由于在激波内的变化相对说来较慢，因此 Mott-Smith 的结果与实验的相符程度就不如从 Navier-Stokes 方程所得到的结果.

Salwen, Grosch 和 Ziering[1] 将 Mott-Smith 方法加以推广，他们把激波中的 f 表达为与若干特定的函数成正比的几部分之和，各个函数的系数，在激波里是逐点变化的，其变化的形式可由各种输运方程求得. 他们详细地研究了三个函数 f_1，f_2，f_3 的情况；其中前两个函数象以前一样是与激波两侧的 T 和 $\boldsymbol{c}_0$ 相应的 Maxwell 函数，而第三个函数是一个居中的 Maxwell 函数对速度分量 u 的导数. 他们发现，增加第三个函数就显著地改善了同实验的一致性，尤其对于弱激波情况.

15.62. 数值解

Liepmann, Narasimha 和 Chahine[2] 想利用数值方法来避免收敛的困难. 为了简化问题，他们采用 6.6 节的弛豫法(常称为 BGK 近似法，亦即 Bhatnagar, Gross 和 Krook 近似法；参见 6.6 节中第一个注释)，这时 Boltzmann 方程的形式为

$$\frac{\partial f}{\partial t}+\boldsymbol{c}\cdot\frac{\partial f}{\partial \boldsymbol{r}}=-\frac{f-f^{(0)}}{\tau}. \tag{15.62,1}$$

弛豫时间 τ 由 μ/p 给定，因此，对于任一气体来说，τ 都是密度和温度的一个确定的函数[3].

选取坐标系时，应使激波相对于它是静止不动的，而且与平面 $x=0$ 相平行. 那么 $\partial f/\partial t=0$，而方程(15.62,1)就简化为

$$u\tau\frac{\partial f}{\partial x}=f^{(0)}-f. \tag{15.62,2}$$

边界条件是：在 $x=\pm\infty$ 处，$f\to f_1^{(0)}$，$f_2^{(0)}$. 这个方程的解为

---

1) H. Salwen, C. E. Grosch and S. Ziering, *Phys. Fluids*, **7**, 180(1964).

2) H. W. Liepmann, R. Narasimha and M. T. Chahine, *Phys. Fluids*, **5**, 1313(1962).

3) 然而应注意，对于单原子气体，温度变化的弛豫时间则是 $3\mu/2p$ (参见式(6.6,7)). 因此，假设只有一个弛豫时间，可能会引起误差.

$$f(\mathbf{c}, x) = \int_{-\infty}^{x} \frac{f^{(0)}(\mathbf{c}, x')}{u\tau(x')} \exp\left(-\int_{x'}^{x} \frac{dx''}{u\tau(x'')}\right) dx' \quad (u > 0)$$

$$= \int_{\infty}^{x} \frac{f^{(0)}(\mathbf{c}, x')}{(-u)\,\tau(x')} \exp\left(-\int_{x'}^{x} \frac{dx''}{(-u)\tau(x'')}\right) dx' \quad (u < 0).$$

由上式通过迭代便可得 f 值. 在每一步迭代开始时假定: 对于所有的 x, $f^{(0)}$ 是已知的,它们均满足 $x = \pm\infty$ 处的边界条件, 于是 $f(\mathbf{c}, x)$ 可以用数值积分方法计算出来; 这样,对于每一个 x, 新的 $f^{(0)}$ 就由此推导出来,它与下式给定的 n, $\mathbf{c}_0$, T 值相应

$$n = \int f d\mathbf{c}, \quad n\mathbf{c}_0 = \int f\mathbf{c} d\mathbf{c},$$

$$\frac{3}{2} nkT = \int f \frac{1}{2} mC^2 d\mathbf{c}.$$

以后不断重复这一过程. 如果初始假设的 $f^{(0)}$ 比较合理,那么收敛是很快的.

正是利用了这个方法, Liepmann 及其合作者才得以确定氩气中激波内的流动分布,其马赫数达 10. 他们发现, 当马赫数小于 1.5 时,在整个激波内, Navier-Stokes 项 $\mathrm{P}^{(1)}$, $\boldsymbol{q}^{(1)}$ 都是主要的. 然而,当马赫数更高时,虽然在高密度一侧 Navier-Stokes 项仍然是主要的,但在低密度一侧相当可观地偏离了 Navier-Stokes 分布,在主激波的上游出现了一个长"尾巴". 他们认为: 倾向采用 Mott-Smith 型的双模型分布,主要是为了限制这个"尾巴".

Liepmann 等人的讨论,是以简化的碰撞模型为依据的,因而在这种意义上来说, 它是不准确的. 早期的方法都是以讨论更精确的碰撞模型为基础, 然后再采取截止法或其它的近似手段. 不论哪种方法,没有一个可以认为是完全满意的;不过在 BGK 近似法基础上进行讨论至少有这样的优点: 它能够给出对所有马赫数都有效的激波内的流动分布图.

BGK 近似法在数值求解下列这些问题时已经获得了某些成功: 激波形成问题;[1] 在低压下气体通过小孔泻流的问

1) C. K. Chu, *Phys. Fluids*, 8, 12 and 1450 (1965).

题[1];以及稀薄气体沿着圆柱形管道流动的问题[2]等等. Simons[3] 还借助于碰撞算符的本征值，更精确地解决了最后那个稀薄气体沿圆柱管道流动的问题.

---

1) H. W. Liepmann, *J. Fluid Mech*. **10**, 65(1961); R. Narasimha, *ibid*. **10**, 371 (1961).

2) C. Cercignani and F. Sernagiotto, *Phys. Fluids*, **9**, 40 (1966).

3) S. Simons, *Proc. R. Soc.* A, **301**, 387, 401(1967). 也可见 C. Cercignani, *Mathematical Methods in Kinetic Theory*, chapter 7 (New York:Plenum Press, 1969).

第十六章 稠密气体

16.1. 分子属性的撞击传递

在标准状态下的气体中，分子平均自由程与分子尺寸相比是很大的.如果气体被压缩，使其密度增大100倍，那么分子自由程和尺寸之间的差异就大大地缩小了.这样，动量和能量的另外一种输运机理就变得重要了，这种机理在通常的气体密度下是可以忽略不计的. 迄今一直认为分子属性的传递仅仅是在两次撞击之间的分子自由运动中发生，但是还有一种在撞击时发生的传递，它是在短暂的碰撞[1]期间里、在两个互相撞击着的分子中心之间的距离上发生的. 这个现象有一个极端例子，即两个光滑弹性球分子在碰撞时发生的能量和动量的瞬时传递（这种传递是在两个分子中心之间的距离 σ_{12} 上进行的）. 在稠密气体中，这种撞击传递必须予以考虑；Enskog[2] 针对刚性球分子模型最早研究这个问题.

刚性球模型的数学处理比较方便：碰撞是瞬时的，且可忽略多体碰撞. 然而，实际分子的情况并非如此. 在高压气体中，分子在大部分时间里都是处于其它分子的力场内，因此多体碰撞是时常发生的. Enskog 之所以还愿意研究刚性球分子，是因为根据 Jeans[3] 所做的分析，他确信在高密度下分子混沌假设(见 3.3 节)仍然成立. 然而严格说来，Jeans 的论述只能用于均匀稳恒状态下的气体. 对于稠密气体，即使它是由刚性球分子组成的，相邻分子的速度之间仍然可能存在某种关联. 这是因为它们彼此间刚刚发

---

1) 读者应注意，术语"碰撞"仍然是指分子间的相互作用，而"撞击"乃是分子直接"接触"的碰撞. 对于无力场的刚球分子来说，碰撞过程就是瞬时撞击.

——译者注

2) D. Enskog, *K. Svensk. Vet. -Akad. Handl.* **63**, no. 4 (1921).

3) J. H. Jeans, *Dynamical Theory of Gases*, 4th ed., p. 54 (1925).

生过相互作用，或者它们与同一个相邻分子刚刚发生过作用，若气体不处于均匀稳恒状态，这一点可能很重要．因此，由于对物理实况描述不恰当，Enskog 在数学简化方面所赢得的好处便被部分地抵消．

在研究一般分子模型的稠密气体时，必须考虑多体碰撞和重复碰撞，还必须考虑在任一瞬间实际上有有限数目的分子在经受碰撞．人们已经尝试过几次，来进行这样的讨论．虽然这些尝试也暴露出 Enskog 理论中的一些不足，但是它们在某些方面是与 Enskog 理论相似的．它们已经在形式上给出了各种输运系数表达式，但是没有给出可以与实验进行比较的正确公式，我们在本章将详细地叙述 Enskog 理论，而在 16.7—16.73 节将简要指出近年来这方面的工作．

16.2. 碰撞几率

现探讨由直径为 σ 的刚性球分子所组成的单组元气体．在讨论速度为 $\mathbf{c}$, $\mathbf{c}_1$ 而中心在 O, O_1 的两个分子之间发生的碰撞时，我们用单位矢量 $\mathbf{k}$ 表示碰撞时中心连线 O_1O 的方向(参见 3.43 节)，这样 $\sigma^2 d\mathbf{k}$ 就表示一个球面上的面积元，该球面的半径为 σ 而中心在 O．碰撞时 O_1 必定处于这面积元上．3.5 节的面积元 $bdbde$ 乃是 $\sigma^2 d\mathbf{k}$ 在与 $\boldsymbol{g}$ 垂直的平面上的投影，其中 $\boldsymbol{g} = \mathbf{c}_1 - \mathbf{c}$；如果 $\boldsymbol{g}$ 和 $\mathbf{k}$ 之间夹角是 θ，那么

$$gbdbde = g\sigma^2 d\mathbf{k}\cos\theta = \boldsymbol{g}\cdot\mathbf{k}\sigma^2 d\mathbf{k}.$$

因此(参见式(3.5,1))，对于常压下的气体来说，单位时间内 O 点在 $d\boldsymbol{r}$ 内、两个分子速度在 $d\mathbf{c}$, $d\mathbf{c}_1$ 内、而 $\mathbf{k}$ 在 $d\mathbf{k}$ 内的碰撞几率为

$$f(\mathbf{c}, \boldsymbol{r})f(\mathbf{c}_1, \boldsymbol{r})\sigma^2\boldsymbol{g}\cdot\mathbf{k}d\mathbf{k}d\mathbf{c}d\mathbf{c}_1 d\boldsymbol{r}.$$

当气体很稠密时，即使我们仍采用分子混沌假设，这个表达式亦需要作修正．首先，由于 O 在 $\boldsymbol{r}$ 处，则 O_1 就必定在 $\boldsymbol{r}-\sigma\mathbf{k}$ 处，因此 $f(\mathbf{c}_1, \boldsymbol{r})$ 必须用 $f(\mathbf{c}_1, \boldsymbol{r}-\sigma\mathbf{k})$ 代替．其次，在稠密气体中，分子的体积可与气体所占的体积相比，其效应是将任何一个分子的中

心可以占有的体积相应地减少了，结果增加了碰撞几率．因此上面的表达式必须乘以因子 χ，χ 是位置的函数． 根据分子混沌假设，它不是速度的函数． 而且函数 χ 必须在两球实际碰撞点 $\boldsymbol{r}-\frac{1}{2}\sigma\mathbf{k}$ 处求值．因此上述表达式的修正形式为

$$\chi\left(\boldsymbol{r}-\frac{1}{2}\sigma\mathbf{k}\right)f(\mathbf{c},\boldsymbol{r})f(\mathbf{c}_1,\boldsymbol{r}-\sigma\mathbf{k})\sigma^2\boldsymbol{g}\cdot\mathbf{k}d\mathbf{k}d\mathbf{c}d\mathbf{c}_1d\boldsymbol{r}$$

$$=\chi\left(\boldsymbol{r}-\frac{1}{2}\sigma\mathbf{k}\right)f(\boldsymbol{r})f_1(\boldsymbol{r}-\sigma\mathbf{k})\sigma^2\boldsymbol{g}\cdot\mathbf{k}d\mathbf{k}d\mathbf{c}d\mathbf{c}_1d\boldsymbol{r},\quad(16.2,1)$$

其中的记号与 3.5 节的相类似．

16.21. 因子 χ

对于稀薄气体，χ 等于 1；随着密度增加，χ 也增加；当气体处于这样一种状态，即分子如此紧密地挤在一起；以至于不可能发生运动时，χ 就变为无穷大．对于相当稠密的气体，可以利用如下的办法求得 χ 的近似值．

当两个分子碰撞时，它们中心之间的距离是 σ． 让我们以每一个分子为中心作一个半径为 σ 的相关球面；那么碰撞时一个分子的中心必位于另一个分子的相关球面上，而且这个分子的中心决不能位于其它分子的相关球面内．如果气体还较稀薄，那么相关球面彼此相交的数目只占总数的很小部分，因此一个分子的中心不能进入的体积就近似地等于相关球的总体积，即每单位体积中它们占 $\frac{4}{3}\pi n\sigma^3$．因此一个分子的中心可以占有的体积按比例 $1-2\mathrm{b}\rho$ 减小，其中

$$\mathrm{b}\rho=\frac{2}{3}\pi n\sigma^3,\ \mathrm{b}=\frac{2}{3}\pi\sigma^3/m.\qquad(16.21,1)$$

相应地分子的碰撞几率就增加到 $1/(1-2\mathrm{b}\rho)$ 倍．

另一个因素(其效应可以与前一因素相比)则使碰撞几率减小，这就是其它分子对某个分子的屏蔽作用．如果某一给定分子的相关球有一部分面积 S 位于第二个分子的相关球里面，那么任何其

它分子同第一个分子碰撞时，它的中心就不可能位于 S 上.

如果气体还较稀薄，那么两个以上的相关球有公共体积的情况可以不予考虑. 以给定的分子为中心，以 x 和 $x+dx$ 为半径画两个同心球面，其中 x 位于 σ 和 2σ 之间. 那么另一个分子的中心位于这两个球面之间（空间体积为 $4\pi x^2dx$）里的几率是 $4\pi nx^2dx$. 后一分子的相关球将从给定分子的相关球上切去高为 $\sigma-\frac{1}{2}x$，面积为

$$2\pi\sigma\left(\sigma-\frac{1}{2}x\right)$$

的一个球冠. 因此，给定分子的相关球被其它分子的相关球切去的总几率面积等于

$$\int_{\sigma}^{2\sigma}2\pi\sigma\left(\sigma-\frac{1}{2}x\right)4\pi nx^2dx=\frac{11}{3}\pi^2n\sigma^5.$$

由于一个相关球的面积是 $4\pi\sigma^2$，因此碰撞时分子中心可以占有的那部分面积是总面积的 $1-\frac{11}{12}n\pi\sigma^3$，或者说是 $1-\frac{11}{8}\mathrm{b}\rho$. 因此，其它分子的屏蔽效应是按此比值减小碰撞几率.

把这二个结果综合后，可以得到不太稠密的均匀气体的 χ 值：

$$\chi=\left(1-\frac{11}{8}\mathrm{b}\rho\right)\Big/(1-2\mathrm{b}\rho)$$

$$=1+\frac{5}{8}\mathrm{b}\rho. \qquad (16.21,2)$$

此式准确到 $\mathrm{b}\rho$ 的一次项. Boltzmann 和 Clausius[1] 作了计算，精确到($\mathrm{b}\rho$)的二次项，他们考虑了两个以上的相关球具有公共体积的情况；更后的一些项也已经用数值方法得到[2]，结果是

1) R. Clausius, *Mech. Wärmetheorie*, Vol. 3(2nd ed.),57(1879). L.Boltzmann, *Proc. Amsterdam*, p. 403 (1899); *Wiss. Abhandl.* **3**,663.

2) M. N. Rosenbluth and A. W. Rosenbluth, *J. Chem. Phys.* **22**, 881(1954); B. J. Alder and T. E. Wainwright, *J. Chem. Phys.* **33**, 1439 (1960); F. H. Ree and W. G. Hoover, *J Chem Phys.* **46**, 4181 (1967).

$$\chi = 1 + \frac{5}{8}\mathrm{b}\rho + 0.2869(\mathrm{b}\rho)^2 + 0.1103(\mathrm{b}\rho)^3$$

$$+ 0.0386(\mathrm{b}\rho)^4 + \cdots \tag{16.21,3}$$

在非均匀气体中，可以预料，χ 值将涉及到密度的空间导数. 然而，由于不可能由这些导数构成任何不变的组合函数，使它们既不含有一阶导数的乘积也不含有一阶以上的导数. 因此在研究一级和二级近似时，我们将利用上面的 χ 值[1].

16.3. Boltzmann 方程；$\partial_e f/\partial t$

象通常气体一样，稠密气体的 Boltzmann 方程可以写为

$$\frac{\partial f}{\partial t} + \boldsymbol{c} \cdot \frac{\partial f}{\partial \boldsymbol{r}} + \boldsymbol{F} \cdot \frac{\partial f}{\partial \boldsymbol{c}} = \frac{\partial_e f}{\partial t}. \tag{16.3,1}$$

然而，$\partial_e f/\partial t$ 的表达式同以前的不大一样. 现先来探讨单位时间里下述逆碰撞的几率：第一个分子的中心位于体积 $d\boldsymbol{r}$ 内，两个分子在碰撞后的速度位于 $d\mathbf{c}$，$d\mathbf{c}_1$ 内，而中心连线的方向是 $\mathbf{k}$（其中 $\mathbf{k}$ 位于 $d\mathbf{k}$ 内）. 对于这种碰撞，第二个分子的中心就位于 $\boldsymbol{r} + \sigma\mathbf{k}$，而分子实际上是在 $\boldsymbol{r} + \frac{1}{2}\sigma\mathbf{k}$ 处相碰的. 因此，按照式（3.52,7）和(16.2,1)类推，所求的几率将是

$$\chi\left(\boldsymbol{r} + \frac{1}{2}\sigma\mathbf{k}\right) f(\mathbf{c}', \boldsymbol{r}) f(\mathbf{c}_1', \boldsymbol{r} + \sigma\mathbf{k})\sigma^2 \boldsymbol{g} \cdot \mathbf{k}\, d\mathbf{k}\, d\mathbf{c}\, d\mathbf{c}_1\, d\boldsymbol{r}$$

$$= \chi\left(\boldsymbol{r} + \frac{1}{2}\sigma\mathbf{k}\right) f'(\boldsymbol{r}) f_1'(\boldsymbol{r} + \sigma\mathbf{k})\sigma^2 \boldsymbol{g}$$

$$\cdot\, \mathbf{k}\, d\mathbf{k}\, d\mathbf{c}\, d\mathbf{c}_1\, d\boldsymbol{r}, \tag{16.3,2}$$

其中 $\mathbf{c}'$，$\mathbf{c}_1'$ 表示碰撞前两个分子的速度. 于是（同式(3.43,2)一样）我们得到

$$\mathbf{c}' = \mathbf{c} + \mathbf{k}(\boldsymbol{g} \cdot \mathbf{k}), \quad \mathbf{c}_1' = \mathbf{c}_1 - \mathbf{k}(\boldsymbol{g} \cdot \mathbf{k}). \tag{16.3,3}$$

现在，我们象 3.52 节那样，利用式(16.3,2)和(16.2,1)以取代

1) 没有考虑这种可能性：χ 还包括 $\mathbf{k}$ 同 ρ，T 和 $\mathbf{c}_0$ 的梯度的各种标量组合.

3.52 节的相应表达式)来计算 $\partial_e f/\partial t$。结果是

$$\frac{\partial_e f}{\partial t} = \iiint\left\{\chi\left(\boldsymbol{r}+\frac{1}{2}\sigma\mathbf{k}\right)f'(\boldsymbol{r})f_1'(\boldsymbol{r}+\sigma\mathbf{k}) - \chi\left(\boldsymbol{r}-\frac{1}{2}\sigma\mathbf{k}\right)f(\boldsymbol{r})f_1(\boldsymbol{r}-\sigma\mathbf{k})\right\}\sigma^2\mathbf{g}\cdot\mathbf{k}d\mathbf{k}d\mathbf{c}_1. \tag{16.3,4}$$

把它与式(16.3,1)合并,我们就导出关于 f 的方程.

由于在这个关系中, χ, f_1', f_1 的表达式不是在点 $\boldsymbol{r}$ 处计算的,因此不可能用类似于 3.53 节的变换来证明: 当 ϕ 是总和不变量时,下面的表达式等于零

$$n\Delta\overline{\phi} \equiv \int\phi\frac{\partial_e f}{\partial t}d\mathbf{c}.$$

事实上,一般说来它不为零; 因为虽然分子所具有的 ϕ 的总和,在碰撞过程中是守恒的,但是碰撞的效应是通过一段距离 σ, 将这总量的一部分从一个分子传递给另一分子. 这样,由于 $n\Delta\overline{\phi}$ 代表由碰撞引起的 ϕ 总量(在给定点处,单位体积中的所有分子所具有的 ϕ 的总和)的总变化,因此一般说来它应不为零. 因此动量方程和能量方程的推导先不在此给出.

16.31. $f^{(1)}$ 的方程

如果气体是均匀的, 那么 χ 和 f 的表达式就不依赖于 $\boldsymbol{r}$; 因此,在这种情况下有

$$\frac{\partial_e f}{\partial t} = \chi\iint(f'f_1' - ff_1)\sigma^2\mathbf{g}\cdot\mathbf{k}d\mathbf{k}d\mathbf{c}_1$$

这个表达式与以前得到的表达式的差别仅在于出现了因子 χ. 因此, 采用 4.1 节的论证方法,即可证明: 在均匀稳恒状态下, f 仍然是 Maxwell 型,即

$$f = f^{(0)} \equiv n\left(\frac{m}{2\pi kT}\right)^{\frac{3}{2}}e^{-mC^2/2kT}. \tag{16.31,1}$$

当气体不处于均匀稳恒状态时, 式(16.31,1)给出了 f 的一级

近似值. 二级近似是

$$f^{(0)}(1+\Phi^{(1)}), \tag{16.31,2}$$

其中 $\Phi^{(1)}$ 是 n, T 和宏观速度 $\mathbf{c}_0$ 各量的一阶导数的线性函数;在 f 所满足的方程中,略去包含 n, T 和 $\mathbf{c}_0$ 各量的一阶导数乘积项及其一阶以上的导数项, 就得到 $\Phi^{(1)}$ 所满足的方程. 这样, 把式(16.31,2)代入方程 (16.3,1) 的左边时,包含 $\Phi^{(1)}$ 的各项均可略去. 因此,这个方程可以写为

$$\frac{\partial_e f}{\partial t}=\frac{Df^{(0)}}{Dt}+\mathbf{c}\cdot\frac{\partial f^{(0)}}{\partial \boldsymbol{r}}+\left(\boldsymbol{F}-\frac{D\mathbf{c}_0}{Dt}\right)\cdot\frac{\partial f^{(0)}}{\partial \boldsymbol{C}}-\frac{\partial f^{(0)}}{\partial \boldsymbol{C}}\boldsymbol{C}:\frac{\partial}{\partial \boldsymbol{r}}\mathbf{c}_0\text{[1)]}.$$

象式(3.12,1)一样,此处

$$\frac{D}{Dt}\equiv\frac{\partial}{\partial t}+\mathbf{c}_0\cdot\frac{\partial}{\partial \boldsymbol{r}}.$$

我们把式(16.31,1)的 $f^{(0)}$ 代入此方程, 由于 $\boldsymbol{C}=\mathbf{c}-\mathbf{c}_0$,而 $\mathbf{c}_0$ 是 $\boldsymbol{r}$, t 的函数,这时方程就变为

$$\begin{aligned}\frac{\partial_e f}{\partial t}=f^{(0)}\Bigg[&\frac{1}{n}\frac{Dn}{Dt}+\left(\mathscr{C}^2-\frac{3}{2}\right)\frac{1}{T}\frac{DT}{Dt}+2\boldsymbol{\mathscr{C}}\boldsymbol{\mathscr{C}}:\nabla\mathbf{c}_0\\&+\boldsymbol{C}\cdot\left\{\nabla\ln(knT)+\left(\mathscr{C}^2-\frac{5}{2}\right)\nabla\ln T\right.\\&\left.+\frac{m}{kT}\left(\frac{D\mathbf{c}_0}{Dt}-\boldsymbol{F}\right)\right\}\Bigg],\end{aligned} \tag{16.31,3}$$

象以前一样, $\boldsymbol{\mathscr{C}}=(m/2kT)^{\frac{1}{2}}\boldsymbol{C}$.

16.32. $\partial_e f/\partial t$ 的二级近似

根据 Taylor 定理,将 χ, f_1, f_1' 展开为 $\sigma\mathbf{k}$ 的幂级数,并且只

---

1) 原文此式误为

$$\frac{\partial_e f}{\partial t}=f^{(0)}\left(\frac{D}{Dt}+\boldsymbol{C}\cdot\frac{\partial}{\partial \boldsymbol{r}}+\boldsymbol{F}\cdot\frac{\partial}{\partial \boldsymbol{C}}\right)\ln f^{(0)}.$$

可参见式(3.12,2). ——译者注

保留一阶导数项，我们就得到式(16.3,4)的近似式；这就是

$$\frac{\partial_e f}{\partial t}=\chi\iint(f'f_1'-ff_1)\sigma^2\boldsymbol{g}\cdot\mathbf{k}d\mathbf{k}d\mathbf{c}_1$$

$$+\chi\iint\mathbf{k}\cdot(f'\nabla f_1'+f\nabla f_1)\sigma^3\boldsymbol{g}\cdot\mathbf{k}d\mathbf{k}d\mathbf{c}_1$$

$$+\frac{1}{2}\iint\mathbf{k}\cdot\nabla\chi(f'f_1'+ff_1)\sigma^3\boldsymbol{g}\cdot\mathbf{k}d\mathbf{k}d\mathbf{c}_1,\qquad(16.32,1)$$

在这个关系式中，所有的量都是取点 $\boldsymbol{r}$ 处的值.

把式(16.31,2)代入上式右边的第一项，象以前一样，略去乘积 $\Phi^{(1)}\Phi_1^{(1)}$，$\Phi^{(1)'}\Phi_1^{(1)'}$；由于

$$f^{(0)'}f_1^{(0)'}=f^{(0)}f_1^{(0)},\qquad(16.32,2)$$

因此，这一项就变为

$$\chi\iint f^{(0)}f_1^{(0)}(\Phi^{(1)'}+\Phi_1^{(1)'}-\Phi^{(1)}-\Phi_1^{(1)})\sigma^2\boldsymbol{g}\cdot\mathbf{k}d\mathbf{k}d\mathbf{c}_1.\qquad(16.32,3)$$

式(16.32.1)右边的第二项和第三项已经包含了空间导数；因此，把式(16.31,2)代入这二项时，可以略去所有包含 $\Phi^{(1)}$ 的项，于是可以用 $f^{(0)}$ 代替 f. 再利用式(16.32,2)，这两项就变为

$$\chi\iint f^{(0)}f_1^{(0)}\mathbf{k}\cdot\nabla\ln(f_1^{(0)'}f_1^{(0)}\chi)\sigma^3\boldsymbol{g}\cdot\mathbf{k}d\mathbf{k}d\mathbf{c}_1.$$

再把 $f_1^{(0)}$，$f_1^{(0)'}$ 的值代入，就变为

$$\chi\sigma^3\iint f^{(0)}f_1^{(0)}\mathbf{k}\cdot\left\{\nabla\ln\left(\frac{n^2\chi}{T^3}\right)+\frac{m}{2kT^2}(C_1^2+C_1'^2)\nabla T\right.$$

$$\left.+\nabla\mathbf{c}_0\cdot\frac{m}{kT}(\boldsymbol{C}_1+\boldsymbol{C}_1')\right\}\boldsymbol{g}\cdot\mathbf{k}d\mathbf{k}d\mathbf{c}_1.$$

利用后面将要证明的恒等式(16.8,2,5,6)，对 $\mathbf{k}$ 积分后就得到

$$\frac{2}{3}\pi\chi\sigma^3\int f^{(0)}f_1^{(0)}\left[\boldsymbol{g}\cdot\nabla\ln\left(\frac{n^2\chi}{T^3}\right)\right.$$

$$+\frac{m}{2kT^2}\nabla T\cdot\left\{2C_1^2\boldsymbol{g}-\frac{2}{5}(2\boldsymbol{g}(\boldsymbol{g}\cdot\boldsymbol{C}_1)+\boldsymbol{C}_1g^2)\right.$$

$$\left.+\frac{3}{5}g^2\boldsymbol{g}\right\}+\frac{m}{kT}\left\{\nabla\mathbf{c}_0:\left(2\boldsymbol{C}_1\boldsymbol{g}-\frac{2}{5}\boldsymbol{g}\boldsymbol{g}\right)\right.$$

$$-\frac{1}{5}g^2\nabla\cdot\mathbf{c}_0\Big\}\Big]\,d\mathbf{c}_1.$$

将 $\boldsymbol{g}=\boldsymbol{C}_1-\boldsymbol{C}$ 代入，并对 $\boldsymbol{C}_1$ 积分，再利用

$$\mathrm{b}\rho=\frac{2}{3}\pi n\sigma^3$$

（参见式(16.21,1)），我们就得到

$$-\mathrm{b}\rho\chi f^{(0)}\Big\{\boldsymbol{C}\cdot\Big(\nabla\ln(n^2\chi T)+\frac{3}{5}\Big(\mathscr{C}^2-\frac{5}{2}\Big)\nabla\ln T\Big)$$

$$+\frac{2}{5}\Big(2\mathscr{C}\mathscr{C}:\nabla\mathbf{c}_0+\Big(\mathscr{C}^2-\frac{5}{2}\Big)\nabla\cdot\mathbf{c}_0\Big)\Big\},\qquad(16.32,4)$$

由式(16.32,1)可知，$\partial_c f/\partial t$ 等于式(16.32,3 和 4)之和。

16.33. $f^{(1)}$ 的值

将 $\partial_c f/\partial t$ 的值代入方程 (16.31,3)，便得到函数 $\Phi^{(1)}$ 所满足的方程

$$\chi\iint f^{(0)}f_1^{(0)}(\Phi^{(1)}+\Phi_1^{(1)}-\Phi^{(1)\prime}-\Phi_1^{(1)\prime})\sigma^2\boldsymbol{g}\cdot\mathbf{k}\,d\mathbf{k}\,d\mathbf{c}_1$$

$$=-f^{(0)}\Big[\frac{1}{n}\frac{Dn}{Dt}+\Big(\mathscr{C}^2-\frac{3}{2}\Big)\frac{1}{T}\frac{DT}{Dt}$$

$$+\boldsymbol{C}\cdot\Big\{\frac{m}{kT}\Big(\frac{D\mathbf{c}_0}{Dt}-\boldsymbol{F}\Big)+(nkT)^{-1}\nabla p_0$$

$$+\Big(1+\frac{3}{5}\mathrm{b}\rho\chi\Big)\Big(\mathscr{C}^2-\frac{5}{2}\Big)\nabla\ln T\Big\}$$

$$+\frac{2}{5}\mathrm{b}\rho\chi\Big(\mathscr{C}^2-\frac{5}{2}\Big)\nabla\cdot\mathbf{c}_0$$

$$+2\Big(1+\frac{2}{5}\mathrm{b}\rho\chi\Big)\mathscr{C}\mathscr{C}:\nabla\mathbf{c}_0\Big],\qquad(16.33,1)$$

其中 $$p_0=knT(1+\mathrm{b}\rho\chi).\qquad(16.33,2)$$

若用 $\Psi d\mathbf{c}$（其中 Ψ 是某个总和不变量）乘方程(16.33,1)，再对 $\mathbf{c}$ 的

所有值积分，并借助于推导式(4.4,8)时用过的变换式[1)]，结果，方程的左边变为零．这样，当 $\psi=1$ 时，我们得到

$$\frac{Dn}{Dt}+n\nabla\cdot\mathbf{c}_0=0; \tag{16.33,3}$$

当 $\psi=m\boldsymbol{C}$[2)] 时，得到

$$\frac{D\boldsymbol{c}_0}{Dt}-\boldsymbol{F}+\frac{1}{\rho}\nabla p_0=0; \tag{16.33,4}$$

最后，当 $\psi=\frac{1}{2}mC^2$ 时，给出

$$\frac{3kT}{2n}\frac{Dn}{Dt}+\frac{3k}{2}\frac{DT}{Dt}+\frac{5}{2}kT\left(1+\frac{2}{5}\mathrm{b}\rho\chi\right)\nabla\cdot\mathbf{c}_0=0,$$

或者利用式(16.33,2,3)后变为

$$\frac{DT}{Dt}=-\frac{2p_0}{3nk}\nabla\cdot\mathbf{c}_0. \tag{16.33,5}$$

方程(16.33, 3—5)乃是连续方程，动量方程和能量方程的一级近似式，它们取代了方程(7.14,14—16)．如果流体的静压强取为式(16.33,2)的 p_0，而不是 knT，那么也能由方程(7.14,14—16)导出(16.33,3—5)．利用方程(16.33,3—5)所给出的 Dn/Dt，DT/Dt 和 $D\mathbf{c}_0/Dt$，我们发现：方程(16.33,1)简化为

$$\iint f^{(0)}f_1^{(0)}(\Phi^{(1)}+\Phi_1^{(1)}-\Phi^{(1)\prime}-\Phi_1^{(1)\prime})\sigma^2\mathbf{g}\cdot\mathbf{k}d\mathbf{k}d\mathbf{c}_1$$
$$=-\chi^{-1}f^{(0)}\left\{\left(1+\frac{3}{5}\mathrm{b}\rho\chi\right)\left(\mathscr{C}^2-\frac{5}{2}\right)\boldsymbol{C}\nabla\ln T\right.$$

---

1) 由于本章要考虑到互撞分子中心位置是不同的，因此对这个变换式的证明与4.4节的做法稍有不同．若把气体看作是一种想像的均匀气体，即在该气体中每一点的速度分布都同所考察点的速度分布 $f(\mathbf{c},\ \mathbf{r})$ 相同，这样就可以克服上述困难．倘若总和不变量 ψ 本身不是位置的函数，那么就不难象4.4节那样给出这个证明．

2) 若 $\boldsymbol{C}$ 定义为 $\mathbf{c}-\mathbf{c}_0$，又若对于一个碰撞分子有 $\mathbf{c}_0=\mathbf{c}_0(\boldsymbol{r})$，而对另一个碰撞分子有 $\mathbf{c}_0=\mathbf{c}_0(\boldsymbol{r}+\sigma\mathbf{k})$，那么函数 $m\boldsymbol{C}$ 就不是一个总和不变量．为了克服这个困难，我们让每个分子都有 $\boldsymbol{C}=\mathbf{c}-\mathbf{c}_0'$，其中 $\mathbf{c}_0'$ 取为与位置无关的矢量，该矢量与所考察特殊点 $\boldsymbol{r}$ 处的宏观速度重合．这样就保证 $m\boldsymbol{C}$ 不再是位置的函数，对于总和不变量 $1/2mC^2$ 亦应有类似的说明．

$$+ 2\left(1 + \frac{2}{5}\mathrm{b}\rho\chi\right)\overset{\circ}{\mathscr{C}\mathscr{C}} : \nabla \mathbf{c}_0\Big\}. \qquad (16.33,6)$$

它与通常密度下气体的相应方程的差别仅仅在于：包含 $\nabla \mathbf{c}_0$ 的那项被乘以 $\left(1 + \frac{2}{5}\mathrm{b}\rho\chi\right)\Big/\chi$，而包含 $\nabla \ln T$ 的那项被乘以

$$\left(1 + \frac{3}{5}\mathrm{b}\rho\chi\right)\Big/\chi.$$

因此，利用 7.31 节定义的函数 $\boldsymbol{A}$, $\mathbf{B}$，立即能给出它的解

$$\Phi^{(1)} = -\frac{1}{n\chi}\left\{\left(1 + \frac{3}{5}\mathrm{b}\rho\chi\right)\left(\frac{2kT}{m}\right)^{\frac{1}{2}}\boldsymbol{A}\cdot\nabla \ln T + 2\left(1 + \frac{2}{5}\mathrm{b}\rho\chi\right)\mathbf{B} : \nabla \mathbf{c}_0\right\}. \qquad (16.33,7)$$

16.34. $\rho \boldsymbol{CC}$ 和 $\frac{1}{2}\rho C^2\boldsymbol{C}$ 的平均值

现在我们可以得到某些分子速度函数的平均值的近似式．例如，$\rho\overline{\boldsymbol{CC}}$ 和 $\frac{1}{2}\rho\overline{C^2\boldsymbol{C}}$ 的一级近似(和通常气体的一样)为

$$\rho\,\overline{(\boldsymbol{CC})^{(0)}} = knT\mathbf{U}, \quad \frac{1}{2}\rho\,\overline{(C^2\boldsymbol{C})^{(0)}} = 0, \qquad (16.34,1)$$

其中 $\mathbf{U}$ 是单位张量．把 $\rho\,\overline{(\boldsymbol{CC})^{(1)}}$, $\frac{1}{2}\rho\,\overline{(C^2\boldsymbol{C})^{(1)}}$ 加到上述的一级近似式中，就得到二级近似；由式(16.33,7)可知，

$$\rho\,\overline{(\boldsymbol{CC})^{(1)}} \text{ 和 } \frac{1}{2}\rho\,\overline{(C^2\boldsymbol{C})^{(1)}}$$

分别是通常气体值的 $\left(1 + \frac{2}{5}\mathrm{b}\rho\chi\right)\Big/\chi$ 倍和 $\left(1 + \frac{3}{5}\mathrm{b}\rho\chi\right)\Big/\chi$ 倍，亦即

$$\rho\,\overline{(\boldsymbol{CC})^{(1)}} = -\chi^{-1}\left(1 + \frac{2}{5}\mathrm{b}\rho\chi\right)\cdot 2\mu\overset{\circ}{\overline{\overline{\nabla \mathbf{c}_0}}}, \qquad (16.34,2)$$

$$\frac{1}{2}\rho\overline{(C^2\mathbf{C})^{(1)}} = -\chi^{-1}\left(1+\frac{3}{5}b\rho\chi\right)\cdot\lambda\nabla T, \quad (16.34,3)$$

其中 λ 和 μ 是通常密度下气体的热传导系数和粘性系数.

分子从一点运动到另一点所引起的动量和能量的输运是

$$\rho\overline{\mathbf{CC}} \text{ and } \frac{1}{2}\rho\overline{C^2\mathbf{C}},$$

它们只是应力张量 $\mathbf{p}$ 和热流通量 $\boldsymbol{q}$ 的一部分. 分子碰撞也引起动量和能量的输运,我们还必须把它们对应力张量 $\mathbf{p}$ 和热流通量 $\boldsymbol{q}$ 的贡献加到

$$\rho\overline{\mathbf{CC}} \text{ 和 } \frac{1}{2}\rho\overline{C^2\mathbf{C}}$$

上. 现在我们来计算这部分的贡献,准确到二级近似.

16.4. 分子属性的撞击传递

现在考虑穿过点 $\boldsymbol{r}$ 处、面积元 dS 的分子属性 ϕ 的撞击传递. 假设 ϕ 是个总和不变量,而且与 $\boldsymbol{r}$ 无关. 在这种情况下,一次碰撞不改变两个分子所具有的 ϕ 的总数量, 但是有一部分从一个分子传递到另一个分子, 结果产生一个 ϕ 的通量. 如果一次碰撞引起一次穿过 dS 的 ϕ 的传递,那么这两个相碰分子的中心必定位于 dS 的两侧,它们的联结线必定与 dS 相交.

令 dS 的法线是从它的负侧指向正侧,其方向由单位矢量 $\mathbf{n}$ 确定. 速度为 $\mathbf{c}$ 和 $\mathbf{c}_1$ 的两个分子,第一个位于 dS 的正侧, 第二个位于负侧. 当它们之间发生碰撞时, 因为 $\mathbf{k}$ 的方向是从第二个分子中心指向第一个分子中心的, 所以 $\mathbf{k}\cdot\mathbf{n}$ 为正. 如果碰撞时,长度为 σ 的中心连线与 dS 相交,那么第一个分子的中心必定位于以 dS 为底,以长度是 σ、并平行于 $\mathbf{k}$ 的线段为母线的柱体里;这个柱体的体积为 $\sigma(\mathbf{k}\cdot\mathbf{n})dS$. 此外,两个分子的中心点的平均位置分别为点 $\boldsymbol{r}\pm\frac{1}{2}\sigma\mathbf{k}$, 而撞击点的平均位置是点 $\boldsymbol{r}$. 因此, 根据与式

(16.2,1)的类比可知,对于 $\mathbf{c}$, $\mathbf{c}_1$, $\mathbf{k}$ 分别位于 $d\mathbf{c}$, $d\mathbf{c}_1$, $d\mathbf{k}$ 中的上述那样的碰撞,单位时间内的碰撞几率数为

$$\chi(\boldsymbol{r})f\left(\boldsymbol{r}+\frac{1}{2}\sigma\mathbf{k}\right)f_1\left(\boldsymbol{r}-\frac{1}{2}\sigma\mathbf{k}\right)\sigma^3\boldsymbol{g}\cdot\mathbf{k}d\mathbf{k}d\mathbf{c}d\mathbf{c}_1(\mathbf{k}\cdot\mathbf{n})dS.$$

每一次这类碰撞都使得 dS 正侧面的一个分子获得增量 $\psi'-\psi$(ψ 是分子属性),而负侧分子失去相应的量. 因此, 由这类碰撞所引起的穿越dS的总传递量为

$$(\psi'-\psi)\chi(\boldsymbol{r})f\left(\boldsymbol{r}+\frac{1}{2}\sigma\mathbf{k}\right)$$

$$\cdot f_1\left(\boldsymbol{r}-\frac{1}{2}\sigma\mathbf{k}\right)\sigma^3(\boldsymbol{g}\cdot\mathbf{k})(\mathbf{k}\cdot\mathbf{n})d\mathbf{k}d\mathbf{c}d\mathbf{c}_1dS$$

而单位时间、单位面积内,由这类碰撞引起穿越 dS 的 ψ 的总传递率为

$$\sigma^3\chi(\boldsymbol{r})\iiint(\psi'-\psi)f\left(\boldsymbol{r}+\frac{1}{2}\sigma\mathbf{k}\right)$$

$$\cdot f_1\left(\boldsymbol{r}-\frac{1}{2}\sigma\mathbf{k}\right)(\boldsymbol{g}\cdot\mathbf{k})(\mathbf{k}\cdot\mathbf{n})d\mathbf{k}d\mathbf{c}d\mathbf{c}_1,$$

积分遍及各变量的所有值,但要满足 $\boldsymbol{g}\cdot\mathbf{k}$ 和 $\mathbf{k}\cdot\mathbf{n}$ 为正这个条件. 在这个表达式中, 将变量 $\mathbf{c}$ 和 $\mathbf{c}_1$ 对换, 这相当于将两个碰撞分子的角色对换一下. 这样 $\mathbf{k}$ 要用 $-\mathbf{k}$ 代替, $\boldsymbol{g}$ 用 $-\boldsymbol{g}$ 代替, $\psi'-\psi$ 用 $\psi_1'-\psi_1$ 代替,而 $\psi_1'-\psi_1$ 等于 $-(\psi'-\psi)$. 这样对换以后,我们得到一个形式与原来一样的表达式,但现在积分变量是取使 $\boldsymbol{g}\cdot\mathbf{k}$ 为正而 $\mathbf{k}\cdot\mathbf{n}$ 为负的所有值. 因此,这时的 ψ 的传递率现在就等于

$$\frac{1}{2}\sigma^3\chi(\boldsymbol{r})\iiint(\psi'-\psi)f\left(\boldsymbol{r}+\frac{1}{2}\sigma\mathbf{k}\right)$$

$$\cdot f_1\left(\boldsymbol{r}-\frac{1}{2}\sigma\mathbf{k}\right)(\boldsymbol{g}\cdot\mathbf{k})(\mathbf{k}\cdot\boldsymbol{n})d\mathbf{k}d\mathbf{c}d\mathbf{c}_1$$

积分变量取使 $\boldsymbol{g}\cdot\mathbf{k}$ 为正的所有值. 这个表达式是矢量 $\mathbf{n}$ 与另一个矢量的标量积. 与 2.3 节类比可知, 这个矢量就代表碰撞时 ψ

通量矢的贡献.

象 16.32 节那样，按 Taylor 定理展开 f 和 f_1，略去高于一阶的导数，这样我们得到 ϕ 通量矢的碰撞部分为

$$\frac{1}{2}\chi\sigma^3\iiint(\phi'-\phi)ff_1\mathbf{k}(\boldsymbol{g}\cdot\mathbf{k})d\mathbf{k}d\mathbf{c}d\mathbf{c}_1$$

$$+\frac{1}{4}\chi\sigma^4\iiint(\phi'-\phi)ff_1\mathbf{k}\cdot\nabla\ln(f/f_1)\mathbf{k}(\boldsymbol{g}\cdot\mathbf{k})d\mathbf{k}d\mathbf{c}d\mathbf{c}_1, \tag{16.4,1}$$

其中所有各量都是在点 $\boldsymbol{r}$ 处计算的. 由于此式的第二项已经包含有空间导数，因此在该项中可以用 $f^{(0)}$ 和 $f_1^{(0)}$ 代替 f 和 f_1.

16.41. 稠密气体的粘性

首先我们探讨动量的传递. 设

$$\phi=m\boldsymbol{C}=m(\mathbf{c}-\mathbf{c}_0)$$

其中 $\mathbf{c}_0$ 取所考察的特定点 $\boldsymbol{r}$ 处的值，它不随分子的位置而变化. 这样，式(16.4,1)就变为

$$\frac{1}{2}\chi\sigma^3\iiint m(\boldsymbol{C}'-\boldsymbol{C})ff_1\mathbf{k}(\boldsymbol{g}\cdot\mathbf{k})d\mathbf{k}d\mathbf{c}d\mathbf{c}_1$$

$$+\frac{1}{4}\chi\sigma^4\iiint m(\boldsymbol{C}'-\boldsymbol{C})f^{(0)}f_1^{(0)}\mathbf{k}\cdot\nabla\ln(f^{(0)}/f_1^{(0)})\mathbf{k}(\boldsymbol{g}\cdot\mathbf{k})d\mathbf{k}d\mathbf{c}d\mathbf{c}_1.$$

利用式(16.8,7,8)对 $\mathbf{k}$ 积分后，这个表达式变为

$$\frac{\pi}{15}\chi\sigma^3m\iint ff_1(2\boldsymbol{g}\boldsymbol{g}+\mathsf{U}g^2)d\mathbf{c}d\mathbf{c}_1$$

$$+\frac{\pi}{48}\chi\sigma^4m\iint f^{(0)}f_1^{(0)}[\{\boldsymbol{g}\cdot\nabla\ln(f^{(0)}/f_1^{(0)})\}(\boldsymbol{g}\boldsymbol{g}+g^2\mathsf{U})/g$$

$$+g\{\boldsymbol{g}\nabla\ln(f^{(0)}/f_1^{(0)})+\nabla\ln(f^{(0)}/f_1^{(0)})\boldsymbol{g}\}]d\mathbf{c}d\mathbf{c}_1. \tag{16.41,1}$$

在第一个积分中，我们利用了关系式 $\boldsymbol{g}=\boldsymbol{C}_1-\boldsymbol{C}$；由于对于任何函数 ϕ 均有

$$\int f\phi d\mathbf{c}=\int f_1\phi_1 d\mathbf{c}_1=n\overline{\phi},$$

而且 $\bar{\boldsymbol{C}}_1 = 0$，$\bar{\boldsymbol{C}} = 0$，因此这个积分就等于

$$\frac{1}{5}\mathrm{b}\rho^2\chi(2\overline{\boldsymbol{CC}} + \overline{C^2}\mathsf{U}). \qquad (16.41,2)$$

在第二个积分中，由于

$$\nabla\ln(f^{(0)}/f_1^{(0)}) = \frac{m}{2kT^2}(C^2 - C_1^2)\nabla T + \frac{m}{kT}(\nabla\boldsymbol{c}_0)\cdot(\boldsymbol{C} - \boldsymbol{C}_1), \qquad (16.41,3)$$

因此，包含 ∇T 的那些项是 $\boldsymbol{C}$，$\boldsymbol{C}_1$ 的奇函数，它们积分后为零．这样，第二个积分就等于

$$-\frac{\pi m^2\sigma^4\chi}{48kT}\iint f^{(0)}f_1^{(0)}[(\nabla\boldsymbol{c}_0:\boldsymbol{gg})(\boldsymbol{gg} + g^2\mathsf{U})/g + g\{(\nabla\boldsymbol{c}_0\cdot\boldsymbol{g})\boldsymbol{g} + \boldsymbol{g}(\nabla\boldsymbol{c}_0\cdot\boldsymbol{g})\}]d\boldsymbol{c}d\boldsymbol{c}_1.$$

将积分变数由 $\boldsymbol{c}$ 和 $\boldsymbol{c}_1$ 变为 $\boldsymbol{G}_0$ 和 $\boldsymbol{g}$ $\left(\text{其中 } \boldsymbol{G}_0 = \frac{1}{2}(\boldsymbol{C} + \boldsymbol{C}_1)\right)$后，上式就容易计算了．我们得到它的值为

$$-\varpi\left\{\frac{6}{5}\overline{\overline{\overset{\circ}{\nabla\boldsymbol{c}_0}}} + \mathsf{U}\nabla\cdot\boldsymbol{c}_0\right\} = -\varpi\left\{\frac{6}{5}\overset{\circ}{\mathbf{e}} + \mathsf{U}\nabla\cdot\boldsymbol{c}_0\right\}, \qquad (16.41,4)$$

其中

$$\varpi \equiv \frac{4}{9}\pi^{\frac{1}{2}}\chi n^2\sigma^4(mkT)^{\frac{1}{2}} = \chi\mathrm{b}^2\rho^2(mkT)^{\frac{1}{2}}/\pi^{\frac{3}{2}}\sigma^2. \qquad (16.41,5)$$

另一方面，用常压下的粘性系数，即

$$\mu = 1.016\times 5(mkT)^{\frac{1}{2}}/16\pi^{\frac{1}{2}}\sigma^2$$

来表达 ϖ，我们就得到

$$\varpi = 1.002\mu\chi\mathrm{b}^2\rho^2. \qquad (16.41,6)$$

把式(16.41,2)与(16.41,4)相加，便得到式(16.41,1)的值为

$$\frac{1}{5}\mathrm{b}\rho^2\chi(2\overline{\boldsymbol{CC}} + \overline{C^2}\mathsf{U}) - \varpi\left(\frac{6}{5}\overset{\circ}{\mathbf{e}} + \mathsf{U}\nabla\cdot\boldsymbol{c}_0\right).$$

此式给出由动量的碰撞输运而引起的那部分应力张量，为得到总

的应力张量 $\mathbf{p}$，还必须加上 $\rho\overline{\mathbf{CC}}$，即加上由分子运动引起的动量输运率，结果，

$$\mathbf{p}=\rho\left(1+\frac{2}{5}\mathrm{b}\rho\chi\right)\overline{\mathbf{CC}}+\frac{1}{5}\mathrm{b}\rho^2\chi\overline{C^2}\mathbf{U}$$

$$-\varpi\left(\frac{6}{5}\mathring{\mathbf{e}}+\mathbf{U}\nabla\cdot\mathbf{c}_0\right).$$

将 16.34 节中得到的 $\rho\overline{\mathbf{CC}}$ 值代入，它就变为

$$\mathbf{p}=(p_0-\varpi\nabla\cdot\mathbf{c}_0)\mathbf{U}-\left\{2\mu\chi^{-1}\left(1+\frac{2}{5}\mathrm{b}\rho\chi\right)^2\right.$$

$$\left.+\frac{6}{5}\varpi\right\}\mathring{\mathbf{e}}, \tag{16.41,7}$$

象式(16.33,2)一样，此处 $p_0=knT(1+\mathrm{b}\rho\chi)$.

对于均匀稳恒状态的气体，$\mathbf{p}$ 退化为流体静压强 p_0——方程(16.33,4,5) 的形式已内含着这一结果. 若气体并非处于均匀稳恒状态，则流体静压强是 $p_0-\varpi\nabla\cdot\mathbf{c}_0$. 只要气体的密度是变的，这额外的附加项 $-\varpi\nabla\cdot\mathbf{c}_0$ 就不等于零(参见 (16.33,3))；它代表阻碍气体膨胀和收缩的体积粘性，与 11.51 节所介绍的相似. 式(16.41,7) 的最后一项给出了应力张量对流体静压强的偏离量，它代表通常的剪切粘性应力，让这一项等于 $-2\mu'\mathring{\mathbf{e}}$，我们就得到稠密气体中的粘性系数 μ'，与通常密度下 (温度相等) 的粘性系数 μ 的关系，即为

$$\mu'=\mu\chi^{-1}\left(1+\frac{2}{5}\mathrm{b}\rho\chi\right)^2+\frac{3}{5}\varpi$$

$$=\mu\mathrm{b}\rho\{(\mathrm{b}\rho\chi)^{-1}+0.8+0.7614\mathrm{b}\rho\chi\} \tag{16.41,8}$$

其中利用了式 (16.41,6).

16.42. 稠密气体中的热传导

为了计算热流通量，我们在式(16.4,1)中令

$$\phi=\frac{1}{2}mC^2,$$

其中 $\boldsymbol{C}$ 代表分子的相对速度，它仍是相对于在特定点 $\boldsymbol{r}$ 处的气体宏观速度. 这样，式(16.4,1)变为

$$\frac{1}{4}\chi m\sigma^3\iiint(C'^2-C^2)ff_1\mathbf{k}(\boldsymbol{g}\cdot\mathbf{k})d\mathbf{k}d\boldsymbol{c}d\boldsymbol{c}_1$$

$$+\frac{1}{8}\chi m\sigma^4\iiint(C'^2-C^2)f^{(0)}f_1^{(0)}\mathbf{k}\cdot\nabla\ln(f^{(0)}/f_1^{(0)})\mathbf{k}(\boldsymbol{g}$$

$$\cdot\mathbf{k})d\mathbf{k}d\boldsymbol{c}d\boldsymbol{c}_1.$$

此式中的两个积分可以按 16.41 节中所用的方法来计算，其中需利用式 (16.8,9,10). 完成积分以后，我们就得到能量的碰撞输运，即为

$$\frac{3}{10}\mathrm{b}\rho^2\chi\overline{C^2\boldsymbol{C}}-c_v\varpi\nabla T, \tag{16.42,1}$$

其中 ϖ 由式 (16.41,5) 给出，而 $c_v=3k/2m$. 把分子运动的输运项 $\frac{1}{2}\rho\overline{C^2\boldsymbol{C}}$ 加到式(16.42,1)中，我们得到总的热流通量矢，即

$$\boldsymbol{q}=\frac{1}{2}\rho\overline{C^2\boldsymbol{C}}\left(1+\frac{3}{5}\mathrm{b}\rho\chi\right)-c_v\varpi\nabla T,$$

或者，利用 16.34 节中所得的 $\frac{1}{2}\rho\overline{C^2\boldsymbol{C}}$ 值，上式就变为

$$\boldsymbol{q}=-\left\{\chi^{-1}\left(1+\frac{3}{5}\mathrm{b}\rho\chi\right)^2\lambda+c_v\varpi\right\}\nabla T. \tag{16.42,2}$$

因此，在任一温度下，真正的热传导系数 λ' 可用通常密度下热传导系数 λ 表示为

$$\lambda'=\chi^{-1}\left(1+\frac{3}{5}\mathrm{b}\rho\chi\right)^2\lambda+c_v\varpi$$

$$=\mathrm{b}\rho\lambda\{(\mathrm{b}\rho\chi)^{-1}+1.2+0.7574\mathrm{b}\rho\chi\}. \tag{16.42,3}$$

16.5 与实验的比较

式 (16.41,8) 和 (16.42,3) 给出了稠密气体中的粘性系数 μ'

和热传导系数 λ'，它们是用通常气体中的这两个系数 μ，λ 来表示的。这两个公式还可以改写为

$$\mu'/b\rho = \mu\{(b\rho\chi)^{-1} + 0.8 + 0.7614b\rho\chi\}, \qquad (16.5,1)$$

$$\lambda'/b\rho = \lambda\{(b\rho\chi)^{-1} + 1.2 + 0.7574b\rho\chi\}. \qquad (16.5,2)$$

因此，理论预示，在给定的温度下，随着 ρ 的变化，μ'/ρ 和 λ'/ρ 会有极小值，它们分别相应于

$$b\rho\chi = (0.7614)^{-\frac{1}{2}} = 1.146,$$

$$b\rho\chi = (0.7574)^{-\frac{1}{2}} = 1.149, \qquad (16.5,3)$$

亦即，所对应的密度实际上是相同的。人们的确观察到了这两个最小值；当温度显著地超过临界温度时，Enskog 公式至少定性地同实验结果符合。

为了同实验作定量的比较，我们需要知道 $b\rho$ 和 χ 的值。如果分子真的是刚性球，那么利用式 (16.21,1,3)，可根据粘性直径将这些量计算出来。Sengers[1] 是采用常压和人们感兴趣的温度状态下的粘性直径，将式 (16.5,1,2) 同实验进行比较的。他发现当 $b\rho$ 值小于 0.4 时，μ' 和 λ' 的计算值同实验值比较一致；但当 $b\rho$ 值较大时，计算值就太高了。

基于 $b\rho\chi$ 与气体压缩性之间有紧密的关系（参见式 (16.33,2))，因此 Enskog 提出了另外一种办法。他发现，如果（球形）分子有个弱引力场包围着，那么状态方程

$$p_0 = knT(1 + b\rho\chi) \qquad (16.5,4)$$

就应当修改为

$$p_0 + a\rho^2 = knT(1 + b\rho\chi), \qquad (16.5,5)$$

其中 a 与温度无关（$a\rho^2$ 项就是熟知的 van der Waals 修正项）。因此，他认为：由压缩性实验来确定 $b\rho\chi$ 时，应该利用关系式

$$T\frac{\partial p_0}{\partial T} = knT(1 + b\rho\chi) \qquad (16.5,6)$$

而不是式 (16.5,4)。这意味着式 (16.5,4) 中的 p_0 被"热压

1) J. V. Sengers, *Int. J. Heat Mass Transfer*, 8, 1103 (1965).

强'[1] $T\partial p_0/\partial T$ 代替了. 对于没有引力场的球形分子,式(16.5,4)和(16.5,6)等价; 但对于实际分子,就不再是这种情况,因为 $b\rho\chi$ 的计算值与 T 有关.

若 $b\rho\chi$ 已由式(16.5,6)确定, 则根据 ρ 趋于零时 $b\chi$ 的极限值,我们就可以求得 b. 这就是说, 如果 p_0, ρ 的实验关系被表达为

$$p_0 = knT(1 + \rho B(T) + \rho^2 C(T) + \cdots), \qquad (16.5,7)$$

那么 b 便由下式给出

$$b = d(TB)/dT. \qquad (16.5,8)$$

另一种办法是,利用 μ'/ρ 和 λ'/ρ 的极小值, 这样可以避免直接确定 b. 如果用 $(\mu'/\rho)_{min}$ 和 $(\lambda'/\rho)_{min}$ 表示其极小值,那么式(16.5,1,2)等价于

$$2.545\mu'/\rho = (\mu'/\rho)_{min}((b\rho\chi)^{-1} + 0.8 + 0.7614b\rho\chi), \qquad (16.5,9)$$

$$2.941\lambda'/\rho = (\lambda'/\rho)_{min}((b\rho\chi)^{-1} + 1.2 + 0.7574b\rho\chi). \qquad (16.5,10)$$

可以预料,从这些方程算得的 μ' 和 λ' 值,在 μ'/ρ 和 λ'/ρ 的极小值附近(亦即在高压下)与实验结果将拟合得最佳; 而用式(16.5,8)和式(16.5,1,2)算得的值, 则在较低压强下同实验值拟合得比较好.

表 28 给出 Michels 和 Gibson[2] 得到的氮在 50℃ 时粘性系数的实验值,同时还列出了用式(16.5,1 和 9)算得的值. $b\rho\chi$ 的值是取自 Deming 和 Shupe[3] 的实验结果. 用式(16.5,1)算得的值——式(16.5,1) 业经调整以便在中等压强下与实验符合——在高压下偏高 6%;而用式(16.5,9)算得的值,在高压下与实验符合得很好,但在常压下偏低. μ'/ρ 的最小值 (见最后一列) 大体上对应于 $b\rho\chi = 1.2\cdots$

---

1) 对于普通稠密程度的气体, DT/Dt 的一级近似方程是

$$\rho c_v \frac{DT}{Dt} = -T\frac{\partial p_0}{\partial T}\nabla\cdot c_0,$$

结果在这方程中热压强代替了总压强. 另一方面,在运动方程中出现的仍是 p_0

2) A. Michels and R. O. Gibson, *Proc. R. Soc.* A, **134**, 288 (1931).

3) W. E. Deming and L. E. Shupe, *Phys. Rev.* **37**, 638 (1931).

表 28　高压下氮的粘性系数

压力（大气压）	$b\rho\chi$	$\mu'\times10^6$（用式(16.5,1)计算）	$\mu'\times10^6$（用式(16.5,8)计算）	$\mu'\times10^6$（实验值）	ρ（克/厘米^3）	μ'/ρ（实验值）
15.37	0.031	191	181	191.3	0.01623	0.01179
57.60	0.119	201	190	198.1	0.06049	0.003274
104.5	0.215	217	205	208.8	0.1083	0.001928
212.4	0.491	237	224	237.3	0.2067	0.001148
320.4	0.717	281	266	273.7	0.2875	0.000952
430.2	0.920	326	308	312.9	0.3528	0.000887
541.7	1.111	368	348	350.9	0.4053	0.000866
630.4	1.247	401	380	378.6	0.4409	0.000859
742.1	1.413	442	418	416.3	0.4786	0.000870
854.1	1.576	481	455	455.0	0.5117	0.000889
965.8	1.732	520	492	491.3	0.5404	0.000909

对于若干其它气体，Sengers[1] 指出，理论同实验也是大体相符；对于氖和氢，μ' 的理论值随密度的增加比实验值快；对于氮，氩和氙，情况正相反．Sengers 指出，对于 λ' 有类似的结果：在高压下，用式(16.5,2)计算的氖和氩的 λ' 值都比实验值低；当压强低于 250 大气压时，计算值同实验值相比就低得不多了；当压强量级为 2000 大气压时，氖的计算值低 6%，氩低 15%．

Michels 和 Botzen[2] 曾尝试过用式(16.5,2)计算氮的热传导系数，在 2000 大气压时得到的计算值比实验值高 15%．若考虑到分子内能是通过自扩散过程输运的（象 11.8 节指出的那样），而在高密度时，自扩散系数大体上以 $1/\rho\chi$ 的比例下降（参见 16.6 节），那么对上述的比较结果就不会感到意外了．然而，当 Sengers 按式(16.5,2) 计算平动能的输运，而分子内能的输运是由自扩散给出时，他求得氮的 λ' 计算值明显地低于实验值，因此他认为自扩散近似式只是粗略地有效．

---

1) 见前面的引文．

2) A. Michels and A. Botzen, *Physica*, **19**, 585 (1953).

总的说来，Enskog 理论近似地描述了在给定的温度下观察到的 μ' 和 λ' 随 ρ 的变化．由于用的是刚性球模型，因此不可能描述随温度的变化；为了确定某一温度下的 $b\rho\chi$，必须采用半经验的方法．μ' 和 λ' 与温度的关系有它自己的独特之处：对于给定的密度，λ'/λ 和 μ'/μ 似乎是随温度的增加而降低；而对于某些气体，又似乎 $\mu'-\mu$ 近似地是 ρ 的函数，而与温度无关[1]．Enskog 理论不能解释这些特点．

Madigosky[2] 用压缩氩气做超声波实验时发现，存在有体积粘性 ϖ，类似于式(16.41,6,7)中的 ϖ．若 χ 和 b 象式(16.5,6)那样是根据压缩性确定的话，那么得到的结果就能与式(16.41,6)较好地符合．

16.6. 推广到稠密的混合气体

已故的 H. H. Thone（澳大利亚悉尼大学）已将 Enskog 方法推广到二组元混合气体．这里我们只给出他的结果，因为这些结果影响扩散系数的一阶近似[3]．

设 m_1 和 m_2 是两种气体的分子质量，σ_1 和 σ_2 是它们的直径．b_1，b_2，b_1' 和 b_2' 则定义为

$$b_1\rho_1=\frac{2}{3}\pi n_1\sigma_1^3,\qquad b_2\rho_2=\frac{2}{3}\pi n_2\sigma_2^3,$$

$$b_1'\rho_1=\frac{2}{3}\pi n_1\sigma_{12}^3,\qquad b_2'\rho_2=\frac{2}{3}\pi n_2\sigma_{12}^3.\qquad(16.6,1)$$

与 16.2 节的因子 χ 相对应，在这里要引入三个因子 χ_1，χ_2 和 χ_{12}，分别对应于一对 m_1 分子的碰撞，一对 m_2 分子的碰撞和分子 m_1 与分子 m_2 的碰撞．结果是

---

1) 例如可参阅 G. P. Flynn, R. V. Hanks, N. A. Lemaire and J. Ross, *J. Chem. Phys.* **38**, 154 (1963)．然而所引用的结果只是很粗略的近似．

2) W. M. Madigosky, *J. Chem. Phys.* 46, 4441 (1967).

3) 较详细的考虑曾在本书的前几版中给出．

$$\left.\begin{aligned}\chi_1 &= 1+\frac{5}{12}\pi n_1\sigma_1^3+\frac{\pi}{12}n_2(\sigma_1^3+16\sigma_{12}^3-12\sigma_{12}^2\sigma_1)+\cdots,\\ \chi_{12} &= 1+\frac{\pi}{12}n_1\sigma_1^3(8-3\sigma_1/\sigma_{12})+\frac{\pi}{12}n_2\sigma_2^3(8-3\sigma_2/\sigma_{12})+\cdots,\end{aligned}\right\}$$

(16.6,2)

χ_2 也有一个相应的式子. 从这些式子我们得到流体静压强的一级近似值为 $p_0=p_{10}+p_{20}$，其中

$$p_{10}=kn_1T(1+\mathrm{b}_1\rho_1\chi_1+\mathrm{b}_2'\rho_2\chi_{12}),$$
$$p_{20}=kn_2T(1+\mathrm{b}_2\rho_2\chi_2+\mathrm{b}_1'\rho_1\chi_{12}). \qquad (16.6,3)$$

两种气体的 Boltzmann 方程，其形式显然与式(16.3,1)一样. 它们的一级近似解仍是 Maxwell 函数 $f_1^{(0)}$ 和 $f_2^{(0)}$；二级近似解为 $f_1^{(0)}(1+\Phi_1^{(1)})$，$f_2^{(0)}(1+\Phi_2^{(1)})$，这里 $\Phi_1^{(1)}$ 满足方程

$$\begin{aligned}&\chi_1\iint f_1^{(0)}f^{(0)}(\Phi_1^{(1)}+\Phi^{(1)}-\Phi_1^{(1)'}-\Phi^{(1)'})\sigma_1^2\boldsymbol{g}_1\cdot\mathbf{k}d\mathbf{k}d\boldsymbol{c}\\ &+\chi_{12}\iint f_1^{(0)}f_2^{(0)}(\Phi_1^{(1)}+\Phi_2^{(1)}-\Phi_1^{(1)'}-\Phi_2^{(1)'})\sigma_{12}^2\boldsymbol{g}_{21}\cdot\mathbf{k}d\mathbf{k}d\boldsymbol{c}_2\\ &=-f_1^{(0)}\Big[\Big(1+\frac{3}{5}\mathrm{b}_1\rho_1\chi_1+\frac{12}{5}M_1M_2\mathrm{b}_2'\rho_2\chi_{12}\Big)\\ &\cdot\Big(\mathscr{C}_1^2-\frac{5}{2}\Big)\boldsymbol{C}_1\cdot\nabla\ln T+\mathrm{x}_1^{-1}\boldsymbol{d}_{12}\cdot\boldsymbol{C}_1\\ &+2\Big(1+\frac{2}{5}\mathrm{b}_1\rho_1\chi_1+\frac{4}{5}M_2\mathrm{b}_2'\rho_2\chi_{12}\Big)\overset{\circ}{\boldsymbol{\mathscr{C}}_1\boldsymbol{\mathscr{C}}_1}:\nabla\boldsymbol{c}_0\\ &+\frac{2}{3}\mathrm{x}_2\{\mathrm{b}_1\rho_1\chi_1-\mathrm{b}_2\rho_2\chi_2+2\chi_{12}(M_2\rho_2\mathrm{b}_2'-M_1\rho_1\mathrm{b}_1')\}\\ &\cdot\Big(\mathscr{C}_1^2-\frac{3}{2}\Big)\nabla\cdot\boldsymbol{c}_0\Big]\end{aligned}\qquad (16.6,4)$$

而 $\Phi_2^{(1)}$ 满足另一个类似的方程；$\boldsymbol{d}_{12}$ 和 $\boldsymbol{d}_{21}$ 由下式给出

$$\begin{aligned}\boldsymbol{d}_{12}=-\boldsymbol{d}_{21}&=\frac{\rho_1\rho_2}{\rho knT}\Big(\boldsymbol{F}_2-\boldsymbol{F}_1+\frac{1}{\rho_1}\nabla p_{10}-\frac{1}{\rho_2}\nabla p_{20}\Big)\\ &+\mathrm{x}_2\mathrm{b}_1'\rho_1\chi_{12}(\nabla\ln(\mathrm{x}_2/\mathrm{x}_1)+(M_1-M_2)\nabla\ln T).\end{aligned}\qquad (16.6,5)$$

对于温度均匀、不受外力的静止气体，在自扩散情况下有

$\boldsymbol{d}_{12}=\nabla x_1$（象 8.4 节一样）；然而对于普通的混合气体，$\boldsymbol{d}_{12}$ 可能明显地不同于 ∇x_1。

我们得到扩散速度为

$$\bar{\boldsymbol{C}}_1-\bar{\boldsymbol{C}}_2=-(x_1x_2)^{-1}D'_{12}(\boldsymbol{d}_{12}+k_T\nabla\ln T)$$

其中 D'_{12} 在一阶近似范围内由下式给出

$$\rho D'_{12}=\rho_0[D_{12}]_1/\chi_{12}, \tag{16.6,6}$$

$[D_{12}]_1$ 是同一种气体在中等密度 ρ_0 时的扩散系数的一阶近似值．由此可见，高压的影响，只是简单地按 $\rho_0/\rho\chi_{12}$ 的比例减小 D_{12}，这是非同类分子之间碰撞数增加的结果．对于自扩散系数，类似地有

$$\rho D'_{11}=\rho_0[D_{11}]_1/\chi. \tag{16.6,7}$$

实验结果与式（16.6,6,7）之间，最好也只不过是一般地相符合．实验结果表明，这些公式对稠密气体所作的修正总是偏高，虽然这在很大程度上取决于修正因子 χ_{12} 和 χ 的计算方法[1]．

16.7. BBGKY 方程

现在将简要地介绍一种更普遍的稠密气体理论，它是基于多重速度分布函数的概念．我们在这里只考虑其分子不具有内能的单组元气体．

广义的速度分布函数[2] $f^{(s)}$ 定义为：有 s 个分子，其中心分别处于微小体积元 $d\boldsymbol{r}_1, d\boldsymbol{r}_2, \cdots, d\boldsymbol{r}_s$ 内，其速度分别处于 $d\boldsymbol{c}_1, d\boldsymbol{c}_2, \cdots, d\boldsymbol{c}_s$ 范围内，则其几率数为

$$f^{(s)}(\boldsymbol{c}_1, \boldsymbol{c}_2, \cdots, \boldsymbol{c}_s, \boldsymbol{r}_1, \boldsymbol{r}_2, \cdots, \boldsymbol{r}_s, t)d\boldsymbol{r}_1\cdots d\boldsymbol{r}_s d\boldsymbol{c}_1\cdots d\boldsymbol{c}_s.$$

我们可类似地定义广义数密度 $n^{(s)}$，它满足下式

---

1) K. D. Timmerhaus and H. G. Drickamer, *J. Chem. Phys.* **20**, 981(1952); T. R. Mifflin and C. O. Bennett, *J. Chem. Phys.* **29**, 975 (1958); M. Lipsicas, *J. Chem. Phys.* **36**, 1235 (1962); L. Durbin and R. Kobayashi, *J. Chem. Phys.* **37**, 1643 (1962).

2) 应该注意符号已经改变，$f^{(s)}$ 在这里已不是指 f 的逐次近似．

$$n^{(s)} = \int \cdots \int f^{(s)} d\boldsymbol{c}_1 \cdots d\boldsymbol{c}_s. \tag{16.7,1}$$

$n^{(1)}$和$f^{(1)}$与通常的数密度n和速度分布函数f有同样的含义。在通常密度下的气体中，人们可以以足够的精确度写为

$$f^{(2)} = f(\boldsymbol{c}_1, \boldsymbol{r}_1) f(\boldsymbol{c}_2, \boldsymbol{r}_2),\quad f^{(3)} = f(\boldsymbol{c}_1, \boldsymbol{r}_1) f(\boldsymbol{c}_2, \boldsymbol{r}_2) f(\boldsymbol{c}_3, \boldsymbol{r}_3),$$

等等；但是在稠密气体中，这种写法不再适宜，因为任何一个分子都会干扰其附近其它分子的分布函数[1]。

利用函数$f^{(s)}$可求得分子属性ϕ的平均值，其公式如：

$$n^{(s)} \overline{\Phi}^{(s)} = \int \cdots \int f^{(s)} \phi d\boldsymbol{c}_1 \cdots d\boldsymbol{c}_s. \tag{16.7,2}$$

一个函数 $\Phi(\boldsymbol{c}_1)$ 可以有几种不同的平均值 $\overline{\Phi}^{(1)}, \overline{\Phi}^{(2)}, \cdots$. 例如，$\bar{\boldsymbol{c}}_1^{(1)}$（亦即$\bar{\boldsymbol{c}}_1$）是$\boldsymbol{r}_1$附近所有分子的平均速度；$\bar{\boldsymbol{c}}_1^{(2)}$是已知有第二组分子在$d\boldsymbol{r}_2$处的条件下，第一组分子在$d\boldsymbol{r}_1$处的平均速度；若$\boldsymbol{r}_1-\boldsymbol{r}_2$很小，则$\bar{\boldsymbol{c}}_1^{(1)}$和$\bar{\boldsymbol{c}}_1^{(2)}$可能相差很大. 平均值$\overline{\phi(\boldsymbol{c})}$可以理解为就是$\overline{\phi(\boldsymbol{c})}^{(1)}$.

每个函数$n^{(s)}$满足下述的连续方程

$$\frac{\partial n^{(s)}}{\partial t} + \sum_{i=1}^{s} \frac{\partial}{\partial \boldsymbol{r}_i} \cdot (n^{(s)} \bar{\boldsymbol{c}}_i^{(s)}) = 0. \tag{16.7,3}$$

类似地，$f^{(s)}$ 满足下述的 Boltzmann 方程

$$\frac{\partial f^{(s)}}{\partial t} + \sum_{i=1}^{s} \left\{ \boldsymbol{c}_i \cdot \frac{\partial f^{(s)}}{\partial \boldsymbol{r}_i} + \frac{\partial}{\partial \boldsymbol{c}_i} \cdot (f^{(s)} \boldsymbol{\eta}_i^{(s)}) \right\} = 0, \tag{16.7,4}$$

其中 $\boldsymbol{\eta}_i^{(s)}$ 是这s个分子中的第i组分子的平均加速度。这里说的平均，是让不属于这一组的其它分子，取所有可能的位置和速度而言的. 设$\boldsymbol{F}_i$, $\boldsymbol{X}_{ij}$都是分子i的加速度，前者来自外力作用，后者来自分子j对它的作用. $\boldsymbol{X}_{ij}$是在矢量$\boldsymbol{r}_{ij} \equiv \boldsymbol{r}_i - \boldsymbol{r}_j$的方向上，它由下式给出

$$m\boldsymbol{X}_{ij} = -\frac{\partial V_{ij}}{\partial \boldsymbol{r}_i}, \tag{16.7,5}$$

---

1) 注意，对于在$f^{(s)}$定义中用到的体积元$d\boldsymbol{r}_1, d\boldsymbol{r}_2, \cdots, d\boldsymbol{r}_s$必须假定，它们同分子力场的尺度相比是很小的.

其中 $V_{ij}(=V(r_{ij}))$ 是分子 i 和分子 j 之间的相互作用势能. 这样就有[1]

$$\eta_i^{(s)}=\boldsymbol{F}_i+\sum_{j=1}^{s}{}'\boldsymbol{X}_{ij}+(f^{(s)})^{-1}\iint \boldsymbol{X}_{i,s+1}f^{(s+1)}d\boldsymbol{r}_{s+1}d\boldsymbol{c}_{s+1};$$

右边的最后一项代表由这 s 个以外的分子对分子 i 的作用，它使分子 i 产生的平均加速度. 这样，方程(16.7,4)就变为

$$\frac{\partial f^{(s)}}{\partial t}+\sum_{i=1}^{s}\left\{\boldsymbol{c}_i\cdot\frac{\partial f^{(s)}}{\partial \boldsymbol{r}_i}+\left(\boldsymbol{F}_i+\sum_{j=1}^{s}{}'\ \boldsymbol{X}_{ij}\right)\cdot\frac{\partial f^{(s)}}{\partial \boldsymbol{c}_i}\right\}$$

$$=-\iint\sum_{i=1}^{s}\boldsymbol{X}_{i,s+1}\cdot\frac{\partial f^{(s+1)}}{\partial \boldsymbol{c}_i}d\boldsymbol{r}_{s+1}d\boldsymbol{c}_{s+1}. \qquad (16.7,6)$$

方程(16.7,6)是 1946 年由 Bogoliubov[2], Born 和 Green[3] 以及 Kirkwood[4] 各自独立给出的; Yvon[5] 在 1935 年也已经提出了这些方程，但在当时没有引起多少注意. 经各方面原作者公认，这些方程经常称为 BBGKY 方程.

16.71. 输运方程

在稠密气体中，应力张量 $\mathbf{p}$ 可以表达为

$$\mathbf{p}=\rho\overline{\boldsymbol{CC}}+\mathbf{p}'. \qquad (16.71,1)$$

这里 $\rho\overline{\boldsymbol{CC}}$ 象通常一样表示相对于宏观速度 $\boldsymbol{c}_0$ 的动量输运，而 $\mathbf{p}'$ 表示分子间作用力 $m\boldsymbol{X}_{ij}$ 所产生的应力. 把 16.4 节的方法适当地加以推广，我们就可以证明，点 $\boldsymbol{r}$ 处的 $\mathbf{p}'$ 值为

---

1) 这里和以后，用 Σ' 表示的求和，不包括表示分子与它自己相互作用的项(这些项是没有意义的).

2) N. N. Bogoliubov, *Problems of a Dynamical Theory in Statistical Physics* (Moscow: State Technical Press, 1946). English translation by E. K. Gora in *Studies in Statistical Mechanics*, Vol. 1 (ed. J. de Boer and G. E. Uhlenbeck, 1962).

3) M. Born and H. S. Green, *Proc. R. Soc.* A, **188**, 10 (1946); **189**, 103 (1947); **190**, 455 (1947).

4) J. G. Kirkwood, *J. Chem. Phys.* **14**, 180 (1946); **15**, 72 (1947).

5) J. Yvon, *La Théorie des fluides et de l'équation d'état* (Paris: Hermann et Cie, 1935).

$$\mathbf{p}' = \frac{1}{2} m \int \left\{ \int_0^1 n^{(2)}(\boldsymbol{r}_1, \boldsymbol{r}_2) dx \right\} \boldsymbol{r}_{12} \boldsymbol{X}_{12} d\boldsymbol{r}_{12}, \tag{16.71,2}$$

其中 $$\boldsymbol{r}_1 = \boldsymbol{r} + x\boldsymbol{r}_{12}, \quad \boldsymbol{r}_2 = \boldsymbol{r} - (1-x)\boldsymbol{r}_{12}. \tag{16.71,3}$$

$\mathbf{p}'$ 对流体静压强的贡献为

$$p' \equiv \frac{1}{6} m \int \left\{ \int_0^1 n^{(2)}(\boldsymbol{r}_1, \boldsymbol{r}_2) dx \right\} \boldsymbol{r}_{12} \cdot \boldsymbol{X}_{12} d\boldsymbol{r}_{12}, \tag{16.71,4}$$

在点 $\boldsymbol{r}$ 处，由 $\mathbf{p}'$ 引起的单位体积的力为[1)]

$$-\frac{\partial}{\partial \boldsymbol{r}} \cdot \mathbf{p}' = m \int n^{(2)}(\boldsymbol{r}, \boldsymbol{r}_2) \boldsymbol{X}_{12} d\boldsymbol{r}_{12}. \tag{16.71,5}$$

气体的热能中有一部分是对应于分子间的势能．我们（任意地)假设每个分子 i，j 各占有势能 V_{ij} 的一半;这样，在 $\boldsymbol{r}$ 处一个分子的平均热能就是 $\bar{E}$，它满足

$$n\bar{E} = \frac{1}{2} \rho \overline{C^2} + \frac{1}{2} \int n^{(2)}(\boldsymbol{r}, \boldsymbol{r}_2) V(r_{12}) d\boldsymbol{r}_{12}. \tag{16.71,6}$$

热流通量矢 $\boldsymbol{q}$ 则为

$$\boldsymbol{q} = \frac{1}{2} \rho \overline{C^2 \boldsymbol{C}} + \frac{1}{2} \int n^{(2)}(\boldsymbol{r}, \boldsymbol{r}_2) V(r_{12}) \bar{\boldsymbol{C}}_1^{(2)} d\boldsymbol{r}_{12} + \boldsymbol{q}'. \tag{16.71,7}$$

式 (16.71,7) 右边的前两项表示由分子运动而引起的动能和势能的输运，而 $\boldsymbol{q}'$ 代表分子间的作用力所做的功．在计算 $\boldsymbol{q}'$ 时，必须记住：应该把 $\mathbf{c}_0$ 变化时所做的功算作是 $\mathbf{p}'$ 所做的功．结果是

$$\boldsymbol{q}' = \frac{1}{2} \int \boldsymbol{r}_{12} \left\{ \int_0^1 n^{(2)}(\boldsymbol{r}_1, \boldsymbol{r}_2) m \boldsymbol{X}_{12} \cdot \bar{\mathbf{c}}_1^{(2)} dx \right\} d\boldsymbol{r}_{12} - \mathbf{p}' \cdot \mathbf{c}_0(\boldsymbol{r}), \tag{16.71,8}$$

其中 $\boldsymbol{r}_1$，$\boldsymbol{r}_2$ 由式(16.71,3)给出．在 $\boldsymbol{r}$ 处，由 $\boldsymbol{q}'$ 引起的单位体积的加热率为

$$-\frac{\partial}{\partial \boldsymbol{r}} \cdot \boldsymbol{q}' = \frac{1}{2} \int n^{(2)}(\boldsymbol{r}, \boldsymbol{r}_2) m \boldsymbol{X}_{12} \cdot (\bar{\mathbf{c}}_1^{(2)} + \bar{\mathbf{c}}_2^{(2)}) d\boldsymbol{r}_{12}$$

---

1) 在式(16.71,5)（以及式(16.71,6,7,9)）中我们认为分子 1 处于点 $\boldsymbol{r}$，并具有速度 $\mathbf{c}$.

$$+\frac{\partial}{\partial \boldsymbol{r}}\cdot(\mathbf{p}'\cdot\mathbf{c}_0). \qquad (16.71,9)$$

用 $m\boldsymbol{c}_1$ 乘 $f^{(1)}$ 的方程(即(16.7,6)令 $s=1$),再对 $\boldsymbol{c}_1$ 积分,就得到动量输运方程. 用 $1/2mc_1^2$ 乘 $f^{(1)}$ 的方程并对 $\boldsymbol{c}_1$ 积分,然后用 $1/2V_{12}$ 乘 $n^{(2)}$ 的连续方程(16.7,3),并对 $\boldsymbol{r}_2$ 积分,再把这两个方程相加,就得到能量方程. 利用式(16.71,1—8),动量方程和能量方程可以化为通常的形式

$$\rho\frac{D\mathbf{c}_0}{Dt}=\rho\boldsymbol{F}-\frac{\partial}{\partial \boldsymbol{r}}\cdot\mathbf{p},$$

$$n\frac{D\overline{E}}{Dt}=-\frac{\partial}{\partial \boldsymbol{r}}\cdot\boldsymbol{q}-\mathbf{p}:\frac{\partial}{\partial \boldsymbol{r}}\mathbf{c}_0. \qquad (16.71,10)$$

$\mathbf{p}'$, $\boldsymbol{q}'$ 的表达式相应于 Enskog 理论中动量和能量的碰撞输运. 然而,在 Enskog 理论中,不存在任何与式(16.71,6)右边第二项相似的项. 对于均匀稳恒状态下的气体,式(16.71,4)就简化为维里定理表达式.

16.72. 均匀稳恒状态

在不承受外力作用的均匀稳恒状态下,函数

$$f^{(s)}=n^{(s)}\left(\frac{m}{2\pi kT}\right)^{3s/2}\exp\left\{-\frac{m}{2kT}\sum_{i=1}^{s}C_s^2\right\}, \qquad (16.72,1)$$

满足 BBGKY 方程[1]的条件是: 对于所有 $i\leqslant s$ 都有

$$\frac{\partial n^{(s)}}{\partial \boldsymbol{r}_i}-\frac{m}{kT}n^{(s)}\sum_{j=1}^{s}{}'\boldsymbol{X}_{ij}=\frac{m}{kT}\int\boldsymbol{X}_{i,s+1}n^{(s+1)}d\boldsymbol{r}_{s+1}. \qquad (16.72,2)$$

由于 $m\boldsymbol{X}_{ij}=-\partial V_{ij}/\partial\boldsymbol{r}_i\equiv-\nabla_i V_{ij}$,我们可以记

$$\chi_s(q)\equiv\exp\left\{-\sum_{i=1}^{s}V_{qi}/kT\right\}(q>s), \qquad (16.72,3)$$

$$n^{(s)}\equiv n^s\chi_1(2)\chi_2(3)\cdots\chi_{s-1}(s)N^{(s)}. \qquad (16.72,4)$$

这样方程(16.72,2)就变为

1) 关于这个方程解的唯一性问题、虽然已有一些局部的证明,但至今还没有给出一个完整的证明.

$$\nabla_i N^{(s)} = n \int N^{(s+1)} \nabla_i \chi_s(s+1) d\boldsymbol{r}_{s+1}. \qquad (16.72,5)$$

此方程必须在下述的边界条件下求解：当分子 1，2，…，s 都相距很远时，$n^{(s)} = n^s$，于是 $N^{(s)} = 1$（因为在这种情况下 $V_{ij} = 0$，i，$j = 1, 2, \cdots, s$).

如果气体的密度不是太大，那么方程(16.72,5)可以用逐步逼近法求解．略去右边部分就可以得到一级近似；利用边界条件后，求得这个解为 $N^{(s)} =$ 常数 $= 1$．将 $N^{(s+1)}=1$ 代人方程(16.72,5)的右边，就得到二级近似，并解出 $N^{(s)}$；再将 $N^{(s+1)}$ 的二级近似代入，就得到三级近似，并再解出来；可以一直继续下去．例如，若记

$$z_{ij} \equiv \exp(-V_{ij}/kT) - 1, \qquad (16.72,6)$$

那么可以证明

$$\begin{aligned} n^{(2)} = n^2(1 + z_{12}) \Big\{ 1 &+ n \int z_{13} z_{32} d\boldsymbol{r}_3 \\ &+ \frac{1}{2} n^2 \iint [z_{13} z_{34} z_{42}(2 + 2z_{14} + 2z_{23} + z_{14} z_{23}) \\ &+ z_{13} z_{23} z_{14} z_{24}]\, d\boldsymbol{r}_3 d\boldsymbol{r}_4 + \cdots \Big\}. \end{aligned} \qquad (16.72,7)$$

利用式（16.71,4,6）可以证明，在均匀稳恒状态下，分子间作用力对流体静压强的贡献 p_0'，以及对每个分子的平均热能的贡献 $\bar{E}'$，它们分别为

$$p_0' = -kn^2T \frac{\partial \Psi}{\partial n},$$

$$\bar{E}' = kT^2 \frac{\partial \Psi}{\partial T}, \qquad (16.72,8)$$

其中[1)]

$$\Psi \equiv \frac{1}{2} n \int z_{12} d\boldsymbol{r}_2 + \frac{1}{6} n^2 \iint z_{12} z_{23} z_{31} d\boldsymbol{r}_2 d\boldsymbol{r}_3$$

---

1) 式（16.72,8,9）一般都是用统计力学方法推导出来的，它同这里叙述的方法有显著差别．例如，可参阅 J. E. Mayer and M. G. Mayer, *Statistical Mechanics*, chapter 13 (Wiley, 1940).

$$+\frac{1}{24}n^3\iiint z_{12}z_{23}z_{34}z_{41}(3+6z_{13}+z_{13}z_{24})d\boldsymbol{r}_2d\boldsymbol{r}_3d\boldsymbol{r}_4$$

$$+\cdots \qquad (16.72,9)$$

在 p_0' 公式中的表达式 $-n\partial\Psi/\partial n$，是密度的幂级数，它等价于式(16.33,2)中表达式 $b\rho\chi$，如果我们记(参见式(16.5,7))

$$p_0'=knT(\rho B(T)+\rho^2C(T)+\cdots), \qquad (16.72,10)$$

那么系数 B，C，···就是第二，第三…维里系数．这些系数分别由两个分子组内，三个分子组内…的分子的相互作用引起的．

16.73. 输运现象

当气体不处于均匀稳恒状态时，气体中任一点处的当地温度 T 仍可像 2.41 节那样定义，即：想像某处于均匀稳恒状态的气体，它与上述该点处的气体相同，并具有相同的密度和相同的分子平均热能 $\bar{E}$，它的温度就被定义为非均匀稳恒态气体中该点的温度．

为简单起见，我们认为气体没有受到任何外力($\boldsymbol{F}=0$)．为了确定输运系数，我们需要解 $f^{(s)}$ 的 BBGKY 方程，精确到 T 和 $\boldsymbol{c}_0$ 的一阶空间导数项．Bogoliubov 提出，将 16.72 节中用来确定均匀稳恒状态下的 $n^{(s)}$ 的逐步逼近法，作如下推广．

略去方程(16.7,6)右边的积分，我们就可以得到 $f^{(s)}$ 的一级近似，其中 $s>1$．这时，从这个方程可得知，当 s 个分子相互作用时，沿着 s 个分子的某一轨道，$f^{(s)}$ 是常数；由于在开始相互作用前，它们的速度彼此无关联，因此，对于一级近似我们有

$$f^{(s)}=f^{(1)}(\boldsymbol{c}_1',\boldsymbol{r}_1')f^{(1)}(\boldsymbol{c}_2',\boldsymbol{r}_2')\cdots f^{(1)}(\boldsymbol{c}_s',\boldsymbol{r}_s'). \qquad (16.73,1)$$

然而我们不能简单地断言，$\boldsymbol{c}_1'$，$\boldsymbol{r}_1$ 等等是‘碰撞前’的速度和位置，因为精确的位置是重要的，而且‘碰撞前’这一词已没有任何确切的含义．Bogoliubov 假定可以通过以下办法得到 $\boldsymbol{c}_1'$，$\boldsymbol{r}_1'$：首先返转(反向)回溯分子的运动，直到分子开始发生相互作用的那一瞬间为止，这段时间记为 τ；然后再正向地朝前以不变的速度跟踪分子

运动，其跟踪时间仍是 τ. 通过这样的办法，可以将 $f^{(s)}$ 的一级近似用 $f^{(1)}$ 表示出来.

一级近似求得后，将此一级近似式代入方程(16.7,6)的右边的 $f^{(s+1)}$ 中，再求解 $f^{(s)}$，就可以得到 $f^{(s)}$ 的二级近似. 由此得出的方程将表明，由于第 $(s+1)$ 个分子的作用，$f^{(s)}$ 将以多快的速度沿着某一轨迹变化. 再次利用边界条件(16.73,1)以完成该方程对 $\boldsymbol{c}_1'$, $\boldsymbol{r}_1'$, 等的积分(这里 $\boldsymbol{c}_1'$, $\boldsymbol{r}_1'$ 等仍是象前面一样，利用反向和正向追踪 s 个分子的运动的办法而求得的)，更高级的近似式也可以类似地导出，因此，从原则上讲，每一个 $f^{(s)}(s>1)$ 都可以借助于 $f^{(1)}$ 来确定，并可以达到任何一级近似. 而一级近似，二级近似，三级近似则引入了分别与 $s, s+1, s+2, \cdots$ 个分子碰撞有关的项. 当 $f^{(2)}$ 是已知时，即它已用 $f^{(1)}$ 表示并确定到任何一级近似时，那么从原则上讲，$f^{(1)}$ 就可以从方程(16.7,6)的第一式得到，亦确定到同一级近似.

实质上，Bogoliubov 方法是用方程

$$\frac{\partial f^{(1)}}{\partial t}+\boldsymbol{c}\cdot\frac{\partial f^{(1)}}{\partial \boldsymbol{r}}=J_2(f^{(1)}f^{(1)})+J_3(f^{(1)}f^{(1)}f^{(1)})+\cdots, \quad (16.73,2)$$

代替方程(16.7,6)的第一个，其中 J_s 乃是与 s 个函数 $f^{(1)}$(各具有不同的参量)的乘积有关的函数. 对于一级近似，我们只保留 J_2，现在它简化为 $J_2^{(0)}$，即 Boltzmann 碰撞积分 $\partial_c f/\partial t$. 在二级近似里，我们保留代表三体碰撞效应的 J_3，但只要到它的一级近似 $J_3^{(0)}$；而 J_2 则变为 $J_2^{(0)}+J_2^{(1)}$，其中 $J_2^{(1)}$ 代表由于经受二体碰撞的两个分子，其位置有差异所产生的效应(参见式(16.3,2)). 我们可以写

$$f^{(1)}=f^{(1,0)}+f^{(1,1)}, \quad (16.73,3)$$

其中 $f^{(1,0)}$ 是通常的 Maxwell 函数，而 $f^{(1,1)}$ 是 T 和 $\boldsymbol{c}_0$ 的梯度的线性组合. 若精确到这梯度的一阶项，就可以用 $f^{(1,0)}$ 代替方程(16.73,2)左边的 $f^{(1)}$ 和 $J_2^{(1)}$ 中的 $f^{(1)}$，并略去包含 $f^{(1,1)}$ 乘积的各项. 这样，在二级近似内，方程(16.73,2)就变成

$$\frac{\partial_0 f^{(1,0)}}{\partial t}+\boldsymbol{c}\cdot\frac{\partial f^{(1,0)}}{\partial \boldsymbol{r}}=J_2^{(0)}(f^{(1,1)}f^{(1,0)})+J_2^{(0)}(f^{(1,0)}f^{(1,1)})$$

$$+ J_2^{(1)}(f^{(1,0)}f^{(1,0)}) + J_3^{(0)}(f^{(1,1)}f^{(1,0)}f^{(1,0)})$$
$$+ J_3^{(0)}(f^{(1,0)}f^{(1,1)}f^{(1,0)}) + J_3^{(0)}(f^{(1,0)}f^{(1,0)}f^{(1,1)}), \qquad (16.73,4)$$

因为 $f^{(1)} = f^{(1,0)}$ 时，$J_2^{(0)}$ 和 $J_3^{(0)}$ 均变为零．可以将这个方程同方程(16.31,3)和式(16.32,3,4)作比较；方程(16.73,4)的 $J_2^{(1)}$ 中各项，只要取 $\chi = 1$，就对应于出现在式(16.32,4)中的各项．

类似地也可以求得方程(16.73,2)的高级近似．然而大多数作者都没有超出方程(16.73,4)的范围，这不仅是由于讨论多体碰撞有许多困难，而且对更高级近似是否精确还存在疑问．确实如此，方程(16.73,4)本身可能并不精确．

方程(16.73,4)中的表达式 $J_3^{(0)}$，代表各种类型的三体效应，包括(参见 16.21 节)由于第三个分子的干涉、而阻碍了第一个分子同第二个分子的碰撞这样一种效应．此外，由于一次碰撞的开始和结束的确切位置，以及碰撞以后两个分子速度的关联程度都不确定，因此，必须把三个分子 1，2，3 之间三次相继的二体碰撞(例如接连发生(1,2)—(2,3)—(1,2) 或 (1,2)—(2,3)—(1,3))看作是一次三体碰撞．在这样的相继碰撞中，较后的碰撞可能发生在离第一次碰撞相当远的地方．实际上，这种远距离的相继碰撞已被排除，因为在这个相继碰撞完成以前，这些分子中至少有一个会同第四个分子碰撞；可是这种修正只能引入 J_4 才能作出．但是这种修正是不大的，因为当三个分子之间的距离很大时，它们之间的三次相继的二体碰撞是非常罕见的．但是当人们考虑四个相继的二体碰撞时，情况就不同了：远距离碰撞变得如此之频繁，以致于积分 J_4 是发散的．很明显，这种发散不符合物理事实，但是要排除它却是个相当困难的问题[1]．

讨论三体碰撞的困难至今一直阻碍着导出可与实验作详细比

---

1) 方程(16.73,4)的最初讨论是由 S. T. Choh and G. E. Uhlenbeck 在 *The Kinetic Theory of Dense Gases* (Univ. of Michigan Report, 1958) 给出的．也可以参阅 M. S. Green, *J. Chem. Phys.* **25**, 836 (1956); E. G. D. Cohen, *Physica*, **28**, 1025, 1045, 1060 (1962); L. S. García-Colín, M. S. Green and F. Chaos, *Physica*, **32**, 450 (1966); J. R. Dorfman and E. G. D. Cohen, *J. Math. Phys.* **8**, 282 (1967).

较的精确公式，对于弹性刚球，从方程（16.73,4）可以得到与 Enskog 结果等价的结果，但是要作一些附加的假设[1]. Sengers[2]曾经发现，如果不作这样的假设，从方程（16.73,4）导出的结果就可能明显地不同于 Enskog 理论的结果（在 Enskog 理论中只保留 $b\rho$ 的线性项）.

Curtiss 及其合作者[3]以方程(16.73,4)为基础，讨论了更一般的分子模型，但是也作了一个额外的假设，它类似于在推演 Enskog 理论时所作的假设. 尽管作了这个假设，得到的结果还是十分复杂，因此不在这里给出. 这些作者声称，他们的结果与实验满意地符合.

16.8. 某些积分的计算

在这一节中，将要对早先已在本章引用过的一些对 $\mathbf{k}$ 的积分式作出证明.

设 $\mathbf{h}, \mathbf{i}, \mathbf{j}$ 表示三个互相垂直的单位矢量，而 $\mathbf{h}$ 是在 $\boldsymbol{g}$ 的方向. 设 θ, φ 是在 $\mathbf{k}$ 相对 $\mathbf{h}$（作为极轴）的极角并以 $\mathbf{h}$ 和 $\mathbf{i}$ 平面为起算平面. 这样

$$\mathbf{k} = \mathbf{h}\cos\theta + \mathbf{i}\sin\theta\cos\varphi + \mathbf{j}\sin\theta\sin\varphi. \qquad (16.8,1)$$

于是 $\boldsymbol{g}\cdot\mathbf{k} = g\cos\theta$，立体角元 $d\mathbf{k}$ 可以表达为

$$d\mathbf{k} = \sin\theta d\theta d\varphi.$$

在所有这些待求的积分中，积分均是遍及使 $\boldsymbol{g}\cdot\mathbf{k}$ 为正的所有 $\mathbf{k}$ 值. 因此 θ 的积分限是从 0 到 $\pi/2$，φ 的积分限是从 0 到 2π；结果，被积函数中包含 $\sin\varphi$ 或 $\cos\varphi$ 奇次幂的所有项都可以消失，

---

1) J. T. O'Toole and J. S. Dahler, *J. Chem. Phys.* **32**, 1097 (1960); R. F. Snider and C. F. Curtiss, *Phys. Fluids*, **3**, 903 (1960).

2) J. V. Sengers, *Phys. Fluids*, **9**, 1333 (1966).

3) R. F. Snider and C. F. Curtiss, *Phys. Fluids*, **1**, 122 (1958), and **3**, 903 (1960); R. F. Snider and F. R. McCourt, *Phys. Fluids*, **6**, 1020 (1963); D. K. Hoffmann and C. F. Curtiss, *Phys. Fluids*, **7**, 1887 (1964), and **8**, 667 (1965).

特别是

$$\int \mathbf{k}(\boldsymbol{g}\cdot\mathbf{k})d\mathbf{k}=\iint \mathbf{h}\cos\theta\cdot g\cos\theta\cdot\ \sin\theta d\theta d\varphi$$

$$=\frac{2\pi}{3}g\mathbf{h}=\frac{2\pi}{3}\boldsymbol{g}. \tag{16.8,2}$$

此外，利用式(1.3,9)还可得到

$$\int \mathbf{kk}(\boldsymbol{g}\cdot\mathbf{k})^2d\mathbf{k}=\iint(\mathbf{hh}\cos^2\theta+\mathbf{ii}\sin^2\theta\cos^2\varphi$$

$$+\mathbf{jj}\sin^2\theta\sin^2\varphi)g^2\cos^2\theta\sin\theta d\theta d\varphi$$

$$=\frac{2\pi}{15}g^2(3\mathbf{hh}+\mathbf{ii}+\mathbf{jj})$$

$$=\frac{2\pi}{15}g^2(2\mathbf{hh}+\mathsf{U})$$

$$=\frac{2\pi}{15}(2\boldsymbol{gg}+g^2\mathsf{U}), \tag{16.8,3}$$

此外，如果 $\boldsymbol{\nu}$ 是与 θ，φ 无关的任一矢量，那么

$$\int \mathbf{kk}(\boldsymbol{\nu}\cdot\mathbf{k})(\boldsymbol{g}\cdot\mathbf{k})^2d\mathbf{k}=\int \mathbf{kk}(\boldsymbol{\nu}\cdot\mathbf{h}\cos\theta+\boldsymbol{\nu}\cdot\mathbf{i}\sin\theta\cos\varphi$$

$$+\boldsymbol{\nu}\cdot\mathbf{j}\sin\theta\sin\varphi)(\boldsymbol{g}\cdot\mathbf{k})^2d\mathbf{k}$$

$$=\iint\{\boldsymbol{\nu}\cdot\mathbf{h}\cos\theta(\mathbf{hh}\cos^2\theta+\mathbf{ii}\sin^2\theta\cos^2\varphi$$

$$+\mathbf{jj}\sin^2\theta\sin^2\varphi)+\boldsymbol{\nu}\cdot\mathbf{i}(\mathbf{hi}+\mathbf{ih})\cos\theta\sin^2\theta\cos^2\varphi$$

$$+\boldsymbol{\nu}\cdot\mathbf{j}(\mathbf{hj}+\mathbf{jh})\cos\theta\sin^2\theta\sin^2\varphi\}g^2\cos^2\theta\sin\theta d\theta d\varphi$$

$$=\frac{\pi}{12}g^2\{\boldsymbol{\nu}\cdot\mathbf{h}(4\mathbf{hh}+\mathbf{ii}+\mathbf{jj})+\boldsymbol{\nu}\cdot\mathbf{i}(\mathbf{hi}+\mathbf{ih})$$

$$+\boldsymbol{\nu}\cdot\mathbf{j}(\mathbf{hj}+\mathbf{jh})\}$$

$$=\frac{\pi}{12}g^2\{\boldsymbol{\nu}\cdot\mathbf{h}(\mathbf{hh}+\mathsf{U})+\boldsymbol{\nu}\cdot(\mathbf{hh}+\mathbf{ii}+\mathbf{jj})\mathbf{h}$$

$$+\mathbf{h}(\mathbf{hh}+\mathbf{ii}+\mathbf{jj})\cdot\boldsymbol{\nu}\}$$

$$=\frac{\pi}{12}g^2\{\boldsymbol{\nu}\cdot\mathbf{h}(\mathbf{hh}+\mathsf{U})+\boldsymbol{\nu}\mathbf{h}+\mathbf{h}\boldsymbol{\nu}\}$$

$$= \frac{\pi}{12}\{\boldsymbol{\nu}\cdot\boldsymbol{g}(\boldsymbol{gg}+g^2\mathsf{U})/g+g(\boldsymbol{\nu g}+\boldsymbol{g\nu})\}. \tag{16.8,4}$$

现在，根据式(16.3,3)，得到

$$\boldsymbol{C}'=\boldsymbol{C}+\mathbf{k}(\mathbf{k}\cdot\boldsymbol{g}),\quad \boldsymbol{C}_1'=\boldsymbol{C}_1-\mathbf{k}(\mathbf{k}\cdot\boldsymbol{g}).$$

因此

$$C'^2=\{\boldsymbol{C}+\mathbf{k}(\mathbf{k}\cdot\boldsymbol{g})\}\cdot\{\boldsymbol{C}+\mathbf{k}(\mathbf{k}\cdot\boldsymbol{g})\}$$
$$=C^2+2(\mathbf{k}\cdot\boldsymbol{C})(\mathbf{k}\cdot\boldsymbol{g})+(\mathbf{k}\cdot\boldsymbol{g})^2,$$

类似地有 $\quad C_1'^2=C_1^2-2(\mathbf{k}\cdot\boldsymbol{C}_1)(\mathbf{k}\cdot\boldsymbol{g})+(\mathbf{k}\cdot\boldsymbol{g})^2.$

这样，利用式(16.8,2—4)便得到

$$\int\mathbf{k}(C_1^2+C_1'^2)\boldsymbol{g}\cdot\mathbf{k}d\mathbf{k}=\int\mathbf{k}\{2C_1^2-2(\mathbf{k}\cdot\boldsymbol{C}_1)(\mathbf{k}\cdot\boldsymbol{g})$$
$$+(\mathbf{k}\cdot\boldsymbol{g})^2\}(\boldsymbol{g}\cdot\mathbf{k})d\mathbf{k}$$
$$=\frac{2\pi}{3}\left[2C_1^2\boldsymbol{g}-\frac{2}{5}\{2\boldsymbol{g}(\boldsymbol{g}\cdot\boldsymbol{C}_1)+g^2\boldsymbol{C}_1\}\right.$$
$$\left.+\frac{3}{5}g^2\boldsymbol{g}\right], \tag{16.8,5}$$

$$\int\mathbf{k}(\boldsymbol{C}_1+\boldsymbol{C}_1')\boldsymbol{g}\cdot\mathbf{k}d\mathbf{k}=\int\mathbf{k}\{2\boldsymbol{C}_1-\mathbf{k}(\mathbf{k}\cdot\boldsymbol{g})\}(\boldsymbol{g}\cdot\mathbf{k})d\mathbf{k}$$
$$=\frac{2\pi}{3}\left\{2\boldsymbol{C}_1\boldsymbol{g}-\frac{1}{5}(2\boldsymbol{gg}+g^2\mathsf{U})\right\}, \tag{16.8,6}$$

$$\int(\boldsymbol{C}'-\boldsymbol{C})\mathbf{k}(\boldsymbol{g}\cdot\mathbf{k})d\mathbf{k}=\int\mathbf{kk}(\boldsymbol{g}\cdot\mathbf{k})^2d\mathbf{k}$$
$$=\frac{2\pi}{15}(2\boldsymbol{gg}+g^2\mathsf{U}), \tag{16.8,7}$$

$$\int(\boldsymbol{C}'-\boldsymbol{C})\mathbf{k}(\mathbf{k}\cdot\boldsymbol{\nu})(\boldsymbol{g}\cdot\mathbf{k})d\mathbf{k}=\int\mathbf{kk}(\boldsymbol{\nu}\cdot\mathbf{k})(\boldsymbol{g}\cdot\mathbf{k})^2d\mathbf{k}$$
$$=\frac{\pi}{12}\{\boldsymbol{\nu}\cdot\boldsymbol{g}(\boldsymbol{gg}+g^2\mathsf{U})/g+g(\boldsymbol{\nu g}+\boldsymbol{g\nu})\}, \tag{16.8,8}$$

$$\int(C'^2-C^2)\mathbf{k}(\boldsymbol{g}\cdot\mathbf{k})d\mathbf{k}=\int\mathbf{k}\cdot(\boldsymbol{g}+2\boldsymbol{C})\mathbf{k}(\boldsymbol{g}\cdot\mathbf{k})^2d\mathbf{k}$$
$$=2\int(\mathbf{k}\cdot\boldsymbol{G}_0)\mathbf{k}(\boldsymbol{g}\cdot\mathbf{k})^2d\mathbf{k}$$

$$= \frac{4\pi}{15}\{2\boldsymbol{g}(\boldsymbol{g}\cdot\mathbf{G}_0)+g^2\mathbf{G}_0\}, \qquad (16.8,9)$$

$$\int (C'^2 - C^2)\mathbf{kk}(\boldsymbol{g}\cdot\mathbf{k})d\mathbf{k} = 2\int(\mathbf{k}\cdot\mathbf{G}_0)\mathbf{kk}(\boldsymbol{g}\cdot\mathbf{k})^2 d\mathbf{k}$$

$$= \frac{\pi}{6}\{(\mathbf{G}_0\cdot\boldsymbol{g})(\boldsymbol{gg}+g^2\mathbf{U})/g + g(\boldsymbol{g}\mathbf{G}_0+\mathbf{G}_0\boldsymbol{g})\} \quad (16.8,10)$$

第十七章　量子理论和输运现象
分子碰撞的量子理论

17.1.　分子的波场

当用量子方法处理分子碰撞时，发现与经典结果有某些分歧．由一对质量为 m_1 和 m_2 的分子碰撞所引起的相对速度 $\boldsymbol{g}$ 的偏转，十分类似于每个分子——按照经典理论——被一'波'场所包围的情况，这个波场的线性范围与'波长'

$$h(m_1+m_2)/2\pi m_1m_2g$$

同量级，此处 h 是 Planck 常数，等于 $6.626\times10^{-27}\mathrm{g\cdot cm^2/sec}$．这样，例如说，刚球分子表现的行为就仿佛是这类波场产生了偏转，即使分子并未真正地相碰；一般地说，刚球分子的有效直径按照量子理论所得的值，总比按经典理论得到的大些．但另一方面，对其它更真实的分子模型而言，波场可能减小有效直径，如果波场的范围与分子碰撞距离 σ_{12} 相比并不小的话，那么量子效应是可观的；也就是说，如果利用 g 的平均值，只要

$$h(m_1+m_2)^{\frac{1}{2}}/2\pi\sigma_{12}(m_1m_2kT)^{\frac{1}{2}} \tag{17.1,1}$$

与 1 相比不小，那么量子效应就是可观的．对于轻分子以及低温情况，这个量很大；对于 0℃ 时的氦，这个量是 0.13；而对于氢，它要稍大一些；因此对于这二种气体，即使是常温下，量子修正都是可观的；而在低温下就变得很重要了．至于其它气体的分子，它们的质量大得多，它们的半径在大多数情况下也较大；并且对其它气体考虑这样低温的情况亦无必要，因为它们比较容易液化．结果，除氢和氦以外，利用量子方法引进修正相对来说是不重要的．

在十分低的温度下，可能要求对经典理论进行第二个修正．这时与分子相关联的波场可能使分子的有效尺寸增加，结果可能

出现类似于上一章考虑过的密集状态，即使这时分子的总体积与容器容积相比是很微小的. 气体处于这样密集状态时，便称为简并的. 在普通气体里，即使在最低温度时，密集都是轻微的，但在金属中或者在致密星中所遇到的电子流，其密集现象则是非常严重的.

当然，在本书中不可能对量子力学的有关领域给以完整的探讨;我们只是简要地指出它在我们课题中的应用.

17.2. 两股分子流的相互作用

首先必须把前面的一些结果用适当的形式来表达，以便与碰撞的量子理论相联系[1]. 根据测不准原理,分子的精确位置和速度不能同时测定,因此速度为 $\mathbf{c}_1$, $\mathbf{c}_2$ 的两个分子 m_1, m_2 在碰撞时相对速度的偏转角 χ 是不可能精确测定的.然而,当一组速度范围为 $\mathbf{c}_1, d\mathbf{c}_1$ 的分子 m_1 流过一组速度范围为 $\mathbf{c}_2, d\mathbf{c}_2$ 的分子 m_2 时,确定每单位体积和单位时间内下述这种碰撞数是可能的：它使得单位矢量 $\mathbf{e}'$——与碰撞后的相对速度 $\mathbf{g}'_{21}$ 方向一致——位于立体角 $d\mathbf{e}'$ 之内. 这个碰撞数与两组分子的数密度 $f_1 d\mathbf{c}_1$, $f_2 d\mathbf{c}_2$ 成正比，还与 χ 和相对速度的值 g 有关. 如果把它写为

$$f_1 f_2 g \alpha_{12}(g, \chi) d\mathbf{e}' d\mathbf{c}_1 d\mathbf{c}_2, \tag{17.2,1}$$

那么量 α_{12} 就与3.5节中引入的量相同,只是 α_{12} 依赖的变量现在是 g 和 χ,而不是 g 和 b. 由于(见3.5节)

$$b\,db\,d\epsilon = \alpha_{12} d\mathbf{e}' = \alpha_{12} \sin\chi\, d\chi\, d\epsilon,$$

因此前面的理论只须作简单的改写：即在所有涉及到碰撞变量的积分中,要用

$$\alpha_{12}(g, \chi) \sin\chi\, d\chi$$

---

1) 在气体理论方面首先完成量子修正工作的是 E. A. Uehling and G. E. Uhlenbeck. *Phys. Rev.* **43**, 552 (1933), 和 H. S. W. Massey and C. B. O. Mohr, *Proc. R. Soc.* A. **141**, 434(1933). 然而,在更早期的电子理论的讨论中,已包含了类似的修正.

代替 bdb。

17.3. 分子偏转角的分布

现在我们来求 $\alpha_{12}(g, \chi)$ 的表达式[1]. 设 V 是距离为 r 的一对分子 m_1, m_2 的相互势能. 这样,当速度为 $\mathbf{c}_1$ 的分子 m_1 与速度为 $\mathbf{c}_2$ 的分子 m_2 碰撞时,它们的相对运动所遵循的波动方程与质量为 $m_1m_2/(m_1+m_2)$,初速为 $\boldsymbol{g}_{21}$ 的分子在静止力心(在距离 r 处,其势能为 V)作用下所遵循的波动方程相同. 假设力心在原点,又设速度为 $\boldsymbol{g}$、数密度为 1 的分子束从 Oz 方向射入,那么每单位时间内,速度矢量位于小立体角 $\mathbf{e}'$, $d\mathbf{e}'$ 中并穿过一个大球面(其球心在原点)的散射分子的数目为 $g\alpha_{12}(g, \chi)\,d\mathbf{e}'$, 其中 χ 是 $\mathbf{e}'$ 和 Oz 之间的夹角.

运动遵循的波动方程是

$$\frac{h^2 m_0}{8\pi^2 m_1 m_2}\nabla^2\psi + \left(\frac{m_1 m_2 g^2}{2m_0} - V\right)\psi = 0, \qquad (17.3,1)$$

其中 h 是 Plank 常数, $m_0 = m_1 + m_2$. 在这里我们记

$$j \equiv \frac{2\pi m_1 m_2 g}{m_0 h}, \qquad (17.3,2)$$

这时上式就化为

$$\nabla^2\psi + \left(j^2 - \frac{8\pi^2 m_1 m_2 V}{h^2 m_0}\right)\psi = 0. \qquad (17.3,3)$$

我们所求的解是描述被力心散射的粒子束,它对于 Oz 轴应该是对称的, 在原点应是有限的. 如果令 $z = r\cos\theta$, 那么具有这些性质的一个解是

$$\psi = u_n(r)P_n(\cos\theta)/r, \qquad (17.3,4)$$

其中 $P_n(\cos\theta)$ 是 n 阶 Legendre 多项式,而 $u_n(r)$ 是 r 的实函数,它应满足方程

1) 这节的结果取自 H. Faxén and J. Holtsmark, Z. *Phys*. **45**, 307(1927).

$$\frac{d^2u_n}{dr^2}+\left(j^2-\frac{8\pi^2m_1m_2V}{h^2m_0}-\frac{n(n+1)}{r^2}\right)u_n=0, \qquad (17.3,5)$$

及边界条件 $u_n(0)=0$. 除一个任意因子外，这些条件能完全确定 u_n. 适当调整这个因子，可使 r 很大时相应的渐近解为

$$u_n \sim \sin\left(jr-\frac{1}{2}n\pi+\delta_n\right), \qquad (17.3,6)$$

其中 δ_n 是个常数，它取决于函数 V 的形式，还取决于 j 和 n 的值.

适合现在问题的、方程(17.3,3)的解，是式(17.3,4)形式的组合解，就是说，其解可以表达为

$$\psi=\frac{1}{r}\sum_{n=0}^{\infty}\eta_n u_n(r)P_n(\cos\theta), \qquad (17.3,7)$$

其中 η_n 是实常数或复常数. 还可以把 ψ 分成二部分：ψ' 和 ψ''. 第一部分表示数密度为 1 并与 Oz 平行的入射束；对于它我们有：

$$\psi'=e^{\iota jz}=e^{\iota jr\cos\theta}\ (\iota=\sqrt{-1}), \qquad (17.3,8)$$

不难看到，r 很大时，它渐近于(17.3,3)的解. 利用 Bessel 函数理论中的已知结果[1]，此式变成

$$\psi'=\sum_{n=0}^{\infty}(2n+1)\iota^n\sqrt{\left(\frac{\pi}{2jr}\right)}J_{n+\frac{1}{2}}(jr)P_n(\cos\theta)$$

$$=\sum_{n=0}^{\infty}(2n+1)(-2jr\iota)^n\left(\frac{d}{d(j^2r^2)}\right)^n\cdot\left(\frac{\sin jr}{jr}\right)P_n(\cos\theta).$$

于是当 r 很大时，

$$\psi'\sim\frac{1}{jr}\sum_{n=0}^{\infty}(2n+1)\iota^n\cdot\sin\left(jr-\frac{1}{2}n\pi\right)P_n(\cos\theta). \qquad (17.3,9)$$

---

1) G. N. Watson, Bessel *Functions*, pp. 56, 128, 368(Cambridge, 1944).

由于 ψ 是方程(17.3,1)的解，既然 ψ' 是其渐近解，因此 ψ 的另一部分 ψ'' 也必须是其渐近解. ψ'' 代表散射分子；在离原点很远处（r 很大），散射分子向外作径向运动. 因此，当 r 很大时，它必定满足 $\partial\psi''/\partial r \sim \iota j\psi''$. 如果

$$\psi'' \sim \frac{1}{r} e^{\iota jr} \sum_{n=0}^{\infty} \eta_n'' P_n(\cos\theta), \tag{17.3,10}$$

其中 η_n'' 是常数，那么这些条件就能被满足.

合并(17.3,6,7,9,10)各结果，我们得到

$$\sum_{n=0}^{\infty} \left\{(2n+1)\iota^n \sin\left(jr - \frac{1}{2}n\pi\right)\Big/ jr + \eta_n'' e^{\iota jr}/r\right\} P_n(\cos\theta)$$

$$= \frac{1}{r} \sum_{n=0}^{\infty} \eta_n \sin\left(jr - \frac{1}{2}n\pi + \delta_n\right) P_n(\cos\theta).$$

令等式两边 $P_n(\cos\theta)$ 的系数相等，由此得到

$$(2n+1)\iota^n \sin\left(jr - \frac{1}{2}n\pi\right)\Big/ j + \eta_n'' e^{\iota jr}$$

$$= \eta_n \sin\left(jr - \frac{1}{2}n\pi + \delta_n\right).$$

这是关于 r 的恒等式. 假设

$$jr - \frac{1}{2}n\pi + \delta_n = 0.$$

这样就求得

$$\eta_n'' = \frac{1}{2j\iota}(2n+1)(e^{2\iota\delta_n} - 1),$$

于是式(17.3,10)变为

$$\psi'' \sim \frac{e^{\iota jr}}{2\iota jr} \sum_{n=0}^{\infty} (2n+1)(e^{2\iota\delta_n} - 1) P_n(\cos\theta).$$

散射分子的数密度是 $|\psi''|^2$. 在离原点很远处，这些分子以速度 g 向外作径向运动. 因此，每单位时间穿过一个半径为 r 的大球面、速度方向位于 $\boldsymbol{e}'$, $d\boldsymbol{e}'$ 立体角内的分子数是 $|\psi''|^2 g r^2 d\boldsymbol{e}'$. 因为这与 $g\alpha_{12} d\boldsymbol{e}'$ 相同，所以有

$$\alpha_{12}(g, \chi) = \frac{1}{4j^2}\left|\sum_{n=0}^{\infty}(2n+1)(e^{2i\delta_n}-1)P_n(\cos\chi)\right|^2. \quad (17.3,11)$$

当研究非全同分子碰撞时，这个表达式给出散射分子的分布．如果是全同分子，它们的可互换性要求我们用

$$\psi' = 2^{-\frac{1}{2}}(e^{ijx} \pm e^{-ijx}). \quad (17.3,12)$$

代替式(17.3,8)．此式相应于两束分子的叠加，这两束分子分别以 g 和 $-g$ 速度平行于 Oz 运动．此式中的系数值是这样选择的：使得平均数密度为 1．式(17.3,12)中的正、负号分别对应于 Bose-Einstein 分子和 Fermi-Dirac 分子，亦即分别对应于由偶数个和奇数个基本粒子(电子、质子和中子)组成的分子．从式(17.3,12)得到

$$\psi' = 2^{\frac{1}{2}}\sum{}'(2n+1)(-2jri)^n\left(\frac{d}{d(j^2r^2)}\right)^n\frac{\sin jr}{jr}P_n(\cos\theta),$$

如果考虑的是 Bose-Einstein 分子，上述求和 $\sum'$ 是取所有的偶数(包括零) n；如果是 Fermi-Dirac 分子，则取所有的奇数 n．因此我们必须用

$$\alpha_1(g, \chi) = \frac{1}{2j^2}\left|\sum{}'(2n+1)(e^{2i\delta_n}-1)P_n(\cos\chi)\right|^2. \quad (17.3,13)$$

代替(17.3,11)．

按照量子理论[1]，相同物质的分子不能认为是全同的，除非它们具有同样的核自旋和同样的转动量子数时．结果，即使在氦里，对于两个自旋方向相反的分子碰撞，都必须采用非全同分子的公式．在双原子气体或多原子气体中，即使是单组元的，对于它们中间发生的绝大多数碰撞，散射几率是非全同分子的值．

17.31. 碰撞几率和平均自由程

一个速度为 $\mathbf{c}_1$ 的分子在数密度为 1、速度为 $\mathbf{c}_2$ 的异类分子流中运动时，它在每单位时间里发生碰撞的总几率是

1) O. Halpern and E. Gwathmey, *Phys. Rev.* 52, 944(1937).

$$g\int \alpha_{12}(g,\chi)\,de' = 2\pi g\int_0^{\pi}\alpha_{12}(g,\chi)\sin\chi\,d\chi$$

$$= \frac{\pi g}{2j^2}\int_{-1}^{1}\left|\sum_{n=0}^{\infty}(2n+1)(e^{2i\delta_n}-1)P_n(x)\right|^2 dx$$

$$= \frac{4\pi g}{j^2}\sum_{n=0}^{\infty}(2n+1)\sin^2\delta_n, \tag{17.31,1}$$

此处利用了 Legendre 多项式理论中的某些结果[1]. 可以看到，当 $r\to\infty$ 时，若 V 以 $r^{-\nu}$（其中 $\nu>3$）的形式趋于零，则这个级数收敛（于是碰撞几率为有限值）. 因此，当力场满足这个条件时，在量子理论中就有自由程的自然定义；然而在经典理论中，当分子不是刚性时，必须对分子力场的界限作出某种人为的假定，此后才能定义自由程. 分子经受那么多的碰撞，就好象它们有确定的共同碰撞距离 σ_{12} 和碰撞截面 Q 一样，其中

$$Q = \pi\sigma_{12}^2 = \frac{4\pi}{j^2}\sum_{n=0}^{\infty}(2n+1)\sin^2\delta_n. \tag{17.31,2}$$

对于全同分子有类似关系，但它的和值 $\sum'$ 是对全部偶数 n 求和或对全部奇数 n 求和，再乘以因子 $8\pi/j^2$.

然而，与截面 Q 相应的自由程同适用于粘性和其它输运现象的自由程是很不一样的. 即使根据量子理论，大量‘碰撞’是在相距较远的分子之间发生，它们只引起比较小的相对速度偏转. 在远距离处的引力（它是小的）对自由程的影响，比近处碰撞时斥力（它是大的）的影响要大. 因此，在碰撞时速度的残留接近于 1. 事实上，仅当人们在实验中要研究个别粒子运动，并辨别它在给定距离内是否经受了一次偏转时，相应于式(17.31,2)的自由程才是重要的. 对于不带电的分子，还一直没有做成过这样的实验. 但是气体中电子和离子的自由程已经测量出. 这些实验给出了分子碰撞半径的值，它常常比粘性问题中的相应值大好多倍，而且随离子速度的变化而有很大变化.

---

1) 见前面引证的 Massey and Mohr 的文章.

粘性、热传导和扩散系数的一阶近似式都与积分 $\phi_{12}^{(1)}$, $\phi_{12}^{(2)}$ 有关,现在它们是

$$\phi_{12}^{(l)} = 2\pi \int_0^\pi (1 - \cos^l \chi)\alpha_{12}(g, \chi) \sin \chi d\chi$$

(参见式(9.33,4)). 这样,对于非全同粒子[1],我们有

$$\phi_{12}^{(1)} = \frac{\pi}{2j^2}\int_{-1}^{1}(1-x)\left|\sum_{n=0}^{\infty}(2n+1)(e^{2i\delta_n}-1)P_n(x)\right|^2 dx$$

$$= \frac{4\pi}{j^2}\sum_{n=0}^{\infty}(n+1)\sin^2(\delta_{n+1}-\delta_n), \qquad (17.31,3)$$

此处利用了 Legendre 多项式的性质. 类似地有

$$\phi_{12}^{(2)} = \frac{4\pi}{j^2}\sum_{n=0}^{\infty}\frac{(n+1)(n+2)}{2n+3}\sin^2(\delta_{n+2}-\delta_n). \quad (17.31,4)$$

对全同分子[2],有

$$\phi_1^{(2)} = \frac{8\pi}{j^2}\sum{}'\frac{(n+1)(n+2)}{2n+3}\sin^2(\delta_{n+2}-\delta_n) \quad (17.31,5)$$

(求和 $\sum'$ 表示对所有偶数 n 或奇数 n 求和),对 $\phi_1^{(1)}$ 有相应的表达式[3].

17.32. 相角 δ_n

一般说来,不可能给出相角 δ_n 的精确表达式,但是,当 δ_n 与

---

1) 式(17.31,3,4)的这种形式(比最初由 Massey 和 Mohr 所给出的形式简单)是 H. A. Kramers 给出的. 参见 J. de Boer and E. G. D. Cohen, *Physica*, **17**, 993(1951).

2) Massey 和 Mohr 给出适合于自扩散的分子截面表达式;他们发现,即使在高温下,这个截面也是经典值的两倍. 然而,这个事实没有直接的重要性. 因为考虑到分子的可互换性,两个分子在碰撞时失去了它们的全同性;因此跟踪选定的一组分子在其余分子中的扩散是不可能的,亦即测定自扩散系数是不可能的. 我们能够得到的最接近于自扩散的情况,是考虑两组类似的、但是是可以辨认的分子的互扩散.

3) 在 j 很大的极限情况下,(17.31,3—5) 简化为相应的经典表达式,关于这点的出色证明可参阅 L. Waldmann, *Handbuch der Physik*, vol. 12, 460 (1958).

1 相比为很小时或很大时，其近似表达式已由 Mott[1] 和 Jeffreys[2] 给出．对于 jr 与 n 相比不是小量的所有 r 值来说，他们发现：如果 $8\pi^2 m_1 m_2 V/h^2(m_1+m_2)$ 同 $n(n+1)/r^2$ 相比是小量的话，则 δ_n 也是个小量．在这种情况下，Mott 用扰动法证明了

$$\delta_n = \frac{4\pi^3 m_1 m_2}{h^2(m_1+m_2)}\int_0^\infty V(r)\{J_{n+\frac{1}{2}}(jr)\}^2 r dr \quad (17.32,1)$$

近似成立．当 δ_n 很大时，我们可以利用 u_n 的 Jeffreys 近似式，它是

$$u_n = \sin\left\{\frac{\pi}{4} + \int_{r_0}^{r}\{f(x)\}^{\frac{1}{2}}dx\right\},$$

其中
$$f(r) = j^2 - \frac{8\pi^2 m_1 m_2}{h^2(m_1+m_2)}V(r) - \frac{n(n+1)}{r^2},$$

而 r_0 是 $f(r)$ 的最大的零点；如果 $f'/f^{\frac{3}{2}}$ 在积分域内是小量，那么这个近似式成立．相应的 δ_n 值是

$$\delta_n = \frac{n\pi}{2} + \frac{\pi}{4} - jr_0 + \int_{r_0}^{\infty}\{[f(r)]^{\frac{1}{2}} - j\}dr. \quad (17.32,2)$$

当 δ_n 与 1 相比既不很大，又不很小时，(17.32,1,2)两个近似式都不成立．通常仅有几个 δ_n 是与 1 相近，而这些值可用内插法找到，精度尚好．更精确的值可用电子计算机求得．

有一种模型，对于它可以得到 δ_n 的显式．假设分子是直径为 σ 的弹性刚球，那么在波动方程 (17.3,3) 中，我们有 $V=0$ ($r>\sigma$ 时) 或 $V=\infty$($r<\sigma$ 时)．这等价于，u_n 是下述方程的解：

$$\frac{d^2u_n}{dr^2} + \left(j^2 - \frac{n(n+1)}{r^2}\right)u_n = 0$$

边界条件是：$r=\sigma$ 时，$u_n=0$．此解的形式是

---

1) N. F. Mott, *Proc. Camb. Phil. Soc.* **25**, 304(1929).

2) H. Jeffreys, *Proc. Lond. Math. Soc.* **23**, 428 (1924). 在量子理论的书中，'Jeffreys' 表达式常称为 WKB (Wentzel-Kramers- Brillouin)近似式．

$$u_n \propto r^{\frac{1}{2}}\left\{\frac{J_{n+\frac{1}{2}}(jr)}{J_{n+\frac{1}{2}}(j\sigma)}-\frac{J_{-n-\frac{1}{2}}(jr)}{J_{-n-\frac{1}{2}}(j\sigma)}\right\}.$$

由于当 jr 很大时有

$$J_{n+\frac{1}{2}}(jr)\sim\left(\frac{2}{\pi jr}\right)^{\frac{1}{2}}\sin\left(jr-\frac{n\pi}{2}\right),$$

$$J_{-n-\frac{1}{2}}(jr)\sim\left(\frac{2}{\pi jr}\right)^{\frac{1}{2}}\cos\left(jr+\frac{n\pi}{2}\right),$$

这样与式(17.3,6)作比较后便给出

$$\delta_n=\tan^{-1}\{(-1)^{n+1}J_{n+\frac{1}{2}}(j\sigma)/J_{-n-\frac{1}{2}}(j\sigma)\}. \quad (17.32,3)$$

特别是 $\delta_0=-j\sigma$.

对其它更真实的模型，必须全部采用数值方法. 首先必须对各种 j 值(亦即各种不同的 g 值，参见(17.3,2))求出 δ_n 值(因此积分 $\phi^{(l)}$ 也就求得)；然后可用数值积分的方法确定积分 $\Omega^{(l)}(r)$.

17.4. 与氦的实验相比较

正如在 7.1 节中已提及，对输运系数的经典公式作量子修正，除了氦和氢以外，对其它气体来说都是不重要的. Boer 和 Bird[1] 作了详细计算，其结果表明，对这些气体，量子修正一般均不超过实验误差. 即使对于氢和氦，Mason 和 Rice[2] 估计：对于 200°K 以上的氦及对于 250°K 以上的氢，对粘性的修正不会超过 0.6%.

Massey 和 Mohr[3] 对氢和氦进行了理论与实验的比较，他们假设分子是弹性刚球. 正如 17.1 节总括性的论述中已表明，量子相互作用的影响是增加分子的表观半径；这一增量在常温下是相当小的，但温度下降时就变大了；当温度接近绝对零度时，粘性的表观半径是实际半径的四倍. 表 29 中给出了根据经典理论和量子理论算出的氦的理论值(采用适当选取半径的弹性刚球模型)，并

1) J. de Boer and R. B. Bird, *Physica*, **20**, 185(1954).
2) E. A. Mason and W. E. Rice, *J. Chem. Phys.* **22**, 522(1954).
3) H. S. W. Massey and C. B. O. Mohr, *Proc. R. Soc.* A, **141**, 434(1933).

同实验值作了比较[1]. 与经典理论相比，在低温下，量子理论与实验的相符程度有很大的改善. 然而，不能由此认为采用弹性刚球模型是合理的；由实验数据按照经典理论推算出来的表观半径的减小，一直延续到高温，此时量子效应已不明显了.

对于氦，利用 12，6 模型、exp；6 模型和完全的 Buckingham (exp；8，6)模型，已作过若干次量子理论结果与实验结果的比较[2]. 这些比较，包括正常的氦(^4He)和同位素 ^3He 二者. 根据经典理论，假设在这二种氦中分子相互作用规律相同，那么 ^3He 的粘性系数应是 ^4He 粘性系数的$\sqrt{3/4}$，因为分子质量比是 3/4. 但量子理论估算值偏离这个简单规律，一是因为 ^3He 的质量比 ^4He 小，因此 ^3He 的量子效应更重要，二是因为 ^3He 和 ^4He 分别属于 Fermi-Dirac 粒子和 Bose-Einstein 粒子.

设 α_e 和 α_0 分别表示式(17.3，13)取所有偶数求和和所有奇数求和时的 α_1 值. 因为 ^4He 是由不存在核自旋的 Bose-Einstein 分子组成，所有这些分子是全同的，对于它 $\alpha_1=\alpha_0$. 另一方面，^3He 由核自旋为$\pm 1/2$ 的 Feimi-Dirac 分子组成，在它里面有一半碰撞是在相反自旋的分子间进行的；对于这些碰撞必须利用式(17.3，11)，相应地就有

$$\alpha_1=\frac{1}{2}(\alpha_e+\alpha_0).$$

因此，在 ^3He 中对所有类型的碰撞取平均得到的 α_1 是

$$\begin{aligned}\bar{\alpha}_1&=\frac{1}{2}\left\{\alpha_0+\frac{1}{2}(\alpha_e+\alpha_0)\right\}\\&=\frac{3}{4}\alpha_0+\frac{1}{4}\alpha_e,\qquad(17.4,1)\end{aligned}$$

---

1) E. A. Uehling (*Phys. Rev.* **46**, 917 (1934)) 重新计算了这些值，他发现与 Messey 和 Mohr 的结果有相当大的分歧.

2) H. S. W. Massey and C. B. O. Mohr, *Proc. R. Soc.* A, **144**, 188(1934). R. A. Buckingham, J. Hamilton and H. S. W. Massey, *Proc, R. Soc.* A, **179**, 103 (1941); J. de Boer, *Physica*, **10**, 348 (1943); J. de Boer and E. G.D. Cohen, *Physica*, **17**,993(1951); O. Halpern and R. A. Buckingham, *Phys. Rev.* **98**, 1626 (1955); W. E. Keller, *Phys. Rev.* **105**, 41(1956).

对于分子有效碰撞截面亦有相应的结果.

图 13 给出了很低温度下 ^{3}He 和 ^{4}He 的粘性系数计算值和实验值的比较，同时还可见表 29 的最后一列. 计算值是 Keller[1] 根据 12,6 模型算出的，他用的常数 ε，σ 是用维里方法（在较通常的温度下）导出的. 利用exp；6 模型和 Bukingham 模型，也得到了类似的结果. 考虑到图 13 中温度范围相当宽，作用力又是外推得到的，故可以认为，计算结果与实验的一致性是相当好的. 在很低温度下，^{3}He 粘性实际上超过 ^{4}He 的粘性，这与经典理论相反. 对于

表 29　根据量子理论得到的氦的粘性系数

绝对温度	$\mu\times10^7$（观测值）	$\mu\times10^7$（计算值）		
		弹性刚球		12,6 模型
		经典理论	量子理论	(Keller,量子理论)
294.5	1994	2000	1850	—
273.1	1870	1930	1770	—
250.3	1788	1840	1690	—
203.1	1564	1670	1500	—
170.5	1392	1520	1350	—
89.8	918	1100	920	—
75.1	815	1010	815	—
20.2	350.3	520	355	354
17.04	310(1)	—	—	317
15	294.6	450	300	291
14.12	280(1)	—	—	279.5
4.2	107.8(2)	—	—	108.6
2.68	66.0(2)	—	—	66.0
1.29	34.0(2)	—	—	37.0

实验参考文献：(1) E. W. Becker and R. Misenta, *Z. Phys.* **140**, 535(1955); (2) E. W. Becker, R. Misenta and F. Schmeissner, *Z. Phys.* **137**, 126 (1954); 其余的值象表13一样，是取自H. K. Onnes and S. Weber, *Proc. Sect. Sci. K. ned. Akad. Wet.* **21**, 1385(1913).

1) W. E. Keller, *Phys. Rev.* **105**, 41(1956). 表 29 中最后一列数据是从 Keller 的表用内插法得到的. 在 40°K 时(这是 Keller 所研究的最高温度)，粘性的量子值比经典值大，但差值不超过 4%.

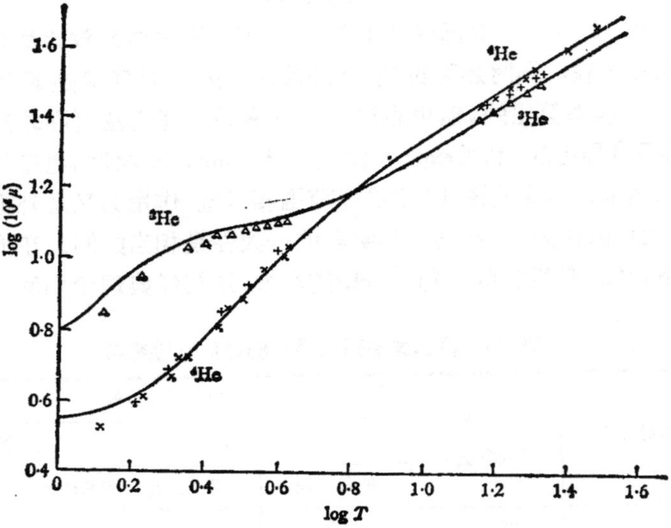

图 13 在很低温度下 ^{3}He 和 ^{4}He 的粘性系数
（计算值与实验值比较）

曲线：Keller 的量子计算结果(12,6 模型)；
×：^{4}He 的实验值　　　　△：^{3}He 的实验值
+：从λ的实验值，通过 $\lambda=\frac{5}{2}\mu c_v$ 关系计算的值 (^{4}He) μ 的观察值取自 Becker and Misenta 和 Becker, Misenta and Schmeissner; λ 的观察值取自 J.B. Ubbink and W.J.de Haas, Physica, **10**, 465(1943).

^{3}He，仅当采用式 (17.4,1) 的组合规则计算有效碰撞截面时，实验值与理论值有很好的一致.

关于低温下 ^{3}He 与 ^{4}He 混合气体的扩散系数，Bendt[1] 已作了理论同实验的比较，同样有满意的结果.

17.41. 低温下的氢

本章的理论虽然严格说仅适用于球形分子，但应用于低温氢时，也可期望得到较好的结果. 在这样低的温度下，转动自由度尚未激发（参见 17.63 节），然而氢以两种形式存在：仲氢和正氢，必

1) P. J. Bendt, *Phys. Rev.* **110**, 85 (1958).

须把它们看作独立无关气体，在正常氢气中，它们是以 3:1 的比例存在的。氢分子是 Bose-Einstein 粒子；然而，因为核自转，即使在低温下，正氢也有九个独立量子态，结果，类似于式(17.4,1)，正氢的 α_1 平均值公式为

$$\bar{\alpha}_1 = \frac{1}{9}\alpha_e + \frac{8}{9}\left[\frac{1}{2}(\alpha_e + \alpha_0)\right] = \frac{5}{9}\alpha_e + \frac{4}{9}\alpha_0. \tag{17.41,1}$$

仲氢在低温下仅有一个量子态，因此对于仲氢有 $\alpha_1 = \alpha_e$. 对于不同类型的氢分子之间的碰撞，则有

$$\alpha_{12} = \frac{1}{2}(\alpha_e + \alpha_0).$$

可以想象对仲氢和正氢来说，α_e，α_0 可能是不同的，但通常并不考虑这种可能性.

对于仲氢和正氢，以及正常氢(把它看作为二组元混合气体)所算得的粘性表明，在低温下它们与实验的一致性是令人满意的[1]. 计算中采用的是 12，6 模型和 Buckingham 模型，而作用力常数则采用通常温度下由实验导得的数据. 理论结果指出：在仲氢和正氢之间，由于 $\bar{\alpha}_1$ 的量子值有差别，仲氢的粘性系数和热传导系数明显地大于正氢的，在 $T = 10°K$ 附近时，它们之间的差值约达 1%. 这与实验值大体上是一致的[2]，虽然仲氢实验与正氢实验之间的差值中有一部分可能由其它效应引起的.

不能直接将 H_2 同 HD 和 D_2 作比较，因为 HD 分子同其它两种分子不同，它是 Fermi-Dirac 粒子；此外，仲氘与正氘的核自旋形式与 H_2 的不一样；因此对于仲氘和正氘，式(17.41,1)变为

$$\bar{\alpha}_1 = \frac{7}{12}\alpha_e + \frac{5}{12}\alpha_0 (\text{正氘}),$$

1) E. G. D. Cohen, M. J. Offerhaus, J. M. J. van Leeuwen, B. W. Roos and J. de Boer, *Physica*, **22**, 791(1956); R. A. Buckingham, A. R. Davies and D. C. Gilles, *Proc.Phys. Soc.* **71**, 457(1958).

2) E. W. Becker and O. Stehl, *Z. Phys.* **133**, 615(1952); K. Heinzinger, A. Klemm and L. Waldmann, *Z. Naturf.* **16a**, 1338(1961).

$$\bar{\alpha}_1 = \frac{5}{9}\alpha_e + \frac{4}{9}\alpha_0 \quad \text{(仲氘)}. \qquad (17.41,2)$$

然而，我们可以注意到，根据经典理论，若 D_2 和 H_2 有同样作用力规律，则它们的粘性系数之比应该是 $\sqrt{2}$，即 1.414．但事实上，虽然在常温下这个比例离 $\sqrt{2}$ 不远，而在 71.5°K 时，却是 1.37；在 14.4°K 时，却是 1.25[1]．用量子理论可以很好地解释这一点．

17.5. Fermi-Dirac 粒子的简并

正如在 17.1 中已指明的，当相邻分子之间的平均距离与围绕分子的量子波场的尺度可以相比较时，就造成密集状态．现来探讨，例如，由电子或其它 Fermi-Dirac 粒子组成的气体．按照量子理论，在体积 V 中具有速度区域为 $d\mathbf{c}$ 的粒子数不能大于 $V\beta d\mathbf{c}(m/h)^3$，其中 m 是粒子的质量，β 是粒子的统计权重[2]，h 是 Planck 常数．因此，如果在这个速度区域内已经有这么多粒子，而碰撞的结果若会使更多的粒子进入的话，那么这种碰撞不会发生．更一般地说，若在这个速度区域的粒子数已有 $Vf(\mathbf{c})d\mathbf{c}$ 个，那么使其它粒子进入这个速度区域的碰撞几率将减小到 $1 - f(\mathbf{c})h^3/m^3\beta$ 倍．相应地，方程(3.52,9)应由下式代替

$$\left(\frac{\partial_e f_1}{\partial t}\right)_2 = \iiint\left\{f_1' f_2'\left(1 - \frac{f_1 h^3}{m_1^3 \beta_1}\right)\left(1 - \frac{f_2 h^3}{m_2^3 \beta_2}\right)\right.$$

---

1) A. O. Rietveld, A. van Itterbeek and C. A. Velds, *Physica*, **25**, 205 (1959). D_2和 H_2 之间分子作用力规律，可能有微小的差别；例如，参阅 D. E. Diller and E. A. Mason, *J. Chem. Phys.* **44**, 2604(1966).

2) 统计权重就是独立量子态的数目，在这些量子态中，粒子具有相同内能．对于电子，权重为 2，它相应于电子的二个可能的自旋状态．按照量子力学，在一个原子里，占据某一给定量子态的电子，不能多于一个，另外还有一个量子力学的基本假设，就是电子占据任一量子态的几率是先验的，它等于在六维空间中(其坐标是电子的空间坐标和动量坐标)占据一个体积 h^3 的几率．因此，占据容积 h^3 而自旋给定的电子不能多于一个，若不指定自旋则总的不能多于两个．这一结果可推广到所有 Fermi-Dirac 粒子．

$$- f_1 f_2 \left(1 - \frac{f_1' h^3}{m_1^3 \beta_1}\right)\left(1 - \frac{f_2' h^3}{m_2^3 \beta_2}\right)\Bigg\}$$

$$\times g\alpha_{12}(g, \chi) \sin \chi d\chi d\varepsilon d\mathbf{c}_2. \tag{17.5,1}$$

对于混合气体，它的均匀稳恒状态满足

$$f_1' f_2' \Big/ \left(1 - \frac{f_1' h^3}{m_1^3 \beta_1}\right)\left(1 - \frac{f_2' h^3}{m_2^3 \beta_2}\right)$$

$$= f_1 f_2 \Big/ \left(1 - \frac{f_1 h^3}{m_1^3 \beta_1}\right)\left(1 - \frac{f_2 h^3}{m_2^3 \beta_2}\right)$$

以及一些类似的关系式．由此得到

$$\ln\left\{f_1 \Big/ \left(1 - \frac{f_1 h^3}{m_1^3 \beta_1}\right)\right\},$$

$$\ln\left\{f_2 \Big/ \left(1 - \frac{f_2 h^3}{m_2^3 \beta_2}\right)\right\}$$

是碰撞的总和不变量．这就导得

$$f_1 = m_1^3 \beta_1 / h^3 (1 + A_1 e^{\alpha m_1 C_1^2}),$$
$$f_2 = m_2^3 \beta_2 / h^2 (1 + A_2 e^{\alpha m_2 C_2^2}), \tag{17.5,2}$$

其中 A_1，A_2，α 与气体的数密度和温度有关，而 $\boldsymbol{C}_1$，$\boldsymbol{C}_2$ 和前面一样，是粒子相对于平均运动的速度．对于给定的 α，当 A_1，A_2 越大，则气体数密度越小，反之亦然．

若 A_1，A_2 很大，则方程(17.5,2)就简化为通常的 Maxwell 形式

$$f_1 = \frac{m_1^3 \beta_1}{h^3 A_1} e^{-\alpha m_1 C_1^2},$$

$$f_2 = \frac{m_2^3 \beta_2}{h^3 A_2} e^{-\alpha m_2 C_2^2},$$

从而得到

$$\alpha = \frac{1}{2kT}. \tag{17.5,3}$$

若气体中某一组元的速度分布与另一组元的密度无关（在经典理论中，这是正确的），那么不论 A_1 很大而 A_2 不很大，或者 A_1，A_2 都不很大，只要再次进行与上面一样的讨论就能得出结论：α 值都

是一样的$\left(\text{即等于 } \frac{1}{2kT}\right)$. 统计力学指出：实际上式(17.5,3)对所有密度都成立.

量 A_1, A_2 与相应的数密度 n_1, n_2 的关系，其形式与单组元气体的情况相同. 单组元气体的速度分布函数是

$$f = m^3\beta/h^3(1 + Ae^{mC^2/2kT}). \tag{17.5,4}$$

若 A 与 1 相比很大，则 f 趋近于 Maxwell 形式，其中的 n 由下式给定.

$$\frac{m^3\beta}{h^3A} = n\left(\frac{m}{2\pi kT}\right)^{\frac{3}{2}}.$$

因此，$A \gg 1$ 这一条件(即：同 Maxwell 分布没有明显偏离）意味着

$$h^3n/\beta(2\pi mkT)^{\frac{3}{2}} \ll 1. \tag{17.5,5}$$

当这个条件满足时，就称该气体为非简并的.

如果 A 与 1 相比很小，那么当 C 小于 W 时，$\left(W\text{的定义为 } \frac{mW^2}{2kT} = \ln\left(\frac{1}{A}\right)\right)$，$f$ 几乎等于 $m^3\beta/h^3$；但是当 C 增加并超过比值时，f 很快下降. 在这种情况下，就称气体为简并的. 作为一级近似，我们有

$$f = \frac{m^3\beta}{h^3} \quad \text{若} \quad C < W,$$

$$f = 0 \quad \text{若} \quad C > W.$$

由此得到

$$n = \frac{m^3\beta}{h^3}\int_0^W 4\pi C^2 dC$$

$$= \frac{4\pi}{3}\frac{m^3\beta}{h^3}\left(\frac{2kT\ln(1/A)}{m}\right)^{\frac{3}{2}}, \tag{17.5,6}$$

利用同样的近似式，我们还得到

$$n\overline{C}^2 = \frac{4\pi}{5}\frac{m^3\beta}{h^3}\left(\frac{2kT\ln(1/A)}{m}\right)^{\frac{5}{2}},$$

$$= \frac{3}{5}\left(\frac{3}{4\pi\beta}\right)^{\frac{2}{3}} \frac{h^2}{m^2} n^{\frac{5}{3}}. \tag{17.5,7}$$

因此，对于一级近似而言，分子的能量与温度无关。气体压强是

$$p = \frac{1}{3} nm\overline{C}^2 = \frac{1}{5}\left(\frac{3}{4\pi\beta}\right)^{\frac{2}{3}} \frac{h^2}{m} n^{\frac{5}{3}}, \tag{17.5,8}$$

对于一级近似，压强也与温度无关。

利用'A 同 1 相比很小'这一事实，连同方程(17.5,6)，我们就得到简并的条件：

$$h^3 n/\beta(2\pi mkT)^{\frac{3}{2}} \gg 1. \tag{17.5,9}$$

由这个条件可以得出结论：分子的平均平动能和压强，与没有简并时的相应值 $3k/2m$ 和 knT 相比是大的。关系式(17.5,5)和(17.5,9)构成 Sommerfeld 的简并准则[1]。由这些准则可以清楚看到，若 m 很小，则简并最有可能发生；因此，电子气多半就是这种情况。对于其它气体，这种情况多半发生在密度高和温度低的情况下。然而，人们发现，即使对于最轻的气体，温度低到 15°K 时，由于简并造成的密集程度仍小于由于分子的有限尺寸所造成的（这已在第十六章中考虑过）。因此，除了电子气以外，通常可以忽略简并的影响(参见 17.52 节内第二个注释)[2]。

17.51. Bose-Einstein 粒子的简并

对 Bose-Einstein 粒子，结果明显不同。对于这种粒子来说，在速度范围 $d\mathbf{c}$ 里有一个同类粒子存在，就能增加一份几率（其它粒子进入这个速度区域的几率）；若每单位体积中已存在 $f(\mathbf{c})d\mathbf{c}$ 个粒子，则进入这个速度区域的几率就增加 $1 + f(\mathbf{c})h^3/m^3\beta$ 倍。对这种情况的分析与 17.5 节类似，只是 $h^3/m^3\beta$ 的符号有改变。在均匀稳恒状态中，可得到

$$f = m^3\beta/h^3(Ae^{mC^2/2kT} - 1), \tag{17.51,1}$$

常数 A 与数密度有关，在这个情况中总是大于 1；当 $A \to 1$ 时就趋

---

1) A Sommerfeld, *Z. Phys.* **47**, 1, 43(1928).

2) 在致密星中，由于简并引起电子能量增加，使得相对论效应常常是重要的。

于极度简并的极限情况. 与式(17.51,1)相应的分子能量和压强,小于经典公式给出的结果. 可是,没有必要作进一步详细讨论,因为对于普通气体,简并的影响是不重要的.

17.52. 简并气体中的输运现象

Uehling 和 Uhlenbeck[1] 以及后来一些作者,利用方程(17.5,1)和适用于 Bose-Einstein 粒子的相应方程,建立了简并气体的输运理论. 可是,方程(17.5,1)至多仅仅是近似成立;它建立在二体碰撞假设的基础上,而这个假设在简并气体中并不有效. 事实上,因为围绕一对分子的量子波场的波长 $h/\pi mg$ 是与 $h/2\pi(mkT)^{\frac{1}{2}}$ 相当的,因此式(17.5,9)这一简并条件意味着这个波长明显地超过相邻粒子之间的平均距离 $n^{-1/3}$.

普通气体中的输运现象,受简并的影响并不明显,即使是在低温下[2]. 对于电子气,情况就不同;可是,对这样一种气体作精确讨论需要考虑电子波与全部相邻粒子的相互作用,而不只是二体碰撞. Sommerfeld 用自由程概念作了初步讨论[3];他能够说明电子气在经典理论中所遇到的一些异常现象,可是,(比如说)如想对金属中的电子气作充分的讨论,则需要更加细致、更加复杂的概念,它比表达式(17.5,1)中所包含的概念复杂得多.

分　子　内　能

17.6. 量子化的分子内能

在这里讨论具有内能的分子时,我们使用一种简单的半经典

---

1) E. A. Uehling and G. E. Uhlenbeck, *Phys. Rev.* **43**, 552(1933).

2) E. A. Uehling, *Phys. Rev.* **46**, 917(1934). 简并现象开始出现时,会同时发生粘性随压强的明显变化. 对于很低温度下的氦,观察到的变化是十分有限的,每个大气压强引起的变化仅百分之 0.5. (J. M. J. Coremans, J. J. M. Beenakker, A. van Itterbeek and P. Zandbergen, *Bull. Inst. Int. Froid*, Annexe 1958—1, p. 289).

3) A. Sommerfeld, *Z.Phys.* **47**, 1, 43(1928).

方法．平动运动仍用经典力学描述，而转动和内部振动则用量子态描述．为了简单起见，假设这些量子态都是非简并的，于是对于每个能级有一个且仅仅是一个相应的量子态．引用对应原理，可由相应的经典结果导得量子结果[1]． 这样的方法比完全用量子论来处理要简单些，但它是不完善的；特别是，它不能处理由经典理论指出的线动量和角动量之间的相关性（式(11.41,3)的右边第二项和第三项，等等）．

分子 m_s 的状态由它的质心速度 $\mathbf{c}_s$ 和一组内部量子数（统称为 K_s）来表征．对每个量子态 K_s 下的分子，必须各自定义一个速度分布函数 $f_s(\mathbf{c}_s, K_s, \mathbf{r}, t)$，如通常一样，在时刻 t、量子态为 K_s、位置区间为 $\mathbf{r}$, $d\mathbf{r}$、速度区间为 $\mathbf{c}_s$, $d\mathbf{c}_s$ 的分子 m_s，其几率数目应为 $f_s(\mathbf{c}_s, K_s, \mathbf{r}, t)d\mathbf{r}d\mathbf{c}_s$．每个内部量子态 K_s，对应着一个内部相空间体积 h^{R-3}（见第十一章，这里 $R-3$ 是内部坐标的数目）[2]；遍及内部相空间的积分现在就被对所有 K_s 值求和来代替． 为了简洁起见，$f_s(\mathbf{c}_s, K_s, \mathbf{r}, t)$ 写为 f_{sK}；同样，用 $E_{sK}^{(i)}$ 记作分子 m_s 在 K_s 态的内能（其最低内能态取为零并由此开始计值）．

17.61. 碰撞几率

分子 m_s 和 m_t 之间碰撞，既可以改变它们的平动速度，也可以改变它们的内部状态． 设 $E_{sK'}^{(i)}$, $E_{tL'}^{(i)}$, $\mathbf{g}_{ts}'$ 和 $E_{sK}^{(i)}$, $E_{tL}^{(i)}$, $\mathbf{g}_{ts}$ 分别表示碰撞前和碰撞后这两个分子的内能和相对速度；我们记

$$\mathbf{g}_{ts}' = g'\mathbf{e}', \quad \mathbf{g}_{ts} = g\mathbf{e},$$

---

1) 这种方法基本上就是 C. S. Wang Chang（王承书）and G.E.Uhlenbeck,(*Univ. of Michigan report* CM-681, 1951)所采用的方法； 还可参见 C. S. Wang-Chang（王承书）,G. E. Uhlenbeck and J. de Boer, in *Studies in Statistical Mechanics* (ed. J. de Boer and G. E. Uhlenbeck), Vol. 2, 249 (North-Holland, 1964)．此方法不足之处已由 L. Waldmann 讨论过，他试图在一个特定情况下给以更精确的讨论 (*Handbuch der Physik*, vol. 12, 469—93 (Springer, 1958); *Proc. Int. Seminar on Transport Properties of Gases*, pp. 59—80 (Brown University, Providence, R. I., 1964).

2) 函数 $f_s(\mathbf{c}_s, K_s, \mathbf{r}, t)$ 并不完全地对应于第十一章的 $f_s(\mathbf{Q}_s, \mathbf{P}_s, t)$，而是对应于 $h^{R-3}f_s(\mathbf{Q}_s, \mathbf{P}_s, t)$．

其中 $\mathbf{e}$, $\mathbf{e}'$ 是单位矢量. 由于相对于两个分子质量中心的能量必须守恒,因此

$$\frac{1}{2}\frac{m_s m_t}{m_s+m_t}(g'^2-g^2)=\Delta(E^{(i)}),\qquad(17.61,1)$$

其中 $\Delta(E^{(i)})$ 表示碰撞时分子内能的增加,也就是说

$$\Delta(E^{(i)})=E^{(i)}_{sK}+E^{(i)}_{tL}-E^{(i)}_{sK'}-E^{(i)}_{tL'}.\qquad(17.61,2)$$

当 K_s, L_t, K'_s, L'_t 的值指定后,方程(17.61,1)给出了用 g 和 g' 中某一个表示另一个的关系式. 为了完全地描述碰撞, 人们需要知道初始状态 $\mathbf{c}'_s$, K'_s 和 $\mathbf{c}'_t$, L'_t 及最终的内部状态 K_s, L_t 和最终的方向 $\mathbf{e}$(或者选用 $\mathbf{c}_s$, K_s, $\mathbf{c}_t$, L_t, K'_s, L'_t 和 $\mathbf{e}'$).

对于处于 $\mathbf{c}'_s$, $d\mathbf{c}'_s$, K'_s 和 $\mathbf{c}'_t$, $d\mathbf{c}'_t$, L'_t 状态中的分子对 m_s, m_t 来说,若它们之间的碰撞是使分子进入内部状态 K_s, L_t, 而最终的相对速度方向位于立体角 $d\mathbf{e}$ 里, 那么每单位体积、单位时间里, 这种碰撞的次数与 $d\mathbf{e}$ 成正比, 也与所包含的分子数 $f'_{sK'}d\mathbf{c}'_s$ 和 $f'_{tL'}d\mathbf{c}'_t$ 成正比. 我们把它写为

$$f'_{sK'}f'_{tL'}\alpha^{K'L'}_{KL}(\boldsymbol{g}'_{ts},\ \boldsymbol{g}_{ts})g\,d\mathbf{e}\,d\mathbf{c}'_s d\mathbf{c}'_t.\qquad(17.61,3)$$

和以前的 $\alpha_{12}d\mathbf{e}'$ 一样, 这里我们用 $\alpha^{K'L'}_{KL}d\mathbf{e}$ 表示碰撞截面微元. 如果 $\boldsymbol{G}$ 是这对分子质心的速度,那么由式(3.52,5)得到

$$\begin{aligned}g\,d\mathbf{e}\,d\mathbf{c}'_s d\mathbf{c}'_t&=g\,d\mathbf{e}\,d\mathbf{G}\,d\boldsymbol{g}'_{ts}=g\,d\mathbf{e}\,d\mathbf{G}\,g'^2dg'\,d\mathbf{e}'\\&=g'd\mathbf{e}'d\mathbf{G}\,d\boldsymbol{g}_{ts}=g'd\mathbf{e}'d\mathbf{c}_s d\mathbf{c}_t,\end{aligned}\qquad(17.61,4)$$

其中利用了 $g'dg'=gdg$ (这是从式(17.61,1)得到的). 因此, 式(17.61,3)也可写为

$$f'_{sK'}f'_{tL'}\alpha^{K'L'}_{KL}(\boldsymbol{g}'_{ts}\boldsymbol{g}_{ts})g'd\mathbf{e}'d\mathbf{c}_s d\mathbf{c}_t.\qquad(17.61,5)$$

17.62. Boltzmann 方程

假定分子 m_s 的状态仅在两体碰撞时发生改变. 这样 f_{sK} 满足形式如下的 Boltzmann 方程:

$$\frac{\partial f_{sK}}{\partial t}+\boldsymbol{c}_s\cdot\frac{\partial f_{sK}}{\partial\boldsymbol{r}}+\boldsymbol{F}_s\cdot\frac{\partial f_{sK}}{\partial\boldsymbol{c}_s}=\frac{\partial_e f_{sK}}{\partial t},\qquad(17.62,1)$$

其中 $\partial_e/\partial t$ 表示由于碰撞造成的变化率.

根据式(17.61,5)，每单位体积、单位时间内，由于碰撞使分子 m_s 进入速度区间 $\mathbf{c}_s$, $d\mathbf{c}_s$ 和内部状态 K_s 的总数为

$$d\mathbf{c}_s \sum_t \sum_{K_s'} \sum_{L_t'} \sum_{L_t} \iint f_{sK'}' f_{tL'}' \alpha_{KL}^{K'L'}(\mathbf{g}_{ts}', \mathbf{g}_{ts}) g' d\mathbf{e}' d\mathbf{c}_t. \quad (17.62,2)$$

对于给定的 $\mathbf{c}_s$, $\mathbf{c}_t$, $\mathbf{e}'$，这里的 $\mathbf{c}_s'$, $\mathbf{c}_t'$ 可由矢量 $\mathbf{G}$, $\mathbf{g}_{ts}'$ 确定；$\mathbf{G}$ 直接由 $\mathbf{c}_s$, $\mathbf{c}_t$ 得知，而 $\mathbf{g}_{ts}'$ 等于 $g'\mathbf{e}'$，其中 g' 由式(17.61,1)给出．类似地，每单位体积、单位时间内离开状态 $\mathbf{c}_s$, $d\mathbf{c}_s$, K_s 的分子总数是(参见式(17.61,3))

$$d\mathbf{c}_s \sum_t \sum_{K_s''} \sum_{L_t''} \sum_{L_t} \iint f_{sK} f_{tL} \alpha_{K''L''}^{KL}(\mathbf{g}_{ts}, \mathbf{g}_{ts}'') g'' d\mathbf{e}'' d\mathbf{c}_t, \quad (17.62,3)$$

其中 K_s'', L_t'', $\mathbf{g}_{ts}''$, g'', $\mathbf{e}''$ 相应于碰撞后分子的状态．把式(17.62,2)和式(17.62,3)相减，再除以 $d\mathbf{c}_s$，我们得到

$$\frac{\partial_e f_{sK}}{\partial t} = \sum_t \sum_{L_t} \iint \Big\{ \sum_{K_s'} \sum_{K_t'} \int f_{sK'}' f_{tL'}' \alpha_{KL}^{K'L'}(\mathbf{g}_{ts}', \mathbf{g}_{ts}) g' d\mathbf{e}' - \sum_{K_s''} \sum_{L_t''} \int f_{sK} f_{tL} \alpha_{K''L''}^{KL}(\mathbf{g}_{ts}, \mathbf{g}_{ts}'') g'' d\mathbf{e}'' \Big\} d\mathbf{c}_t. \quad (17.62,4)$$

方程(17.62,4)在形式上与 $\partial_e f_s/\partial t$ 的经典表达式不同，后者只涉及 $f_s'f_t' - f_s f_t$ 这一组合量．若要使式(17.62,4)退化为经典形式，就必须满足条件

$$\sum_{K_s''} \sum_{L_t''} \int \alpha_{K''L''}^{KL}(\mathbf{g}_{ts}, \mathbf{g}_{ts}'') g'' d\mathbf{e}'' = \sum_{K_s'} \sum_{L_t'} \int \alpha_{KL}^{K'L'}(\mathbf{g}_{ts}', \mathbf{g}_{ts}) g' d\mathbf{e}'. \quad (17.62,5)$$

可以证明，这个条件是可以被满足的[1]；因此

1) 为了用对应原理来证明(17.62,5)，我们来寻找式(11.23,1)，也就是

$$g'dtb'db'de'drd\mathbf{c}_s'd\mathbf{c}_t'd\Omega_s'd\Omega_t' = gdtbdbdedrd\mathbf{c}_sd\mathbf{c}_td\Omega_sd\Omega_t.$$

的量子对等关系式．这个等式意味着：对于在 dt 时间内、dr 体积内发生的两类碰撞——一类碰撞的结果是使碰撞分子进入相空间区间 $d\mathbf{c}_s d\Omega_s$ 和 $d\mathbf{c}_t d\Omega_t$ 的；另一类碰撞是把碰撞分子从上述区间里撞出来，其碰撞前分子在相空间中所占的体积相等．若用量子态代替内部相元，则 $d\Omega_s'$ 和 $d\Omega_s$ 必须用同样的 h 次幂代替，对 $d\Omega_t'$ 和 $d\Omega_t$ 也是如此．此外，$g'b'db'de'$ 和 $gbdbde$ 对应于 $\sum_{K_s'} \sum_{L_t'} \alpha_{KL}^{K'L'}(\mathbf{g}_{ts}', \mathbf{g}_{ts}) g d\mathbf{e}$ 和 $\sum_{K_s''} \sum_{L_t''} \alpha_{K''L''}^{KL}(\mathbf{g}_{ts}, \mathbf{g}_{ts}'') g'' d\mathbf{e}''$ (转下页)

$$\frac{\partial_e f_{sK}}{\partial t} = \sum_t \sum_{L_t} \sum_{K'_s} \sum_{L'_t} \iint (f'_{sK'} f'_{tL'}$$

$$- f_{sK} f_{tL}) \alpha_{K\ L}^{K'L'} g' d\mathbf{e}' d\mathbf{c}_t. \qquad (17.62,6)$$

17.63. 均匀稳恒状态

按照与 11.3 节和 11.32 节几乎相同的思路，就能导出均匀稳恒状态下的速度分布函数. 人们发现 $\ln f_{sK}$ 是一个总和不变量；由此得到(参见式(11.33,1))

$$f_{sK} = n_s Z_s^{-1} \exp(-E_{sK}/kT) \qquad (17.63,1)$$

$$= n_s Z_s^{-1} \exp\left\{-\left(\frac{1}{2} m_s C_s^2 + E_{sK}^{(i)}\right) \Big/ kT\right\}, \qquad (17.63,2)$$

这里 E_{sK} 是一个分子的总热能（相对于宏观速度 $\mathbf{c}_0$ 的能量）. 式(17.63,1) 乃是量子形式的 Boltzmann 分布函数. 配分函数 Z_s 表达式现在是

$$Z_s = \sum_{K_s} \int \exp(-E_{sK}/kT) d\mathbf{c}_s$$

$$= \int \exp(-m_s C_s^2/2kT) d\mathbf{c}_s \times \sum_{K_s} \exp(-E_{sK}^{(i)}/kT)$$

$$= (2\pi kT/m_s)^{\frac{3}{2}} Z_s^{(i)}, \qquad (17.63,3)$$

其中

$$Z_s^{(i)} = \sum_{K_s} \exp(-E_{sK}^{(i)}/kT). \qquad (17.63,4)$$

$Z_s^{(i)}$ 中的求和号是对所有可能内部态求总和. 对于粗略的一级近似,常常可以把 $E_{sK}^{(i)}$ 分为独立几部分

$$E_{sK}^{(i)} = E_{sR} + E_{sV} + E_{sV'} + \cdots, \qquad (17.63,5)$$

其中 E_{sR} 是转动能,而 E_{sV}, $E_{sV'}$,$\cdots$是各种内部振动的能量. 对于一级近似就有

$$Z_s^{(i)} = \left(\sum_{R_s} e^{-E_{sR}/kT}\right)\left(\sum_{V_s} e^{-E_{sV}/kT}\right)(\cdots)$$

(接上页脚注) 这里引用求和符号,是考虑到量子力学中固有的微观不确定性. 这样,利用式(17.61,4)并对所有的$d\mathbf{e}'$和$d\mathbf{e}''$积分,就重新得到方程(17.62,5).

$$= Z_{sR}Z_{sV}\cdots. \tag{17.63,6}$$

对于实际分子，转动态是简并的，也就是说，有 w_{sR} 个态，它们都具有相同的转动能 E_{sR}. 在经典力学中，角动量也可以有方向变化（就象角动量的大小可以有变化一样），简并就是这样一个事实的量子等效. 严格地说，前面几节的分析是不可以用于这样的简并态. 可是，即使存在简并，本节的公式仍是有效的；于是我们有

$$Z_{sR} = \sum_{E_{sR}} w_{sR} e^{-E_{sR}/kT}, \tag{17.63,7}$$

此处是对所有可能的转动能 E_{sR} 求和；对于 $Z_s^{(i)}$ 也有一个类似的公式。数 w_{sR} 是关于转动能 E_{sR} 的统计权重.

分子的平均热能满足式(11.33,5)，也就是

$$\begin{aligned}\bar{E}_s &= kT^2 \frac{d}{dT}(\ln Z_s) \\ &= \frac{3}{2}kT + (Z_s^{(i)})^{-1} \sum_{K_s} E_{sK}^{(i)} \exp(-E_{sK}^{(i)}/kT).\end{aligned} \tag{17.63,8}$$

利用近似式(17.63,5)，上式就变成

$$\begin{aligned}\bar{E}_s = \frac{3}{2}kT &+ (Z_{sR})^{-1} \sum_{R_s} E_{sR} e^{-E_{sR}/kT} \\ &+ (Z_{sV})^{-1} \sum_{V_s} E_{sV} e^{-E_{sV}/kT} + \cdots.\end{aligned} \tag{17.63,9}$$

式(17.63,9)右边的第一项是平均平动能；第二项及后面各项分别是平均转动能和平均振动内能.

对于式(17.63,9)中的任一个求和项，若其中有许多项都是分部能量（E_{sR} 或 E_{sV} 等等）小于 kT 或近于 kT，那么这个求和项可用一个积分来近似，而它对 $\bar{E}_s$ 的贡献就近似于在第十一章中得到的均分值. 然而，不难证明，对于任一个求和项，若它包含的所有分部激发能（非零的 E_{sR}, E_{sV} 等等值）都比 kT 大很多，则这个求和项对 $\bar{E}_s$ 的贡献以及对分子的比热 $d\bar{E}_s/dT$ 的贡献就都很小. 在

这种情况下，相应于这一求和项的自由度实际上没有被激发.

例如，分子转动的激发能只可能是 $h^2/4\pi^2 I$ 的整数倍，其中 I 是与此转动自由度相应的转动惯量. 如果 $4\pi^2 IkT/h^2$ 很大，就能获到均分能量；如果它很小，那么分子实际上没有转动. 仅仅由电子质量产生的转动惯量是很小的. 鉴于这个原因，在单原子气体中分子转动能都没有激发；对于双原子分子，围绕连接二个原子核的核连线的转动能同样没有激发（参见 11.34 节）. 对于 H_2 氢分子，围绕垂直于核连线的转动，它的 I 值既不很大也不很小：当 $T > 300°K$ 时，转动对于每个分子比热的贡献几乎就是均分值 k，而当 $T < 50°K$ 时，对比热的贡献可以忽略. 对于氢的同位素 HD 和 D_2，大约高于 150°K 时，基本上就是均分了. 对于其它双原子和多原子气体，I 要大得多，在所有有意义的温度范围内，每个分子的转动比热都接近于它的均分值（对双原子气体是 k，对多原子气体是 $3/2\,k$）.

但是，对于内部振动来说，它还远远没有达到均分. 当内部振动接近均分时，内部运动已变得如此激烈，以至于接近发生分子离解. 振动对比热的贡献，在多原子气体中是十分重要的（例如二氧化碳）；而在双原子气体中，只有氯气，在常温下它的振动对比热的贡献是重要的.

17.64. 分子内能和输运现象

非均匀气体的量子讨论，其思路与第十一章的经典讨论的思路几乎相同. 对于二级近似，速度分布函数 f_{sK} 是

$$f_{sK} = f_{sK}^{(0)}(1 + \Phi_{sK}^{(1)}), \tag{17.64,1}$$

其中 $f_{sK}^{(0)}$ 是式(17.63,1)的 Boltzmann 分布函数，而 $\Phi_{sK}^{(1)}$ 是个小量，在二组元混合气体中，$\Phi_{1K}^{(1)}$, $\Phi_{1K}^{(2)}$ 满足（参见式(11.4,8)）

$$-J_{1K}(\Phi^{(1)}) = f_{1K}^{(0)}\Big\{x_1^{-1}\boldsymbol{C}_1 \cdot \boldsymbol{d}_{12} + (\mathscr{E}_{1K} - \bar{\mathscr{E}}_1 - 1)\boldsymbol{C}_1 \cdot \nabla \ln T$$
$$+ 2\overset{\circ}{\boldsymbol{\mathscr{C}}_1 \boldsymbol{\mathscr{C}}_1} : \nabla \boldsymbol{c}_0 + \Big[\frac{2}{3}\Big(\mathscr{C}_1^2 - \frac{3}{2}\Big)$$

$$-\frac{2}{N}(\mathscr{E}_s-\bar{\mathscr{E}}_s)\Big]\nabla\cdot\mathbf{c}_0\Big\} \tag{17.64,2}$$

以及一个类似的方程．与以前一样，此处

$$\mathscr{C}_1=\mathbf{C}_1(m_1/2kT)^{\frac{1}{2}},\quad \mathscr{E}_{1K}=E_{1K}/kT,$$

而 $1/2Nk$ 是每个分子的比热；此外

$$J_{1K}(\Phi^{(1)})=\sum_t\sum_{L_t}\sum_{K_1'}\sum_{L_t'}\iint f_{1K}^{(0)}f_{tL}^{(0)}(\Phi_{1K}^{(1)}+\Phi_{tL}^{(1)}-\Phi_{1K'}^{(1)'}$$
$$-\Phi_{tL'}^{(1)'})\alpha_{KL}^{K'L'}g'd\mathbf{e}'d\mathbf{c}_t. \tag{17.64,3}$$

$\Phi_{1K}^{(1)}$ 表达式的形式为(参见式(11.41,1))

$$\Phi_{1K}^{(1)}=-\boldsymbol{A}_{1K}\cdot\nabla\ln T-\boldsymbol{D}_{1K}\cdot\boldsymbol{d}_{12}-2\mathbf{B}_{1K}:\nabla\mathbf{c}_0$$
$$-2B_{1K}\nabla\cdot\mathbf{c}_0. \tag{17.64,4}$$

由这些关系式，不难得到关于 $J_{1K}(\boldsymbol{A})$，$J_{1K}(\boldsymbol{D})$，等的表达式．

输运系数的一阶近似式可以象第十一章一样推导出来．例如，单组元气体 $\boldsymbol{A}_K$ 的一阶近似值可取为

$$n\boldsymbol{A}_K=a_1\left(\mathscr{C}^2-\frac{5}{2}\right)\mathbf{C}+a_2(\mathscr{E}_K^{(i)}-\overline{\mathscr{E}^{(i)}})\mathbf{C}, \tag{17.64,5}$$

其中系数 a_1，a_2 与内部量子态 K 无关；依次用

$$\left(\mathscr{C}^2-\frac{5}{2}\right)\mathbf{C}\ \text{和}\ (\mathscr{E}_K^{(i)}-\overline{\mathscr{E}^{(i)}})\mathbf{C}$$

乘 $J_K(\boldsymbol{A})$ 的等式两边，先对所有的 K 求和，再对 $\mathbf{c}$ 积分，由此可以确定 a_1，a_2．在讨论 $\boldsymbol{A}$，$\mathbf{B}$，B 这些量时，需要像第十一章那样作一些类似补充说明．

用此最终导出的 μ，λ，ϖ 和 D_{12} 公式，其形式与第十一章的相同，都是用量 a_{11}，a_{22} 等来表达的，但它们之间只有细微的差别，主要的差别在于：用微元 $g'\alpha_{KL}^{K'L'}d\mathbf{e}'$ 代替微元 $gbdbd\epsilon$，用求和代替遍于内部相空间的积分；此外，Z 值现在是由式(17.63,4)给出．这样一来，例如，式(11.5,13)的 a 现在就变为

$$a=\frac{\pi^{\frac{3}{2}}}{Z^2}\left(\frac{kT}{m}\right)^3\sum_K\sum_L\sum_{K'}\sum_{L'}\iint\exp(-g^2-\mathscr{E}_K^{(i)}-\mathscr{E}_L^{(i)})$$
$$\cdot(g^2-g'^2)^2g'\alpha_{KL}^{K'L'}d\mathbf{e}'d\mathbf{g}. \tag{17.64,6}$$

式(11.5,14,15)和(11.52,5)亦需作类似的修改.

关于体积粘性和热传导的一般结论仍象第十一章一样;唯一重要的修正乃是对比热的量子效应. 特别是,关于 Eucken 修正理论的讨论和 Mason-Monchick 公式的讨论(参见 11.8 节,11.81 节)仍不受影响[1].

必须再次强调的是:上述简略介绍的理论,严格地说是不能用于分子转动的,因为它忽略了转动态的简并. 正如 Waldmann[2] 所强调指出的那样,这个理论对于分子角动量所涉及的矢量属性,无法加以适当的考虑. 这些矢量属性的量子等效性在于:不能把分子看作是处于某一纯态,在两次碰撞之间,它们内部波函数是所有波函数——与它的转动能量和总(标量)角动量对应的——的线性组合. 为了对角动量的矢量属性作完整的讨论,简单地引入纯态之间转换横截面 $\alpha_{KL}^{K'L'}$ 是不够的.

只有采用类似于式(11.41,3)中的 $\boldsymbol{h}\wedge\boldsymbol{C}$ 和 $\boldsymbol{h}\wedge(\boldsymbol{h}\wedge\boldsymbol{C})$ 那样一些项,才能表达角动量的矢量属性. 由于最终假定的$\boldsymbol{A}$的表达式(式(11.5,4)以及式(17.64,5)) 没有包括这些类型的项;因此我们可以预料,忽略简并态对本节的一阶近似不会有影响. 可是,正如在 11.61 节中所表明的那样,在高阶近似中,忽略这些项将可能对输运系数带来明显的误差.

从原则上讲,对输运系数作完全的计算是可能的. 其方法是:用量子方法确定 $\alpha_{KL}^{K'L'}$ 的值,再计算象式(17.64,6)那样的积分. 实际上,已经证明这是非常麻烦的,至今还没有给出任何详细的量子讨论;然而,在双原子分子理论方面,已经取得了一些进展[3].

---

1) 事实上,Mason 和 Monchick 的工作最初是以 Wang-Chang(王承书)和 Uhlenbeck 的公式为基础的.

2) L. Waldmann, *Proc. Int. Seminar on Transport Properties of Gases*, pp. 59—80(Brown University, Providence, R. I., 1964).

3) A. M. Arthurs and A. Dalgarno, *Proc. R. Soc.* **A**, **256**, 540 (1960); R. B. Bernstein, A. Dalgarno, H. S. W. Massey and I. C. Percival, *Proc. R. Soc.* A, **274**, 427(1963). 也可参阅K. Takayanagi, *Prog. Theor. Phys., Osaka*, **11**, 557(1954).

第十八章　多组元混合气体

18.1.　多组元混合气体

第八章的方法可以推广到三种组元或更多组元的混合气体[1)]. 方程(8.1,1,3,4,7,9)对每个组元都成立，但整个混合气体的连续方程，动量方程及能量方程(8.1,5,6,8,10)因要计及附加的组元，显然需要加以修正.

求解 Bolzmann 方程的 Enskog 方法显然依然适用. 我们这里将仅讨论速度分布函数的二级近似. 我们从形式上给出了K组元混合气体的结果. 然而，详细地进行讨论并得出实用结果的只限于$K=3$的情况.

18.2.　二 级 近 似

f_s 的一级近似式是 Maxwell 函数

$$f_s^{(0)}=n_s\left(\frac{m_s}{2\pi kT}\right)^{\frac{3}{2}}\exp(-\mathscr{C}_s^2),$$

$$\mathscr{C}_s=\left(\frac{m_s}{2kT}\right)^{\frac{1}{2}}\boldsymbol{C}_s. \qquad (18.2,1)$$

二级近似式是 $f_s^{(0)}(1+\Phi_s)$，其中 Φ_s 满足下面的方程（参见方程(8.3,1,2)）

$$\frac{\partial_0 f_s^{(0)}}{\partial t}+\boldsymbol{c}_s\cdot\frac{\partial f_s^{(0)}}{\partial \boldsymbol{r}}+\boldsymbol{F}_s\cdot\frac{\partial f_s^{(0)}}{\partial \boldsymbol{c}_s}$$

---

1) 初期的讨论可参见 E. J. Hellund, *Phys. Rev*. **57**, 319, 328, 737, 743(1940); L. Waldmann, *Z. Phys*. **124**, 175(1947); C. F. Curtiss and J. O. Hirschfelder, *J. Chem. Phys*. **17**, 550 (1949). L. Waldmann 在 *Handbuch der Physik*, vol. **12**, 402—26(1958)中对这理论作了精辟的阐述，其中大部分在这里被引用.

$$= -\sum_t n_s n_t I_{st}(\Phi_s + \Phi_t). \qquad (18.2,2)$$

在方程 (18.2,2) 右边的求和项中，我们可以认为：当 $t = s$ 时，$I_{st}(\Phi_s + \Phi_t)$ 便简化为 $I_s(\Phi_s)$.

利用方程(8.21,2,4,6)的推广形式，方程(18.2,2)的左边能够象 8.3 节那样进行变换. 结果(参见式(8.3,8,9))是

$$f_s^{(0)}\left[\boldsymbol{C}_s \cdot \left(x_s^{-1}\boldsymbol{d}_s + \left(\mathscr{C}_s^2 - \frac{5}{2}\right)\nabla \ln T\right) + 2\overset{\circ}{\boldsymbol{\mathscr{C}}_s\boldsymbol{\mathscr{C}}_s}:\nabla\boldsymbol{c}_0\right], \qquad (18.2,3)$$

其中 $x_s = n_s/n$，而

$$\boldsymbol{d}_s = \frac{1}{p}\left\{\nabla p_s - \rho_s\left(\boldsymbol{F}_s - \frac{D_0\,\boldsymbol{c}_0}{Dt}\right)\right\} \qquad (18.2,4)$$

$$= \frac{1}{p}\left\{\nabla p_s - \rho_s \boldsymbol{F}_s - \frac{\rho_s}{\rho}\left(\nabla p - \sum_t \rho_t \boldsymbol{F}_t\right)\right\}. \qquad (18.2,5)$$

此式也可以写为(参见式(8.3,12))

$$\boldsymbol{d}_s = \nabla x_s + (x_s - \rho_s/\rho)\nabla \ln p - (\rho_s/\rho p) \cdot \left(\rho \boldsymbol{F}_s - \sum_t \rho_t \boldsymbol{F}_t\right). \qquad (18.2,6)$$

显然由式(18.2,5 或 6)可得

$$\sum_s \boldsymbol{d}_s = 0. \qquad (18.2,7)$$

如果气体是静止的，由式(18.2,4)可看出，$\boldsymbol{d}_s$ 简化为

$$(\nabla p_s - \rho_s \boldsymbol{F}_s)/p.$$

然而，一般说来，式 (18.2,7) 并不意味着这些线性独立的矢量 $\nabla p_s - \rho_s \boldsymbol{F}_s$ 之间有任何关系.

由 8.31 节可知，函数 Φ_s 必定是 $\nabla \ln T$, $\nabla \boldsymbol{c}_0$ 以及矢量 $\boldsymbol{d}_t$ 的线性组合. 我们记

$$\Phi_s = -\boldsymbol{A}_s \cdot \nabla \ln T - 2\mathsf{B}_s:\nabla\boldsymbol{c}_0 - \sum_t \boldsymbol{D}_s^{(t)} \cdot \boldsymbol{d}_t, \qquad (18.2,8)$$

其中 $\boldsymbol{A}_s$, B_s, $\boldsymbol{D}_s^{(t)}$ 分别具有如下的形式:

$$\boldsymbol{C}_s A_s(C_s),\ \boldsymbol{C}_s \overset{\circ}{\boldsymbol{C}}_s B_s(C_s), \boldsymbol{C}_s D_s(C_s).$$

根据式（18.2,7），矢量 $\boldsymbol{D}_s^t$（对于给定的 s）有一定程度的不确定性;如果补充一个额外的条件

$$\sum_t \rho_t \boldsymbol{D}_s^{(t)} = 0, \tag{18.2,9}$$

则可消除这一点．这样由式(18.2,4)便可得到

$$\sum_t \boldsymbol{D}_s^{(t)} \cdot \boldsymbol{d}_t = p^{-1} \sum_t \boldsymbol{D}_s^{(t)} \cdot (\nabla p_t - \rho_t \boldsymbol{F}_t),$$

结果,式(18.2,8)就变成

$$\begin{aligned} \Phi_s = & - \boldsymbol{A}_s \cdot \nabla \ln T - 2\mathsf{B}_s : \nabla \boldsymbol{c}_0 \\ & - p^{-1} \sum_t \boldsymbol{D}_s^{(t)} \cdot (\nabla p_t - \rho_t \boldsymbol{F}_t). \end{aligned} \tag{18.2,10}$$

把式(18.2,3,10)代入方程(18.2,2),并让方程两边的 $\nabla \ln T$, $\nabla \boldsymbol{c}_0$ 及 $\nabla p_t - \rho_t \boldsymbol{F}_t$ 的系数分别相等,就得到 $\boldsymbol{A}_s$, B_s 和 $\boldsymbol{D}_s^{(t)}$ 应满足的方程,即

$$\sum_t n_s n_t I_{st}(\boldsymbol{A}_s + \boldsymbol{A}_t) = f_s^{(0)} \left(\mathscr{C}_s^2 - \frac{5}{2} \right) \boldsymbol{C}_s, \tag{18.2,11}$$

$$\sum_t n_s n_t I_{st}(\mathsf{B}_s + \mathsf{B}_t) = f_s^{(0)} \overset{\circ}{\boldsymbol{\mathscr{C}}_s \boldsymbol{\mathscr{C}}_s}, \tag{18.2,12}$$

$$\sum_t n_s n_t I_{st}(\boldsymbol{D}_s^{(u)} + \boldsymbol{D}_t^{(u)}) = \mathrm{x}_s^{-1}(\delta_{su} - \rho_s/\rho) f_s^{(0)} \boldsymbol{C}_s, \tag{18.2,13}$$

其中 δ_{su} 是 Kronecker δ 函数．用 ρ_u 乘方程(18.2,13)并对所有 u 值求和,即可看到方程(18.2,13)和式(18.2,9)是相容的．

18.3. 扩　　散

第 s 种组元相对于整体运动的扩散速度 $\bar{\boldsymbol{C}}_s$ 为

$$n_s \bar{\boldsymbol{C}}_s = \int f_s^{(0)} \Phi_s \boldsymbol{C}_s d\boldsymbol{c}_s. \tag{18.3,1}$$

将式(18.2,10)的 Φ_s 代入,此式便变为

$$\bar{\boldsymbol{C}}_s = -\sum_t \Delta_{st} p^{-1}(\nabla p_t - \rho_t \boldsymbol{F}_t) - D_{Ts}\nabla \ln T, \qquad (18.3,2)$$

其中

$$\Delta_{st} = \frac{1}{3n_s}\int f_s^{(0)} \boldsymbol{D}_s^{(t)} \cdot \boldsymbol{C}_s d\boldsymbol{c}_s,$$

$$D_{Ts} = \frac{1}{3n_s}\int f_s^{(0)} \boldsymbol{A}_s \cdot \boldsymbol{C}_s d\boldsymbol{c}_s. \qquad (18.3,3)$$

此处 D_{Ts} 是第 s 种组元的热扩散系数；Δ_{st} 是第 s 种组元的广义扩散系数，它可估量由作用于第 t 种组元上的力而'诱导'的 s 种组元的扩散[1].

这些扩散系数并非完全独立． 由式(18.3,3)和(18.2,9)可知

$$\sum_t \rho_t \Delta_{st} = 0. \qquad (18.3,4)$$

此外，方程(18.2,11,13)的解(它不是唯一的，因为可以把总和不变量 $m_s\boldsymbol{C}_s$ 的倍数 $\alpha m_s\boldsymbol{C}_s$，$\delta_u m_s\boldsymbol{C}_s$ 加到每个 $\boldsymbol{A}_s$ 或 $\boldsymbol{D}_s^{(u)}$ 上)可以通过附加一个额外的条件

$$\sum_s \rho_s \bar{\boldsymbol{C}}_s = 0$$

而唯一地确定(参见式(8.31,7,8))．由此得到

$$\sum_s \rho_s \Delta_{st} = 0, \qquad \sum_s \rho_s D_{Ts} = 0. \qquad (18.3,5)$$

根据式(18.3,4)和(18.2,4)，方程(18.3,2)可写成

$$\bar{\boldsymbol{C}}_s = -\sum_t \Delta_{st}\boldsymbol{d}_t - D_{Ts}\nabla \ln T. \qquad (18.3,6)$$

依次用 $\boldsymbol{D}_s^{(v)}$ 和 $\boldsymbol{A}_s$ 乘方程(18.2,13)，然后对 $\mathbf{c}_s$ 积分，对全部 s 求和，再利用式(18.3,3)和(18.3,5)就得到

$$\Delta_{uv} = \frac{1}{3} n\{\boldsymbol{D}^{(u)}, \boldsymbol{D}^{(v)}\}, \qquad (18.3,7)$$

---

1) 注意，对于二组元混合气体，Δ_{st} 不能还原为通常的互扩散系数．上述讨论不同于 Waldmann (*Handbuch der Physik*, vol. 12, 406—11) 所作的讨论，Waldmann 在其讨论中采用相对于平均分子速度 $\bar{\boldsymbol{C}}$ 的扩散速度，而不是相对于 $\mathbf{c}$.

$$D_{Tu}=\frac{1}{3}n\{\boldsymbol{D}^{(u)},\boldsymbol{A}\}. \tag{18.3,8}$$

此处括号表达式的定义，是式(4.4,12)的显而易见的推广．由式(18.3,7)可得到对称关系 $\Delta_{uv}=\Delta_{vu}$，于是方程组(18.3,4)与方程(18.3,15)的第一组完全等同．利用其中的一组，就可以用 $\Delta_{st}(s\neq t)$ 来表示 Δ_{ss}．鉴于这一特点和对称关系，因此系数 Δ_{st} 只有 $1/2[K(K-1)]$ 个是独立的；类似地，热扩散系数 D_{Ts} 只有 $K-1$ 个是独立的．

式(18.3,6)的另一种写法是

$$\bar{\boldsymbol{C}}_s=-\sum_t\Delta_{st}(\boldsymbol{d}_t+\mathrm{k}_{Tt}\nabla\ln T). \tag{18.3,9}$$

此处系数 k_{Tt} 的定义为

$$D_{Ts}=\sum_t\Delta_{st}\mathrm{k}_{Tt}, \tag{18.3,10}$$

其中

$$\sum_t\mathrm{k}_{Tt}=0, \tag{18.3,11}$$

因为(参见式(18.3,5))方程组(18.3,10)中只有 $K-1$ 个是独立的，所以需要增补方程(18.3,11)．结合公式(18.2,7)，增补方程的选择应使

$$\sum_s(\boldsymbol{d}_s+\mathrm{k}_{Ts}\nabla\ln T)=0 \tag{18.3,12}$$

成立．方程(18.3,6,9)还意味着，两种组分气体的相对扩散可以由不直接影响这两种气体的因素引起，例如由作用在另一种组分气体分子上的力所引起．

利用式(18.3,12)和(18.3,9)(根据式(18.3,5)，方程(18.3,9)只等价于 $K-1$ 个独立方程)，我们可以用扩散速度将矢量

$$\boldsymbol{d}_s+\mathrm{k}_{Ts}\nabla\ln T$$

表示为[1)]

---

1) 可以证明，式(18.3,13)中 $\bar{\boldsymbol{C}}_s-\bar{\boldsymbol{C}}_t$ 的系数 $\mathrm{x}_s\mathrm{x}_t/D_{st}$ 就是 $-\mathscr{D}_{st}/\mathscr{D}$，其中 $\mathscr{D}$ 是 $K+1$ 行和列的行列式，它是以元素为 Δ_{st} 的 K 阶行列式为基础，再补充一

$$\boldsymbol{d}_s + k_{Ts}\nabla \ln T = -\sum_t x_s x_t (\boldsymbol{C}_s - \boldsymbol{C}_t)/D_{st}, \qquad (18.3,13)$$

其中 $D_{st} = D_{ts}$. 式(18.3,13)中的D_{st}与第八章的二组元扩散系数极其相似，当$K = 2$时 D_{st} 就退化为第八章的二组元扩散系数. 此外（见下面的18.41节），D_{st}的一阶近似值就等于9.81节中二组元气体的$[D_{st}]_1$. 由于这些原因，而且因为方程（18.3,13）不包含多余的扩散系数，因此采用方程（18.3,13）作扩散基本方程，常常比采用方程(18.3,6)更合适.

如果所有扩散速度都为零，那么对所有 s 来说均有

$$\boldsymbol{d}_s + k_{Ts}\nabla \ln T = 0. \qquad (18.3,14)$$

在不承受外力作用的静止气体中，上式就变成

$$\nabla x_s + k_{Ts}\nabla \ln T = 0. \qquad (18.3,15)$$

因此象二组元混合气体中的 k_T 一样，k_{Ts} 可以衡量由于温度梯度引起的平衡浓度的变化.

18.31. 热传导

热流通量 $\boldsymbol{q}$ 可表达为(参见式(8.41,2))

$$\boldsymbol{q}/kT = \frac{5}{2}\sum_s n_s \bar{\boldsymbol{C}}_s + \sum_s \int f_s^{(0)} \Phi_s \left(\mathscr{C}_s^2 - \frac{5}{2}\right) \boldsymbol{C}_s d\boldsymbol{c}_s.$$

行和一列而得到. 补充的行和列的公共元素为零，其它元素均为1. $\mathscr{D}_{st}$ 是 $\mathscr{D}$ 中 Δ_{st} 的余子式. 由于

$$\sum_t \mathscr{D}_{st} = 0,$$

因此式(18.3,13)等价于

$$\boldsymbol{d}_s + k_{Ts}\nabla \ln T = -\sum_t \mathscr{D}_{st}\bar{\boldsymbol{C}}_t/\mathscr{D} = \sum_t x_s x_t \bar{\boldsymbol{C}}_t/D_{st},$$

其中 D_{ss} 由

$$\sum_t x_t/D_{st} = 0$$

确定. 类似地，由方程(18.3,13)和(18.2,9)解出 $\bar{\boldsymbol{C}}_s$，就可以推导出式(18.3,9). 由此可得到

$$\Delta_{st} = -\mathscr{D}'_{st}/\mathscr{D}',$$

其中 $\mathscr{D}'$ 是$K+1$阶行列式，它是以元素为 $x_s x_t/D_{st}$ 的K阶行列式为基础，再补充一行和一列而得到. 补充的行和列的公共元素为零，其它元素是 $\rho_1, \rho_2, \cdots, \rho_K$. $\mathscr{D}'_{st}$ 是 $\mathscr{D}'$ 中 $x_s x_t/D_{st}$ 的余子式.

$\boldsymbol{\Phi}_s$ 用式(18.2,8)代替后，上式就变为

$$\boldsymbol{q}/kT = \frac{5}{2}\sum_s n_s\bar{\boldsymbol{C}}_s - \frac{1}{3}\boldsymbol{\nabla}\ln T$$

$$\cdot \sum_s \int f_s^{(0)}\left(\mathscr{C}_s^2 - \frac{5}{2}\right)$$

$$\cdot\ \boldsymbol{A}_s \cdot \boldsymbol{C}_s d\boldsymbol{c}_s - \frac{1}{3}\sum_t \boldsymbol{d}_t$$

$$\cdot \sum_s \int f_s^{(0)}\left(\mathscr{C}_s^2 - \frac{5}{2}\right)\boldsymbol{D}_s^{(t)} \cdot \boldsymbol{C}_s d\boldsymbol{c}_s. \qquad (18.31,1)$$

设 $\boldsymbol{a}_s$ 是 $\boldsymbol{c}_s$ 的任意矢量函数，若用 $\boldsymbol{a}_s$ 乘以式(18.2,11)，并对 $\boldsymbol{c}_s$ 积分，再对所有的 s 求和，那么就得到

$$\sum_s \int f_s^{(0)}\left(\mathscr{C}_s^2 - \frac{5}{2}\right)\boldsymbol{a}_s \cdot \boldsymbol{C}_s d\boldsymbol{c}_s = n^2\{\boldsymbol{a}, \boldsymbol{A}\}. \qquad (18.31,2)$$

因此，利用式(18.3,8)可得

$$\boldsymbol{q}/kT = \frac{5}{2}\sum_s n_s\bar{\boldsymbol{C}}_s - \frac{1}{3}n^2\{\boldsymbol{A}, \boldsymbol{A}\}\boldsymbol{\nabla}\ln T$$

$$- n\sum_s D_{Ts}\boldsymbol{d}_s. \qquad (18.31,3)$$

如通常定义的那样，热传导系数 λ 给出的是不存在扩散时的热流通量. 因为当不存在扩散时，各矢量 $\boldsymbol{d}_s + \mathrm{k}_{Ts}\boldsymbol{\nabla}\ln T$ 都等于零，所以式(18.31,3)可写为

$$\boldsymbol{q} = \frac{5}{2}kT\sum_s n_s\bar{\boldsymbol{C}}_s - p\sum_s D_{Ts}(\boldsymbol{d}_s + \mathrm{k}_{Ts}\boldsymbol{\nabla}\ln T)$$

$$- \lambda\boldsymbol{\nabla}T, \qquad (18.31,4)$$

其中

$$\lambda = \frac{1}{3}kn^2\{\boldsymbol{A}, \boldsymbol{A}\} - kn\sum_s \mathrm{k}_{Ts}D_{Ts}. \qquad (18.31,5)$$

式 (18.31,4) 右边第一项表示相对于宏观速度 $\boldsymbol{c}_0$ 的与相对于分子平均速度 $\bar{\boldsymbol{c}}$ 的二者热流通量之差；第二项是由扩散引起的相对于 $\bar{\boldsymbol{c}}$ 的热流通量，根据式(18.3,9,10)，这一项等于

$$- p\sum_t \mathrm{k}_{Tt}\sum_s \Delta_{st}(\boldsymbol{d}_s + \mathrm{k}_{Ts}\boldsymbol{\nabla}\ln T) = p\sum \mathrm{k}_{Tt}\bar{\boldsymbol{C}}_t. \qquad (18.31,6)$$

最后一项是由热传导系数 λ 引起的热流通量。

记

$$\tilde{\boldsymbol{A}}_s = \boldsymbol{A}_s - \sum_t \mathrm{k}_{Tt}\boldsymbol{D}_s^{(t)}, \qquad (18.31,7)$$

再利用式(18.31,5)和(18.3,8),可以得到 λ 的另一个表达式

$$\lambda = \frac{1}{3}kn^2\{\boldsymbol{A}, \tilde{\boldsymbol{A}}\}. \qquad (18.31,8)$$

此外,根据式(18.3,7,8,10)可得

$$\{\tilde{\boldsymbol{A}}, \boldsymbol{D}^{(u)}\} = (3/n)\left(D_{Tu} - \sum_t \Delta_{ut}\,\mathrm{k}_{Tt}\right) = 0. \qquad (18.31,9)$$

因此

$$\lambda = \frac{1}{3}kn^2\{\tilde{\boldsymbol{A}}, \tilde{\boldsymbol{A}}\}. \qquad (18.31,10)$$

(18.31,6)和(18.3,9)二式中系数 k_{Ts} 的相等(更确切地说,是式(18.31,4)和(18.3,6)中的系数 D_{Ts} 相等)乃是不可逆过程热力学中所遇到的对称关系的一个例子. 还有一些例子,如式(18.3,2,13)中广义扩散系数之间的对称关系 $\Delta_{st} = \Delta_{ts}$, $D_{st} = D_{ts}$.

18.32. 粘性

应力张量与流体静压强之差 $\mathsf{P}^{(1)}$ 由下式给出

$$\mathsf{P}^{(1)} = \sum_s \int f_s^{(0)} m_s \boldsymbol{C}_s \boldsymbol{C}_s \boldsymbol{\Phi}_s d\boldsymbol{c}_s.$$

象 8.42 节那样,由式(18.2,8)得到

$$\mathsf{P}^{(1)} = -2\mu\,\overline{\overline{\overset{\circ}{\nabla \mathbf{c}_0}}},$$

其中

$$\mu = \frac{2}{5}kT\sum_s \int f_s^{(0)} \overset{\circ}{\mathscr{C}_s \mathscr{C}_s} : \mathsf{B}_s d\boldsymbol{c}_s, \qquad (18.32,1)$$

或由方程(18.2,12)得到

$$\mu = \frac{2}{5}kn^2T\{\mathsf{B}, \mathsf{B}\}. \qquad (18.32,2)$$

18.4. 气体各系数的表达式

将 $\boldsymbol{A}_s$, $\boldsymbol{D}_s^{(t)}$ 和 B_s 展开为

$$\boldsymbol{C}_s S_{3/2}^{(p)}(\mathscr{C}_s^2), \quad \overset{\circ}{\boldsymbol{C}_s} \boldsymbol{C}_s S_{3/2}^{(p)}(\mathscr{C}_s^2).$$

的级数，这样就可以求得前三节中引进的气体各系数的显式表达式. 用 $\boldsymbol{C}_s S_{3/2}^{(q)}(\mathscr{C}_s^2)$乘方程(18.2,11,13)，或用$\overset{\circ}{\boldsymbol{C}_s}\boldsymbol{C}_s S_{3/2}^{(q)}(\mathscr{C}_s^2)$ 乘方程(18.2,12)，再对 $\boldsymbol{c}_s$ 积分，就能得到确定级数各系数的方程组. 若 p 和 q 限于其前 m 个允许值[1]，这样就得到 m 阶近似. λ，μ 和 Δ_{ss} 的 m 阶近似值随 m 的增加而增加；按 7.52 节脚注的意义来讲，它们是 m 阶近似中可能达到的最佳近似[2].

一般说来，m 阶近似涉及到求解 mK 个线性联立方程. 鉴于求解过程的复杂性，而且事实上对于单组元气体和二组元气体，它们的一阶近似值或二阶近似值与真值常常相差并不多，因此这里只考虑每种输运系数的非零最低阶近似值.

18.41. 扩散系数

当速度梯度和温度梯度均为零时，$\boldsymbol{\Phi}_s$ 的方程变为（参见式(18.2,2,3)）

$$f_s^{(0)}\boldsymbol{C}_s \cdot \boldsymbol{d}_s = -\mathrm{x}_s \sum_t n_s n_t I_{st}(\Phi_s + \Phi_t). \qquad (18.41,1)$$

这种情况下 Φ_s 的一阶近似式是

$$\Phi_s = m_s \boldsymbol{a}_s \cdot \boldsymbol{C}_s / kT, \qquad (18.41,2)$$

其中 $\boldsymbol{a}_s$ 是与 $\boldsymbol{c}_s$ 无关的矢量.

为了确定 $\boldsymbol{a}_s$，用 $m_s\boldsymbol{C}_s$ 乘式(18.41,1)，再对所有的 $\boldsymbol{c}_s$ 值积分，就得到

1) 对于 $\boldsymbol{A}_s$ 取 $p = 1, 2, \cdots, m$；对于 $\boldsymbol{D}_s^t$ 取 $q = 0, 1, \cdots, (m-1)$. ——译者注
2) E. J. Hellund, *Phys. Rev.* **57**, 319(1940).

$$nkT\boldsymbol{d}_s = -n_s^2[m_s\boldsymbol{C}_s, \boldsymbol{\Phi}_s]_s - \sum_{t\neq s} n_s n_t [m_s\boldsymbol{C}_s, \boldsymbol{\Phi}_s + \boldsymbol{\Phi}_t]_{st},$$

其中的括号表达式象式(4.4,7,9)一样定义. 因为 $m_s\boldsymbol{C}_s$ 是个总和不变量,所以上式右边第一项为零. 这样,把式(18.41,2)代入就得到

$$nk^2T^2\boldsymbol{d}_s = -\frac{1}{3}\sum_{t\neq s} m_s n_s n_t \{\boldsymbol{a}_s[\boldsymbol{C}_s, m_s\boldsymbol{C}_s]_{st}$$

$$+ \boldsymbol{a}_t[\boldsymbol{C}_s, m_t\boldsymbol{C}_t]_{st}\}.$$

利用类似于式(9.6,1,4)和(9.81,1)的等式,上式就变成

$$\boldsymbol{d}_s = -\frac{16n}{3kT}\sum_t \frac{m_s m_t}{m_s + m_t} \mathrm{x}_s \mathrm{x}_t (\boldsymbol{a}_s - \boldsymbol{a}_t)\Omega_{st}^{(1)}(1)$$

$$= -\sum_t \mathrm{x}_s \mathrm{x}_t (\boldsymbol{a}_s - \boldsymbol{a}_t)/[D_{st}]_1.$$

此处 $[D_{st}]_1$ 表示由第 s 种气体和第 t 种气体构成的二组元混合气体的一阶近似扩散系数,其压强、温度和实际的多组元混合气体一样. 此外(参见式(18.3,1)),对应于式(18.41,2)的扩散速度 $\bar{\boldsymbol{C}}_s$ 就是 $\boldsymbol{a}_s$;因此,现在的一阶近似就有

$$\boldsymbol{d}_s = -\sum_t \mathrm{x}_s \mathrm{x}_t (\bar{\boldsymbol{C}}_s - \bar{\boldsymbol{C}}_t)/[D_{st}]_1. \qquad (18.41,3)$$

方程(18.41,3)表明,在一阶近似范围内,式(18.3,13)中的广义扩散系数与同样温度及压强下的二组元扩散系数相同. 6.63 节曾把式(18.41,3)解释为第 s 种气体的(近似)运动方程.

方程(18.41,3)等价于 $K-1$ 个独立方程. 由这些方程可以算出其它组元相对于某一指定组元的 $K-1$ 个扩散速度. 例如,对于三组元混合气体,由式(18.41,3)的前两个方程可得

$$\bar{\boldsymbol{C}}_1 - \bar{\boldsymbol{C}}_2 = \frac{[D_{12}]_1([D_{23}]_1 \mathrm{x}_1 \boldsymbol{d}_2 - [D_{13}]_1 \mathrm{x}_2 \boldsymbol{d}_1)}{\mathrm{x}_1\mathrm{x}_2(\mathrm{x}_1[D_{23}]_1 + \mathrm{x}_2[D_{31}]_1 + \mathrm{x}_3[D_{12}]_1)}. \qquad (18.41,4)$$

对于任何具体的 K 值,都可以用两个行列式之比给出类似的表达式(参见 18.3 节中第 2 个脚注). 然而,鉴于计算这些行列式的困难,因而通常采用方程(18.41,3)更为简单些.

18.42. 热传导系数

根据式(18.31,2,8),热传导系数 λ 可表示为 $\sum_s \lambda_{(s)}$,其中

$$\lambda_{(s)}=\frac{1}{3}k\int f_s^{(0)}\left(\mathscr{C}_s^2-\frac{5}{2}\right)\boldsymbol{C}_s\cdot\widetilde{\boldsymbol{A}}_s d\boldsymbol{c}_s. \qquad (18.42,1)$$

我们可以把 $\lambda_{(s)}$ 看作是第 s 种气体对总热传导系数的贡献. 由于

$$\sum_t \mathrm{k}_{Tt}=0,$$

并根据方程(18.2,11,13)和(18.31,7),就得到 $\widetilde{\boldsymbol{A}}_s$ 应满足的方程:

$$\sum_t n_s n_t I_{st}(\widetilde{\boldsymbol{A}}_s+\widetilde{\boldsymbol{A}}_t)$$

$$=f_s^{(0)}\boldsymbol{C}_s\left(\mathscr{C}_s^2-\frac{5}{2}-x_s^{-1}\mathrm{k}_{Ts}\right), \qquad (18.42,2)$$

方程(18.42,2)可用来确定 λ,而不必先求出 k_{Ts}. 从 $\widetilde{\boldsymbol{A}}_s$ 和 k_{Ts} 的定义出发,再利用式(18.3,3),可得

$$\int f_s^{(0)}\widetilde{\boldsymbol{A}}_s\cdot\boldsymbol{C}_s d\boldsymbol{c}_s=3n_s\left(D_{Ts}-\sum_t \boldsymbol{k}_{Tt}\Delta_{st}\right)=0. \qquad (18.42,3)$$

由此可见, $\widetilde{\boldsymbol{A}}_s$ 对扩散速度 $\bar{\boldsymbol{C}}_s$ 没有贡献(这是很自然的,因为引入 $\widetilde{\boldsymbol{A}}_s$ 是为了表达不存在扩散时的热传导). 因此,当 $\widetilde{\boldsymbol{A}}_s$ 用一系列矢量 $S_{3/2}^{(p)}(\mathscr{C}_s^2)\boldsymbol{C}_s$ 表示时,必定不包含 $p=0$ 这一项(因只有这一项对 $\bar{\boldsymbol{C}}_s$ 有贡献). 用 $S_{3/2}^{(q)}(\mathscr{C}_s^2)\boldsymbol{C}_s$ 乘方程(18.42,2)(其中 $q>0$),再对 $\boldsymbol{c}_s$ 积分,便可确定 $p>0$ 时上述一系列矢量的系数. 完成这些运算后,我们就会看到,没有包含 k_{Ts} 的项.

$\widetilde{\boldsymbol{A}}_s$ 的一阶近似可以写为

$$\widetilde{\boldsymbol{A}}_s=-(2m_s/5k^2Tn_s)a_s S_{3/2}^{(1)}(\mathscr{C}_s^2)\boldsymbol{C}_s; \qquad (18.42,4)$$

引入因子$(2m_s/5k^2Tn_s)$是为了使 a_s 就等于 $\lambda_{(s)}$ 的一阶近似值. 为了确定 a_s,我们用一 $S_{3/2}^{(1)}(\mathscr{C}_s^2)\boldsymbol{C}_s$ 乘方程(18.42,2),再对 $\boldsymbol{c}_s$ 积分. 然后将式(18.42,4)代入,便得到

$$a_s\Big\{n_s[S_{3/2}^{(1)}(\mathscr{C}_s^2)\mathscr{C}_s,\ S_{3/2}^{(1)}(\mathscr{C}_s^2)\mathscr{C}_s]_s$$

$$+\sum_{t\neq s}n_t[S_{3/2}^{(1)}(\mathscr{C}_s^2)\mathscr{C}_s,\ S_{3/2}^{(1)}(\mathscr{C}_s^2)\mathscr{C}_s]_{st}\Big\}$$

$$+n_s\sum_{t\neq s}a_t(m_t/m_s)^{\frac{1}{2}}[S_{3/2}^{(1)}(\mathscr{C}_s^2)\mathscr{C}_s,\ S_{3/2}^{(1)}(\mathscr{C}_t^2)\mathscr{C}_t]_{st}$$

$$=75k^2Tn_s/8m_s. \qquad (18.42,5)$$

括号积分由类似于(9.6,3,6,8)诸等式给出；利用类似于(9.7,1)，(9.8,7,8) 和 (9.81,1) 诸等式就能简化这些积分. 最后，方程(18.42,5)简化为

$$a_s\Big\{x_s/[\lambda_s]_1+\sum_{t\neq s}(Tx_t/5p[D_{st}]_1)(6M_{st}^2+(5-4\mathrm{B}_{st})M_{ts}^2$$

$$+8M_{st}M_{ts}\mathrm{A}_{st})\Big\}-x_s\sum_{t\neq s}a_t(TM_{st}M_{ts}/5p[D_{st}]_1)$$

$$\cdot(11-4\mathrm{B}_{st}-8\mathrm{A}_{st})=x_s. \qquad (18.42,6)$$

这里的 $[\lambda_s]_1$ 和 $[D_{st}]_1$ 象以前一样，分别表示第 s 种气体(纯的)热传导系数的一阶近似值和 s, t 二组元混合气体扩散系数的一阶近似值，它们的压强、温度都和实际的多组元混合气体一样；A_{st}，B_{st} 由分子 m_s 与分子 m_t 之间的碰撞积分定义，就象 A，B 由式(9.8,7)定义一样；M_{st} 和 M_{ts} 的定义为

$$M_{st}=m_s/(m_s+m_t),\quad M_{ts}=m_t/(m_s+m_t). \qquad (18.42,7)$$

E_{st} 已用一阶近似值 $[D_{st}]_1$ 代替，因为后者与实验数据的关系更为密切.

在任何实际计算中，最好采用数值法求解联立方程 (18.42,6)，以此来确定各量 a_s. 于是就得到热传导系数的一阶近似式

$$[\lambda]_1=\sum_s[\lambda_{(s)}]_1=\sum_s a_s. \qquad (18.42,8)$$

由式 (18.42,6,8) 给定的 $[\lambda]_1$ 表达式可以与 6.63 节中给出的 Wassiljewa 表达式作比较. 然而 Wassiljewa 表达式表明：阻碍热传导的只是碰撞效应，而式(18.42,6)却表明还存在着二次效

应：当分子 m_s 与分子 m_t 碰撞时，由第 t 种气体承担的热量输运 $-\lambda_{(t)}\nabla T$，部分地转换为第 s 种气体的热量输运[1]。

18.43. 热扩散系数

我们在这里只考虑热扩散比 k_{Ts}，而不考虑 D_{Ts}，这是因为在式(18.3,15)和(18.31,6)那样的关系式中，k_{Ts} 有明显的物理意义。为了确定 k_{Ts}，我们用 $m_s\boldsymbol{C}_s$ 乘方程 (18.42,2)，再对 $\boldsymbol{c}_s$ 积分；这样，方程右边由 $\mathscr{C}_s^2-\frac{5}{2}$ 导出的这一项为零，由此我们就得到

$$-3pk_{Ts}=n_s^2[m_s\boldsymbol{C}_s,\ \widetilde{\boldsymbol{A}}_s]_s+\sum_{t\neq s}n_sn_t[m_s\boldsymbol{C}_s,\ \widetilde{\boldsymbol{A}}_s+\widetilde{\boldsymbol{A}}_t]_{st}.\qquad(18.43,1)$$

因为 $m_s\boldsymbol{C}_s$ 是个总和不变量，所以此式右边第一项为零。在第二项中，我们用式(18.42,4)给定的近似表达式代替其中的 $\widetilde{\boldsymbol{A}}_s$。由于 $[m_s\boldsymbol{C}_s+m_t\boldsymbol{C}_t,\ \widetilde{\boldsymbol{A}}_s]_{st}=0$，因此

$$15kp[k_{Ts}]_1=\sum_{t\neq s}4(m_sm_t)^{\frac{1}{2}}\{n_sa_t[\boldsymbol{\mathscr{C}}_s,\ S_{3/2}^{(1)}(\mathscr{C}_t^2)\boldsymbol{\mathscr{C}}_t]_{st}-n_ta_s[\boldsymbol{\mathscr{C}}_t,\ S_{3/2}^{(1)}(\mathscr{C}_s^2)\boldsymbol{\mathscr{C}}_s]_{st}\}.\qquad(18.43,2)$$

方程(18.43,2)中的括号积分由(9.6,2)那样的等式给定。把它们的值代入，并利用类似于(9.81,1)的等式，我们就得到

$$[k_{Ts}]_1=\sum_t(TC_{st}/p[D_{st}]_1)(x_sa_tM_{st}-x_ta_sM_{ts}).\qquad(18.43,3)$$

此处 $[D_{st}]_1$，M_{st}，M_{ts} 象 18.42 节中一样定义；而对于分子 m_s，m_t 之间的碰撞来说，C_{st} 等价于式 (9.8,7) 定义的 C。把求解方程组 (18.42,6) 得到的 a_s，a_t 代入，就得到 $[k_{Ts}]_1$。因为 $\lambda_{(s)}$ 的一阶近似值 a_s 有个因子 x_s，所以我们可以将式(8.4,8)推广为

$$[k_{Ts}]_1=\sum_t x_sx_t\alpha_{st},\qquad(18.43,4)$$

---

1) T. G. Cowling, P. Gray and P. G. Wright, *Proc. R. Soc.* A, **276**, 69 (1963). 也可参见 J. M. Yos, *AVCO Report*, AVSSD-0112-67-RM (1967).

其中 $\alpha_{st}=-\alpha_{ts}$。

方程 (18.43,3) 表明：$\mathbf{k}_{Ts}$ 与热传导系数 λ 的各部分 $\lambda_{(s)}$ 有着密切的关系。然而，尽管分子的内能会明显地影响 λ 值，通常却假设内能几乎不影响 $\mathbf{k}_{Ts}$。因此，只要方程(18.42,6)中的 $[\lambda_s]_1$ 采用它的单原子值 $15k[\mu_s]_1/4m_s$，那么方程 (18.43,3) 就应该能近似应用于具有内能的分子。

18.44. 粘性系数

粘性系数由式(18.32,1)给定，即

$$\mu=\sum\mu_{(s)}, \tag{18.44,1}$$

这里 $\mu_{(s)}$ 是第 s 种气体对 μ 的贡献，它由下式给定

$$\mu_{(s)}=\frac{2}{5}kT\int f_s^{(0)}\overset{\circ}{\mathscr{C}_s\mathscr{C}_s}:\mathbf{B}_s d\mathbf{c}_s, \tag{18.44,2}$$

而 $\mathbf{B}_s$ 满足方程(18.2,12)。利用近似表达式

$$\mathbf{B}_s=(b_s/n_skT)\overset{\circ}{\mathscr{C}_s\mathscr{C}_s}, \tag{18.44,3}$$

可以导出 μ 的一阶近似式；在式 (18.44,3) 中引进因子 n_skT 是为了使 b_s 就等于 $\mu_{(s)}$ 的一阶近似值。为了确定 b_s，我们用 $\overset{\circ}{\mathscr{C}_s\mathscr{C}_s}$ 乘方程(18.2,12)，然后对 $\mathbf{c}_s$ 积分，再将式(18.44,3)代入就得到

$$\begin{aligned}\frac{5}{2}n_skT=&n_sb_s[\overset{\circ}{\mathscr{C}_s\mathscr{C}_s},\overset{\circ}{\mathscr{C}_s\mathscr{C}_s}]_s\\&+\sum_{t\neq s}(n_tb_s[\overset{\circ}{\mathscr{C}_s\mathscr{C}_s},\overset{\circ}{\mathscr{C}_s\mathscr{C}_s}]_{st}\\&+n_sb_t[\overset{\circ}{\mathscr{C}_s\mathscr{C}_s},\overset{\circ}{\mathscr{C}_t\mathscr{C}_t}]_{st}).\end{aligned} \tag{18.44,4}$$

方程(18.44,4)中的括号积分由类似于(9.6,14—16)、(9.7,1)、(9.8,7) 和 (9.81,1) 诸等式确定．利用这些等式，我们可由方程 (18.44,4) 求得

$$\begin{aligned}\mathrm{x}_s=&b_s\left\{\frac{\mathrm{x}_s}{[\mu_s]_1}+\sum_{t\neq s}\frac{3\mathrm{x}_t}{(\rho_s'+\rho_t')[D_{st}]_1}\left(\frac{2}{3}+\frac{m_t}{m_s}A_{st}\right)\right\}\\&-\mathrm{x}_s\sum_{t\neq s}\frac{3b_t}{(\rho_s'+\rho_t')[D_{st}]_1}\left(\frac{2}{3}-A_{st}\right).\end{aligned} \tag{18.44,5}$$

在方程(18.44,5)中，$[\mu_s]_1$, $[D_{st}]_1$, A_{st} 的定义同前. ρ'_s, ρ'_t 表示在实际气体的压强和温度下第 s 种和第 t 种气体（纯的）的密度。由方程(18.44,5)求得 b_s 后，μ 的一阶近似值就由下式给出

$$[\mu]_1 = \sum_s [\mu_{(s)}]_1 = \sum_s b_s. \qquad (18.44,6)$$

一些具体情况下的近似值

18.5. 同位素混合物

现考虑同一种气体几种同位素的混合物. 混合物中分子平均质量 $\overline{m}$ 的定义为

$$n\overline{m} = \sum_i n_i m_i, \qquad (18.5,1)$$

而且假定 $(m_i - \overline{m})/\overline{m}$ 很小，以至于可以忽略它们的平方项和乘积项. 这样，如果假设混合物中所有各类碰撞有相同的作用力规律，结果发现热传导系数和粘性系数就是分子质量为 $\overline{m}$ 的单组元气体相应的系数. 常数 A, B, C 对于每对同位素都是相同的，因而热扩散比 k_{Ts} 为[1]

$$[k_{Ts}]_1 = \frac{15C(1+A)x_s}{2A(11-4B+8A)}\frac{m_s-\overline{m}}{\overline{m}}. \qquad (18.5,2)$$

用 3/4 代替 B 就得到 Kihara 近似式.

当热扩散与非均匀性引起的扩散达到平衡时，在这种稳恒状态下有 $\nabla x_s = -k_{Ts}\nabla \ln T$. 因此对于一阶近似有

$$\nabla \ln\left(\frac{x_s}{x_t}\right) = -\nabla \ln T\,\frac{15C(1+A)}{2A(11-4B+8A)}\frac{m_s-m_t}{\overline{m}}. \qquad (18.5,3)$$

由于这个结果只正确到 $(m_s - m_t)/\overline{m}$ 的一阶量，因此分母中的 $\overline{m}$ 可以用任何其它平均质量来代替. 式(18.5,3)表明，分子 m_s 和

1) R. C. Jones, *Phys. Rev.* **59**, 1019 (1941).

m_t 的相对浓度具有相同的（好象其它同位素不存在一样）空间变化率。

方程(18.5,2)和(18.5,3)表明，对于含有几种同位素的混合物所得出的结果，可用来确定一对同位素的热扩散比，反之亦然．类似的陈述也适用于扩散的热效应[1]．

设有两种同位素气体（m_1，m_2），它们的 c_{12} 很小，若过量地将第三种 m_3 气体（对于它，c_{13}，c_{23} 很大）加到上述两种同位素混合物中，就可以大大地增强它们之间的热分离效应．假设第三种气体的属性在其它方面都介于这两种同位素之间，那么在式（18.43，3)中有

$$a_1/x_1m_1 > a_3/x_3m_3 > a_2/x_2m_2.$$

这样，在热扩散与非均匀性引起的扩散达到平衡的稳恒状态中，我们有

$$\nabla \ln\left(\frac{x_1}{x_2}\right) = -\nabla T\left[\frac{(x_1+x_2)m_1m_2c_{12}}{p(m_1+m_2)[D_{12}]_1}\right.$$
$$\cdot\left(\frac{a_1}{x_1m_1}-\frac{a_2}{x_2m_2}\right)+\frac{x_3m_3}{p}\left\{\frac{M_{13}c_{13}}{[D_{13}]_1}\right.$$
$$\cdot\left(\frac{a_1}{x_1m_1}-\frac{a_3}{x_3m_3}\right)+\frac{M_{23}c_{23}}{[D_{23}]_1}$$
$$\left.\left.\cdot\left(\frac{a_3}{x_3m_3}-\frac{a_2}{x_2m_2}\right)\right\}\right]. \qquad (18.5,4)$$

因为分子 m_3 的属性介于这两种同位素的属性之间，所以下面三个量近似相等

$$\frac{m_1m_2}{(m_1+m_2)[D_{12}]_1},\quad \frac{m_1m_3}{(m_1+m_3)[D_{13}]_1},$$
$$\frac{m_2m_3}{(m_2+m_3)[D_{23}]_1}.$$

此外，c_{13}，c_{23} 也近乎相等．因此式(18.5,4)近似为

---

1) L. Waldmann, *Z. Naturforschung*, **1**, 12(1946).

$$\nabla \ln \left(\frac{x_1}{x_2}\right) = -\frac{\{(1-x_3)c_{12}+x_3c_{13}\}}{p(m_1+m_2)[D_{12}]_1} m_1 m_2 \cdot \left(\frac{a_1}{x_1 m_1} - \frac{a_2}{x_2 m_2}\right) \nabla T. \tag{18.5,5}$$

假设 a_1/x_1, a_2/x_2（分子 m_1, m_2 对热传导的贡献，正比于这些分子的数目）并不因第三种气体的存在而有很大的变化．那么第三种气体存在的效果是使式(18.5,5)右边的表达式多乘个因子

$$\{(1-x_3)c_{12}+x_3c_{13}\}/c_{12} = 1 + x_3(c_{13}/c_{12}-1).$$

如果 c_{13}/c_{12} 很大而 x_3 又不很小，那么这个因子很大．

Clusius 和他的助手们在利用热扩散柱分离同位素时，已经运用了添加第三种气体的办法以增强分离效果．最后终于达到了一种近乎稳恒的状态，在此状态下两种同位素（每种都包含少量的添加气体）已被一团添加气体分开，成为近乎单一气体状态．然后再用化学过程可将微量添加气体从同位素中除去[1]．

18.51. 存在痕量气体的混合气体

现在来研究一种三组元混合气体，其中分子 m_3 仅作为痕量气体而存在．通常，这种混合气体的粘性系数和热传导系数，就是由分子 m_1, m_2 组成的二组元混合气体的粘性系数和热传导系数，好象第三种气体不存在一样；分子 m_1, m_2 的相对扩散同样也未明显受到分子 m_3 的影响．

分子 m_3 通过某个处于静止的、不受外力作用的、由分子 m_1 和 m_2 组成的均匀气体的扩散，其扩散速度—精确到一阶量—由下式给定（参见式(18.41,3)）：

$$\nabla x_3 = -x_3\bar{C}_3(x_1/[D_{13}]_1 + x_2/[D_{23}]_1). \tag{18.51,1}$$

这相等于分子 m_3 在单组元气体中扩散，其扩散系数 $D_{12,3}$ 为

$$1/[D_{12,3}]_1 = x_1/[D_{13}]_1 + x_2/[D_{23}]_1. \tag{18.51,2}$$

---

1) 例如，用 $H^{35}Cl$ 和 $H^{37}Cl$ 或 $D^{35}Cl$ 和 $D^{37}Cl$ 作为辅助气体来分离同位素 ^{36}A, ^{38}A, ^{40}A，可参阅 K. Clusius and E. Schumacher, *Helv. Chim. Acta*, **36**, 969(1953).

Walker, de Haas 和 Westenberg 在 CO_2 通过 He 和 N_2 混合气体的扩散实验中证实了方程 (18.51,2)[1]. 但是,应该注意到,方程(18.51,2)所表明的线性关系只在一阶近似范围内正确[2].

18.52. 含有电子的三组元混合物

现在来研究一种三组元的混合物,其中 m_3 为电子, 因而 m_3/m_1 和 m_3/m_2 都很小. 如果认为 $(m_3/m_1)^{\frac{1}{2}}$ 和 $(m_3/m_2)^{\frac{1}{2}}$ 是可忽略的,还假定 x_3 不是小量,那么我们就可以给出其近似表达式.

式(18.42,6)中的 λ_3, D_{13}, D_{23} 都正比于 $m_3^{-1/2}$,因此都很大. 结果 a_3 也正比于 $m_3^{-1/2}$,它比 a_1 和 a_2 大得多. 这就意味着,对于目前的近似而言,热传导完全是由电子产生,热传导系数为

$$[\lambda]_1 = a_3 = x_3 \Big/ \left\{ \frac{x_3}{[\lambda_3]_1} + \frac{T}{5p} \cdot \left[\frac{x_1(5 - 4B_{13})}{[D_{13}]_1} + \frac{x_2(5 - 4B_{23})}{[D_{23}]_1} \right] \right\}. \qquad (18.52,1)$$

由于忽略 $(m_3/m_1)^{\frac{1}{2}}$ 和 $(m_3/m_2)^{\frac{1}{2}}$ 而引起的误差大约为 2% 或 3%. 这个误差好象比 λ 用它的一阶近似 $[\lambda]_1$ 代替所产生的误差要小,尤其是当分子 m_1 和 m_2 都是离子时. 如果需要 λ 的高阶近似 (仍把 $(m_3/m_1)^{1/2}$ 和 $(m_3/m_2)^{1/2}$ 看作是可忽略的), 那么可把分子 m_1 和 m_2 看作是不动的靶,但是在考虑电子碰撞时, 既要计及电子同电子的碰撞, 也要计及电子与这些靶的碰撞. 在完全电离的气体中,它的热传导系数就是电子-重离子组成的二组元混合气体的热传导系数,该重离子的数密度为 $(n_1 + n_2)$, 其电荷 e_{12} 由下式给定

$$(n_1 + n_2)e_{12}^2 = n_1 e_1^2 + n_2 e_2^2. \qquad (18.52,2)$$

在粘性系数的公式中, $[\mu_3]_1$, $m_3[D_{13}]_1$ 和 $m_3[D_{23}]_1$ 都很小, 都是 $m_3^{1/2}$ 的量级. 那么, 由方程(18.44,5)可知, b_3 也是 $m_3^{1/2}$ 的量

---

1) R. E. Walker, N. de Haas and A. A. Westenberg, *J. Chem. Phys.* **32** 1314 (1960); 也可参见 B. N. Srivastava and R. Paul, *Physica*, **28**, 646 (1962); R. Paul, *Ind. J. Phys.* **36**, 464(1962).

2) S. I. Sandler and E. A. Mason, *J. Chem. Phys.* **48**, 2873(1968).

级，可以忽略不计．因此对于目前的近似来说，粘性系数就是两种重离子气体的粘性系数，电子的存在对它没有影响．

为了计算热扩散比，必须计算 a_1 和 a_2．对于目前的近似来说，a_1 和 a_2 的值就等于不存在电子时它们所具有的值．用 a_1，a_2，a_3，表示的热扩散比的公式为

$$[\mathrm{k}_{T3}]_1 = -\frac{a_3 T}{p}\left(\frac{\mathrm{c}_{13}\mathrm{x}_1}{[D_{13}]_1} + \frac{\mathrm{c}_{23}\mathrm{x}_2}{[D_{23}]_1}\right), \tag{18.52,3}$$

$$[\mathrm{k}_{T1}]_1 = \frac{T\mathrm{c}_{12}}{p[D_{12}]_1}(\mathrm{x}_1 a_2 M_{12} - \mathrm{x}_2 a_1 M_{21}) + \frac{T\mathrm{c}_{13}\mathrm{x}_1 a_3}{p[D_{13}]_1}, \tag{18.52,4}$$

对于 $[\mathrm{k}_{T2}]_1$ 亦有类似的关系．由于 a_3，$[D_{13}]_1$，$[D_{23}]_1$ 全都正比于 $m_3^{-1/2}$，所以在式(18.52,3,4)中所有各项有相同的量级．

象式(18.3,13)一样，扩散速度由下式给定：

$$\boldsymbol{d}'_s \equiv \boldsymbol{d}_s + \mathrm{k}_{Ts}\nabla \ln T = -\sum_t \mathrm{x}_s\mathrm{x}_t(\bar{\boldsymbol{C}}_s - \bar{\boldsymbol{C}}_t)/D_{st}. \tag{18.52,5}$$

在这里，对于所有的 s，系数 k_{Ts} 的量级都差不多．同样，可以假定 $\boldsymbol{d}_s$ 的量级也都差不多，因为在式(18.2,4)中，各组元的压强梯度 ∇p_s 的量级都差不多，而且电场作用于电子和重离子上的体积力 $\rho_s\boldsymbol{F}_s$ 的数值也是同阶大小．象式(18.41,4)一样，由方程(18.52,5)解出扩散速度后，就得到

$$\bar{\boldsymbol{C}}_1 - \bar{\boldsymbol{C}}_2 = \frac{D_{12}(D_{23}\mathrm{x}_1\boldsymbol{d}'_2 - D_{13}\mathrm{x}_2\boldsymbol{d}'_1)}{\mathrm{x}_1\mathrm{x}_2(\mathrm{x}_1 D_{23} + \mathrm{x}_2 D_{31} + \mathrm{x}_3 D_{12})}, \tag{18.52,6}$$

类似的关系式还有两个．这样，由于 D_{12} 比 D_{13}，D_{23} 小得多，因此扩散过程可以分成两部分：第一部分，也是主要的部分，是电子相对于重离子的扩散，其扩散速度为

$$\bar{\boldsymbol{C}}_3 - \bar{\boldsymbol{C}}_1 \doteq \bar{\boldsymbol{C}}_3 - \bar{\boldsymbol{C}}_2 \doteq -D_{13}D_{23}\boldsymbol{d}'_3/\mathrm{x}_3(\mathrm{x}_1 D_{23} + \mathrm{x}_2 D_{13}). \tag{18.52,7}$$

这跟电子在单一的重气体(数密度为 $n_1 + n_2$)中的扩散速度一样，其扩散系数 $D_{12,3}$ 由下式给定

$$(\mathrm{x}_1 + \mathrm{x}_2)/D_{12,3} = \mathrm{x}_1/D_{13} + \mathrm{x}_2/D_{23}. \tag{18.52,8}$$

第二部分是两种重气体之间的(微弱得多)相对扩散，其扩散速度为

$$\bar{\boldsymbol{C}}_1-\bar{\boldsymbol{C}}_2=\frac{D_{12}(D_{23}x_1\boldsymbol{d}_2'-D_{13}x_2\boldsymbol{d}_1')}{x_1x_2(x_1D_{23}+x_2D_{13})}. \quad (18.52,9)$$

让 $\boldsymbol{d}_1'$, $\boldsymbol{d}_2'$ 用 $\boldsymbol{d}_3'(\equiv-\boldsymbol{d}_1'-\boldsymbol{d}_2')$ 和 $\boldsymbol{d}_{12}'$ 表示，而 $\boldsymbol{d}_{12}'$ 的定义为

$$\boldsymbol{d}_{12}'=(\rho_2\boldsymbol{d}_1'-\rho_1\boldsymbol{d}_2')/(\rho_1+\rho_2); \quad (18.52,10)$$

(对于不存在温度梯度的二组元气体，$\boldsymbol{d}_{12}'$ 退化为 8.3 节中的 $\boldsymbol{d}_{12}$)这样，式(18.52,9)就变为

$$x_1x_2(\bar{\boldsymbol{C}}_1-\bar{\boldsymbol{C}}_2)=-D_{12}\boldsymbol{d}_{12}'-\frac{D_{12}(\rho_2D_{23}x_1-\rho_1D_{13}x_2)\boldsymbol{d}_3'}{(\rho_1+\rho_2)(x_1D_{23}+x_2D_{13})}. \quad (18.52,11)$$

此式表明，存在着由 $\boldsymbol{d}_3'$ 引起的‘诱导’扩散，同样也存在着由 $\boldsymbol{d}_{12}'$ 引起的普通扩散.

不论 D_{12}, D_{13} 和 D_{23} 是哪一阶近似，方程(18.52,7,9,11)均适用. 通常，D_{12} 用一阶近似值 $[D_{12}]_1$ 代替就已足够了. 然而，在计算 D_{13} 和 D_{23} 时，就象计算 λ 一样，希望能计算到更高阶的近似，特别是对于完全电离的气体. 在完全电离气体中，电子扩散系数可以利用式(18.52,2)，按二组元气体的公式计算出来.

若我们只关心热扩散问题，则 $\boldsymbol{d}_s'=k_{Ts}\nabla\ln T$. 那么我们可以利用式(18.52,4)和类似的等式，从式(18.52,9)得出(精确到一阶量)

$$\bar{\boldsymbol{C}}_1-\bar{\boldsymbol{C}}_2=p^{-1}\nabla T\{(x_1x_2)^{-1}c_{12}(x_2a_1M_{21}-x_1a_2M_{12})+(c_{23}-c_{13})a_3D_{12}/(x_1D_{23}+x_2D_{13})\}. \quad (18.52,12)$$

由于 a_1, a_2, a_3 表示这三种气体对热传导系数的贡献的一阶近似值，因此式(18.52,12)中的 a_3 项表示由于电子的存在而诱导的热扩散. 正常情况下，这一项与其它各项同量级；但是，如果 $c_{13}=c_{23}$，这项就变为零. 例如在完全电离的气体中

$$(c_{13}=c_{23}=c_{12}=-0.6),$$

我们遇到的正是这种情况. 在完全电离气体中热扩散特别重要，因为那里的 c_{st} 比中性气体的值大好几倍.

有一种情况特别令人感兴趣：分子 m_1 是质子，而分子 m_2 是质量和电量都要大得多而数量极微的离子。在这种情况下 M_{12} 值很小，而 $M_{21} \doteq 1$；此外 $x_1 a_2 / x_2 a_1$ 是 $(M_{12})^{1/2}$ 的量级，而 a_1 近似于 $[\lambda_1]_1$。因此式(18.52,12)近似地变为

$$\bar{\boldsymbol{C}}_1 - \bar{\boldsymbol{C}}_2 = p^{-1} x_1^{-1} C_{12} [\lambda_1]_1 \nabla T. \qquad (18.52,13)$$

这个扩散速度与重离子的电量 e_2 无关，然而扩散系数 D_{12} 却与 $1/e_2^2$ 成正比。因此，如果 e_2 很大，那么热扩散在与非均匀性扩散达到平衡之前，它能够大大地增强两种正离子的分离[1)]，重离子向较热的区域扩散。

1) S. Chapman, *Proc. Phys. Soc.* **72**, 353 (1958). 更精确的讨论由 J. M. Burgers 在 *Plasma Physics* (ed F. H. Clauser), pp. 260—4 (Pergamon Press, 1960). 给出。该文考虑了热源电场，得到相当大的扩散速度。

第十九章　电离气体中的电磁现象

19.1. 对流电流和传导电流

在通常的气体里，分子是电中性的；当气体中某些分子带电时，则气体就被称为电离的．在电离气体中有各种类型的粒子(我们把它们统称为分子)，有的是中性分子或原子，有的是带正电或带负电的原子离子或分子离子，有的是电子．带电粒子所带的电量总是电荷 e 的整数倍（可以是正的或负的），e 在数值上等于一个电子的电量．

设 n_s，m_s 和 e_s 为电离气体中第 s 种分子($s=1, 2, \cdots$)的数密度，质量和电量．为了方便起见，首先将各种中性分子编号，例如，如果仅存在一种中性分子，那么就把这种分子记为 $s=1$.

电荷的体积密度，即每单位体积中的电荷，可以记为 ρ_e；显然

$$\rho_e = \Sigma n_s e_s. \tag{19.1,1}$$

我们把电流强度定义为一个矢量，其方向即为该点处电流的方向，其大小等于垂直于这个方向的每单位横截面上的电流值．因此电流强度等于

$$\begin{aligned}\Sigma n_s e_s \bar{\boldsymbol{c}}_s &= \Sigma n_s e_s \boldsymbol{c}_0 + \Sigma n_s e_s \bar{\boldsymbol{C}}_s \\ &= \rho_e \boldsymbol{c}_0 + \boldsymbol{j},\end{aligned} \tag{19.1,2}$$

其中

$$\boldsymbol{j} \equiv \Sigma n_s e_s \bar{\boldsymbol{C}}_s. \tag{19.1,3}$$

显然 $\boldsymbol{j}$ 就是 2.3 节和 2.5 节所定义的电荷通量矢(相应于$\phi_s = e_s$).

在式(19.1,2)中，第一项来自速度为 $\boldsymbol{c}_0$ 的体积电荷的输运；这部分电流称为对流电流．剩下的那部分(即 $\boldsymbol{j}$) 称为传导电流．这里对这两类电流所作的划分具有一定的随意性，因为就电的方面来考虑，我们也可以写为 $\boldsymbol{c}_s = \bar{\boldsymbol{c}} + \boldsymbol{C}'_s$，其中 $\bar{\boldsymbol{c}}$ 是平均分子速度(不

是式(2.5,7)定义的宏观速度). 在这种情况下,我们就可以把 $\rho_c\bar{\boldsymbol{c}}$ 视为对流电流,而把 $\Sigma n_s e_s \bar{\boldsymbol{C}}_s'$ 视为传导电流. 然而在本章我们实际上采用的是式(19.1,2)所定义的那种.

若 $\rho_c = 0$ 或 $\boldsymbol{c}_0 = 0$, 那么就不存在对流电流. 在很多电离气体中, $\rho_c = 0$ 在高阶近似内也都成立;因为假如不是这样的话,气体中就会建立起一个要驱散体电荷的电场; 仅当有外力维持时气体才能保持可观的体电荷.

19.11. 二组元混合气体中的电流

在二组元混合气体的情况下,式(19.1,3)转化为

$$\begin{aligned}\boldsymbol{j} &= n_1 e_1 \bar{\boldsymbol{C}}_1 + n_2 e_2 \bar{\boldsymbol{C}}_2 \\ &= n_1(e_1 - e_2 m_1/m_2)\bar{\boldsymbol{C}}_1 \\ &= (n_1 n_2/\rho)(e_1 m_2 - e_2 m_1)(\bar{\boldsymbol{C}}_1 - \bar{\boldsymbol{C}}_2). \qquad (19.11,1)\end{aligned}$$

我们用式(14.1,1)的 $\boldsymbol{C}_1 - \boldsymbol{C}_2$ 代入上式,就得到

$$\boldsymbol{j} = -\frac{n^2}{\rho}(e_1 m_2 - e_2 m_1)D_{12}\left\{\nabla x_1 + \frac{n_1 n_2(m_2 - m_1)}{n\rho}\nabla \ln p - \frac{\rho_1\rho_2}{p\rho}(\boldsymbol{F}_1 - \boldsymbol{F}_2) + \mathrm{k}_T \nabla \ln T\right\}. \qquad (19.11,2)$$

如果作用在这两类分子上的力 $m_1\boldsymbol{F}_1$ 和 $m_2\boldsymbol{F}_2$ 是由电场 $\boldsymbol{E}$ 引起的电场力,或者其中有一部分是电场力,那么 $\boldsymbol{j}$ 中的相应部分(欧姆电流)为

$$\frac{n_1 n_2 n^2}{p\rho^2}(e_1 m_2 - e_2 m_1)^2 D_{12}\boldsymbol{E} = \vartheta\boldsymbol{E}, \qquad (19.11,3)$$

其中

$$\vartheta = \frac{n_1 n_2 n}{\rho^2 kT}(e_1 m_2 - e_2 m_1)^2 D_{12}. \qquad (19.11,4)$$

系数 ϑ 称为气体的电导率,它总是正的.

如果分子 m_1 是离子,或者是中性分子,而另一种分子 m_2 是电子, 那么质量比 m_2/m_1 是如此之小, 以至于到高阶近似仍有 $\rho = n_1 m_1$,因而式(19.11,4)等价于

$$\vartheta = \frac{n_2 n e_2^2}{k n_1 T}D_{12}. \qquad (19.11,5)$$

由于它含有 e_2，而不含 e_1，这表明电导率几乎都是来自电子。如果气体是电中性的，于是 $n_1e_1=-n_2e_2$，对流电流为零，这时式(19.11,5)也可以写成较为对称的形式

$$\vartheta=-\frac{ne_1e_2}{kT}D_{12};\tag{19.11,6}$$

因为根据现在的假设，e_1 与 e_2 的符号相反，所以上述的 ϑ 表达式还是正的。若离子只带一个电子电荷，那么式(19.11,6)就简化为

$$\vartheta=\frac{ne^2}{kT}D_{12}.\tag{19.11,7}$$

除了电场能引起传导电流外，浓度梯度、压强梯度和温度梯度也会引起传导电流，还有能够使两类分子产生不同加速度的任何非电的作用力也都会引起传导电流。但是，重力和离心力使所有粒子产生相同的加速度，所以它们对电流没有直接贡献，不过它们会建立起压强梯度或浓度梯度从而间接地对电流作出贡献。

19.12. 弱电离气体中的电导率

现考虑一种气体，其中绝大部分是中性分子。如果只存在一种中性分子（$e_1=0$）和一种带电粒子（$e_2\neq0$），那么根据式(19.11,4)（由于 n 和 ρ 近似为 n_1 和 n_1m_1）可知，电导率 ϑ 即为

$$\vartheta=\frac{n_2e_2^2}{kT}D_{12},$$

这似乎每一个带电粒子对 ϑ 的贡献为

$$\vartheta/n_2=\frac{e_2^2}{kT}D_{12}.$$

在这种情况下，利用类似的近似，由式(19.11,1)可得

$$\begin{aligned}\bar{c}_2-\bar{c}_1=\bar{\boldsymbol{C}}_2-\bar{\boldsymbol{C}}_1=\boldsymbol{j}/n_2e_2&=(\vartheta/n_2e_2)\boldsymbol{E}\\&=(e_2D_{12}/kT)\boldsymbol{E}.\end{aligned}$$

此式给出了带电粒子相对于中性分子的平均速度。当气体压强为大气压强时，上式中的系数

$$\frac{e_2 D_{12}}{kT}$$

称为带电粒子在中性气体中的迁移率.

如果在气体中存在着几种带电粒子，每一种带电粒子的数量都非常小，以至于这种粒子对别的带电粒子的平均速度的影响可以忽略，这时对于每种带电粒子(第 s 种)我们都有如下的表达式

$$\bar{\boldsymbol{C}}_s - \bar{\boldsymbol{C}}_1 = \frac{e_s D_{1s}}{kT}\boldsymbol{E}.$$

在这种情况下，总的电流强度为

$$\begin{aligned}\Sigma n_s e_s \bar{\boldsymbol{c}}_s &= \rho_e \boldsymbol{c}_0 + \Sigma n_s e_s \bar{\boldsymbol{C}}_s \\ &= \rho_e(\boldsymbol{c}_0 + \bar{\boldsymbol{C}}_1) + \Sigma n_s e_s(\bar{\boldsymbol{C}}_s - \bar{\boldsymbol{C}}_1) \\ &= \rho_e \bar{\boldsymbol{c}}_1 + \Sigma \frac{n_s e_s^2 D_{1s}}{kT}\boldsymbol{E}.\end{aligned}$$

如果 $\rho_e = 0$，那么电流强度就等于 $\vartheta \boldsymbol{E}$，此处有

$$\vartheta = (\Sigma n_s e_s^2 D_{1s})/kT;$$

因此每一个带电粒子 m_s 对 ϑ 的平均贡献就等于

$$\frac{e_s^2 D_{1s}}{kT}.$$

19.13. 多组元混合气体中的电导率

如果在气体中存在好几种带电粒子，而电离度也不小，那么必须用 18.3 节定义的广义扩散系数 Δ_{st} 或 D_{st} 来计算其电导率. 若扩散全部是由一个电场引起的，而整个气体是电中性的，那么由式(18.3,2)得到

$$\boldsymbol{j} = \sum_s n_s e_s \bar{\boldsymbol{C}}_s = \sum_s \sum_t n_s n_t e_s e_t \Delta_{st} \boldsymbol{E}/p.$$

利用关系式 $\sum_t \rho_t \Delta_{st} = 0$，我们得到 $\boldsymbol{j} = \vartheta \boldsymbol{E}$，其中

$$\vartheta = -\frac{1}{p}\sum_{s\neq t}\frac{n_s n_t}{m_s m_t}(e_s m_t - e_t m_s)^2\Delta_{st}. \qquad (19.13,1)$$

式(19.13,1)是对 $s \neq t$ 的每一对求和，每一对只取一次．因为当 $s \neq t$ 时，负值的 Δ_{st} 起着决定性作用，所以 ϑ 总是正的[1]．此式乃是式(19.11,4)推广到多组元混合气体的形式．

在混合气体中，电子数目与其他带电粒子数目相当的情况是很重要的，此时重粒子对 ϑ 的贡献与电子对 ϑ 的贡献相比可以忽略不计(参见 18.52 节)．在这种情况下，如果下标 2 指的是电子，那么根据式(18.3,13)可得下列近似式

$$\begin{aligned}\boldsymbol{j} = n_2 e_2 \bar{\boldsymbol{C}}_2 &= -\boldsymbol{d}_2 e_2 n \Big/ \left(\sum_{t\neq 2} \mathrm{x}_t / D_{2t}\right) \\ &= \boldsymbol{E} e_2^2 n n_2 / p \left(\sum_{t\neq 2} \mathrm{x}_t / D_{2t}\right).\end{aligned} \qquad (19.13,2)$$

因此
$$\vartheta = n_2 e_2^2 / kT \left(\sum_{t\neq 2} \mathrm{x}_t / D_{2t}\right),$$

此式表达了混合气体中的其他气体对电阻的附加贡献．

磁　　场

19.2. 有磁场存在时电离气体的 Boltzmann 方程

前面各章的全部内容都是基于这样的假设，即作用于分子上的力都与分子速度无关．当存在强度为 $\boldsymbol{H}$ 的磁场时，作用在质量为 m、电量为 e 个电磁单位并以速度 $\boldsymbol{c}$ 运动的粒子上的电磁力为 $e\boldsymbol{c}\wedge\boldsymbol{H}$(关于这个符号可参 1.11 节)．因此，一个分子的加速度可以分为两部分：一部分与 $\boldsymbol{c}$ 无关，记为 $\boldsymbol{F}$；而另一部分由磁场引起，它等于 $(e/m)\boldsymbol{c}\wedge\boldsymbol{H}$．由于第二项的存在，就需要对本书自 3.1

1) 由式(18.3,7)得到

$$\vartheta = (3kT)^{-1}\left\{\sum_s n_s e_s \boldsymbol{D}^{(s)}, \sum_s n_s e_s \boldsymbol{D}^{(s)}\right\} > 0.$$

节起所作的论述重新加以检查[1]．

首先要修正的是对 Boltzmann 方程的证明．在时间间隔 dt 的开始时速度范围在 $\boldsymbol{c}$, $d\boldsymbol{c}$ 内的分子，等到 dt 的末尾必定占据相等(相体积)的速度范围，这一事实在 3.1 节是显而易见的；但现在就不再是不证自明的了．在现在情况下，由于分子速度在 dt 期间从 $\boldsymbol{c}$ 增加到 $\boldsymbol{c}+\boldsymbol{F}dt+(e/m)\boldsymbol{c}\wedge\boldsymbol{H}dt$，因此在 dt 的末尾，这些分子在速度空间所占的体积为[2]

$$d\boldsymbol{c}\frac{\partial[\boldsymbol{c}+\{\boldsymbol{F}+(e/m)\boldsymbol{c}\wedge\boldsymbol{H}\}dt]}{\partial(\boldsymbol{c})}$$

$$=d\boldsymbol{c}\begin{vmatrix} 1, & \frac{e}{m}H_z dt, & -\frac{e}{m}H_y dt \\ -\frac{e}{m}H_z dt, & 1, & \frac{e}{m}H_x dt \\ \frac{e}{m}H_y dt, & -\frac{e}{m}H_x dt, & 1 \end{vmatrix}$$

由于 dt^2 可以忽略，结果上式就等于 $d\boldsymbol{c}$．因此速度空间中的体积仍然不变；Boltzmann 方程的推导可如前一样进行，得到结果为

$$\frac{\partial_e f}{\partial t}=\frac{\partial f}{\partial t}+\boldsymbol{c}\cdot\frac{\partial f}{\partial \boldsymbol{r}}+\left(\boldsymbol{F}+\frac{e}{m}\boldsymbol{c}\wedge\boldsymbol{H}\right)\cdot\frac{\partial f}{\partial \boldsymbol{c}}. \quad (19.2,1)$$

10.34 节已经指出，在自然界中不存在单组元的电离气体(构

---

1) 关于磁场对气体现象影响的理论工作最早好象是 R. Gans (*Annln Phys*. **20**, 203 (1906)) 做的，他研究了磁场对 Lorentz 气体中的热流和电流的影响．N. Bohr 在Lorentz 气体方面又作了进一步的研究(学位论文)．首先探讨承受磁场作用的电离气体中输运现象普遍理论的，是本书的第一版；至于专门讨论电导率的问题，可参见 T. G. Cowling, *Mon. Not. R. astr. Soc*. **93**, 90 (1932)．然而有关输运现象的课题，人们常常仿效 J. S. Townsend (*Proc. R. Soc. A*, **86**, 571 (1912), and *Electricity in Gases*, §§89—92)．采用碰撞-间隔方法研究这个课题．在无线电传播理论中这有十分重要的意义，高层大气的电离层在无线电传播过程中起着重要的作用；这方面的早期工作可参见 P. O. Pedersen, *The Propagation of Radio Waves* (Copenhagen, 1927), chapters 6 and 7．由于太阳的普通磁场和强得多的日斑磁场的存在，使得磁场对气体现象影响这一理论对于太阳物理学也有重要意义；对于行星际和恒星际气体的物理学，这个理论也很重要．

2) 对于雅可比行列式的记法可参见 1.411 节．

成电离气体的分子所带的电荷全部是同一种符号). 然而,在混合气体中,每个 f_s 的 Boltzmann 方程在形式上都与方程(19.2,1)一样. 如果把 f_s 看作为 $\boldsymbol{C}_s, \boldsymbol{r}, t$ 的函数,而不是 $\boldsymbol{c}_s, \boldsymbol{r}, t$ 的函数, 那么 Boltzmann 方程就变为

$$\frac{\partial_e f_s}{\partial t}=\frac{Df_s}{Dt}+\boldsymbol{C}_s\cdot\frac{\partial f_s}{\partial \boldsymbol{r}}+\left(\boldsymbol{F}_s+\frac{e_s}{m_s}\boldsymbol{c}_0\wedge\boldsymbol{H}-\frac{D\boldsymbol{c}_0}{Dt}\right)\cdot\frac{\partial f_s}{\partial \boldsymbol{C}_s}+\frac{e_s}{m_s}(\boldsymbol{C}_s\wedge\boldsymbol{H})\cdot\frac{\partial f_s}{\partial \boldsymbol{C}_s}-\frac{\partial f_s}{\partial \boldsymbol{C}_s}\boldsymbol{C}_s:\frac{\partial}{\partial \boldsymbol{r}}\boldsymbol{c}_0. \tag{19.2,2}$$

分子属性 ϕ_s 的变化方程可以演绎为以下形式

$$\begin{aligned}n_s\Delta\bar{\phi}_s=&\frac{D(n_s\bar{\phi}_s)}{Dt}+n_s\bar{\phi}_s\frac{\partial}{\partial \boldsymbol{r}}\cdot\boldsymbol{c}_0+\frac{\partial}{\partial \boldsymbol{r}}\cdot n_s\overline{\phi_s\boldsymbol{C}_s}\\&-n_s\left\{\overline{\frac{D\phi_s}{Dt}}+\overline{\boldsymbol{C}_s\cdot\frac{\partial\phi_s}{\partial \boldsymbol{r}}}\right.\\&+\left(\boldsymbol{F}_s+\frac{e_s}{m_s}\boldsymbol{c}_0\wedge\boldsymbol{H}-\frac{D\boldsymbol{c}_0}{Dt}\right)\\&\cdot\overline{\frac{\partial\phi_s}{\partial \boldsymbol{C}_s}}+\frac{e_s}{m_s}\overline{(\boldsymbol{C}_s\wedge\boldsymbol{H})\cdot\frac{\partial\phi_s}{\partial \boldsymbol{C}_s}}\\&\left.-\overline{\frac{\partial\phi_s}{\partial \boldsymbol{C}_s}\boldsymbol{C}_s}:\frac{\partial}{\partial \boldsymbol{r}}\boldsymbol{c}_0\right\}.\end{aligned} \tag{19.2,3}$$

在方程(19.2,3)中给 ϕ_s 以适当的值,便可得到连续方程、宏观运动方程和能量方程(参见 8.1 节). 它们是

$$\frac{Dn_s}{Dt}+n_s\frac{\partial}{\partial \boldsymbol{r}}\cdot\boldsymbol{c}_0+\frac{\partial}{\partial \boldsymbol{r}}\cdot(n_s\bar{\boldsymbol{C}}_s)=0,$$

$$\frac{D\rho}{Dt}+\rho\frac{\partial}{\partial \boldsymbol{r}}\cdot\boldsymbol{c}_0=0, \tag{19.2,4}$$

$$\rho\frac{D\boldsymbol{c}_0}{Dt}=\sum_s\rho_s\boldsymbol{F}_s+\left(\sum_s n_s e_s\right)\boldsymbol{c}_0\wedge\boldsymbol{H}+\boldsymbol{j}\wedge\boldsymbol{H}-\frac{\partial}{\partial \boldsymbol{r}}\cdot\mathsf{P}, \tag{19.2,5}$$

$$\frac{3}{2}kn\frac{DT}{Dt}=\frac{3}{2}kT\frac{\partial}{\partial \boldsymbol{r}}\cdot\sum_s n_s\bar{\boldsymbol{C}}_s+\sum_s \rho_s\boldsymbol{F}_s\cdot\bar{\boldsymbol{C}}_s+\boldsymbol{j}$$

$$\cdot(\boldsymbol{c}_0\wedge\boldsymbol{H})-\mathsf{P}\cdot\frac{\partial}{\partial \boldsymbol{r}}\boldsymbol{c}_0-\frac{\partial}{\partial \boldsymbol{r}}\cdot\boldsymbol{q},\quad(19.2,6)$$

其中 $\boldsymbol{j}$ 由式(19.1,3)给出.

用第四章的方法可以证明，倘若作用力 $\boldsymbol{F}_s$ 是由势函数 Ψ_s 导出的话，那么在均匀稳恒状态下，静止气体的速度分布仍是 Maxwell 形式. 磁场的存在不影响密度分布；象式(4.14,7)一样，密度分布为

$$n_s=(n_s)_0e^{-m_s\Psi_s/kT}.$$

对于象刚体一样以角速度 ω 旋转的气体，在有磁场和力场存在的情况下，只要磁力线位于通过旋转轴的平面内，而且力场的势函数对旋转轴也是对称的，那么 Maxwell 公式仍然成立. 令 Oz 为旋转轴，磁场矢势的分量为 $-yA$, xA, 0，那么(参见式(4.14,11))可以看到，第 s 种气体的密度变化等同于力场的势函数由下式给出的静止气体的密度变化：

$$\Psi_s-\omega^2(x^2+y^2)-(e_s/m_s)\omega(x^2+y^2)A.$$

19.3. 带电粒子在磁场中的运动

在研究磁场中输运现象的初级理论之前，我们先细致地考察一下质量为 m_1，电量为 e_1 的单个分子在一个自由程期间的运动. 假设作用在粒子上的力场——磁的和其它的——是均匀的. 若平行于磁场强度 $\boldsymbol{H}$ 的方向取为 Ox，而 $\boldsymbol{F}_1$ 的分量——与 $\boldsymbol{H}$ 垂直的分量——方向取为 Oz，这样，$\boldsymbol{F}_1$ 的分量就可取为 X_1, 0, Z_1，于是分子的运动方程即为

$$m_1\ddot{x}=m_1X_1,\quad m_1\ddot{y}=e_1H\dot{z},\quad m_1\ddot{z}=m_1Z_1-e_1H\dot{y}.$$

令

$$\omega_1\equiv e_1H/m_1.\quad(19.3,1)$$

上述方程便可改写为

$$\ddot{x}=X_1,\quad \ddot{y}=\omega_1\dot{z},\quad \ddot{z}=Z_1-\omega_1\dot{y}.\quad(19.3,2)$$

积分以后，我们得到分子在任何时刻 t 的位置 $\boldsymbol{r}$ 和速度 $\boldsymbol{c}$（用 $t=0$ 瞬时的位置 $\boldsymbol{r}'$ 和速度 $\boldsymbol{c}_1'$ 来表示）的方程组为

$$\left.\begin{aligned} u_1 &= u_1' + X_1 t, \\ v_1 &= (v_1' - Z_1/\omega_1)\cos\omega_1 t + w_1'\sin\omega_1 t + Z_1/\omega_1, \\ w_1 &= w_1'\cos\omega_1 t - (v_1' - Z_1/\omega_1)\sin\omega_1 t, \end{aligned}\right\} \tag{19.3,3}$$

$$\left.\begin{aligned} x &= x' + u_1' t + \frac{1}{2}X_1 t^2, \\ y &= y' + \frac{1}{\omega_1}\left\{\left(v_1' - \frac{Z_1}{\omega_1}\right)\sin\omega_1 t + w_1'(1-\cos\omega_1 t) \right. \\ &\qquad \left. + Z_1 t\right\}, \\ z &= z' + \frac{1}{\omega_1}\left\{w_1'\sin\omega_1 t - \left(v_1' - \frac{Z_1}{\omega_1}\right) \right. \\ &\qquad \left. \cdot(1-\cos\omega_1 t)\right\}. \end{aligned}\right\} \tag{19.3,4}$$

平行于 $\boldsymbol{H}$（或者说 Ox）的运动显然不受磁场的影响．如果不存在任何非磁性作用力，那么分子就在这个方向上匀速运动，而横向运动则是圆周运动，因此合成运动是螺旋线式的，螺旋轴就是磁力线，**螺线频率**是 $\omega_1/2\pi$．如果有非磁性力作用，那么垂直于 $\boldsymbol{H}$ 方向上的运动除了圆周运动外，还有 y 方向（也就是与 $\boldsymbol{H}$, $\boldsymbol{F}_1$ 都垂直的方向）上的平均漂移运动；漂移速度由矢量积 $m_1\boldsymbol{F}_1\wedge\boldsymbol{H}/e_1H^2$ 给定．合成的横向运动是余摆线式的[1]．

由于平行于磁力线方向的运动不受磁场影响，很自然地可以预料，在磁场方向上的扩散和热传导也不受磁场的影响．精确的理论已证实这个结论是正确的．

19.31. 磁场中扩散的近似理论

利用类似于 6.6—6.63 节的弛豫方法，可以给出磁场中电离气

1) 这里出现了一个有趣的分子运动论疑题． 如果在两次连续碰撞之间的间隔很长，那么每一个分子 m_1 就具有一个与 $\boldsymbol{F}_1$ $\boldsymbol{H}$ 都垂直的平均速度 Z_1/ω_1；然而还可能存在这样一种均匀稳恒状态，即在任何一点处气体都是静止的．类似的结论也适用于 $F_1=0$ 而磁场逐点变化的情况． 关于这个疑题的讨论可参见 T. G. Cowling, *Mon. Not. R. astr. Soc.* **90**, 140 (1929); **92**, 407(1932).

体输运现象的近似理论[1]. 我们首先考虑扩散问题. 由于弛豫方法不能给出热扩散的理论,因此我们这里假定温度是均匀的,并忽略速度梯度.

扩散的弛豫理论(参见式(6.63,4)),是在混合气体中第 s 种组元气体的宏观运动方程的基础上进行研究的. 第 s 种气体要受到它自身分压梯度、体积力、以及其他气体成份作用在它上面的阻力等各方面的影响. 磁场的影响只是引入一个额外的体积力 $n_s e_s \bar{\boldsymbol{c}}_s \wedge \boldsymbol{H}$(每单位体积). 因此如果我们假定第 s 种气体的加速度等于 $D\boldsymbol{c}_0/Dt$(即整体质量的加速度),那么这种气体的运动方程可写为

$$\rho_s \frac{D\boldsymbol{c}_0}{Dt} = \rho_s \boldsymbol{F} + n_s e_s \bar{\boldsymbol{c}}_s \wedge \boldsymbol{H} - \nabla p_s + \sum_t \frac{p_s p_t}{p D_{st}} (\bar{\boldsymbol{c}}_t - \bar{\boldsymbol{c}}_s), \qquad (19.31,1)$$

其中 D_{st} 是 s, t 二组元混合气体在压强和温度与实际混合气体相同时的扩散系数. 方程组(19.31,1)给出了扩散速度 $\bar{\boldsymbol{c}}_t - \bar{\boldsymbol{c}}_s$,而且(对全部 s 求和)还给出整团气体的运动方程. 方程(19.31,1)中包含 $\boldsymbol{H}$ 的那一项不会影响平行于 $\boldsymbol{H}$ 的分量;因此(与19.3节一致)平行于磁场的扩散不受磁场影响.

现在来研究垂直于磁场 $\boldsymbol{H}$ 的扩散. 我们首先考虑弱电离气体,在这种混合气体中,两个带电粒子之间的碰撞是不重要的,可以忽略不计. 假设相对于所用的坐标系整个气体是静止的;这样,$\boldsymbol{c}_0 = 0$, $D\boldsymbol{c}_0/Dt = 0$. 因为中性分子占优势,所以它的平均速度 $\bar{\boldsymbol{c}}_1$ 实际上就是 $\boldsymbol{c}_0$,亦即等于零. 因此对于任何一种带电组元,方程(19.31,1)可简化为

$$0 = \rho_s \boldsymbol{F}_s - \nabla p_s + n_s e_s \bar{\boldsymbol{c}}_s \wedge \boldsymbol{H} - n_s m_s \bar{\boldsymbol{c}}_s / \tau_s, \qquad (19.31,2)$$

其中 τ_s 定义为

$$p_1 p_s / p D_{1s} = n_s m_s / \tau_s. \qquad (19.31,3)$$

---

1) 尽管有相当明显的差异,然而这里叙述的理论和本书前几版叙述的理论基本上是相同的.

这样(参见式(6.62,7)),τ_s 乃是分子 m_s 与分子 m_1 有效碰撞间隔的 $(m_1+m_s)/m_1$ 倍;如果 m_s 指的是电子,那么 m_s/m_1 可以忽略,这时 τ_s 就是实际的碰撞间隔.

象 19.3 节一样,假定磁场 $\boldsymbol{H}$ 平行于 Ox; 此外假设 $\boldsymbol{F}_s$ 和 ∇p_s 退化为它们在 z 方向的分量 Z_s 和 $\partial p_s/\partial z$. 那么, 取方程(19.31,2)在 y 和 z 方向的分量,我们得到

$$0=\omega_s\bar{w}_s-\bar{v}_s/\tau_s,\ \ 0=Z_s-\frac{1}{\rho_s}\frac{\partial p_s}{\partial z}-\omega_s\bar{v}_s-\bar{w}_s/\tau_s,$$

象以前一样,这里 $\omega_s=e_sH/m_s$. 因此有

$$\bar{v}_s=\frac{\omega_s\tau_s^2}{1+\omega_s^2\tau_s^2}\left(Z_s-\frac{1}{\rho_s}\frac{\partial p_s}{\partial z}\right),$$

$$\bar{w}_s=\frac{\tau_s}{1+\omega_s^2\tau_s^2}\left(Z_s-\frac{1}{\rho_s}\frac{\partial p_s}{\partial z}\right). \qquad (19.31,4)$$

令 $\omega_s=0$,就得到没有磁场时的扩散速度. 因此磁场的存在相当于使 z 方向的扩散速度按比值 $1/(1+\omega_s^2\tau_s^2)$ 减小. 它还导致垂直于 $\boldsymbol{H}$ 和普通扩散方向的分子流动;这种分子流动可以称为**横向**扩散.

当扩散是由电场 $\boldsymbol{E}$ 引起时, 这一情况具有特殊的意义. 那时可以看到, 垂直于磁场的电场力所形成的电流并不是全部集中在电场的方向,还存在一个与 $\boldsymbol{H}$, $\boldsymbol{E}$ 都垂直的分量, 称之为 Hall 电流. 同时在电场力方向的分子流动,则比没有磁场时慢,所以我们可以认为, 磁场减小了这个方向的电导率. z 方向和 y 方向的电流由 $j_z=\vartheta^{\mathrm{I}}E$, $j_y=\vartheta^{\mathrm{II}}E$ 给出,其中

$$\vartheta^{\mathrm{I}}=\sum_s\frac{n_se_s^2\tau_s}{m_s(1+\omega_s^2\tau_s^2)},$$

$$\vartheta^{\mathrm{II}}=\sum_s\frac{n_se_s^2\omega_s\tau_s^2}{m_s(1+\omega_s^2\tau_s^2)}. \qquad (19.31,5)$$

ϑ^{I} 和 ϑ^{II} 分别称为正向电导率 (Pedersen 电导率) 和横向电导率 (Hall 电导率).

公式(19.31,5)表明, 当气体很稀薄或磁场很强、以至于碰撞

频率 τ_s^{-1} 与螺线频率 ω_s 相比不是很大时，正向电导率将大大下降；在这样的条件下，横向电流就变得与正向电流差不多大小．在包含电子和正离子的气体中，当 H 不是太大时，电流主要是由于电子的扩散造成；但是由于 ω_s 取决于 m_s，当磁场很强，以至于电子的 $\omega_s\tau_s$ 和离子的 $\omega_s\tau_s$ 都比 1 大得多时，那么电流主要由离子的运动造成．当然这种情况仅当磁场很强或密度很低时才会出现．例如，在成份和温度都接近大气情况的气体中，仅当 $H/p > 10^5$（对于电子）和 $H/p > 10^7$（对于离子）时，$\omega_s\tau_s$ 才很大（其中 H 的单位是高斯，p 的单位是大气压）．

在金属里，当 Hall 电流的方向垂直于金属边界时，就建立起一个阻止 Hall 电流进一步流动的电场．若在气体中 Hall 电流类似地被抑制了，那么除了在 z 方向有外部施加的电场 E 以外，在 y 的负方向会有一个'极化'电场 E'，而且 E' 满足

$$\vartheta^{\mathrm{I}}E' = \vartheta^{\mathrm{II}}E.$$

这样在 E 方向的总电流密度现在是 $\vartheta^{\mathrm{I}}E + \vartheta^{\mathrm{II}}E' = \vartheta^{\mathrm{III}}E$，

其中

$$\vartheta^{\mathrm{III}} \equiv \vartheta^{\mathrm{I}} + (\vartheta^{\mathrm{II}})^2/\vartheta^{\mathrm{I}}. \tag{19.31,6}$$

因此 ϑ^{III} (Cowling 电导率[1])是适用于这种情况的电导率．一般说来，它也是适用于电流能量耗散计算中的电导率．如果电场产生的正向电流和横向电流分别为 $\vartheta^{\mathrm{I}}E$ 和 $\vartheta^{\mathrm{II}}E$，那么每单位体积中能量的供应率，或者说能量的耗散率为 $\boldsymbol{j}\cdot\boldsymbol{E}$，即 $\vartheta^{\mathrm{I}}E^2$；它也可以表达为 $j^2/\vartheta^{\mathrm{III}}$．

作为方程(19.31,1)的第二个用途，我们来研究由电子和等数目的正离子组成的完全电离的气体，电子和正离子的质量，电量分别为 m_e，$-e$ 和 m_i，e（在这里，下标 e，i 总是分别指电子组元和离子组元）．因为 m_e 很小，所以离子的平均速度实际上就是气体的宏观速度 $\boldsymbol{c}_0$，而且方程(19.31,1)用于电子组元时可以略去其惯性

1) 电导率 ϑ^{I} 和 ϑ^{III} 在电离层理论中是很重要的，S. Chapman (*Nuovo Cim.* x, **4** (Supp. 4), 1385 (1956)) 首先把它们命名为 Pedersen 电导率和 Cowling 电导率． 关于它们的来由可见 19.2 节第一个脚注里所引的参考书目．

项 $\rho_e D\boldsymbol{c}_0/Dt$[1]. 于是(参见方程(19.31,3))这个方程变为

$$0=\rho_e\boldsymbol{F}_e-n_e e\boldsymbol{c}_0\wedge\boldsymbol{H}-\nabla p_e-n_e(m_e\bar{\boldsymbol{C}}_e/\tau_e+e\bar{\boldsymbol{C}}_e\wedge\boldsymbol{H}),\tag{19.31,7}$$

其中 τ_e 是电子与离子碰撞的有效平均碰撞间隔. 我们可以利用下列整团气体的运动方程来代替离子方程

$$\rho\frac{D\boldsymbol{c}_0}{Dt}=\sum_s\rho_s\boldsymbol{F}_s+\boldsymbol{j}\wedge\boldsymbol{H}-\nabla p,\tag{19.31,8}$$

此处
$$\boldsymbol{j}=-n_e e\bar{\boldsymbol{C}}_e.\tag{19.31,9}$$

方程(19.31,7)与方程(19.31,2)在形式上是类似的,只是多了一个作用在运动物质上的,由电场 $\boldsymbol{c}_0\wedge\boldsymbol{H}$ 引起的附加项 $-n_e e\boldsymbol{c}_0\wedge\boldsymbol{H}$. 因此扩散仍由正向及横向分量所组成,它们的数值之比为 $1/\omega_e\tau_e$, 其中 $\omega_e=eH/m_e$. 人们可以预料到,也能引入正向和横向电导率 ϑ^{I}, ϑ^{II},它们与没有磁场 $\boldsymbol{H}$ 时的电导率 $\vartheta_0=n_e e^2\tau_e/m_e$ 的关系为

$$\vartheta^{\mathrm{I}}=\vartheta_0/(1+\omega_e^2\tau_e^2),$$
$$\vartheta^{\mathrm{II}}=\vartheta_0\omega_e\tau_e/(1+\omega_e^2\tau_e^2).\tag{19.31,10}$$

在这种情况下第三个电导率将是

$$\vartheta^{\mathrm{III}}=\vartheta^{\mathrm{I}}+(\vartheta^{\mathrm{II}})^2/\vartheta^{\mathrm{I}}=\vartheta_0,$$

结果磁场既没有增加电流的耗散作用,也没有改变当 Hall 电流被阻止时的有效电导率.

然而值得怀疑的是,当 $\omega_e\tau_e$ 很大时电导率概念本身是否还有任何实际的意义. 如果扩散全部是由电场引起的,而且 $(\omega_e\tau_e)^{-1}$ 可以忽略,那么方程(19.31,7)近似于

$$0=-n_e e(\boldsymbol{E}+\bar{\boldsymbol{c}}_e\wedge\boldsymbol{H}).\tag{19.31,11}$$

因此电子是以这样的平均速度 $\bar{\boldsymbol{c}}_e$ 运动的,它使得作用在电子上的电场合力为零;这个速度恰好就是 19.3 节中求得的漂移速度. 离子以速度 $\boldsymbol{c}_0$ 运动,根据方程(19.31,8,9) $\boldsymbol{c}_0$ 应当满足

---

1) 在十分迅速的(等离子体)振荡中这样省略是不正确的,在这种情况下,电子气的加速度无论如何不能取作 $D\boldsymbol{c}_0/Dt$.

$$n_e m_i \frac{D\boldsymbol{c}_0}{Dt} = \boldsymbol{j} \wedge \boldsymbol{H} = -n_e e \bar{\boldsymbol{C}}_e \wedge \boldsymbol{H}$$

或

$$m_i \frac{D(\boldsymbol{c}_0 - \bar{\boldsymbol{c}}_e)}{Dt} = e(\boldsymbol{c}_0 - \bar{\boldsymbol{c}}_e) \wedge \boldsymbol{H}.$$

因此，离子相对于 $\bar{\boldsymbol{c}}_e$ 的运动就如单个离子在磁场H中的圆周运动，其角速度为 $\omega_i = eH/m_i$；这又与 19.3 节的结果一致．然而，$\boldsymbol{c}_0 - \bar{\boldsymbol{c}}_e$ 亦即 $\boldsymbol{j}(=n_e e(\boldsymbol{c}_0 - \bar{\boldsymbol{c}}_e))$ 如此快速的旋转，通常在考虑电导率时是预料不到的．当碰撞不能完全忽略时，我们发现 $\boldsymbol{c}_0 - \bar{\boldsymbol{c}}_e$ 趋于零；因此最终离子气和电子气将以一个共同的平均速度运动，而这两者都未受到任何合成电场力的作用．在这种情况下，就不存在电流．在有压强梯度存在的更一般情况下，电流可以维持；但几乎不能(象通常那样)再把这些电流看成是由电导率引起的．

对于由中性分子、离子和电子组成的三组元混合气体，有关其电流的一般性问题已有许多作者作了研究[1]．与前面处理过的情况相似，也能给出对这个问题的讨论，象以前一样也能引进三个电导率 ϑ^{I}, ϑ^{II}, ϑ^{III}．其主要新特点是(特别当碰撞很少时)可能发生**双极**扩散．在双极扩散中，离子与电子的相对运动很小，主要的扩散速度就是所有带电粒子相对于中性分子的公共速度．

正如普遍理论所表明，磁场对热扩散的影响和对普通扩散的影响极其相象．在这种情况下，横向电流的产生一般称为 Nernst 效应．

19.32. 热传导和粘性的近似理论

在阐述磁场中热传导和粘性的弛豫理论时，碰到的困难要比扩散问题中遇到的少些．

我们假定气体处于稳恒状态，成分是均匀的，不承受任何非磁

---

1) A. Schlüter, *Z. Naturforschung*, **6a**, 73 (1951); J. H. Piddington, *Mon. Not. R. astr. Soc.* **114**, 638, 651 (1955); T. G. Cowling, *Mon. Not. R. astr. Soc.* **116**, 114 (1956).

场力，还假定在所考察点处 $\mathbf{c}_0$ 是零（但是它的梯度不必是零）. 由此，混合气体中 f_s 的 Boltzmann 方程为

$$\frac{\partial_e f_s}{\partial t} = \mathbf{c}_s \cdot \frac{\partial f_s}{\partial \boldsymbol{r}} + \frac{e_s}{m_s}(\mathbf{c}_s \wedge \boldsymbol{H}) \cdot \frac{\partial f_s}{\partial \mathbf{c}_s}.$$

弛豫近似法是用 $-(f_s - f_s^{(0)})/\tau_s$ 代替左边的 $\partial_e f_s/\partial t$. 此外，右边第一项的 f_s 用 $f_s^{(0)}$ 代替；第二项的 f_s 可以用 $f_s - f_s^{(0)}$ 代替，这并没有改变其值. 这样，方程就变为

$$\frac{f_s - f_s^{(0)}}{\tau_s} + \frac{e_s}{m_s}(\mathbf{c}_s \wedge \boldsymbol{H}) \cdot \frac{\partial(f_s - f_s^{(0)})}{\partial \mathbf{c}_s}$$

$$= -\mathbf{c}_s \cdot \frac{\partial f_s^{(0)}}{\partial \boldsymbol{r}}. \tag{19.32,1}$$

我们首先研究静止气体中垂直于 $\boldsymbol{H}$ 的热传导. 在稳恒状态下压强必定是均匀的，于是 $n_s \propto 1/T$. 因此在方程(19.32,1)中有

$$\frac{\partial f_s^{(0)}}{\partial \boldsymbol{r}} = f_s^{(0)}\left(\mathscr{C}_s^2 - \frac{5}{2}\right)\frac{1}{T}\frac{\partial T}{\partial \boldsymbol{r}}.$$

假设 $\boldsymbol{H}$ 平行于 Ox，而且温度只是 z 的函数，那么方程(19.32,1)就变为

$$f_s - f_s^{(0)} - \omega_s\tau_s\left(v_s\frac{\partial}{\partial w_s} - w_s\frac{\partial}{\partial v_s}\right)(f_s - f_s^{(0)})$$

$$= -f_s^{(0)}\left(\mathscr{C}_s^2 - \frac{5}{2}\right)w_s\frac{\tau_s}{T}\frac{\partial T}{\partial z},$$

其解为

$$f_s - f_s^{(0)} = -\frac{\tau_s f_s^{(0)}\left(\mathscr{C}_s^2 - \frac{5}{2}\right)}{1 + \omega_s^2\tau_s^2}(w_s + \omega_s\tau_s v_s)$$

$$\cdot \frac{1}{T}\frac{\partial T}{\partial z}.$$

由第 s 种气体所携带的相应的热流通量

$$\frac{1}{2}\rho_s\overline{c_s^2\mathbf{c}_s}$$

在温度梯度方向上的分量是

$$\frac{1}{2}\rho_s\overline{c_s^2 w_s} = -\frac{5}{2}\frac{n_s k^2 T}{m_s}\frac{\tau_s}{1+\omega_s^2\tau_s^2}\frac{\partial T}{\partial z}, \tag{19.32,2}$$

垂直于这个方向的分量是

$$\frac{1}{2}\rho_s\overline{c_s^2 v_s} = -\frac{5}{2}\frac{n_s k^2 T}{m_s}\frac{\omega_s\tau_s^2}{1+\omega_s^2\tau_s^2}\frac{\partial T}{\partial z}. \tag{19.32,3}$$

因此当温度梯度垂直于 $\boldsymbol{H}$ 时，温度梯度方向的热流通量减小了，然而存在着一个与 $\boldsymbol{H}$ 和 ∇T 这两方向都垂直的热流通量（Righi-Leduc 效应）.

在讨论粘性时，我们认为气体的温度是均匀的；$\partial f_s^{(0)}/\partial \boldsymbol{r}$ 这一项取决于 $\boldsymbol{c}_0$ 的梯度，虽然 $\boldsymbol{c}_0$ 本身在所考虑点处为零，但它的梯度不为零．于是我们得到

$$\boldsymbol{c}_s\cdot\frac{\partial f_s^{(0)}}{\partial \boldsymbol{r}} = f_s^{(0)}\frac{m_s}{kT}\boldsymbol{c}_s\boldsymbol{c}_s:\mathbf{e},$$

象以前一样，式中的 $\mathbf{e}$ 表示张量 $\overline{\overline{\nabla \boldsymbol{c}_0}}$.

假设 $\boldsymbol{H}$ 平行于 Ox，又假设 $\boldsymbol{c}_0$ 或者平行于 Ox 并且只与 z 有关，或者平行于 Oz 并且只与 x 有关；在这两种情况下，$\mathbf{e}$ 都退化为一对相等的分量 e_{xz} 和 e_{zx}. 这样，方程(19.32,1)就变为

$$f_s - f_s^{(0)} - \omega_s\tau_s\left(v_s\frac{\partial}{\partial w_s} - w_s\frac{\partial}{\partial v_s}\right)(f_s - f_s^{(0)})$$

$$= -f_s^{(0)}\frac{2\tau_s m_s u_s w_s}{kT}e_{xz},$$

其解为

$$f_s - f_s^{(0)} = -f_s^{(0)}\frac{2\tau_s m_s u_s e_{xz}}{kT(1+\omega_s^2\tau_s^2)}(w_s + \omega_s\tau_s v_s).$$

因此第 s 种气体对应力张量分量 p_{xz}，p_{xy} 的贡献为

$$\rho_s\overline{u_s w_s} = -\frac{2p_s\tau_s e_{xz}}{1+\omega_s^2\tau_s^2}, \tag{19.32,4}$$

$$\rho_s\overline{u_s v_s} = -\frac{2p_s\omega_s\tau_s^2 e_{xz}}{1+\omega_s^2\tau_s^2}. \tag{19.32,5}$$

磁场(照例地)使第 s 种气体对粘性的贡献减少，同时产生一个与

普通粘性应力和 $\boldsymbol{H}$ 都垂直的横向应力.

类似地，如果 $\boldsymbol{c}_0$ 平行于 Oy 并且只与 z 有关，这就使 $\mathbf{e}$ 退化为一对相等的分量 e_{yz} 和 e_{zy}，由此，第 s 种气体对 p_{yz}，p_{yy} 和 p_{zz} 的粘性贡献分别为

$$-\frac{2p_s\tau_s e_{yz}}{1+4\omega_s^2\tau_s^2}, \qquad -\frac{4p_s\omega_s\tau_s^2 e_{yz}}{1+4\omega_s^2\tau_s^2},$$

$$\frac{4p_s\omega_s\tau_s^2 e_{yz}}{1+4\omega_s^2\tau_s^2}. \tag{19.32,6}$$

由 6.61 节[1] 已知，在热传导问题中和在粘性问题中，它们所用的碰撞间隔 τ_s 并不要求相同.

19.4. Boltzmann 方程：电离气体的 f 二级近似

现在我们回过头来讨论普遍理论. 我们将用逐步逼近方法求解二组元混合气体的 Boltzmann 方程. 对于第一种气体，Boltzmann 方程为

$$\frac{Df_1}{Dt}+\boldsymbol{C}_1\cdot\frac{\partial f_1}{\partial \boldsymbol{r}}+\left(\boldsymbol{F}_1+\frac{e_1}{m_1}\boldsymbol{c}_0\wedge\boldsymbol{H}-\frac{D\boldsymbol{c}_0}{Dt}\right)\cdot\frac{\partial f_1}{\partial \boldsymbol{C}_1}$$
$$+\frac{e_1}{m_1}(\boldsymbol{C}_1\wedge\boldsymbol{H})\cdot\frac{\partial f_1}{\partial \boldsymbol{C}_1}-\frac{\partial f_1}{\partial \boldsymbol{C}_1}\boldsymbol{C}_1:\frac{\partial}{\partial \boldsymbol{r}}\boldsymbol{c}_0$$
$$=-J_1(ff_1)-J_{12}(f_1f_2), \tag{19.4,1}$$

其中积分 J 象式(8.2,2,3)一样定义. 因为分子的速度很大，所以左边包含 $\boldsymbol{C}_1\wedge\boldsymbol{H}$ 的那一项一般说来比左边的其它各项大得多；因此，方程(19.4,1)的一级近似就取为

$$\frac{e_1}{m_1}(\boldsymbol{C}_1\wedge\boldsymbol{H})\cdot\frac{\partial f_1^{(0)}}{\partial \boldsymbol{C}_1}=-J_1(ff_1)-J_{12}(f_1f_2), \tag{19.4,2}$$

而二级近似为

$$\frac{D_0f_1^{(0)}}{Dt}+\boldsymbol{C}_1\cdot\frac{\partial f_1^{(0)}}{\partial \boldsymbol{r}}+\left(\boldsymbol{F}_1+\frac{e_1}{m_1}\boldsymbol{c}_0\wedge\boldsymbol{H}-\frac{D_0\boldsymbol{c}_0}{Dt}\right)$$

---

1) 原文误为 6.6 节. ——译者注

$$\cdot \frac{\partial f_1^{(0)}}{\partial \boldsymbol{C}_1} + \frac{e_1}{m_1}(\boldsymbol{C}_1 \wedge \boldsymbol{H}) \cdot \frac{\partial f_1^{(1)}}{\partial \boldsymbol{C}_1} - \frac{\partial f_1^{(0)}}{\partial \boldsymbol{C}_1} \boldsymbol{C}_1 : \frac{\partial}{\partial \boldsymbol{r}} \boldsymbol{c}_0$$

$$= - J_1(f^{(0)} f_1^{(1)}) - J_1(f^{(1)} f_1^{(0)}) - J_{12}(f_1^{(0)} f_2^{(1)}) - J_{12}(f_1^{(1)} f_2^{(0)}). \tag{19.4,3}$$

这里的新特点是：在方程(19.4,2,3)的微分部分中分别保留了包含 $f_1^{(0)}$ 和 $f_1^{(1)}$ 诸项.

根据广义形式的 $\boldsymbol{H}$ 定理，可以证明：方程(19.4,2)的普遍解的形式为

$$f_1^{(0)} = n_1 \left(\frac{m_1}{2\pi kT}\right)^{\frac{3}{2}} \exp(-m_1 C_1^2 / 2kT); \tag{19.4,4}$$

此式中的任意常数 n_1 和 T 可取为第一种气体的数密度和温度. 若记

$$f_1^{(1)} = f_1^{(0)} \Phi_1^{(1)}, \quad f_2^{(1)} = f_2^{(0)} \Phi_2^{(1)}, \tag{19.4,5}$$

我们就可以把方程(19.4,3)写成如下形式

$$\frac{D_0 f_1^{(0)}}{Dt} + \boldsymbol{C}_1 \cdot \frac{\partial f_1^{(0)}}{\partial \boldsymbol{r}} + \left(\boldsymbol{F}_1 + \frac{e_1}{m_1} \boldsymbol{c}_0 \wedge \boldsymbol{H} - \frac{D_0 \boldsymbol{c}_0}{Dt}\right) \cdot \frac{\partial f_1^{(0)}}{\partial \boldsymbol{C}_1} - \frac{\partial f_1^{(0)}}{\partial \boldsymbol{C}_1} \boldsymbol{C}_1 : \frac{\partial}{\partial \boldsymbol{r}} \boldsymbol{c}_0$$

$$= -\frac{e_1}{m_1} f_1^{(0)} (\boldsymbol{C}_1 \wedge \boldsymbol{H}) \cdot \frac{\partial \Phi_1^{(1)}}{\partial \boldsymbol{C}_1} - n_1^2 I_1(\Phi_1^{(1)}) - n_1 n_2 I_{12}(\Phi_1^{(1)} + \Phi_2^{(1)}), \tag{19.4,6}$$

积分 I 象式(4.4,3,4)一样定义.

方程(19.2,5)中包含 $\boldsymbol{j}$ 的那一项是对应于方程(19.2,3)中包含 $\boldsymbol{C}_1 \wedge \boldsymbol{H}$ 那一项的. 因此当我们从方程(19.2,5)求 $D\boldsymbol{c}_0/Dt$ 的一级近似值(即 $D_0\boldsymbol{c}_0/Dt$)时，为了与方程(19.4,3)微分部分保留 $f^{(1)}$ 相对应，必须用 $\boldsymbol{j}^{(1)}$ 代替 $\boldsymbol{j}$. 另一方面，方程(19.2,6)中包含 $\boldsymbol{j}$ 的那一项是对应于方程(19.2,3)中包含 $\boldsymbol{c}_0 \wedge \boldsymbol{H}$ 那一项的，因此从方程(19.2,6)求 DT/Dt 的一阶近似值(即 D_0T/Dt)时我们要取 $\boldsymbol{j} = \boldsymbol{j}^{(0)} = 0$.[1] 这样，方程(19.2,4—6)的一级近似式就成为

1) 不难证明，依次用 1，$m_1\boldsymbol{C}_1$，和 $1/2m_1C_1^2$ 乘方程(19.4,6)，然后对 $\boldsymbol{c}_1$ 所有值积分，再与第二种气体的相应方程相加，由此可以导出方程(19.4,7—9).

$$\frac{D_0 n_1}{Dt} + n_1 \frac{\partial}{\partial \boldsymbol{r}} \cdot \boldsymbol{c}_0 = 0,$$

$$\frac{D_0 n_2}{Dt} + n_2 \frac{\partial}{\partial \boldsymbol{r}} \cdot \boldsymbol{c}_0 = 0, \tag{19.4,7}$$

$$\rho \frac{D_0 \boldsymbol{c}_0}{Dt} = \rho_1 \boldsymbol{F}_1 + \rho_2 \boldsymbol{F}_2 + (n_1 e_1 + n_2 e_2) \boldsymbol{c}_0 \wedge \boldsymbol{H} + \boldsymbol{j}^{(1)} \wedge \boldsymbol{H} - \frac{\partial p}{\partial \boldsymbol{r}}, \tag{19.4,8}$$

$$\frac{3}{2} kn \frac{D_0 T}{Dt} = -p \frac{\partial}{\partial \boldsymbol{r}} \cdot \boldsymbol{c}_0 = -knT \frac{\partial}{\partial \boldsymbol{r}} \cdot \boldsymbol{c}_0. \tag{19.4,9}$$

利用这些关系式，并将式 (19.4,4) 的 $f_1^{(0)}$ 代入，方程(19.4,6)就化为

$$f_1^{(0)} \left\{ \left(\mathscr{C}_1^2 - \frac{5}{2} \right) \boldsymbol{C}_1 \cdot \nabla \ln T + x_1^{-1} \boldsymbol{d}_{12} \cdot \boldsymbol{C}_1 + 2 \overset{\circ}{\boldsymbol{\mathscr{C}}_1 \boldsymbol{\mathscr{C}}_1} : \nabla \boldsymbol{c}_0 \right\}$$

$$= -f_1^{(0)} \left\{ \frac{m_1}{\rho kT} \boldsymbol{C}_1 \cdot (\boldsymbol{j}^{(1)} \wedge \boldsymbol{H}) + \frac{e_1}{m_1} (\boldsymbol{C}_1 \wedge \boldsymbol{H}) \cdot \frac{\partial \Phi_1^{(1)}}{\partial \boldsymbol{C}_1} \right\} - n_1^2 I_1(\Phi_1^{(1)}) - n_1 n_2 I_{12}(\Phi_1^{(1)} + \Phi_2^{(1)}). \tag{19.4,10}$$

在现在的问题中

$$\boldsymbol{d}_{12} = \nabla x_1 + \frac{n_1 n_2 (m_2 - m_1)}{n \rho p} \nabla p - \frac{\rho_1 \rho_2 (\boldsymbol{F}_1 - \boldsymbol{F}_2)}{\rho p} - \frac{n_1 n_2}{\rho p} (m_2 e_1 - m_1 e_2) \boldsymbol{c}_0 \wedge \boldsymbol{H}. \tag{19.4,11}$$

类似地，从第二种气体的 Boltzmann 方程出发，我们就得到方程

$$f_2^{(0)} \left\{ \left(\mathscr{C}_2^2 - \frac{5}{2} \right) \boldsymbol{C}_2 \cdot \nabla \ln T - x_2^{-1} \boldsymbol{d}_{12} \cdot \boldsymbol{C}_2 + 2 \overset{\circ}{\boldsymbol{\mathscr{C}}_2 \boldsymbol{\mathscr{C}}_2} : \nabla \boldsymbol{c}_0 \right\}$$

$$= -f_2^{(0)} \left\{ \frac{m_2}{\rho kT} \boldsymbol{C}_2 \cdot (\boldsymbol{j}^{(1)} \wedge \boldsymbol{H}) + \frac{e_2}{m_2} (\boldsymbol{C}_2 \wedge \boldsymbol{H}) \cdot \frac{\partial \Phi_2^{(1)}}{\partial \boldsymbol{C}_2} \right\} - n_2^2 I_2(\Phi_2^{(1)}) - n_1 n_2 I_{21}(\Phi_2^{(1)} + \Phi_1^{(1)}). \tag{19.4,12}$$

由于

$$\boldsymbol{j}^{(1)} = n_1 e_1 \overline{\boldsymbol{C}}_1^{(1)} + n_2 e_2 \overline{\boldsymbol{C}}_2^{(1)}$$

$$= \int f_1^{(0)}\Phi_1^{(1)}e_1\boldsymbol{C}_1d\boldsymbol{c}_1 + \int f_2^{(0)}\Phi_2^{(1)}e_2\boldsymbol{C}_2d\boldsymbol{c}_2, \qquad (19.4,13)$$

因此方程（19.4,10,12）右边的每一项都线性地包含未知函数 $\Phi_1^{(1)}$ 和 $\Phi_2^{(1)}$. 左边则是 ∇T[1], $\nabla \boldsymbol{c}_0$ 和 $\boldsymbol{d}_{12}$ 的线性函数；因此

$$\left.\begin{aligned}\Phi_1^{(1)} &= -\boldsymbol{A}_1\cdot\nabla\ln T - 2\mathsf{B}_1:\nabla\boldsymbol{c}_0 - \boldsymbol{D}_1\cdot\boldsymbol{d}_{12},\\ \Phi_2^{(1)} &= -\boldsymbol{A}_2\cdot\nabla\ln T - 2\mathsf{B}_2:\nabla\boldsymbol{c}_0 - \boldsymbol{D}_2\cdot\boldsymbol{d}_{12},\end{aligned}\right\} \quad (19.4,14)$$

其中 $\boldsymbol{A}$ 和 $\boldsymbol{D}$ 是矢量，B 是张量，它们只包含矢量 $\boldsymbol{C}_1$, $\boldsymbol{C}_2$, $\boldsymbol{H}$ 和一些标量. 根据 1.11 节的定义，这里的 $\boldsymbol{H}$ 是个旋转矢量；在平移运动的力学方程中 $\boldsymbol{H}$ 仅仅是以它与其它矢量的矢积形式而出现的. 因此 $\boldsymbol{A}$ 所依赖的真矢量（不是旋转矢量[2]）只能是 $\boldsymbol{C}_1$, $\boldsymbol{C}_1\wedge\boldsymbol{H}$, $(\boldsymbol{C}_1\wedge\boldsymbol{H})\wedge\boldsymbol{H}$ 等诸矢量的标量倍数. 这序列矢量只有前三个才需要考虑，因为

$$[(\boldsymbol{C}_1\wedge\boldsymbol{H})\wedge\boldsymbol{H}]\wedge\boldsymbol{H} = -H^2\boldsymbol{C}_1\wedge\boldsymbol{H}.$$

因此我们可以写出

$$\begin{aligned}\boldsymbol{A}_1 = {} & A_1^{\mathrm{I}}(C_1, H)\boldsymbol{C}_1 + A_1^{\mathrm{II}}(C_1, H)\boldsymbol{C}_1\wedge\boldsymbol{H}\\ & + A_1^{\mathrm{III}}(C_1, H)(\boldsymbol{C}_1\wedge\boldsymbol{H})\wedge\boldsymbol{H},\end{aligned} \qquad (19.4,15)$$

对于 $\boldsymbol{A}_2$ 也有类似的等式. 类似地

$$\begin{aligned}\boldsymbol{D}_1 = {} & D_1^{\mathrm{I}}(C_1, H)\boldsymbol{C}_1 + D_1^{\mathrm{II}}(C_1, H)\boldsymbol{C}_1\wedge\boldsymbol{H} + D_1^{\mathrm{III}}(C_1, H)\\ & \cdot(\boldsymbol{C}_1\wedge\boldsymbol{H})\wedge\boldsymbol{H}.\end{aligned} \qquad (19.4,16)$$

对于 B_1, B_2，其相应的等式包含六个独立的无散对称张量，它们由三个矢量 $\boldsymbol{C}_1$, $\boldsymbol{C}_1\wedge\boldsymbol{H}$, $(\boldsymbol{C}_1\wedge\boldsymbol{H})\wedge\boldsymbol{H}$ 合成.

19.41. 正向扩散和横向扩散

暂且假设 ∇T 和 $\nabla\boldsymbol{c}_0$ 为零. 那么对于现在的二级近似来说，就有

$$n_1\bar{\boldsymbol{C}}_1 = \int f_1^{(0)}\Phi_1^{(1)}\boldsymbol{C}_1d\boldsymbol{c}_1$$

$$= -\int f_1^{(0)}\boldsymbol{C}_1\{D_1^{\mathrm{I}}\boldsymbol{C}_1 + D_1^{\mathrm{II}}\boldsymbol{C}_1\wedge\boldsymbol{H} + D_1^{\mathrm{III}}(\boldsymbol{C}_1\wedge\boldsymbol{H})\wedge\boldsymbol{H}\}$$

1）更确切地说应是 $\nabla\ln T$.——译者注

2）真矢量又称极矢量，旋转矢量又称伪矢量或轴矢量. ——译者注

$$\cdot \boldsymbol{d}_{12} d\boldsymbol{c}_1$$

$$= -\int f_1^{(0)} \boldsymbol{C}_1 \boldsymbol{C}_1 \cdot \{D_1^{\mathrm{I}} \boldsymbol{d}_{12} + D_1^{\mathrm{II}} \boldsymbol{H} \wedge \boldsymbol{d}_{12} + D_1^{\mathrm{III}} \boldsymbol{H} \wedge (\boldsymbol{H} \wedge \boldsymbol{d}_{12})\} d\boldsymbol{c}_1$$

$$= -\frac{1}{3} \int f_1^{(0)} C_1^2 \{D_1^{\mathrm{I}} \boldsymbol{d}_{12} + D_1^{\mathrm{II}} \boldsymbol{H} \wedge \boldsymbol{d}_{12} + D_1^{\mathrm{III}} \boldsymbol{H} \wedge (\boldsymbol{H} \wedge \boldsymbol{d}_{12})\} d\boldsymbol{c}_1. \tag{19.41,1}$$

因此扩散速度不仅有 $\boldsymbol{d}_{12}$ 方向的分量，而且还有 $\boldsymbol{H} \wedge \boldsymbol{d}_{12}$ 和 $\boldsymbol{H} \wedge (\boldsymbol{H} \wedge \boldsymbol{d}_{12})$ 方向的分量。为了更清楚地说明这个结果的含义，我们现来考虑某些特殊情况。

首先，假设 $\boldsymbol{d}_{12}$ 平行于 $\boldsymbol{H}$；因而 $\boldsymbol{H} \wedge \boldsymbol{d}_{12} = 0$，于是包含 D_1^{II}，D_1^{III} 的那些项都为零，并得

$$\Phi_1^{(1)} = -D_1^{\mathrm{I}} \boldsymbol{C}_1 \cdot \boldsymbol{d}_{12}.$$

因此 $\bar{\boldsymbol{C}}_1$，$\bar{\boldsymbol{C}}_2$（结果还有 $\boldsymbol{j}^{(1)}$）都平行于 $\boldsymbol{d}_{12}$ 和 $\boldsymbol{H}$，并且

$$\boldsymbol{j}^{(1)} \wedge \boldsymbol{H} = 0, \quad (\boldsymbol{C}_1 \wedge \boldsymbol{H}) \cdot \frac{\partial \Phi_1^{(1)}}{\partial \boldsymbol{C}_1} = -(\boldsymbol{C}_1 \wedge \boldsymbol{H}) \cdot D_1^{\mathrm{I}} \boldsymbol{d}_{12} = 0.$$

这样方程(19.4,10)就简化为

$$\mathrm{x}_1^{-1} f_1^{(0)} \boldsymbol{d}_{12} \cdot \boldsymbol{C}_1 = -n_1^2 I_1(\Phi_1^{(1)}) - n_1 n_2 I_{12}(\Phi_1^{(1)} + \Phi_2^{(1)}),$$

这个方程不包含 $\boldsymbol{H}$，它与不存在磁场时所得到的方程相同。因此平行于磁场的扩散速率不受磁场存在的影响。

其次，假设 $\boldsymbol{d}_{12}$ 垂直于 $\boldsymbol{H}$；于是

$$\boldsymbol{d}_{12} \cdot [(\boldsymbol{C}_1 \wedge \boldsymbol{H}) \wedge \boldsymbol{H}] = -H^2 \boldsymbol{d}_{12} \cdot \boldsymbol{C}_1,$$

因此 $\Phi_1^{(1)}$ 可以表达为

$$\Phi_1^{(1)} = -\boldsymbol{d}_{12} \cdot (D_1^{\mathrm{I}} \boldsymbol{C}_1 + D_1^{\mathrm{II}} \boldsymbol{C}_1 \wedge \boldsymbol{H} - D_1^{\mathrm{III}} H^2 \boldsymbol{C}_1),$$

或者（由于现在可以将包含 D_1^{III} 的项并入包含 D_1^{I} 的项中去）可以表达为

$$\Phi_1^{(1)} = -\boldsymbol{d}_{12} \cdot (D_1^{\mathrm{I}} \boldsymbol{C}_1 + D_1^{\mathrm{II}} \boldsymbol{C}_1 \wedge \boldsymbol{H}). \tag{19.41,2}$$

因此在这种情况下，扩散速度具有两个分量：一个平行于 $\boldsymbol{d}_{12}$，另一个平行于 $\boldsymbol{H} \wedge \boldsymbol{d}_{12}$，即与 $\boldsymbol{d}_{12}$ 和 $\boldsymbol{H}$ 都垂直的分量。这些就是 19.31 节讨论过的正向和横向扩散速度。

19.42. 扩散系数

在 $\boldsymbol{d}_{12}$ 既不平行于 $\boldsymbol{H}$ 也不垂直于 $\boldsymbol{H}$ 的一般情况下，扩散速度乃是由 $\boldsymbol{d}_{12}$ 的平行于 $\boldsymbol{H}$ 的分量和垂直于 $\boldsymbol{H}$ 的分量，分别作用所产生的扩散速度的矢量和. 因此只需要探讨 $\boldsymbol{d}_{12}$ 平行于 $\boldsymbol{H}$ 和 $\boldsymbol{d}_{12}$ 垂直于 $\boldsymbol{H}$ 这两种情况；由于第一种情况已包括在普通的扩散理论中，因此需要讨论的只是 $\boldsymbol{d}_{12}$ 垂直于 $\boldsymbol{H}$ 的情况. 这样，$\Phi_1^{(1)}$ 和 $\Phi_2^{(1)}$ 由式(19.41,2)和另一个类似的等式给出，而 $\boldsymbol{j}^{(1)}$ 可表达为

$$\boldsymbol{j}^{(1)} = -(L^{\mathrm{I}}\boldsymbol{d}_{12} + L^{\mathrm{II}}\boldsymbol{H}\wedge\boldsymbol{d}_{12}), \qquad (19.42,1)$$

其中 L^{I}, L^{II} 是常数. 此外方程(19.4.10)取如下的形式

$$\mathrm{x}_1^{-1}f_1^{(0)}\boldsymbol{d}_{12}\cdot\boldsymbol{C}_1 = -f_1^{(0)}\left\{\frac{m_1}{\rho kT}\boldsymbol{C}_1\cdot(\boldsymbol{j}^{(1)}\wedge\boldsymbol{H}) + \frac{e_1}{m_1}(\boldsymbol{C}_1\wedge\boldsymbol{H})\cdot\frac{\partial\Phi_1^{(1)}}{\partial\boldsymbol{C}_1}\right\} - n_1^2I_1(\Phi_1^{(1)}) - n_1n_2I_{12}(\Phi_1^{(1)}+\Phi_2^{(1)}).$$

我们把已知的 $\Phi_1^{(1)}$, $\Phi_2^{(1)}$ 及 $\boldsymbol{j}^{(1)}$ 表达式代入此式；然后让 $\boldsymbol{d}_{12}$ 和 $\boldsymbol{H}\wedge\boldsymbol{d}_{12}$ 的系数分别相等，于是就得到两个方程：

$$\mathrm{x}_1^{-1}f_1^{(0)}\boldsymbol{C}_1 = f_1^{(0)}\left\{\frac{m_1}{\rho kT}H^2L^{\mathrm{II}} - \frac{e_1}{m_1}H^2D_1^{\mathrm{II}}\right\}\boldsymbol{C}_1 + n_1^2I_1(D_1^{\mathrm{I}}\boldsymbol{C}_1) + n_1n_2I_{12}(D_1^{\mathrm{I}}\boldsymbol{C}_1 + D_2^{\mathrm{I}}\boldsymbol{C}_2),$$

$$0 = f_1^{(0)}\left\{-\frac{m_1}{\rho kT}L^{\mathrm{I}} + \frac{e_1}{m_1}D_1^{\mathrm{I}}\right\}\boldsymbol{C}_1 + n_1^2I_1(D_1^{\mathrm{II}}\boldsymbol{C}_1) + n_1n_2I_{12}(D_1^{\mathrm{II}}\boldsymbol{C}_1 + D_2^{\mathrm{II}}\boldsymbol{C}_2).$$

如果令

$$D_1^{\mathrm{I}} + \iota HD_1^{\mathrm{II}} \equiv \zeta_1,\quad D_2^{\mathrm{I}} + \iota HD_2^{\mathrm{II}} \equiv \zeta_2,$$
$$L^{\mathrm{I}} + \iota HL^{\mathrm{II}} \equiv Z, \qquad (19.42,2)$$

那么这两个方程可以合并为单一的(复变数的)方程：

$$\mathrm{x}_1^{-1}f_1^{(0)}\boldsymbol{C}_1 = f_1^{(0)}\left\{-\frac{m_1}{\rho kT}Z + \frac{e_1}{m_1}\zeta_1\right\}\iota H\boldsymbol{C}_1 + n_1^2I_1(\zeta_1\boldsymbol{C}_1) + n_1n_2I_{12}(\zeta_1\boldsymbol{C}_1 + \zeta_2\boldsymbol{C}_2). \qquad (19.42,3)$$

类似地，从方程(19.4,12)我们可得到方程

$$-\mathrm{x}_2^{-1}f_2^{(0)}\boldsymbol{C}_2=f_2^{(0)}\left\{-\frac{m_2}{\rho kT}Z+\frac{e_2}{m_2}\zeta_2\right\}\iota H\boldsymbol{C}_2+n_2^2I_2(\zeta_2\boldsymbol{C}_2)$$

$$+n_1n_2I_{21}(\zeta_2\boldsymbol{C}_2+\zeta_1\boldsymbol{C}_1). \qquad (19.42,4)$$

方程(19.42,3 和 4)取代了方程(8.31,5). 由式(19.42,1)、(19.4,13)和(19.41,2)可以导出 Z 与 ζ_1 和 ζ_2 的关系:

$$Z=\frac{1}{3}e_1\int f_1^{(0)}\zeta_1C_1^2d\boldsymbol{c}_1+\frac{1}{3}e_2\int f_2^{(0)}\zeta_2C_2^2d\boldsymbol{c}_2. \quad (19.42,5)$$

为了求解方程(19.42,3,4),我们采用与 8.51 节类似的方法. 我们假定 ζ_1, ζ_2 可以表示为 8.51 节定义的一系列函数 $\boldsymbol{a}_1^{(p)}$,$\boldsymbol{a}_2^{(p)}$ 的级数, 然而现在它们的系数是复数; 分别用 $\boldsymbol{a}_1^{(q)}$ 和 $\boldsymbol{a}_2^{(q)}$ 乘方程(19.42,3,4)并对 $\boldsymbol{c}_1$ 和 $\boldsymbol{c}_2$ 的所有值积分,然后两式相加,便可以导出确定各系数的方程. 特别是,一阶近似解为

$$\zeta_1\boldsymbol{C}_1=d_0\boldsymbol{a}_1^{(0)},\ \zeta_2\boldsymbol{C}_2=d_0\boldsymbol{a}_2^{(0)}, \qquad (19.42,6)$$

其中 d_0 可由下面的方程确定

$$\mathrm{x}_1^{-1}\int f_1^{(0)}\boldsymbol{C}_1\cdot\boldsymbol{a}_1^{(0)}d\boldsymbol{c}_1-\mathrm{x}_2^{-1}\int f_2^{(0)}\boldsymbol{C}_2\cdot\boldsymbol{a}_2^{(0)}d\boldsymbol{c}_2$$

$$=-\frac{\iota HZ}{\rho kT}\left[\int f_1^{(0)}m_1\boldsymbol{C}_1\cdot\boldsymbol{a}_1^{(0)}d\boldsymbol{c}_1+\int f_2^{(0)}m_2\boldsymbol{C}_2\cdot\boldsymbol{a}_2^{(0)}d\boldsymbol{c}_2\right]$$

$$+d_0\iota H\left[\frac{e_1}{m_1}\int f_1^{(0)}\boldsymbol{a}_1^{(0)}\cdot\boldsymbol{a}_1^{(0)}d\boldsymbol{c}_1+\frac{e_2}{m_2}\int f_2^{(0)}\boldsymbol{a}_2^{(0)}\cdot\boldsymbol{a}_2^{(0)}d\boldsymbol{c}_2\right]$$

$$+n^2d_0\{\boldsymbol{a}^{(0)},\boldsymbol{a}^{(0)}\}.$$

在 8.51 节已经证明:

$$\int f_1^{(0)}m_1\boldsymbol{C}_1\cdot\boldsymbol{a}_1^{(0)}d\boldsymbol{c}_1+\int f_2^{(0)}m_2\boldsymbol{C}_2\cdot\boldsymbol{a}_2^{(0)}d\boldsymbol{c}_2=0;$$

此外,由式(8.51,16)还得到

$$\{\boldsymbol{a}^{(0)},\boldsymbol{a}^{(0)}\}=\frac{3\mathrm{x}_1\mathrm{x}_2kT}{2nm_0[D_{12}]_1},$$

其中 $[D_{12}]_1$ 是扩散系数的一阶近似值. 将这些值代入并完成剩下的积分,我们就得到

$$\frac{3}{2}n(2m_0kT)^{\frac{1}{2}}=\frac{3}{2}\frac{n_1n_2d_0\iota H}{\rho^2}(e_1m_2\rho_2+e_2m_1\rho_1)$$

$$+\frac{3}{2}kT\frac{n_1n_2d_0}{n[D_{12}]_1}=\frac{3}{2}d_0\frac{\rho_1\rho_2}{\rho}\left(\iota\omega+\frac{1}{\tau}\right),$$

其中
$$\omega\equiv\frac{H(e_1m_2\rho_2+e_2m_1\rho_1)}{\rho m_1m_2},$$

$$\tau\equiv\frac{m_1m_2n[D_{12}]_1}{\rho kT}. \tag{19.42,7}$$

因此
$$d_0=\frac{(2m_0kT)^{\frac{1}{2}}\rho n}{\rho_1\rho_2}\frac{\tau(1-\iota\omega\tau)}{1+\omega^2\tau^2}.$$

把这个结果与式(19.42,2,6)和(19.41,2)合在一起，我们可看出

$$\Phi_1^{(1)}=-\frac{(2m_0kT)^{\frac{1}{2}}n\rho}{\rho_1\rho_2}\frac{\tau}{1+\omega^2\tau^2}$$

$$\cdot\left\{\boldsymbol{d}_{12}\cdot\boldsymbol{a}_1^{(0)}-\frac{\omega\tau}{H}\boldsymbol{d}_{12}\cdot(\boldsymbol{a}_1^{(0)}\wedge\boldsymbol{H})\right\}.$$

相应的扩散速度为

$$\bar{\boldsymbol{C}}_1-\bar{\boldsymbol{C}}_2=-\frac{(2m_0kT)^{\frac{1}{2}}n\rho\tau}{3\rho_1\rho_2}\left\{\frac{\boldsymbol{d}_{12}-(\omega\tau/H)\boldsymbol{H}\wedge\boldsymbol{d}_{12}}{1+\omega^2\tau^2}\right\}$$

$$\times\left\{\frac{1}{n_1}\int f_1^{(0)}\boldsymbol{C}_1\cdot\boldsymbol{a}_1^{(0)}d\boldsymbol{c}_1-\frac{1}{n_2}\int f_2^{(0)}\boldsymbol{C}_2\cdot\boldsymbol{a}_2^{(0)}d\boldsymbol{c}_2\right\}$$

$$=-\frac{p\rho\tau}{\rho_1\rho_2}\frac{(\boldsymbol{d}_{12}-(\omega\tau/H)\boldsymbol{H}\wedge\boldsymbol{d}_{12})}{1+\omega^2\tau^2}. \tag{19.42,8}$$

由此可见，正向扩散按比值 $1/(1+\omega^2\tau^2)$减小，而横向扩散是正向扩散的 $\omega\tau$ 倍. 对于正向电流和横向电流以及气体的正向电导率和横向电导率，类似的结论也成立.

当 m_2/m_1 小得可以忽略时，方程(19.42,8)等价于方程(19.31,7). 这是普遍结果的一种特殊情况；对于任意多个组元的混合气体，公式(19.31,1)，其 $D\boldsymbol{c}_0/Dt$ 若用 $D_0\boldsymbol{c}_0/Dt$ 代替，那么就与精确理论在一阶近似下所导出的扩散公式一致[1].

式(19.42,7)中的碰撞间隔 τ 乃是扩散问题中的碰撞间隔；和

1) T. G. Cowling, *Proc. R. Soc.* A, **183**, 453 (1945).

用式(14.2,1)可以得到刚球分子的 τ 为

$$\tau = \frac{3(m_1+m_2)}{8\rho\sigma_{12}^2}\left(\frac{m_1 m_2}{2\pi kT(m_1+m_2)}\right)^{\frac{1}{2}},$$

然而在 5.1 节 (那里对碰撞间隔的定义与这里不同), 分子 m_1 与分子 m_2 碰撞的碰撞间隔以及分子 m_2 与分子 m_1 碰撞的碰撞间隔分别为

$$\tau_1 = \frac{1}{2n_2\sigma_{12}^2}\left(\frac{m_1 m_2}{2\pi kT(m_1+m_2)}\right)^{\frac{1}{2}},$$

$$\tau_2 = \frac{1}{2n_1\sigma_{12}^2}\left(\frac{m_1 m_2}{2\pi kT(m_1+m_2)}\right)^{\frac{1}{2}}.$$

因此

$$\tau = \frac{3}{4}(\rho_2\tau_1 + \rho_1\tau_2)/\rho;$$

结果除了相差一个因子 3/4 外, τ 就是 τ_1 和 τ_2 的一种加权平均值。在 m_2/m_1 很小的极限情况下(相应于电子-离子混合气体),

$$\tau = \frac{3}{4}\tau_2.$$

没有磁场时的电导率(由式(19.11,4)给出)与 τ 的关系为

$$\vartheta = n_1 n_2(e_1 m_2 - e_2 m_1)^2\tau/\rho m_1 m_2. \qquad (19.42,9)$$

在 19.31 节中已经指出，当极化电场完全阻止了横向扩散时，二组元气体中的正向扩散就增加到没有磁场时的值. 由于式(19.42,8)和(19.31,7)仅仅准确到一阶近似,因此这个结果只是近似的. 如果利用 ζ_1 和 ζ_2 的更高阶近似,就可发现极化电场虽能增加正向扩散,但却不能达到没有磁场时的值. 对于 Lorentz 近似法和对于“硬的”分子来说,当作用有极化电场力时,由磁场引起的扩散的最大缩减比为 $9\pi/32 = 0.88$ (相应于弹性刚球分子); 然而,对于静电相互作用,缩减比则为 $3\pi/32 = 0.29$。

19.43. 热传导

对于磁场作用下的电离气体，其热传导和热扩散的普遍理论

与扩散的普遍理论相类似．因此，举例来说，平行于磁场的热传导率和热扩散速率都不受磁场的影响；另一方面，如果 ∇T 垂直于 $\boldsymbol{H}$，那么温度梯度方向的热传导率和热扩散速率都会减小，而在 $\boldsymbol{H}\wedge\nabla T$ 方向却出现了附加的热传导和热扩散．由于这种普遍理论太复杂，它涉及到 18.42 节、18.43 节和 19.42 节诸方法，因此我们不打算在此作详细的叙述，而只引用二组元混合气体的各个结果．

假设气体是静止的，而磁场垂直于温度梯度．混合气体中两种成份对热流通量的贡献分别为

$$-a_1^{\mathrm{I}}\nabla T-a_1^{\mathrm{II}}\boldsymbol{H}\wedge\nabla T,\quad -a_2^{\mathrm{I}}\nabla T-a_2^{\mathrm{II}}\boldsymbol{H}\wedge\nabla T. \tag{19.43,1}$$

其中 a_1^{I} 和 Ha_1^{II} 是第一种气体对正向和横向热传导的贡献． 类似地，a_2^{I} 和 Ha_2^{II} 是第二种气体的贡献．如果

$$\alpha_1=a_1^{\mathrm{I}}+\iota Ha_1^{\mathrm{II}},\quad \alpha_2=a_2^{\mathrm{I}}+\iota Ha_2^{\mathrm{II}} \tag{19.43,2}$$

那么在一阶近似下 α_1，α_2 满足

$$\alpha_1\left\{\frac{\mathrm{x}_1}{[\lambda_1]_1}+\iota\omega_1\frac{2m_1}{5kp}+\frac{T\mathrm{x}_2}{5p[D_{12}]_1}\{6M_1^2+(5-4\mathrm{B})M_2^2\right.$$

$$\left.+8M_1M_2\mathrm{A}\}\right\}-\alpha_2\mathrm{x}_1\frac{M_1M_2T}{5p[D_{12}]_1}(11-4\mathrm{B}-8\mathrm{A})=\mathrm{x}_1 \tag{19.43,3}$$

和另一个类似的方程(参见方程(18.42,6))．

这两个方程与弛豫理论所导出的方程在形式上并不完全相同，因为在方程 (19.43,3) 中出现了 α_2，而在第二种气体的相应方程中则出现了 α_1（与 18.42 节比较）．然而，当 m_2/m_1 小得可以忽略时，结果就变得与弛豫理论所给出的结果相似了． 在这种情况下，α_2 通常比 α_1 大得多，并由下式给定

$$\alpha_2\left[\left\{\frac{1}{[\lambda_2]_1}+\frac{T\mathrm{x}_1(5-4\mathrm{B})}{5p\mathrm{x}_2[D_{12}]_1}\right\}+\iota\omega_2\frac{2m_2}{5kp_2}\right]=1. \tag{19.43,4}$$

此式括号{ }中的表达式可记为 $1/[\lambda_0]_1$，其中 $[\lambda_0]_1$ 乃是没有磁场时热传导系数的一阶近似值．若令

$$\tau_2\equiv 2m_2[\lambda_0]_1/5kp_2. \tag{19.43,5}$$

于是 $\alpha_2 = [\lambda_0]_1/(1 + \iota\omega_2\tau_2)$，并且有

$$a_2^{\mathrm{I}} = [\lambda_0]_1/(1 + \omega_2^2\tau_2^2),$$

$$Ha_2^{\mathrm{II}} = -[\lambda_0]_1\omega_2\tau_2/(1 + \omega_2^2\tau_2^2) \tag{19.43,6}$$

这些结果与式(19.32,2,3)一致.

热扩散速度有如下的形式

$$\bar{\boldsymbol{C}}_1 - \bar{\boldsymbol{C}}_2 = -(\mathrm{x}_1\mathrm{x}_2)^{-1}D_{12}\{\mathrm{k}_T^{\mathrm{I}}\nabla\ln T + \mathrm{k}_T^{\mathrm{II}}\boldsymbol{H}\wedge\nabla\ln T\}, \tag{19.43,7}$$

其中 $\mathrm{k}_T^{\mathrm{I}}$ 和 $H\mathrm{k}_T^{\mathrm{II}}$ 是正向的和横向的热扩散比．若令

$$\mathrm{k}_T^{\mathrm{I}} + \iota H\mathrm{k}_T^{\mathrm{II}} \equiv \mathrm{k}_T. \tag{19.43,8}$$

于是，k_T 的一阶近似值就可用方程(19.43,3)的 α_1 和 α_2 来表示(参见式(18.43,3))

$$[\mathrm{k}_T]_1 = TC(\mathrm{x}_1\alpha_2M_1 - \mathrm{x}_2\alpha_1M_2)/p[D_{12}]_1. \tag{19.43,9}$$

19.44. 磁场中的应力张量

磁场对粘性应力分布的影响更为复杂，而且物理学家对它不太感兴趣，因为相应的现象在金属中无法观察．象热传导现象一样，这里的结果不完全与弛豫理论的结果一致，因为不同组元的粘性应力项之间相互有影响．然而，这里的结果与弛豫理论的结果总的来说还是相似的；在某些特殊情况下还可能形式完全一样，尤其是 m_2/m_1 小得可以忽略的二组元混合气体的情况．此时粘性应力完全来源于第一种气体． 设第一种气体的粘性系数为 μ_1，并记 $\mu_1 = p_1\tau_1$．如果 $\boldsymbol{H}$ 是沿着 x 方向，那么应力分量 p_{xx} 与没有磁场时的值相同．其它应力分量的一阶近似式给出如下

$$p_{yy} = p - \frac{2\mu_1}{1 + 4\omega_1^2\tau_1^2}\{\dot{e}_{yy} + 2\omega_1\tau_1\dot{e}_{yz} + 2\omega_1^2\tau_1^2(\dot{e}_{yy} + \dot{e}_{zz})\},$$

$$p_{zz} = p - \frac{2\mu_1}{1 + 4\omega_1^2\tau_1^2}\{\dot{e}_{zz} - 2\omega_1\tau_1\dot{e}_{yz} + 2\omega_1^2\tau_1^2(\dot{e}_{yy} + \dot{e}_{zz})\},$$

$$p_{yz} = p_{zy} = -\frac{2\mu_1}{1 + 4\omega_1^2\tau_1^2}\{\dot{e}_{yz} + \omega_1\tau_1(\dot{e}_{zz} - \dot{e}_{yy})\},$$

$$p_{xy} = p_{yx} = -\frac{2\mu_1}{1 + \omega_1^2\tau_1^2}\{\dot{e}_{xy} + \omega_1\tau_1\dot{e}_{xz}\},$$

$$p_{xz} = p_{zx} = -\frac{2\mu_1}{1+\omega_1^2\tau_1^2}\{\mathring{e}_{xz} - \omega_1\tau_1\mathring{e}_{xy}\},$$

其中 $\mathbf{e} \equiv \overline{\overline{\nabla c_0}}$. 这些结果是式(19.32,4—6)的推广.

19.45. 磁场中 Lorentz 气体的输运现象

在探讨弱电离气体中的电子运动时，Lorentz 近似法有着特别的重要性. 当有磁场存在时，不难对此理论加以修正. 假设处于静止状态的二组元混合气体的第二种气体，是由电子或轻分子构成，于是象10.5节一样地作近似后，我们可以将方程(19.4,12)写成下面的形式:

$$\left\{\left(\mathscr{C}_2^2 - \frac{5}{2}\right)\boldsymbol{C}_2 \cdot \nabla \ln T - x_2^{-1}\boldsymbol{d}_{12} \cdot \boldsymbol{C}_2\right\}$$

$$= -\frac{e_2}{m_2}(\boldsymbol{C}_2 \wedge \boldsymbol{H}) \cdot \frac{\partial \Phi_2^{(1)}}{\partial \boldsymbol{C}_2}$$

$$- n_1 \iint (\Phi_2^{\prime(1)} - \Phi_2^{(1)}) C_2 b\,db\,d\varepsilon,$$

因为 m_2 很小，所以方程(19.4,12)右边括号中的第一项已经略去.

在这个方程中代入

$$\Phi_2^{(1)} = -(A_2^{\mathrm{I}}\boldsymbol{C}_2 + A_2^{\mathrm{II}}\boldsymbol{C}_2 \wedge \boldsymbol{H}) \cdot \nabla \ln T - (D_2^{\mathrm{I}}\boldsymbol{C}_2 + D_2^{\mathrm{II}}\boldsymbol{C}_2 \wedge \boldsymbol{H}) \cdot \boldsymbol{d}_{12}.$$

然后象 10.5 节那样对 b 和 ε 积分，并让 ∇T, $\boldsymbol{H} \wedge \nabla T$, $\boldsymbol{d}_{12}$ 和 $\boldsymbol{H} \wedge \boldsymbol{d}_{12}$ 的系数分别相等，那么我们就得到

$$\mathscr{C}_2^2 - \frac{5}{2} = -\omega_2 H A_2^{\mathrm{II}} + A_2^{\mathrm{I}}/\tau_2,$$

$$0 = \omega_2 A_2^{\mathrm{I}} + H A_2^{\mathrm{II}}/\tau_2,$$

$$-1/x_2 = -\omega_2 H D_2^{\mathrm{II}} + D_2^{\mathrm{I}}/\tau_2,$$

$$0 = \omega_2 D_2^{\mathrm{I}} + H D_2^{\mathrm{II}}/\tau_2.$$

此处 $\omega_2 = -e_2 H/m_2 = eH/m_2$，$-e$ 是电子的电量；此外，τ_2 是 C_2 的函数，如果用 10.5 节的'自由程' $l(C_2)$ 来表达的话，则可写成

$$\tau_2 = \{n_1 C_2 \phi_{12}^{(1)}(C_2)\}^{-1} = l(C_2)/C_2. \qquad (19.45,1)$$

从这些方程我们得到

$$A_2^{\mathrm{I}} = -HA_2^{\mathrm{II}}/\omega_2\tau_2 = \left(\mathscr{C}_2^2 - \frac{5}{2}\right)\tau_2/(1+\omega_2^2\tau_2^2), \qquad (19.45,2)$$

$$D_2^{\mathrm{I}} = -HD_2^{\mathrm{II}}/\omega_2\tau_2 = -\tau_2/\mathrm{x}_2(1+\omega_2^2\tau_2^2). \qquad (19.45,3)$$

因此，扩散速率为

$$n_2\bar{\boldsymbol{C}}_2 = \int f_2^{(0)}\Phi_1^{(1)}\boldsymbol{C}_2 d\boldsymbol{c}_2$$

$$= \frac{1}{3\mathrm{x}_2}\int f_2^{(0)}C_2^2\left\{\frac{\tau_2\boldsymbol{d}_{12} - \omega_2\tau_2^2(\boldsymbol{H}\wedge\boldsymbol{d}_{12})/H}{1+\omega_2^2\tau_2^2}\right\}d\boldsymbol{c}_2$$

$$-\frac{1}{3T}\int f_2^{(0)}C_2^2\left(\mathscr{C}_2^2 - \frac{5}{2}\right)$$

$$\cdot\left\{\frac{\tau_2\nabla T - \omega_2\tau_2^2(\boldsymbol{H}\wedge\nabla T)/H}{1+\omega_2^2\tau_2^2}\right\}d\boldsymbol{c}_2. \qquad (19.45,4)$$

假如 τ_2 与 C_2 无关，那么这个方程表明，正向扩散按比值 $1/(1+\omega_2^2\tau_2^2)$降低，而横向扩散为正向扩散的 $\omega_2\tau_2$ 倍．一般说来，τ_2 与 C_2 并非无关，因而不可能用有限几项算出这个积分；例如，对于弹性刚球分子，$l(C_2)$ 不取决于 C_2，因而 $\tau_2\propto 1/C_2$．不过，上述各式仍然使人联想起 19.31 节的各式；它们仍然表明，在通常的磁场强度和密度下，横向扩散与H成正比，电导率的下降量与 H^2 成正比；而在很强的磁场或很低的密度下，正向扩散正比于 $1/H^2$，而横向扩散正比于 $1/H$．[1]

对于热传导现象，亦有类似的结果．

19.5. 交变电场

在前几章给出的理论中，隐约地已经假设了分子的加速度 $\boldsymbol{F}$ 随时间的变化相对说来比较缓慢．当有一个其周期同电子的碰撞间隔可以相比的交变电场作用时（如电波传播过程），前面的理论

1) 对于弹性刚球，积分的计算可见 R. Gans, *Annln Phys*. **20**, 203 (1906)，以及 L. Tonks and W. P. Allis, *Phys. Rev*. **52**, 710 (1937).

就需要作适当的修改.

考虑一种均匀气体,除了交变电场和一个恒定磁场 $\boldsymbol{H}$ 外，它不受任何其它力的作用. 为使 Maxwell 电磁方程组得以满足，事实上磁场也应有一个交变的部分；但实际上这一部分远小于缓慢变化的地磁场,因此可予以忽略.

可以将电场分解为平行于和垂直于磁场的两个分量；采用类似于 19.41 节的论证方法即可证明，由平行于磁场的分量所引起的扩散如同没有磁场一样. 因此对于交变电场所引起的扩散，我们只需考虑两种情况： $\boldsymbol{H}$ 垂直于电场的情况和没有磁场的情况；而且，后者其实就是前者的一种特例，所以只要求出 $\boldsymbol{H}$ 垂直于电场这一情况的理论就足够了.

现在来研究质量为 m_1,电荷为 e_1 的单个粒子的运动. 为方便起见,设 $\boldsymbol{H}$ 平行于 Ox,并让电场强度由下式给定

$$\boldsymbol{E}=(0,\ -E\sin st,\ E\cos st). \tag{19.5,1}$$

于是,由电场引起的那部分分子加速度 $\boldsymbol{F}_1$ 为

$$\begin{aligned}\boldsymbol{F}_1&=(0,\ -F_1\sin st,\ F_1\cos st)\\&=\left(0,\ -\frac{e_1E}{m_1}\sin st,\ \frac{e_1E}{m_1}\cos st\right).\end{aligned} \tag{19.5,2}$$

一个粒子的运动方程便为(参见方程(19.3,2))

$$\ddot{x}=0,\ \ddot{y}=\omega_1\dot{z}-F_1\sin st,\ \ddot{z}=-\omega_1\dot{y}+F_1\cos st,$$

其中 $\omega_1=e_1H/m_1$. 若在初始时刻 $t=0$ 时 $\dot{y}=v_1'$, $\dot{z}=w_1'$, 则积分后便得到

$$\dot{y}=v_1'\cos\omega_1t+w_1'\sin\omega_1t+\frac{F_1}{(\omega_1+s)}(\cos st-\cos\omega_1t),$$

$$\dot{z}=-v_1'\sin\omega_1t+w_1'\cos\omega_1t+\frac{F_1}{(\omega_1+s)}(\sin st+\sin\omega_1t).$$

此处 w_1' 和 v_1' 分别表示平行于 $\boldsymbol{E}$ 和平行于 $\boldsymbol{E}\wedge\boldsymbol{H}$ (也即同时垂直于 $\boldsymbol{E}$ 和 $\boldsymbol{H}$)这两个方向的粒子初速度. 经过时间 t 以后,平行于 $\boldsymbol{E}$ 和平行于 $\boldsymbol{E}\wedge\boldsymbol{H}$ 的速度若记为 w_1 和 v_1,则

$$w_1=\dot{z}\cos st-\dot{y}\sin st$$

$$= w_1'\cos(\omega_1 + s)t - \left(v_1' - \frac{F_1}{\omega_1 + s}\right)\sin(\omega_1 + s)t,$$

$$v_1 = \dot{y}\cos st + \dot{z}\sin st$$
$$= \left(v_1' - \frac{F_1}{\omega_1 + s}\right)\cos(\omega_1 + s)t + w_1'\sin(\omega_1 + s)t$$
$$+ \frac{F_1}{\omega_1 + s}.$$

将这些等式与式(19.3,4)比较后，我们看到，在 $\boldsymbol{E}$ 和 $\boldsymbol{E}\wedge\boldsymbol{H}$ 两个方向上的分速度随时间 t 的变化，就好象粒子受到数值为 e_1E/m_1 而方向固定不变的加速度 $\boldsymbol{F}_1$ 的作用一样；同时，在磁场中旋转的角速度从 ω_1 增加到 $\omega_1 + s$. 由于气体是均匀的，气体中的扩散取决于分子的速度，而与它的位置无关，因此任一时刻的扩散速度，就如同每个分子 m_1 既承受着一个定向作用力（产生的加速度为 $F_1 = e_1E/m_1$），又承受着一个垂直磁场的作用，这个磁场产生的旋转角速度为 $\omega_1 + s$.

由此可见，19.31 节、19.41 节和 19.42 节的所有结果加以修改后都可以应用到现在的问题中. 除了在电场的瞬时作用方向上有正向扩散电流外，在既垂直于电场又垂直于磁场的方向上还存在着一个附加的横向电流. 类似于式(19.31,4)，弛豫方法表明，在弱电离气体中带电分子 m_s 相对于整团气体的扩散速度具有正向的和横向的分量 $\bar{w}_s$ 和 $\bar{v}_s$，其值为

$$\bar{w}_s = \frac{e_sE}{m_s}\frac{\tau_s}{1 + (\omega_s + s)^2\tau_s^2},$$
$$\bar{v}_s = \frac{e_sE}{m_s}\frac{(\omega_s + s)\tau_s^2}{1 + (\omega_s + s)^2\tau_s^2}. \qquad (19.5,3)$$

此处 τ_s 象式(19.31,3)一样定义；$\bar{v}_s$ 是四分之一周期以前电场所指的方向上的扩散速度. 类似地，在二组元混合气体中，正向和横向的相对扩散速度的一阶近似式分别为

$$\bar{w}_1 - \bar{w}_2 = \frac{E(e_1m_2 - e_2m_1)}{m_1m_2}\frac{\tau}{1 + (s + \omega)^2\tau^2}, \qquad (19.5,4)$$

$$\bar{v}_1 - \bar{v}_2 = \frac{E(e_1 m_2 - e_2 m_1)}{m_1 m_2} \frac{(s+\omega)\tau^2}{1+(s+\omega)^2\tau^2}, \tag{19.5,5}$$

ω 和 τ 的含义与式(19.42,7)相同．现在要象 19.31 节那样作解释就不会有任何困难了，即使 $(s+\omega)\tau$ 很大亦然．

如果我们不是处理式(19.5,1)那样的圆偏振场，而是线性振荡场：

$$\boldsymbol{E} = (0,\ 0,\ E_0 \cos st), \tag{19.5,6}$$

那么我们就必须把它表示为两个圆偏振振荡之和

$$\left(0,\ -\frac{1}{2}E_0 \sin st,\ \frac{1}{2}E_0 \cos st\right)$$

$$\text{和}\quad \left(0,\ -\frac{1}{2}E_0 \sin(-st),\ \frac{1}{2}E_0 \cos(-st)\right).$$

这时，例如对于式(19.5,4,5)，其相应的等式即为

$$\bar{w}_1 - \bar{w}_2 = E_0 \frac{e_1 m_2 - e_2 m_1}{2m_1 m_2}\left\{\frac{\tau}{1+(s+\omega)^2\tau^2} + \frac{\tau}{1+(\omega-s)^2\tau^2}\right\} \tag{19.5,7}$$

和

$$\bar{v}_1 - \bar{v}_2 = E_0 \frac{e_1 m_2 - e_2 m_1}{2m_1 m_2}\left\{\frac{(s+\omega)\tau^2}{1+(s+\omega)^2\tau^2} + \frac{(\omega-s)\tau^2}{1+(\omega-s)^2\tau^2}\right\}. \tag{19.5,8}$$

此处将四分之一周期以前第一个圆偏振振荡的方向取作为横向扩散速度的方向．

根据弛豫理论得到的这些结果，在一阶近似范围内，同根据适当修正的普遍理论所导出的结果是一致的．需要作的修正是，在 $f_1^{(1)}$ 的方程中要保留 $\partial f_1^{(1)}/\partial t$ 的一阶近似项；如果

$$f_1^{(1)} = \alpha(\mathbf{c}_1, t)\cos st + \beta(\mathbf{c}_1, t)\sin st,$$

那么 $\partial f_1^{(1)}/\partial t$ 的一阶近似项为

$$\frac{\partial f_1^{(1)}}{\partial t} = s[-\alpha(\mathbf{c}_1, t)\sin st + \beta(\mathbf{c}_1, t)\cos st].$$

强电场中的现象

19.6. 高能量的电子

在某些情况下，气体中导电的电子具有很大的能量，远远超过气体温度所对应的电子能量．Lorentz 近似法的简化特点之一，即是：在质量悬殊的两个粒子之间进行弹性碰撞时，能量的交换几乎可以忽略；例如，若有一个质量 m_2 的电子与质量 m_1 的静止分子相碰撞，相对速度 g 偏转了角度 χ，那么电子损失的能量即为

$$m_1m_2^2g^2(1-\cos\chi)/(m_1+m_2)^2,$$

它只占电子初始能量 $\frac{1}{2}m_2g^2$ 中很小的一部分． 因此当存在强电场时，一个缓慢运动着的电子在一个自由程的路程中从电场获得的能量，平均地说远大于它在碰撞过程中损失的能量．结果，电子的平均能量逐渐增加，直到它在碰撞中损失的那部分能量与它在一个自由程内获得的能量相平衡为止．因此在稳恒状态下这种电子的平均能量就比热能 $\frac{3}{2}kT$ 大得多；这种电子的速度分布函数与 Maxwell 形式显著地不同，因而强电场中的扩散理论与 10.5 节中的理论也有相当大的差别．

假如电子的平均能量足够大，那么就会发生非弹性碰撞，这时电子能量的一部分被用来激发分子内部运动的量子态．在象氦那样具有很高激发势能的气体中，只有当电子的能量达到热能的数百倍时才能发生非弹性碰撞．此时电子失去的能量很大；另一方面，在双原子分子和多原子分子的气体中，激励分子的转动和振动运动所需要的能量就小得多，因此在能量不太高时，非弹性碰撞就成为很重要的了．这些事实在研究电子在气体中的迁移率时有着重要的意义．

研究高层大气的时候，也会出现电子平均能量显著地超过热

能的情况．凭借紫外线和微粒流的辐射，电子便从分子中释放出来；这些电子在与正离子结合成中性分子，或与中性分子结合成负离子之前，一直保持着自由运动状态．电离一个分子所需要的能量远大于热能 $\frac{3}{2}kT$，而引起电离的紫外线和微粒流辐射所赋予的能量很可能显著地超过所要求的电离能，这超过的能量可以部分地或全部地作为被释放的电子的动能．因此电子在刚刚释放时的平均动能可能大大地超过热能值；如果在重新结合的复合现象发生之前电子同分子的碰撞次数不很多，那么大气中电子的平均能量似乎就会大于热能．

19.61. 强电场中的稳恒状态[1)]

假设在一大团气体中，电子受到强电场的作用．经一段时间以后，达到了某种近似稳恒的状态，在这种状态下电子在一个自由程内获得的能量平均地说与它同气体分子碰撞所失去的能量相平衡．如果电子同分子的碰撞都是弹性碰撞，那么失去的和获得的能量都比电子的平均能量小得多；由于电子的运动方向在碰撞时发生很大的偏转，因此电子的速度分布律必定与速度方向几乎无关，尽管它可能不同于 Maxwell 形式．

首先我们假设电子的数目很少，以致可以忽略它们之间的相互碰撞．设质量为 m_1 的中性分子和质量为 m_2、电量为 e_2 的电子所组成的混合气体，在电场 $\boldsymbol{E}$ 的作用下处于平衡状态．如果气体的状态既是稳恒的，又是均匀的，那么电子的速度分布函数 f_2 就满足下面的方程

1) 强电场中电子稳恒状态的早期研究包括以下几篇： F. B. Pidduck, *Proc. Lond. Math. Soc.* **15**, 89 (1916); M. J. Druyvesteyn, *Physica*, **10**, 61 (1930), and **1**, 1003 (1934); E. M. Morse, W. P. Allis and E. S. Lamar, *Phys. Rev.* **48**, 412 (1935); W. P. Allis and H. W. Allen, *Phys. Rev.* **52**, 703 (1937); 以及 B. Davydov, *Phys. Z. Sowj Un.* **8**, 59 (1935). 除了 Pidduck 和 Davydov 以外，所有作者都忽略了分子的运动；此外 Druyvesteyn 采用平均的弹性碰撞能量损失． 最近的研究已计及电子-电子碰撞，并且考虑了趋向稳恒态的过程和脱逸效应(见 19.66 节)．

$$\boldsymbol{F}_2\cdot\frac{\partial f_2}{\partial \boldsymbol{c}_2}=\iint(f_1'f_2'-f_1f_2)g\alpha_{12}d\mathbf{e}'d\boldsymbol{c}_1, \qquad (19.61,1)$$

其中 $\alpha_{12}d\mathbf{e}'=bdbd\varepsilon$，而 α_{12} 是 g 和 b 的函数；此外还有

$$\boldsymbol{F}_2=e_2\boldsymbol{E}/m_2. \qquad (19.61,2)$$

可以假设分子 m_1 的速度分布函数 f_1 就是静止气体的 Maxwell 形式，亦即

$$f_1=n_1\left(\frac{m_1}{2\pi kT}\right)^{\frac{3}{2}}\exp(-m_1c_1^2/2kT). \qquad (19.61,3)$$

由于电子的速度分布函数近似为各向同性的，我们可将它表达为[1)]

$$f_2=f_2^{(0)}+\boldsymbol{F}_2\cdot\mathbf{c}_2f_2^{(1)}+\boldsymbol{F}_2\boldsymbol{F}_2:\mathbf{c}_2^{\circ}\mathbf{c}_2f_2^{(2)}+\cdots, \quad (19.61,4)$$

在此式中，每个函数 $f_2^{(0)}, f_2^{(1)}, f_2^{(2)}, \cdots$ 只是标量 c_2, F_2 的函数；而 $\boldsymbol{c}_2$，$\mathbf{c}_2^{\circ}\boldsymbol{c}_2, \cdots$ 是矢量和二阶张量以及更高阶张量，它们的分量是 $\boldsymbol{c}_2$ 分量的三维调和函数，即满足下述方程的函数：

$$\frac{\partial^2\phi}{\partial u_2^2}+\frac{\partial^2\phi}{\partial v_2^2}+\frac{\partial^2\phi}{\partial w_2^2}=0$$

我们将式(19.61,4)代入方程(19.61,1)，让只包含标量的项、只包含矢量 $\boldsymbol{F}_2$ 的项、只包含 $\overset{\circ}{\boldsymbol{F}_2\boldsymbol{F}_2}$ 的项等等分别相等，于是就得到

$$F_2^2\left(f_2^{(1)}+\frac{1}{3}c_2\frac{\partial f_2^{(1)}}{\partial c_2}\right)=\iint(f_1'f_2^{(0)\prime}-f_1f_2^{(0)})g\alpha_{12}d\mathbf{e}'d\boldsymbol{c}_1, (19.61,5)$$

$$\frac{\boldsymbol{F}_2\cdot\mathbf{c}_2}{c_2}\frac{\partial f_2^{(0)}}{\partial c_2}+\frac{4}{15}F_2^2\frac{\boldsymbol{F}_2\cdot\mathbf{c}_2}{c_2^4}\frac{\partial(f_2^{(2)}c_2^5)}{\partial c_2}$$

$$=\iint\{f_1'f_2^{(1)\prime}(\boldsymbol{F}_2\cdot\mathbf{c}_2')-f_1f_2^{(1)}(\boldsymbol{F}_2\cdot\mathbf{c}_2)\}g\alpha_{12}d\mathbf{e}'d\boldsymbol{c}_1, \quad (19.61,6)$$

以及一系列类似的方程. 由于式(19.61,4)的第二项与第一项相比是小量，因此很自然可以认为第三项和以后各项与第二项相比也是小量，在以后的讨论中可将它们略去不计. 所以我们只须处理方程(19.61,5)和(19.61,6)，而且方程(19.61,6)左边的第二项

1) 这里的记法与以前采用的记法有明显差别. f_2 的二级近似以前记为 $f_2^{(0)}+f_2^{(1)}$，现在表达为 $f_2^{(0)}+\boldsymbol{F}_2\cdot\mathbf{c}_2f_2^{(1)}$；依此类推.

也可以略去．此外，由于 m_2/m_1 很小，在积分中只需要保留 m_2/m_1 的最低幂次项．与此相关，可以看到 $m_1\overline{c_1^2}<m_2\overline{c_2^2}$，于是可以认为 c_1/c_2 至少是象 $(m_2/m_1)^{1/2}$ 一样小．

在方程(19.61,6)中，取 $c_2=c_2'=g$，$c_1=c_1'$ 就足够精确了，它等价于完全忽略 m_2/m_1 值．然后，象 10.5 节那样作变换，我们就得到

$$\frac{\boldsymbol{F}_2\cdot\mathbf{c}_2}{c_2}\frac{\partial f_2^{(0)}}{\partial c_2}=-n_1f_2^{(1)}(\boldsymbol{F}_2\cdot\mathbf{c}_2)\int(1-\cos\chi)c_2\alpha_{12}(c_2)d\mathbf{e}'$$

$$=-n_1f_2^{(1)}(\boldsymbol{F}_2\cdot\mathbf{c}_2)c_2\phi_{12}^{(1)}(c_2).$$

象式(19.45,1)一样，速率为 c_2 的电子的等效平均自由程定义为

$$l(c_2)=1/n_1\phi_{12}^{(1)}(c_2).\qquad(19.61,7)$$

这样就可以得到

$$\frac{\partial f_2^{(0)}}{\partial c_2}=-c_2^2f_2^{(1)}/l(c_2).\qquad(19.61,8)$$

如果在方程(19.61,5)中也采用同样的近似，那么右边的积分就等于零了．因此需要作进一步的近似：我们要保留与 m_2/m_1 相比不是小量的所有量．

用 $d\mathbf{c}_2$ 乘方程 (19.61,5)，对 $c_2<v$ 的所有 $\mathbf{c}_2$ 值积分，我们就得到

$$\iiint(f_1'f_2^{(0)\prime}-f_1f_2^{(0)})g\alpha_{12}d\mathbf{e}'d\mathbf{c}_1d\mathbf{c}_2$$

$$=\frac{4}{3}\pi F_2^2\int_0^v\frac{\partial}{\partial c_2}(c_2^3f_2^{(1)})dc_2$$

$$=\frac{4}{3}\pi F_2^2v^3f_2^{(1)}(v).\qquad(19.61,9)$$

采用类似于 3.53 节那样的变换[1]，可以证明下面两个积分值相等，即

---

1) 如果象 3.6 节那样假设：相对速度偏转角小于某一给定小量时这类碰撞可以予以忽略不计的话，那么收敛性的困难就可以避免．

$$\iiint f_1' f_2^{(0)\prime} g\alpha_{12} d\mathbf{e}' d\mathbf{c}_1 d\mathbf{c}_2$$

在满足 $c_2 < v$ 的条件下对所有变量值积分，和

$$\iiint f_1 f_2^{(0)} g\alpha_{12} d\mathbf{e}' d\mathbf{c}_1 d\mathbf{c}_2$$

在满足 $c_2' < v$ 的条件下对所有变量值积分，其积分值相等．由于 $g' = g$，由式(3.41,6,7)就得到

$$\begin{aligned} c_2'^2 &= c_2^2 - 2M_1\mathbf{G}\cdot(\mathbf{g}_{21} - \mathbf{g}_{21}') \\ &= c_2^2 - 2M_1(\mathbf{c}_1 + M_2\mathbf{g}_{21})\cdot(\mathbf{g}_{21} - \mathbf{g}_{21}'); \end{aligned}$$

若各项精确到 m_2/m_1 量级，于是就有

$$\begin{aligned} c_2' &= \sqrt{\{c_2^2 - 2(\mathbf{c}_1 + M_2\mathbf{g}_{21})\cdot(\mathbf{g}_{21} - \mathbf{g}_{21}')\}} \\ &= c_2 - (\mathbf{c}_1 + M_2\mathbf{g}_{21})\cdot(\mathbf{g}_{21} - \mathbf{g}_{21}')/c_2 \\ &\quad - \frac{1}{2}\{\mathbf{c}_1\cdot(\mathbf{g}_{21} - \mathbf{g}_{21}')\}^2/c_2^3. \end{aligned} \tag{19.61,10}$$

在这里我们记 $\mathbf{c}_2 = c_2\mathbf{a}$，其中 $\mathbf{a}$ 是单位矢量（于是 $d\mathbf{c}_2 = c_2^2 dc_2 d\mathbf{a}$）．于是，根据式(19.61,10)，条件 $c_2' < v$ 等价于 $c_2 < v + \Delta v$，其中 Δv 是 v，$\mathbf{a}$，$\mathbf{c}_1$ 和 $\mathbf{e}'$ 的函数；$\Delta v/v$ 是与 c_1/c_2 或 $(m_2/m_1)^{\frac{1}{2}}$ 同量级的小量，并且(由于 g/c_2 接近于 1)

$$\Delta v = \mathbf{c}_1\cdot(\mathbf{a} - \mathbf{e}') + \text{更小项}. \tag{19.61,11}$$

因此方程(19.61,9)等价于

$$\frac{4}{3}\pi F_2^2 v^3 f_2^{(1)}(v) = \iiint\left(\int_v^{v+\Delta v} f_1 f_2^{(0)} g\alpha_{12} c_2^2 dc_2\right) d\mathbf{e}' d\mathbf{a} d\mathbf{c}_1.$$

我们将 Taylor 展开式

$$f_2^{(0)}(c_2) = f_2^{(0)}(v) + (c_2 - v)\frac{\partial f_2^{(0)}(v)}{\partial v} + \frac{1}{2}(c_2 - v)^2\frac{\partial^2 f_2^{(0)}(v)}{\partial v^2} + \cdots$$

代入上式．展开式的第三项，第四项，…对 c_2 积分后所得出的各项，其量级为 $(\Delta v)^3$，$(\Delta v)^4$，…，都可以略去不计．因此

$$\frac{4}{3}\pi F_2^2 v^3 f_2^{(1)}(v) = f_2^{(0)}(v)\iiint\left(\int_v^{v+\Delta v} f_1 g\alpha_{12} c_2^2 dc_2\right) d\mathbf{e}' d\mathbf{a} d\mathbf{c}_1$$

$$+\frac{\partial f_2^{(0)}(v)}{\partial v}\iiint\left(\int_v^{v+\Delta v}(c_2-v)f_1 g\alpha_{12}c_2^2 dc_2\right)d\mathbf{e}'d\mathbf{a}d\mathbf{c}_1.$$

(19.61,12)

在计算右边第二项时，我们可以近似地取

$$g\alpha_{12}(g)c_2^2=\alpha_{12}(v)v^3,\ \Delta v=\mathbf{c}_1\cdot(\mathbf{a}-\mathbf{e}').$$

由于 $\mathbf{a}\cdot\mathbf{e}'=\cos\chi$ 具有同样的近似，于是这一项就变为

$$v^3\frac{\partial f_2^{(0)}(v)}{\partial v}\iiint\frac{1}{2}\{\mathbf{c}_1\cdot(\mathbf{a}-\mathbf{e}')\}^2 f_1\alpha_{12}(v)d\mathbf{e}'d\mathbf{a}d\mathbf{c}_1$$

$$=n_1\frac{kT}{m_1}v^3\frac{\partial f_2^{(0)}(v)}{\partial v}\iint(1-\cos\chi)\alpha_{12}d\mathbf{e}'d\mathbf{a}$$

$$=4\pi n_1\frac{kT}{m_1}v^3\frac{\partial f_2^{(0)}(v)}{\partial v}\iint(1-\cos\chi)b\,db\,d\varepsilon$$

$$=4\pi\frac{kT}{m_1}\frac{v^3}{l(v)}\frac{\partial f_2^{(0)}(v)}{\partial v},$$

其中利用了式(19.61,7).

在计算方程(19.61,12)右边第一项时，必须计及式(19.61,11)右边的一些更小的项. 积分是十分复杂的，然而可以间接地确定这个积分[1]. 设这个积分为 $\psi(v)$，ψ 值将不依赖于 F_2 或 $f_2^{(0)}$. 于是方程(19.61,12)就变为

$$\frac{4}{3}\pi F_2^2 v^3 f_2^{(1)}(v)=4\pi\frac{kT}{m_1}\frac{v^3}{l(v)}\frac{\partial f_2^{(0)}(v)}{\partial v}+f_2^{(0)}(v)\psi(v).$$

如果 $F_2=0$，那么

$$f_2^{(0)}(v)=n_2\left(\frac{m_2}{2\pi kT}\right)^{\frac{3}{2}}e^{-m_2v^2/2kT}$$

就应满足这个方程. 为了使这点成立，我们必须取

$$\psi(v)=4\pi\frac{m_2}{m_1}\frac{v^4}{l(v)}.$$

将此式代入，并用 c_2 代替变量 v，我们就得到

---

1) Davydov（见前面的引文）采用一种与此相似的方法.

$$\frac{1}{3}F_2^2 f_2^{(1)}(c_2)=\frac{kT}{m_1 l(c_2)}\frac{\partial f_2^{(0)}(c_2)}{\partial c_2}$$

$$+\frac{m_2 c_2}{m_1 l(c_2)}f_2^{(0)}(c_2). \qquad (19.61,13)$$

我们可以对这个方程作一简单的解释： 方程的左边乘以 $4\pi m_2 c_2^4 dc_2$ 后，就等于单位体积内速度值在 c_2 与 c_2+dc_2 之间的电子从电场获得的能量增加率；右边第二项乘以 $4\pi m_2 c_2^4 dc_2$ 后，就等于这些电子在碰撞中的能量损失率，此处认为分子 m_1 在碰撞前是静止的；右边第一项代表由于分子有相对缓慢的运动而需要引入的修正量.

从方程(19.61,8,13)我们得到

$$-\frac{F_2^2 l(c_2)}{3c_2^2}\frac{\partial f_2^{(0)}}{\partial c_2}=\frac{kT}{m_1 l(c_2)}\frac{\partial f_2^{(0)}}{\partial c_2}+\frac{m_2 c_2}{m_1 l(c_2)}f_2^{(0)}.$$

由此推导出

$$f_2^{(0)}=A\exp\left(-\int\frac{m_2 c_2 dc_2}{kT+m_1 F_2^2 l^2/3c_2^2}\right),$$

$$f_2^{(1)}=\frac{m_2 c_2 l}{kTc_2^2+\frac{1}{3}m_1 F_2^2 l^2}f_2^{(0)}, \qquad (19.61,14)$$

其中 A 是常数. 当 F_2 很小时，上两式近似于 Lorentz 方法所得出的表达式；当 F_2 很大，即电子的平均能量比 $\frac{3}{2}kT$ 大得多时，这两式就近似为

$$f_2^{(0)}=A\exp\left(-\int\frac{3m_2 c_2^3 dc_2}{m_1 F_2^2 l^2}\right),$$

$$f_2^{(1)}=\frac{3m_2 c_2}{m_1 F_2^2 l}f_2^{(0)}. \qquad (19.61,14')$$

式(19.61,14′)能够应用的条件是，在 $f_2^{(0)}$ 所对应的 c_2 积分区间内，kT 应该远小于 $m_1 F_2^2 l^2/3c_2^2$. 由于在这种情况下有 $m_2 c_2^2>3kT$，因此上述条件也就成为：$e_2 El$ 的平均值应远大于 $3kT(m_2/m_1)^{\frac{1}{2}}$.

若分子是弹性刚球，于是其自由程就与c_2无关，则式（19.61，14′)就变为

$$f_2^{(0)}=A\exp\left(-\frac{3m_2c_2^4}{4m_1F_2^2l^2}\right),$$

$$f_2^{(1)}=\frac{3m_2c_2}{m_1F_2^2l}A\exp\left(-\frac{3m_2c_2^4}{4m_1F_2^2l^2}\right). \quad (19.61,14'')$$

这个结果最初是由 Druyvesteyn 导出，它表明，对于能量比平均能量大得多的电子来说，其数目远远比处于 Maxwell 分布(具有同样平均能量)的电子数目少得多．利用这个结果，我们就得到A与数密度n_2的关系式：

$$n_2=4\pi A\int_0^\infty\exp\left(-\frac{3m_2c_2^4}{4m_1F_2^2l^2}\right)c_2^2dc_2$$
$$=\pi A\left(\frac{4m_1F_2^2l^2}{3m_2}\right)^{\frac{3}{4}}\Gamma\left(\frac{3}{4}\right),$$

还得到电子的平均能量，即

$$\frac{1}{2}m_2\overline{c_2^2}=\frac{2\pi A\,m_2}{n_2}\int_0^\infty\exp\left(-\frac{3m_2c_2^4}{4m_1F_2^2l^2}\right)c_2^4dc_2$$
$$=m_2\left(\frac{m_1F_2^2l^2}{3m_2}\right)^{\frac{1}{2}}$$
$$\cdot\frac{\Gamma\left(\frac{5}{4}\right)}{\Gamma\left(\frac{3}{4}\right)}=0.427(m_1m_2)^{\frac{1}{2}}F_2l, \quad (19.61,15)$$

而电子平均扩散速度的数值则为

$$\frac{F_2}{3n_2}\int c_2^2f_2^{(1)}dc_2=\frac{4\pi m_2A}{n_2m_1F_2l}\int_0^\infty\exp\left(-\frac{3m_2c_2^4}{4m_1F_2^2l^2}\right)c_2^5dc_2$$
$$=\left(\frac{4}{3}\right)^{\frac{3}{4}}\frac{\sqrt{\pi}}{2}\left(\frac{m_2}{m_1}\right)^{\frac{1}{4}}\frac{(F_2l)^{\frac{1}{2}}}{\Gamma\left(\frac{3}{4}\right)}$$
$$=0.897\left(\frac{m_2}{m_1}\right)^{\frac{1}{4}}(F_2l)^{\frac{1}{2}}. \quad (19.61,16)$$

此值与 Lorentz 近似法得出的相应值

$$\frac{4}{3}F_2l\left(\frac{m_2}{2\pi kT}\right)^{\frac{1}{2}}$$

相比要小得多.

然而对于实际气体来说，公式(19.61,14″)所给出的高能量的电子数目太少了. 显然，实际的速度分布律对电子和分子之间的相互作用力定律很敏感;例如,假如它们之间的作用力与距离的五次方成反比,那么由经典理论可知，$l(c_2)$ 正比于 c_2,这时分布函数就是 Maxwell 分布，尽管电子的'温度'显著地高于气体分子的温度. 对于实际气体，可以根据被分子散射的电子的偏转角分布律实验结果,并利用式(19.61,7)及

$$\phi_{12}^{(1)}(c_2)=2\pi\int(1-\cos\chi)\alpha_{12}(c_2,\chi)\sin\chi d\chi,$$

然后再用数值方法计算出 $l(c_2)$; 上式中的 $\alpha_{12}(c_2,\chi)$ 象 17.2 节一样，是散射幅度. 从这一点出发，对于任何 F_2, 分布函数都可以用数值方法来确定,并且可以计算出电子的平均能量和扩散速率. 由于这两个量都可以通过实验来测量，因此可以由此直接检验理论.

对于在氦,氩和氖中运动的电子，Allen[1] 已经做了这类计算. 当 F_2l 的值不太大时,扩散速率的计算值与实验值符合得相当好,虽然在所有情况下这些值本身都是很低的; 计算得出的平均能量则总是比实验值大得多，但是这可能部分地是由于对实验结果的不正确解释所致. 当 F_2l 很大时，快速电子会通过非弹性碰撞而失去能量,这时上述理论就不再适用了. 在这种情况下,实验结果表明,随着电场增强，平均能量趋近一个常数值,而扩散速度增加很快,比上述方程所指出的更快.

图14画出氦中电子速率的分布曲线. 对于这种气体，$l(c_2)$ 有一个最小值,与之相应的电子能量大约为 $2\frac{3}{4}$电子伏特;当能量超

1) H. W. Allen, *Phys. Rev.* **52**, 707 (1937).

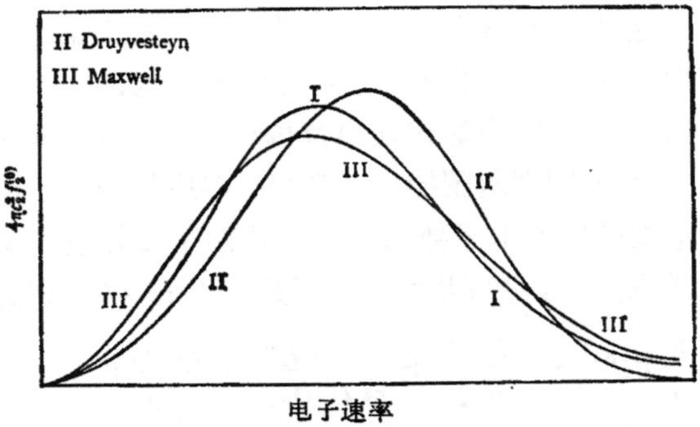

图 14　在强电场作用下处于稳恒态时，电子速率的分布函数

I——计算得出的(在氦中)电子速率分布函数——平均能量为 5.84 伏特

II——由 Druyvesteyn 公式计算的电子速率分布函数

III——由 Maxwell 公式计算的电子速率分布函数

过这个值时，$l(c_2)$ 迅速增加．为了便于比较，相应于 Maxwell 公式和 Druyvesteyn 公式的分布曲线也都在图中画出；这三条曲线与横坐标轴所围的面积是相等的，这意味着平均能量相同（5.84 伏特）．从图上清楚地看到，计算得到的分布曲线介于 Maxwell 分布与 Druyvesteyn 分布之间．它的最大值比 Maxwell 曲线(III)更陡峭，但与曲线（II）（Druyvesteyn）相比，它给出的高能量电子要更多一些．

19.62.　非弹性碰撞

当可能存在非弹性碰撞时，气体中电子运动的普遍理论非常复杂，因此不打算在这里给出．然而我们可以得到一些有关非弹性碰撞效应的量级概念，譬如在象氦那样的激发势能很高的气体中．一个能量显著超过激发能的电子，在发生非弹性碰撞失去能量之前，所经受的碰撞次数并不多，所以它不能从电场获得高出激发能很多的能量；因此它在非弹性碰撞之后能量就很小．我们用 $S(c_2)$ 表示单位体积、单位时间内受到碰撞并且其速度值因碰撞由大于 c_2 降到小于 c_2 的电子的数目．如果 c_2 很大，或者 c_2 很小，那么 $S(c_2)$ 就很小。但是 c_2 值有一个中间范围，在此范围内非弹性

碰撞既不使速度为 c_2 的电子数目减少，也不使它增加，因此 $S(c_2)$ 保持为常数．大部分电子都包括在这个范围内．

方程(19.61,9)的左边代表单位体积、单位时间内由于弹性碰撞而进入 $c_2 < v$ 速度范围的电子数目；右边代表由于电场作用而离开同一速度范围的电子数目．现在这两个量相差 $S(v)$．因此，象以前一样积分后，我们得到的不再是方程(19.61,13)，而是

$$\frac{1}{3}F_2^2 f_2^{(1)} = \frac{S(c_2)}{4\pi c_2^3} + \frac{kT}{m_1 l}\frac{\partial f_2^{(0)}}{\partial c_2} + \frac{m_2 c_2}{m_1 l} f_2^{(0)}. \qquad (19.62,1)$$

对于使得非弹性碰撞是重要的 F_2 值来说，式中包含 kT 的这一项并不重要，因而可以略去．

我们将假设，非弹性碰撞不影响方程(19.61,8)；这相当于假定，速率在 c_2 与 $c_2 + dc_2$ 之间的电子的总动量没有因非弹性碰撞而改变．在非弹性碰撞既未使电子减少、又未使电子增加的速度范围内，上述假定将是严格准确的，而在其它速度范围内则可以认为是很好的近似．把方程(19.61,8)与方程(19.62,1)合并就得到

$$-\frac{F_2^2 l}{3c_2^2}\frac{\partial f_2^{(0)}}{\partial c_2} = \frac{S(c_2)}{4\pi c_2^3} + \frac{m_2 c_2}{m_1 l} f_2^{(0)}.$$

如果 $f^{(0)}$ 表示由式(19.61,14′)得出的不存在非弹性碰撞时的 $f_2^{(0)}$，那么这个方程的解就为

$$f_2^{(0)} = f^{(0)}\left\{B - \int_0^{c_2}\frac{3S(c_2)dc_2}{4\pi c_2 l F_2^2 f^{(0)}}\right\},$$

其中 B 是常数．于是当 c_2 很大时，$f_2^{(0)}$ 比 $f^{(0)}$ 小得多．此外，$S(c_2)$ 表示速率大于 c_2、并经受非弹性碰撞的电子数目，它大体上正比于速率大于 c_2 的电子总数．当 c_2 增加时 $S(c_2)$ 比 $f^{(0)}$ 更快地趋于零．为了使 $f_2^{(0)}$ 在 c_2 很大时比 $f^{(0)}$ 小得多，我们必须有

$$B = \int_0^{\infty}\frac{3S(c_2)dc_2}{4\pi c_2 l F_2^2 f^{(0)}},$$

于是

$$f_2^{(0)} = f^{(0)}\int_{c_2}^{\infty}\frac{3S(c_2)dc_2}{4\pi c_2 l F_2^2 f^{(0)}}. \qquad (19.62,2)$$

如果能量接近激发能时 $f^{(0)}$ 很小，那么非弹性碰撞不会显著地影响 $f_2^{(0)}$. 因为在这种情况下，式(19.62,2)中积分的主要部分来自能量接近激发能的积分区间. 因此，如果能量比激发能小得多，那么式(19.62,2)近似于

$$f_2^{(0)} = f^{(0)} \times \text{常数}.$$

当 F_2 增大，非弹性碰撞就开始会影响到相应于较低能量的 $f_2^{(0)}$ 值.

如果当 $E_1 < \frac{1}{2} m_2 c_2^2 < E_2$ 时(其中 $E_2 - E_1$ 是一个分子的激发能，而 E_1 与激发能相比很小)，我们取 $S(c_2)$ 为常数，而在其它区间取 $S(c_2) = 0$，那么我们就可得到 $f_2^{(0)}$ 的一个很好的近似式.

19.63. 磁场中的稳恒状态

现在我们来探讨一下，如果有垂直于电场的磁场存在时，19.61 节的速度分布函数需如何修改. 在这种情况下，方程(19.61,1)由下式代替

$$\boldsymbol{F}_2 \cdot \frac{\partial f_2}{\partial \boldsymbol{c}_2} + \frac{e_2}{m_2} (\boldsymbol{c}_2 \wedge \boldsymbol{H}) \cdot \frac{\partial f_2}{\partial \boldsymbol{c}_2}$$

$$= \iint (f_1' f_2' - f_1 f_2) g \alpha_{12} d\boldsymbol{e}' d\boldsymbol{c}_1. \qquad (19.63,1)$$

我们将

$$f_2 = f_2^{(0)} + (\boldsymbol{F}_2 \cdot \boldsymbol{c}_2) f_2^{(1)} + (\boldsymbol{H} \wedge \boldsymbol{F}_2) \cdot \boldsymbol{c}_2 \xi_2^{(1)} \qquad (19.63,2)$$

代入上式(其中 $f_2^{(0)}$, $f_2^{(1)}$, $\xi_2^{(1)}$ 都只是标量 c_2^2, F_2^2, H^2 的函数)，并略去左边包含 $\overset{0}{\boldsymbol{c}_2}\boldsymbol{c}_2$ 的各项，然后让只包含标量的各项，只包含矢量 $\boldsymbol{F}_2$ 和 $\boldsymbol{H} \wedge \boldsymbol{F}_2$ 的各项分别相等，我们就得到

$$\frac{F_2^2}{3c_2^2} \frac{\partial}{\partial c_2} (f_2^{(1)} c_2^3) = \iint (f_1' f_2^{(0)\prime} - f_1 f_2^{(0)}) g \alpha_{12} d\boldsymbol{e}' d\boldsymbol{c}_1, \qquad (19.63,3)$$

$$\frac{\boldsymbol{F}_2 \cdot \boldsymbol{c}_2}{c_2} \left(\frac{\partial f_2^{(0)}}{\partial c_2} - \frac{e_2 H^2 c_2}{m_2} \xi_2^{(1)} \right)$$

$$= \iint \{ f_1' f_2^{(1)\prime} (\boldsymbol{F}_2 \cdot \boldsymbol{c}_2') - f_1 f_2^{(1)} (\boldsymbol{F}_2 \cdot \boldsymbol{c}_2) \} g \alpha_{12} d\boldsymbol{e}' d\boldsymbol{c}_1, \qquad (19.63,4)$$

$$\frac{e_2}{m_2}(\boldsymbol{H}\wedge\boldsymbol{F}_2)\cdot\mathbf{c}_2 f_2^{(1)}$$

$$=\iint\{f_1'\xi_2^{(1)'}(\boldsymbol{H}\wedge\boldsymbol{F}_2)\cdot\mathbf{c}_2'-f_1\xi_2^{(1)}(\boldsymbol{H}\wedge\boldsymbol{F}_2)\cdot\mathbf{c}_2\}g\alpha_{12}d\mathbf{e}'d\mathbf{c}_1. \tag{19.63,5}$$

象 19.61 节那样计算这些积分，就得到

$$\frac{1}{3}F_2^2 f_2^{(1)}=\frac{kT}{m_1 l}\frac{\partial f_2^{(0)}}{\partial c_2}+\frac{m_2 c_2}{m_1 l}f_2^{(0)}, \tag{19.63,6}$$

$$\frac{\partial f_2^{(0)}}{\partial c_2}-\frac{e_2 H^2 c_2}{m_2}\xi_2^{(1)}=-\frac{f_2^{(1)}c_2^2}{l}, \tag{19.63,7}$$

$$\frac{e_2}{m_2}f_2^{(1)}=-\frac{\xi_2^{(1)}c_2}{l}. \tag{19.63,8}$$

在方程 (19.63,6) 中，我们略去了包含 kT 的那一项；并从方程 (19.63,6—8) 中消去 $f_2^{(1)}$ 和 $\xi_2^{(1)}$ 后就得到

$$-\frac{F_2^2 l}{3c_2^2}\frac{\partial f_2^{(0)}}{\partial c_2}\Big/\left(1+\frac{e_2^2H^2l^2}{m_2^2c_2^2}\right)=\frac{m_2 c_2}{m_1 l}f_2^{(0)}.$$

这个方程的解为

$$f_2^{(0)}=A\exp\left\{-\int\frac{3m_2c_2^3}{m_1F_2^2l^2}\left(1+\frac{e_2^2H^2l^2}{m_2^2c_2^2}\right)dc_2\right\}. \tag{19.63,9}$$

把此式与式 (19.61,14′) 作比较，就能看到磁场的效应是降低电子的平均能量，它等效于在 F_2 上乘以一个系数，这个系数等于

$$\sqrt{(1+e_2^2H^2l^2/m_2^2c_2^2)}$$

的平均值之倒数.

从方程(19.63,6,8)还得到

$$f_2^{(1)}=\frac{3m_2c_2}{m_1lF_2^2}f_2^{(0)},\qquad \xi_2^{(1)}=-\frac{3e_2}{m_1F_2^2}f_2^{(0)}, \tag{19.63,10}$$

于是电子的扩散速度为

$$\bar{\mathbf{c}}_2=\frac{1}{3n_2}\int(f_2^{(1)}\boldsymbol{F}_2+\xi_2^{(1)}\boldsymbol{H}\wedge\boldsymbol{F}_2)c_2^2d\mathbf{c}_2$$

$$=\frac{m_2}{m_1n_2F_2^2}\int f_2^{(0)}\frac{c_2}{l}\left(\boldsymbol{F}_2-\frac{e_2 l}{m_2 c_2}\boldsymbol{H}\wedge\boldsymbol{F}_2\right)c_2^2d\mathbf{c}_2.$$

这样，如果 l/c_2 是常数并等于 τ_2（因此 τ_2 是等效的平均碰撞间隔），那么就得到

$$\bar{\mathbf{c}}_2 = \frac{\tau_2(\boldsymbol{F}_2 - \boldsymbol{H}\wedge\boldsymbol{F}_2 e_2\tau_2/m_2)}{1 + e_2^2H^2\tau_2^2/m_2^2}. \qquad (19.63,11)$$

这个结果与弱电场情况的一样．当 l/c_2 不是常数时，式（19.63，11）可看作为一阶近似表达式，这时 τ_2 代表 l/c_2 的平均值．

如果 l 是常数，而 H 是小量，那么上述各结果可以展开为 H 的级数；如果 $\bar{c}_{20}$ 代表 $H=0$ 时 c_2 的平均值，那么就能看到平均能量按下列比值下降

$$1 - 0.618 e_2^2H^2l^2/m_2^2\bar{c}_{20}^2 + \cdots,$$

正向扩散则按下列比值下降

$$1 - 0.874 e_2^2H^2l^2/m_2^2\bar{c}_{20}^2 + \cdots,$$

而横向扩散与正向扩散之比为

$$1.085 e_2Hl/m_2\bar{c}_{20} - \cdots.$$

可以看到，正向扩散速度并不比没有磁场力的普通扩散速度小很多（通过调整电场力，使这两种情况下的电子具有相同的能量）．

19.64. 电离与复合

19.61 节已经指出，可以存在这样一种稳恒状态，在其中分子的电离产生了高能量的电子，同时电子在复合以前，因与分子的弹性碰撞而损失其能量．假设气体是均匀静止的，也不存在电场和磁场的作用． 设 $\alpha d\mathbf{c}_2$ 代表在单位时间单位体积内由于分子电离而进入速度区间 $\mathbf{c}_2$，$d\mathbf{c}_2$ 内的电子数，设 $\beta f_2 d\mathbf{c}_2$ 为单位时间单位体积内由于复合而离开这个速度区间的电子数；可以假设 α，β 只取决于 $\mathbf{c}_2$ 的数值，而不取决于它的方向．于是，电子的速度分布函数 f_2 所满足的方程为

$$\frac{\partial f_2}{\partial t} = \alpha - \beta f_2 + \iint (f_1'f_2' - f_1f_2)g\alpha_{12}d\mathbf{e}'d\mathbf{c}_1. \qquad (19.64,1)$$

如果状态是稳恒的，那么 $\partial f_2/\partial t = 0$．此外，如果右边的积分式乘以 $d\mathbf{c}_2$，再对 $c_2 < v$ 的所有 $\mathbf{c}_2$ 值积分，再采用简化方程（19.61，

5)时用过的那套办法之后，最终结果为

$$4\pi\left\{\frac{kTv^3}{m_1 l(v)}\frac{\partial f_2(v)}{\partial v}+\frac{m_2 v^4}{m_1 l(v)}f_2(v)\right\}.$$

因此方程(19.64,1)就成为

$$0=\alpha-\beta f_2+\frac{\partial}{c_2^2\partial c_2}\left\{\frac{kTc_2^3}{m_1 l(c_2)}\frac{\partial f_2(c_2)}{\partial c_2}+\frac{m_2 c_2^4}{m_1 l(c_2)}f_2(c_2)\right\}. \tag{19.64,2}$$

遗憾的是，不可能完全地解出这个方程．然而在两种极限情况下可以给出其近似解，这些解可反映出一般解的某些性质．

首先，假设电子在它作为自由电子存在的这段时间内经受的碰撞次数很少，于是电子的平均能量比 $\frac{3}{2}kT$ 大得多，在方程(19.64,2)的右边就可以略去包含 kT 的那一项．该方程的解现在就可以通过积分而找到；例如，如果 β 是常数，而 $l(c_2)/c_2$ 是常数 τ_2，那么其解就是

$$f_2=c_2^{(m_1/m_2)\tau_2\beta-3}\left\{\int_{c_2}^{\infty}\alpha\frac{m_1\tau_2}{m_2}c_2^{2-(m_1/m_2)\tau_2\beta}dc_2+A\right\},$$

其中 A 是常数．为了使积分

$$\int f_2 d\mathbf{c}_2=4\pi\int_0^{\infty}c_2^2 f_2 dc_2$$

在 c_2 值很大时收敛，必须有 $A=0$，于是

$$f_2=c_2^{(m_1/m_2)\tau_2\beta-3}\int_{c_2}^{\infty}\alpha\frac{m_1\tau_2}{m_2}c_2^{2-(m_1/m_2)\tau_2\beta}dc_2. \tag{19.64,3}$$

电子的数密度 n_2 由下式给出

$$n_2=4\pi\int_0^{\infty}c_2^{(m_1/m_2)\tau_2\beta-1}\left[\int_{c_1}^{\infty}\alpha\frac{m_1\tau_2}{m_2}c_2^{2-(m_1/m_2)\tau_2\beta}dc_2\right]dc_2.$$

通过分部积分就得到

$$\begin{aligned}n_2&=\frac{4\pi}{\beta}\left\{\left[c_2^{(m_1/m_2)\tau_2\beta}\int_{c_2}^{\infty}\alpha c_2^{2-(m_1/m_2)\tau_2\beta}dc_2\right]_0^{\infty}+\int_0^{\infty}\alpha c_2^2 dc_2\right\}\\&=\frac{4\pi}{\beta}\int_0^{\infty}\alpha c_2^2 dc_2.\end{aligned} \tag{19.64,4}$$

用 $d\mathbf{c}_2$ 乘方程 (19.64,2)，并对 $\mathbf{c}_2$ 的所有值积分，也可得到同样结果. 此外，通过分部积分，得出电子的平均能量为

$$\frac{2\pi m_2}{n_2}\int_0^\infty f_2 c_2^4 dc_2 = \frac{2\pi m_2}{n_2\beta}\frac{1}{(1+2m_2/m_1\tau_2\beta)}\int_0^\infty \alpha c_2^4 dc_2. \quad (19.64,5)$$

比较 (19.64,4) 和 (19.64,5) 两式，我们看到电子的平均能 量 是刚释放的电子平均能量的 $1/(1+2m_2/m_1\tau_2\beta)$倍. 因此，如果刚释放的电子平均能量与

$$\frac{3}{2}kT(1+2m_2/m_1\tau_2\beta) \quad (19.64,6)$$

相比很大，那么近似式(19.64,3)就有效.

其次，假设电子在它作为自由电子存在的这段时间内经受的碰撞十分频繁，以致它的平均能量几乎等于 $\frac{3}{2}kT$. 对于一级近似，此时就有

$$f_2 = f_2^{(0)} = n_2\left(\frac{m_2}{2\pi kT}\right)^{\frac{3}{2}}\exp(-m_2c_2^2/2kT),$$

而二级近似值则由下面的方程给出:

$$-c_2^2(\alpha-\beta f_2^{(0)}) = \frac{\partial}{\partial c_2}\left(\frac{kTc_2^3}{m_1 l}\frac{\partial f_2}{\partial c_2}+\frac{m_2c_2^4}{m_1 l}f_2\right).$$

积分这个方程，得到

$$-\int_0^{c_2}(\alpha-\beta f_2^{(0)})c_2^2dc_2 = \frac{kTc_2^3}{m_1 l}\left(\frac{\partial f_2}{\partial c_2}+\frac{m_2c_2}{kT}f_2\right). \quad (19.64,7)$$

当c_2很小时 f_2 应该是有限的，积分常数要根据这一点来选取. 如果让方程(19.64,7)中的 c_2 趋于无穷，我们发现

$$\int_0^\infty(\alpha-\beta f_2^{(0)})c_2^2dc_2 = 0, \quad (19.64,8)$$

由此可以确定 n_2. 此式表明电离与复合互相平衡.

方程(19.64,7)的普遍解是

$$f_2 = f_2^{(0)}\left\{B-\int_0^{c_2}\frac{m_1 l}{kTc_2^3 f_2^{(0)}}\left[\int_0^{c_2}(\alpha-\beta f_2^{(0)})c_2^2dc_2\right]dc_2\right\}, \quad (19.64,9)$$

其中 B 是常数，其值可由下面的条件确定:

$$n_2 = \int f_2 d\mathbf{c}_2.$$

如果 $2m_2/m_1\tau_2\beta$ 很大，刚释放出来的电子的平均能量同式(19.64，6) 相比很小，那么可以证明式 (19.64,9) 是适用的，其中 τ_2 代表 $l(c_2)/c_2$ 的平均值.

当存在电场或磁场时，很难求解 f_2. 然而可以看到，在 19.31 节根据弛豫理论导出一系列结果时并不需要假定速度分布接近于 Maxwell 分布；精确理论已经证明，对于电子与重分子组成的混合气体，这些结果在下述两种情况下几乎是精确的：一种情况是电场力很小，另一种情况是电场力很大、但采用一种修改过的碰撞间隔. 如果采用平均碰撞间隔的适当值，则这些结果也可应用于发生电离和复合的气体中，这样处理不是不合理的.

19.65. 强电离气体

只是在十分弱的电离气体中才可以忽略带电粒子之间的相互碰撞. 在通常的温度下，静电相互作用的有效半径同带电粒子与非带电粒子之间相互作用的有效半径相比，可高达一百倍. 因此当电离的分子超过千分之几时，带电粒子之间的相互碰撞就占优势了.

为了说明静电相互作用占优势的情况，我们来研究在电子和正离子所组成的完全电离的二组元混合气体(等离子体)中强电场的效应. 电场主要加速电子，给电子以定向运动的能量. 电子因与重离子的碰撞很快地使其运动方向变为无规则. 但是(参见 19.6 节)这种碰撞引起的离子与电子之间的能量交换，进行得很慢；因此电子平均能量的增加，可以大大地超过离子的平均能量. 电子-电子碰撞虽然不改变电子总体的平均能量，但是却使电子的速度分布迅速地趋近与这个平均能量所相应的 Maxwell 分布. 电子的温度由于电场作功而缓慢地增加着.

用下标 1,2 分别代表离子和电子. 在均匀的静止气体中，对于电子，方程(19.61,1)由下式代替：

$$\frac{\partial f_2}{\partial t}+\boldsymbol{F}_2\cdot\frac{\partial f_2}{\partial \mathbf{c}_2}=\sum_s\iint(f_s'f_2'-f_sf_2)g\alpha_{s2}d\mathbf{e}'d\mathbf{c}_s;\quad(19.65,1)$$

把 $\partial f_2/\partial t$ 这一项包括在内是考虑到电子气在缓慢加热. 象 19.61 节一样,假设 f_1 是 Maxwell 型分布:

$$f_1=n_1\left(\frac{m_1}{2\pi kT_1}\right)^{\frac{3}{2}}e^{-m_1c_1^2/2kT_1},\quad(19.65,2)$$

其中离子的整体运动已被忽略不计. 此外(参见式 (19.61,4)) f_2 可表达为

$$f_2=f_2^{(0)}+\boldsymbol{F}_2\cdot\mathbf{c}_2f_2^{(1)}+\boldsymbol{F}_2\boldsymbol{F}_2:\overset{\circ}{\mathbf{c}_2\mathbf{c}_2}f_2^{(2)}+\cdots,\quad(19.65,3)$$

其中 $f_2^{(0)}$, $f_2^{(1)}$, $\cdots$都是 c_2 的函数. 将(19.65,3)代入(19.65,1), 并象 19.61 节一样作近似,我们就得到一对联立方程:

$$\frac{\partial f_2^{(0)}}{\partial t}+\frac{F_2^2}{3}\frac{\partial}{\partial \mathbf{c}_2}\cdot(\mathbf{c}_2f_2^{(1)})=\iint\{f_1'f_2^{(0)\prime}-f_1f_2^{(0)}\}g\alpha_{12}d\mathbf{e}'d\mathbf{c}_1$$

$$+\iint\{f^{(0)\prime}f_2^{(0)\prime}-f^{(0)}f_2^{(0)}\}g\alpha_2d\mathbf{e}'d\mathbf{c},\quad(19.65,4)$$

$$\frac{\mathbf{c}_2}{c_2}\frac{\partial f_2^{(0)}}{\partial c_2}=\iint\{f_1'f_2^{(1)\prime}\mathbf{c}_2'-f_1f_2^{(1)}\mathbf{c}_2\}g\alpha_{12}d\mathbf{e}'d\mathbf{c}_1$$

$$+\iint\{f^{(0)\prime}f_2^{(1)\prime}\mathbf{c}_2'+f_2^{(0)\prime}f^{(1)\prime}\mathbf{c}'-f^{(0)}f_2^{(1)}\mathbf{c}_2$$

$$-f_2^{(0)}f^{(1)}\mathbf{c}\}g\alpha_2d\mathbf{e}'d\mathbf{c}.\quad(19.65,5)$$

在这些方程中 $f^{(0)}$, $f^{(1)}$ 代表 $f_2^{(0)}(c)$, $f_2^{(1)}(c)$; 在方程(19.65,5)中已略去了 $\partial f_2^{(1)}/\partial t$ 这一项, 因为它只代表本身就很小的 $f_2^{(1)}$ 的缓慢变化.

方程 (19.65,4) 右边第一项很小,因为 c_1', c_2' 与 c_1, c_2 相差很小; 主要起作用的是第二项,它确保使 $f_2^{(0)}$ 近似于 Maxwell 型分布:

$$f_2^{(0)}=n_2\left(\frac{m_2}{2\pi kT_2}\right)^{\frac{3}{2}}\exp(-m_2c_2^2/2kT_2),\quad(19.65,6)$$

相应的电子温度为 T_2(T_2 不必等于 T_1). 温度 T_1, T_2 的定义如下

$$\frac{1}{2}m_1\overline{c_1^2}=\frac{3}{2}kT_1,\qquad\frac{1}{2}m_2\overline{c_2^2}=\frac{3}{2}kT_2.\quad(19.65,7)$$

在方程(19.65,5)中，采用式(19.65,6)作近似，并在右边第一个积分中取 $c_1' = c_1$, $c_2' = c_2$. 这样，该积分变为

$$n_1 \int f_2^{(1)}(\mathbf{c}_2' - \mathbf{c}_2) g\alpha_{12} d\mathbf{e}'.$$

它与 T_1 无关，而且方程(19.65,5)变得与弱电场中温度为 T_2 的气体的 $f_2^{(1)}$ 方程一样了(因此电流和电导率也一样). 因此，引用我们前面的结果可以认为 $f_2^{(1)}$ 是已知的. 特别是，由式(14.1,1)和10.34节可知，扩散速度 $\bar{c}_2$ 的一阶近似为

$$\bar{\mathbf{c}}_2 = 2m_2 \boldsymbol{F}_2 \tau(T_2)/m_1, \tag{19.65,8}$$

其中

$$\tau(T_2) = 3(2kT_2)^{\frac{3}{2}} m_1 / \{16\pi^{\frac{1}{2}} n_1 m_2^{\frac{1}{2}} e_1'^2 e_2'^2 \ln(1 + v_{01}^2)\}. \tag{19.65,9}$$

为了引起人们注意：在这里粒子的电荷是用静电单位计量的，为此我们用 e_1', e_2' 来表示它们.

方程(19.65,4)不仅可用来确定 $f_2^{(0)}$ 对 Maxwell 型分布(19.65,6) 的偏差量，而且还可用来确定 $\partial T_2/\partial t$ 值. 用 $\frac{1}{2} m_2 c_2^2$ 乘方程(19.65,4)，再对 $\mathbf{c}_2$ 积分，就得到电子气的能量方程，从这能量方程就可以得到 $\partial T_2/\partial t$[1]. 利用式(3.54,5)可以证明：方程(19.65,4)右边的第二个积分对能量方程的贡献为零. 这相应于这样的事实：电子-电子碰撞不改变电子的总能量. 利用3.53节的变换，即可得到右边第一个积分的贡献为

$$\iiint f_1 f_2^{(0)} \frac{1}{2} m_2 (c_2'^2 - c_2^2) g\alpha_{12} d\mathbf{e}' d\mathbf{c}_1 d\mathbf{c}_2.$$

从左边第一项和第二项分别产生出

$$\frac{3}{2} n_2 k dT_2/dt$$

和(经过一些变换，包括一次分部积分)$- m_2 n_2 \boldsymbol{F}_2 \cdot \bar{\mathbf{c}}_2$. 因此最后得到

$$\frac{3}{2} n_2 k \frac{dT_2}{dt} = m_2 n_2 \boldsymbol{F}_2 \cdot \bar{\mathbf{c}}_2$$

1) 参见L. Landau, *Phys. Z. SowjUn.* **10**, 154(1936).

$$-\iiint f_1 f_2^{(0)} \frac{1}{2} m_2(c_2^2 - c_2'^2) g\alpha_{12} d\mathbf{e}' d\mathbf{c}_1 d\mathbf{c}_2. \qquad (19.65,10)$$

方程(19.65,10)右边第一项代表电子从电场获得的能量增加率，第二项代表它在与离子碰撞中的能量损失率．在第二项中，由于 $c_2^2 - c_2'^2$ 很小，因此利用 $f_2^{(0)}$ 的近似式(19.65,6)就足够了.

为了完成这一项积分，我们用 $\boldsymbol{\Gamma}$ 和 $\boldsymbol{g}_{21}$ 来表达 $\mathbf{c}_1$，$\mathbf{c}_2$，其中

$$\boldsymbol{\Gamma} = M_1'\mathbf{c}_1 + M_2'\mathbf{c}_2, \qquad (19.65,11)$$

而

$$M_1' = m_1/(m_1 + m_2'),\quad M_2' = m_2'/(m_1 + m_2'),$$
$$m_2' = T_1 m_2/T_2. \qquad (19.65,12)$$

于是
$$\mathbf{c}_1 = \boldsymbol{\Gamma} - M_2'\boldsymbol{g}_{21},\quad \mathbf{c}_2 = \boldsymbol{\Gamma} + M_1'\boldsymbol{g}_{21}, \qquad (19.65,13)$$

并且(参见式(3.41,8)和(3.52,5))

$$\frac{m_1 c_1^2}{2kT_1} + \frac{m_2 c_2^2}{2kT_2} = \frac{(m_1 + m_2')}{2kT_1}(\Gamma^2 + M_1'M_2'g^2),$$

$$d\mathbf{c}_1 d\mathbf{c}_2 = d\boldsymbol{\Gamma} d\boldsymbol{g}_{21}.$$

此外，由(3.41,6,7)得到

$$c_2^2 - c_2'^2 = 2M_1\mathbf{G}\cdot(\boldsymbol{g}_{21} - \boldsymbol{g}_{21}')$$
$$= 2M_1\{\boldsymbol{\Gamma} + (M_2M_1' - M_1M_2')\boldsymbol{g}_{21}\}\cdot(\boldsymbol{g}_{21} - \boldsymbol{g}_{21}').$$

把这些值代入式(19.65,10)右边第二项，这一项就变为

$$n_1 n_2\left(\frac{m_1 m_2}{4\pi^2 k^2 T_1 T_2}\right)^{\frac{3}{2}} \iiiint \exp\{-(m_1 + m_2')(\Gamma^2 + M_1'M_2'g^2)/$$
$$2kT_1\}\frac{m_1 m_2}{m_1 + m_2}\{\boldsymbol{\Gamma} + (M_2M_1' - M_1M_2')\boldsymbol{g}_{21}\}$$
$$\cdot(\boldsymbol{g}_{21} - \boldsymbol{g}_{21}')g b\,db\,d\epsilon\,d\boldsymbol{\Gamma}\,d\boldsymbol{g}_{21},$$

或者，将 $M_2M_1' - M_1M_2'$ 的值代入，并完成对 $\boldsymbol{\Gamma}$ 和 ϵ 的积分，该项就变为

$$2\pi n_1 n_2\left(\frac{m_1 m_2}{2\pi kT_2(m_1 + m_2')}\right)^{\frac{3}{2}} \frac{m_1^2 m_2^2(1 - T_1/T_2)}{(m_1 + m_2)^2(m_1 + m_2')}$$
$$\times\iint \exp\{-(m_1 + m_2')M_1'M_2'g^2/2kT_1\}$$

$$\times(1-\cos\chi)g^3 b db d\boldsymbol{g}_{21}.$$

在这里我们认为 m_2, m_2' 与 m_1 相比都是可以忽略的. 于是利用式(19.65,9),(9.33,2)以及10.34节的各结果以后,上式就成为

$$\frac{8\pi^{\frac{1}{2}}n_1n_2(m_1m_2)^{\frac{7}{2}}(1-T_1/T_2)}{(2kT_2)^{\frac{3}{2}}(m_1+m_2)^{\frac{9}{2}}}\iint\exp\left\{-\frac{m_0M_1M_2g^2}{2kT_2}\right\}$$

$$\cdot(1-\cos\chi)g^5 b db dg = 16n_1n_2k(m_2/m_1)(T_2-T_1)$$

$$\cdot[\Omega_{12}^{(1)}(1)]_{T_2} = 3n_2k(T_2-T_1)/2\tau(T_2).$$

这样方程(19.65,10)就变为

$$\frac{dT_2}{dt}=\frac{4m_2^2F_2^2\tau(T_2)}{3km_1}-\frac{(T_2-T_1)}{\tau(T_2)}. \qquad (19.65,14)$$

假设 T_1 保持不变. 这样,如果 $F_2=0$, 那么方程(19.65,14)表明, T_2 和 T_1 之间任一微小的初始差异,将以弛豫时间 $\tau(T_1)$ 趋近于零. 如果突然引入一个微小的 F_2, 那么在与 $\tau(T_1)$ 可以相比较的一段时间内 T_2 就上升到它的稳定值; 在方程(19.65,14)中取 $dT_2/dt=0$ 就能求得这个稳定值. 因为 $\tau(T_2)$(十分接近)正比于 $T_2^{3/2}$,所以当 F_2 很大时就找不到任何这样的稳定值. 当 T_2 超过 T_1 而逐渐增加时, 方程 (19.65,14) 右边第一项(代表 Joule 加热)也增加, 而第二项(代表同离子碰撞过程中的能量损失)则是开始增加而后下降. 因此当 m_2F_2 足够大时,对于任何 T_2 值,碰撞中的能量损失均不能同从电场获得的能量相平衡, 于是 T_2 就稳定地上升.

研究了方程 (19.65,14) 右边的第一项与第二项之比的最大值,由此可以证明当

$$m_2F_2=\left(\frac{\pi m_2}{2m_1}\right)^{\frac{1}{2}}\frac{8n_1e_1'^2e_2'^2\ln(1+v_{01}^2)}{9kT_1} \qquad (19.65,15)$$

时, T_2 具有最大的稳定值:

$$T_2=\frac{3}{2}T_1.$$

相应的扩散速度 $\bar{\boldsymbol{c}}_2$ 的数值为 $(3kT_1/2m_1)^{\frac{1}{2}}$, 它与离子的平均热运动速度的数值可以相比. 如果 m_2F_2 超过式(19.65,15)给定的值,

那么对电子就不再有其它的冷却机理了，T_2 将无限地增加，$\bar{c}_2$ 也随之无限地增加；那时便可称电子发生脱逸.

19.66. 脱逸效应

最早探讨强电场中电子脱逸问题的是 Giovanelli[1)]. 当式(19.65,8) 给出的电子扩散速度变得与电子的平均热运动速度 $(8kT_2/\pi m_2)^{\frac{1}{2}}$ 可以相比时，脱逸过程可作为整体来研究. 这条件相应于

$$m_2F_2 \sim \frac{8n_1e_1'^2e_2'^2\ln(1+v_{01}^2)}{3kT_2}, \qquad (19.66,1)$$

结果，乘积 F_2T_2 明显地大于脱逸过程开始发生时 F_2T_2 的极限值(参见式(19.65,15)).

在电子气能够整体地加速以前，高速电子就已很容易脱逸了. 速度为 $\mathbf{c}_2$ 的电子由于同离子（被看作是不动的）的碰撞而损失的平均动量率为(参见式(10.34,4))

$$\begin{aligned} n_1 \iint m_2(\mathbf{c}_2-\mathbf{c}_2')gbdbd\epsilon &= 2\pi n_1m_2c_2\mathbf{c}_2\int(1-\cos\chi)bdb \\ &= n_1m_2c_2\mathbf{c}_2\phi_{12}^{(1)}(c_2) \\ &= \frac{2\pi n_1e_1'^2e_2'^2\mathbf{c}_2}{m_2c_2^3}\ln(1+v_{01}^2) \end{aligned}$$

与此相应的电子负加速度数值为 $2\pi n_1e_1'^2e_2'^2\ln(1+v_{01}^2)/m_2^2c_2^2$. 如果 c_2 与电子的平均热运动速度相比很大，那么电子由于同其它电子的碰撞还有一个负加速度 $\pi n_2e_2'^4\ln(1+v_{01}^2)/m_2^2c_2^2$，这是因为‘场’电子同快速电子相比可以认为是静止的. 因此总的负加速度为

$$2\pi e_2'^2\left(n_1e_1'^2+\frac{1}{2}n_2e_2'^2\right)\ln(1+v_{01}^2)/m_2^2c_2^2.$$

---

1) R. G. Giovanelli, *Phil. Mag.* (7), **40**, 206(1949).

如果 c_2 很大，以致于该值小于电场所产生的加速度 $\boldsymbol{F}_2$，那么碰撞就不能阻止电场将电子加速到稳定地增长的速度．发生脱逸的临界 c_2 值由下式给出

$$\frac{1}{2}m_2c_2^2 = \pi e_2'^2\left(n_1e_1'^2 + \frac{1}{2}n_2e_2'^2\right)\ln(1 + v_{01}^2)/m_2F_2, \quad (19.66,2)$$

结果(参见式(19.66,1)) $\frac{1}{2}m_2c_2^2$ 与电子气发生总体脱逸时的 kT_2 值是可以相比的．

高速电子达到脱逸能量的速率决定于在分布函数 f_2 中高速'尾端'内的电子数目；由于 19.65 节中所用的展开法[1]失效，因此这个数目难以估计．而且电子脱逸一旦开始发生，单单基于弹性碰撞来进行讨论就可能不适当了．能量足够大的电子可能还会引起进一步的电离，增加脱逸的电子数．

Fokker-Planck 方法

19.7. Landau 方程和 Fokker-Planck 方程

10.34 节已经指出，对于静电相互作用情况，产生小偏转的碰撞是主要的．如果假设，在所有的碰撞中偏转角都很小，那么就可以从 Boltzmann 积分导出 $\partial_e f/\partial t$ 的另一种表达式．

假定在两个分子 m_1, m_2 的碰撞中，速度 $\mathbf{c}_1, \mathbf{c}_2, \boldsymbol{g}_{21}$ 的改变都是小量 $\Delta\mathbf{c}_1$, $\Delta\mathbf{c}_2$, $\Delta\boldsymbol{g}_{21}$．这样，由式(3.41,6,7)可得

$$\Delta\mathbf{c}_1 = -M_2\Delta\boldsymbol{g}_{21}, \quad \Delta\mathbf{c}_2 = M_1\Delta g_{21}. \quad (19.7,1)$$

根据 Taylor 定理，我们有

$$f_1' = f_1(\mathbf{c}_1 + \Delta\mathbf{c}_1) = f(\mathbf{c}_1) + \Delta\mathbf{c}_1 \cdot \frac{\partial f_1}{\partial \mathbf{c}_1}$$

---

1) 例如可见 H. Dreicer, *Phys. Rev.* **115**, 238 (1959), and **117**, 329 (1960); A. V. Gurevich, *Soviet Phys. JETP*, **11**, 1150 (1960); M. D. Kruskal and I. B. Bernstein, *Phys. Fluids*, **7**, 407(1964).

$$+\frac{1}{2}\Delta\mathbf{c}_1\Delta\mathbf{c}_1:\frac{\partial^2 f_1}{\partial\mathbf{c}_1\partial\mathbf{c}_1}+\cdots,$$

对于 f_2' 也有类似的展开式. 因此，如果我们只保留 $\Delta\mathbf{c}_1$，$\Delta\mathbf{c}_2$ 的一阶项和二阶项，那么利用式(19.7,1)后我们求得

$$\left(\frac{\partial_e f_1}{\partial t}\right)_2=\iiint(f_1'f_2'-f_1f_2)gbdbd\varepsilon d\mathbf{c}_2$$

$$=\iiint\left\{\Delta\mathbf{g}_{21}\cdot\left(M_1\frac{\partial}{\partial\mathbf{c}_2}-M_2\frac{\partial}{\partial\mathbf{c}_1}\right)f_1f_2\right.$$

$$+\frac{1}{2}\Delta\mathbf{g}_{21}\Delta\mathbf{g}_{21}:\left(M_1\frac{\partial}{\partial\mathbf{c}_2}\right.$$

$$\left.\left.-M_2\frac{\partial}{\partial\mathbf{c}_1}\right)^2 f_1f_2\right\}gbdbd\varepsilon d\mathbf{c}_2. \qquad (19.7,2)$$

现在可以将 $\mathbf{g}_{21}+\Delta\mathbf{g}_{21}(=\mathbf{g}_{21}')$ 表达为

$$\mathbf{g}_{21}+\Delta\mathbf{g}_{21}=\mathbf{g}_{21}\cos\chi+g(\mathbf{h}\cos\varepsilon+\mathbf{i}\sin\varepsilon)\sin\chi,$$

其中 $\mathbf{h}$, $\mathbf{i}$ 是与 $\mathbf{g}_{21}$ 垂直、并互相垂直的单位矢量；在 $\Delta\mathbf{g}_{21}$ 中忽略高于二阶量的各项，这意味着可以忽略 χ^3，而 $\sin^2\chi$ 可以用 $2(1-\cos\chi)$ 代替. 因此利用式(1.3,9)可得到

$$\iint\Delta\mathbf{g}_{21}bdbd\varepsilon=-2\pi\mathbf{g}_{21}\int(1-\cos\chi)bdb$$

$$=-\mathbf{g}_{21}\phi_{12}^{(1)}(g), \qquad (19.7,3)$$

$$\iint\Delta\mathbf{g}_{21}\Delta\mathbf{g}_{21}bdbd\varepsilon=\pi g^2(\mathbf{hh}+\mathbf{ii})\int\sin^2\chi bdb$$

$$=\phi_{12}^{(1)}(g)(g^2\mathsf{U}-\mathbf{g}_{21}\mathbf{g}_{21}), \qquad (19.7,4)$$

由于（应用到函数 $\mathbf{g}_{21}$ 时）$-\partial/\partial\mathbf{c}_1=\partial/\partial\mathbf{c}_2=\partial/\partial\mathbf{g}_{21}$，因此从(19.7,3,4)可得到如下关系式：

$$2\iint\Delta\mathbf{g}_{21}gbdbd\varepsilon=\frac{\partial}{\partial\mathbf{g}_{21}}\cdot\iint\Delta\mathbf{g}_{21}\Delta\mathbf{g}_{21}gbdbd\varepsilon$$

$$=\left(M_1\frac{\partial}{\partial\mathbf{c}_2}-M_2\frac{\partial}{\partial\mathbf{c}_1}\right)$$

$$\cdot\iint\Delta\mathbf{g}_{21}\Delta\mathbf{g}_{21}gbdbd\varepsilon. \qquad (19.7,5)$$

因此式(19.7,2)可以改写为

$$\left(\frac{\partial_e f_1}{\partial t}\right)_2 = \frac{1}{2}\int\left\{\left(M_1\frac{\partial}{\partial \boldsymbol{c}_2} - M_2\frac{\partial}{\partial \boldsymbol{c}_1}\right)\cdot\iint\left(M_1\frac{\partial}{\partial \boldsymbol{c}_2}\right.\right.$$

$$\left.\left. - M_2\frac{\partial}{\partial \boldsymbol{c}_1}\right)f_1 f_2\cdot\triangle\boldsymbol{g}_{21}\triangle\boldsymbol{g}_{21}gbdbd\varepsilon\right\}d\boldsymbol{c}_2.$$

根据散度定理, 右边第一个括号中包含 $M_1\partial/\partial\boldsymbol{c}_2$ 的那一项在积分后变为零. 因此

$$\left(\frac{\partial_e f_1}{\partial t}\right)_2 = -\frac{\partial}{\partial \boldsymbol{c}_1}\cdot\boldsymbol{Q}_{12}, \tag{19.7,6}$$

其中

$$\boldsymbol{Q}_{12} = \frac{1}{2}M_2\iiiint\left\{\left(M_1\frac{\partial}{\partial \boldsymbol{c}_2} - M_2\frac{\partial}{\partial \boldsymbol{c}_1}\right)f_1 f_2\right\}$$

$$\cdot\triangle\boldsymbol{g}_{21}\triangle\boldsymbol{g}_{21}gbdbd\varepsilon d\boldsymbol{c}_2 \tag{19.7,7}$$

$$= \frac{1}{2}\iiiint\left\{\left(\frac{m_1}{m_2}\frac{\partial}{\partial \boldsymbol{c}_2} - \frac{\partial}{\partial \boldsymbol{c}_1}\right)f_1 f_2\right\}$$

$$\cdot\triangle\boldsymbol{c}_1\triangle\boldsymbol{c}_1gbdbd\varepsilon d\boldsymbol{c}_2. \tag{19.7,7'}$$

Landau[1] 首先推导出式(19.7,6 和 7′)(但用的符号不同). 正如 Landau 曾经指出的, 这两式表明, 由于同分子 m_2 的碰撞而引起的 f_1 的变化, 就好象在速度空间存在着一股分子 m_1 的分子流 $\boldsymbol{Q}_{12}$ 一样.

再次利用式(19.7,5)和散度定理, 我们还可以将式(19.7,7)变换如下:

$$\boldsymbol{Q}_{12} = \frac{1}{2}M_2\int\left(M_1\frac{\partial}{\partial \boldsymbol{c}_2} - M_2\frac{\partial}{\partial \boldsymbol{c}_1}\right)$$

$$\cdot\left(\iint f_1 f_2\triangle\boldsymbol{g}_{21}\triangle\boldsymbol{g}_{21}gbdbd\varepsilon\right)d\boldsymbol{c}_2$$

$$- M_2\iiint f_1 f_2\triangle\boldsymbol{g}_{21}gbdbd\varepsilon d\boldsymbol{c}_2$$

$$= -\frac{1}{2}\frac{\partial}{\partial \boldsymbol{c}_1}\cdot\left\{f_1\iiint f_2\triangle\boldsymbol{c}_1\triangle\boldsymbol{c}_1gbdbd\varepsilon d\boldsymbol{c}_2\right\}$$

1) L. Landau, *Phys. Z. SowjUn.* **10**, 154(1936).

$$+\iiint f_1 f_2 \Delta \mathbf{c}_1 g b d b d \varepsilon d \mathbf{c}_2$$

$$= f_1 \Sigma_2 \Delta \mathbf{c}_1 - \frac{1}{2}\frac{\partial}{\partial \mathbf{c}_1}\cdot(f_1 \Sigma_2 \Delta \mathbf{c}_1 \Delta \mathbf{c}_1), \qquad (19.7,8)$$

其中

$$\Sigma_2 \phi = \iiint f_2 \phi g b d b d \varepsilon d \mathbf{c}_2. \qquad (19.7,9)$$

这样，对于在单位时间内速度为 $\mathbf{c}_1$ 的分子 m_1 同分子 m_2 发生的所有碰撞，$\Sigma_2\phi$ 就表示这些碰撞中 ϕ 值的总和．合并式(19.7,6)和(19.7,8)，我们得到

$$\left(\frac{\partial_e f_1}{\partial t}\right)_2 = -\frac{\partial}{\partial \mathbf{c}_1}\cdot(f_1 \Sigma_2 \Delta \mathbf{c}_1)$$

$$+\frac{1}{2}\frac{\partial^2}{\partial \mathbf{c}_1 \partial \mathbf{c}_1}:(f_1 \Sigma_2 \Delta \mathbf{c}_1 \Delta \mathbf{c}_1). \qquad (19.7,10)$$

这就是 $(\partial_e f_1/\partial t)_2$ 的 Fokker-Planck 表达式，是 Cohen，Spitzer 和 Routly[1]将它引用到电离气体理论中的．不难给出这个表达式的直接推导；现在的推导可以显示出：在 Fokker-Planck 方法和基于通常的 Boltzmann 积分的方法都有效的范围内，这两种方法实质上是一致的．

19.71. 超位势

由式(19.7,1,3,4,9)可得到

$$\Sigma_2 \Delta \mathbf{c}_1 = M_2 \int f_2 \mathbf{g} g \phi_{12}^{(1)}(g) d\mathbf{c}_2, \qquad (19.71,1)$$

$$\Sigma_2 \Delta \mathbf{c}_1 \Delta \mathbf{c}_1 = M_2^2 \int f_2 (g^2 \mathbf{U} - \mathbf{g}\mathbf{g}) g \phi_{12}^{(1)}(g) d\mathbf{c}_2. \qquad (19.71,2)$$

把这些表达式应用于静电相互作用时需要小心一些．10.34节已经讨论过 b 值大时收敛的困难性；此外，b 值小时亦有困难，此时偏转角不是小量，Fokker-Planck 方法的假设也不再适用．Landau 提议把 b' 取作为 b 的下限．b' 可以这样选取：它使得静

[1] R. S. Cohen, L. Spitzer and P. McR. Routly, *Phys. Rev.* **80**, 230 (1950).

电能$|e'_1e'_2|/b'$ 等于一个粒子的平均动能．他还提出过一个量子下限．对于 $\phi_{12}^{(1)}$，在下文中我们将采用表达式(10.34,4)；这大体上等价于利用这样的下限 b'：使得 $|e'_1e'_2|/b' = 4kT$[1]．这时就十分接近于

$$\phi_{12}^{(1)} = 4\pi(e'_1e'_2/m_0M_1M_2g^2)^2\ln v_{01} \tag{19.71,3}$$

同时认为 $\ln v_{01}$ 与 g 无关．

由于 $\partial g/\partial \mathbf{c}_1 = -\mathbf{g}_{21}/g$，因此由式(19.71,1,3)得到

$$\Sigma_2\Delta\mathbf{c}_1 = \frac{\partial h_{12}}{\partial \mathbf{c}_1}, \tag{19.71,4}$$

其中
$$h_{12} = 4\pi M_2(e'_1e'_2/m_0M_1M_2)^2\ln v_{01}\int f_2g^{-1}dc_2. \tag{19.71,5}$$

类似地，由于 $\partial^2 g/\partial\mathbf{c}_1\partial\mathbf{c}_1 = (g^2\mathsf{U} - \mathbf{g}_{21}\mathbf{g}_{21})/g^3$，因此

$$\Sigma_2\Delta\mathbf{c}_1\Delta\mathbf{c}_1 = \frac{\partial^2 H_{12}}{\partial\mathbf{c}_1\partial\mathbf{c}_1}, \tag{19.71,6}$$

其中
$$H_{12} = 4\pi M_2^2(e'_1e'_2/m_0M_1M_2)^2\ln v_{01}\int f_2 g d\mathbf{c}_2. \tag{19.71,7}$$

若用"超位势" h_{12}, H_{12} 来表达，则得到

$$\frac{\partial_e f_1}{\partial t} = -\frac{\partial}{\partial\mathbf{c}_1}\cdot\left(f_1\frac{\partial h_{12}}{\partial\mathbf{c}_1}\right) + \frac{1}{2}\frac{\partial^2}{\partial\mathbf{c}_1\partial\mathbf{c}_1}:\left(f_1\frac{\partial^2 H_{12}}{\partial\mathbf{c}_1\partial\mathbf{c}_1}\right). \tag{19.71,8}$$

h_{12}, H_{12} 是由 Rosenbluth, MacDonald 和 Judd[2] 引入的．象 Fokker-Planck 表达式中的 $\Sigma_2\Delta\mathbf{c}_1$, $\Sigma_2\Delta\mathbf{c}_1\Delta\mathbf{c}_1$ 一样，记号 h_{12}, H_{12} 中隐含着涉及 f_2 的积分，因而 Boltzmann 方程仍然是一个积分-微分方程．Rosenbluth 及其合作者给出了计算 h_{12}, H_{12} 的表达式，此时要将 f_2 展开为一个级数，这个级数中包含有 $\mathbf{c}_2$ 各分量的球谐函数；但是人们经常采用一种相当粗糙的近似方法，即将式(19.71,5

1) 注意：在推导式(19.71,2)时已经用了近似关系 $\phi_{12}^{(2)} = 2\phi_{12}^{(1)}$；参见式(10.34,4,5)．

2) M. N. Rosenbluth, W. M. MacDonald and D. L. Judd, *Phys. Rev.* **107**, 1(1957).

和 7) 中'场'粒子的速度分布函数 f_2 取为 Maxwell 分布. 然而 Spitzer 和 Härm[1] 已证明,利用这种近似方法计算出的输运系数,会有相当大的误差.

在许多问题中 Fokker-Planck 方程很难应用，至少象通常从 Boltzmann 积分得到的方程一样地难予应用. 然而当需要知道速度分布函数的细节时,例如高速区域的细节,有时候这种方法也是有其优点的.

19.8 无碰撞等离子体

通常 f_s 的 Enskog 展开式,即

$$f_s = f_s^{(0)} + f_s^{(1)} + f_s^{(2)} + \cdots \qquad (19.8,1)$$

实际上是按碰撞间隔 τ_s 的幂次而展开的. 19.31 节已经指出，在稀薄等离子体(强电离气体)中，有磁场存在时，时间 ω_s^{-1} 同 τ_s 可能是同阶大小的，并且导出了 ω_s^{-1} 和 τ_s 被认为有同等重要性的表达式. 对于磁场中足够稀薄的等离子体，已经有人提出：可以完全忽略碰撞，而将 f_s 按 ω_s^{-1} 的幂次展开[2]. 这种做法把磁场中的回旋半径看作是类似于通常气体中的自由程，而磁偏转相应于碰撞.

这种类比是不严密的,因为磁'碰撞'只影响垂直于 $\boldsymbol{H}$ 方向的运动. 如果电场 $\boldsymbol{E}$ 具有分量 $\boldsymbol{E}_{\parallel}$, $\boldsymbol{E}_{\perp}$(分别平行于和垂直于磁场 $\boldsymbol{H}$), 那么分量 $\boldsymbol{E}_{\parallel}$ 将自由地加速带电粒子; 因此,一般说来,仅当 $\boldsymbol{E}_{\parallel}$ 很小时才能得到 f_s 的一个解——类似于以前的正规解. 此外,在前面的理论中,采用有限的几个参数——分密度,宏观速度和温度——把正规解表达出来是可能的.但是,由于磁'碰撞'在粒子间没有造成任何的能量交换,所以在这里 f_s 要依赖于无限个参数.

现在，f_s 应满足的方程是无碰撞的 Boltzmann 方程，或者说

1) L. Spitzer and R. Härm, *Phys. Rev.* **89**, 977(1953).

2) G. F. Chew, M. L. Goldberger and F. E. Low, *Proc. R. Soc.* A, **236**, 112(1956).

Vlasov 方程；假设只有电磁力，那么这个方程为

$$\frac{\partial f_s}{\partial t}+\mathbf{c}_s\cdot\frac{\partial f_s}{\partial \mathbf{r}}+\frac{e_s}{m_s}(\boldsymbol{E}+\mathbf{c}_s\wedge\boldsymbol{H})\cdot\frac{\partial f_s}{\partial \mathbf{c}_s}=0. \qquad (19.8,2)$$

我们将形式如 (19.8,1) 的展开式代入方程 (19.8,2) 中，并认为式 (19.8,1)中各项的量级依次为 $1,\omega_s^{-1},\omega_s^{-2},\cdots$；还可以假设，$\partial f/\partial t$ 也能分成有类似量级的各部分，而 $e_s\boldsymbol{E}_\perp/m_s$，$e_s\boldsymbol{E}_\parallel/m_s$ 可以(任意地）分别看作为 ω_s 和 1 的量级．然后使各量级的项分别相等，我们就得到

$$\frac{e_s}{m_s}(\boldsymbol{E}_\perp+\mathbf{c}_s\wedge\boldsymbol{H})\cdot\frac{\partial f_s^{(0)}}{\partial \mathbf{c}_s}=0, \qquad (19.8,3)$$

$$\frac{\partial_0 f_s^{(0)}}{\partial t}+\mathbf{c}_s\cdot\frac{\partial f_s^{(0)}}{\partial \mathbf{r}}+\frac{e_s}{m_s}\left\{\boldsymbol{E}_\parallel\cdot\frac{\partial f_s^{(0)}}{\partial \mathbf{c}_s}+(\boldsymbol{E}_\perp+\mathbf{c}_s\wedge\boldsymbol{H})\cdot\frac{\partial f_s^{(1)}}{\partial \mathbf{c}_s}\right\}=0, \qquad (19.8,4)$$

$$\cdots\cdots,$$

其中 $\partial_0 f_s^{(0)}/\partial t$ 以及 $\partial f_s/\partial t$ 的其余部分迄今尚未确定。

令速度 $\mathbf{c}_0$ 在这里满足

$$\boldsymbol{E}_\perp+\mathbf{c}_0\wedge\boldsymbol{H}=0, \qquad (19.8,5)$$

而且记 $\boldsymbol{C}_s=\mathbf{c}_s-\mathbf{c}_0$。于是方程(19.8,3)的普遍解为

$$f_s^{(0)}=F_s(C_s^2,\boldsymbol{C}_s\cdot\boldsymbol{H}_s,\mathbf{r},t), \qquad (19.8,6)$$

其中 F_s 是任意函数．这意味着在速度空间中，$f_s^{(0)}$ 对通过 $\mathbf{c}_s=\mathbf{c}_0$ 并平行于 $\boldsymbol{H}$ 的轴线是对称的．因此在一级近似范围内，在垂直于 $\boldsymbol{H}$的方向上，平均速度 $\bar{\mathbf{c}}_s$ 与 $\mathbf{c}_0$ 有相同的分量；由于式(19.8,5)没有确定平行于 $\boldsymbol{H}$ 的 $\mathbf{c}_0$ 的分量，因此在一级近似范围内可以将 $\mathbf{c}_0$ 选定为等于气体的宏观速度． 在一级近似范围内可以将函数 F_s 选择为等于实际速度分布函数 f_s 的平均值（对垂直于 $\boldsymbol{H}$ 的 $\mathbf{c}_s$ 分量，在所有方向上取的平均值）.

应力张量的一级近似为

$$p^{(0)}=\sum_s\int m_s\boldsymbol{C}_s\boldsymbol{C}_s f_s^{(0)}d\mathbf{c}_s. \qquad (19.8,7)$$

它并不代表流体静压强，但是它对 $\boldsymbol{H}$ 方向是对称的。如果 $p_\parallel$ 和 $p_\perp$ 分别表示平行于和垂直于 $\boldsymbol{H}$ 方向上的压强，那么

$$\mathsf{P}^{(0)}=p_\perp\mathsf{U}+(p_\parallel-p_\perp)\boldsymbol{HH}/H^2. \tag{19.8,8}$$

没有任何一种简单的一般法则，可用以指定方程(19.8,4)中的 $\partial_0 f_s^{(0)}/\partial t$。如果将方程(19.8,4)乘以一个任意函数 $\chi_s(C_s^2, \boldsymbol{C}_s\cdot\boldsymbol{H}, \boldsymbol{r}, t)$，并对所有的 $\boldsymbol{c}_s$ 积分，那么不难看到涉及 $\boldsymbol{E}_\perp+\boldsymbol{c}_s\wedge\boldsymbol{H}$ 的'碰撞项'为零；这样我们得到一个关于量 $\partial_0\overline{\chi}_s^{(0)}/\partial t$ 的无穷方程组，其中

$$n_s\overline{\chi}_s^{(0)}=\int f_s^{(0)}\chi_s d\boldsymbol{c}_s. \tag{19.8,9}$$

在确定 $\partial_0 f_s^{(0)}/\partial t$ 时必须考虑整个的无穷方程组，以代替 7.14 节讨论中的 $\partial_0 n/\partial t$，$\partial_0\boldsymbol{c}_0/\partial t$ 和 $\partial_0 T/\partial t$ 诸方程。因此无法给出方程(19.8,4)的一般解法；我们必须或者是任意地指定 $\partial_0 f_s^{(0)}/\partial t$ 然后试验其结果如何，或者是满足于求出这样一类结果，它无需明确地求解方程(19.8,4)。

关于这类结果的一个例子是：如果将方程(19.8,4)乘以 $m_s\boldsymbol{c}_s$ 并对 $\boldsymbol{c}_s$ 积分，再对所有的 s 求和，我们便可得到运动方程

$$\rho\frac{D_0\boldsymbol{c}_0}{Dt}=-\nabla\cdot\mathsf{P}^{(0)}+\boldsymbol{j}^{(1)}\wedge\boldsymbol{H}, \tag{19.8,10}$$

其中 $\boldsymbol{j}^{(r)}$ 是由下式给出的电流密度

$$\boldsymbol{j}^{(r)}=\Sigma n_s e_s\overline{\boldsymbol{C}}_s^{(r)}=\sum_s e_s\int f_s^{(r)}\boldsymbol{C}_s d\boldsymbol{c}_s, \tag{19.8,11}$$

而体电荷 $\sum\limits_s n_s e_s$ 则认为是可以忽略的。方程(19.8,10)现在只是可以用来确定 $\boldsymbol{j}^{(1)}$ 中与 $\boldsymbol{H}$ 垂直的那个分量[1)]；为了有效地利用它，我们必须知道 $p_\parallel$ 和 $p_\perp$ 的值。

此外，若用 $m_s\boldsymbol{C}_s\boldsymbol{C}_s$ 乘方程(19.8,4)并对 $\boldsymbol{c}_s$ 积分，再将这些方程对所有的 s 求和。这样所得到的方程分别与 $\boldsymbol{HH}$ 和单位张量

1) E. N. Parker, *Phys. Rev.* **107**, 924 (1957). Parker 给出了用 $P_\parallel$ 和 $P_\perp$ 表示的 $\boldsymbol{j}^{(1)}$ 这一分量的显式表达式。

U 进行双乘运算，由此可以得到

$$\frac{D_0 p_{\parallel}}{Dt} = -p_{\parallel} \nabla \cdot \boldsymbol{c}_0 - 2p_{\parallel} \frac{\boldsymbol{HH}:\nabla \boldsymbol{c}_0}{H^2}$$

$$-(\nabla \cdot \mathsf{Q}): \frac{\boldsymbol{HH}}{H^2} + 2\boldsymbol{E}_{\parallel} \cdot \boldsymbol{j}^{(0)}, \qquad (19.8,12)$$

$$\frac{D_0 p_{\perp}}{Dt} = -2p_{\perp} \nabla \cdot \boldsymbol{c}_0 + p_{\perp} \frac{\boldsymbol{HH}:\nabla \boldsymbol{c}_0}{H^2}$$

$$-\frac{1}{2}(\nabla \cdot \mathsf{Q}): \left(\mathsf{U} - \frac{\boldsymbol{HH}}{H^2}\right), \qquad (19.8,13)$$

其中 Q 是衡量 $m\boldsymbol{CC}$ 通量的三阶张量，亦即（用一种明显的记法）

$$\mathsf{Q} = \sum_s \int f_s^{(0)} m_s \boldsymbol{C}_s \boldsymbol{C}_s \boldsymbol{C}_s d\boldsymbol{c}_s; \qquad (19.8,14)$$

而 $\boldsymbol{j}^{(0)}$ 是相应于一级近似 $f_s^{(0)}$ 的电流.

当 $\boldsymbol{E}_{\parallel} = 0$ 时，可以利用连续方程 $D_0\rho/Dt = -\rho\nabla \cdot \boldsymbol{c}_0$ 和 Maxwell 方程

$$\partial \boldsymbol{H}/\partial t = -\operatorname{curl}\boldsymbol{E}$$

使方程（19.8,12,13）简化；由于现在有 $\boldsymbol{E} = -\boldsymbol{c}_0 \wedge \boldsymbol{H}$，因此由 Maxwell 方程得到

$$\frac{D_0 \boldsymbol{H}}{Dt} = \boldsymbol{H} \cdot (\nabla \boldsymbol{c}_0) - \boldsymbol{H}(\nabla \cdot \boldsymbol{c}_0).$$

这时方程(19.8,12,13)的简化形式为

$$\frac{D_0}{Dt}\left(\frac{p_{\parallel} H^2}{\rho^3}\right) = -(\nabla \cdot \mathsf{Q}): \frac{\boldsymbol{HH}}{\rho^3}, \qquad (19.8,15)$$

$$\frac{D_0}{Dt}\left(\frac{p_{\perp}}{\rho H}\right) = -\frac{1}{2\rho H^3}(\nabla \cdot \mathsf{Q}):(\mathsf{U}H^2 - \boldsymbol{HH}). \qquad (19.8,16)$$

为了应用这些方程，我们需要已知 Q. 如果假设 Q 可以忽略不计，那么我们就得到‘双重绝热’(double-adiabatic)方程

$$\frac{D_0}{Dt}\left(\frac{p_{\parallel} H^2}{\rho^3}\right) = 0, \qquad \frac{D_0}{Dt}\left(\frac{p_{\perp}}{\rho H}\right) = 0. \qquad (19.8,17)$$

一般说来，Q 是未知的. 用 $m_s \boldsymbol{C}_s \boldsymbol{C}_s \boldsymbol{C}_s$ 乘 $\boldsymbol{H}$，经积分并求和，可

以得到 Q 的变化率；最后的等式包括 C_s 分量的四次函数的平均值．类似地，这个平均值的时间导数又是由涉及到五次函数的平均值的等式给出，如此等等．这就是人们经常遇到的一种困难；要克服它，只有对足够高阶的各矩之间，随意地假设一个关系式．

由于有这种困难，因此许多有关无碰撞等离子体的讨论都是依据于质点轨道方法，而不是以 Boltzmann 方程为基础的[1]．这两种方法本质上是相同的；由 Jeans[2] 提出的一个定理说，无碰撞 Boltzmann 方程的最普遍解是 $f_s = \phi(\alpha_1, \alpha_2, \cdots, \alpha_6)$；其中 $\alpha_1, \alpha_2, \cdots, \alpha_6$ 是 $\boldsymbol{c}_s$, $\boldsymbol{r}$, t 的这样一种函数，使得分子 m_s 运动方程的六个独立积分可以由等式 $\alpha_r =$ 常数给出．例如，如果 $\partial_0 f_s^{(0)}/\partial t = 0$ 并且 $\boldsymbol{c}_0$ 小得可以忽略，又假设沿着任何一条磁力线 $f_s^{(0)}$ 都是 α_s, β_s 的单值函数，其中

$$\alpha_s = \frac{1}{2} m_s c_s^2 + e_s V_s, \quad \beta_s = |\boldsymbol{c}_s \wedge \boldsymbol{H}|^2/H^3,$$

而 V_s 是电势，那么 $\partial_0 \chi_s^{(0)}/\partial t$ 的方程(19.8,9)就能被满足．这个方法与质点轨道方法是一致的，因为 α_s 是总能量，而 β_s 正比于粒子 m_s 的磁矩(它是运动的绝热不变量)．然而，借助于式(19.8,1,3,4)的逐次分解方法而发展起来的理论，与基于粒子轨道的理论是相似的，而不是等同的；粒子轨道理论与本书前面给出的理论没有密切的关联．

1) 例如见 H. Alfvén, *Cosmical Electrodynamics*, chapter 2 (Oxford, 1947, 1963); M. N. Rosenbluth and C. L. Longmire, *Ann. Phys.* **1**, 120(1957). Boltzmann 方法和质点方法的关系也由许多作者作了讨论，例如 K.M.Watson, *Phys. Rev.* **102**, 12(1956); S. Chandrasekhar, A. N. Kaufman and K. M. Watson, *Ann. Phys.* **2**, 435 (1957), and **5**, 1(1958); E. N. Parker, *Phys. Rev.* **107**, 924 (1957); S. Chandrasekhar, *Plasma Physics* (Cambridge, 1960).

2) J. H. Jeans, *Month. Not. R. astr. Soc.* **76**, 70(1915).

发 展 简 史

对气体分子运动论的早期发展作出了重大贡献的学者：在1738年是 Daniel Bernoulli (1700—1782)，在1816—1821年间是 Herapath(1790—1868)，在1845年是 Waterston(1811—1883)(其论文却是在 1893 年才发表的)，而在 1848 年则是 Joule(1819—1889)。1858年 Clausius(1822—1888) 引进了平均自由程的概念。这样，分子运动论就开始了一个新的发展阶段．Clausius 的研究工作始于1857年，一直持续了近二十年．1859年，Maxwell(1831—1879) 利用平均自由程概念以及他本人关于速度分布函数 f 的新概念，求得了气体的输运系数(粘性系数，热传导系数和扩散系数)的公式．他还得到了平衡态的速度分布函数 $f^{(0)}$，尽管他当时的证明(包括其后在 1866 年的第二次证明)并不是完善无缺的．在随后的几年中，Meyer (1834—1909)，Stefan (1835—1893)，Tait (1831—1901)，Jeans(1877—1946)以及其它一些研究者都为改善自由程理论付出了巨大的努力；但是，时至 1866 年，Maxwell 又从自由程理论转回来，根据他从数学上导出的输运方程，来建立一种新的理论．不过，从这些方程出发，他只能对于“Maxwell”气体这一特殊情况，得出各种输运系数的公式．在“Maxwell”气体中，分子间相互作用力的形式为 r^{-5}；对于这样的气体，无需确定 f 便可以得到上述各系数的公式．

Maxwell 的新方法启发了 Boltzmann(1844—1906)，他在1872年利用他的H定理大大改进了关于 Maxwell 函数 $f^{(0)}$ 的证明．在这篇论文中，他还给出了 f 的积分——微分方程，并导出了 Maxwell 气体的 f 的形式，它特别地简单．在 1879 年，Maxwell 利用这一 f 公式证明了：在温度不均匀的甚稀薄静止气体中，还存在着另外一些应力，它们在 Navier-Stokes 方程中尚未计入．“为了能够完成积分”，他仍然是只讨论了 Maxwell 气体. Boltzmann 在 1880—1881 年之间发表了三篇长文，其中对 1866 年和 1879 年 Maxwell 的两篇论文作了综合评述. Boltzmann 说，仅仅是在 Maxwell 气体这一情况下，他本人所给出的 f 的方程才是容易求解的；“在所有其它的情况下，特别是对于···弹性球，求解···遇到了巨大的困难.”他还说，人们几乎应该对求出这个方程的一般解放弃希望.

1887 年，Lorentz(1853—1928)进一步改进了 Boltzmann 关于 $f^{(0)}$ 的讨论. 他在 1905 年获得了第一个成果，即继 Maxwell 之后得出了另一种特殊类型气体的输运系数的精确公式. Hilbert (1862—1943)在 1912 年讨论过有关 Boltzmann 方程的理论，但是未得到令人满意的解. 1915 年，Pidduck(1885—1952) 在 Hilbert 讨论的基础上，利用数值求解的方法，求得了一种特殊的气体系数的精确值，即由弹性球组成的气体的自扩散系数. 然而，无论是 Pidduck 的研究还是 Lorentz 的研究，关于如何得出一般结果的问题，他们都没有给出任何一点启示.

Enskog (1887—1947) 在 1911—1912 年间，以及 Chapman (1889—1970)[1] 在 1912 年都曾写过有关分子运动论方面的论文，但他们在求解一般问题时也都没有成功. 一直到 1916 年，Chapman 根据扩展的方式利用 Maxwell 输运方程，才能够发表出精确的输运系数的一般公式（不必确定 f）. 1917 年，Enskog 在其 Uppsala 就职论文中给出了 f 的一般解. 他所得出的输运系数与 Chapman 的完全一样. 这样两个结果是通过完全不同的途径独立地得到的，但它们却是完全一致. 这使得许多物理工作者(他们或许不希望去校核这复杂的数学推演)承认了这些结果.

从 1866 年 Maxwell 送给皇家学会的关于分子运动论的论文开始，一直到 1916 年 Chapman 送给皇家学会的论文为止，在其间的整整半个世纪里，精确的理论几乎是完全局限在 Maxwell 气体

---

1) Chapmann 的生卒年份由译者所加——译者注

方面. 留待给 Chapman 和 Enskog，去寻找混合气体中的扩散和热传导的完备方程，以揭示热扩散现象和扩散热效应. 液体中的热扩散现象是 1856 年由 Ludwig 从实验上发现的，而在 1879—1881 年间由 Soret 加以研究的. 但是，对于 Maxwell 气体，热扩散效应却是不存在的，而对于 Lorentz 气体亦如此. 尽管 Enskog 在 1911 年的第一篇论文中，已经提到过热扩散现象，但是人们仍一直怀疑它是否在混合气体中存在. 一直到 1916 年夏季，由于 Chapman 的协助，Dootson 才验证了热扩散现象. 即使如此，在后来的四分之一世纪中，热扩散问题仍然似乎只不过是一个科学的珍品而已. 直到 Clusius 发明了热扩散柱，这时才大规模地应用热扩散现象来分离铀和其它的同位素. 这在医学和技术方面都有各种各样的用途[1].

自 1920 年以来，Chapman 和 Enskog 的一些想法都有了相当的发展和推广. 人们研究了各种分子模型，包括具有内能的模型以及有明显量子效应的模型. 理论也拓展到电离气体和甚稀薄或甚稠密的气体. 对于这几种情况，都有着各自的方法逻辑上的困难. 另外，人们还区分出又一种气体系数——体积粘性系数. 这些进展都属于较晚时期的，本书在正文中均对它们作了介绍. 所以，这一《发展简史》主要是要说明分子运动论这个学科在 1920 年以前的发展历史.

本书的前几版中，《发展简史》一节所涉及的内容更为广泛，本版仅是重复了其中的一部分.

历 史 性 文 献

说明：下列文献中括号内给出的是本书章节号码，系指该文献在本书中引用时所在的章节.

L. Boltzmann，1872(4.12 节)；*Wien Ber.* **81**,117(1880)，**84**，40 and 1230(1881)；*Collected Works*，**2**，388，431，523.

---

1) 参阅 L. B. Loeb, *The Kinetic Theory of Gases* (Dover edition, 1961), pp. xiii, xiv.

S. Chapman, *Phil. Trans. R. Soc.* A **213**, 433(1912); **216**, 279 (1916); *Proc. R. Soc.* A **98**, 1 (Dec. 1916); S. Chapman and F. W. Dootson, 1917(14.6 节).

R. Clausius, *Annln Phys.* **105**, 239(1858).

D. Enskog, *Phys. Zeit.* **12**, 56 and 533(1911); *Annln Phys.* **38**, 731(1912); *Inaugural Dissertation*, Uppsala, 1917.

J. H. Jeans, *Phil. Mag.* **8**, 692—9, 700—3(1904).

H. A. Lorentz, 1887(4.12 节); 1905(10.5 节).

J. C. Maxwell, 1860 (4.12 节); 1867(4.1 节); 1879(15.1 节).

O. E. Meyer, *Annln Phys.* **125**, 177, 401, 564(1865).

F. B. Pidduck, 1915 (10.6 节)

J. Stefan, *Wien Ber.* **65**, 323(1872).

还可参阅: S. G. Brush, *Kinetic Theory*, 2 vols. (Pergamon, 1965, 1966); (1957/8) *Ann. Sci.* **11**, 188 on Herapath, **13**, 273 on Waterston, **14**, 185 on Clausius, and **14**, 243 on Maxwell; also *Am. J. Phys.* **29**, 593 (1961), **30**, 269 (1962) on the later developments.

S. Chapman, in *Lectures in Theoretical Physics* vol. 9 C(ed. by W. E. Brittin), pp. 1—13 (Gordon & Breach, 1967).

人名汉译表

Avogadro, A., 阿伏伽德罗

Becker, E. W., 贝克
Beenakker, J.J. M., 比纳克
Bendt, P. J., 贝恩特
Bernoulli, D., 伯努利
Bessel 贝塞尔
Beyrich, W., 贝利奇
Bhatnagar, P. L., 贝特内加
Bird, R. B., 伯德
Boer, J. de, 博尔
Bogoliubov, N. N., 博格留玻夫
Boltzmann, L., 玻尔兹曼
Born, M., 玻恩
Bose 玻色
Botzen, A., 玻策恩
Boyle, R., 玻意耳
Brokaw, R. S., 布罗考
Bromley, L. A., 布朗利
Bryan, G. H., 布赖恩
Buckingham, R. A., 白金汉
Buddenberg, J. W., 巴登伯格
Bunde, R. E., 邦德
Burnett, D., 伯纳特

Carnot, S., 卡诺
Chahine, M. T., 查海因
Chapman, S., 查普曼
Charles, J. A. C., 查理
Clausius, R., 克劳修斯
Clusius, K., 克卢修斯
Cohen, E. G. D., 科恩
Condiff, D. W., 康迪夫
Cook, W. R., 库克
Cowling, T. G., 考林
Curtiss, C. F., 柯蒂斯

Dahler, J. S., 达勒
Dalton, J., 道尔顿
Debye, P., 德拜
Deming, W. E., 戴明
Dickel, G., 迪克尔
Dirac, 狄喇克
Dootson, F. W., 杜仑
Druyvesteyn, M. J., 特鲁维斯坦因

Einstein, A, 爱因斯坦
Enskog, D., 恩斯科克
Eucken, A., 奥意肯
Fermi, 费米
Fokker 福克

Gamma 伽玛
Gauss 高斯
Gibson,R. O., 吉布森
Giovanelli, R. G., 吉奥弗纳利
Glueck, A. R., 格卢克
Grad, H., 格拉德
Graham, T., 格雷厄姆
Green, H. S., 格林
Grew, K. E., 格鲁
Grilly, E. R., 格里利
Grosch, C. E., 格罗希
Gross, E. P., 格罗斯

Haar, D. 哈尔
Haas, N. de, 哈斯
Hainsworth, W., 海恩斯沃恩
Hall 霍尔
Hamilton, J., 哈密顿
Hārm, R., 哈姆
Hassé, H. R., 哈索
Heijningen, R. J. J. van 海宁金
Heinzinger, K., 海因津格

Hexapatn, J., 赫拉帕斯
Hermite, 埃尔米特
Hilbert, D., 希尔伯特
Hirschfelder, J. O., 赫希菲尔德
Holway, L. H., 霍尔韦
Huber, M., 休伯

Ibbs, T. L., 伊布斯
Itean, E. C., 伊蒂恩
Itterbeek, A. van, 伊特比克

Jeans, J. H., 靳斯
Jeffreys, H., 杰弗里斯
Johnston, H. L., 约翰斯顿
Jones, J. E., 琼斯
Joule, J. P., 焦耳
Judd, D. L., 贾德

Keller, W. E., 凯利
Kelvin, Lord, 开尔文
Kihara, T., 纪平
Kirkwood, J. G., 柯克伍德
Klestov, R. E., 克莱斯多夫
Kohler, M., 科勒
Kranendonk, J. van, 克兰南唐克
Krook, M., 克鲁克
Kruskal, M. D., 克鲁斯凯尔

Laguerre, 拉盖尔
Landau, L., 朗道
Landshoff, R., 兰特肖夫
Leduc, 勒杜克
Legendre, 勒让德
Lennard-Jones. J. E., 列纳德-琼斯
Liepmann, H. W., 李普曼
Lindsay, A.L., 林赛
Liouville 刘维尔
Lonius, A., 朗尼乌斯
Lorentz, H. A., 洛伦兹
Loschmidt, J., 洛喜密特
Ludwig, C., 路德维格

MacDonald, W. M., 麦克唐纳德
Mach, 马赫
Madigosky, W. M., 马迪哥斯基
Mason, E. A., 梅森
Massey, H. S. W., 梅西
Maxwell, J. C., 麦克斯韦
Meyer, O. E., 麦耶
Michels, A., 米歇尔
Misenta, R., 米森特
Mohr, C. B. O., 莫尔
Monchick, L., 蒙切克
Mott, N. F., 莫特
Mott-Smith, H. M., 莫特-史密斯
Muckenfuss, C., 马肯弗斯
Müller, Fr., 米勒
Mundy, J. N., 芒迪

Narasimha, R., 纳拉希姆哈
Navier, 纳维尔
Ohm, 欧姆
O'Neal, C., 奥尼尔
Onnes, H. K., 奥纳斯

Pereira, A. N. G., 佩雷拉
Pidduck, F. B., 皮达克
Planck, 普朗克
Prandtl, 普朗特

Rice, W. E., 赖斯
Righi, 里纪
Rosenbluth, A. W., 罗森布拉思
Rosenbluth, M. N., 罗森布拉思
Routly, P. McR., 劳特利
Salwen, H. 赛尔温
Sandler, S. I., 桑德勒
Saxena, S. C., 萨克塞
Schamp, H. W., 谢姆普
Schleiermacher, A., 施莱厄梅彻
Schmeissner, F., 施迈塞纳
Sengers, J. V., 森格斯
Shchegolev, G. T., 施切乔莱夫
Shupe, L. E., 舒普
Smith, F. J., 史密斯
Sommerfeld, A., 索末菲
Sonine, N. J., 索南
Soret, C., 索雷特

Spitzer, L., 斯必泽
Spotz, E. L., 斯包茨
Stefan, J., 斯忒藩
Stockmayer, W. H., 斯托克迈耶
Stokes, 斯托克斯
Strehlow, R., 斯特雷劳
Suetin, P. E., 修廷
Suther land, W., 萨瑟兰
Svehla, R. A., 斯维拉

Tait, P. G., 泰特
Taylor, B. N., 泰勒
Thorne, H. H., 索恩
Trautz, M., 特劳茨

Ubbink, J. B., 乌宾克
Ubisch, H. von, 乌比什
Uehling, E. A., 尤林
Uhlenbeck, G. E., 乌伦贝克

Van dev waals, 范德瓦耳斯
Vlasov, A. A., 符拉索夫

Waldmann, L., 沃尔德曼
Walker, R. E., 沃尔克
Wang-Chang, C. S., 王承书
Wassiljewa, A., 瓦西里耶娃
Waterston, J. J., 沃特斯顿
Watson, G. N., 沃森
Watson, W. W., 沃森
Weber, S., 韦伯
Westenberg, A. A., 韦斯坦伯格
Wilke, C. R., 威尔克
Wobser, R., 沃布塞
Woernley, D., 沃厄雷

Yvon, J., 伊冯
Zaitseva, L. S., 蔡彻法
Ziering, S., 齐林

主 题 索 引[1)]

一、中文条目

二 画

十三矩近似式 15.6
几率 绪论 5; 2.21; 3.5; 4.12; 4.21; 11.21; 16.2; 17.30
力心 绪论 8; 3.3; 10.22; 10.31;14.4; 16.7
力心点 3.3; 10.22; 10.51; 12.31; 14.4; 14.72
力学
  经典～绪论 8
  广义～11.2
  量子～绪论 8；17.1—17.64
  统计～绪论5，6; 2.41; 2.44; 4.3; 4.4; 11.2; 17.5 脚注

三 画

大气(层)
  太阳～14.71;19.2
  地球高层～19.2 脚注;19.61
三组元混合气体 18.1; 18.5; 18.51

四 画

引力
  分子～2.33; 3.3; 10.4; 12.32; 12.33; 14.5; 16.5
  Van der Waals～10.42; 16.5
分子
  吸力～绪论 4; 2.33; 3.3; 10.4; 10.41; 16.5
  带电～10.34; 19.1
分子
  电离～10.34; 19.1
  单原子～2.44; 3.3
  双原子～2.45; 3.3; 11.34; 17.31; 17.63
  多原子～2.45; 3.3; 1331; 17.31
  一般～3.3; 11.21; 17.52
  全同～17.31
  异类～17.31
  力学上相似的～10.6
  极性～10.43
  刚性～绪论 4.6;2.1
  光滑～2.1; 3.3; 13.1
  接近光滑的～11.8
  光滑弹性刚球～2.1; 3.3; 3.44; 5.1
  粗糙弹性刚球～2.1; 11.1; 11.6
  加载的弹性刚球～11.1; 11.71
  旋转的～绪论 6; 2.1; 11.1; 11.32; 11.34; 11.6
  球对称～绪论 1,6; 2.1; 3.3; 11.1
  球柱～11.1; 11.7
  力心点～3.3; 10.3
  exp; 6→10.43
  Lennard-Jones 型～10.4; 10.42; 16.43
  Maxwell～10.33
  Sutherland～10.4 脚注; 10.41 (参见内能、量子理论条目)
分子内能 2.4; 2.43; 2.431; 3.3.6.3; 11.1—11.81; 13.31; 13.32.
  ～的量子理论 17.6—17.64
分子自由程绪论 4;5.1.

1) 本索引中，中文条目按字画顺序排列，英文条目按字母顺序排列．英文条目列于中文条目之后． 子条目中和主条目的名词重复部分则用波纹号“～”代替．每个条目后的号码，指的是本书章节．
——译者注

平均～绪论 4; 5.21; 5.22; 5.4; 6.1
Tait 平均～5.21
～对速率的关系 5.4
～的分布几率(按长度) 5.41
Lorentz 气体的等效～10.5
一般气体的等效～15.1; 15.5
～的数值计算 5.22
～的量子理论 17.31
分子会遇 绪论 4
分子动量 2.31; **2.5**
广义～11.2
分子角动量 11.24
分子角速度 11.32;11.34; 11.6
分子运动论疑题 4.21; 19.3 脚注.
分子运动论结果的解释 绪论 6
分子波场 17.1; 17.5
分子直径 3.44; 5.1; 11.6; 16.2
分子结构 绪论 6; 3.3
分子相互作用力 绪论 1; 2.33; 2.42; 3.3; 3.6
～的力心点 3.3; 10.3
平方反比律～10.34
Maxwell 五次幂反比律～3.44; 10.33
Sutherland 模型的～10.4 脚注; 10.41.
Lennard-Jones 模型的～10.4; 10.42
Mason exp; 6 模型的～10.43
其它模型的～10.43
～对压强的影响 2.33; 16.5; 16.72
～对粘性系数 μ 的影响12.2—12.34
～对扩散系数 D_{12} 的影响14.2;14.4
～对热扩散因子 α_{12} 的影响 14.7—14.73
分子相互作用力
～的有关数值
同类分子的～12.31; 12.32; 12.34
异类分子的～14.32; 14.4
分子相互作用力指数 ν10.31; 10.51
$\nu=5$ 10.33
$\nu=2$ 10.34
～与粘性系数 μ 随温度变化的关系 12.31
～与扩散系数 D_{12} 随温度变化的关系 14.4
～的数值
由单组元气体 μ 值求得的～12.31
由混合气体 D_{12} 值求得的～14.4
分子转动能 2.1; 2.4; 11.32; 11.34
～在输运中的滞后 13.31
～与体积粘性系数 11.511; 12.5
分子振动能 2.1; 2.4; 11.23; 11.34; 12.5; 13.31
分子流相互作用的量子化
分子混沌 3.5; 4.12; 4.21; 5.22; 16.1; 16.2
分子假说 绪论 1,7
分子属性 ϕ 2.21; 3.11; 8.1
～的通量 2.3
分子属性的变化方程
单组元气体的～3.11; 3.2 3.21
混合气体的～8.1
具有内能的气体的～11.24
稠密气体的～16.4; 16.71
电离气体的～19.2
分子碰撞 绪论 4,7; 3.1; 3.3; 3.44; 5.1; 16.1
带电分子间的～10.34; 19.65
正、反、逆～3.52; 3.53; 11.3
多体～10.34; 16.1; 16.73
有内能的～11.22
非弹性～19.6; 19.62
分子碰撞过程的几何学 3.42
分子碰撞的动力学 3.4; 3.44;10.3;11.6
分子碰撞的统计学 3.5; 17.2
分子碰撞的量子理论 17.2
分子影响的范围 3.6; 10.34
分布函数 f 2.21; 2.5
Maxwell～绪论 5; 4.1—4.12
保守力场中的～4.14
旋转容器中的～4.14
具有内能的气体的～11.21
多粒子的～16.7
不可逆过程热力学 8.41: 18.31
太阳

～大气(层) 14.71；19.2
～日斑中的磁现象 19.2
互扩散系数 D_{12}
～的近似公式 6.4；6.62
～的精确一般公式 8.4
～一阶、二阶近似的一般表达式 9.81
Lorentz 气体的～10.5—10.52
准 Lorentz 气体的～10.53
高次电离气体的～10.34
稠密气体的～16.6
多组元混合气体的～18.3—18.31；18.41
磁场中电离气体的～19.31；19.42
～各阶近似的符号 9.6
～的一阶近似
刚性球的～14.2
$r^{-\nu}$ 力心点的～14.2
Sutherland 模型的～14.2
12,6 模型的～14.2
exp；6 模型的～14.2
粗糙弹性球的～14.2
～的二阶近似 14.21
～的高阶近似(对 Lorentz 气体) 10.52
～随浓度比的变化 14.3
～对密度的关系 8.51
～对温度的关系 14.4
～的单位 14.32
～的实验值 14.32
～的量子修正 17.4
根据扩散热效应测定～14.6
气体 绪论 1，2，3.
单组元～2.2
二组元混合～2.5；第八章
多组元混合～第 18 章
Lorentz～10.5；19.45
准 Lorentz～10.53
Maxwell～10.33
稠密～16.1
简并～17.1；17.5；17.51
电离～10.34；19.1
具有内能的～11.1；17.6
气体分离 14.6；18.5
气体常数 2.42
～的数值 2.431
双极扩散 19.32
双原子分子 2.44；11.34；17.63
比热 2.43；2.44；13.1
定容～2.43；6.3；11.33；11.8；13.1
定压～2.43
克分子～2.43
～的数值 2.44
单原子气体的～2.44；13.2
双原子与多原子气体的～2.44
粗糙球气体的～11.6
比热比 2.43；2.44；13.1
内能
～和平动能的交换 3.3；11.51；11.511；17.61
～的扩散系数 Dint 11.81
～与 D_{11} 的比较 11.81；13.31
～的弛豫 11.511；11.81；12.5；13.1
方程的可解条件
$f^{(r)}$ 积分方程的～7.13；7.31；8.21；11.4
反碰撞 3.52；3.53；11.24
无碰撞等离子体 19.8

五 画

外力
～对密度分布的影响 4.14
Boltzmann 方程中的～
与分子速度无关的～3.1
有磁场时电离气体中的～19.2
～对扩散的影响 6.62；8.4；14.1
磁场中的～19.31；19.42
交变电场中的～19.5
强电场中的～19.6；19.61
电流与合电流产生的～19.11—19.13
电子 10.53；17.5；18.52；19.31
～气 17.1；17.52
～简并 17.51；17.52
～造成的扩散、热扩散和导电性 18.52；19.13 19.31；19.32
～热扩散 18.52；19.31；19.43

高能量～
~的速度分布 19.61—19.65
~的温度 19.61；19.65
~非弹性碰撞 19.62
~复合 19.64
脱逸～19.66
电能的耗散 19.31
电离 19.6；19.66
电离气体 6.62；6.63；10.34；第 19 章
磁场中的～19.2—19.44；19.63
磁场和交变电场中的～19.5
强电场中的～19.6—19.66
~的 Fokker-Planck 方程 19.7
无碰撞～19.8
~中的复合 19.64
电场 10.34
磁场中的～19.31；19.63
交变～19.5
强～19.6—19.66
正交条件 7.13
正常态与正规解 7.2；15.6
平均速度 2.2；2.5；8.41；19.1
立体角 1.21
本征值和本征函数 6.61；10.331；15.62
对应态定律(对 λ, μ, D_{12}) 10.4
对称张量 1.3
对称函数 7.13
可逆性 4.21
矢量 1.1
~的散度 1.2
~的积分 1.42
通量矢 2.3
梯度～1.2；2.1；11.21
位置～1.2
旋转～1.11；11.4
单位～1.1；1.21
~与矢量的乘积 1.11
~与张量的乘积 1.31
张量的～1.5
加载球模型 11.1；11.71

六　　画

并矢式 1.3
微分～1.33
导电性 19.1
弱电离气体的～19.12
多组元混合气体的～19.13
导电率 19.11—19.13；19.42
磁场中的 Pedersen～19.31
磁场中的 Hall～19.31
磁场中的 Cowling～19.31
自扩散系数 D_{11} 6.4；14.5
~的数值
由平均自由程理论给出的～6.4
由同位素得出的～14.51
由相似分子得出的～14.51
弹性刚球～的精确公式 10.6
~的一阶近似
一般光滑分子的～10.6
具有内能的分子的～11.52
~的 Kelvin 计算式 14.5
稠密气体的～16.6
自扩散的量子截面 17.31
扩散
~的初等理论及其缺陷 6.4；6.5；6.62；
~的精确理论 8.4
力学上相似分子的～10.6
同位素～10.61；14.51
具有内能的气体的～11.52
“粗糙球”气体的～11.61
稠密气体的～16.7
多组元混合气体的～6.63；18.3
磁场中电离气体的～19.31；19.41
双极～19.31
~热效应 6.4；8.41；14.6
~用于测量 D_{12}, k_T 和 α_{12} 14.6
抑制～的阻力 6.62；6.63
~速度的三阶近似 15.42
压力～14.1；14.52
受迫～14.1
热～6.4；8.4；14.6—14.73；18.43
宏观速度 2.5；7.11
宏观属性　绪论 7；2.2；3.2；7.2
~的变化尺度 2.2；7.2；15.1
极性气体 10.43；12.34；13.2；13.32；13.42
同位素 10.61；14.51；14.72；17.4；

18.5
～混合气或混合物 10.61； 18.5
～自扩散系数 14.51
～分离 14.51；18.5
～热扩散 14.7；14.72；18.5；18.51
多体碰撞 10.34；16.1；16.73；
多组元混合气体 6.63；18.1—18.52；
19.13
磁场中的～19.31
多项式
Hermite～7.5 脚注
Laguerre～7.5 脚注
Legendre～17.3
Sonine～7.5
杂质
～对粘性系数的影响 12.4
～对热传导系数的影响 13.4
示踪气体～扩散 14.3；18.51
刚性分子绪论 4,6；2.1
光滑弹性球～绪论 7；3.3；3.44；
5.1;6.1;10.2;12.3;
14.32
相吸～10.41；12.32
粗糙～2.1；11.1；11.6
加载的～11.1；11.71
非球形～11.32
球柱～11.1；11.7
守恒
分子数、质量、动量、能量～3.2；
3.21；6.62；8.1；11.24；16.33
交变电场 19.5
伴有磁场的～19.5
压强绪论 7；2.31 2.35；2.5
对界面的～2.31
流体静～2.32；2.5；16.34
内部～2.33
分～2.5；6.62；8.3
应力张量 2.31；2.5
～的逐阶近似 7.14
～的一阶近似 7.14；8.42
～的二阶近似 7.41
～的三阶近似 15.3
磁场中电离气体的～19.4；19.44
压缩性 16.5
地磁对电波传播的影响 19.2 脚注；19.5
弛豫
内能的～11.511；11.81；12.5；
13.1
转动的～12.5；13.31
振动的～12.5；13.31
弛豫时间 6.61；7.2；11.511；12.5；
13.1；13.41；15.6
～与碰撞间隔的关系 6.61；6.62；
12.5；13.31
～与本征值理论的关系 6.61
与碰撞数等效的～12.5

七 画

应力系
（参见“应力张量”条目）
应变率张量 1.33，15.1
阻尼
因粘性造成的～12.11；12.5
因体积粘性造成的～11.1；11.51；
12.5
近似公式
单组元气体热传导系数的～6.3;6.6
单组元气体粘性系数的～6.2；6.6
混合气体扩散系数的～6.4；6.62
近似公式
混合气体热传导系数的～6.63；
13.42
混合气体粘性系数的～6.63；12.43
声波
（参见“阻尼”条目）
体积元 dr 1.21
体积粘性
稠密气体中的～16.41；16.5；
具有内能的气体中的～11.1;11.51;
11.511;12.5
粗糙球的～11.61
～与内能弛豫的关系11.511；12.5
连续方程 3.21；8.1；11.24
张量 1.3
共轭～1.3
～的散度 1.3
无散～1.3
～与矢量的乘积 1.31

~与张量的标量积 1.3
~与张量的双重积 1.31
应变率与剪切率~1.33；15.1
对称~1.3
反称~1.5
单位~1.3
速度梯度~1.33
含有~的积分 1.42
~的矢量 1.5
初等理论
粘性的~6.1；6.6
热传导的~6.3；6.6 11.8
扩散的~6.4 6.62；6.63
~的缺陷 6.5
磁场中输运现象的~19.31；19.32

八 画

转动惯量 11.32；11.34；11.6；17.63
单组元气体的热传导系数 λ
~的近似公式 6.3；6.6
单组元气体的热传导系数 λ
~的精确一般公式 7.4
~各阶近似的符号 9.7
~的一阶、二阶近似 9.7
单组元气体的热传导系数 λ
弹性刚球的~10.21
力心点的~10.32
平方反比作用分子的~10.34
Lennard-Jones 模型的~10.4；10.42
Sutherland 模型的~10.42
exp；6 模型的~10.43
"粗糙球"气体的~11.61
具有内能的气体的~11.5；11.8；11.81
稠密气体的~16.42
~的实验值 13.2
单组元气体的粘性系数 μ
~的初等理论 6.1；6.6
~的低压效应 6.21
~的精确一般公式 7.41；7.52
~各阶近似的符号 9.7
~的各阶近似
弹性刚球的~10.2；12.1
力心点的~10.32；10.33；12.1
平方反比律分子的~10.4
Sutherland 分子的~10.41；12.1
Lennard-Jones 模型的~10.42；12.1
exp；6 模型的~10.43；12.1
具有内能的分子的~12.41；17.64
"粗糙球"分子的~11.61；12.1
~的 Kihara 近似式 9.71
~的 Enskog 表达式（对稠密气体）16.41
~的数值（标准状况下）12.11
~对密度的关系 12.11
~对温度的关系 12.3
由~推导出的下列数据
分子直径 12.11；12.3
力指数 ν 12.31
Sutherland 常数 S 12.32
常数 ε/k，σ 及 r_m 12.33；12.34
状态方程 2.33 脚注；2.42；3.3；10.4 脚注
稀薄气体的~2.42
稠密气体的~16.33；16.41
表面元 1.21；2.3；2.31
细致平衡 4.1；11.3
非弹性碰撞 11.511；19.6；19.62
质量
分子~绪论 7；2.2；2.42；2.431；2.5；5.22
~密度 2.2
变量
分子~2.1；11.1；11.21；11.6
碰撞~3.41
金属中的电子气 17.6；19.31；19.44
函数
Bessel~7.5；17.32
Exf~5.4；5.5
Gamma~1.4；10.31
Gauss~4.11
Legendre~17.3
Sonine~7.5
球谐~10.331；15.3
对称~7.13
极距线 3.43；3.44

九　画

氢
　　正～与仲～14.51; 17.41
统计力学绪论 5;2.41;2.431; 4.21;4.3; 11.2;17.5 脚注; 17.5
统计权重 17.5; 17.63
统计学
　　碰撞的～3.5
　　Bose-Einstein～17.3; 17.51
　　Fermi-Dirac～17.3; 17.5
残留比 5.5
　　平均～5.51
诱导扩散 18.3; 18.52
总和不变量 3.2; 7.11; 7.51; 11.24
　　具有内能的分子的～11.24; 11.32; 11.4
　　稠密气体的～16.3
相空间 11.2
　　内部～11.21
　　量子等效～17.6
界面压强 2.31
括号积分 4.4; 11.5; 18.3
　　关于～的不等式 4.41
临界温度 14.71
标准状况 2.2 脚注; 2.34; 2.42; 5.22; 12.11; 14.32; 15.1; 16.1
标量积
　　矢量的～1.11
　　张量的～1.31
逆碰撞 3.52; 3.53; 11.3

十　画

积分
　　含有指数的～1.4
　　含有矢量、张量的～1.42; 16.8
　　多重～1.41
　　～变换 1.41; 3.54
　　～变换定理 1.421; 3.54; 4.4
配分函数 11.33; 17.63
热传导系数 λ
　　～的一般表达式 2.5
　　～的初等理论 6.3; 6.6; 6.63
　　～的精确理论(对单组元气体) 7.4
　　混合气体的～8.41; 18.31
　　具有内能的气体的～11.5
　　"粗糙球"气体的～11.61
　　稀薄气体的～6.3
　　稠密气体的～16.42
　　磁场中电离气体的～19.32; 19.43
　　～的 Eucken 近似式及其修正 11.8; 11.81
　　～的三级近似(单组元气体的运动为非均匀时) 15.3; 15.4; 15.51
热传导系数与粘性系数之比 f
　　～的平均自由程理论 6.3
　　～的近似式符号 9.7
　　～的一阶、二阶近似 9.7; 10.21; 10.32; 13.1
　　"粗糙球"气体的～11.61
　　具有内能的气体的～11.8
　　～与实验结果比较
　　　　对于单原子气体 13.3
　　　　对于多原子气体 13.31
　　　　对于极性气体 13.32
热扩散
　　～柱 14.6
　　摆动分离器 14.6
　　多组元混合气体中的～18.43
热扩散比 k_T 和热扩散因子 α_{12} 8.4; 14.6
　　～一般表达式 8.4; 8.51; 9.83
　　Lorentz 气体的～10.5
　　　　公式的收敛性 10.52
　　～的一阶近似 9.83
　　根据热扩散效应测量～14.6
　　～的符号 14.71; 14.711
　　～随浓度比的变化 14.71; 14.73
　　　　正负号的变更 14.711
　　～随温度的变化 14.72; 14.73
　　　　正负号的变更 14.71; 14.72
　　～的数值 14.72; 14.73
　　同位素的～14.7; 14.72
　　多组元混合气体的～18.3; 18.43; 18.5; 18.52
热扩散系数 D_T 8.4; 10.5; 18.3
热应力 15.5
热能绪论 1,7; 2.4; 11.24; 16.71
　　～密度 2.4

热功当量绪论 2;2.4
热流通量 2.45; 2.5; 16.42; 16.71
～的一阶近似 7.14
～的二阶近似 7.4; 8.41; 11.5; 16.42
～的三阶近似 15.3
通量
分子属性的～2.3
分子数～2.3
动量～2.31
热流～2.45
通量矢 2.3; 16.4
热流～2.45
流体动力学 3.12; 3.21
流体静压强 2.32; 2.5; 7.14; 11.4; 16.71
特定速度 2.2
特定速率 2.2
～的分布 2.21
速度
分子～绪论 5; 2.1; 2.34
～分布 2.21; 6.63; 16.7
～域 2.1
～梯度张量 1.33
宏观～2.2; 2.5; 8.41; 19.1
平均～2.2; 2.5; 8.41; 19.1
特定～2.2
～空间 2.1
分子角～2.1; 11.32; 11.34; 11.6
气体～4.14; 11.32
速度分布
～的光滑化 11.23
速度分布函数的三级近似第三章;第十五章
速度的残留 5.5; 6.2; 6.5; 6.63
～的量子化 17.31
速率
分子～2.1
特定～2.2
～的数值 2.34
泻流～2.34
声速～2.34
能量
热能绪论 1,7; 2.4; 11.24; 16.71
～守恒方程
对单组元气体的～3.21; 11.24; 16.71
对混合气体的～8.1; 11.24
能量均分 2.431; 4.3; 11.34; 17.63

十　一　画

离心力和位势 4.14
混合气体 2.5
～的非均匀状态第八章
～的普遍理论
对二组元混合气体第八章
对多组元混合气体第十八章
磁场中的～19.31; 19.4
混合气体的热传导系数 λ
～的近似公式 6.63; 13.42
～的一般公式 8.41
～的一阶近似(一般表达式) 9.82; 13.4
Lorentz 气体的～10.5; 10.52
逐阶近似的收敛性 10.53
～随浓度比的变化(与实验结果相比较) 13.4
具有内能的气体的～13.41
多组元混合气体的～18.31; 18.42
含有电子的混合物中的～18.52
混合气体的粘性系数 μ
～近似公式 6.63; 12.43
～的精确一般公式 8.42; 8.52
～的一阶近似 (一般表达式) 9.84; 12.4
Lorentz 气体的～10.5; 10.51; 10.52
多组元混合气体的～18.32; 18.44
磁场中电离气体的～19.32; 19.45
～随浓度比的变化 12.41
～随温度的变化 12.42
维里系数 12.34; 16.5; 16.72
旋转分子绪论 2; 2.1; 11.34; 11.32; 11.34;11.6; 12.5; 13.31
旋转气体 4.14; 11.32
旋转矢量 1.11; 11.41; 19.4
密度
～的均匀性绪论 5

质量～2.2；2.5
数～2.2
分～2.5
梯度矢量 1.2
球对称分子 11.1；11.62
球柱分子 11.1；11.7
脱逸电子 19.66
痕量气体
～对粘性的影响12.41
～对热传导的影响 13.4
～的扩散 14.31；18.51
粗糙球分子 2.1；6.62；11.6
～的热传导系数 11.61；13.2
～的粘性系数 11.61；12.1
～的体积粘性系数 11.61
～的扩散系数 11.61；14.2
～作为分子模型的缺陷 11.62

十　二　画

量子相角 17.32
量子理论绪论 8；10.42；11.34；12.33；第十七章
碰撞的～17.2
稳恒状态方程的～17.63
相角的～17.32
～与实验结果的比较 17.4；17.41
雅可比行列式 1.411；3.52；9.2；19.2 脚注
焦耳当量绪论 2；2.4
超声波 12.5；15.51；16.5
超位势 19.71
弹性分子
光滑刚球～绪论 7；3.3；5.1；12.1；12.3；14.2;；14.32
粗糙球～6.62；11.6；12.1；14.2
散度
矢量的～1.2；2.1
张量的～1.3
温度绪论 7；2.41；2.431；2.5；4.1；11.4；16.72
绝对～2.41
内部～11.511
电子～11.52
等离子体
（参见“电离气体”条目）
稀薄气体 7.15；15.1；15.51；15.62
～的粘性 6.2
～的应力系 15.3；15.41；15.5；15.6
～的热流通量 15.2；15.4；15.5；15.6

十　三　画

微光
体积元 1.21
球面积元（立体角元）1.21
广义面元 2.3
简并
气体中的～17.1；17.5；17.51；17.52
转动的～17.63；17.64
摆动分离器 14.6
输运现象 6.1；17.1；17.52；19.3
输运现象的弛豫理论
单组元气体的～
热传导 6.6 11.81
粘性 6.6
扩散 6.62
混合气体的～
扩散 6.63
热传导 6.63
粘性 6.63
磁场中电离气体的～19.3；19.31；19.5
稠密气体第十六第
～的 Boltzmann 方程 16.3
～的状态方程 16.33；16.41；16.72
～的 Enskog 理论
粘性 16.41
热传导 16.42
与实验结果的比较 16.5
混合～的 Enskog 理论 16.6
～的扩散 16.6
～的 BBGKY 理论 16.7—16.73
数密度 2.2；2.3；2.5；7.11
碰撞动力学绪论 5
光滑分子的～3.4；3.44；10.3；16.73

具有内能的分子的～11.22
粗糙球分子的～11.6
碰撞间隔 5.21; 5.4; 6.6; 7.2; 19.31; 19.42
～与弛豫时间的关系 6.61; 12.5
碰撞间隔理论
（参见“弛豫理论”条目）
碰撞传递 16.1; 16.4; 16.42; 16.71
碰撞截面 9.33 脚注; 10.2
量子～17.31; 17.61
碰撞频率 5.21
～对速度的关系 5.4

十 四 画

磁场存在时的各种现象
Boltzmann 方程 19.2
电离气体的～解 19.4
Lorentz 气体的～解 19.42;19.45
带电粒子的运动 19.3;
热传导和扩散
近似理论 19.31; 19.32
普遍理论 19.41; 19.43
交变电场 6.63; 19.5
强电场 19.62
无碰撞等离子体 19.8
稳恒状态
均匀～4.1
光滑容器中的～4.13
有外力存在时的～4.14; 14.1
混合气体的～4.3;
具有内能的气体的～11.3; 11.32; 11.33; 17.63
稠密气体的～16.31; 16.72
磁场中电离气体的～19.4
准～
旋转气体的～4.14; 11.32
强电场中的～19.61
算符
微分(矢量)～1.2;1.33;2.1;11.21
～D/Dt 3.12

十 五 画 以 上

熵 2.431
～与H函数的关系 4.2
激发能 19.62;
激波 15.1; 15.51; 15.6; 15.61; 15.62
～内流动分布
B.G. K 方法得到的～15.62
Grad 方法得到的～15.6
王承书方法得到的～15.6
Mott-Smith 方法得到的～15.61
壁面
～压强 2.31
～滑流 6.21; 12.11
～温度突降 6.31; 13.42
螺旋运动 4.14; 11.32

二、英文条目

A 9.8
$r^{-\nu}$ 模型的～10.31
12,6 模型的～10.42 (图 9)
exp; 6 模型的～10.42 (图 9)
$A_1(\nu)$ 10.31
$A_2(\nu)$ 10.31
Avogadro 假说 2.42; 2.431
Avogadro 数 2.42, 5.22
B 9.8
$r^{-\nu}$ 模型的～10.31
12,6 模型和 exp; 6 模型的～10.42 (图 9)
BBGKY 方程 16.7
BGK 近似法 6.6; 6.62; 15.62
Boltzmann 分布律 11.3; 11.4; 17.63
Boltzmann 方程
单组元气体的～3.1; 7.1
混合气体的～3.1; 8.1; 18.1
具有内能的气体的～11.21; 17.62
粗糙球气体的～11.6
稠密气体的～16.3
磁场中电离气体的～19.2
无碰撞等离子体的～19.8
Boltzmann 常数 2.41
Boltzmann 碰撞链 11.31
Bose-Einstein 粒子 17.3; 17.4; 17.51
Boyle 定律 2.42; 2.5; 3.3; 10.42
Bryan-Pidduck 粗糙球分子模型 11.1; 11.6
Buckingham 分子模型 10.43 脚注; 17.4

修正的～10.43
C 9.8
$r^{-\nu}$ 模型的～10.31
12,6 模型和 exp; 6 模型的～10.42 (图 9)
Carnot 循环 2.431
Chapman-Enskog 方法的演变 7.52
Charles 定律 2.42; 2.43; 2.44; 2.5
Dalton 定律 2.5
Debye 屏蔽长度 10.34
E 9.8
刚球模型的～10.22
$r^{-\nu}$ 模型的～10.31
～与扩散系数的关系 9.81
Enskog 变化方程 3.12
求解 Boltzmann 方程的 Enskog 方法
对单组元气体7.1—7.15
对混合气体 8.2—8.21
稠密气体的 Enskog 理论 16.1—16.42
Enskog 解的参数 7.12; 7.15; 19.8
Eucken 理论（热传导）11.8; 13.1; 13.31
～修正理论 11.8; 11.81; 13.1; 13.31; 17.64
～推广到混合气体 13.41
exp; 6 分子模型 10.43
～的粘性 12.34; 12.41
～的扩散14.4;
～的热传导 14.7; 14.72; 14.73
Lorentz 气体的～10.52
Fermi-Dirac 粒子 17.3; 17.4; 17.41; 17.5
Fokker-Planck 方程 19.7
Grad 十三矩近似式 15.6
Graham 现象 12.41
～随温度的变化 12.42
H定理
Boltzmann 的～4.1; 4.13; 4.14; 4.2; 4.21; 4.3
具有内能的气体的～11.32
H函数
Boltzmann 的～4.1; 4.13; 4.2; 4.21
～与熵的关系 4.2
～符号的演变历史 4.2 脚注
Hall 电导率 19.31
Hall 电流 19.31; 19.42
Hamilton 方程 11.2
Hamilton 函数 11.2; 11.21; 11.22 脚注
Kihara 近似法
单组元气体的～9.71
混合气体的～9.85
扩散系数的～14.21; 14.3; 14.31
自扩散系数的～10.6
同位素混合物热扩散因子的～10.61; 14.7; 14.73; 18.5
Lorentz 气体与准 Lorentz 气体的～14.7
Landau 方程 19.7
Lennard-Jones 分子模型 10.4
12,6 模型 10.42
Lorentz 模型 10.52
其它模型 10.42; 10.43
与实验结果的比较
粘性系数 12.33
扩散系数 14.4; 14.5
热扩散系数 14.72; 14.73
Liouville 定理绪论 5; 11.21; 11.22
Lorentz 气体 10.5
～的扩散系数 10.5; 14.3
～的热传导系数 10.5
～的粘性系数 10.5
～各阶近似的收敛性 10.52
磁场中的～19.44
强电场中的～19.6
准～10.53; 14.7
Loschmidt 数 2.42; 5.22
Mach 数 15.6; 15.62
Mason 与 exp. 6 模型 10.43; 12.34; 14.72
Mason-Monchick 的人公式 11.81; 13.1; 13.32; 13.41; 17.64
Maxwell 分子 3.44; 12.1; 13.1; 14.5
～轨道图 3.44

～的理论 10.33
～的本征值理论 10.331
Maxwell 速度分布绪论 5; 4.1; 4.12; 6.6; 7.2
光滑容器中的～4.13
有外力存在时的～4.14
旋转气体的～4.14; 11.32
混合气体的～4.3; 6.63; 8.2
稠密气体的～16.31; 16.72
磁场中电离气体的～19.2
强电场中电离气体的分布函数对～的偏离 19.6; 19.61
Nernst 效应 19.31
Pederson 电导率 19.31
Planck 常数 17.1; 17.5
Prandtl 数 13.3
Righi-Leduc 效应 19.32
Sonine 多项式 7.5
Sutherland 分子模型 10.4 脚注; 10.41; 12.32; 13.42
Sutherland 公式 (混合气体的 μ)6.63; 12.43
Sutherland 常数
S_{12} (扩散的) 10.41; 14.2
S(粘性和热传导的)10.41;12.32
～的数值 12.32
Van der Waals 引力 16.5
Vlasov 方程 19.8
Wassiljewa 公式(混合气体导电率) 6.63; 13.42

数 据 索 引[1)]

符号说明：

对于单组元气体：S = 比热，V = 粘性系数，C = 热传导系数，SD = 自扩散系数，ITD = 同位素热扩散因子。

对于混合气体：MV = 混合气体的粘性系数，MC = 混合气体的热传导系数，D = 扩散系数，TD = 热扩散因子。

在混合气体的情况中，在每个章节数后面还有一个括号，其中给出混合气体中第二种气体在本索引的表中的序号。

对于量子理论的结果和高压情况下的结果，我们则另外再分别加上符号 Q 和 P，以示区别。

1.乙炔 (*Acetylene*), C_2H_2

V, 12.11 表 11; 12.31 表 14; 12.32 表 15;

C, 13.2 表 20

2.空气 (*Air*),

S, 2.44 表 1

V, 12.11 表11;12.31 表 14; 12.32 表 15; 12.33 表 17

C, 13.2 表 20

3.氨 (*Ammonia*), NH_3

S, 2.44 表 1

V, 12.11 表 11; 12.31 表 14; 12.32 表 15, 表 16

C, 13.2 表 20

D, 14.32 表 22(4, 11, 12, 15, 18, 24), 14.4 表 23(4, 15);

ITD, 14.711; 14.72 表 26

TD, 14.711 (18)

4.氩 (*Argon*), A

S, 2.44 表 1

V, 12.11 表 11; 12.31 表 14; 12.32 表 15; 12.33 表 17; 12.34 表 18

MV, 12.41 表 19(11);

C, 13.2 表 20

MC, 13.4 表 21(11);

D, 14.31 图 12(11), 14.32 表 22(3, 6, 11, 12, 15, 18, 19, 22, 24), 14.4 表 23(3, 11, 18)

SD, 14.51 表 25

---

1) 此索引给出本书中收集的有关各种气体输运系数的实验数据或有关数据。每一序号后先给出气体的中文名称(括号内为英文名称)，再给出化学分子式。每个英文符号后所列的数字则为该数据在书中出现的章节数。——译者注

ITD, 14.72 表 26
TD, 14.711 (13), 278(6,11, 12, 15, 18, 19, 22, 24);
VP, 16.5
CP, 16.5
5.一氧化碳 (*Carbon monoxide*), CO
S, 2.44 表 1
V, 12.11 表 11; 12.31 表 14; 12.32 表 15; 12.33 表 17; 12.34 表 18
C, 13.2 表 20
D, 14.32 表 22(6, 10, 12, 19, 22), 14.4 表 23(22)
SD, 14.5 中的附表与表 24; 14.51 及表 25
ITD, 14.711
TD, 14.73 表 27(12)
6.二氧化碳 (*Carbon dioxide*), CO_2
S, 2.44 表 1
V, 12.11 表 11; 12.31 表 14; 12.32 表 15; 12.33 表 17; 12.34 表 18
C, 13.2 表 20
D, 14.32 表 22(4, 5, 8, 11, 12, 16, 18, 19, 21, 22),14.4 表 23(11,12,18, 19, 22);
SD, 14.5 中的附表与表 24; 14.51 及表 25
ITD, 14.711
TD, 14.73 表 27(4, 11, 12, 19, 22)
7.氯 (*Chlorine*), Cl_2
S, 2.44 表 1
V, 12.11 表 11; 12.31 表 14; 12.32 表 15; 12.33 表 17
C, 13.2 表 20
8.氘 (*Deuterium*), D_2
S, 2.44 表 1
V, 12.11 表 11; 12.31 表 14; 12.33 表 17
C, 13.2 表 20
D, 14.32 表 22(6, 12);
TD, 14.73 表 27(19)
9.乙烷 (*Ethane*), C_2H_6
S, 2.44 表 1
V, 12.11 表 11; 12.32 表 15; 12.34 表 18
C, 13.2 表 20
D, 14.32 表 22(12, 19)
10.乙烯 (*Ethylene*) C_2H_4
S, 2.44 表 1
V, 12.11 表 11; 12.32 表 15
C, 13.2 表 20
D, 14.32 表 22(5, 12, 19);
TD, 14.73 表 27(12)
11.氦 (*Helium*), He
S, 2.44 表 1

V, 12.11 表 11; 12.3 表12; 12.31 表 13,表 14; 12.32 表 15; 12.33 表 17; 12.34 表 18

MV, 12.41 表 19(12, 4);

C, 13.2 表 20

MC, 13.4 表 21(4);

D, 14.31 图 12(4), 14.32 表 22(3, 4, 6, 12, 15, 18, 19, 22,24),14.4 表 23(4, 6, 18, 19);

SD, 14.51 表 25

ITD, 14.72 表 26

TD, 14.73 表 27(4, 6, 12, 15, 18, 19, 24);

VP, 16.5

VQ, 17.4 表 29 与图 13

12.氢 (*Hydrogen*), H_2

S, 2.44 表 1

V, 12.11 表 11; 12.31 表 14; 12.32 表 15; 12.33 表 17; 12.34 表 18

MV, 12.41 表 19(11), 12.42 图 11(13);

C, 13.2 表 20

D, 14.31 图 12(19), 14.32 表 22(3, 4, 5, 6, 8, 9, 10, 11, 16, 19, 21, 22, 23), 14.4 表 23(6, 22);

SD, 14.5 中的附表与表 24

ITD, 14.711; 14.72 表 26

TD, 14.73 表 27(4, 5, 6, 10, 11, 16, 18, 19, 22);

VP, 16.5

VQ, 17.41

13.氯化氢 (*Hydrogen chloride*), HCl

V, 12.11 表 11; 12.31 表 14; 12.32 表 15; 12.33 表 17

MV, 12.42 图 11(12);

C, 13.2 表 20

SD, 14.51 表 25

TD, 14.711(4)

14.硫化氢 (*Hydrogen sulphide*), H_2S

S, 2.44 表 1

V, 12.11 表 11; 12.32 表 15;

C, 13.2 表 20

15.氪 (*Krypton*) Kr

V, 12.11 表 11; 12.32 表 15; 12.33 表 17; 12.34 表 18

C, 13.2 表 20

D, 14.32 表 22(3, 4, 11, 18, 24), 14.4 表 23(3);

SD, 14.51 表 25

ITD, 14.72 表 26

TD, 14.73 表 27(4, 11, 18, 24)

16.甲烷 (*Methane*), CH_4

S, 2.44 表 1

V, 12.11 表 11; 12.31 表 14; 12.32 表 15; 12.33 表 17; 12.34 表 18

C, 13.2 表 20
D, 14.32 表 22(6, 12, 22), 14.4 表23(22);
SD, 14.51 表 25
ITD, 14.72 表 26
TD, 14.73 表 27(12)
17. 氯化甲烷 (*Methyl chloride*), CH_3Cl
V, 12.11 表 11; 12.32 表 15
C, 13.2 表 20
18. 氖 (*Neon*), Ne
S, 2.44 表 1
V, 12.11 表 11; 12.31 表 14; 12.32 表 15; 12.33 表 17; 12.34 表 18
C, 13.2 表 20
D, 14.32 表 22(3, 4, 6, 11, 15, 24); 14.4 表 23(4, 6, 11);
SD, 14.51 表 25
ITD, 14.72 表 26
TD, 14.711 (3), 14.73 表 27(4, 11, 12, 15, 24);
VP. 16.5
CP, 16.5
19. 氮 (*Nitrogen*), N_2
S, 2.44 表 1
V, 12.11 表 11; 12.31 表 14; 12.32 表 15, 表16; 12.33 表17; 12.34 表 18
C, 13.2 表 20
D, 14.31 图 12(19), 14.32 表 22(4, 5, 6, 9, 10, 11, 12, 22, 24) 14.4 表 23(6, 11)
SD, 14.51 及表 25
ITD, 14.72 表 26
TD, 14.73 表 27(4, 6, 8, 11, 12, 21, 22);
VP, 16.5 表 28
CP, 16.5
20. 一氧化氮 (*Nitric Oxide*), NO
S, 2.44 表 1
V, 12.11 表 11; 12.31 表 14; 12.32 表 15; 12.33 表 17
C, 13.2 表 20
21. 二氧化二氮 (*Nitrous Oxide*), N_2O
S, 2.44 表 1
V, 12.11 表 11; 12.31 表 14; 12.32 表 15; 12.33 表 17
C, 13.2 表 20
D, 14.32 表 22(6, 12)
SD, 14.51
TD, 14.73 表 27(19)
22. 氧 (*Oxygen*), O_2
S, 2.44 表 1
V, 12.11 表 11; 12.31 表 14; 12.32 表 15; 12.33 表 17

C, 13.2 表 20

D, 14.32 表 22(4, 5, 6, 11, 12, 16, 19, 24), 14.4 表 23(5, 6, 12, 16);

SD, 14.5 中的附表与表 24; 14.51 表 25

ITD, 14.72 表 26

TD, 14.73 表 27(4, 6, 12, 19)

23. 二氧化硫 (*Sulphur dioxide*), SO_2

S. 2.44 表 1

V, 12.11 表 11; 12.31 表 14; 12.32 表 15; 12.33 表 17

C, 13.2 表 20

D, 14.32 表 22(12)

24. 氙 (*Xenon*), Xe

S, 2.44 表 1

V, 12.11 表 11; 12.32 表 15; 12.33 表 17; 12.34 表 18

C, 13.2 表 20

D, 14.32 表 22(3, 4, 12, 15, 18, 19, 22);

SD, 14.51 表 25

ITD, 14.72 表 26

TD, 14.73 表 27(4, 11, 15, 18);

VP, 16.5